大口黑鲈遗传育种

白俊杰　李胜杰　等著

海洋出版社

2013年·北京

图书在版编目(CIP)数据

大口黑鲈遗传育种/白俊杰，李胜杰等著.
—北京:海洋出版社,2013.10
ISBN 978-7-5027-8633-5

Ⅰ.①大… Ⅱ.①白… ②李… Ⅲ.①鲈形目-遗传育种 Ⅳ.①S965.211.2

中国版本图书馆 CIP 数据核字(2013)第 192540 号

责任编辑：方 菁
责任印制：赵麟苏
海洋出版社 **出版发行**

http://www.oceanpress.com.cn
北京市海淀区大慧寺路 8 号 邮编:100081
北京画中画印刷有限公司印刷 新华书店北京发行所经销
2013 年 10 月第 1 版 2013 年 10 月第 1 次印刷
开本:787 mm×1092 mm 1/16 印张:23.25
字数:580 千字 定价:80.00 元
发行部:62132549 邮购部:68038093 总编室:62114335

谨以此书献给中国水产科学研究院
珠江水产研究所六十周年华诞

作者简介

白俊杰，1957 年 1 月出生于福建省福州市，1982 年毕业于厦门大学生物系，2000 年于上海水产大学水产养殖专业获硕士学位，现任中国水产科学研究院珠江水产研究所副所长，研究员，全国水产原种和良种审定委员会委员，中国水产科学研究院水产生物技术学科领域首席科学家，农业部热带亚热带水产资源利用与养殖重点实验室主任。主要研究方向为水产鱼类遗传育种与生物技术。参加水产工作 30 年来主持过多项国家科技支撑计划项目，国家高科技“863”计划项目、国家科技基础项目、农业部“948”项目、广东省自然科学基金项目和广东省科技计划项目等 20 多项，现为国家大宗淡水鱼类产业技术体系岗位科学家。共获得广东省、农业部和中国水产科学研究院的科技奖项 10 余项，以主要作者在国内外著名期刊发表研究论文 200 多篇，其中 SCI 论文 20 篇。指导培养的研究生 40 多人。

大口黑鲈北方亚种(*Micropterus salmoides salmoides*)

大口黑鲈佛罗里达州亚种(*Micropterus salmoides floridanus*)

大口黑鲈“优鲈 1 号”

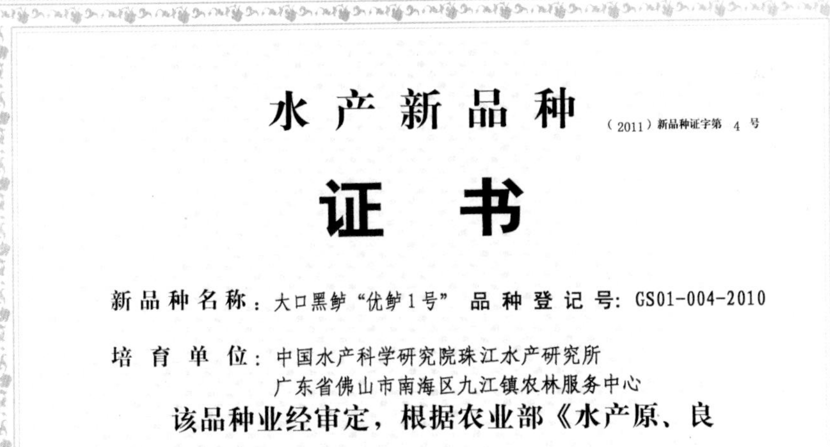

水 产 新 品 种　　（2011）新品种证字第　4　号

证　书

新品种名称：大口黑鲈“优鲈1号”　品种登记号：GS01-004-2010

培育单位：中国水产科学研究院珠江水产研究所
广东省佛山市南海区九江镇农林服务中心

该品种业经审定，根据农业部《水产原、良种审定办法》，特发此证。

全国水产原种和良种审定委员会

二〇一一年四月　日

大口黑鲈“优鲈1号”新品种证书

大口黑鲈家系苗种孵化和培育设施

大口黑鲈家系选育实验池

大口黑鲈“优鲈1号”养殖与示范区

序

大口黑鲈是我国重要的淡水养殖经济鱼类之一,原产于北美淡水河流和湖泊,1983 年从我国台湾引入大陆,因其外形美观、肉质鲜美、无肌间刺、生长速度快、适应性强、易起捕等诸多优点,在全国各地得到广泛推广养殖,深受人民群众欢迎。大口黑鲈养殖 30 年来,产业规模逐步扩大,已成为我国重要淡水养殖品种之一,但其种质质量和生产性能明显下降,因此系统地开展大口黑鲈遗传育种研究,不仅对其养殖性状改良和优良品种培育有着重要意义,也为其产业健康稳定发展提供技术支撑。

中国水产科学研究院珠江水产研究所是我国最早进行大口黑鲈繁育研究单位之一,多年来在病害防治、饲料及养殖技术等方面开展了卓有成效的研究,特别是该所白俊杰研究员及其研究团队全面而系统地开展了大口黑鲈种质资源、基础生物学、数量遗传学、选择育种、品种杂交及分子标记辅助育种研究,取得了显著的成绩,还培育出生长上有明显优势的新品种大口黑鲈"优鲈 1 号",并通过了全国水产原种和良种审定委员会的审定,已在产业中推广,取得了良好的经济和社会效益。专著《大口黑鲈的遗传育种》归纳与总结了他们在大口黑鲈遗传育种的理论研究与实践应用相结合中所取得的成果,是他们多年辛勤劳动的结晶。

当前,随着我国水产养殖规模的发展和扩大,养殖品种的种质质量退化和优良品种稀缺已成为制约水产养殖业进一步健康和持续发展的关键因素,必须重视与加强水产养殖良种的科技创新。该专著适时出版,不仅为大口黑鲈遗传改良及品种培育提供了理论基础和技术支撑,而且亦是其他重要养殖鱼类遗传育种研究和优良品种培育的良好借鉴。我们期望鱼类遗传育种工作者们对重要的养殖品种都能系统开展种质资源保护和遗传育种研究,培育出一批又一批优质、高产的新品种,进而创建我国水产养殖优良品种培育的创新技术体系。

该专著以理论研究为先导,与实践应用紧密结合,注重技术方法的介绍和数据结果的分析，是一本有实际应用价值的参考书，适合于实际从事水产遗传育种研究工作者们学习与参考，亦可供高等院校和中等院校生物学和农业、水产学科的水产遗传育种相关专业的本科生和研究生学习与参考。

中国工程院院士　中山大学教授

林浩然

前　言

大口黑鲈(*Micropterus salmoides*(Lacépède)),原产于北美洲,属广温性鱼类,在水温2~34℃、盐度0~15时均可存活。从20世纪70年代开始大口黑鲈被引到世界其他各地作为游钓鱼种或水产养殖种类。20世纪70年代末我国台湾从国外引进大口黑鲈,并于1983年人工繁殖获得成功,同年从台湾引入广东省。由于其适应性强、生长快、易起捕、养殖周期短等优点,加之肉质鲜美细嫩,无肌间刺,外形美观,深受养殖者和消费者的欢迎。经过近30年的发展,大口黑鲈养殖形成产业规模,已成为我国重要的淡水养殖品种之一。据统计,目前全国大多数省、市、自治区都养殖大口黑鲈,总年产量达16万至20万吨,其中广东、江苏和浙江是大口黑鲈最主要的养殖区域。

目前我国养殖的大口黑鲈是由野生种家养驯化而成的,缺少定向选育,由于引进近30年来大多苗种场在种苗生产时未遵循科学的操作规范,为追求经济利益及生产上的方便,通常选择上年未达到规格上市的大口黑鲈留种,再加上国内首次引进时的奠基群体数量偏小及未再补充引进种质资源等多种因素,导致大口黑鲈种质质量明显下降,主要表现在大口黑鲈生长速度下降、性成熟年龄提前、饵料转化效率低和抗逆性能下降等,制约了我国大口黑鲈养殖业的健康稳定发展。因此,系统地开展大口黑鲈遗传育种研究,进行养殖性状改良和培育出优良品种对大口黑鲈养殖业有着重要的意义,为其产业健康稳定发展提供技术支撑。

从2004年开始,我们在国家科技基础条件平台项目、国家"十一五"科技支撑计划、广东省科技兴渔项目、广东省科技计划项目、农业部"948"项目、国家自然科学基金(30901102、31201985)以及农业部公益性行业科研专项等项目的资助下,对大口黑鲈种质资源进行引进、收集和保存研究;进行了大口黑鲈基础生物学和遗传学研究;开展了快长优良品种的选育和杂交育种探索;进行了大口黑鲈分子辅助育种的探索和实践。2010年,选育的大口黑鲈新品种"优鲈1号"通过了全国水产原种和良种审定委员会的审定,并在广东、江苏、湖南等地进行了大面积的推广，获得养殖户的普遍好评，取得良好的经济和社会效益。本书是在这些研究工作的基础上对大口黑鲈遗传育种的理论和实践进行总结，另外书末还附有“大口黑鲈‘优鲈1号’繁殖和制种技术规范”与“大口黑鲈‘优鲈1号’养殖技术规范”，一并奉献给广大读者。然而当今新的鱼类育种理论和技术不断呈现，特别是分子育种技术的介入，给育种工作者提供了新的机遇和挑战。由于我们的研究积累和水平有限，错漏在所难免，敬请广大读者批评指正。

全书共分十章，第一章介绍了大口黑鲈种质资源；第二章是大口黑鲈生长相关的数量遗传学；第三章和第四章分别介绍了大口黑鲈的选择育种和“优鲈1号”的品种培育；第五章是大口黑鲈亚种间的杂交育种研究；第六章是大口黑鲈分子标记辅助育种；第七章是大口黑鲈与生长性状相关的分子标记筛选；第八章、第九章和第十章分别是大口黑鲈生长轴、生肌决定因子(MRFs)家族和肌肉生长抑制素功能基因研究，目的是为下一步与生长相关的标记筛选和利用提供基础。参加本书的主要编著人员为：白俊杰、李胜杰、于凌云、樊佳佳、陈昆慈、何小燕、李镕、李小慧、蔡磊、韩林强、卢建峰、梁素娴、郭玉函、杜芳芳和张宁宁等，另外参与编写的人员还有叶星、马冬梅、简清、全迎春、劳海华、罗建仁等。

最后我们要感谢中国工程院院士、中山大学林浩然教授在百忙中为我们的书作序，感谢实验室黄灼明和刘海涌先生在本书的相关研究中对研究室实验的准备工作，对实验鱼的喂养、管理和测量所付出的辛勤劳动。

白俊杰　李胜杰

2013年3月

目　次

第一章　大口黑鲈的种质资源

大口黑鲈(*Micropterus salmoides*(Lacépède)),俗名加州鲈,属鲈形目(Perciformes),太阳鱼科(Centrarchidae),黑鲈属(*Micropterus*),原产于北美的淡水湖泊与河流。在原产地大口黑鲈由两个亚种组成(Bailey et al, 1949),分布在美国佛罗里达半岛的大口黑鲈佛罗里达州亚种(Maceina et al,1992)(*M. salmoides floridanus*)和分布遍及美国中部及东部地区、墨西哥东北部地区以及加拿大东南部地区的大口黑鲈北方亚种(*M. salmoides salmoides*)。20 世纪 70 年代末我国台湾从国外引进大口黑鲈,并于 1983 年人工繁殖获得成功,同年从台湾引入广东省。由于其适应性强、生长快、易起捕、养殖周期短等优点,加之肉质鲜美细嫩,无肌间刺,外形美观,深受养殖者和消费者欢迎。现已推广到全国各地,已成为我国重要的淡水养殖种类之一。经鉴定,当年引进的品种以及我国目前养殖的大口黑鲈属于北方亚种。在本书中如果没有特指的话,所说的大口黑鲈指的是北方亚种。

第一节　大口黑鲈的生物学特征

一、外部形态

大口黑鲈身体呈纺锤形,侧扁,背肉稍厚,横切面为椭圆形。口裂大,斜裂,颌能伸缩。牙齿为绒毛细齿,比较锐利。身体背部为青灰色,腹部灰白色。从吻端至尾鳍基部有排列成带状的黑斑。鳃盖上有 3 条呈放射状的黑斑。体被细小栉鳞。背鳍硬棘部和软条部间有一小缺刻,不完全连续;侧线不达尾鳍基部。第一鳃弓外鳃耙发达,骨质化,形状似禾镰,除鳃耙背面外,其余三面均布满倒锯齿状骨质化突起,第五鳃弓骨退化成短棒状,无鳃丝和鳃耙。体被细小栉鳞。背部为青绿橄榄色,腹部黄白色。尾鳍浅凹形。

二、可数性状

背鳍鳍式:D. Ⅸ,1－13～15,臀鳍鳍式:A. Ⅲ－9,胸鳍 1－12～13,腹鳍 1－15;侧线鳞 62～63,侧线上鳞 7～8,侧线下鳞 15;鳃耙数 6～7;脊椎骨数 26～32。

三、内部特征

鳔 1 室,长圆柱形;腹膜白色;肠粗短,2 盘曲,为体长的 0.54～0.73 倍。

四、生长特性

在北美自然水域内生长速度较快,记录最大个体体重达 10 kg,全长 970 mm。在我国华南地区当年可长到 500～750 g,在华东也可长到 250～500 g。通常 1～2 龄生长速度较快,3

龄生长速度开始减慢。性成熟年龄为 1 年以上,性腺 1 年成熟一次,且多次产卵,产卵季节为 2—7 月,卵子属性为黏性卵。

第二节 大口黑鲈亚种的形态学特征

大口黑鲈的两个亚种在形态、生理、生态等方面均有不同。Bailey 等(1949)研究表明:大口黑鲈两亚种在侧线鳞和肋骨数方面不同;生长性能方面多数研究认为北方亚种生长比佛罗里达亚种快,但 David 等(1979)和 Bottroff 等(1978)通过生长对比试验,却认为在相同生长环境条件下,佛罗里达亚种比北方亚种生长速度快;Fields 等(1987)试验证明北方亚种适应温度变化比佛罗里达亚种强。大口黑鲈被引种到中国以来,其养殖和销售已经被推广到全国各地,成为中国重要的淡水养殖品种之一。由于早期大口黑鲈在引进时没有亚种分类和引种原产地的记录,我国养殖大口黑鲈的亚种分类地位一直没确定。本书中,我们拟应用形态学方法鉴别我国养殖大口黑鲈的亚种分类地位,旨为以后大口黑鲈种质改良和良种引进提供依据。

一、材料与方法

1. 材料

我国养殖大口黑鲈取自中国水产科学研究院珠江水产研究所良种基地,选择健康 8 月龄大口黑鲈 124 尾进行可量可数性状测量。

2. 测量方法

采用传统测量方法(李思发等,1998),用电子秤、测量板和游标卡尺分别测量 124 尾大口黑鲈的体重、全长、体长(标准长)、体高、体宽、头长、吻长、眼径、眼间距(眼间隔宽)、尾柄长、尾柄高共 11 个可量性状。重量精确到 0.1 g,形态性状精确到 0.1 cm;另外随机选择 30 尾大口黑鲈,对其背鳍、臀鳍、胸鳍、腹鳍、侧线鳞、脊椎骨和肋骨等可数性状计数,体型指数按体长/体高、体长/头长、尾柄长/尾柄高的比值分析。

3. 统计方法

运用 Excel 2007 和 SPSS 15.0 对试验数据进行处理分析。计算各指标的平均值、标准差、主要变化范围和标准误。

二、结果与分析

1. 形态特征

大口黑鲈身体呈纺锤形,侧扁,头部中大。眼略小,上侧位。属上位口。上颌骨向后延伸超过眼后缘下方。侧线完全,略向上弯,由鳃盖上缘延伸至尾鳍基部。两背鳍以低的鳍膜相连接,背鳍高仅略大于尾柄高度,腹鳍胸位。尾鳍略小,两叶圆钝而后缘中央微凹。体色呈灰青色,背侧为深灰色,腹面灰白色,从尾端至尾鳍基部有排列成带状的黑斑。鳃耙为梳齿状。

2. 可数和可量性状

我国养殖大口黑鲈的可数和可量性状分别见表1－1和表1－2。

表1－1　我国养殖大口黑鲈的可数性状

性状	范围	平均值	标准差	主要变化范围 ($\bar{x}$ ± SD)	标准误
背鳍条	Ⅸ－13～15	14.20	0.63	14.2±0.63	0.2
臀鳍条	Ⅲ－10～12	11.00	0.67	11.0±0.67	0.211
胸鳍条	12～13	12.30	0.48	12.3±0.48	0.153
腹鳍条	Ⅰ－4～5	4.70	0.48	4.70±0.48	0.153
脊椎骨	26～32	30.40	2.46	30.40±2.46	0.777
侧线鳞	58～68	61.66	2.64	61.66±2.64	0.489
侧线上鳞	6～9	7.83	0.60	7.83±0.60	0.112
侧线下鳞	12～17	15.69	1.04	15.69±1.04	0.193
鳃耙	2＋6				
肋骨	15对				

表1－2　我国养殖大口黑鲈的可量性状

性状	范围	平均值	标准差	主要变化范围	标准误
体重/g	103.5～967.5	468.27	194.54	468.27±194.54	17.47
全长/cm	18.95～37.30	29.05	3.38	29.05±3.38	0.30
体长/cm	16.30～33.13	25.50	3.13	25.50±3.13	0.28
体高/cm	4.81～12.00	8.34	1.42	8.34±1.42	0.13
头长/cm	5.35～29.00	8.35	2.11	8.35±2.11	0.19
吻长/cm	0.97～2.17	1.46	0.23	1.46±0.23	0.02
体宽/cm	2.5～6.0	4.38	0.76	4.38±0.76	0.07
眼径/cm	0.90～1.80	1.18	0.13	1.18±0.13	0.01
眼间距/cm	1.20～2.90	2.17	0.31	2.17±0.31	0.03
尾长/cm	5.42～33.79	8.42	2.51	8.42±2.51	0.23
尾柄长/cm	3.16～7.69	5.10	0.74	5.10±0.74	0.07
尾柄高/cm	1.93～7.67	3.28	0.62	3.28±0.62	0.06
体长/体高	2.57～3.48	3.08	0.18	3.08±0.18	0.02
体长/头长	0.88～3.75	3.10	0.23	3.10±0.23	0.02
尾柄长/尾柄高	0.62～2.86	1.58	0.21	1.58±0.21	0.02

从表1－1可以看出，我国养殖大口黑鲈的鳍式为DⅨ－13～15，AⅢ－10～12，VⅠ－4～5，P12～13；鳞式(58－68)[(6－9)/(12－17)]；鳃耙2＋6；脊椎骨26～32枚，肋骨15对；侧线鳞数58－68片。从表1－2可以看出，选取的大口黑鲈体重为(468.27±194.54)g，全长(29.05±3.38)cm。体长/体高的变化范围3.08±0.18；体长/头长的变化范围3.10±0.23；尾柄长/尾柄高的变化范围1.58±0.21。这与张韵桐(1994)和李仲辉等(2001)对我

国养殖大口黑鲈形态性状研究结果相一致，说明我国养殖大口黑鲈的可量可数性状比较稳定。

本试验得到我国养殖大口黑鲈的背鳍式是DⅨ-13~15，脊椎骨范围是26-32枚，这与Ramsey(1975)报道大口黑鲈的背鳍式DⅨ-12~13，脊椎骨数是30-32枚有少许差异，但与国内学者报道的大口黑鲈的背鳍式DⅨ-13~15和脊椎骨数29-30枚基本一致。大口黑鲈两个亚种的胸、腹、臀鳍条数和侧线上下鳞数目之间没有差别，国内外学者所得研究结果与本试验基本一致。

Bailey等(Bailey et al,1949;Bryan et al,1969)根据数量性状的差异把大口黑鲈分为大口黑鲈北方亚种和大口黑鲈佛罗里达亚种，在形态学上两亚种主要存在两个方面差异：侧线鳞数目和肋骨数。大口黑鲈北方亚种和佛罗里达亚种的侧线鳞数目分别为59~65片与69~73片，肋骨数分别为15对和14对。本试验得到我国养殖大口黑鲈的侧线鳞数变化范围是59~64片，可以看出，我国养殖的大口黑鲈的侧线鳞数与大口黑鲈北方亚种的侧线鳞数一致。本试验测得的我国养殖大口黑鲈的肋骨数为15对，亦与大口黑鲈北方亚种相符。因此初步分析表明我国养殖大口黑鲈应属于大口黑鲈北方亚种。

第三节 大口黑鲈亚种的微卫星分子标记

20世纪70年代，大口黑鲈被广泛引种到世界各地，造成大口黑鲈亚种地理隔离被打破，并且因为种质引进和管理不规范，现在很多水体出现大口黑鲈"中间种"(大口黑鲈佛罗里达亚种×大口黑鲈北方亚种)，而"中间种"的外部形态介于两亚种之间，因此仅从外部形态对大口黑鲈的亚种来源进行鉴定存在一定困难(Rogers et al,1992)。近来人们开始应用分子生物学技术鉴定两亚种：Nedbal等(1994)应用RFLP技术研究发现两亚种的大口黑鲈的线粒体DNA扩增条带有差别；Williams等(1998)运用RAPD对两亚种进行鉴定，并能区分出两亚种杂交产生的"中间种"；Philipp等(1983)找出两亚种的同工酶特异位点；Lutz-Carrillo等(2006)用微卫星技术鉴定两亚种，并找到鉴别两亚种的特异性微卫星引物。我们应用微卫星分子标记方法鉴别我国养殖大口黑鲈的亚种分类地位，为其分类地位的进一步确定提供依据。

一、材料与方法

1. 材料

我国养殖大口黑鲈取自中国水产科学研究院珠江水产研究所良种基地，选择健康8月龄大口黑鲈124尾作为实验材料，尾静脉活体取血保存于-20℃备用。用于微卫星标记分析的美国原产地大口黑鲈鳍条样品24份由美国 Texas Parks & Wildlife Department, A. E. Wood实验室Dijar J. Lutz-Carrillo博士赠送，其中14份为大口黑鲈北方亚种，10份为大口黑鲈佛罗里达亚种。

2. 试剂

基因组DNA提取试剂盒购自TIANGEN和OMEGA生物技术公司；微卫星引物由上海

英俊生物工程有限公司合成；*Taq* DNA 聚合酶体系购自上海申能博彩生物科技有限公司；SSR DNA Marker Ⅱ购自北京鼎国生物技术有限公司；其他试剂均为国产分析纯。

3. 基因组 DNA 的提取

我国养殖大口黑鲈采用 ACD 抗凝剂固定的血液按天根离心柱型基因组 DNA 提取试剂盒介绍的方法提取样品基因组 DNA，美国原产地大口黑鲈鳍条样品按 OMEGA 离心柱型基因组 DNA 提取试剂盒介绍的方法提取样品基因组 DNA。0.8% 的琼脂糖凝胶电泳检测基因组 DNA 质量和浓度，并保存于 -20℃ 备用。

4. 引物的选择和 PCR 扩增

选择能够鉴别大口黑鲈北方亚种和佛罗里达亚种的特异性微卫星引物 Mdo6 和 Msal21 (Malloy et al，2000；Lutz-Carrillo et al，2006) 对我国养殖大口黑鲈的亚种进行鉴定。PCR 反应总体积为 20 μL，包括：10 × buffer 2.0 μL，$MgCl_2$ (25 mmol/L) 0.8 μL；4 × dNTP (10 μmol/L) 0.3 μL；上下游引物 (20 μmol/L) 各 0.5 μL；基因组 40 ng；聚合酶 1 U；加适量的 ddH_2O 定容体积。反应在 PTC - 200 扩增仪上经过 94℃ 预变性 4 min 后，进行 25 个循环，每个循环包括 94℃ 30 s、退火 (Mdo6 55℃、Msal21 48℃) 30 s、72℃ 延伸 30 s，最后 72℃ 延伸 7 min。采用 8% 非变性聚丙烯酰胺凝胶电泳分离 PCR 扩增产物，银染显色，最后用扫描仪记录电泳图谱。两对微卫星引物序列见表 1 - 3。

表 1 - 3　大口黑鲈特异性微卫星分子标记及其引物

引物	引物序列(5′—3′)	扩增条带大小/bp		
		原产地北方亚种	原产地佛罗里达亚种	我国养殖大口黑鲈
Mdo6	F: TGAAATGTACGCCAGAGCAG R: TGTGTGGGTGTTTATGTGGG	146/151	153/153	146/151
Msal21	F: CACTGTAAATGGCACCTGTGG R: GTTGTCAAGTCGTAGTCCGC	196/196	205/210	196/196

注：F 为上游引物，R 为下游引物.

二、结果与分析

用大口黑鲈亚种的特异性引物 Mdo6 和 Msal21 分别对我国养殖大口黑鲈、原产地北方亚种和佛罗里达亚种进行 PCR 扩增，扩增结果见表 1 - 3。表 1 - 3 显示我国养殖大口黑鲈扩增条带与原产地大口黑鲈北方亚种的扩增条带相同，文献报道 Mdo6 在佛罗里达亚种、Msal21 在北方亚种中均能扩增出特异的单条带 (Mdo6 在佛罗里达亚种扩出 153 bp 特异条带，Msal21 在北方亚种扩出 196 bp 特异条带)。本实验中显示 Mdo6 在原产地佛罗里达亚种中扩出 153 bp 的特异条带，而 Msal21 在原产地北方亚种和我国养殖大口黑鲈中均扩出 196 bp 的特异条带。从电泳图谱 (图 1 - 1 和图 1 - 2) 可看出我国养殖大口黑鲈与原产地北方亚种的扩增条带均相同。

据 Rogers 等 (2006) 报道，在佛罗里达北部和部分引种地存在大口黑鲈的“中间种”。因“中间种”的外部形态均介于两亚种之间，故仅从形态学方面对我国养殖的大口黑鲈亚种

C1C2C3C4C5C6C7C8C9C10C11C12MN1N2N3N4N5N6N7N8N9N10N11N12N13N14MS1S2S3S4S5S6S7S8S9S10

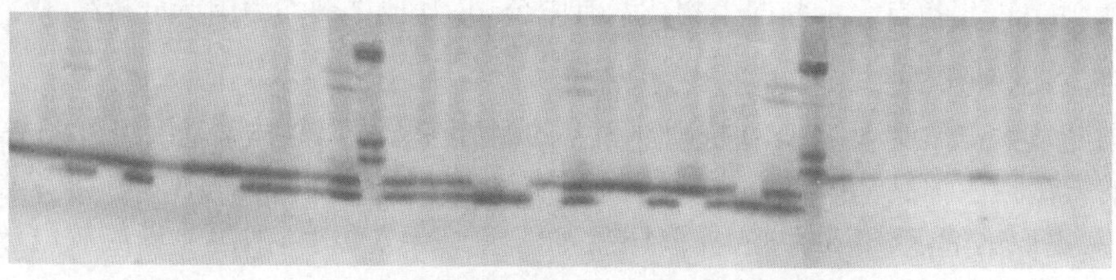

图1－1　引物Mdo6对3个群体的扩增图谱

注:M为DL2000 marker;C1～C12为我国养殖大口黑鲈;N1～N14为原产地北方亚种;S1～S10为原产地佛罗里达亚种.

C1 C2 C3 C4 C5 C6 C7 C8 C9 C10 C11 C12 M N1 N2 N3 N4 N5 N6 N7 N8 N9 N10 N11 N12 N13 N14 M S1 S2 S3 S4

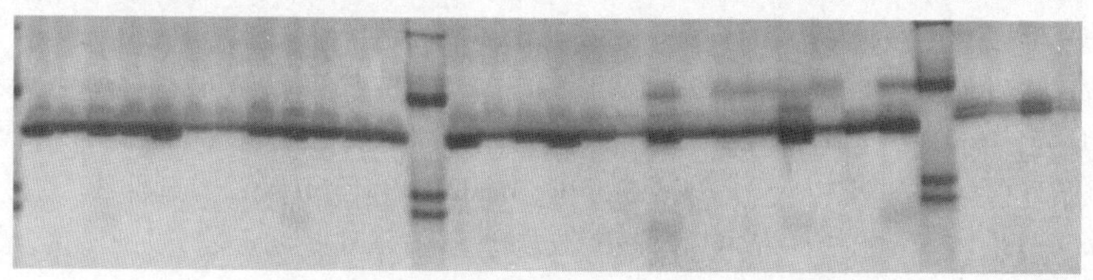

图1－2　引物Msal21对3个群体的扩增图谱

注:M为DL2000 marker;C1～C12为我国养殖大口黑鲈;N1～N14为原产地北方亚种;S1～S4为原产地佛罗里达亚种.

分类地位进行鉴定还不充分。本试验同时应用大口黑鲈亚种的特异性微卫星引物(Mdo6、Msal21)进行鉴定。据文献报道这两个特异性微卫星标记均能有效鉴别大口黑鲈的亚种分类地位。试验结果表明,我国养殖大口黑鲈扩增条带与原产地大口黑鲈北方亚种的扩增条带相同,进一步证实了我国养殖大口黑鲈属于大口黑鲈北方亚种。

第四节　大口黑鲈亚种的线粒体DNA差异

上面分别从形态学和微卫星方面鉴定了我国养殖大口黑鲈属于大口黑鲈北方亚种,本节通过测定国内大口黑鲈养殖群体和国外大口黑鲈北方亚种和佛罗里达亚种两个野生群体的线粒体DNA D-loop区序列,进行序列差异分析,进一步分析大口黑鲈两个亚种的分子差异。

一、材料与方法

1. 实验鱼采集

本研究使用的国内养殖的大口黑鲈(G)采自中国水产科学研究院珠江水产研究所良种基地,共5尾,美国原产地18尾大口黑鲈鳍条样品由美国A. E. Wood实验室提供,其中11尾为北方亚种(N),7尾为佛罗里达亚种(F)。

2. 大口黑鲈基因组DNA样品的制备

取上述23尾大口黑鲈尾鳍条各30 mg左右,按OMEGA离心柱型基因组DNA提取试剂盒介绍的方法提取样品基因组。0.8%的琼脂糖凝胶电泳检测 DNA 质量和浓度于 -20℃保存备用。

3. D-loop 区的引物设计合成、PCR 扩增及电泳

根据 GenBank 上大口黑鲈线粒体基因组序列(DQ536425)设计一对扩增 D-loop 区的引物,上下游引物序列分别为:F,5′-TCCCAAAGCTAGGATTCTAAAC-3′;R,5′-TCTTAA-CATCTTCAGTGTCATGC-3′,送上海英俊生物技术有限公司进行合成,用去离子双蒸水将其溶解至浓度为 20 pmol/L。PCR 反应总体系为 50 μl,含有 10×Buffer(含 Mg^{2+}) 5.0 μL,dNTPs(10 mmol/L)1 μL,上、下游引物(20 pmol/L)各 1 μL,*Taq* DNA 聚合酶 3 U,模板 DNA 60 ng 左右。PCR 反应程序为 94℃预变性 4 min 后进入循环体系 94℃变性 30 s,退火温度 53℃,退火时间 30 s,72℃延伸 1 min,32 个循环,最后 72℃延伸 7 min。将 PCR 扩增产物经 1.3%琼脂糖凝胶电泳回收纯化后送至上海生工生物工程技术服务有限公司直接进行序列测定,为保证序列的准确性,序列经过双向序列测定。

4. 数据处理

将双向测得的序列用 Vector NTI 8.0 软件进行比对,并辅以人工校对。利用 DnaSP 4.0 (Rozas et al, 2003)软件统计单倍型及变异位点、计算单倍型多样性(h)及核苷酸多样性(π),评价群体遗传多样性水平。应用 Arlequin 3.1(Excoffier and Schneider, 2005)软件进行群体间的欧氏距离平方(squared Euclidean distance)矩阵分子变异分析(AMOVA)(Excoffier and Schneider, 2005)。采用 MEGA 4.0 软件计算群体间和群体内 Kimura 2-parameter 模型(Kimura,1980)的遗传距离以及分析碱基组成及核苷酸位点的替换数,并用非加权组平均法(unweighted pair group method using arithmatic average,UPGMA)进行聚类分析,构建聚类关系树。

二、结果与分析

1. 大口黑鲈 mtDNA D-loop 的 PCR 扩增结果

将国内外 3 个群体共 23 尾大口黑鲈的 DNA 作为为模板进行 mtDNA D-loop 的 PCR 扩增,均得到大小相同的扩增片段,约为 860 bp,图 1-3 显示部分的 PCR 扩增后的电泳结果。

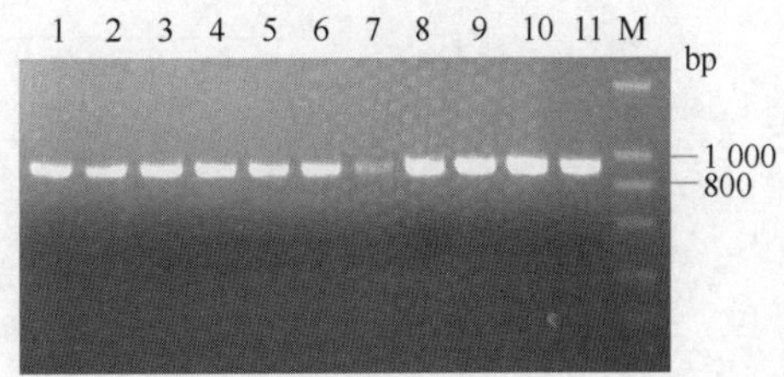

图 1-3　D-loop 区段的部分扩增结果

1~4:北方亚种群体;5~8:佛罗里达亚种群体;9~11:国内养殖群体;M:DNA marker

对 3 个群体 23 个样本的大口黑鲈线粒体 D-loop 区进行了序列测定。通过比对和人工校对后共有 810 bp 的序列用于进一步的分析,其中变异位点 73 个,总变异率为 9.0%,含有 15 个转换位点(Ts),6 个颠换位点(Tv),平均转颠换比(Ts/Tv)为 2.4。碱基含量的平均值(%)分别为:A=29.7,T=31.7,C=21.6,G=17.0,且 A+T 的含量(61.4%)明显高于 C+G 的含量(38.6%)。经统计共 18 个单倍型,3 个群体间没有共享单倍型,群体 F 中每个个体均为一种单倍型,群体 N 的 11 个个体含 9 种单倍型,群体 G 的 5 个个体仅含两种单倍型(表 1-4 和表 1-5)。

表 1－4　大口黑鲈 3 个群体来源、代码及各群体遗传多样性

群体	来源	样本数	单倍型多样性	核苷酸多样性
N	北方亚种野生群体	11	0.946	0.008 2
F	佛罗里达亚种野生群体	7	1.000	0.013
G	养殖群体	5	0.400	0.000 5

表 1－5　18 种单倍型在大口黑鲈 3 个群体中的分布情况

群体	单倍型																	
	1	2	3	4	5	6	7	8	9	10	11	12	13	14	15	16	17	18
N	3	1	1	1	1	1	1	1	1									
F										1	1	1	1	1	1	1		
G																	4	1

3. 国内养殖大口黑鲈分类地位的分析

根据 D-loop 区序列差异，用 MEGA 4.0 构建 UPGMA 分子系统树（图 1－4）。分子系统树形成明显的两大支，佛罗里达亚种群体聚成一支，北方亚种群体和国内养殖群体混杂在一起聚成一支，表明国内养殖的大口黑鲈在分类上属于大口黑鲈北方亚种。

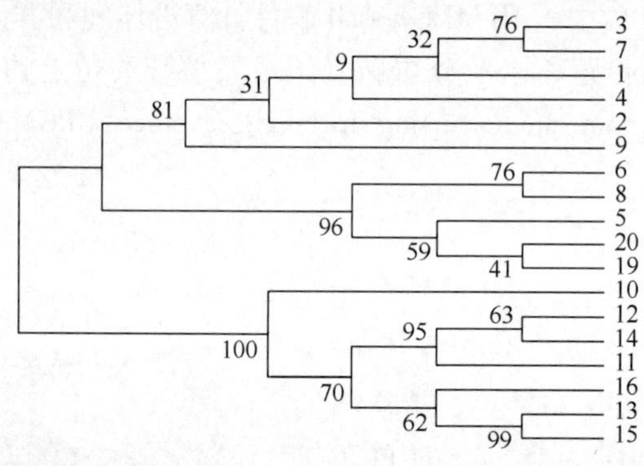

图 1－4　依据 UPGMA 法构建的 D-loop 区序列的分子系统树

1～9：北方亚种群体；10～16：佛罗里达亚种群体；19～20：国内养殖群体．

4. 群体遗传多样性及遗传分化

对 3 个群体的遗传多样性分析表明，群体 N、F 和 G 的核苷酸多样性指数（π）依次为 0.008 2，0.013 和 0.000 5，可见养殖大口黑鲈群体的遗传多样性相比国外野生群体有明显下降。单倍型多样性指数（h）在 3 个群体之间的差异较大，群体 N 和 F 分别为 0.946 和 1.000，而群体 G 为 0.400，也反映出养殖群体的遗传多样性明显降低，说明长期的人工养殖已使得该群体的遗传多样性水平明显降低，造成这一现象的主要原因可能是大口黑鲈引进时的基础群体数量较小、养殖过程的近交及遗传漂变等。

分子变异等级分析（AMOVA）的结果表明，群体内存在很高的遗传变异（83.44%），群体间的遗传分化较小($F_{st}=16.56$,见表1-6)。3个群体两两比较的遗传分化指数(F_{st})显示,群体G和群体F之间的遗传分化最大($F_{st}=0.843$),而群体G和群体N之间的遗传分化最小($F_{st}=0.419$),该结果与亚种之间的遗传分化大于种内的遗传分化相一致。此外,群体间的遗传距离与遗传分化指数的分析结果也一致(表1-7)。根据Wright关于遗传分化指数的大小和分化程度的解释,当F_{st}值大于0.25时,表示分化极大(Wright, 1951),由此说明本实验中养殖群体的遗传分化已达到一定程度,长期的人工养殖已经对大口黑鲈的遗传结构产生了影响。

表1-6　大口黑鲈群体分子变异分析结果

遗传差异来源	自由度	遗传变异元素	占总变异百分比/%
种群间	2	0.085	16.56
种群内	20	0.426	83.44
总计	22	0.511	100

表1-7　大口黑鲈群体间及群体内的遗传分化指数(左下角)和遗传距离(右上角)

群体	N	F	G
N	—	0.052	0.009
F	0.798	—	0.053
G	0.419	0.843	—

第五节　大口黑鲈微卫星DNA指纹图谱

中国水产科学研究院珠江水产研究所从2005年开始对大口黑鲈进行遗传改良,并先后从美国原产地引进大口黑鲈北方亚种和佛罗里达亚种作为选育的种质材料,为了科学利用这些大口黑鲈的种质资源,有必要对其遗传结构进行分析,了解他们之间的差异,并建立区分不同种群的方法。DNA指纹图谱技术为亲缘关系的鉴定提供了十分有效的手段(刘德立,1990),它可直接反映品种之间乃至个体之间基因组序列的差异,具有很高的个体特异性和环境稳定性,对亲缘关系很近的品种或个体可进行准确辨别(McConnell et al,1995;Scribner et al,1996;Dewoody et al,2000)。所采用的标记主要有RFLP(宣朴等,1994)、RAPD(杜道林等,2002)、微卫星(高玉时等,2005;李晓辉等,2005;宋洪梅等,2009)和SNP(Primmer et al,2002)等,由于微卫星是共显性标记,具有随机分布于整个基因组,多态性丰富等特点,相比其他标记更能揭示整个基因组的总体特征(Zietkiewicz et al,1994),已广泛应用于指纹图谱的构建。我们拟通过筛选出的43个微卫星DNA标记,对不同来源的大口黑鲈群体进行扩增分析,初步构建了大口黑鲈的微卫星DNA指纹图谱数据库,为大口黑鲈种质资源的保存、杂种鉴定和良种选育提供技术支撑。

一、材料与方法

1. 实验鱼群体

选择4个大口黑鲈群体用于微卫星DNA指纹图谱的构建，即国内目前养殖的大口黑鲈群体（CH）、2009年和2010年分别从美国原产地引进的佛罗里达亚种群体（FL－09、FL－10）和2010年从美国原产地引进的北方亚种群体（NT－10）。其中，FL－09、FL－10和NT－10群体各随机采样32尾样品而CH群体是从广东的广州、顺德和中山3个养殖场随机选择的90尾样品作为实验鱼，共有186尾大口黑鲈样品。实验鱼均采用尾静脉活体取血，加入ACD抗凝剂。血液与抗凝剂的比例为1∶6，于－20 ℃保存备用。

2. 微卫星引物

共选用43个微卫星DNA标记，其中21个来自本实验室通过磁珠富集法获得的微卫星标记（梁素娴等，2008），22个来自Lutz-Carrillo（2006，2008）发表的微卫星标记，均已验证具有多态性且带型清晰稳定，所有引物均由上海生工生物工程技术服务有限公司合成。引物信息详见表1－8。

表1－8　大口黑鲈微卫星引物的特征

序号	位点	重复序列	等位基因	退火温度/℃	引物序列（5′→3′）
1	JZL31	$(CA)_{25}$	5	60	F：TGGACTGAGGCTACAGCAGA R：CCAAGAGAGTCCCAAATGGA
2	JZL37	$(CA)_{24}$	4	56	F：TCCAGCCTTCTTGATTCCTC R：CCCGTTTAGCCAGAGAAGTG
3	JZL43	$(CA)_{21}$	3	58	F：GCTGCGAGTGCGTGTAACTA R：GGGAAGCGAGAGTCAGAGTG
4	JZL48	$(GT)_{13}$	3	55	F：TCGACGATCAATGGACTGAA R：TCTGGACAACACAGGTGAGG
5	JZL60	$(CA)_{21}$	4	60	F：AGTTAACCCGCTTTGTGCTG R：GAAGGCGAAGAAGGGAGAGT
6	JZL67	$(CA)_{16}$	4	60	F：CCGCTAATGAGAGGGAGACA R：ACAGACTAGCGTCAGCAGCA
7	JZL68	$(CA)_{20}$	7	58	F：AGGCACCGTCTTCTCTTCA R：CATTGTGGGTGCATTCTCC
8	JZL71	$(GT)_{21}$	7	60	F：GCAGCTTCAGGTGTGTGTT R：TCGGTGAACTCCTGTCAGG
9	JZL72	$(CA)_{21}$	7	58	F：AGGGTTCATGTTCATGGTAG R：ACACAGTGGCAAATGGAGGT

续表

序号	位点	重复序列	等位基因	退火温度/℃	引物序列(5′→3′)
10	JZL83	$(CA)_{23}$	5	55	F:TGTGGCAAAGACTGAGTGGA R:ATTTCTCAACGTGCCAGGTC
11	JZL84	$(CA)_{20}$	7	55	F:GAAAACAGCCTCGGGTGTAA R:CACTTGTTGCTGCGTCTGTT
12	JZL85	$(CA)_{17}$	3	56	F:GGGCTCACTCACTGTGTTT R:GTGCGCAGACAGCTAGACAG
13	JZL105	$(GT)_{13}$	2	58	F:GTGTCCCTGACTGTATGGC R:TCTGATGAGGCTGTGAAAT
14	JZL106	$(GT)_{35}$	5	54	F:GCAGGCAGTGAACCCAGATT R:TATGTATTGACGAGCGAGCAG
15	JZL108	$(CA)_{17}$	2	55	F:GTGACAGATGAGCGGAGAA R:GATGCTTGAGATACGACTA
16	JZL111	$(GT)_{27}$	7	52	F:TGTCTCAACTCCACCTACG R:CACCCTGGCTTCATCTGC
17	JZL114	$(GA)_{11}(GT)_{17}$	5	55	F:CTACAGGTTAGGGAGTTACACG R:TGCTGAGGACACAACGAGGT
18	JZL124	$(CA)_{28}(CT)_{25}$	11	50	F:GCATTCATACACCATCATTG R:AGCATTTTGTCAGACCACC
19	JZL126	$(AC)_{24}$	5	55	F:CAGGTAGCAGCGGTTAGGATG R:TCTGAAACACGGACTCACGAC
20	JZL127	$(CA)_{15}$	7	52	F:CAGAGAGATAGTGTCAACCA R:ACCACGGAGAAAGCCATT
21	JZL131	$(CA)_{8}$	2	55	F:CAAATGCCCGGTCCACAATAAC R:GTATTTGAGCCGGATGATAAGTG
22	MiSaTPW01	$(AC)_{16}$	2	56	F: AGTAAAGGACCACCCTTGTCCA R:GCCTGGTCATTAGGTTTCGGAG
23	MiSaTPW11	$(AGAT)_{13}$	7	55	F: CAACATGGACGCTACTAT R:CAACCATCACATGCTTCT
24	MiSaTPW12	$(AGAT)_{21}$	9	48	F: CGGTTGCAAATTAGTCATGGCT R:CAGGGTGCTCGCTGTCT
25	MiSaTPW25	$(AGAT)_{11}$	5	55	F: CCAAGGTCAGGTTTAAC R:ACCTTTGTGCTGTTCTGTC
26	MiSaTPW51	$(AGAT)_{31}$	5	55	F:CACAGAGACATTGCAGCTGACCCT R:TGACGTATAGTACCAGCTGTGGTT

续表

序号	位点	重复序列	等位基因	退火温度/℃	引物序列(5′→3′)
27	MiSaTPW70	$(AGAT)_{43}$	13	55	F: ACTTCGCAAAGGTATAAC R: CCTCATGCAGAAGATGTAA
28	MiSaTPW76	$(AGAT)_{22}$ $(AGAC)_{10}$	7	48	F: ACACAGTGTCAGTTCTGCA R: GTGAATACCTCAGCAAGCAT
29	MiSaTPW90	$(ACAT)_{6}$	8	48	F: TGCCAGAGATCCTGAGCTAC R: CACTTACCTGAATAACCAGAGACA
30	MiSaTPW96	$(AGAT)_{15}$ $(AGAC)_{6}$	7	55	F: CTTCTAAATGTGTGTAGGGTTGC R: AGCTTAGCATAAAGACTGGGAAC
31	MiSaTPW117	$(AC)_{24}$	6	55	F: TGTGAAAGGCACAACACAGCCTGC R: ATCGACCTGCAGACCAGCAACACT
32	MiSaTPW123	$(AC)_{22}$	4	55	F: GCTAACTTAATCTGCTGGATGGTG R: TGAACCTTCATAGGACAGCC
33	MiSaTPW157	$(AC)_{21}$	11	55	F: GACCTCAATGCGGATACTGTGACC R: AGGCACTCATCTGAATTGTCCATGT
34	MiSaTPW165	$(AC)_{16}$	4	55	F: GTTCGCATCTGAATGCATGTGGTG R: TGAAGGTATTAGCCTCAGCCTACA
35	MiSaTPW173	$(AC)_{15}$	10	55	F: CCACACAGTGACACAAACTGTGC R: GCCATTGTGCTGCTGCAGAG
36	MiSaTPW184	$(AC)_{14}(CT)_{10}$	5	55	F: TTGTATACCAAGTGACCTGTGG R: GGGAGTGCATCTTTCTGAAGTGCC
37	Lar7	$(AC)_{15}$	12	48	F: GTGCTAATAAAGGCTACTGTC R: TGTTCCCTTAATTGTTTTGA
38	Lma10	$(TG)_{10}$ $(TATGTG)_{4}$	3	55	F: GTCTGTAAGTGTGTTTGCTG R: GAAACCCGAAACTTGTCTAG
39	Lma21	$(TC)_{19}(AC)_{11}$	7	53	F: CAGCTCAATAGTTCTGTCAGG R: ACTACTGCTGAAGATATTGTAG
40	Lma120	$(GT)_{28}$	5	54	F: TGTCCACCCAAACTTAAGCC R: TAAGCCCATTCCCAATTCTCC
41	Mdo6	$(CA)_{7}(TA)_{4}$	4	55	F: TGAAATGTACGCCAGAGCAG R: TGTGTGGGTGTTTATGTGGG
42	Mdo7	$(CA)_{12}$	2	55	F: TCAAACGCACCTTCACTGAC R: GTCACTCCCATCATGCTCCT
43	Msal21	$(AC)_{15}$	5	55	F: CACTGTAAATGGCACCTGTGG R: GTTGTCAAGTCGTAGTCCGC

3. 基因组 DNA 的制备

参照北京天根生物科技有限公司生产的天根离心柱型基因组 DNA 提取试剂盒说明书介绍的方法提取样品基因组 DNA。0.8 %的琼脂糖凝胶电泳和分光光度计检测 DNA 质量和浓度，于 -20 ℃保存备用。

4. PCR 反应体系和扩增程序

PCR 反应总体积为 20 μL，含有 10 × Buffer 2.0 μL，$MgCl_2$（25 mmol/L）0.8 μL；dNTP（10 mmol/L）0.3 μL；上下游引物（20 μmol/L）各 0.5 μL；基因组 40 ng 左右；聚合酶 1 U；反应在 PTC -200 扩增仪上经过 94℃预变性 4 min 后，进行 25 个循环，每个循环包括 94 ℃ 30 s、各引物退火温度 48 ~60℃ 30s、72℃延伸 30 s，最后 72℃延伸 7 min，4 ℃保存。

5. 电泳检测

PCR 扩增产物在 80 mg/mL（8%）的非变性聚丙烯酰胺凝胶电泳检测，产物上样量均为 4 μL（样品与 Buffer 按 3∶1 混合），DNA Marker 上样量为 0.5 μL。电泳后硝酸银染色，染色方法根据霍金龙等（2005）的方法进行了部分修改。最后采用扫描获取图像进行分析。

6. 微卫星 DNA 指纹图谱构建

根据电泳结果，以同一群体的大口黑鲈全部个体在 43 个微卫星扩增出的所有等位基因片段组合，用 EXCEL 作图工具构建 4 个大口黑鲈群体的微卫星指纹模式图。

7. 计算机化的数字 DNA 指纹构建

微卫星标记在大口黑鲈群体中扩增等位基因以计算机能识别的 0、1 形式表示，无带位置记为 0，有带位置记为 1。例如：某标记在大口黑鲈群体中有 5 个等位基因，分别为 202、190、182、166、150 bp 大小的片段，此时该标记在待测个体的扩增结果为 202 bp 和 182 bp，该个体的指纹数据记为 10100。

8. 数据统计与分析

用 AlphaEase FC 凝胶图像分析软件分析微卫星条带的大小，根据每个个体产生的条件位置确定基因型。用 Popgene（Version 1.32）软件进行分析，计算微卫星座位分别在 4 个群体里中的等位基因数（Allele，A）和期望杂合度（Expected heterozygosity，H_e），并计算 Nei's 群体间的遗传相似性系数（Genetic identity）和遗传距离（Genetic distance），并对 4 个大口黑鲈群体供试材料进行基于 UPGMA 法的树状聚类图的绘制。参照 Botstein（1980）的方法计算每个微卫星位点的多态信息含量（Polymorphism information content，PIC）。

$$\mathrm{PIC} = 1 - \sum_{i=1}^{n} P_i^{\,2} - \sum_{i=1}^{n-1}\sum_{j=i+1}^{n} 2(P_iP_j)^2$$

式中：P_i、P_j 分别为群体中第 i,j 个等位基因在群体中的频率，n 为等位基因数。

二、结果与分析

1. 扩增结果

利用 43 个微卫星标记对 4 个大口黑鲈群体共 186 尾大口黑鲈样品进行扩增分析，每个位点检测到的等位基因数 2 ~13 个不等，共检测出 246 个等位基因，平均等位基因数为 5.72 个。CH、FL -09、FL -10 和 NT -10 群体的平均等位基因数为 2.58、3.74、3.70 和 4.21 。平均期望杂合度分别为 0.454 9、0.489 6、0.501 0 和 0.613 8 ，平均多态信息量分别为 0.378 6、0.444 3、0.456 6 和 0.554 6（表 1 -9）。

表1-9 微卫星位点的等位基因数、期望杂合度和多态信息含量

序号	位点	片段大小	等位基因数(A)				期望杂合度(H_e)				多态信息含量(PIC)			
			FL-09	FL-10	NT-10	CH	FL-09	FL-10	NT-10	CH	FL-09	FL-10	NT-10	CH
1	JZL31	187~223	4	4	1	3	0.6647	0.6969	0.0000	0.5629	0.6019	0.6388	0.0000	0.4874
2	JZL37	177~201	2	2	3	2	0.2222	0.4955	0.5362	0.2837	0.1948	0.3688	0.4178	0.2392
3	JZL43	217~227	1	1	3	2	0.0000	0.0000	0.4782	0.4034	0.0000	0.0000	0.4164	0.3170
4	JZL48	209~223	1	1	3	2	0.0000	0.0000	0.6344	0.3830	0.0000	0.0000	0.5463	0.3047
5	JZL60	207~227	4	4	4	3	0.7212	0.7555	0.7361	0.6489	0.6573	0.6960	0.6731	0.5609
6	JZL67	253~266	4	4	4	4	0.6974	0.6682	0.7436	0.6924	0.6288	0.5868	0.6817	0.6247
7	JZL68	148~181	3	3	4	2	0.5734	0.6567	0.7436	0.4965	0.5025	0.5708	0.6817	0.3680
8	JZL71	192~258	7	7	7	2	0.8611	0.8274	0.7981	0.1560	0.8286	0.7902	0.7542	0.1411
9	JZL72	171~215	5	5	5	3	0.7510	0.7644	0.7445	0.6250	0.6921	0.7117	0.6868	0.5423
10	JZL83	140~172	4	4	3	3	0.7406	0.7178	0.6766	0.3821	0.6788	0.6552	0.5919	0.3363
11	JZL84	179~209	4	4	4	3	0.6007	0.7495	0.7118	0.5426	0.5393	0.6900	0.6435	0.4278
12	JZL85	199~225	3	3	3	3	0.5337	0.5397	0.5709	0.3874	0.4165	0.4683	0.4899	0.3476
13	JZL105	284~320	4	4	5	2	0.6511	0.6455	0.7000	0.2234	0.5393	0.6900	0.6435	0.1948
14	JZL106	250~286	3	3	5	3	0.5947	0.6429	0.7436	0.3856	0.4995	0.5556	0.6883	0.3438
15	JZL108	276~283	4	4	5	2	0.5969	0.5847	0.6788	0.2544	0.5813	0.5238	0.7953	0.2181
16	JZL111	118~189	3	3	6	3	0.4291	0.4539	0.7798	0.3511	0.3806	0.3882	0.7324	0.3067
17	JZL114	192~230	1	1	4	2	0.0000	0.0000	0.4926	0.5027	0.0000	0.0000	0.4439	0.3711
18	JZL124	197~268	8	9	6	3	0.8611	0.8819	0.7778	0.6746	0.8289	0.8543	0.7290	0.5863
19	JZL126	182~214	3	3	3	2	0.3775	0.5580	0.4479	0.2837	0.3220	0.4696	0.3767	0.2392
20	JZL127	148~173	4	4	7	3	0.6612	0.6126	0.8333	0.5496	0.5813	0.5238	0.7953	0.4802
21	JZL131	180~188	1	1	2	2	0.0000	0.0000	0.5	0.5071	0.0000	0.0000	0.3711	0.3733
22	MiSaTPW01	288~298	1	2	2	2	0.0000	0.0615	0.0615	0.156	0.0000	0.0586	0.0586	0.1411

续表

序号	位点	片段大小	等位基因数(A)				期望杂合度(H_e)				多态信息含量(PIC)			
			FL-09	FL-10	NT-10	CH	FL-09	FL-10	NT-10	CH	FL-09	FL-10	NT-10	CH
23	MiSaTPW11	166~357	4	4	4	2	0.650 3	0.659 2	0.743 6	0.453 9	0.570 3	0.588 2	0.682 6	0.345 7
24	MiSaTPW12	171~332	4	4	6	2	0.460 8	0.376 5	0.784 7	0.496 5	0.422 3	0.347 3	0.739 2	0.368 0
25	MiSaTPW25	270~300	5	5	3	2	0.752 5	0.687	0.658 7	0.488 5	0.698 8	0.626 3	0.574 9	0.363 9
26	MiSaTPW51	571~654	3	3	5	2	0.432 0	0.545 6	0.674 1	0.422	0.386 5	0.478 3	0.603 8	0.327 9
27	MiSaTPW70	282~609	6	8	7	5	0.723 7	0.807 5	0.721 2	0.636 5	0.666 2	0.764 5	0.676 1	0.582 8
28	MiSaTPW76	257~303	4	4	7	3	0.728 7	0.742 1	0.820 9	0.646 3	0.666 4	0.680 9	0.780 7	0.555 6
29	MiSaTPW90	137~196	4	5	6	2	0.685 0	0.461 8	0.737 2	0.507 1	0.618 0	0.424 3	0.666 6	0.373 3
30	MiSaTPW96	372~405	7	7	6	2	0.838 8	0.816 5	0.700 9	0.438 8	0.802 8	0.776 3	0.637 8	0.337 4
31	MiSaTPW117	209~242	5	3	3	3	0.527 8	0.634 4	0.644 8	0.600 2	0.438 2	0.546 3	0.561 5	0.498 6
32	MiSaTPW123	148~166	2	1	3	2	0.061 5	0.000 0	0.561	0.488 5	0.058 6	0.000 0	0.454 1	0.363 9
33	MiSaTPW157	166~301	6	7	4	5	0.824 9	0.789 7	0.606 6	0.653 4	0.784 7	0.745 5	0.526 4	0.598 2
34	MiSaTPW165	236~258	3	3	4	3	0.468 3	0.450 9	0.721 2	0.509 8	0.397 7	0.402 2	0.658 2	0.447 5
35	MiSaTPW173	195~271	6	3	4	4	0.682 5	0.518 4	0.547 1	0.748 2	0.623 2	0.457 7	0.482 2	0.683 4
36	MiSaTPW184	219~253	4	4	4	3	0.651 3	0.635 4	0.624 5	0.328 9	0.594 3	0.570 2	0.538 0	0.298 4
37	Lar7	124~210	10	9	5	2	0.828 4	0.883 4	0.257 9	0.383	0.792 3	0.855 2	0.242 7	0.304 7
38	Lma10	108~124	1	1	3	3	0.000 0	0.000 0	0.581 8	0.600 2	0.000 0	0.000 0	0.484 3	0.513 7
39	Lma21	158~211	7	6	6	3	0.787 2	0.778 3	0.841 8	0.584 2	0.746 3	0.733 7	0.804 7	0.478 3
40	Lma120	192~210	1	1	5	2	0.000 0	0.000 0	0.746 5	0.502 7	0.000 0	0.000 0	0.692 6	0.371 1
41	Mdo6	146~164	1	1	4	2	0.000 0	0.000 0	0.580 9	0.336 9	0.000 0	0.000 0	0.478 8	0.275 4
42	Mdo7	156~172	1	1	1	2	0.000 0	0.000 0	0.000 0	0.283 7	0.000 0	0.000 0	0.000 0	0.239 2
43	Msal21	213~222	3	3	2	1	0.410 7	0.441 9	0.447 9	0.000 0	0.366 5	0.398 4	0.343 7	0.000 0
	平均值	Mean	3.74	3.70	4.21	2.58	0.489 6	0.501 0	0.613 8	0.454 9	0.444 3	0.456 6	0.554 6	0.378 6

国内目前养殖的大口黑鲈苗种主要产自广东省的广州、顺德和中山等地，繁殖的鱼苗已被引种到全国大部分地区。所以从这3个大口黑鲈苗种主产地选择大口黑鲈样本是可以代表国内目前养殖的大口黑鲈群体的。近年来多位学者分别用RAPD（朱新平等，2006；梁素娴等，2007）、AFLP（卢建峰等，2010）和微卫星（梁素娴等，2008；Bai et al，2008）方法对国内养殖的大口黑鲈群体进行遗传多样性分析，均表明，其遗传多样性处于中度水平。本实验结果与他们的研究结果类似，即国内养殖群体PIC为0.3786，而引进的3个群体PIC均大于0.444 3，这与国内大口黑鲈引种次数单一，引种的奠基群体较小有关，在大口黑鲈种质改良过程中，可以应用引进的大口黑鲈种质来丰富现有养殖种群的遗传多态性。

2. 大口黑鲈DNA指纹模式图绘制

利用EXCEL作图软件，根据每个群体大口黑鲈在43个微卫星位点上的扩增结果，按照表1-9中微卫星编号顺序构建CH、FL-09、FL-10和NT-10这4个群体的DNA指纹模式图（图1-5），依次为CH、FL-09、FL-10和NT-10群体的DNA指纹模式图。共检测出246个大口黑鲈等位基因。根据吴渝生等（2003）介绍的概率计算模型可以得到本图谱的分辨率，在246个位点上出现完全相同带型的概率为$(1/2)^{246}$即8.84×10^{-75}。从理论上来说，在这一图谱中很难有两个个体的带型是完全相同的，故本节所构建的指纹图谱在一定范围内可以达到个体水平上的鉴定，可作为个体标签用于大口黑鲈遗传育种中对个体的标记。

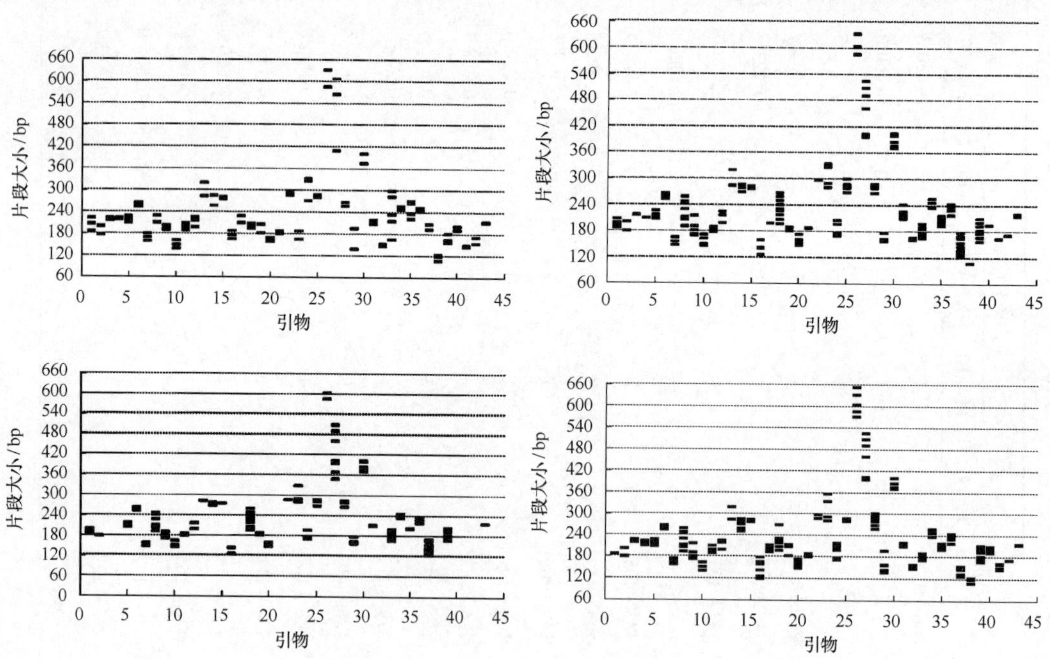

图1-5 用EXCEL软件构建的大口黑鲈微卫星DNA指纹模式

注：自上而下，分别为CH、FL-09、FL-10和NT-10群体.

引物编号1~43同表1-9序号

3. 微卫星标记鉴别4个大口黑鲈群体

分析43个微卫星标记在4个群体中扩增谱带，发现所扩增谱带在FL－09和FL－10群体均有出现，没能找到特异标记来鉴别这两个群体，说明FL－09和FL－10群体遗传结构较一致，可以统称为“FL群体”。在CH、FL和NT－10这3个群体中，从指纹图谱库中可以筛选出5个特异的微卫星DNA标记（JZL114、MiSaTPW11、Lma120、Mdo6和Msal21）用以鉴别这3个群体，每个标记至少在其中一个群体中可以扩增出独有的条带，从而将这个群体与其他群体区分开来，其中MiSaTPW11和Msal21这两个标记组合可以完全区分这3个群体。若以“1”和“0”分别表示扩增产物的“有”和“无”，将这5个特异微卫星标记产生的26个多态位点依次排序，建立计算机化的数字DNA指纹（见表1－10），可作为今后大口黑鲈种质鉴定的参照。

利用筛选到的5个特异微卫星标记鉴别国内目前养殖大口黑鲈群体、引进的佛罗里达亚种和引进的北方亚种，这5个微卫星标记所扩增的特异性谱带，可以鉴定未知样本，确定其来源。该指纹图谱适用于以这3个大口黑鲈群体作为亲本的杂交种的混杂样本的鉴定，因微卫星属于共显性的标记，每一个子代从父本和母本中分别获得一个等位基因，利用亲本的特异性微卫星标记，即双亲中具有不同等位基因的微卫星标记，通过对待测样本的特异性标记的数字化指纹进行比对，可将混杂群体之间、杂交种之间以及群体与杂交种之间准确地加以区分，是大口黑鲈种群和杂交种鉴定的有效方法，也是群体种质纯度鉴定的有效方法。

表1－10 大口黑鲈群体的数字化DNA指纹

标记	FL	NT－10	CH	鉴别群体
JZL114	00100	11110	10001	FL与CH
MiSaTPW11	0111100	1101100	0000011	CH与FL、NT－10
Lma120	00010	11111	01001	FL与CH
Mdo6	1000	1111	0011	FL与CH
Msal21	11100	00011	00010	FL与NT－10、CH

4. 群体间的遗传距离和聚类分析

用Popgene（Version 1.32）软件计算4个大口黑鲈群体间的Nei氏遗传距离（表1－11），利用UPGMA法对4个大口黑鲈群体进行聚类分析，聚类结果（图1－6）表明，FL－09和FL－10聚为一支，且遗传距离很近，为0.050 6。CH和NT－10聚为一类，遗传距离为0.424 4。推测FL－09和FL－10群体是来自美国佛罗里达州的相同水体，而CH与NT－10虽隶属于北方亚种，但可能来源于不同水域。

表 1-11 大口黑鲈 4 个群体的遗传距离

群体	FL-09	FL-10	NT-10	CH
FL-09	*			
FL-10	0.0506	*		
NT-10	0.4481	0.4349	*	
CH	1.0867	1.0054	0.4244	*

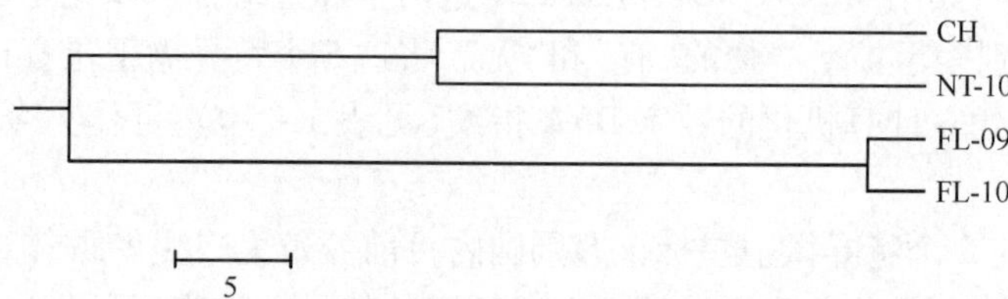

图 1-6 4 个大口黑鲈群体的 UPGMA 聚类

群体间的遗传关系一般以等位基因频率计算的两两群体间的遗传距离来估算。遗传距离是研究物种遗传多样性的基础，它反映了所研究群体的系统进化，一般认为群体分化时间越短，遗传距离越小（董秋芬等，2007）。本实验结果表明：2009 年引进的佛罗里达亚种群体和 2010 年引进的佛罗里达亚种群体遗传距离较小，同时指纹图谱显示每个微卫星标记在两个群体的扩增谱带均相同，推测 2009 年和 2010 年引进的佛罗里达亚种群体可能来源于相同的水体，或者是因为佛罗里达亚种在原产地分布相对集中，仅分布在美国的佛罗里达州（MacCrimmon et al，1975），其不同水体群体之间存在一定的种质交流、遗传分化不显著。而国内目前养殖群体和 2010 年引进的北方亚种群体虽均属于北方亚种聚为一支，但遗传距离相对较大，推测北方亚种在原产地分布较广（MacCrimmon et al，1975），如美国中东部、墨西哥东北部和加拿大东南部等地都有分布，Philipp 等（Nedbal et al，1994；Philipp et al，1983）分析表明该亚种在北纬和南纬分布的群体发生一定的遗传分化，推测国内目前养殖群体来源与 2010 年引进的群体可能隶属于不同水体。

第六节 中国大口黑鲈养殖群体遗传结构的 RAPD 分析

随机扩增多态性 DNA（RAPD）广泛应用于遗传多样性分析及生物进化研究，该技术采取随机引物扩增获得多态性 DNA 片段作为分子标记，具有快速、简便等特点，在研究物种间的亲缘关系、系统进化、遗传多样性、物种分类和分子辅助育种研究等方面取得了理想的结果。Williams 等（1998）曾用该技术对不同亚种大口黑鲈进行鉴定。本节采用 RAPD 技术分析我国养殖大口黑鲈的种群结构和遗传多样性，为我国大口黑鲈养殖品种的种质资源评估和良种选育提供科学依据。

一、材料与方法

大口黑鲈样品分别采自广州水产良种场（用 G 表示）、顺德大良广东省大口黑鲈良种养殖场(用 D 表示)和顺德勒流镇南水村农兴养殖场(用 N 表示)。其中,G 30 尾,D 28 尾,N 30 尾。取血液加入 ACD 抗凝剂,血液与抗凝剂的比例为 1∶6,保存于 -20℃备用。

随机引物购自生工生物工程(上海)股份有限公司;dNTPs、*Taq* DNA 聚合酶购自上海申能博彩生物科技有限公司,基因组 DNA 提取试剂盒购自 TIANGEN 生物技术公司,其他试剂均为国产分析纯。

采用天为时代试剂盒提供的方法提取大口黑鲈血液基因组 DNA。PCR 扩增及其产物检测方法如下:反应总体积为 20 μL,包括:10 × buffer 2.0 μL,$MgCl_2$(25mmol/L) 1.6 μL;4 × dNTP(10 μmol/L each) 0.4 μL;基因组 40 ng;聚合酶 1 U;反应在 PTC - 200 扩增仪上进行,94℃预变性 3 min 后,进行 40 个循环,每个循环包括 94℃ 30 s、36℃ 50 s、72℃ 1 min 20 s,最后 72℃延伸 7 min。扩增产物用 1.4% 琼脂糖凝胶电泳分离,紫外灯光下观察、拍照。

根据电泳结果,将每个条带看做是一个位点,按琼脂糖凝胶同一位置上 DNA 带的有无进行统计,有带的记为 1,否则记为 0,建立原始数据矩阵,根据 RAPD 扩增结果所统计的数据,计算各群体遗传变异参数。统计的遗传学参数以及计算方法如下:

多态位点比例　P = 扩增的多态位点数/扩增的总位点数 × 100%

Shannon 多样性指数 H　参照 Wachira(1995)的方法,采用 Shannon 信息指数表示遗传多态性:$H_o = -\sum X_i \ln(X_i/n)$,式中 X_i 为位点 i 在某一群体中出现的频率,n 为该群体检测到的位点总数,使用 POPGEN 软件进行计算。

群体间的相似度(I)和遗传距离(D)　采用 Nei(1972)的方法计算。$I = 2N_{xy}/(N_x + N_y)$;$D = 1 - I$,其中 N_x 和 N_y 分别为群体 x 和 y 的扩增多态 DNA 片段数;N_{xy}为两群体间相同的片段数。使用 POPGEN 软件进行计算。

Nei 遗传多样性指数　$h_0 = 1 - \sum p_i^2$,p_i 为单个位点上的等位基因频率。

二、结果与分析

筛选 60 个随机引物,其中 12 个引物可产生清晰、可重复的扩增带。用这 12 个引物对 3 个群体进行 RAPD 扩增,共获得 106 条清晰的条带,单个引物扩增的 RAPD 条带数在 4 ~ 11 之间,平均每个引物扩增出 8.8 个位点,片段长度在 250 ~ 2 000 bp。所用引物的序列及 RAPD 扩增的条带数见表 1 - 12。广州、顺德大良和顺德南水群体的多态位点比例分别为 32.08%、33.02% 和 40.57%。每个引物均显示出不同程度的多态性。图 1 - 7 所示为引物 S13 对 3 个群体扩增的电泳图谱。

表 1 - 12　所用引物序列和 RAPD 扩增结果

引物序号	序列(5′ - 3′)	扩增条带数	G 群体条带数	D 群体条带数	N 群体条带数
S2	TGATCCCTGG	11	6 ~ 11	6 ~ 10	3 ~ 11
S3	CATCCCCCTG	9	5 ~ 8	6 ~ 7	6 ~ 9
S5	TGCGCCCTTC	9	5 ~ 6	5 ~ 9	5 ~ 9
S13	TTCCCCCGCT	8	7 ~ 8	6 ~ 8	5 ~ 8
S14	TCCGCTCTGG	7	4 ~ 7	4 ~ 7	4 ~ 6

续表

引物序号	序列(5′-3′)	扩增条带数	G 群体条带数	D 群体条带数	N 群体条带数
S29	GGGTAACGCC	11	7~10	8~11	6~11
S30	GTGATCGCAG	7	7	6~7	6~7
S31	CAATCGCCGT	10	5~10	6~10	6~10
S37	GACCGCTTGT	6	5~6	5~6	5~6
S49	CTCTGGAGAC	9	6~9	6~9	6~9
S101	GGTCGGAGAA	9	5~9	5~9	7~9
S110	CCTACGTCAG	10	8~10	6~10	7~10
总数		106	70~101	69~103	6~105

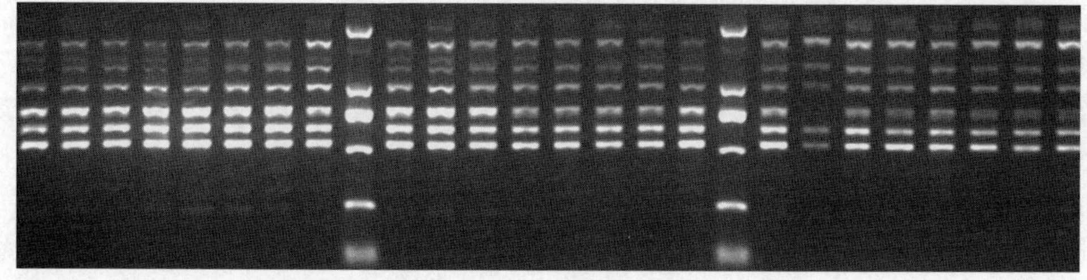

图 1-7 引物 S13 对 3 个地区大口黑鲈的扩增图谱

注:M 为 DL 2000Marker;G1~G8 为广州群体;D1~D8 为顺德大良群体;N1~N8 为顺德南水群体

大口黑鲈 3 个养殖群体的遗传学参数统计结果(表 1-13)显示,顺德南水群体的 Nei 遗传多样性指数较大,为 0.162 7,而广州和大良群体比较接近,分别为 0.115 1 和 0.117 6;Shannon's 多样性指数也呈现相似的结果,南水群体较大,为 0.237 8,广州和大良群体分别为 0.170 8 和 0.174 2。说明南水群体遗传多样性最高,而广州和大良两个群体的遗传多样性比较接近。群体内平均相似系数和群体内平均遗传距离也显示相似的结果。

表 1-13 大口黑鲈 3 个群体的遗传学参数

群体	Nei 遗传多样性指数	Shannon 多样性指数	群体内平均相似系数/群体内平均遗传距离
广州	0.115 1	0.170 8	0.903 9/0.096 1
大良	0.117 6	0.174 2	0.906 5/0.093 5
南水	0.162 7	0.237 8	0.888 5/0.111 5

群体间的遗传距离(表 1-14)显示,广州群体与南水群体的遗传距离较大,为 0.137 8;而广州群体与大良群体遗传距离较小,为 0.079 1。

表 1-14　群体间遗传距离

群体	广州	大良	南水
广州	—	0. 924 0	0. 871 3
大良	0. 079 1	—	0. 881 5
南水	0. 137 8	0. 126 2	—

对广东地区 3 个养殖群体大口黑鲈的遗传多样性分析表明：无论从多态位点比例、多样性信息指数，还是从群体内个体间的遗传距离来看，南水群体都保持了一定的遗传多样性，而广州和大良群体的遗传多样性水平相对较低。从群体间的 Nei 遗传距离可以看出：虽然大良和南水地理位置比较近，但两者的遗传距离却较大，为 0. 126 2；相反，广州和大良群体间遗传距离却较小，为 0. 079 1，这也说明了广东珠江三角洲地区大口黑鲈苗种的流动性较大。

一般而言，引种后的人工繁殖会造成种群遗传多样性的降低，这与奠基者效应（founder effect）或遗传漂变以及人工繁殖中一些人为的不合理因素如人工繁殖亲本数量太少、近亲繁殖、缺乏科学管理等有关。本研究的结果表明：从总体上分析，广东地区养殖的大口黑鲈还具有一定的遗传多样性，这可能与大口黑鲈这一物种的遗传多样性较高有关，在美国大口黑鲈分为两个亚种（Bailey et al，1949），广泛分布于美国中东部地区和南部地区（Maceina et al，1992），丘陵和分散的湖泊造成一定的地理隔离使得大口黑鲈具有较高的遗传多样性（Williams et al，1998）。本实验的某些养殖群体的遗传多样性已有所下降（如广州和大良群体），至于部分养殖群体的遗传多样性下降有否影响到生产性状的退化还有待进一步研究。

第七节　大口黑鲈养殖群体遗传多样性的微卫星分析

微卫星标记与其他分子标记相比不仅具有很好的可重复性，而且能够提供丰富的多态位点及基因座位杂合度和纯合度等遗传信息，是分析和评估种群结构和多态性的有效方法（赵莹莹等，2006）。上一节我们采用 RAPD 技术对我国大口黑鲈养殖群体遗传结构进行了分析，本节应用微卫星标记对广东 3 个养殖群体的大口黑鲈基因组 DNA 进行遗传多样性分析，以期为种质保护和改良提供技术手段和理论依据。

一、材料与方法

1. 大口黑鲈样品及试剂

大口黑鲈样品来源与基因组提取方法同上一节。试剂 dNTPs、*Taq* DNA 聚合酶购自上海申能博彩生物科技有限公司，基因组 DNA 提取试剂盒购自 TIANGEN 生物技术公司，SSR DNA Marker Ⅱ购自北京鼎国生物技术有限公司，其他试剂均为国产分析纯；微卫星引物由生工生物工程（上海）股份有限公司合成。

2. 基因组 DNA 的提取和微卫星的筛选

基因组 DNA 的提取采用天为时代试剂盒及其提供的方法提取大口黑鲈血液基因组

DNA，参照鲁翠云等（2005）提供的磁珠富集方法筛选大口黑鲈微卫星标记，由北京诺赛基因组研究中心有限公司对阳性克隆进行测序。根据测序结果，使用软件 Primer3.0 设计引物。

3. 模板和微卫星多态分析

以3个群体混合 DNA 样品为模板，对设计的引物进行 PCR 筛选，从中选择扩增稳定且条带清晰的微卫星引物，用于群体的微卫星多态分析。PCR 反应总体积为 20 μL，包括：10 × buffer 2.0 μL，$MgCl_2$（25 mmol/L）0.8 μL；4 × dNTP（10 μmol/L）0.3 μL；上下游引物（10 μmol/L）各 0.5 μL；基因组 40 ng；聚合酶 1 U；加适量的 ddH_2O 反应在 PTC－200 扩增仪上经过 94℃预变性 5 min 后，进行 25 个循环，每个循环包括 94℃ 30 s、退火 30 s、72℃ 30 s，最后 72℃延伸 7 min。引物及退火温度见表 1－15。PCR 扩增产物经 8% 非变性聚丙烯酰胺凝胶电泳，硝酸银染色，扫描仪记录电泳图谱。

表 1－15 大口黑鲈微卫星分子标记及其引物

位点	引物序列（5′—3′）	片段长度/bp	重复序列	等位基因数	退火温度/℃	GenBank 号
JZL12	F：ACTCAGAGCCTCACATTC R：CAGGTGGACTCAAGACAG	202	$(CA)_{40}$	2	50	EF055991
JZL23	F：GTCCGCTGCTTAGTTTAT R：TCCTTTATCCTTCCCTCT	397	$(TG)_{29}$ $(AG)_7$	3	50	EF055992
JZL31	F：TGGACTGAGGCTACAGCAGA R：CCAAGAGAGTCCCAAATGGA	202	$(CA)_{25}$	2	60	EF055993
JZL36	F：GCTGAGAGCCTGAAGACCAG R：ATGGAGGACAGCAGGAACAT	214	$(CA)_{15}$	2	56	EF055994
JZL37	F：TCCAGCCTTCTTGATTCCTC R：CCCGTTTAGCCAGAGAAGTG	200	$(CA)_{24}$	2	56	EF055995
JZL40	F：GCTGAGAGCCTGAAGACCAG R：ATGGAGGACAGCAGGAACAT	214	$(CA)_{15}$	2	58	EF055996
JZL43	F：GCTGCGAGTGCGTGTAACTA R：GGGAAGCGAGAGTCAGAGTG	215	$(CA)_{21}$	2	58	EF055997
JZL48	F：TCGACGATCAATGGACTGAA R：TCTGGACAACACAGGTGAGG	207	$(GT)_{13}$	2	56	EF055998
JZL53	F：AGCCAATTTCAGCCAAGGT R：TCGACGATCAATGGACTGAA	200	$(GT)_{13}$	2	54	EF055999
JZL59	F：CACAAGGCAAACAGAACGTC R：TTGGCTACCCAGTGATGACA	183	$(CA)_{21}$	2	55	EF056000
JZL60	F：AGTTAACCCGCTTTGTGCTG R：GAAGGCGAAGAAGGGAGAGT	205	$(CA)_{21}$	2	60	EF056001

续表

位点	引物序列(5′—3′)	片段长度/bp	重复序列	等位基因数	退火温度/℃	GenBank 号
JZL67	F:CCGCTAATGAGAGGGAGACA R:ACAGACTAGCGTCAGCAGCA	248	$(CA)_{16}$	2	60	EF056002
JZL68	F:AGGCACCGTCTTCTCTTCA R:CATTGTGGGTGCATTCTCC	166	$(CA)_{20}$	3	58	EF056003
JZL71	F:GCAGCTTCAGGTGTGTGTT R:TCGGTGAACTCCTGTCAGG	202	$(GT)_{21}$	2	60	EF056004
JZL72	F:AGGGTTCATGTTCATGGTAG R:ACACAGTGGCAAATGGAGGT	170	$(CA)_{21}$	2	59	EF056005
JZL83	F:TGTGGCAAAGACTGAGTGGA R:ATTTCTCAACGTGCCAGGTC	157	$(CA)_{23}$	3	56	EF056006
JZL84	F:GAAAACAGCCTCGGGTGTAA R:CACTTGTTGCTGCGTCTGTT	197	$(CA)_{20}$	3	56	EF056007
JZL85	F:GGGGCTCACTCACTGTGTTT R:GTGCGCAGACAGCTAGACAG	213	$(CA)_{17}$	3	58	EF056008
Lma21	F:CAGCTCAATAGTTCTGTCAGG R:ACTACTGCTGAAGATATTGTG	158 ~ 183		3	47.5	Colbourne et al[6]
Mdo7	F:TCAAACGCACCTTCACTGAC R:GTCACTCCCATCATGCTCCT	156 ~ 172		2	53	Malloy et al[7]
Lar7	F:GTGCTAATAAAGGCTACTGTC R:TGTTCCCTTAATTGTTTTGA	127 ~ 155		2	47	DeWoody et al[8]

4. 遗传分析

利用所获得的微卫星引物对大口黑鲈3个养殖群体进行遗传分析。对每一个微卫星位点的等位基因的数量进行统计,计算等位基因频率和其他遗传参数。

参照 Botstein 等(1980)的方法计算多态信息含量(Polymorphism Information Content, PIC)

$$\mathrm{PIC} = 1 - \sum_{i=1}^{n} P_i^{\ 2} - \sum_{i=1}^{n-1}\sum_{j=i+1}^{n} 2(P_iP_j)^2$$

式中:P_i、P_j 分别为群体中第 i 和第 j 个等位基因频率,n 为等位基因数。

多态位点杂和度(观测值)H_o:H_o 为杂合子观察数与观察个体总数之比。

多态位点杂和度(期望值)H_e:$H_e = 1 - \sum p_i^2$

P_i 为该位点上第 i 个等位基因的频率。

Hardy-Weinberg 遗传偏离指数(d)

$$d = (H_o - H_e)/H_e$$

二、结果与分析

挑选288个阳性克隆进行测序，测得序列276个，其中含微卫星的序列267个，占96.7%。重复次数主要在20~50之间，最高的达到174次重复。根据Weber提出的标准，按照微卫星核心序列排列方式的差异，可以将微卫星序列分为完美型、非完美型和混合型3种类型，其中完美型175个，非完美型79个，混合型13个，分别占65.5%，29.6%和4.9%。

选用18对微卫星引物对3个地区养殖大口黑鲈进行遗传结构分析，PCR扩增的部分结果见图1-8。不同引物获得的等位基因数为2~3个。其中位点JZL23、JZL68、JZL83、JZL84、JZL85和Lma21获得3个等位基因；其余均获得两个等位基因。仅位点JZL23、JZL85和Lma21 3个位点的多态信息含量大于0.5，为高度多态；其余为中度或低度多态。每个座位的等位基因频率和多态信息含量见表1-16。

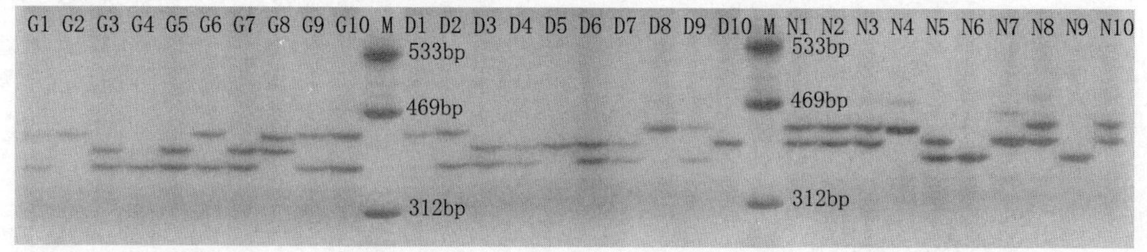

图1-8 大口黑鲈3个群体JZL23位点的微卫星检测图谱

注：M为SD011Marker；G1~G10为广州群体；D1~D10为顺德大良群体；N1~N10为顺德南水群体.

表1-16 大口黑鲈3个群体21个微卫星位点的等位基因频率和多态信息含量

位点	等位基因	等位基因频率			多态信息含量(PIC)			平均
		G群体	D群体	N群体	G群体	D群体	N群体	
JZL12	a	0.0500	0.0714	0.1333	0.0905	0.1238	0.2044	0.1396
	b	0.9500	0.9286	0.8667				
JZL23	a	0.2167	0.3571	0.3500	0.6462	0.5969	0.7436	0.6622
	b	0.2167	0.3929	0.2667				
	c	0.4833	0.2500	0.3833				
JZL31	a	0.3500	0.6071	0.5000	0.3515	0.3633	0.375	0.3632
	b	0.6500	0.3929	0.5000				
JZL36	a	0.1667	0.2500	0.1667	0.2392	0.3047	0.2392	0.2610
	b	0.8333	0.7500	0.8333				
JZL37	a	0.3833	0.1429	0.3500	0.3610	0.2150	0.3515	0.3092
	b	0.6167	0.8571	0.6500				
JZL40	a	0.1333	0.2500	0.1500	0.2044	0.3047	0.2225	0.2439
	b	0.8667	0.7500	0.8500				

续表

位点	等位基因	等位基因频率			多态信息含量(PIC)			平均
		G群体	D群体	N群体	G群体	D群体	N群体	
JZL43	a	0.7167	0.6964	0.7667	0.3236	0.3334	0.2938	0.3169
	b	0.2833	0.3036	0.2333				
JZL48	a	0.3000	0.1786	0.1500	0.3318	0.2504	0.2225	0.2682
	b	0.7000	0.8214	0.8500				
JZL53	a	0.7667	0.8036	0.7833	0.2938	0.2658	0.2829	0.2808
	b	0.2333	0.1964	0.2167				
JZL59	a	0.8667	0.7857	0.7667	0.2044	0.2802	0.2938	0.2595
	b	0.1333	0.2143	0.2333				
JZL60	a	0.2833	0.3214	0.2667	0.3234	0.3411	0.3146	0.3264
	b	0.7167	0.6786	0.7333				
JZL67	a	0.9000	0.8214	0.9667	0.1638	0.2504	0.0623	0.1588
	b	0.1000	0.1786	0.0333				
JZL68	a	0.6667	0.6429	0.5167	0.3657	0.4710	0.3747	0.4038
	b	0.3167	0.2321	0.4833				
	c	0.0167	0.125					
JZL71	a	0.9333	0.9286	0.9833	0.1158	0.1238	0.0323	0.0906
	b	0.0667	0.0714	0.0167				
JZL72	a	0.2667	0.3571	0.3000	0.3147	0.3537	0.3318	0.3334
	b	0.7333	0.6429	0.7000				
JZL83	a	0.6333	0.5000	0.6167	0.3974	0.4470	0.3610	0.4018
	b	0.3333	0.4464	0.3833				
	c	0.0333	0.0536					
JZL84	a	0.6333	0.6429	0.5167	0.3778	0.4696	0.3747	0.4074
	b	0.3500	0.2500	0.4833				
	c	0.0167	0.1071					
JZL85	a	0.6000	0.5893	0.7167	0.5360	0.5390	0.9436	0.6729
	b	0.1500	0.107	0.0667				
	c	0.2500	0.3036	0.2167				
Lma21	a	0.3500	0.5000	0.6000	0.6404	0.7363	0.8672	0.7480
	b	0.5167	0.4107	0.2500				
	c	0.1333	0.0893	0.1500				
Mdo7	a	0.1333	0.1786	0.0333	0.2444	0.2504	0.0623	0.1723
	b	0.8667	0.8214	0.9667				
Lar7	a	0.1667	0.2500	0.3833	0.2392	0.3047	0.3610	0.3016
	b	0.8333	0.7500	0.6167				

利用所获得的微卫星引物对3个养殖群体进行遗传多样性分析，计算反映大口黑鲈养殖群体遗传多样性的 A、H_o、H_e 和 PIC（表1－16和表1－17）。分析表明：大口黑鲈3个群体平均等位基因数为2.14～2.28，观测杂合度 H_o 为0.356～0.396，期望杂合度的范围为0.368～0.403，PIC为0.0906～0.7480。

表1－17 微卫星位点的遗传参数

位点	G群体				D群体				N群体			
	A(a)	H_o	H_e	d	A(a)	H_o	H_e	d	A(a)	H_o	H_e	d
JZL12	2(1.1)	0.100	0.097	0.031	2(1.2)	0.143	0.135	0.059	2(1.3)	0.133	0.235	－0.434
JZL23	3(2.7)	0.700	0.640	0.093	3(2.9)	0.536	0.668	－0.198	3(2.9)	0.667	0.671	－0.006
JZL31	2(1.8)	0.433	0.463	－0.065	2(1.9)	0.429	0.486	－0.117	2(2)	0.533	0.509	0.472
JZL36	2(1.4)	0.333	0.283	0.177	2(1.6)	0.357	0.382	－0.065	2(1.4)	0.333	0.283	0.177
JZL37	2(1.9)	0.633	0.481	0.316	2(1.3)	0.286	0.249	0.149	2(1.8)	0.367	0.463	－0.207
JZL40	2(1.3)	0.267	0.235	0.136	2(1.6)	0.357	0.382	－0.065	2(1.3)	0.300	0.259	0.158
JZL43	2(1.7)	0.433	0.413	0.048	2(1.7)	0.536	0.431	0.244	2(1.5)	0.400	0.364	0.099
JZL48	2(1.7)	0.400	0.427	－0.063	2(1.4)	0.357	0.299	0.134	2(1.3)	0.233	0.259	－0.100
JZL53	2(1.6)	0.267	0.364	－0.266	2(1.4)	0.321	0.321	0.000	2(1.5)	0.433	0.345	0.255
JZL59	2(1.3)	0.267	0.235	0.136	2(1.5)	0.357	0.343	0.041	2(1.5)	0.333	0.364	－0.085
JZL60	2(1.7)	0.433	0.413	0.048	2(1.7)	0.500	0.444	0.126	2(1.6)	0.333	0.398	－0.163
JZL67	2(1.2)	0.133	0.183	－0.273	2(1.4)	0.071	0.299	－0.763	2(1.1)	0.067	0.066	0.015
JZL68	3(1.8)	0.467	0.463	0.008	3(2.1)	0.571	0.527	0.083	2(1.9)	0.500	0.508	－0.016
JZL71	2(1.1)	0.067	0.127	－0.472	2(1.2)	0.143	0.135	0.059	2(1)	0.033	0.033	0.000
JZL72	2(1.6)	0.467	0.398	0.173	2(1.8)	0.357	0.468	－0.199	2(1.7)	0.467	0.427	0.094
JZL83	3(1.9)	0.500	0.495	0.010	3(2.2)	0.571	0.558	0.023	2(1.8)	0.367	0.481	－0.237
JZL84	3(1.9)	0.467	0.484	－0.035	3(2.1)	0.571	0.522	0.094	2(1.9)	0.500	0.508	－0.016
JZL85	3(2.2)	0.567	0.564	0.005	3(2.2)	0.607	0.559	0.086	3(1.7)	0.267	0.442	－0.396
Lma21	3(2.5)	0.667	0.603	0.106	3(2.3)	0.607	0.584	0.039	3(2.2)	0.567	0,564	0.004
Mdo7	2(1.3)	0.200	0.235	－0.149	2(1.4)	0.357	0.299	0.194	2(1.1)	0.067	0.065	0.031
Lar7	2(1.4)	0.267	0.283	－0.056	2(1.6)	0.286	0.382	0.251	2(1.9)	0.567	0.481	0.179
平均	2.28(1.67)	0.384	0.375	－0.004	2.28(1.75)	0.396	0.403	0.008	2.14(1.67)	0.356	0.368	－0.008

微卫星位点的多态性水平可用多态信息含量值（PIC）衡量，多态信息含量值能反映出某个遗传标记所含的或能提供的遗传信息容量，一般情况下，当PIC＞0.5时，表明该遗传标记可提供丰富的遗传信息；当0.25＜PIC＜0.5时，表明该遗传标记能够较为合理地提供遗

传信息，而当 PIC <0.25 时，表明该遗传标记可提供的遗传信息较差（梁利群等，2004）。由表 1－16 可知，大口黑鲈种群在位点 JZL23、Lma21 和 JZL85 为高度多态，在位点 JZL31、JZL36、JZL37、JZL43、JZL48、JZL53、JZL59、JZL60、JZL68、JZL72、JZL83、JZL84 和 Lar7 为中度多态，而在位点 JZL12、JZL40、JZL67、JZL71 和 Mdo7 为低度多态。

杂合度指微卫星座位为杂合子的比例，它能较好地反映群体中等位基因的丰富程度和均匀程度。其大小可反映群体遗传变异的高低（Nei et al，1975）。H_o 和 H_e 量化了基因的遗传多样性，d 值则反映了两者的平衡关系，d 值越接近 0，基因型分布越接近平衡状态；d 值的正负值直观地反映了种群内杂合子的过剩和缺失。本节研究结果表明，广州、顺德大良和顺德南水三地区养殖大口黑鲈的观测杂合度为 0.384、0.396 和 0.356；期望杂合度分别为 0.375、0.403 和 0.356；而 21 个微卫星位点中仅 3 个为高度多态位点，13 个为中度多态，5 个为低度多态。等位基因数、杂合度和多态信息含量等遗传参数说明目前养殖大口黑鲈遗传多样性不高。分析原因如下：①这与有效亲本数量不够，定向选择增强，导致种质资源衰退可能有一定的关系。这主要由于人工养殖条件下的封闭群体更容易发生“瓶颈”效应和近交衰退现象而加速种质的同质化，从而降低群体的遗传多样性。Chris 等（2003）用 11 个微卫星位点分析美国北部地区和佛罗里达大口黑鲈的遗传多样性，结果表明，其平均杂合度分别为 0.52 和 0.41，平均位点数为 4.57 和 4.51，其遗传多样性远均高于本节的研究结果，说明我国养殖大口黑鲈遗传多样性比原产地区低，种质资源出现退化。②可能与大口黑鲈的引进来源有关，目前我国现有大口黑鲈引进的具体来源还不清楚，有可能引进时大口黑鲈的种质来源较单一，群体数量不多，导致我国养殖大口黑鲈种质的遗传多样性保持在较低水平。鉴于此，在大口黑鲈的人工繁殖过程中，要重视近交衰退问题，选择遗传变异高的个体进行人工繁殖，扩大遗传变异度，降低近交系数；另外，在引种时，要考虑引进大口黑鲈亲本的数量及其遗传多样性的大小，及时更新种质和开展良种选育，以免大口黑鲈种质进一步退化，保证大口黑鲈养殖业的健康持续发展。

第八节　大口黑鲈中国养殖群体与美国野生群体的遗传多样性比较

在大口黑鲈的原产地美洲，大口黑鲈由两个亚种组成（Bailey et al，1949），分布在美国佛罗里达半岛的大口黑鲈佛罗里达亚种和分布遍及美国中部及东部地区、墨西哥东北部地区以及加拿大东南部地区的大口黑鲈北方亚种（MacCrimmon et al，1975）。这些亚种以及他们可育的杂交后代具有对温度的适应性（Fields et al，1987）、产卵周期（Rogers et al，2006）以及生长速度的差异（Isely et al，1987）。为了能更好地研究利用这些特性，必须了解国内现有养殖群体与美国野生群体的亲缘关系，比较养殖群体与野生群体间的遗传多样性差异。为此我们采用 6 个微卫星位点进行我国养殖大口黑鲈群体遗传变异分析，并将此研究结果与之前的大口黑鲈原产地野生群体研究数据进行了比较分析。

一、材料与方法

1. 样品收集

国内大口黑鲈养殖群体样本 $n=136$,采集于广东地区的4个养殖场:广州(G,$n=30$),大良(D,$n=28$),新世纪(X,$n=48$),南水(N,$n=30$)。野生群体的基因型数据由 Lutz-Carrillo 等(2006)提供,包括5个大口黑鲈佛罗里达亚种群体($n=175$)和8个大口黑鲈北方亚种群体($n=249$),具体数据见表1-18。

表1-18 大口黑鲈的野生与养殖群体样本

群体来源	缩写	样本数	归类
中国广东广州	G	30	养殖群体(CS)
中国广东大良	D	28	养殖群体(CS)
中国广东新世纪	X	48	养殖群体(CS)
中国广东南水	N	30	养殖群体(CS)
Lake Dora, Florida, USA*	Dora	27	佛罗里达亚种 (FLMB)
East Lake Tohopekaliga, Florida, USA*	Toho	51	FLMB
Lake Kissimmee, Florida, USA*	Kiss	28	FLMB
Hillsborough River, Florida, USA*	Hill	35	FLMB
Medard Reservoir, Florida, USA*	Meda	34	FLMB
Twin Oaks Reservoir, Texas, USA*	Twin	31	南部地区的北方亚种(NLMB-S)
Lake Fryer, Texas, USA*	Fryr	30	NLMB-S
Lake Kickapoo, Texas, USA*	Kick	27	NLMB-S
Devils, River, Texas, USA*	Devr	37	NLMB-S
Lake Charlotte, Oklahoma, USA*	Char	50	NLMB-S
Lake Minnetonka, Minnesota, USA*	Minn	27	北部地区的北方亚种 (NLMB-N)
Pepin Lake, Minnesota, USA*	Pepn	23	NLMB-N
Pike Lake, Wisconsin, USA*	Pike	24	NLMB-N

*数据来自 Lutz-Carrillo et al,2006.

2. DNA 提取

基因组 DNA 从20 μL 成鱼血液中提取,采用北京天根生物公司的基因组提取试剂盒 DP304 或者采用 Miller 等(1988)的改进方法:用醋酸铵代替氯化钠使细胞蛋白质变性。基因组 DNA 以纯水稀释,-20℃保存备用。抽提的 DNA 以0.8%的琼脂糖凝胶电泳检测,并用分光光度计检测其浓度与纯度。

3. 微卫星标记

使用6个微卫星标记(Lma10, Lma21, Lma120, Mdo7, Msa25,Lar7)评估加州鲈养殖群体的遗传变异。这些标记是从 Lutz-Carrillo 等(2006) 用以评估美国北部加州鲈群体的遗传结构所使用的11个标记中筛选出来的。筛选的标准是:能在样本中稳定扩增出清晰的条带。实验得到的野生群体的基因型数据直接与养殖群体的相关数据进行比较分析。

PCR 扩增反应采用 20 μL 体系,包括:50 ~ 100 ng 基因组 DNA,上下游引物各 0.5 μL (20 mmol/L),0.8 μL $MgCl_2$(25 mmol/L),0.3 μL dNTP(10 mmol/L),2 μL 10 × PCR buffer 及 1U *Taq* DNA 聚合酶(上海申能博彩公司)。PCR 反应在 Thermal cycling (Bio-Rad)热循环仪上进行,反应程序包括:94℃ 预变性 5 min;25 个循环,94℃ 30 s,50 ~ 54℃ 30 s,72℃ 30 s;然后 72℃ 延伸 7 min。PCR 产物以 8% 非变性聚丙烯酰胺凝胶电泳检测,(1 × TBE buffer 6 - 7V/cm,4 - 5h),银染。用 Gel-Pro Analyzer 软件分析条带的大小,并据此来鉴定等位基因型。

4. 数据分析

采用 GenAlEx(Peakall,2006)软件分析各位点的等位基因数,以 Bottleneck(Cornuet,Luikart, 1996;Piry et al,1999)软件来检测各养殖群体近来是否存在有效群体数 N_e 的减少。采用无限突变模型(IAM)与逐步突变模型(SMM)进行评估,采用符号检验,标准差检验,威尔科克森符号检验和模漂移(Luikart et al, 1999)检测显著性差异。哈代温伯格平衡分析(HWE)采用 Markov-chain(Levene, 1949; Guo,Thompson,1992)方法,同时采用 Markov-chain extension to Fisher's exact test for R × C contingency tables (Slatkin, 1994)方法对各位点等位基因进行了非随机组合的分析。养殖群体内各群体之间的遗传差异以 Rstcalc (Goodman,1997)软件计算参数 Rst 来评估,其变异组分用 Rho 统计来评估,用 1 000 次 bootstrap 计算 Slatkin's RST (Slatkin, 1995)的无偏估计值。

采用两因子变异分析(ANOVA)来计算各群体之间等位基因差异的显著性,以及养殖群体与野生群体在各特定位点及整体的观测杂合度差异的显著性(SYSTAT Software, Inc.)。采用 Tukey's post-hoc tests 检验进行两两比较,群体分组如下:中国养殖群体(4 个群体),野生佛罗里达亚种群体(5 个群体),来自美国北部的北方亚种群体(5 个群体)。

群体之间的遗传变异用 Cavalli-Sforza and Edwards (1967)距离进行评估。并采用 PHYLIP 3.63 软件进行 1 000 次 bootstrap 重复抽样法,构建 NJ 聚类树。所得聚类树以 TreeView (1.6.6)软件来读取。

二、结果与分析

本节所采用的所有位点均能在这 4 个大口黑鲈养殖群体中成功扩增。位点 Lma10 和 Lma21 的观测等位基因数为 3,位点 Msa25 为 1,其余位点为 2,4 个群体的平均等位基因数均等于 2.17 ±0.00。在这 4 个养殖群体中并不存在群体特有的等位基因。而在野生群体中,同样的位点上,平均等位基因数最低的是 3.56 ±0.26(北方亚种中分布于美国北部的几个群体),最高的是 6.30 ±0.92(北方亚种中分布于美国南方的几个群体)。我国养殖大口黑鲈群体的杂合度从 0.34 ±0.24(群体 X)到 0.41 ±0.27(群体 D),平均为 0.37 ±0.03(表 1 - 19)。使用 IAM 与 SMM 模型进行瓶颈效应的估算,发现在每个养殖群体中,至少有一种检验表明大口黑鲈群体近来出现了有效群体数的衰减现象(表 1 - 20),而所有群体的等位基因频率的减少说明存在遗传"瓶颈"效应。

表 1 - 19 养殖大口黑鲈和野生大口黑鲈的平均等位基因数 A_N 和杂合度 H_o

群体	A_N	H_o
国内养殖群体	2.167 ±0.000	0.370 ±0.032
G	2.167 ±0.753	0.350 ±0.255
D	2.167 ±0.753	0.405 ±0.267
X	2.167 ±0.753	0.389 ±0.396
N	2.167 ±0.753	0.337 ±0.238
美国野生群体	5.551 ±1.351	0.508 ±0.150
FLMB	6.000 ±0.808	0.371 ±0.053
NLMB - S	6.300 ±0.923	0.674 ±0.056
NLMB - N	3.556 ±0.255	0.458 ±0.057

表 1 - 20 IAM/SMM 模型的 3 种假设检验结果

群体	符号检验	标准差	威尔科克森符号*	模漂移
G	0.021/0.38	0.021/0.111	0.016/0.016	是
D	0.020/0.038	0.004/0.025	0.016/0.016	是
X	0.015/0.034	0.011/0.059	0.016/0.016	是
N	0.140/0.216	0.023/0.120	0.031/0.109	是

注:根据 Bottleneck (Piry et al,1999)的方法进行分析.

*杂合子过剩的单尾检验.

所有群体及位点的 HWE 检验发现,大口黑鲈养殖群体符合 HWE 平衡。采用 Rst 参数来评估养殖群体的遗传变异,其结果从微小(0.032)到中等(0.208),且所有两两比较的结果均显示出显著性差异(表 1 - 21)。

表 1 - 21 采用 Rst 参数评估养殖群体的遗传变异

	G	D	X	N
G	*	0.00001 ±0.0034	0.00001 ±0.0038	0.00002 ±0.0045
D	0.032	*	0.00002 ±0.0048	0.00001 ±0.0034
X	0.093	0.176	*	0.00003 ±0.0058
N	0.066	0.037	0.208	*

注:星号上方为 P 值,下方为 Rho 值;$\alpha = 0.05$.

在这 6 个微卫星位点上,我国养殖大口黑鲈群体与佛罗里达大口黑鲈群体之间的遗传距离较与北方大口黑鲈群体间的遗传距离大,进一步证实了我国养殖群体应该来源于大口黑鲈北方亚种(图 1 - 9)。将群体 D 与 X 各 30 个样品送往美国 A E Wood 实验室(San Marcos,Texas)检测,结果在 Mdo6 和 Msa21 位点上具有北方亚种大口黑鲈特有的带型。以上结论同样证明我国养殖群体隶属于大口黑鲈北方亚种,不过养殖群体的系统分化处于单独的一个分支。

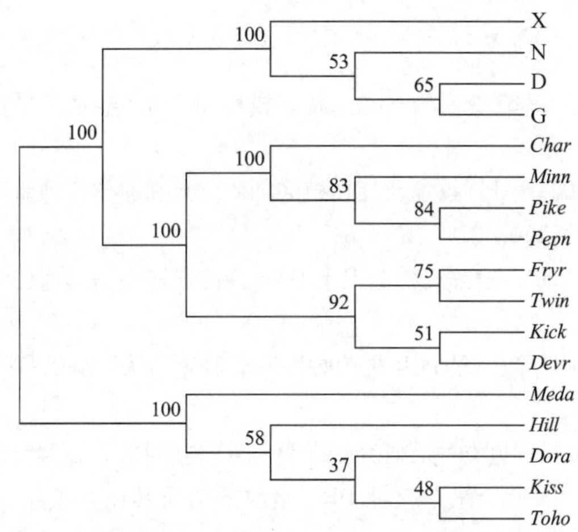

图 1－9　依据 NJ 法构建的 4 个养殖群体和 13 个北美野生群体的分子系统树

注:图中缩写见表 1－18

有关我国大陆地区所养殖的大口黑鲈的引进来源的记录甚少。大口黑鲈于 20 世纪 70 年代首次引入我国台湾,台湾于 1983 年首次人工繁殖成功（Liao, 2000）,同年,大口黑鲈鱼苗被引入广东省（Ma et al, 2003; Zhang et al, 1994）。不过,对于所引进的大口黑鲈的原产地,数量和物种的分类并没有详细的记录。本节的研究结果表明:几个大口黑鲈养殖群体均来源于北方亚种,对 D 或 X 群体的分析并未发现有佛罗里达亚种的基因渐渗,由此我们主要对养殖群体与野生北方亚种间的遗传多样性进行比较。

以与 Lutz-Carrillo 等（2006）相同的几个位点进行评估,养殖群体的等位基因数（2.17 ± 0.00）比野生群体降低了 39%（相对于北方亚种分布于美国北部的几个群体而言,3.56 ± 0.26）到 64%（相对于北方亚种分布于美国南部的几个群体而言,6.30 ± 0.92）。而观测杂合度（0.37 ± 0.03）则比野生群体下降了 19%（0.46 ± 0.06）与 45%（0.67 ± 0.06）。不过,只有养殖群体与 NLMB－S 群体在统计上具有显著性差异。因此,通过与野生北方亚种的群体数据进行比较研究可以看出:养殖群体内的遗传变异水平已经衰减,且等位基因数比观测杂合度衰退得更为严重。

养殖群体在任意位点上,HWE 与 LE 偏离情况不显著,说明大口黑鲈繁殖过程中的近交现象还未对其遗传多样性造成显著影响。不过,根据养殖群体中等位基因数的严重丧失,杂合度减少以及有效群体数目 N_e 的降低说明养殖群体已出现了遗传“瓶颈”。因此,我们应该增加奠基群体数目来应对这一问题。另外值得注意的是,系统分化分析中,所有养殖群体聚类为一个分支且互相之间没有特异的等位基因,说明所有养殖群体可能起源于同一个群体。

综上所述,遗传变异分析证实 4 个养殖群体均为大口黑鲈北方亚种。遗传多样性不仅对于选择育种研究极为重要,而且遗传多样性的衰减也常常伴随流行病的爆发（Springbett et al, 2003）。因此,我们建议引进一些新的野生北方亚种群以补充我国养殖大口黑鲈群体的遗传多样性。当然,我们也可以同时引进一些佛罗里达亚种,以便开展杂交育种工作。

参考文献:

董秋芬, 刘楚吾, 郭昱嵩, 等. 2007. 9 种石斑鱼遗传多样性和系统发生关系的微卫星分析. 遗传, 29(7): 837-843.

杜道林, 苏杰, 周鹏, 等. 2002. RAPD 技术及其在植物种质资源和遗传育种研究中的应用. 海南师范学院学报:自然科学版,15(3/4):220-224.

高玉时,李慧芳,陈国宏,等. 2005. 地方鸡种微卫星 DNA 指纹图谱建立与遗传多样性研究. 云南农业大学学报, 20(3):313-318.

霍金龙,曾嵘,潘伟荣,等. 2005. 微卫星 PCR 聚丙烯酰胺凝胶银染法影响因素的分析研究. 云南农业大学学报, 20(1):67-71.

李思发. 1998. 中国淡水主要养殖鱼类种质研究. 上海:上海科学技术出版社,1-10.

李晓辉,李新海,高文伟,等. 2005. 玉米杂交种 DNA 指纹图谱及其在亲子鉴定中的应用. 作物学报, 31(3):386-391.

李仲辉,杨太有. 2001. 大口黑鲈和尖吻鲈骨骼系统的比较研究. 动物学报, 47(专刊): 110-115.

梁利群,常玉梅,董崇智,等. 2004. 微卫星标记对乌苏里江哲罗鱼遗传多样性的分析. 水产学报, 28(2): 241-244

梁素娴,白俊杰,叶星,等. 2007. 养殖大口黑鲈的遗传多样性分析. 大连水产学院学报, 22(4):260-263.

梁素娴,孙效文,白俊杰,等. 2008. 微卫星标记对中国引进加州鲈养殖群体遗传多样性的分析. 水生生物学报, 32(5):80-86.

刘德立. 1990. DNA 指纹图谱法及其应用. 生物化学与生物物理进展, 17(6):421-43.

卢建峰,白俊杰,李胜杰,等. 2010. 大口黑鲈选育群体遗传多样性的 AFLP 分析. 淡水渔业, 40(3):3-7.

鲁翠云,孙效文,梁利群. 2005. 鳙鱼微卫星分子标记的筛选. 中国水产科学, 12(2):192-196.

宋红梅,白俊杰,叶星,等. 2009. 罗非鱼微卫星 DNA 指纹图谱的构建. 水产学报, 33(3):357-363.

吴渝生,杨文鹏,郑用琏. 2003. 3 个玉米杂交种和亲本 SSR 指纹图谱的构建. 作物学报, 29(4):496-500.

宣朴,翟世红. 1994. 植物育种中的 RFLP 技术. 西南农业学报, 7(2):106-112.

张韵桐. 1994. 大口黑鲈养殖研究. 湛江水产学院学报, 14(1): 23-28.

赵莹莹,朱晓琛,孙效文,等. 2006. 虾夷扇贝的多态性微卫星座位. 动物学报, 52(1):229-233.

朱新平,杜合军,郑光明,等. 2006. 大口黑鲈养殖群体遗传多样性的分析. 大连水产学院学报, 21(4): 341-345.

Bai J, Lutz-Carrillo D J, Quan Y, et al. 2008. Taxonomic status and genetic diversity of cultured largemouth bass *Micropterus salmoides* in China. Aquaculture, 278(4): 27-30.

Bailey R M, Hubbs C L. 1949. The black basses (*Micropterus*) of Florida, with description of a new species. University of Michigan Museum of Zoology Occasional Papers, 516: 1-40.

Botsein P. 1980. Construction of a genetic linkage map in man using restriction length polymorphism. Am J Hum Genetic, 32: 314.

Bottroff L J, Lembeck M E. 1978. Fishery trends in reservoirs of San Diego Counth, California following the introduction of Florida largemouth bass, *Micropterus salmoides floridanus*. California Fish and Game, 64: 4-23.

Bryan C F. 1969. Variation in selected meristic characters of some basses, *Micropterus*. Copeia, 3(2): 370-373.

Cavalli-Sforza L L, Edwards A W F. 1967. Phylogenetic analysis: models and estimation procedures. Am J Hum Genet, 19: 233-257.

Chris C N, Timothy H B, Michael R J, et al. 2006. Admixture analysis of Florida largemouth bass and northern largemouth bass using microsatellite loci. Transactions of the American Fisheries Society, 135: 779 – 791.

Cornuet J M, Luikart G. 1996. Description and power analysis of two tests for detecting recent population bottlenecks from allele frequency data. Genetics, 144: 2001 – 2014.

David C M, Hugh R M. 1979. Comparison of ageing methods and growth rates for largemouth bass (*Micropterus salmoides*) from northern latitudes. Environmental Biology of Fishes, 4(3): 263 – 271.

Dewoody J A, Fletcher D E, Wilkins S D, et al. 2000. Genetic monogamy and biparental care in an externally fertilizing fish, the largemouth bass (*Micropterus salmoides*). Proceedings of the Royal Society of London, Series B: Biological Sciences, 267(1460):2431 – 2437.

Excoffier L G L, Schneider S. 2005. Arlequin ver. 3. 0: An integrated software package for population genetics data analysis. Evolutionary Bioinformatics Online, (1): 47 – 50.

Fields R, Lowe S S, Kaminski C, et al. 1987. Critical and chronic thermal maxima of northern and Florida largemouth bass and their reciprocal F_1 and F_2 hybrids . Transactions of the American Fisheries Society, 116(6): 856 – 863.

Goodman S J. 1997. Rstcalc: A collection of computer programs for calculating estimates of genetic differentiation from microsatellite data and determining their significance. Mol Ecol, (6): 881 – 885.

Guo S W, Thompson E A. 1992. Performing the exact test of Hardy-Weinberg proportion for multiple alleles. Biometrics, 48: 361 – 72.

Isely J J, Noble R L, Koppelman J B, et al. 1987. Spawning period and first-year growth of northern, Florida, and intergrade stocks of largemouth bass. Trans Am Fish Soc, 11: 757 – 762.

Kimura M. 1980. A simple method for estimating evolutionary rate of base substitutions through comparative studies of nucleotide sequences. Journal of Molecular Evolution, 16: 111 – 120.

Levene H. 1949. On a matching problem in genetics. Ann Math Stat, 20: 91 – 94.

Liao L C. 2000. The state of finfish diversification in Asian aquaculture. Cahiers Options Mediterrraneennes, 47: 109 – 125.

Luikart G, Allendorf F W, Cornuet J M, et al. 1999. Distortion of allele frequency distributions provides a test for recent population bottlenecks. Here, 89: 238 – 247.

Lutz-Carrillo D J, Nice C C, Bonner T H, et al. 2006. Admixture analysis of Florida largemouth bass and northern largemouth bass using microsatellite loci. Transactions of the American Fisheries Society, 135: 779 – 791.

Ma X F, Xiong B X, Wang M X. 2003. Intentionally introduced and transferred fishes in China's inland waters. Asian Fish Sci, 16: 279 – 290.

MacCrimmon H R, Robbins W H. 1975. Distribution of the black basses in North America. In: R H Stroud, Clepper H (Eds), Black Bass Biology and Management: Sport Fishing Institute, Washington, D C:56 – 66.

Maceina M J, Murphy B R. 1992. Stocking Florida largemouth bass outside its native range. Transactions of the American Fisheries Society, 121: 686 – 691.

Malloy T P, van den Bussche R A, Coughlin W D, et al. 2000. Isolation and characterization of microsatellite loci in smallmouth bass *Micropterus dolomieu* (Teleosti: Centrarchidae) and cross-species amplification in spotted bass *M. punctulatus*. Molecular Ecology, 9(11): 1 919 – 1 952.

McConnell S K, O'Reilly P, Hamilton L, et al. 1995. Polymorphic microsatellite loci from Atlantic salmon (*Salmon salar*): Genetic differentiation of North American and European populations. Canadian Journal of Fisheries and Aquatic Sciences, 52(9):1 863 – 1 872.

Miller S A, Dykes D D, Polesky H F. 1988. A simple salting out procedure for extracting DNA from human nucleated cells. Nucl Acids Res, 16: 12 – 15.

Nedbal M A, Philipp D P. 1994. Differentiation of mitochondrial DNA in largemouth bass. Transactions of the American Fisheries Society, 123(4): 460 – 468.

Nei M, Maruyama T, Chakraborty R. 1975. The bottleneck effect and genetic variability in populations. Evolution, 29: 1 – 10.

Nei M. 1972. Genetic distance between populations. The American Naturalist, 106(949):238 – 292.

Peakall R, Smouse P E. 2006. Genalex 6: genetic analysis in Excel, population genetic software for teaching and research. Mol Ecol Notes, (6): 288 – 295.

Philipp D P, Childers W F, Whitt G S. 1983. A biochemical genetic evalution of the northern and Florida subspecies of largemouth bass. Transaction of the American Fisheries Society, 112(1): 1 – 20.

Piry S, Luikart G, Cornuet J M, 1999. Bottleneck: a computer program for detecting recent reductions in the effective population size using allele frequency data. Here, 90: 502 – 503.

Primmer C R, Borge T, Lindell J, et al. 2002. Single-nucleotide polymorphism characterization in species with limited availale sequence information: high nucleotide diversity revealed in the avian genome. Molecular Ecology, 11(3):603 – 612.

Ramsey J S. 1975. Taxonomic history and systematic relationships among species of *Micropterus*. Black Bass Biology and Management. Sport Fishing Institute, Washington, DC: 67 – 75.

Rogers M W, Allen M S, Porak W F. 2006. Separating genetic and environmental influences on temporal spawning distributions of largemouth bass (*Micropterus salmoides*). Canadian Jouinal of Fisheries and Aquatic Sciences, 63: 2391 – 2399.

Rozas J, Sánchez-DelBarrio J C, Messeguer X, et al. 2003. DnaSP, DNA polymorphism analyses by the coalescent and other methods. Bioinformatics, 19: 2496 – 2497.

Scribner K T, Gust J R, Fields R L. 1996. Isolation and characterization of novel salmon microsatellite loci: cross-species amplification and population genetic applications. Canadian Journal of Fisheries and Aquatic Sciences, 53(4): 833 – 841.

Slatkin M. 1994. Linkage disequilibrium in growing and stable populations. Genetics, 137: 331 – 336.

Slatkinn M. 1995. A measure of population subdivision based on microsatellite allele frequencies. Gene, 139: 457 – 462.

Springbett A J, MacKenzie K, Woolliams J A, et al. 2003. The contribution of genetic diversity to the spread of infectious diseases in livestock populations. Genetics, 165: 1465 – 1474.

Wachira F N, Waugh R, Hackett C A, et al. 1995. Detection of genetic diversity in tea (*Camellia sinensis*) using RAPD marker. Genome, 38: 201 – 210.

Williams D J, Kazianis S, Walter R B. 1998. Use of random amplified polymorphic DNA (RAPD) for identification of largemouth bass subspecies and their integrades. Transaction of the American Fisheries society, 127: 825 – 832.

Wright S. 1951. The genetical structure of populations. Ann Eugen, 15: 323 – 353.

Zhang Y, He Y. 1994. Study on culture techniques of largemouth bass (*Micropierus salmoides*). Zhanjiang Fish Coll, 14: 23 – 28.

Zietkiewicz E, Rafalski A, Labuda D. 1994. Genome fingerprinting by simple sequence repeat (SSR)-anchored polymerase chain reaction amplification. Genomics, 20(2):176 – 183.

第二章　大口黑鲈生长性状遗传和育种值估计

第一节　鱼类数量性状的遗传

一、数量性状的概念

在育种中所要研究的性状可分为两大类，一类诸如豌豆花的颜色，表现为红色与白花，金鱼的体色为红色和灰色等，这些性状在群体中可以明确地分组，因其变异是不连续的，相对性状之间都显示出质的差异，所以称为质量性状。质量性状在杂种后代的分离群体中，具有相对性状的个体可以明确分组，求出不同组之间的比例，比较容易用分离规律、自由组合规律或连锁遗传规律来分析其遗传动态。除了质量性状外，生物界还存在着另一类性状，这些性状的变异呈连续性，个体之间的界限不明显，很难明确分组，更不能求出不同组之间的比例，这类性状叫做数量性状（吴仲庆，2000）。鱼类的许多经济性状往往都是数量性状，如体重、体长、成熟期和产卵数等。

二、数量性状的特征

与质量性状相比，数量性状有以下显著的特征：①连续变异，具有相对性状的两个亲本杂交后的分离世代不能明确分组。例如，鱼的体重，不能简单地划分为“重”和“轻”两组来统计每组的体重。只能用特定的仪器度量，借用统计学方法加以分析。②数量性状一般比质量性状更容易受环境条件的影响而发生变异，这种变异是不遗传的，它往往和那些能够遗传的变异混淆在一起，使问题复杂化。例如，纯系品种鱼的体重，并不是完全一致的，个体间也有差异，这种差异是由环境条件的影响所导致，因为个体间的遗传基础是完全一样的。③数量性状一般表现为正态分布，即属于中间的个体较多，而趋向两极的个体越来越少。虽然在群体较小时或多或少带点偏态，但总的来说呈钟型分布。

但质量性状和数量性状的划分也不是绝对的。因为区分性状的方法不同，或者由于观察层次的不同，质量性状与数量性状也是可能相互转化的。

三、数量性状遗传的多基因假说

多基因假说认为数量性状的表现是由许多彼此独立的基因共同作用的结果，每个基因对性状的效应比较微小，但其遗传方式服从孟德尔的遗传基本定律。多基因假说不但认为决定数量性状遗传的基因数目很多，而且还假定：①各种基因的效应相等；②各种基因之间表现为不完全显性或无显性；③各种基因的作用是累加的。但假说未引入环境条件对数量性状的影响。环境的作用和基因的作用很难区分,因而表现为连续的变异,所以对于数量性状的遗传研究要借助于数理统计方法。

四、研究数量性状的基本统计方法

对数量性状的研究,一般是采用一定的度量单位进行测量,然后进行统计学的分析(盛志廉等,1999)。最常用的统计参数包括:平均数、方差和标准差。下面介绍这几个统计参数的计算方法。

平均数 表示一组资料的集中性,是某一性状全部观察值的平均值。通常应用的平均数是算术平均数。

$$x = (X_1 + X_2 + X_3 + \cdots\cdots + Xn)/n = \sum X/n$$

式中:x 为平均数;X 表示每个实际观察值;$\sum$ 表示累加;N 表示观察的总个体数。

方差和标准差 方差又称变量,表示一组资料的分散程度或离中性。方差的平方根值就是标准差。方差和标准差是全部观察值偏离平均数的重要度量参数。方差愈大,也说明平均数的代表性愈小。计算方差的方法是先求出全部资料中每一个观察值与平均数离差的平方的总和,再除以观察值个数。$V = \sum (x - x)2/n\ or\ v = \sum (x - x)2/(n - 1)$ 观察值个数又称为样本容量。当样本容量 $n > 30$ 时,称为大样本,当 $n < 30$ 时,称为小样本。小样本时,用 $n - 1$ 代替 n。这种计算方法比较烦琐,尤其不利于使用计算器或计算机。用下列公式可以简便一些:$v = [\sum x2 - 1/n(\sum x)\ 2]/n$ 或者$(n - 1)$ 标准差 $s = V1/2$

变异系数 变异系数是标准差与平均数比值的百分数,它消除了变量所取量纲和平均数大小的影响,是个不带单位的统计数,便于比较两组资料的变异程度,计算公式如下:

$$CV = \frac{S}{x} \times 100(\%)$$

五、遗传育种参数

遗传育种参数是反映数量性状遗传规律的参考常数,应用较为广泛的遗传参数有遗传力、重复力和遗传相关(徐晋麟,2001),下面简单介绍这3个参数的概念。

遗传力 数量性状受到环境因素的影响很大,表型的变异可能有遗传的因素,也有环境的因素,甚至还有环境和遗传相互作用的因素。所谓遗传力是指某一性状从亲代传递给子代的相对能力。通常以遗传方差与表型方差之比表示。在育种中遗传力高的性状选择起来就容易些,而遗传力低的性状就比较难选择。根据遗传力估计值中所包含的成分不同,遗传力可分为广义遗传力和狭义遗传力两种。广义遗传力是指遗传方差和表型方差之比;狭义遗传力是指遗传方差中属于基因加性作用的育种值方差和表型方差之比。育种中,广义遗传力值的大小表示从表型选择基因型的可靠程度,狭义遗传力值的大小,则表示了从表型选择基因型中加性效应的可靠程度。因为基因加性作用产生的方差是可固定遗传的变异,所以狭义遗传力的数值比广义遗传力的数值更为准确可靠。

遗传力的估算需通过一定的交配设计和试验设计,将基因型方差或加性方差从表型方差中分离出来。

遗传力是反映数量性状遗传的重要遗传参数，在生产和育种实践中有着重要的作用，其应用范围大致包括以下几方面。

（1）预测选择的效果：在生产和选育中留种时，人们总是选择表型值高的个体留种，因此选留种的性状表型值平均值和全群的平均值就有一个差值，但应注意的是这部分不能全部地遗传给后代。例如：某供挑选留种亲鱼的平均体重是 1 kg，选留个体的平均体重是 1.2 kg，并不是差值 0.2 kg 都能完全遗传给后代，而是要乘以一个系数，这个系数就是遗传力，所得数值就是后代在该生长性状上可提高的部分。假设上面供选择的群体的生长性状的遗传力为 0.25，可提高的部分为 $0.2 \times 0.25 = 0.05$ kg，这样就可以通过计算预期下一代个体体重的平均值为 $1 + 0.05 = 1.05$ kg。

（2）估计育种值：任何一个数量性状的表型值通常可以剖分为加性效应和非加性效应两个部分，所能遗传的只是基因的加性效应，即育种值。在育种值的估计中需要用到遗传力这一参数。由于育种值能真实地遗传给后代，所以估计育种值对于提高选择的准确性和加快遗传改良具有重要的意义。

（3）确定选种方法：遗传力的大小可以反映某性状遗传给后代的能力。通常对遗传力高的性状，采用表型选择，因为育种值与表型值之间存在着较高的相关，所以遗传力高的性状选择效果就好。而对于遗传力低的性状采用表型选择则效果较差，主要因为这些性状的表型值受环境影响太大，育种值与表型值之间的相关值较低。可见在确定不同性状的合理选择方法，必须考虑遗传力的高低。

遗传相关　生物体是一个完整的统一体，机体的各个性状之间都存在或多或少的关联，这种关联是在生物的系统发育过程中形成的。性状间的简单相关，即表型相关通常是由于遗传和环境两方面的因素造成的。由环境因素造成的相关称环境相关，它是在个体发育过程中形成的。由遗传原因造成的相关称遗传相关，它是生物在长期的系统发育进化中形成的。造成遗传相关的原因主要有：①基因与性状之间的关系并非是“一对一”，许多情况下是“一因多效”或“多因一效”的关系。如果两个性状都与同一基因的作用有关，它们必然存在遗传相关。②当控制两个性状的基因紧密连锁时也存在性状相关，连锁的愈紧密相关的程度愈强。

育种工作中可应用遗传相关来确定与育种目标性状有联系的某些性状的相对重要性。倘若某性状的遗传与育种目标性状的遗传高度相关，就可利用它对育种目标性状进行相关选择（或称间接选择）。这种方法特别适用于育种目标性状难以准确测量或遗传力甚低的情况，因为在这种情况下可通过对遗传力高且与育种目标性状高度相关的性状的选择，有效地改进育种目标性状。另一方面遗传相关可用于不同环境下性状表型值的比较。育种中常有这样的现象，在一种环境条件下育成的品种被引到另一种环境中去，由于环境条件的改变，性状表型值在一定程度上会受到影响。如何比较不同环境条件下的性状表型值，通常的方法是求解不同环境条件下所度量的性状表型值的遗传相关。在育种中遗传相关还有利于多性状的综合选择。育种中有时需同时考虑选择几个重要的经济性状。为了防止选种的偏差和提高选种效果，常常根据几个主要性状制定成综合选择指数进行选择。在制定综合选择指数时，不仅需要考虑性状的遗传力和标准差，多数情况下还要考虑性状间的遗传相关（楼允东，1999）。

遗传相关是两性状的育种值间的相关系数,育种值不能直接度量,因此遗传相关需通过有遗传关系的亲属的表型值间接估计。①利用上下代两性状表型值的交叉协方差来估计;②利用同胞的两性状表型值的组间协方差和组间方差来估计。由于这两种方法都是通过多个统计量进行间接估计,估计误差较大,需要很大的样本才能得到统计显著的估计值。

重复力 在育种中用得较多的遗传参数还有重复力,它是指个体在不同次生产周期之间某一数量性状的表型值可能重复的程度,用以度量有关某一性状的基因型在波动的环境中得以表达的稳定性;也可以用于研究群体中某种数量性状在不同环境中的近似度。重复力也是组内相关系数,因而它还可以确定某一表型值应该测量的次数。如某一种鱼品种的起捕率的重复力为80%,这表明重复力较高,测量少数几次就能大致确定该品种的起捕情况。此外,重复力还可以用来估算群体或个体某一性状的稳定性。

第二节 大口黑鲈早期生长规律

研究鱼类生长规律是进行鱼类遗传改良的基础性工作。理想鱼类生长曲线的获得,既可以确定鱼类生长发育模式,也可以预测鱼类各时期的生长率和饲料消耗量等。目前国内对大口黑鲈生长规律的研究仅在仔稚鱼方面(陆伟民等,1994;刘文生等,1995;黎道丰等,2000),国外学者(Beamesderfer et al,1995;Clugston et al,1964;Lorenzoni et al,2002;Schulz et al, 2005)主要对野生大口黑鲈生长进行了研究,但还尚未见对养殖大口黑鲈生长规律的研究报道,本试验研究了养殖条件下大口黑鲈早期生长发育规律,为大口黑鲈养殖生产中的饲养管理和品种选育提供参考依据。

一、材料与方法

1. 家系饲养管理及材料的选取

于2008年4月从中国水产科学研究院珠江水产研究所良种基地挑选大口黑鲈16尾(雌、雄各8尾),采用一对一的人工繁殖方式获得了8个全同胞家系。将受精卵分别放置于室外孵化箱孵化。孵化时水温为20℃左右。受精卵经过72 h孵化出膜,卵黄囊消失前投喂蛋黄,每天两次,早晚各1次。孵化出膜后7 d将其转入9 m^2 的水泥池中,每个家系分开饲养。初期投喂小型浮游动物,每天两次,早晚各1次;出膜后15 d,除了投喂小型浮游动物,还投喂水蚯蚓。1月龄后转入网箱(3 m×3 m×2 m)中饲养,密度为50尾/m^2,此后开始驯食鱼浆,每天两次。当大口黑鲈3月龄时(平均体重为5 g),注射标记荧光染料,注射部位为尾鳍、尾柄透明处和臀鳍基部,染料颜色为黄色、白色、红色、绿色、蓝色、橘黄和粉红。每个家系注射一种颜色。经过荧光染料标记后,所有的家系放入同一养殖池塘进行培育。每月随机从每个家系中抽取30~40尾大口黑鲈,测量其体重和体长。

2. 测量方法

根据鱼类体尺性状测量标准,每月对所选家系进行测定。测量前用30~100 mg/L浓度的MS-222(鱼定安)对鱼进行麻醉。先对其称重(精确到0.1 g),然后用数码相机拍照,最后在电脑上对体尺性状进行测量(精确到0.01 cm)。测量时利用Win measure软件先测定游标卡尺上 1 cm 的像素值 a，再测定两点间的像素值 b。b/a 的比值就是要测定的两点间的实际距离，即是所测指标的大小。由于受饲养周期的影响，整个试验过程仅测量到 7 月龄。

3. 数据分析方法

利用 Excel 2003 绘制大口黑鲈体重和体长 1～7 月龄累积生长曲线、相对生长曲线和绝对生长曲线，计算大口黑鲈体重和体长的相对生长率和绝对生长率，分析大口黑鲈的肥满度。运用 SPSS15.0 软件 Regression 分析中的 NonLinear 进行分析，根据大口黑鲈不同月龄的体重和体长资料计算出模型参数的最优估计值，建立生长模型，再依据拟合度（R^2）即决定系数评价生长模型。所用模型见表 2-1。

表 2-1　用于拟合的 3 种非线性模型

模型	表达式	拐点体重 *WI*	拐点日龄 *AI*
Gompertz	$Y = Ae^{-B\exp(-kt)}$	A/e	$(\ln B)/k$
Logistic	$Y = A/(1+Be^{-kt})$	$A/2$	$(\ln B)/k$
Von Bertalanffy	$Y = A(1-Be^{-kt})^3$	$8A/27$	$(\ln 3B)/k$

注：A 为极限生长值；k 为瞬时生长速度；B 为参数；t 为月龄；WI 为拐点体重；AI 为拐点月龄；W 为体重，L 长度，H 为体高

肥满度又称丰满系数（戴强等，2006），是鱼类体重和体长的另一种表达方式，常用作衡量鱼体丰满程度、营养状况和环境条件的指标。不同计算公式有不同的前提假设，如 Fulton 状态指数 K 的前提假设是期望体重和体长的 3 次方呈正比（即 $b=3$）；Ricker 相对状态指数 K′解决了 $b \neq 3$ 的问题（戴强等，2006），不过要事先知道 b 的大小；Jones 状态指数 B 和 Richter 状态指数 B' 要有体高测量值。本节中对体重和体长的相关关系进行了拟合，根据拟合结果和各指数的应用条件，再根据计算公式得到大口黑鲈 2～7 月龄的肥满度。

绝对生长率（殷名称，1993）：$G=(W_2-W_1)/(t_2-t_1)$；$G=(L_2-L_1)/(t_1-t_2)$

相对生长率（戴强等，2006）：$G=(W_2-W_1)/W_1(t_2-t_1)$；$G=(L_2-L_1)/L_1(t_1-t_2)$

Fulton 状态指数（戴强等，2006）K：$K=100W/L^3$

Ricker 相对状态指数 K'（Bannister 等，1976）：$K'=100W/L^b$；

Jones 状态指数（Jones 等，1999）B：$B=W/HL^2$；

Richter 状态指数（Richter 等，2000）B'：$B'=W/H^2L$

幂函数：$W=aL^b$

4. 方程拟合度检验方法

本节所选的 3 个模型均为非线性微分方程，采用高斯-牛顿（Gauss-Newton）算法，以残差平方和最小为目标函数，逐次迭代计算各参数值，收敛标准为 1×10^{-8}，计算复相关指数（R^2），作为衡量拟合优度的指标。

二、结果和分析

1. 1～7 月龄大口黑鲈体重、体长测量值及各家系体重生长多重比较

当大口黑鲈生长到 3 月龄时可用荧光染料进行标记，标记后的家系饲养于同一池塘中。

从表 2－2 可以看出，大口黑鲈体重和体长的标准差随着月龄的增加越来越大，这说明随着时间的增加，大口黑鲈个体之间的生长差距越来越大。进入池塘养殖后，大口黑鲈体重和体长生长都很快。一方面，由于池塘养殖为大口黑鲈生长提供了广阔的生存空间；另一方面，大口黑鲈达到 3 月龄之后，水温为 28℃左右，这可能是该鱼的最适生长温度。

表 2－2　大口黑鲈的(1～7 月龄)体重和体长测量值

性状	1 月龄 (N=264)	2 月龄 (N=300)	3 月龄 (N=320)	4 月龄 (N=260)	5 月龄 (N=271)	6 月龄 (N=249)	7 月龄 (N=248)
体重/g	0.34±0.16	1.35±0.56	4.85±1.67	26.97±17.63	77.05±43.43	168.80±62.94	245.23±73.71
体长/cm	—	3.98±0.45	5.82±0.75	9.55±1.78	13.18±2.54	18.50±2.19	21.03±2.11

运用最小二乘法对相同月龄各个家系体重的生长进行多重比较，从多重比较结果(表 2－3)可见：1 月龄时，家系 06 的生长显著快于其他家系($P<0.05$)；2 月龄时，家系 04、05 和 06 之间的生长差异不显著($P>0.05$)，但均显著快于其他家系($P<0.05$)；3 月龄时，家系 05 的生长显著快于其他家系($P<0.05$)；4 月龄时，家系 01、04、05 和 06 之间的生长差异不显著($P>0.05$)，但都显著快于其他家系($P<0.05$)；5 月龄时，家系 01、04、05、06 和 09 之间的生长差异不显著($P>0.05$)，但都显著快于其他家系；6 月龄时，家系 05、06 和 09 之间差异不显著($P>0.05$)，但都显著快于其他家系；7 月龄时，家系 05 和 06 之间的差异不显著($P>0.05$)，但都极显著地快于其他家系($P<0.01$)；从相同月龄不同家系的生长比较来看，家系 05、06 和 09 生长较好，家系 02、07 和 10 生长较慢。

表 2－3　各个家系 1～7 月龄体重生长多重比较

家系编号	1 月龄	2 月龄	3 月龄	4 月龄
01	0.37±0.19^{BCFbdf}	1.48±0.38^{ABb}	4.88±1.76^{BDbcf}	31.95±19.02^{ABab}
02	0.30±0.14^{CEGceg}	0.96±0.24^{Ce}	4.07±1.23^{BCeg}	20.84±10.77^{BCdf}
04	0.44±0.15^{ABb}	1.57±0.69^{ABa}	4.90±1.48^{Bbc}	31.29±17.63^{ABab}
05	0.27±0.08^{EGeg}	1.68±0.42^{Aa}	5.74±1.54^{Aa}	37.93±20.73^{ABac}
06	0.52±0.09^{Aa}	1.60±0.51^{ABa}	5.03±1.21^{ABbd}	38.27±20.02^{Aa}
07	0.24±0.10^{Gg}	1.05±0.32^{Cce}	3.66±1.48^{Cg}	18.68±12.60^{Cf}
09	0.38±0.15^{BDbd}	1.40±0.69^{Bbd}	5.13±1.90^{ABb}	28.29±18.75^{Bbe}
10	0.25±0.09^{Gg}	0.93±0.28^{Ce}	4.19±1.54^{BCceg}	17.33±9.14^{Cf}

家系编号	5 月龄	6 月龄	7 月龄
01	74.11±29.07^{ABab}	159.71±53.86^{ABDd}	214.90±55.56^{Cc}
02	72.14±34.58^{ABb}	156.17±59.69^{BDde}	204.67±37.75^{Cc}
04	91.84±37.83^{ACab}	160.13±41.40^{ABDbd}	244.42±69.13^{BCbc}
05	92.45±43.73^{Aa}	196.78±52.98^{Aa}	307.17±71.61^{Aa}
06	85.58±57.80^{ABab}	196.12±84.46^{ACac}	298.91±85.14^{ABab}
07	65.71±35.33^{Bb}	123.80±28.24^{De}	192.11±51.51^{Cc}
09	90.12±51.49^{ABab}	180.29±57.90^{ABEabd}	264.91±66.73^{Bb}
10	60.25±28.28^{Db}	116.42±23.17^{Fe}	187.48±42.82^{Cc}

注：同列中标有不同大写字母者表示组间差异极显著($P<0.01$)，标有不同小写字母者表示组间差异显著($P<0.05$)，标有相同小写字母者表示组间差异不显著($P>0.05$)，下同.

2. 大口黑鲈 1 ~7 月龄体重和体长累积生长曲线分析

由图 2 -1 和图 2 -2 可见,从孵化出膜到 3 月龄之间,大口黑鲈体重生长较为缓慢,3 月龄后生长较快,近乎呈直线生长;2 月龄之前体长生长较为缓慢,2 月龄之后生长较快,也近乎呈直线生长。

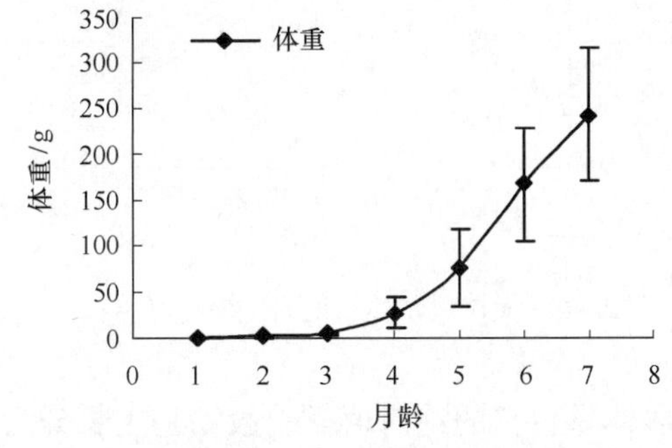

图 2 -1　大口黑鲈 1 ~7 月龄体重累积生长曲线

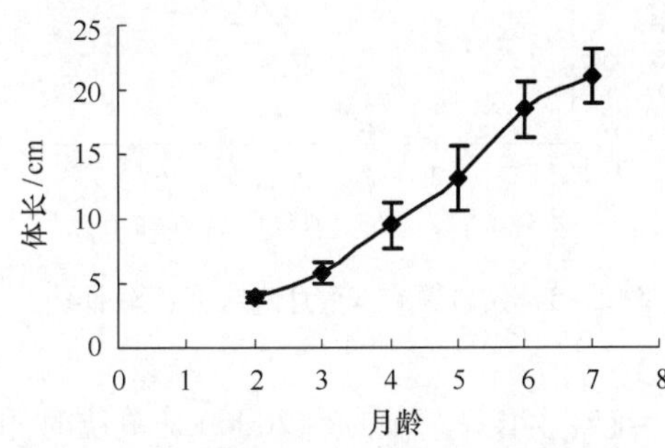

图 2 -2　大口黑鲈 2 ~7 月龄体长累积生长曲线

相对生长率是指单位时间内的鱼体体长和体重生长的绝对值和这一段时间开始时鱼体体长和体重之比值(殷名称,1993)。从图 2 -3 和图 2 -4 可以看出,大口黑鲈体重、体长的相对生长率在 4 月龄时达到最大,之后体重的相对生长率出现急剧下降的趋势,而体长的相对生长率在 6 月龄时又出现较为平缓的上升,之后又出现急剧下降。

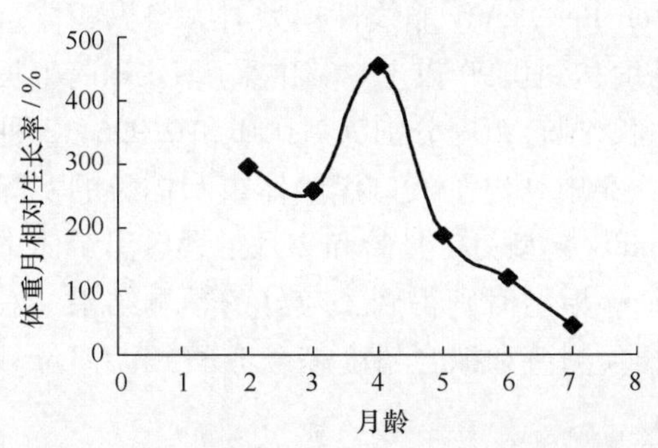

图 2 -3　大口黑鲈 1 ~7 月龄体重相对生长曲线

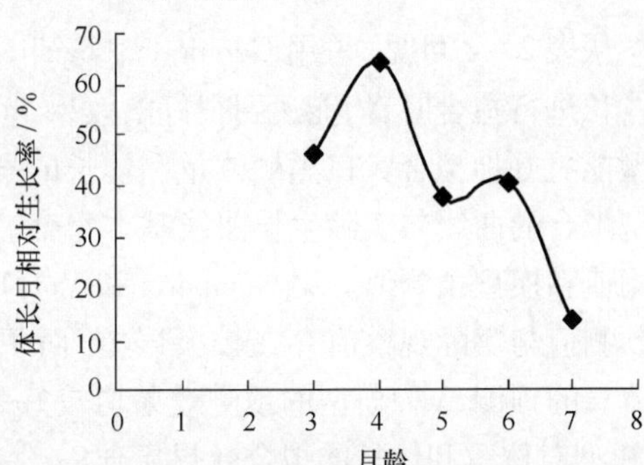

图 2 -4　大口黑鲈 2 ~7 月龄体长相对生长曲线

相对生长曲线理论上为一条渐近曲线,随着时间的增加其相对生长率越来越小。本节研究结果与理论并不完全一致,在大口黑鲈 4 月龄时,体重相对生长率均出现异常,这可能是因为大口黑鲈经荧光染料标记后由网箱养殖进入大塘养殖后其生长所需的饵料更为丰富,除了饲养中专门提供的冰冻野杂鱼外,大塘中原有的浮游动物、底栖动物、小鱼小虾等也是大口黑鲈摄食的饵料。随着时间的延长,大塘中所能提供的活饵料日益减少,大口黑鲈生长受外界影响日益降低,其生长规律越来越接近理论生长。

从图 2 -5 和图 2 -6 可见,大口黑鲈体重的月绝对生长率呈上升趋势,到 6 月龄达到最大,之后下降;体长的月绝对生长率与体重基本呈现相同趋势,只是在 5 月份出现小幅下跌。

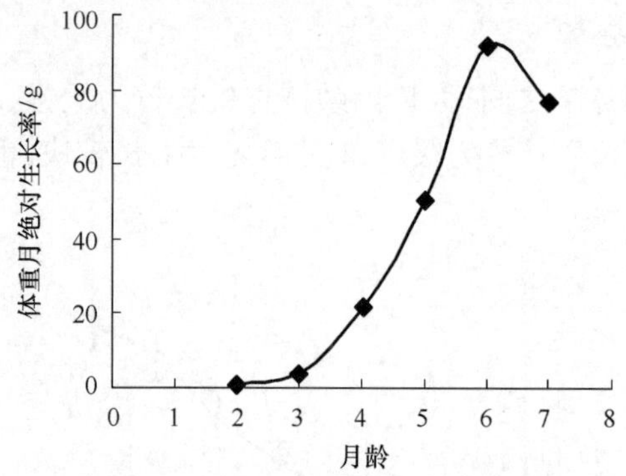

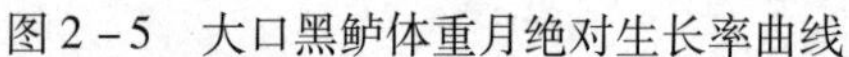
图 2-5　大口黑鲈体重月绝对生长率曲线

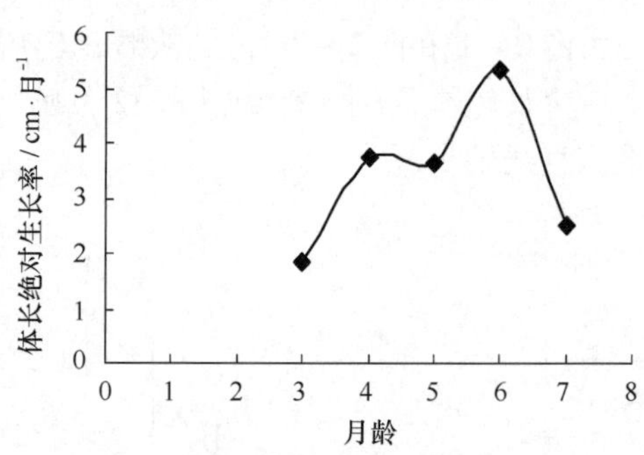

图 2-6　大口黑鲈体长的月绝对生长率曲线

绝对生长率(戴强等,2006)是单位时间内鱼体体重生长的绝对值。一般动物生长分为4个生长期,理论上,绝对生长率曲线为一抛物线。从图2-5和图2-6可以看出,体重和体长的绝对生长率在6月龄之前都是呈现上升趋势,之后出现下降。但是体长5月龄的绝对生长率略低于4月份,与理论上略有不符。这可能是体长为数量性状,是由多个数量性状基因共同控制,体长的生长不仅仅决定于基因本身,还受基因和环境相互作用的影响。自然养殖环境条件下,外界环境因子复杂多变,与理论生长存在一定的差异在所难免。

3. 大口黑鲈体重和体长生长模型的拟合分析

从表2-4可见,采用Gompertz、Logistic和Von Bertalanffy非线性模型对大口黑鲈体重和体长进行拟合时,均能达到很好的效果,拟合精度达到0.99以上。其中采用Logistic生长模型能更好地拟合大口黑鲈体重和体长的早期生长,拟合精度分别为1.000和0.996。3种模型拟合的曲线与实际生长曲线基本吻合。表2-5中列出了大口黑鲈体重和体长的实际观测值和模型预测值。用Gompertz和Von Bertalanffy模型对1月龄和2月龄大口黑鲈体重的预测值与实际观察值存在较大误差,而用Logistic模型时则得到了较好的预测结果。对于体长的预测,3种模型的预测效果均较好。结合预测值和拟合精度综合考虑,采用Logistic模型对体重和体长的拟合效果更佳。

表2-4　用3种模型拟合大口黑鲈体重和体长生长曲线参数估计值和拟合度

性状	生长模型	生长模型参数			拟合精度	拐点
		a	b	k	R^2	(T_i, Y_i)
体重	Gompertz	420.989	3.287	0.559	0.999	(2.13,154.87)
	Logistic	292.699	2173.059	1.332	1.000	(5.77,146.35)
	Bertalanffy	1723.956	1.317	0.146	0.996	(9.41,510.80)
体长	Gompertz	40.963	1.437	0.267	0.993	(1.36,15.07)
	Logistic	27.508	22.088	0.625	0.996	(4.95,13.75)
	Bertalanffy	60.869	0.828	0.148	0.992	(6.15,18.04)

表 2-5　大口黑鲈体重和体长实际观测值和拟合曲线估计值的比较

性状	模型	1月	2月	3月	4月	5月	6月	7月
体重 W/g	观测值	0.34	1.35	4.85	26.97	77.05	168.80	245.23
	Gompertz	0.00	0.07	2.82	24.05	81.9	165.06	246.44
	Logistic	0.51	1.92	7.15	25.37	77.41	168.81	245.21
	Bertalanffy	-4.59	0.01	5.73	31.93	83.35	157.61	249.45
体长 L/cm	观测值	-	3.98	5.82	9.55	13.18	18.50	21.03
	Gompertz	-	3.48	6.21	9.67	13.57	17.59	21.45
	Logistic	-	3.61	6.06	9.5	13.65	17.82	21.31
	Bertalanffy	-	3.46	6.29	9.72	13.52	17.5	21.5

大口黑鲈在性成熟前不易从外部形态区分雌雄,还有学者认为大口黑鲈雌雄鱼的生长之间没有明显差异(Robert et al,1960),因而本节未对大口黑鲈雌雄的生长分别进行曲线拟合。从研究结果可以看出,采用的非线性模型对大口黑鲈体重和体长早期生长的拟合均得到了较好的效果,拟合精度均达到了0.99以上,特别是Logistic模型拟合大口黑鲈早期体重的生长($R^2=1$)。对体长的拟合分析中,该方程也较其他两个方程效果好($R^2=0.996$)。说明Logistic模型能更好地模拟大口黑鲈早期体重和体长的生长趋势。

Logistic生长方程式是一条标准的"S"形曲线(熊邦喜等,1996),从理论上它能客观地反应整个种群生命历程中不同时期的不同生长特征。一般可分为4个生长期:生长增长期、增长加速期、增长减速期和增长停滞期。从该模型对大口黑鲈体重和体长的拟合参数结果可知,大口黑鲈体重和体长的拐点月龄分别为5.77月和4.95月,即在大口黑鲈生长发育过程中,体重在5.77月龄,体长在4.95月龄,增长速度从越来越快变为越来越慢。拐点体重为146.35 g,拐点体长为13.75 cm。在畜牧上有研究认为藏鸡的生长规律符合Gompertz生长模型(王存芳等,2005),海门山羊的生长也符合此模型(姜勋平等,2001)。然而在鱼类上研究结果并不一致,张健东等(2002)认为灰色动态生长模型(GDGM)能更好地拟合中华乌塘鳢的生长,区又君等(2007)则认为Gompertz能更好地描述驼背鲈体长的生长。目前利用非线性生长模型来拟合大口黑鲈生长的报道不多。Beamish等(2005)用Bertalanffy模型对野生大口黑鲈体长生长拟合发现,雌雄鱼生长方程不一致。在动物生长最适模型的研究上,不同物种或同一物种的研究结果多不一致,可能是不同物种或同一物种在不同的生长环境中都会有其特定的生长规律。有学者报道影响大口黑鲈生长的因素是多方面的,可能与纬度、温度、饵料、亚种之间有差异(Beamish et al, 2005)。因受鱼类本身的体型、生长环境和饵料丰度等外界因素的影响,不同鱼类,即使是同一鱼类利用同一模型所得到的参数也是不一样的。Helser等(2004)对不同国家和不同地区大口黑鲈生长规律进行总结发现大口黑鲈生长参数与所在的纬度呈负相关,群体所在纬度越高其生长率越低。特定环境下所得到的生长模型可为相同环境下的饲养管理和选育提供依据。

4. 大口黑鲈体重和体长的生长关系

对大口黑鲈体重和体长早期生长数据做散点图(图2-7),可以看出:二者之间并不是直线关系。本节采用幂指数分析大口黑鲈体重和体长的关系，非线性拟合结果见表2-6。从表2-6可见，拟合效果非常好（$R^2=0.998$），参数$b\neq3$，可知大口黑鲈早期生长为不等速生长，符合鱼类生长一般规律。大口黑鲈体重和体长之间的生长方程为：$W=0.076L^{2.650}$（$R^2=0.998$）。

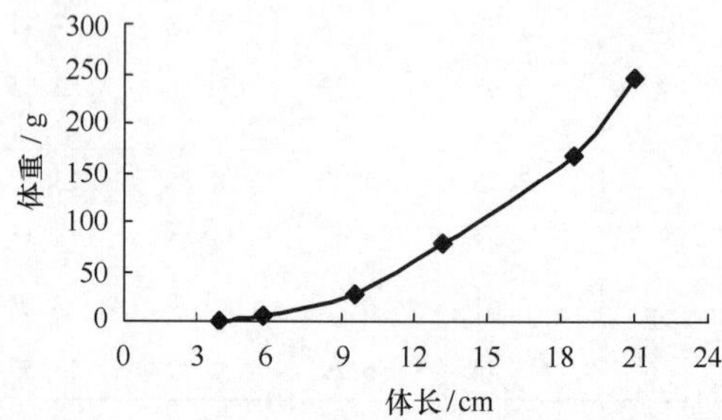

图2-7 大口黑鲈体重和体长相关关系的散点图

表2-6 大口黑鲈体重和体长的拟合参数

参数	估计值	标准误	95%置信区间	
			下限	上限
a	0.076	0.025	0.006	0.146
b	2.650	0.112	2.340	2.961
R^2	0.998			

在鱼类生长规律研究中，众多研究利用幂函数来研究鱼类体重和体长的相互关系，它能很好地拟合两者的关系。陆伟民等（1994）运用幂函数对大口黑鲈仔稚鱼体重和全长进行了研究，研究结果与本研究有所差异，但都得到了很好的效果。本研究中大口黑鲈早期体重和体长的生长关系符合幂函数生长方程（$W=0.076L^{2.650}$，$R^2=0.998$），该阶段为幼鱼阶段的异速生长期。黄真理等（1999）从前人研究中发现，在幼鱼阶段，b值多低于3，呈强异速性生长，随着鱼体长大，异速性减弱，发育趋向均匀。我们所得结果与前人研究基本相符合。

5. 大口黑鲈的肥满度

从表2-7可见，随着大口黑鲈月龄的增加，其肥满度不断增加，只是2~3月龄时肥满度较小，可能是养殖空间过于狭小影响了其生长发育。

表2-7 大口黑鲈2~7月龄的肥满度

月龄	Fulton 状态指数 K	Ricker 相对状态指数 K'	Jones 状态指数 B	Richter 状态指数 B'
2	2.14	3.23	0.08	0.29
3	2.46	4.15	0.08	0.29
4	3.10	6.05	0.10	0.33
5	3.37	7.24	0.11	0.35
6	2.67	6.34	0.10	0.41
7	2.64	6.52	0.08	0.26

第三节　大口黑鲈不同家系早期形态性状

家系选育是鱼类选择育种的主要方法之一，并与群体选育相结合形成综合育种方法，应用在尼罗罗非鱼（*Oreochromis niloticus*）（Ponzoni et al，2005）、虹鳟（*Salmo gairdnerii*）（Donaldson et al，1955）、大西洋鲑（*Salmo salar*）（Refstie et al，1978）等鱼类遗传育种中，获得了生长快、抗病强的优良品种，其中挪威大西洋鲑经历6个世代的选育后其主要经济性状提高了1倍，养殖周期由4年缩减到18个月，成为鱼类育种中成功的典范（Refstie et al，1978）。家系选育还可以为一些遗传分析研究提供有效的实验材料，如遗传连锁图谱的构建需要家系的亲代和子代的遗传信息（Xia et al，2010）。从2005年开始中国水产科学研究院珠江水产研究所开展了养殖大口黑鲈的人工选育，获得了生长速度比普通养殖大口黑鲈快17.8%～25.3%的选育品系（李胜杰等，2009）。在大口黑鲈群体选育取得明显效果的基础上，有必要开展家系选育。本节利用一对一人工配对方法建立17个大口黑鲈家系，测量各家系个体的形态性状数值，比较不同家系间的形态性状差异，评选出优良家系，为大口黑鲈家系选育提供理论依据。

一、材料与方法

1. 研究群体的建立

试验在中国水产科学研究院珠江水产研究所良种基地进行。试验用大口黑鲈亲鱼来自佛山市南海区九江镇金汇农场选育群体，该选育群体的奠基种群是由广东南海、顺德等地的大口黑鲈养殖群体组成（李胜杰等，2009）。2009年2月，从选育群体中选择体重在400～500 g的个体作为候选亲本，通过雌雄一对一随机配组24对，共繁育出17个全同胞家系，分别命名为：S01D01、S02D02、S03D03、S04D04、S05D05、S06D06、S07D07、S08D08、S09D09、S10D10、S11D11、S12D12、S13D13、S14D14、S15D15、S16D16、S17D17。

2. 试验鱼的培育及物理标记

将构建的家系子代分别放在大小相同、面积约为9 m^2 的水泥池进行分池培育。开始投喂小型浮游动物，每天两次，早晚各1次；孵化出膜后15 d，除了投喂小型浮游动物，还投喂水蚯蚓。当大口黑鲈各家系的日龄为2月龄时，对每个家系的个体注射荧光染料进行标记，注射部位为头部、腹鳍、尾鳍，染料颜色为黄色、红色、绿色、蓝色、橘黄和粉红。每个家系在一个部位注射一种颜色。经过荧光染料标记后，将所有的家系放入同一个池塘进行培育。

3. 数据采集

2009年7月和9月，分别对4月龄和6月龄的大口黑鲈进行回捕，根据不同部位上的荧光标记的颜色区分每个家系，测量之前用合适浓度的MS－222（鱼定安，鱼保安）对鱼进行麻醉，测量时用数码相机拍照。利用Winmeasure软件（方法为测定游标卡尺上1 cm的像素值 a，再测定两点间的像素值 b，b/a 的比值就是我们要测定的两点间的实际距离，亦是所测指标的大小，其精确度为0.01 cm）测量大口黑鲈全长、体长、头长、尾柄长、体高和尾柄高共6个形态性状。

4. 数据分析

使用SPSS软件及EXCEL软件处理实验数据，对形态性状进行相关分析、主成分分析、方差分析和多重比较分析。

绝对增长率 = $(L_2 - L_1)/(t_2 - t_1)$；其中 L_1、L_2 分别是 t_1、t_2 时的全长（殷名称，1993）。

生长指标 = $(\lg L_2 - \lg L_1)/0.4343 \times L_1$；其中 L_1、L_2 分别是 t_1、t_2 时的全长（沈俊宝等，1999）。

体型指数 = 全长/体高或者尾柄长/尾柄高（张建森等，2007）。

变异系数公式：$CV = \sigma/\mu$；σ 表示标准差，μ 表示平均值。

二、结果与分析

1. 大口黑鲈形态性状表型参数及其相关性

根据所测的形态性状指标进行表型参数统计（表2－8）。利用相关系数法，获得4月龄和6月龄大口黑鲈形态性状的相关系数矩阵（表2－9）。6个形态性状之间均呈现不同程度的正相关：4月龄，尾柄长与其余性状之间的相关系数较低，其值在0.796～0.869之间，而其他5个性状相互之间的相关系数均在0.89以上。6月龄中，头长和尾柄长与其余性状之间的相关系数均较低，其值在0.565～0.875之间；而其他4个性状相互之间的相关系数均在0.93以上。

表2－8　大口黑鲈形态性状表型参数　　cm

性状	4月龄（N=579）			6月龄（N=361）		
	最小值	最大值	平均值	最小值	最大值	平均值
全长	7.72	20.4	11.667±1.929	10.56	23.02	15.689±1.872
体长	3.44	18.07	9.989±1.742	8.92	19.87	13.518±1.678
头长	2.19	6.14	3.265±0.569	2.86	12.55	4.409±0.714
体高	1.92	6.14	3.031±0.589	2.44	6.93	4.125±0.606
尾柄长	1.02	3.42	2.103±0.367	1.58	4.13	2.861±0.397
尾柄高	0.72	2.31	1.236±0.237	1.06	2.60	1.693±0.231

表2－9　大口黑鲈各形态性状间的相关系数

月龄	性状	全长	体长	头长	体高	尾柄长	尾柄高
4月龄	全长	1					
	体长	0.984	1				
	头长	0.939	0.935	1			
	体高	0.964	0.954	0.923	1		
	尾柄长	0.869	0.860	0.796	0.839	1	
	尾柄高	0.942	0.935	0.897	0.949	0.806	1

续表

月龄	性状	全长	体长	头长	体高	尾柄长	尾柄高
6 月龄	全长	1					
	体长	0.990	1				
	头长	0.698	0.737	1			
	体高	0.954	0.956	0.694	1		
	尾柄长	0.875	0.881	0.565	0.810	1	
	尾柄高	0.930	0.932	0.669	0.937	0.826	1

2. 形态性状的主成分分析

对4月龄和6月龄大口黑鲈的形态性状分别进行主成分分析,结果均只有第一主成分,其特征值分别为5.537和5.184。各形态性状在第一主成分中的特征向量及其对形态学性状的贡献率见表2－10,结果显示,在4月龄和6月龄中,第一主成分中特征向量较大的均为全长和体长,故长度因子作为大口黑鲈形态性状特征参数的第一主成分,其中全长的贡献率最高,其值分别达到了92.29%和86.40%,其次是体长的贡献率,分别为4.03%和7.99%。

表2－10　大口黑鲈性状入选主成分的特征向量及其贡献率

性状	4 月龄		6 月龄	
	特征向量	贡献率/%	特征向量	贡献率/%
全长	0.368	92.29	0.366	86.40
体长	0.366	4.03	0.368	7.99
头长	0.355	1.78	0.287	3.44
体高	0.364	0.92	0.359	1.34
尾柄长	0.333	0.73	0.332	0.69
尾柄高	0.358	0.24	0.355	0.13

3. 不同家系全长的方差分析

对不同家系的全长进行方差分析,结果见表2－11。数据显示各个家系之间的全长均存在不同程度的差异:4月龄中全长最优的家系是S07D07、S08D08,其值分别为13.084 2 ± 3.751、13.524 ±2.063;6月龄中全长最优的家系是S03D03、S07D07、S08D08、S14D14,其值分别为16.234 ±2.94、18.232 ±2.633、17.779 ±2.244、16.047 ±1.623。

表2－11　不同家系全长的方差分析

家系	全长(4 月龄)		全长(6 月龄)	
	平均值	变异系数/%	平均值	变异系数/%
S01D01	11.261 ± 1.787^{CD}	15.86	15.585 ± 1.572^{D}	10.08
S02D02	12.153 ± 1.915^{BC}	15.75	15.168 ± 1.322^{D}	8.71

续表

家系	全长(4月龄)		全长(6月龄)	
	平均值	变异系数/%	平均值	变异系数/%
S03D03	11.751 ± 1.893^{BC}	16.11	16.234 ± 2.94^{ABD}	18.11
S04D04	10.845 ± 1.353^{CD}	12.47	15.483 ± 1.51^{D}	9.75
S05D05	10.765 ± 1.422^{D}	13.21	15.079 ± 2.086^{D}	13.83
S06D06	11.134 ± 1.986^{CD}	17.83	15.155 ± 1.466^{D}	9.67
S07D07	13.084 ± 3.751^{AB}	27.73	18.232 ± 2.633^{A}	14.44
S08D08	13.524 ± 2.063^{A}	15.25	17.779 ± 2.244^{AC}	12.62
S09D09	10.884 ± 1.778^{CD}	16.33	15.662 ± 0.654^{D}	4.18
S10D10	11.264 ± 2.055^{CD}	18.24	15.646 ± 2.341^{D}	14.96
S11D11	11.782 ± 1.347^{BC}	11.43	15.756 ± 1.669^{D}	10.59
S12D12	11.135 ± 1.602^{CD}	14.38	15.155 ± 2.44^{D}	16.1
S13D13	12.221 ± 1.766^{B}	14.45	15.786 ± 1.659^{BD}	10.51
S14D14	12.057 ± 2.112^{BC}	17.49	16.047 ± 1.623^{ABD}	10.11
S15D15	9.767 ± 1.375^{E}	14.07	15.038 ± 0.582^{D}	3.87
S16D16	11.032 ± 1.123^{CD}	10.18	15.002 ± 1.420^{D}	9.46
S17D17	11.676 ± 1.637^{C}	14.02	14.767 ± 2.029^{D}	13.74

注:上标 A、B、C 和 D 4 个字母中,同列字母不同表示差异显著($P<0.05$),相同表示差异不显著($P>0.05$).

4. 全长的绝对增长率和生长指标

对全长的绝对增长率和生长指标进行方差分析(表 2-12)显示,家系 S03D03、S04D04、S07D07、S09D09 和 S15D15 的绝对增长率和生长指标与其他家系相比较均具有显著性差异,其中家系 S07D07、S15D15 的绝对增长率和生长指标为最优。

表 2-12 不同家系绝对增长率和生长指标的方差分析

家系	绝对增长率/($cm \cdot d^{-1}$)	生长指标
S01D01	2.162 ± 0.108^{B}	3.647 ± 0.069^{AB}
S02D02	1.507 ± 0.297^{D}	2.673 ± 0.428^{E}
S03D03	2.241 ± 0.526^{AB}	3.796 ± 0.851^{AB}
S04D04	2.319 ± 0.078^{AB}	3.858 ± 0.186^{AB}
S05D05	2.157 ± 0.332^{B}	3.627 ± 0.546^{B}
S06D06	2.011 ± 0.260^{B}	3.408 ± 0.293^{B}
S07D07	2.574 ± 0.559^{AB}	4.249 ± 0.596^{A}
S08D08	2.127 ± 0.090^{B}	3.696 ± 0.209^{AB}
S09D09	2.389 ± 0.562^{AB}	3.907 ± 0.671^{AB}
S10D10	2.191 ± 0.143^{B}	3.697 ± 0.307^{AB}

续表

家系	绝对增长率/(cm · d^{-1})	生长指标
S11D11	1.987 ±0.161 ^{B}	3.424 ±0.292 ^{B}
S12D12	2.010 ±0.417 ^{B}	3.431 ±0.682 ^{B}
S13D13	1.782 ±0.053 ^{BC}	3.121 ±0.029 ^{BC}
S14D14	1.995 ±0.245 ^{B}	3.424 ±0.285 ^{B}
S15D15	2.636 ±0.397 ^{A}	4.181 ±0.401 ^{AB}
S16D16	1.985 ±0.148 ^{BD}	3.391 ±0.266 ^{BD}
S17D17	1.545 ±0.196 ^{C}	2.742 ±0.352 ^{CE}

注:上标 A、B、C 和 D 4 个字母中,同列字母不同表示差异显著($P<0.05$),相同表示差异不显著($P>0.05$).

5. 体型指数的主成分分析

对4月龄和6月龄大口黑鲈的体型指数分别进行主成分分析,结果均只有第一主成分,其特征值分别为1.319和1.382。各体型指数在第一主成分中的特征向量及其对体型的贡献率见表2-13。在不同月龄中,全长/体高的特征向量均与尾柄长/尾柄高相等;全长/体高对体型的贡献率明显大于尾柄长/尾柄高,并且6月龄的大于4月龄的,而尾柄长/尾柄高的贡献率与之相反。

表2-13 体型指数入选主成分的特征向量及其贡献率

体型指数	4月龄		6月龄	
	特征向量	贡献率/%	特征向量	贡献率/%
全长/体高	0.302	65.94	0.309	69.08
尾柄长/尾柄高	0.302	34.06	0.309	30.92

6. 不同家系体型指数的方差分析

不同家系体型指数方差分析结果见表2-14和表2-15。从表2-14可以看出,在4月龄中,除了家系S04D04、S05D05、S09D09、S15D15、S16D16和S17D17外,其余家系均具有较好的全长/体高值,其中家系S07D07的最小,为3.751±0.225;在6月龄中,家系S03D03、S04D04、S06D06、S07D07和S15D15表现出较优的全长/体高值,其中家系S07D07的最小,为3.613±0.199。从表2-15可以看出,尾柄长/尾柄高表现最好的家系:4月龄为家系S03D03、S06D06、S08D08和S10D10,其中家系S06D06最小,其值为1.572±0.217;6月龄为家系S06D06,其值为1.466±0.156。

表2-14 不同家系体型指数(全长/体高)的方差分析

家系	4月龄	6月龄
S01D01	3.835 ±0.229 ^{D}	3.809 ±0.177 ^{ABD}
S02D02	3.858 ±0.192 ^{D}	3.886 ±0.168 ^{AC}

续表

家系	4月龄	6月龄
S03D03	3.824 ±0.212 D	3.716 ±0.216 DE
S04D04	3.931 ±0.160 ABD	3.699 ±0.154 DE
S05D05	3.974 ±0.192 AC	3.887 ±0.151 A
S06D06	3.797 ±0.124 D	3.745 ±0.109 DE
S07D07	3.751 ±0.225 D	3.613 ±0.199 E
S08D08	3.858 ±0.165D	3.775 ±0.150 D
S09D09	4.021 ±0.308 A	3.848 ±0.171 ABD
S10D10	3.785 ±0.218 D	3.777 ±0.164 BD
S11D11	3.802 ±0.188 D	3.837 ±0.170 ABD
S12D12	3.859 ±0.177 D	3.842 ±0.248 ABD
S13D13	3.887 ±0.226BD	3.890 ±0.169 A
S14D14	3.805 ±0.185 D	3.768 ±0.172 D
S15D15	3.900 ±0.235 ABD	3.680 ±0.130 DE
S16D16	4.004 ±0.210 A	3.923 ±0.082 A
S17D17	3.903 ±0.221 ABD	3.811 ±0.208 ABD

注:上标 A、B、C 和 D 4 个字母中,同列字母不同表示差异显著($P<0.05$),相同表示差异不显著($P>0.05$).

表 2-15 不同家系体型指数(尾柄长/尾柄高)的方差分析

家系	4月龄	6月龄
S01D01	1.702 ±0.184 B	1.693 ±0.129 ABD
S02D02	1.724 ±0.205 AB	1.719 ±0.135 ABD
S03D03	1.667 ±0.164 BC	1.766 ±0.103 A
S04D04	1.713 ±0.136 B	1.669 ±0.109 D
S05D05	1.759 ±0.164 AB	1.675 ±0.115 D
S06D06	1.572 ±0.217 C	1.466 ±0.156 E
S07D07	1.717 ±0.229 B	1.807 ±0.239 A
S08D08	1.652 ±0.185 BC	1.641 ±0.145 D
S09D09	1.839 ±0.333 A	1.695 ±0.179 ABD
S10D10	1.685 ±0.227 BC	1.704 ±0.186ABD
S11D11	1.739 ±0.207 AB	1.694 ±0.129 ABD
S12D12	1.769 ±0.228 AB	1.718 ±0.114 ABD
S13D13	1.737 ±0.178 AB	1.747 ±0.123 AC
S14D14	1.693 ±0.203 B	1.673 ±0.122 D
S15D15	1.708 ±0.221 B	1.649 ±0.079 D
S16D16	1.727 ±0.124 AB	1.752 ±0.108 A
S17D17	1.719 ±0.208 B	1.681 ±0.101 BD

注:上标 A、B、C 和 D 4 个字母中,同列字母不同表示差异显著($P<0.05$),相同表示差异不显著($P>0.05$).

7. 大口黑鲈形态性状的相关分析和主成分分析

从大口黑鲈形态性状的相关分析可知，在4月龄和6月龄中，6个性状之间均为高的正相关。何小燕等（2009）对大口黑鲈成鱼（体重在431.0～967.5 g之间）的形态性状进行表型相关分析发现全长、体长、体高、体宽、眼间距、头长、吻长、尾柄长和尾柄高之间均呈高度的正相关性。这与本研究对4月龄和6月龄形态性状之间进行相关分析的结果一致，说明大口黑鲈形态性状之间的高度相关性与年龄没有直接的关联。由于相关系数包含了两个变量间的直接关系和间接关系（袁志发等，2001），无法消除性状间彼此相关而造成的信息重叠，为此在进行相关分析的同时，有研究（何铜等，2009；熊丽娟等，2006；普晓英等，2009）还利用了主成分分析，将多个性状简化为单个或几个简单的综合性状，从而进一步分析性状之间的关系。本研究的主成分分析的结果显示第一主成分能代表大口黑鲈6个形态性状，且以长度因子为特征，这表明大口黑鲈全长和体长的增长将优先于其他形态性状。全长对形态性状的贡献率在两个月龄中分别达到了92.29%和86.40%，为6个形态性状中最高，加上它与其余形态性状间均呈高的正相关，因此全长可作为大口黑鲈形态性状的选择指标。

此外，在大口黑鲈体型指标的主成分分析中，全长/体高对体型的贡献率虽然在不同月龄中均明显大于尾柄长/尾柄高，但其值分别为65.94%和69.08%，未达到积累贡献率85%以上的要求（唐启义等，2002），因而全长/体高和尾柄长/尾柄高都可作为大口黑鲈不同家系体型的选择标准。

8. 大口黑鲈家系的建立为其选种提供了材料

丰富的遗传变异是选择育种顺利开展的保证，如在牙鲆（*Paralichthys olivaceus*）（刘永新等，2008）、吉富罗非鱼（董在杰等，2008）、虹鳟（Donaldson et al，1955）等鱼类育种中通过构建家系手段获得了遗传变异丰富的选择群体。从各家系全长和体型指数的方差分析和全长的变异系数可以看出，本节所构建的大口黑鲈家系也具有丰富的遗传变异，适合进行家系选育。在大口黑鲈全长的方差分析中，4月龄只有两个家系生长表现出最优，而6月龄有4个家系表现出最优，这可能存在着生长后期才表现出来的优势基因型，也可能是由标记前各家系分养所引起的，有必要对家系生长作进一步研究，以便获得更多具有生长优势的家系材料。虽然家系S07D07和S08D08的全长在4月龄和6月龄中均表现为最优，而且都具有较大的个体变异系数（这有利于家系内选择），但从绝对增长率、生长指标和体型指标来看，只有家系S07D07表现为较好，且与其他家系差异显著。由此可见，家系S07D07可作为选育的重要目标。

第四节　大口黑鲈形态性状对体重的影响

体重增加是众多动物遗传改良的目标，然而当体重遗传力较低时（李思发等，2006；李加纳等，2007），直接进行选育较难取得预期效果，若能通过其他相关性较高的目标性状加以间接选择则能达到更好的选育效果。相关分析和多元回归分析已广泛应用于畜牧选育目标性状的确定（周洪松等，1994；易建明等，2002；贺晓宏等，2004）。在虾（刘小林等，

2004)、蟹(耿绪云等,2007)、贝(刘小林等,2002)、鱼类(Deboski et al,1999;Hong et al,1999;Myers et al,2001;Neira et al,2004;Vandeputte et al,2004;Wang et al,2006;佟雪红等,2007)亦已有不少报道,但通常以表型相关分析为主,在揭示自变量和依变量的真实关系时还存在一定的局限性。本节采用表型相关分析、通径分析和多元回归分析给出影响大口黑鲈体重的主要形态性状,以及其直接和间接作用的大小,建立估计体重的多元回归方程,旨在为大口黑鲈选育指标的确立提供理论依据。

一、材料与方法

1. 实验动物的选择

实验用的大口黑鲈来自广东省佛山市顺德南水大口黑鲈养殖基地,2007 年 4 月 3 日孵化的大口黑鲈在 15 m^2的仔稚鱼培育池中饲养到 5 月 13 日,然后分苗到 3 335 m^2 的成鱼养殖池塘,此时试验鱼体长约为 4 cm。每日以冰鲜野杂鱼投喂两次,投饲量适时调整。到同年 12 月 3 日上市。随机抽取体重为 431. 0 ~ 967. 5 g 的大口黑鲈 114 尾作为试验测定群。测定其体重(Y)、全长(X_1)、体长(X_2)、体高(X_3)、体宽(X_4)、眼间距(X_5)、头长(X_6)、吻长(X_7)、尾柄长(X_8)和尾柄高(X_9)共 10 项指标。

2. 测量和分析方法

用 100 mg/L 鱼定安(MS - 222)使鱼体麻醉,进行体重和形态性状的测定。电子天平称量活体重(精确到 0. 1 g),依据测量标准(孟庆闻等,1995)用游标卡尺测定形态性状(精确到 0. 02 mm)。运用 Excel 2003 和 SPSS15. 0 软件对试验数据进行处理分析。为使大口黑鲈形态性状和体重测定结果满足正态分布或近似正态分布,以 $\lg_{10}$对原始数据进行转换,以转换后的数据进行分析。获得各项表型参数估计值,之后分别进行表型相关分析(person 相关)、形态性状对体重的通径分析和决定系数计算,剖析各性状对体重的直接影响和间接影响,并运用逐步多元线性回归法建立形态性状对体重的回归方程。person 相关系数计算公式为(张金屯,2004):

$$r_{xy} = \frac{\sum_{i=1}^{n} x_i y_i - (\sum_{i=1}^{n} x_i)(\sum_{i=1}^{n} y_i)/n}{\sqrt{\sum_{i=1}^{n} x_i^2 - (\sum_{i=1}^{n} x_i)^2/n}\sqrt{\sum_{i=1}^{n} y_i^2 - (\sum_{i=1}^{n} y_i^2)^2/n}}$$

通径系数($P_{y.x}$,简写为 P_i)即标准化的回归系数,在多个变量情况下,就是标准化的偏回归系数。一个自变量到依变量通径系数的平方称为该自变量到依变量的决定系数($d_{y.x_i}$)。两个自变量间的相关系数与它们各自到依变量的通径系数的乘积的 2 倍称为该两个自变量共同对依变量的决定系数($d_{y.x_ix_j}$),多个自变量对依变量的决定系数为 R^2。通径系数和决定系数用公式表示(李宁,2003;顾万春,2006):

$$P_{y.x} = b_{y.x} \frac{\sigma_x}{\sigma_y}$$

$$d_{y.x_i} = P_{y.x_i}^2$$

$$d_{y.x_ix_j} = 2r_{x_ix_j} P_{y.x_i} P_{y.x_j}$$

$$R^2 = \sum P_i^2 + 2\sum r_{ij}. P_iP_j$$

二、结果与分析

1. 大口黑鲈所测性状的表型参数估计值

所测大口黑鲈形态性状和体重的数据经对数转换后的表型统计量见表2－16。由此可知吻长的变异系数最大，然后由大到小依次为眼间距、尾柄高、体宽；全长和体长的变异系数最小。

表2－16　所测性状的表型统计量（$n = 114$）

性状	体重	全长	体长	体高	体宽	眼间距	头长	吻长	尾柄长	尾柄高
平均值	6.104 7	3.374 7	3.243 7	2.121 9	1.482 1	0.778 4	2.108 5	0.376 4	1.623 8	1.183 4
标准差	0.361 1	0.102 6	0.109 0	0.149 5	0.150 1	0.125 5	0.108 3	0.149 9	0.118 6	0.130 7
偏度	0.167 0	0.250 0	0.229 0	0.496 0	0.153 0	－0.059 0	－0.305 0	0.210 0	－0.026 0	0.216 0
峰度	0.053 0	0.365 0	0.349 0	0.176 0	－0.053 0	－0.049 0	0.434 0	－0.119 0	0.300 0	－0.048 0
变异系数/%	5.92	3.03	3.36	7.05	10.13	16.12	5.14	39.82	7.3	11.04

2. 性状间的相关系数

大口黑鲈形态性状和体重两两之间的相关系数（person 相关系数）见表2－17。由表2－17左下角可知形态性状与体重之间的 person 相关系数均达到了极显著水平（$P < 0.01$）。相关系数由大到小依次为体宽、体高、尾柄高、体长、全长、眼间距、头长、尾柄长、吻长。可见体宽对体重的相关系数最大，吻长对体重的相关系数最小。各形态性状之间的相关系数亦达到极显著水平（$P < 0.01$），呈现强相关，很有可能存在不同程度的多重共线性问题。故在下面分析中，运用了通径分析以解决此问题，并用逐步多元回归建立了体重与形态性状的回归方程。

表2－17　性状间的相关系数

性状	体重	全长	体长	体高	体宽	眼间距	头长	吻长	尾柄长	尾柄高
体重	1									
全长	0.937**	1								
体长	0.942**	0.996**	1							
体高	0.964**	0.956**	0.959**	1						
体宽	0.979**	0.906**	0.911**	0.946**	1					
眼间距	0.928**	0.871**	0.871**	0.885**	0.898**	1				
头长	0.906**	0.945**	0.948**	0.912**	0.873**	0.861**	1			
吻长	0.788**	0.800**	0.796**	0.798**	0.773**	0.754**	0.815**	1		
尾柄长	0.802**	0.855**	0.859**	0.830**	0.766**	0.776**	0.800**	0.640**	1	
尾柄高	0.945**	0.946**	0.947**	0.960**	0.925**	0.889**	0.905**	0.774**	0.836**	1

注：*表示差异显著（$P < 0.05$），**表示差异极显著（$P < 0.01$）.

3. 3 个形态性状对体重的通径系数

根据通径分析原理,通过统计软件 SPSS15.0,得到各形态性状对体重的通径系数,经显著性检验,保留了达到显著水平的体宽、体长和眼间距 3 个变量。体宽的通径系数为 0.599,体长和眼间距分别为 0.231 和 0.189。通径系数能反应自变量对依变量直接影响的大小,可知大口黑鲈形态性状中体宽对体重的直接影响最大,眼间距对体重的直接影响最小。

4. 3 个形态性状对体重的作用

根据相关系数($r_{x.y}$)的组成效应可将大口黑鲈形态性状与体重的表型相关系数剖分为两部分:形态性状对体重的直接作用(通径系数 P_i)和通过其他形态性状对体重的间接作用($\sum r_{x_i.x_j}p_j$),即 $r_{x.y} = p_i + \sum r_{x_i.x_j}p_j$(表 2-18)。

表 2-18 大口黑鲈 3 个形态性状对体重的影响

性状	相关系数	直接作用 P_i	间接作用 $r_{x_ix_j}P_j$			
			总和	体宽	体长	眼间距
体宽	0.979	0.599	0.380		0.210 4	0.169 7
体长	0.942	0.231	0.711	0.545 7		0.164 6
眼间距	0.928	0.189	0.739	0.537 9	0.201 2	

由表 2-18 可以看出,体宽对体重的直接作用(0.599)大于间接作用,而体长和眼间距对体重的间接作用(0.711,0.739)远远大于直接作用。体宽对体重的直接作用远远大于其他两项指标,且大于体长和眼间距对体重直接作用之和(0.420)。

5. 3 个形态性状对体重的决定程度分析

根据单个性状对体重的决定系数和两个性状对体重的共同决定系数,计算出形态性状对体重的决定系数(表 2-19)。位于对角线上的数据是每个形态性状单独对体重的决定系数,对角线左下方的是两两性状协同作用下对体重的决定系数。由表 2-19 可知:体宽、体长、眼间距对大口黑鲈体重的决定程度由大到小依次为 35.88%、5.34%、3.57%。两两性状对体重的决定程度中,体宽和体长对体重影响最大,眼间距和体长对体重的影响最小,为 25.21% 和 7.61%。多个性状共同作用对体重的决定程度为 97.98%。

表 2-19 大口黑鲈 3 个形态性状对体重的决定系数

性状	体宽	体长	眼间距
体宽	0.358 8		
体长	0.252 1	0.053 4	
眼间距	0.203 3	0.076 1	0.035 7

6. 复相关分析和回归统计

根据所测数据进行了复相关分析和逐步回归分析。复相关分析结果见表 2-20。

表 2－20　大口黑鲈 3 个形态性状与体重的复相关分析

复相关分析	1 个自变量	2 个自变量	3 个自变量
复相关系数	0.979	0.987	0.990
相关指数	0.959	0.973	0.980
校正相关指数	0.959	0.973	0.979
标准误差	0.074	0.060	0.052
F 统计值	2615.440	59.280	34.086
误差概率	0.000	0.000	0.000

复相关系数反映了所有自变量和依变量关系的密切程度，变量越多，复相关系数越大。由表 2－20 可知，3 个自变量对体重的复相关系数为 0.990，校正相关指数为 0.979。误差概率 $P=0.000<0.01$，达到了极显著的水平。进一步说明体宽、体长和眼间距是影响体重的主要形态性状。依据自变量对体重贡献率的大小及标准偏回归系数的显著性，通过逐步多元回归分析，剔除了对体重影响不显著的吻长、尾柄长，与体长存在共线性的全长、头长、体高和尾柄高这 6 个自变量。逐步多元回归分析步骤见表 2－21 与表 2－22。

表 2－21　多元回归方程的方差分析

自变量个数		方差 SS	自由度 df	均方 MS	F
1 个自变量	回归	14.126	1	14.126	2615.442**
	残差	0.605	112	0.005	
	总计	14.731	113	7.169	
2 个自变量	回归	14.337	2	0.004	2017.848**
	残差	0.394	111	4.81	
	总计	14.731	113	0.003	
3 个自变量	回归	14.43	3	4.810	1757.575**
	残差	0.301	110	0.003	
	总计	14.731	113		

注：**表示差异极显著（$P<0.01$）.

表 2－22　偏回归系数和回归常数的显著性检验

回归步骤	变量	回归系数		标准偏回归系数	t 统计量	误差概率 P	95%下限	95%上限
		系数	标准误	系数				
第一步	回归常数	2.641	0.069		38.099	0.000	2.478	2.750
	体宽	2.355	0.046	0.979	51.141	0.000	2.264	2.447
第二步	回归常数	0.439	0.288		1.527	0.130	−0.131	1.01

续表

回归步骤	变量	回归系数		标准偏回归系数	t 统计量	误差概率 P	95% 下限	95% 上限
		系数	标准误	系数				
	体宽	1.719	0.091	0.715	18.964	0.000	1.54	1.899
	体长	0.961	0.125	0.290	7.699	0.000	0.714	1.208
第三步	回归常数	1.065	0.274		3.881	0.000	0.521	1.609
	体宽	1.441	0.093	0.599	15.546	0.000	1.258	1.625
	体长	0.765	0.115	0.231	6.673	0.000	0.538	0.992
	眼间距	0.543	0.093	0.189	5.838	0.000	0.359	0.728

7. 多元回归方程的建立

由 person 相关分析可知，大口黑鲈所测形态性状与体重均达到了极显著相关（$P < 0.01$）。运用通径分析和多元逐步回归分析，剔除回归方程中不显著的吻长、尾柄长及与回归方程中自变量存在严重共线性的全长、头长、体高及尾柄高，建立了以体重为依变量，体宽、体长、眼间距为自变量的多元回归方程：$\lg Y = 1.065 + 0.765\ \lg X_2 + 1.441\ \lg X_4 + 0.543\ \lg X_5$。

经多元回归关系的显著性检验和各个标准偏回归系数的显著性检验表明，回归常数和所有的标准偏回归系数均达到极显著水平（$P < 0.01$），校正复相关指数为 0.979。经回归预测，估计值和实际值差异不显著，说明该回归方程可以应用于实际生产中。

8. 相关分析和通径分析的特点及多元回归方程的建立

相关分析中自变量和依变量的表型相关可剖分为自变量对依变量的直接作用和间接作用。直接作用是自变量对依变量的直接影响，而间接作用是自变量通过其他变量对依变量的间接影响。本研究所得体重和形态性状两两之间的表型相关系数均达到显著或极显著水平，这是由于未排除其他变量的干扰。为量化形态性状与体重之间真实关系及消除回归方程中自变量共线性问题，运用通径分析进一步来探讨所测形态性状与体重之间相互关系。结果显示：体宽、体长和眼间距与体重的标准偏回归系数极显著。逐步回归分析中剔除了与体长存在严重共线性的全长、头长、体高和尾柄高及回归方程中不显著的吻长和尾柄长，建立了回归方程。此回归方程的建立量化了体重和体宽、体长和眼间距的相关关系。

9. 影响大口黑鲈体重主要形态性状的确定

本研究通过相关分析和通径分析，所选入回归方程中的 3 个自变量（体宽，体长，眼间距）对体重的共同决定系数为 0.9798。说明大口黑鲈体重的 97.98% 变异是由此 3 个自变量决定的，还有 2.02% 的变化是因未检测的因素以及随机误差所引起。在通径分析中体宽对体重的直接作用远远大于其他两项指标（体长、眼间距）对体重的直接作用，并且大于这两项指标对体重的直接作用之和。

10. 鱼类数量性状的选择育种

体重是鱼类选育中重要的目标性状之一，量化形态性状对体重影响是良种选育的基础工作。因体重和全长、体长、体高等形态性状同属于数量性状,又因基因连锁和基因多效性的存在(李思发等,2006),体重与形态性状存在着不同程度的相关性。在鱼类育种实践中,当鱼类体重遗传力较低时,直接选育效果并不好,若通过对与体重存在较高遗传相关的形态性状的选育,则能达到较好的选育效果。佟雪红等(2007)研究发现建鲤和黄河鲤的杂交后代体长和体高在影响体重的增长方面具有决定作用。李思发等(2006)研究结果表明:红鲤的体重主要受全长、体长等主要长度性状决定。由上述可知体长对所研究鱼类体重增加具有重要影响作用。本研究结果表明:体宽、体长和眼间距与大口黑鲈体重的正相关极显著,是直接或间接影响大口黑鲈体重的主要形态性状。类似研究所造成的差异可能是所选形态性状的不同及不同鱼类不同的形态性状对其体重增加的决定程度不同。目前有关各个时期的大口黑鲈体重、体长、体宽等形态性状的遗传力以及体重和形态性状两两之间的遗传相关未见报道。对大口黑鲈体重的直接选育是否能够取得较大的遗传改进,不仅仅取决于对体重的直接选择,还需要以某些与体重存在显著相关的形态性状作为间接选择。我们认为大口黑鲈体重选育过程中,体宽、体长和眼间距可作为重要的测量指标。

第五节　大口黑鲈生长性状的遗传参数

遗传参数和育种值的估计对制定和优化育种方案、探讨选育效果具有重要的指导意义(Liu et al,2005;栾生等,2008)。自从 1971 年 Aulstad 等(1971)利用同胞相关法对虹鳟体重、体长的遗传力进行估计以来,鱼类生长性状的遗传参数和育种值的评估工作逐步开展起来,特别是 Henderson(1975)将最佳线性无偏差预测法(BLUP 法)引入育种值估计中,为鱼类遗传参数和育种值的评估提供了新的方法。BLUP 方法有两种统计模型:公畜模型和动物模型。由于公畜模型要求公畜是来自于服从正态分布的潜在公畜群体的随机抽样以及母畜之间无亲缘相关(刘剑锋等,1998),而实际操作很难满足上述两点,这使得遗传参数的估计值偏低,误差增大(Tim et al,2006)。相比之下,动物模型考虑了个体所有的血缘关系,利用多种来源的信息,剖分固定效应和随机效应因素,所得的遗传估计值更准确(栾生等,2008)。因此,动物模型 BLUP 法在国外已成为水产动物选择育种中主要的评估方法(Tim et al,2006;Marc et al,2005;Joseph et al,2008;Saillant et al,2006;Mathilde et al,2008;Gall et al,2002;Ponzoni et al,2005;Roberto et al,2006)。

目前,已对一些经济鱼类,如罗非鱼(Marc et al,2005)、大西洋鲑(Joseph et al,2008)、海鲈(Saillant et al,2006;Mathilde et al,2008)等的生长性状遗传参数进行了估计,在罗非鱼(Gall et al,2002;Ponzoni et al,2005)、大西洋鲑(Roberto et al,2006)和虹鳟(王炳谦等,2009)等鱼类的育种研究中还采用育种值的方法进行选种,获得了理想的选育效果。大口黑鲈是我国重要的淡水养殖经济品种之一,自 2005 年以来,珠江水产研究所对大口黑鲈生长性状开展人工选育,取得了较好的选育效果(李胜杰等,2009)。本研究拟通过一对一随机交配建立大口黑鲈全同胞家系,利用动物模型 BLUP 法对 4 月龄和 6 月龄的生长性状遗传参数进行估计,旨在为大口黑鲈选择育种提供理论依据和技术参数。

一、材料与方法

1. 研究群体的建立、培育及标记

2009 年 3 月,从中国水产科学研究院珠江水产研究所良种基地的大口黑鲈选育群体中选择体重在 400 ~ 500 g 的亲本,每个水泥池放入一对亲鱼进行人工繁殖,两天内共获得 36 个全同胞家系。将构建的家系子代分别放在大小相同、面积约为 9 m^2 的水泥池进行分池培育,开始投喂小型浮游动物,每天 2 次,早晚各 1 次;孵化出膜后 15 d,除了投喂小型浮游动物,还投喂水蚯蚓。当大口黑鲈各家系的日龄为 2 月龄时,对每个家系的个体注射荧光染料进行标记,注射部位为头部、腹鳍、尾鳍,染料颜色为黄色、红色、绿色、蓝色、橘黄和粉红。每个家系在一个部位注射一种颜色。经过荧光染料标记后,每个池塘放入 18 个家系,共用两个池塘进行培育。

2. 数据采集和处理

在 4 月龄和 6 月龄时分别测量大口黑鲈体长、体高和体重 3 个性状。所得数据按照 MTDF-REML 软件(Bolman et al,1995)的要求在 EXCEL 软件进行整理和排列。

3. 数据的正态分布检验

对 4 月龄和 6 月龄的大口黑鲈体长、体高和体重的数据进行卡方检验,结果(表 2 - 23)显示,除了 4 月龄的体高外,这两个生长时期测量的生长性状的数据均符合正态分布。

表 2 - 23 4 月龄和 6 月龄生长性状的正态分布检验

性状	4 月龄			6 月龄		
	体重	体长	体高	体重	体长	体高
卡方值	312.28	242.87	292.65	225.98	117.52	233.85
显著性 *P*	1.00	1.00	0.00	0.39	1.00	0.074

4. 数据的方差分析和回归分析

利用 SPSS 软件包对 4 月龄和 6 月龄的 3 个生长性状的测量数据(除 4 月龄的体高以外)进行方差分析和回归分析,检验与生长性状有关的影响效应显著性,包括固定效应、随机效应和协变量,结果(表 2 - 24)显示,4 月龄和 6 月龄的不同生长性状都有固定效应和随机效应,即对应为池塘效应和家系效应,但协变量却不一样,4 月龄的体重、体长的协变量均为家系日龄和家系初体重(标记时各家系平均体重);6 月龄的体重、体长和体高的协变量均为家系日龄。

表 2 - 24 与早期生长性状有关的影响效应

性状	随机效应	固定效应	协变量	
	家系	池塘	家系日龄	家系初体重
4 月龄体重	3.701**	94.627**	61.348**	17.712**
4 月龄体长	4.135**	26.765**	10.563**	21.470**
6 月龄体重	2.729**	107.702**	84.560**	2.086

续表

性状	随机效应	固定效应	协变量	
	家系	池塘	家系日龄	家系初体重
6月龄体长	2.559**	80.339**	77.448**	3.553
6月龄体高	2.667**	69.776**	75.272**	1.856

** $P<0.01$.

5. 建立统计模型

在考虑了各性状的影响效应显著性（表2－24）的基础上，建立大口黑鲈生长性状的遗传分析模型：单性状动物模型和多性状动物模型。

（1）单性状动物模型：

$$y_{ijk} = u + a_i + f_j + P_k + bx_{ijk} + e_{ijk}$$

式中：u 为总体均值；y_{ijk} 为性状观测值；a_i 为加性遗传效应；f_j 为全同胞随机效应；P_k 为池塘固定效应；x_{ijk} 为协变量；b 为回归系数；e_{ijk} 为随机残差效应。

（2）多性状动物模型：

$$y_{ijkt} = u + a_{it} + f_{jt} + P_{kt} + bx_{ijkt} + e_{ijkt}$$

式中：各字母表示含义与单性状动物模型的一样，不同之处是下标是指第 t 个性状。

用单性状动物模型估计性状的遗传力，用多性状动物模型估计性状间的遗传相关。

6. 遗传参数的标准误及显著性检验

遗传力的标准误（Falconer et al，1996）：$\sigma_{h^2} = \sqrt{16h^2/T}$，

式中：h^2 为遗传力；T 为样本总数；其 t 检验为（盛志廉等，1999）：$t = h^2/\sigma_{h^2}$。

遗传相关的标准误（Falconer et al，1996）：$\sigma_{(r_A)} = \dfrac{(1-r_A^2)}{\sqrt{2}}\sqrt{\dfrac{\sigma_{(h_x^2)}\sigma_{(h_y^2)}}{h_x^2 h_y^2}}$，

式中：h_x^2、h_y^2 分别为 x、y 性状的遗传力；$\sigma_{(h_x^2)}$、$\sigma_{(h_y^2)}$ 为 x、y 性状遗传力的标准误。其 t 检验为（谢保胜等，2003）：$t_{r_{(xy)}} = r_{(xy)}/\sqrt{V(r_{(xy)})}$。

二、结果与分析

1. 各生长性状的表型参数

通过对4月龄和6月龄大口黑鲈的形态学测量获得表型参数（表2－25），其中体重的变异系数最大，4月龄和6月龄的变异系数分别为0.40和0.53，体长和体高的变异系数较小。

表2－25　大口黑鲈生长性状的表型参数

性状	平均值	最小值	最大值	标准差	变异系数
4月龄体重/g	23.69	6.70	49.30	9.44	0.40
6月龄体重/g	74.39	14.50	213.50	39.72	0.53
4月龄体长/cm	9.92	6.63	13.54	1.32	0.13

续表

性状	平均值	最小值	最大值	标准差	变异系数
6 月龄体长/cm	140. 07	8. 92	20. 86	2. 14	0. 15
6 月龄体高/cm	4. 31	2. 44	6. 63	0. 76	0. 18

2. 大口黑鲈各性状的遗传力和全同胞系数

利用单性状动物模型获得 4 月龄和 6 月龄各性状的方差组分、遗传力和全同胞系数的估计值(表 2 – 26 和表 2 – 27)。4 月龄体重和体长的遗传力分别为 0. 29 ±0. 08 和 0. 31 ±0. 08;6 月龄体重、体长和体高的遗传力分别为 0. 28 ±0. 10、0. 26 ±0. 10 和 0. 29 ±0. 10,均属于中等遗传力,表明在加性效应控制下,这 3 个大口黑鲈生长性状具有较大的遗传改良潜力。对各性状遗传力的估计值进行 t 检验,其 P 值均小于 0. 01。由表 2 – 27 可知,4 月龄和 6 月龄各生长性状的全同胞系数在 0. 07 ~0. 11。

表 2 –26　4 月龄和 6 月龄主要生长性状的方差组分

性状	加性方差	全同胞方差	环境残差	表型方差
4 月龄体重	21. 153	5. 413	47. 048	73. 615
6 月龄体重	221. 139	85. 867	474. 528	781. 535
4 月龄体长	0. 516	0. 160	1. 003	1. 679
6 月龄体长	0. 679	0. 263	1. 645	2. 588
6 月龄体高	0. 096	0. 036	0. 203	0. 335

表 2 –27　4 月龄和 6 月龄主要生长性状的遗传力和全同胞系数估计值

性状	4 月龄体重	6 月龄体重	4 月龄体长	6 月龄体长	6 月龄体高
遗传力 h^2	0. 29 ±0. 08 * *	0. 28 ±0. 10 * *	0. 31 ±0. 08 * *	0. 26 ±0. 10 * *	0. 29 ±0. 10 * *
全同胞系数 C^2	0. 07	0. 11	0. 09	0. 10	0. 10

* * $P<0.01$

3. 性状之间的遗传相关与表型相关

应用多性状动物模型估计性状间的遗传相关,应用 SPSS 程序的 CORRELATE 模块估计性状间的表型相关,结果见表 2 – 28。大口黑鲈的 3 个生长性状间均存在着较强的正相关,其中体高与体长之间的遗传相关最大($r_a=0.99\pm0.001$),其数值接近 1;体重与体长之间的遗传相关最小($r_a=0.75\pm0.082$、0.79 ± 0.094)。各性状之间的表型相关与遗传相关基本一致。对各性状之间遗传相关和表型相关的估计值进行 t 检验,其 P 值均小于 0. 01。

表 2－28　大口黑鲈 3 个生长性状间的表型相关(右上角)与遗传相关(左下角)

性状	月龄	体重	体长	体高
体重	4	1	0.905**	－－
	6		0.945**	0.948**
体长	4	0.75 ±0.082**	1	－－
	6	0.79 ±0.094**		0.975**
体高	4	－－	－－	1
	6	0.82 ±0.081**	0.99 ±0.001**	

** $P<0.01$.

遗传力是选择育种的遗传参数之一。目前,鱼类生长性状的遗传力已有不少报道,且大多数鱼类生长性状的遗传力属于中等遗传力,如罗非鱼的为 0.25 ~ 0.27(Marc et al, 2005),大西洋鲑的为 0.12 ~0.53 (Joseph et al,2008),欧洲海鲈的为 0.24 ~0.44(Mathilde et al,2008),虹鳟的为 0.36 ~0.60(Fishback et al,2002),欧彩鲤的为 0.25 ~0.30 (Wang et al,2006)。本研究利用单性状动物模型对大口黑鲈 4 月龄和 6 月龄的生长性状进行遗传力评估,得到大口黑鲈生长性状遗传力在 0.26 ~0.31 之间,也属于中等遗传力,表明大口黑鲈生长性状具有较大的加性遗传效应,通过群体选育和家系选育可获得较快的遗传进展,这在我们之前开展的大口黑鲈群体选育研究中得到体现,经过三代的群体选育,大口黑鲈的生长速度平均每代提高了 8%(李胜杰等,2009)。在育种工作中通常还利用性状间相关性进行间接选择以提高选种的效率。本研究中,大口黑鲈的生长性状之间均具有较高的遗传正相关,这与其他鱼类的相关报道基本一致(Myers et al,2001;Vandeputte et al,2002),但大口黑鲈体重与体长的遗传相关小于其他性状之间的遗传相关,表明对大口黑鲈生长性状进行选择育种时应同时考虑体重和体长这两个性状,从而获得生长速度快且体型好的优良品种。

第六节　大口黑鲈生长性状的育种值估计

育种值的估计对制定和优化育种方案、探讨选育效果具有重要指导意义。上一节中我们通过一对一随机交配建立大口黑鲈全同胞家系,对其生长性状的遗传参数进行了估计。本节在上一节的基础上,利用动物模型 BLUP 法对 4 月龄和 6 月龄的个体育种值进行估计,研究结果可为大口黑鲈遗传改良提供理论依据和参考。

一、材料与方法

1. 试验材料及数据分析方法

试验大口黑鲈群体的建立、培育及标记,数据采集和处理,数据正态分布检验,数据方差分析和回归分析及建立统计模型同本章第五节。

2. 综合育种值的估计

当进行多个性状的综合选择时，根据各性状重要性的不同，对各性状给予适当的加权，然后综合为一个以货币为单位——用任意单位（U）表示的指数，来进行综合育种值的估计。将育种的目标性状确定为体重、体长这两个性状时，综合育种值的计算公式为（盛志廉等，1999）：

$$A_i = W_1 a_{1i} + W_2 a_{2i}$$

式中：W_1 为体重的加权值 0.006U；a_{1i}为个体 i 的体重育种值；W_2 为体长的加权值 0.63U；a_{2i}为个体 i 的体长育种值。

二、结果与分析

1. 各生长性状表型参数

通过对 4 月龄和 6 月龄大口黑鲈的形态学测量获得表型参数（表 2－29），其中体重的变异系数最大，4 月龄和 6 月龄的变异系数分别为 0.40 和 0.53，体长和体高的变异系数较小。

表 2－29 大口黑鲈生长性状的表型参数

性状	平均值	最小值	最大值	标准差	变异系数
4 月龄体重/g	23.69	6.70	49.30	9.44	0.40
6 月龄体重/g	74.39	14.50	213.50	39.72	0.53
4 月龄体长/cm	9.92	6.63	13.54	1.32	0.13
6 月龄体长/cm	140.07	8.92	20.86	2.14	0.15
6 月龄体高/cm	4.31	2.44	6.63	0.76	0.18

2. 育种值与表型值的比较

采用单性状动物模型估计大口黑鲈个体育种值，依据个体育种值和表型值对个体分别排序。排名前 10% 个体中，两种选择方法中共同包含的个体的相同率：4 月龄，体重性状的为 66.20%，体长性状的为 70.42%；6 月龄，体重性状的为 48.78%，体长性状的为 39.02%（表 2－30）。两种选择方法选取的前 10% 个体在育种值平均值上有所差异：在体重性状中 4 月龄育种值方法选取的为 5.01 g，表型值选取的为 4.46 g，前者比后者高出 12.33%，6 月龄，这两种选择方法选取的分别为 17.70 g 和 12.58 g，前者比后者高出 40.70%；在体长性状中，4 月龄，育种值方法选取的为 0.73 cm，表型值选取的为 0.68 cm，前者比后者高出 7.35%，6 月龄，这两种选择方法选取的分别为 0.84 cm 和 0.70 cm，前者比后者高出 20.00%（图 2－8）。可见，依表型值对个体进行选择，其选择效率要低于育种值选择。

表 2－30 根据育种值和表型值选择前 10% 个体相同率 %

个体相同率/%	体重育种值		体长育种值	
	4 月龄	6 月龄	4 月龄	6 月龄
表型值	66.20	48.78	70.42	39.02

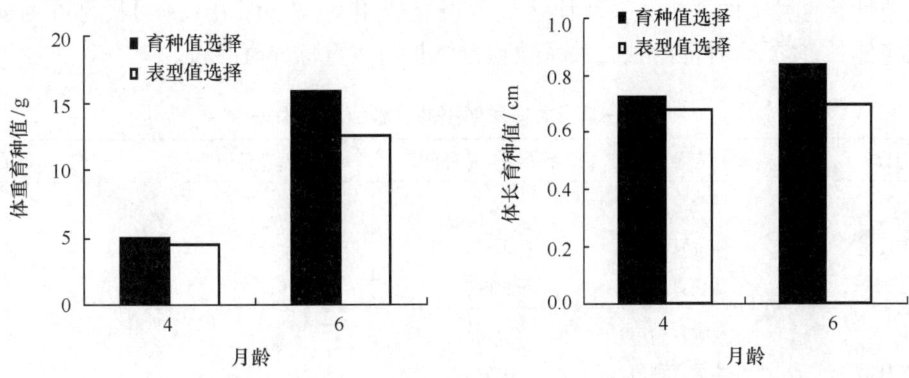

图 2-8　根据育种值和表型值选择前 10% 个体单性状育种值的平均值比较

3. 综合育种值与单性状育种值

通过对全部个体的单性状育种值和综合育种值进行排队，结果表明：所有个体在不同育种值排队中名次不同。表 2-31 为 6 月龄的个体育种值位于前 20 位的排名情况。

表 2-31　大口黑鲈 6 月龄育种值的排序

名次	个体号	体重育种值	个体号	体长育种值	个体号	综合育种值
1	20090261	39.368546	20090261	1.534406	20090261	1.202887
2	20090355	38.395408	20090355	1.515959	20090355	1.185427
3	20090136	37.913359	20090136	1.419869	20090136	1.121998
4	20090322	36.193098	20090235	1.225573	20090322	0.987927
5	20090293	33.191525	20090322	1.223442	20090293	0.942423
6	20090202	31.642102	20090293	1.179799	20090235	0.921314
7	20090400	25.209493	20090335	1.176480	20090400	0.868416
8	20090235	24.867134	20090400	1.138348	20090335	0.844526
9	20090032	22.051397	20090104	1.086838	20090202	0.819901
10	20090001	22.015209	20090380	1.025902	20090104	0.79405
11	20090321	20.140123	20090202	1.000076	20090380	0.721803
12	20090016	18.876538	20090321	0.951628	20090321	0.720367
13	20090330	18.709660	20090216	0.947467	20090301	0.699063
14	20090301	18.410073	20090346	0.936816	20090330	0.698895
15	20090104	18.223572	20090301	0.934290	20090001	0.688496
16	20090335	17.223835	20090330	0.931169	20090346	0.680759
17	20090046	17.117758	20090139	0.902104	20090032	0.665314
18	20090174	16.987802	20090174	0.886089	20090216	0.663737
19	20090061	16.931749	20090001	0.883183	20090139	0.662283
20	20090069	16.206198	20090032	0.846040	20090174	0.660163

利用 SPSS 软件对不同育种值估计值进行秩相关分析，结果表明（表 2-32）：综合育种

值与各单性状育种值的秩相关系数均达到了极显著相关($P<0.01$),4 月龄和 6 月龄综合育种值与体长、体重育种值的秩相关系数均比体长与体重育种值的大。

表 2-32 大口黑鲈不同育种值的秩相关

月龄	育种值	综合育种值	体重育种值	体长育种值
4 月龄	综合育种值	-		
	体重育种值	0.923**	-	
	体长育种值	1.000**	0.914**	-
6 月龄	综合育种值	-		
	体重育种值	0.919**	-	
	体长育种值	0.998**	0.890**	-

** $P<0.01$.

从不同性状育种值的排名以及它们之间的秩相关系数来看,用综合育种值对大口黑鲈的评定名次排序与用单性状育种值排序的差别不大。但由于综合育种值考虑了更多的信息,并校正了由单个性状进行选择而产生的偏差(王炳谦等,2009),我们在遗传相关分析的结果也表明:大口黑鲈选择育种时应同时考虑体重和体长性状,因此在利用动物模型 BLUP 法对大口黑鲈进行遗传评定时,首先利用体重和体长两个参数计算综合育种值进行选种,以获得生长速度较快的品系,此后,再考虑繁殖力、生活力和抗逆性等性状,进一步完善选育系的综合性状。

动物模型 BLUP 方法充分考虑了各种来源的信息,能显著提高遗传进展速度,特别是对于中低遗传力性状,其效果更明显(Belonsky et al,1988)。近年来,研究人员在罗非鱼(Gall et al,2002)、中国对虾(张天时等,2008)以及大菱鲆(马爱军等,2009)的育种实践中发现动物模型 BLUP 法优于表型值选择。本研究中对大口黑鲈体重和体长的选择,动物模型 BLUP 法相比于表型选择显示出更高的选择效率。其次,大口黑鲈世代间隔短,种鱼更新快,在选育时需要经常对个体进行遗传评定,动物模型 BLUP 法恰好能满足这一需求。再者,大口黑鲈生长性状遗传力均属于中等遗传力,利用动物模型 BLUP 法对大口黑鲈进行选种或能取得更好的选择效果。

参考文献:

戴强,戴健洪,李成,等. 2006. 关于肥满度指数的讨论. 应用与环境生物学报,12(5):715-718.

董在杰,何杰,朱健,等. 2008. 60 个家系吉富品系罗非鱼初期阶段的生长比较. 淡水渔业,38(3):32-34.

耿绪云,王雪惠,孙金生,等. 2007. 中华绒螯蟹(*Eriocheir sinensis*)一龄幼蟹外部形态性状对体重的影响效果分析. 海洋与湖沼,38(1):49-54.

顾万春. 2006. 统计遗传学. 北京:科学出版社,320.

何铜,刘小林,杨长明,等. 2009. 凡纳滨对虾各月龄性状的主成分与判别分析. 生态学报,29(4):2134-2141.

何小燕,刘小林,白俊杰,等. 2009. 大口黑鲈形态性状对体重的影响效果分析. 水产学报,33(4):597-

603.

贺晓宏，张涛，张亚妮，等．2004. 绒山羊体尺、绒毛性状与经济性状的多元统计分析．西北农林科技大学学报：自然科学版，32(1)：85－89.

黄真理，常剑波．1999. 鱼体体长与体重关系中的分形特征．水生生物学报，23(4)：330－336.

姜勋平，刘桂琼，杨利国，等．2001. 海门山羊生长规律及其遗传分析．南京农业大学学报，24(1)：69－72.

黎道丰，苏泽古．2000. 水库网箱中加州鲈鱼生长的研究．水生生物学报，24(5)：468－473.

李加纳．2007．数量遗传学概论．重庆：西南师范大学出版社，166．

李宁．2003．动物遗传学．北京：中国农业出版社，178．

李思发，王成辉，刘志国，等．2006，三种红鲤生长性状的杂种优势与遗传相关分析．水产学报，30(2)：175－180.

李胜杰，白俊杰，谢骏，等．2009. 大口黑鲈选育效果的初步分析．水产养殖，30(10)：10－13.

刘剑锋，张沅，张勤．1998. 畜禽遗传参数估计的 DF-REM 法．草与畜杂志，(4)：11－14

刘小林，常亚青，相建海，等．2002，栉孔扇贝壳尺寸性状对体重的影响效果分析．海洋与湖沼，33（6）：673－678．

刘小林，吴长功，张志怀，等．2004，凡纳对虾形态性状对体重的影响效果分析．生态学报，24(4)：857－862.

刘文生，林焯坤，彭锐民．1995. 加州鲈鱼胚胎及幼鱼发育的研究．华南农业大学学报，16(2)：5－11.

刘永新，刘海金．2008. 牙鲆不同家系早期形态性状差异比较．东北农业大学学报，39(8)：82－87.

楼允东．1999. 鱼类育种学．北京：中国农业出版社．

栾生，孔杰，王清印．2008. 水产动物育种值估计方法及其应用的研究进展．海洋水产研究，29(3)：101－107.

陆伟民．1994. 大口黑鲈仔、稚鱼生长和食性的观察．水产学报，18(4)：330－334.

马爱军，王新安，雷霁霖．2009. 大菱鲆(*Scophthalmus maximus*)生长阶段体重的遗传参数和育种值估计．海洋与湖沼，40(2)：187－193.

孟庆闻，苏锦祥，缪学祖．1995．鱼类分类学．北京：中国农业出版社，29－30.

区又君，廖 锐，李加儿，等．2007. 驼背鲈的年龄与生长特征．水产学报，31(5)：624－632.

普晓英，曾亚文，杨树明，等．2009. 啤酒大麦新品系产量性状与品质性状的相关和主成分分析．大麦与谷类科学，1：6－9.

沈俊宝，刘明华．1999. 鱼类育种学．北京：中国农业出版社，10－39.

盛志廉，陈瑶生．1999. 数量遗传学．北京：科学出版社．

唐启义，冯明光．2002. 实用统计分析及其 DPS 数据处理系统．北京：科学出版社，249－255

佟雪红，董在杰，缪为民，等．2007. 建鲤与黄河鲤的杂交优势研究及主要生长性状的通径分析．大连水产学院学报，22(3)：159－163.

王炳谦，刘宗岳，高会江，等．2009. 应用重复力模型估计虹鳟生长性状的遗传力和育种值．水产学报，33(2)：182－187.

王存芳，张 劳，李俊英，等．2005. 平原饲养的藏鸡体型外貌分析和生长模型拟合的研究．中国农业科学，38(5)：1065－1068.

吴仲庆．2000. 水产生物遗传育种学．厦门：厦门大学出版社．

谢保胜，徐宁迎．2003. 应用动物模型 REML 法估计金华繁殖性状遗传参数．畜牧与兽医，35(2)：6－9.

熊邦喜，陈志奋，高 云，等．1996. 不同体型鱼类的年龄与生长相关表达式的拟合研究．水利渔业，(5)：22－26.

熊丽娟，李伟，郑有良．2006. 马卡小麦主要农艺性状分析．中国农学通报，22(11)：118－122.

徐晋麟 . 2001. 现代遗传学原理 . 北京:科学出版社 .

易建明, 李树聪,虞良,等 . 2002. 乳牛产乳量与几项系统因子间的回归关系及其应用 . 畜牧兽医学报, 33 (3) : 239 –242.

殷名称 . 1993. 鱼类生态学 . 北京: 中国农业出版社, 50 –60.

袁志发, 周敬芋, 郭满才, 等 . 2001. 决定系数—通径系数的决策指标 . 西北农林科技大学学报, 29(5): 131 –133.

张健东 . 2002. 中华乌塘鳢的生长、生长模型和生活史类型 . 生态学报,22(6):841 –846.

张建森, 孙小异 . 2007. 建鲤新品系的选育 . 水产学报, 31(3): 287 –292.

张金屯 . 2004 . 数量生态学 . 北京:科学出版社, 51.

张天时, 栾生, 孔杰, 等 . 2008. 中国对虾体重育种值估计的动物模型分析 . 海洋水产研究, 29(3): 7 –13.

周洪松, 赵益贤,刘旭光,等 . 1994. 雏鸡血清蛋白含量与生长性状间相关的通径分析 . 畜牧兽医学报, 25 (4) : 301 –305.

Aulstad D, Gjedrem T, Skjervold H. 1972. Genetic and environmental sources of variation in length and weight of rainbow trout (*Salmo gairdneri*) . Journal of the Fisheries Research Board of Canada, 29: 237 –241.

Bannister J V. 1976. The length-weight relationship, condition factor and gut contents of the dolphin fish, *Coryphaena hippurus*(L.) in the Mediterranean. J Fish Biol, (9): 335 –338.

Beamesderfer R C, North J A. 1995. Growth, natural mortality, and predicted response to fishing for largemouth bass and smallmouth bass populations in North America. North American Journal of Fisheries Management, 15: 688 –704.

Beamish C A, Booth A J, Deacon N. 2005. Age, growth and reproduction of largemouth bass, *Micropterus salmoides*, in lake Manyame, Zimbabwe. African Zoology, 40(1): 63 –693.

Belonsky G M, Kennedy B W. 1988. Selection on individual phenotype and best liner unbiased predictor of breeding value in a closed swine heard. Journal of animal science, 66: 1124 –1131

Bolman K G, Krise L A, VanVleck L D. 1995. A manual for use of DFREML: A set of programs to obtain estimates of variance and covariances. United States Department of Agriculture, 100 –150.

Clugston J P. 1964. Growth of the Florida largemouth bass, *Micropterus salmoides floridanus*(Le Sueur), and the Northern largemouth bass, *M. salmoides*(Lacépède), in Subtropical Florida. Transactions of the American Fisheries Society, 9(3): 146 –154.

Deboski P, Dobosz S, Robak S, et al. 1999. Fat level in body of juvenile Atlantic salmon (*Salmo salar* L.), and sea trout (*Salmo trutta m. trutta* L.), and method of estimation from morphometric data. Archives of polish Fisheries, 7 (2): 237 –243.

Donaldson L R, Olson P R. 1955. Development of rainbow trout brood stock by selective breeding . Trans Am Fish Soc, 85: 93 –101.

Falconer D S, Mackay T F C. 1996. Introduction to quantitative genetics, 4th Edition . Pearson Education Limited, 301 –311.

Fishback, A G, Danzmann R G, Ferguson M M, et al. 2002. Estimates of genetic parameters and genotype by environment interactions for growth traits of rainbow trout(*Oncorhynchus myhiss*) as inferred using molecular pedigrees . Aquaculture, 206: 137 –150.

Gall G A, Bakar Y. 2002. Application of mixed-model techniques to fish breed improvement: Analysis of breeding-value selection to increase 98-day body weight in tilapia . Aquaculture, 212: 93 –113.

Helser T E, Han L L. 2004. A Bayesian hierarchical meta-analysis of fish growth: with an example for North American largemouth bass, *Micropterus salmoides*. Ecological Modelling , 178(3 –4): 399 –416.

Henderson C R. 1975. Best linear unbiased estimation and prediction under a selection model . Biometrics, 31: 423 –447.

Hong K P, Lee K J. 1999. Estimation of genetic parameters on metric traits in *Oreochromis niloticus* at 60 days of age. Journal of the Korean Fisheries Society, 32 (4): 404 –408.

Jones R E, Petrell R J, Pauly D. 1999. Using modified length-weight relationships to assess the condition of fish. Aquacuh Engin,20:261 –276.

Joseph P, Ian W, Derrick G, et al. 2008. Genetic parameters of production traits in Atlantic salmon (*Salmo salar*). Aquaculture, 274: 225 –231.

Liu X, Chang Y, Xiang J, et al. 2005. Estimates of genetic parameters for growth traits of the sea urchin, *Strongylocentrotus intermedius* . Aquaculture, 243: 27 –32.

Lorenzoni M, Martin Drr A J, Erra R, et al. 2002. Growth and reproduction of largemouth bass (*Micropterus salmoides* Lacépède, 1802) in Lake Trasimeno (Umbria,Italy) . Fisheries Research, 56(1): 89 –95.

Marc J M, Henk Bovenhis, Hans Komen. 2005. Genetic parameters for fillet traits and body measurements in Nile tilapia (*Oreochromis niloticus* L.) . Aquaculture, 246: 125 –132.

Mathilde D N, Marc V, Alain V, et al. 2008. Heritabilities and G × E interactions for growth in the European sea bass (*Dicentrarchus labrax* L.) using a marker-based pedigree. Aquaculture, 275: 81 –87.

Myers J M, Hershberger W K, Saxton A M,et al. 2001. Estimates of genetic and phenotypic parameters for length and weight of marine net-pen reared Coho salmon (*Oncorhynchus kisutch* Walbaum). Aquaculture Research, 32 (4): 277 –285.

Neira R, Lhorente J P, Araneda C,et al. 2004. Studies on carcass quality traits in two populations of Coho salmon (*Oncorhynchus kisutch*):phenotypic and genetic parameters . Aquaculture, 241: 117 –131.

Ponzoni R W, Hamzah A, Tan S, et al. 2005. Genetic parameters and response to selection for five weight in the GIFT strain of Nile titapia (*Oreochromis niloticus*). Aquaculture, 247: 203 –210.

Refstie T, Steine T. 1978. Selection experiments with salmon Ⅲ: Genetic and environmental sources of variation in length and weight of Atlantic salmon in the freshwater phase. Aquaculture, 14: 221 –234.

Richter H, Liickstadt C, Focken U L, et al. 2000. An improved procedure to assess fish condition on the basis of length-weight relationships. Arch Fish and Mar Res, 48:226 –235.

Robert H K, Lloyd L, Smith J. 1960. First-year growth of the largemouth bass, *Micropterus salmoides*(Lacépède), and some related ecological factors. Transactions of the American Fisheries Society, 89(2): 222 –233.

Roberto N, Nelson F D, Graham A E, et al. 2006. Genetic improvement in Coho salmon (*Oncorhynchus kisutch*). Ⅰ: Selection response and inbreeding depression on harvest weight . Aquaculture, 257: 9 –17.

Saillant E, Dupont-Nivet M, Haffray P, et al. 2006. Estimates of heritability and genotype environment interactions for body weight in sea bass (*Dicentrarchus labrax* L.) raised under communal rearing conditions. Aquaculture, 254: 139 –147.

Schulz U H, Leal M E. 2005. Growth and mortality of black bass, Micropterus salmoides (Pisces, Centrachidae; Lacapède, 1802) in a reservoir in southern Brazil. Braz J Biol. , 65(2): 363 –369.

Tim Lucas, Michael M, Sandie M D, et al. 2006. Heritability estimates for growth in the tropical abalone *Haliotis asinina* using microsatellites to assign parentage . Aquaculture, 259: 146 –152.

Vandeputte M, Kocour M, Mauger S, et al. 2004. Heritability estimates for growth-related traits using microsatellite parentage assignment in juvenile common carp (*Cyprinus carpio* L.) . Aquaculture, 235: 223 –236.

Vandeputte M, Quillet E, Checassus B. 2002. Early development and survival in brown trout (*Solmo trutta fario*

L): indirect effects of selection for growth rate and estimation of genetic parameters. Aquaculture, 204(3-4): 135-445.

Wang C, Li S, Xiang S, et al. 2006. Genetic parameter estimates for growth-related traits in Oujiang color common carp (*Cyprinus carpio* var. *color*). Aquaculture, 259: 103-107.

Xia J, Liu F, Ze Zhu Y, et al. 2010. A consensus linkage map of the grass carp (*Ctenopharyngodon idella*) based on microsatellites and SNPs. BMC Genomic, 11: 1-16.

第三章　大口黑鲈的选择育种

第一节　鱼类育种的目标和方向

在育种实践中选择与选种意思相同,它是育种工作中最基本的手段。在自然界中,外界环境条件对生活在其范围内的任何生物都具有重要的影响,适于这个条件的生物被保留下来,不适于这个条件的生物被淘汰,这种"适者生存"的过程称为"自然选择"。人类在培育养殖品种的过程中,有利用价值的生物个体被保留下来,而对人不利的个体则被淘汰,这种在人为环境下对生物进行取舍的过程,称为"人工选择"。

一、自然选择

生物普遍存在着变异,且多数变异能遗传给后代,同时生物普遍具有过度繁殖的倾向,而食物和空间有限。由此英国生物学家达尔文认为生物必然要同周围的环境条件进行斗争,包括与无机自然条件(如温度、气候、空气等)的斗争、种间斗争(异种之间的生物为生存而发生的斗争)和种内斗争(如争取生活空间、食物、交配等),他把这些斗争统称为生存竞争。他认为,在生存竞争中,具有有利变异的个体能够生存下来并传留后代,具有不利变异的个体则容易死亡而被淘汰。这种有利变异的保存和有害变异的淘汰叫做自然选择,或叫做"适者生存"。

自然选择在于不均等的生殖速率。在一个种的群体里,具有不同变异的个体有不同的生存能力或适应价值。在生存斗争中,它们都有传留后代的可能性,但生殖速率不相等。在一定条件下,会导致种内基因频率发生改变,使选留类型所具有的基因频率渐渐增高,淘汰类型所具有的基因频率渐渐降低,从而打破了群体基因频率的平衡状态,最后形成新的类群。

自然选择可以分为稳定性选择、单向性选择和分裂性选择 3 种类型。

(1)稳定性选择:这种选择把趋于极端的变异淘汰掉,而保留中型的变异,使生物类型具有相对稳定性。这种类型的选择大多出现在环境相对稳定的种群中,选择的结果是性状的变异范围不断缩小,种群的基因型组成更加趋于纯合。例如,在美国的一次大风暴后,有人搜集了 136 只受伤的麻雀,把它们饲养起来,结果活下来 72 只,死去 64 只。在死去的个体中,大部分是个体比较大、变异类型比较特殊的,而在存活的麻雀中,各种性状大都与平均值相近。这表明离开常态型的变异个体容易被淘汰。

(2)单向性选择:是在种群中保留趋向于某一极端的变异个体,而淘汰另一极端的个体,从而使种群中某些基因频率逐代增加,而它的等位基因频率逐代减少,整个种群的基因频率朝着某一个方向变化。这种选择的结果也会使变异的范围逐渐缩小,种群的基因型组成趋于纯合。单向性选择多见于环境条件逐渐发生变化的种群中,例如,澳大利亚近海有一种叶海马(*Phyllopteryx eques*),其身体各部都有一些红色的叶状突起,使叶海马和周围环境中生活的赤色海藻极为相似;生活在南美洲亚马孙河中的独须鱼(*Monocirrhus polyacanthus*),身体形状和颜色与一片枯叶相似。动物的这种拟态,能混淆捕猎者的视觉,达到保护自己的目的。

(3)分裂性选择:就是把种群中的极端变异个体按不同方向保留下来,而中间常态型大为减少。这种类型的选择也是在环境发生变化的情况下进行的。当原来的生存环境分隔为若干个小生境,或者当种群向不同的地区扩展时,都会发生分裂性选择。以一对等位基因来说,AA 和 aa 可能分别适应于不同的小生境,而 Aa 的表现型可能对这两种小生境都不适应,这样,在这两种小生境中,交配繁殖可能都发生在基因型为 AA 或 aa 的个体之间,而具有杂合基因型(Aa)的个体在这两个种群中会逐代减少并且趋于消失。

二、人工选择

人工选择是人为地选择生物对人类有利的变异,并使这种变异累积和加强以形成新品种的过程(楼允东,1999)。在人工选择中首选要发现或创造变异,没有变异就不可能找到符合人类所需要的个体,当然也就谈不上人工选择。其次有了变异不遗传也不能实现选择的目的,即使对不遗传的变异进行选择,也不能形成新类型或新品种。所以,没有遗传,人工选择就失去了基础。但是,只有遗传和变异是不够的,它们并不能使生物体朝着人类需要的方向发展,因而人们需要利用变异和遗传的特征,对变异不断选择和淘汰,向某个方向积累变异,只有这样才能形成人类所需要的类型,人工选择才能发挥创造作用。

人工选择通常可分为有意识的选择和无意识的选择两种。有意识的选择就是预先确定要获得什么样的品种,然后有计划地进行选择和培育,这种方法能在较短时间内获得优良品种。无意识的选择只是人们自然地把比较有价值的留下来,把价值不大的淘汰掉,这就无意中起了选择的作用。我们现在看到的多姿多彩的金鱼就是典型的人工选择的例子(王春元,1985)。金鱼起源于鲫鱼,野生鲫鱼都是银灰色的。古人偶见野生突变金黄色的金鲫鱼,认为是非常神秘的东西便加以家池养育,在家池养育的过程中人们发现有的金鱼的颜色和体形会产生新的变异,就被饲养者发觉选择保留下来,而把不良性状的鱼淘汰掉。根据史料记载,当时人们只知道选鱼,而不知道选种。虽然如此,因为后代的鱼是从前代被选留下来的鱼产生的,没有当选的鱼则被淘汰掉,当然不能长大繁殖其后代。所以,选鱼仍然起着选种的作用,起着无意识选择的作用(梁前进,1995)。到了 19 世纪中期,我国金鱼的饲养才进入有意识的选种。宝使奎(1899)在《金鱼饲养法》中说:"鱼不可乱养,必须分隔清楚。如,墨龙睛不可见红鱼,见则易变。翠鱼尤须分避黑白红 3 色串秧儿。花鱼亦然。红鱼见各色鱼,则亦串花矣。蛋鱼,纹鱼,龙睛尤不可同缸。各色分缸,各种异池,亦令人观玩有致。"当时的人们,不仅知道了选鱼,而且知道了选种,把具有优良性状的前代金鱼选择出来,到了繁殖的季节,即用来进行配种,产生其后代,再在后代中不断挑选,选择优良者;淘汰不良者,或当做商品出售。待到来年春季,再进行配种,这样周而复始,不断反复循环,到了 20 世纪 20 年代,已有了墨龙睛、狮头、鹅头、绒球、朝天眼、蓝鱼、紫鱼、翻鳃、珠鳞、水泡眼等 10 个新品种。

第二节　选择育种的原则与方法

一、选择育种的原则

选择育种的主要目的是从某一个原始材料中或某一品种群体中选出最优良的个体或类型。在操作过程中要掌握以下原则(楼允东,1999)。

1. 选择适当的原始材料

当选育的品种和目标确定之后,原始材料的选择极为重要。一是在优良品种中进行选择,优良品种的基础好,具有各种优良性状。在优良品种中再选拔出具有特色的个体,往往能得到比较好的效果。二是选择重要性状与育种目标较近的育种材料。例如在进行鲤鱼抗病品种选育时,可考虑原来抗病能力比较强的品种或群体作为原始材料,这些品种或群体可能含有与抗病相关的遗传物质,选育比较容易成功。三是在遗传多样性较高的品种中进行选择。遗传多样性较高,所含的基因型复杂,选择的潜力也大,在育种时常采用外地的良种或不同地理种群作为原始材料就是这个道理。

2. 在关键时期进行选择

原则上,在整个发育期内都应留心观察记载,并进行选择工作。如果发现优良变异类型,应及时做好标记和记载,以免遗忘。特别是在各品种的发育关键时期一定要抓住。如选择生长速度时重点要考虑达到商品鱼上市前的生长速度。抗病性选择要在病害严重的时期进行选择,观察不同发育时期对某种疾病的抗性。

3. 主要性状和综合性状选择

主要性状选择是指选择过程中一般只对某一个性状进行选择,而不考虑其他性状的提高或降低。其选择的结果对被选的性状来说是快的,这是特殊情况下为要选育出具有某一突出优良性状的品种,或某品种存在某项特殊缺点,针对其缺点进行改进采用的选择方式。综合性状选择是对几个性状同时进行选择的方法,对数项重要经济性状同时改进。但是,选择的性状过多,选择的效果通常也较慢。因此,必须分清主次,着重某一两项性状的选择。进行综合选择时,要考虑几种经济性状是否相关及其相关程度如何。例如,鲤鱼的体型和抗寒能力并无相关,可同时选择。但体型和生长呈负相关,一般是团型的生长慢,细长型生长快,这在选择上必须设法克服这对矛盾。参考畜牧选择育种中的实践,开展水产动物育种的综合性状选择时可采用如下方法。

(1)依次法,又称逐一选育法。这种方法是先以一种性状为对象进行选择,等这个性状改进后,再进行第二种性状选择,然后依次为第三和第四种性状等,最终使所有的性状都得到相应的提高。

(2)并进的独立淘汰法或限值淘汰法。对于选择若干种性状的每一个性状,分别拟定标准或对每种性状都制定好一个表型值的允许下限值,凡是达不到任一性状所规定标准或限值的个体即行淘汰,不论其他性状优良与否而要同时改进的几项性状完全达到各项标准或限值的个体才留种。

(3)评点或指数选择法。综合各性状,依其重要性和各性状的优势,用计分或评点方式,或对各种性能的判据加权后相加得出一个综合性的判据(指数),以此为标准,把达到综合评点或指数的个体留种。

以上3种方法,以第一种方法的效果最差。用第一种方法虽然对单项性状选择效果快,但使各性状逐个达到要求所费时间很长,也可能在选第三性状时,第一性状又退化了。尤其是各性状间如果存有负相关,则更难达到目的。第二种方法的效果较快,但是淘汰后存留的个体数过少,有不够留种的缺点,或留下的只是几个性状方面都是平庸的个体。第三种方法已发现在遗传力和方差相同假定下,比第一种方法的效率高,又较第二种方法好些,可以把几种性状综合考虑,取长补短,一项优良的可以抵消另一项低劣的性状。这种方法由于保留了某些性状特殊优良的个体,即使另外一些性状有缺点,但在以后几代中,不同优缺点的个体有交配机会,通过遗传基因重组作用,有机会选出最优秀的系统。评点或指数选择法的缺点是编拟选择指数比较繁杂,工作量大。随着计算机的普及和指数选择相关软件的开发,相信评点或指数选择法会在水产选育工作中发挥越来越大的作用。

二、选择育种的方法

选择育种的方法有多种,最基本的是群体选育法、家系选育法和综合选育法(吴仲庆,2000)。

1. 群体选育法

群体选育法又称混合选择育种,是从一个原始品种的群体中,将不符合选择目标的个体淘汰掉,留下符合要求的个体混养在一起,让其混合繁殖,如此逐代按同一选择目标选优去劣,即能改进所选性状,最终选出符合要求的优良类型。群体选育技术一般应用于良种繁育,采用这种选择方法,当品种纯度不高时,此法不但能较快地从混杂群体中选出比较理想的类型,又可获得大量后代应用于生产。群体选育的效果取决于所选择性状的遗传力及控制该性状的基因特点。当所选择的性状是由一对或几对基因控制,且遗传力较高时,选择是有效的,当所选择的性状是由许多对微效基因所控制的数量性状,且遗传力较低,则选择效果较差。

目前我国普遍养殖的尼罗罗非鱼“吉富”品系主要就是由群体选育而来的新品种(李思发,1998)。它是由国际水生生物资源管理中心(ICLARM)等机构通过对4个非洲原产地直接引进的尼罗罗非鱼品系(埃及、加纳、肯尼亚、塞内加尔)和4个在亚洲养殖比较广泛的尼罗罗非鱼品系(以色列、新加坡、泰国、中国台湾)经混合选育获得的优良品系,具有生长快、产量高、耐低氧、遗传性状稳定等优点。

2. 家系选育法

也叫个体选择,是从混有不同类型的群体中选出优良的个体,然后按照个体建立家系,再选择优良的家系作为繁殖后代的亲本,淘汰不良家系。由此逐代提高品种的遗传纯合性,即能选出具有稳定优良性状的新品种。家系选育的好坏关键在于正确运用好近亲交配和家系的建立。累代近亲繁殖,可以使原来混杂的群体或杂种个体由于不断的纯合化,使隐性基因的纯合体百分率增加,隐性性状因而有表现的机会。

一般说来，大部分隐性基因所表现的性状对生物体的生长发育有不同程度的不良作用，因此，近亲繁殖往往带来不良的后果，如生活力衰退、畸形出现，甚至若干系会绝灭。但近亲繁殖绝不是创造不良性状，只是使它暴露出来，通过选择，淘汰那些表现不良特性的隐性基因，留下优良个体，繁殖若干代后，建立自交系或新品系，这是家系选择的基本方法。近亲繁殖也使不带有不良作用和符合人类经济要求的隐性性状表现出来，便于选出。畜牧和家禽的家系选育表明，近亲繁殖而造成的生活力的衰退和不良性状的出现，在近亲的早代比较明显，随着代数的增加，衰退的程度逐渐减少，以至于某一代不再下降。

近交和选择是家系选育中建系的重要手段。一个群体近亲繁殖，如果不经选择，后代群体中的显性基因数目和隐性基因数目的比并不改变。近亲繁殖是使具有显性性状稳定的个体及隐性性状出现的个体同样有表现的机会。一般显性性状对生长发育有较良好作用，隐性性状有不良作用，所以表面上只看到不良性状的暴露，如生活力下降等，但另一方面，有关增加生活力和其他优良性显性基因，同样有纯合机会。优良个体不再分离是育种上的有利之点。因此，在近亲繁殖的同时，进行选择，有积累显性基因、减少隐性基因的作用。通过严格选择可以防止近亲繁殖所带来的不良后果。同时，从一个混杂的群体中或从一个杂交体中，通过近亲繁殖可以分离出若干性状有别的家系、小家系或近交系，系内的个体由于有比较高度而又相同的纯合百分率，就有基本一致的表现型。这样性状就相当稳定，良种上将其称为固定。这种家系便称为纯系或纯种。

为了使不同家系的遗传性状更具有可比性，要在尽可能相同的条件下进行家系选育。如：不同家系亲本的交配产卵或人工授精的时间尽可能一样，鱼种放养的大小尽可能一致，各家系单养时养殖鱼塘或水体的大小尽可能一致，并保证有一定数据的重复试验。也可以采用不同的标记（电子标记、荧光标记和分子标记等）对不同家系进行同塘混养，最大限度地减少养殖条件造成不同家系间的差异。

由于家系选育牵涉到的家系一般都比较多，各家系之间不允许有混杂，因此选育时要建立系谱档案，制定一套家系选育的档案资料及系谱记录，记录原始材料的来源、原有性状、开始年月、各代选育成绩、各家系间的关系（如果需要）等，以便可以根据记载的资料进行分析研究，得出可靠的结论。

3. 亲本选育

亲本选育又称后裔鉴定。是根据后代的质量来对其亲本作出评价的个体选择方法，根据后裔鉴定结果决定对其亲本的取舍。它的主要优点是能够决定一个显性表型是纯合体，或是杂合体。例如，对鱼的鳞被、体色两个质量性状，后代个体全部是全鳞、青灰色体色，那其亲本在这两个性状上是纯合体；反之，如后代个体中出现散鳞、红色体色，那其亲本是杂合体。利用后裔鉴定可以达到选择显性表型纯合体，淘汰杂合体。但是，用后裔鉴定法选择数量性状时，家畜良种常用个体的育种值来评价，用它可以对种畜作出较可靠的鉴定。

4. 综合选育

在研究像鲤科、鲑科鱼类这样的大型选育对象时，要考虑到这类鱼在养殖较大量后代的困难，以及亲鱼后裔鉴定时世代间隔的延长。综合选择可以解决这个问题，它可连续地进行（一个世代间）家系选育、混合选择和亲鱼后裔鉴定。综合选择的方法是：第一阶段先建立几个家系,进行异质型、非亲缘的亲鱼间杂交。在这些家系养殖过程中,作出它们生产性能(生命力、生长速度、肉质等)的鉴定,选出最好的家系。第二阶段在 2 ~ 3 个较好的家系进行选择。每个家系有几千尾鱼时可采用较大的选择强度和较强选择压力。第三阶段根据后代检验亲鱼。检验成熟早的一种性别亲鱼(鲤鱼一般是雄性)。当另一性别鱼成熟时,这种检验已完成。综合选择效应理论上等于所用的每种选择效应的总和,分别表示家系选择效应、混合选择效应和后裔鉴定效应。在选育罗普莎鲤和松浦鲤时采用了综合选择。

5. 品种的提纯复壮

在水产良种生产过程中经常会听到对品种的提纯复壮,提纯和复壮都是选择育种的过程,但提纯和复壮是两个概念。提纯是指品种混入其他品种或物种的遗传因子而变得不纯时通过近亲选育使品种恢复到原来的种质。复壮则是因为近亲繁育导致品种本身发生了不利的可遗传的积累,如生活力低下,繁殖力下降以后,通过再杂交,使其种质恢复的过程。

品种的提纯是相对于品种(或物种)的混杂而言的,是一项正本清源、保持和发展优良品种(或物种)的工作。其方法是要确定纯种目标和具体的性状要求。目标确定后,从混杂的品种后裔中选择相对好的个体进行近交繁殖,其后代会出现各种分离,经过 6 ~ 7 代的近交选择之后,就会获得稳定的纯种。例如:江西的荷包红鲤是淡水养殖的优良品种,在自繁自养和随机交配中,一再与自然界中的野鲤混杂,以至于体型、体色改变,生活力下降,个体变小,生长缓慢,几乎绝灭。因此有必要对于已经混杂的优良品种或物种进行提纯。提纯通常采取近交加选择的方法,先从现存混杂的品种后裔中选择相对好的个体自繁,对其后代按一定的标准进行选择。1958 年在江西婺源县各地选择了 19 尾体型较好的全红和金黄色的荷包红鲤作为起始亲鱼,进行培育、繁殖、扩大群体,为进一步选育的基础。11 年后于 1969 年选出了 300 尾可以作亲本的基础群,又经连续 6 代的选育,终于获得具有稳定、优良性状的荷包红鲤。

品种复壮是对品种退化所采取的补救措施,旨在使已退化品种的优良特性得以恢复。近交衰退发生的原因是多方面的,从遗传学的角度解释主要有两点:①有害的隐性基因的暴露。一般病态的突变基因绝大多数都是隐性的,所以处于杂合状态时不表现出病态或不利的性状。这些有害基因的作用可被显性的杂合子等位基因所掩盖,但经过一段近亲繁殖,纯合的基因(纯合子)比例渐渐增多,于是有害的隐性基因相遇成为纯合子而显出作用,出现了不利的性状,对个体的生长发育、生活和繁殖等产生明显的不利影响。例如杂种动物所带有的不育的隐性基因往往被其显性的等位基因所掩盖,而不表达其不育的性状,但由于近交,基因的纯合度逐渐增高,不育的现象也就表现出来了。②多基因平衡的破坏。个体的发育受多个基因共同作用的影响,虽然其中每个基因的作用效应微小。对环境适应较好的野生或杂交动物,由于自然选择的作用有利于保存那些生物适应能力较强的基因组合具有平衡的多基因系统,近交繁殖往往会破坏这个平衡,造成个体发育的不稳定。

为了减少近交系数,不宜在同一家系中选择亲本,更不宜在已退化的种群中选择,而应在不同的家系中选配。如果是在一个封闭的群体里,从上代到下代的近交系数递增速度取决于繁衍下一代的有效亲本数量,一般认为,在任意交配的封闭群体中,每一世代的雌雄亲本数至少应在 40 ~ 50 尾以上,才可以使近交系数明显降低。要维持一个随机交配的种群,至少需要50对成体或50尾可产卵的雌体。50对成体的交配群的近交系数递增率大约为每代0.5%。因此,在引种或移植中,对引进生物的选择和数量配置都要讲究,除了引入个体间不要有亲缘关系外,还要有一定数量的个体,以扩大随机交配群体,使自群交配的后代保持较大的群体杂合性,降低近交系数,以防止品种退化。

防止品种退化的另一方法就是每隔数年到另一地购买或交换同一品种不同家系的亲本,与本地同一品种的亲本交配,所产生的子代具有较强的生命力,能使该品种得到复壮。

第三节 大口黑鲈群体选育

大口黑鲈是我国的主要淡水养殖品种之一,由于引进近30年来大多苗种场在种苗生产时未遵循科学的操作规范,为追求经济利益及生产上的方便,通常选择上年未达到规格上市的大口黑鲈留种,再加上国内首次引进时的奠基群体数量偏小及未再补充引进种质资源(Bai et al,2008)等多种因素导致了大口黑鲈种质质量的明显下降,主要表现在大口黑鲈生长速度下降、性成熟年龄提前、饵料转化效率低和抗逆性能下降等,制约了我国大口黑鲈养殖业的健康稳定发展。中国水产科学研究院珠江水产研究所从2005年开始进行大口黑鲈群体选育工作,以期培育出生长速度快和抗逆性强的优良养殖品种。本节介绍了选育奠基种群的来源和选育方法,以及群体选育大口黑鲈 F_3 的生长性状及选育效果。

一、材料与方法

1. 选育方法

为保证试验的重复性和选育种质的安全性,在广东省佛山市南海区九江镇的两个养殖场同步开展大口黑鲈群体选育研究。2005年底,从佛山市4个不同地区挑选体型标准、健康、体重大于0.65 kg的大口黑鲈鱼各300尾建立选育基础群体,混合后分到这两个选育养殖场,雌雄鱼对半,数量均为600尾。选择方法为群体选择法,以生长为主要选育指标,对选育系每一世代实验鱼在10 cm和25 cm左右规格及性成熟期进行选择,选留体型标准、健康无病、体重较大的个体。总选择率为5%~12%。至2008年,选育系已产生第三代。

2. 养殖性能对比试验

在九江镇进行选育系 F_3 代与对照组的养殖性能对比试验。收集2008年同批生产且数量相同的选育组和非选育组(对照组)鱼苗,分别放养于条件相同的网箱中培育,待试验鱼长至14 cm左右时,从两个选育组和对照组中各随机取300尾,采用红、粉红和绿色3种荧光染料进行标记试验鱼,同塘饲养。试验用饲料为冰鲜下杂鱼,每日投喂量为鱼体重的10%~15%。

3. 实验数据处理

对1月龄、4月龄、5月龄、6月龄和7月龄的大口黑鲈实验鱼的生长情况进行了测量,每组随机抽取50~60尾,采用MS-222进行浸泡麻醉后,用电子天平称量体重,并用数码相机拍照,结合 Photoshop 和 Winmeasure 1.0 软件测量体长、体高。按下式计算生长率:绝对增重率(AGR,g/d) = $(W_2 - W_1)/(t_2 - t_1)$,式中 W_1、W_2 分别为 t_1 与 t_2 时的体重;体重变异系数 CV(%) = 标准差 ×100%/平均体重;试验数据用 Excel 软件和 SPSS 15.0 进行统计分析。

二、结果与分析

1. 大口黑鲈选育组和对照组的表型性状比较

大口黑鲈两个选育组与对照组的体重、体长和体高的比较见图 3-1。1 月龄和 4 月龄时,两个选育组的 3 个表型性状与对照组均无显著差异,其中 4 月龄时选育组 1 的表型性状还略小于对照组。5~7 月龄时,两个选育组的 3 个表型性状都大于对照组,且差异极显著($P < 0.01$)。对两个选育组之间进行比较分析,5 月龄、6 月龄和 7 月龄时,选育组 1 测量的性状都大于选育组 2,但差异不显著,结果表明了选育组 1 的人工选育效果略优于选育组 2。

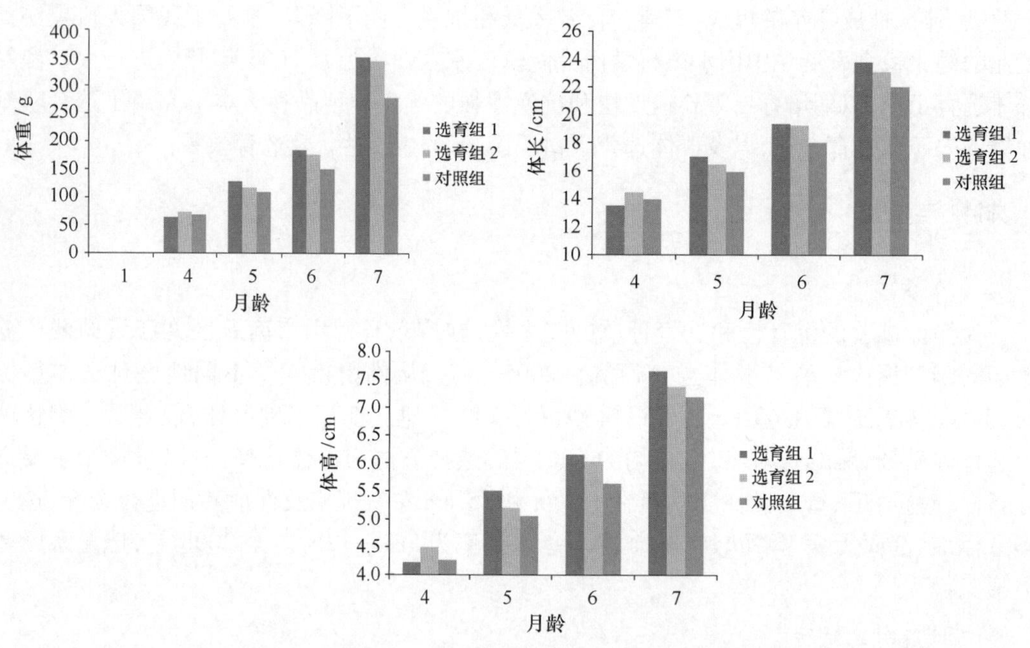

图 3-1 选育组与对照组的体重、体长和体高的比较

2. 生长速度

7 月龄时,选育组和对照组的平均体重达到 278.08~350.33 g。选育组 1 和选育组 2 体重的平均增长速度分别为 1.98 g/d 和 1.95 g/d,相比对照组分别提高了 25.32% 和 23.42%,平均每代的选育效应分别为 8.44% 和 7.81%。对大口黑鲈每个测量间隔的平均生长速度进行了比较分析,除第一次测量间隔外,选育组 1 和选育组 2 的平均生长速度均比对照组高,增幅为 9.6%~58.4%(表 3-1)。

表 3-1　大口黑鲈选育系 F_3 与对照组生长速度的比较

间隔	5~6月			7月			8月			9月		
日期	对照组	选育组1	选育组2	对照组	选育组1	选育组2	对照组	选育组1	选育组2	对照组	选育组1	选育组2
绝对增重率/($g \cdot d^{-1}$)	0.84	0.78	0.89	1.25	1.98	1.37	1.72	2.34	2.45	3.39	4.26	4.30
增长比率/%	—	-7.1	6.0	—	58.4	9.6	—	36.0	42.4	—	25.7	26.8

3. 形态学特征

针对大口黑鲈养殖生产中出现的高畸形率，主要表现为高背及尾柄短，对选育组1和对照组各随机抽查了200尾鱼，其畸形率分别为1.0%和5.0%，表明选育系的畸形率有明显降低。到达上市规格时，选育组1和选育组2的体长与体高的比值分别为3.13和3.11，分别比对照组的体长与体高比值(3.06)提高了2.3%和1.6%，表明了经选育后大口黑鲈在体型上更长了。

4. 变异系数

大口黑鲈选育组1和选育组2的体重变异系数分别是26.8%和20.2%，相比对照组的29.4%分别降低了9.8%和31.3%(表3-2)，说明了经过连续3代的选育，选育组大口黑鲈个体间的生长速度更加趋于一致。

表 3-2　大口黑鲈选育系 F_3 与对照组的体重变异系数

名称	对照组	选育组1	选育组2
体重变异系数/%	29.4	26.8	20.2
选育组/对照组	—	0.912	0.687

选择育种的基本原理是假定生长等经济性状是由多个微效基因决定并受环境条件影响而相互作用的结果，在进行性状的选择时，首先需建立遗传变异丰富的基础群体，我们在构建大口黑鲈选育基础群体时，收集了佛山市4个不同地区的养殖群体，保证了丰富的遗传多样性。有文献报道引进鱼类的选育效果往往不理想(Hulata et al, 1986; Teichert-coddington et al, 1988)，主要是由于奠基群体太小、近亲交配或遗传漂变而导致亲本遗传异质性较低，造成了获得选育效果不佳，而我们分析的大口黑鲈平均选育效果为24.37%，平均每代的选育效应为8.13%，显示出了较好的选育效果，推测其原因是：①虽然国内已引进大口黑鲈20多年，但目前养殖种群仍具有一定的遗传多样性，而且不同养殖群体的多样性差异较大(梁素娴等，2007)，因而采用遗传多样性较丰富的4个养殖群体来构建选育基础群体，增加其遗传变异量；②已有研究表明，水产动物的基础群体数目需达到500个个体以上，才能有效控制群体内近亲交配及近交衰退对选育效果的影响(马大勇等，2005)，而我们在选育过程中所用的基础群体的个体数目均为600以上，甚至在选育第二、三代用的亲本数量超过

1 200 尾,尽量减小了群体内的近交系数;③在养殖生产中,苗种生产单位或养殖户往往采用小个体大口黑鲈(体重为 0.4 ~0.5 kg)作为亲本,而我们选用首批次达上市规格的大个体(体重为 0.65 kg 以上)作为亲本,提高了亲本质量,保障了较好的选育效果。另外,也有可能会对选择效应有偏高评价的误差,因为本试验中对照组同时与两个选育群体混养,由于大口黑鲈具有抢食性行为,弱势的对照群体在摄食竞争中处于不利地位,群体间竞争对其生长有着一定的抑制作用(楼允东, 1999; Eknath et al,1993),而这种作用会随着养殖时间的延长而逐渐加大。

理论上说,生长一致性在一定程度上表现了群体内基因的同质性。体重变异系数对于鱼类主要反映了某种鱼类群体生长规格的一致性程度,在遗传上则表明了该群体遗传变异程度的大小,即体重变异系数大则表明该群体遗传变异较高,反之表明该群体遗传变异较低(陈林等,2008)。本实验中两个选育组的体重变异系数分别是 26.8% 和 20.2%,相差较大,推究其原因是:一方面,选育组 1 和选育组 2 一直采取的留种率分别是 10% ~12% 和 5% ~6%,选择强度不一致,而高选择强度会造成选育群体内的遗传变异减少,因而选育组 2 实验鱼体重表现出较小的群体内变异。

本试验中,两个选育组的体重变异程度相比对照组有明显降低,规格趋向于整齐,表明人工选育对大口黑鲈产生了一定的影响,但选育组的体重变异系数依然较高,从这一角度讲, 其选育潜力仍然较大, 可继续对其进行选育。

第四节 大口黑鲈家系微卫星 DNA 标记的亲权鉴定

养殖鱼类的选择育种是解决其种质退化,获得优质养殖品种、维持水产养殖业可持续发展的有效途径。目前,国内对鱼类进行遗传改良主要以群体选育为主,但以群体选育获得的后代,其个体间亲缘关系不明确,选育过程中不可避免地造成近交和遗传多样性的丢失(Herbinger et al,1995),了解系谱信息可有效减少近交(Norris et al,2000),且更精确的选育方法需清楚选育群体的亲缘关系。为合理高效的利用选育群体,急需找到一种能够有效的鉴别出不同家系的标记。然而,鱼类不同于家畜和贝类,因其体型和生活环境的特殊性,不能用挂牌、打耳号、单独饲养等进行标记。目前鱼类常用标记方法有剪鳍、注射荧光染料、植入电子芯片等,但这些标记方法存在的种种缺陷,不能完全满足当前鱼类生产与研究的需求。随着现代分子生物学技术的发展,高度多态的分子标记,如小卫星(mini-satellites)和微卫星(microsatellites)已成为水产选育中亲缘关系鉴定的有效方法(O'Reilly et al,1995; Ferguson et al,1998),其中微卫星分子标记因其具有多态性丰富、共显性、遵循孟德尔分离定律、辨别能力高(徐晋麟 等,2003)、且检测快速方便等特点,已在水产动物亲缘关系鉴定上得到广泛的应用(Herbinger et al,1995;Ricardo et al,1999;Boudry et al,2002;Timothy et al,2003;Motoyuki,2003;Dong et al,2006;Herlin et al,2008)。微卫星标记可避免选育家系单独饲养所带来的环境误差,为混养后家系准确鉴定提供了可能。

为维持大口黑鲈遗传多样性水平和避免大口黑鲈选育过程中近交的发生,有必要了解其完整的系谱信息,但目前此方面的研究尚未见报道。本节探讨了微卫星 DNA 应用于大口黑鲈亲权鉴定的可能性,以期为大口黑鲈家系选育提供有效的系谱信息,避免选育中近亲繁殖的发生。

一、材料与方法

1. 大口黑鲈家系的建立与材料选择

选择健康强壮的雌、雄亲本各5尾进行繁殖。按雌、雄1对1配对获得5个全同胞家系，分别编号为0802、0805、0806、0807和0810，5个家系样本大小依次为15、32、29、15和11尾。候选亲本样本由10个真正亲本和4个（雌、雄各2尾）非亲本组成。

2. 试剂及仪器

试剂丙烯酰胺、甲叉丙烯酰胺、氢氧化钠、无水碳酸钠、过硫酸铵、TEMED、硝酸银、甲醛等购自广州威佳生物工程公司；*Taq* DNA 聚合酶体系购自上海申能博彩生物科技有限公司；分子量标准为北京天根生物技术有限公司的 PBR322 DNA/*MSP* Ⅰ，其他试剂均为国产分析纯。用 Alpha Ease FC 软件分析微卫星条带大小，琼脂电泳的仪器购于 Bio-Rad 公司，聚丙烯酰胺电泳槽购于北京君意有限公司，扫描仪购自上海中晶电脑有限公司，电泳仪购自北京君意有限公司和北京六一有限公司。

3. 基因组 DNA 的提取

取大口黑鲈的尾鳍或臀鳍，采用上海生工动物基因组 DNA 抽提试剂盒提取基因组 DNA。经紫外分光光度计检测其浓度，-20℃保存备用。

4. 微卫星引物的选取

12对大口黑鲈微卫星引物序列来自文献（梁素娴等，2008；Colbourne et al，1996；Lutz-Carrillo et al，2006），引物序列和特征信息见表3-3。引物合成由生工生物工程（上海）股份有限公司完成。

表3-3 大口黑鲈微卫星位点的引物序列及其特征

位点	引物序列（5′→3′）	退火温度	等位基因数	GenBank 登录号
JZL60	F：AGTTAACCCGCTTTGTGCTG	60	3	EF056001
	R：GAAGGCGAAGAAGGAGAGT			
JZL67	F：CCGCTAATGAGAGGGAGACA	59	3	EF056002
	R：ACAGACTAGCGTCAGCAGCA			
JZL68	F：AGGCACCGTCTTCTCTTCA	59	3	EF056003
	R：CATTGTGGGTGCATTCTCC			
JZL72	F：AGGGTTCATGTTCATGGTAG	59	3	EF056005
	R：ACACAGTGGCAAATGGAGGT			
JZL83	F：TGTGGCAAAGACTGAGTGGA	55	3	EF056006
	R：ATTTCTCAACGTGCCAGGTC			
JZL124	F：GCATTCATACACCATCATTG	55	3	本实验室
	R：AGCATTTTGTCAGACCACC			

续表

位点	引物序列(5′→3′)	退火温度	等位基因数	GenBank 登录号
JZL127	F:CAGAGAGATAGTGTCAACCA R:ACCACGGAGAAAGCCATT	55	3	本实验室
MisaTPW012	F: CGGTTGCAAATTAGTCATGGCT R: (CAG) CAGGGTGCTCGCTGTCT	55	3	EF590067
MisaTPW070	F: ACTTCGCAAAGGTATAAC R:CCTCATGCAGAAGATGTAA	48	5	EF590084
MisaTPW117	F: TGTGAAAGGCACAACACAGCCTGC R:ATCGACCTGCAGACCAGCAACACT	55	3	EF590097
MisaTPW165	F: GTTCGCATCTGAATGCATGTGGTG R: (CAG) TGAAGGTATTAGCCTCAGCCTACA	55	3	EF590108
Lma21	F:CAGCTCAATAGTTCTGTCAGG R:ACTACTGCTGAAGATATTGTAG	48	3	Colbourne et al. (Colbourne 等,1996)

5. 大口黑鲈的 PCR 扩增与检测

PCR 反应总体积为 20 μL: 50 ng 的基因组 DNA, 2 μL buffer, $MgCl_2$ (25 mmol/L) 0.8 μL, dNTP(10 mmol/L)0.3 μL,上、下游引物(20 pmol/L)各 0.5 μL, *Taq* 酶 1 U, PCR 反应程序为:94 ℃预变性 4 min;94 ℃ 30 s,退火温度依引物而定 30 s,72℃ 30 s,25 个循环;72 ℃延伸 7 min。PCR 产物在 8% 非变性聚丙烯酰胺凝胶中分离,硝酸银染色。

6. 数据的统计与分析

利用 Cervus3.0 软件对各微卫星 DNA 位点等位基因频率、平均观测杂合度(H_o)、平均期望杂合度(H_e)、多态信息含量(PIC)、无效等位基因频率等参数进行计算,在此基础上进行已知亲本性别的亲权分析,之后进行准确率分析。亲权分析时模拟子代样本为 10 000 个,实际子代样本 102 个,14 个亲本(7 个父本和 7 个母本)100% 取样,亲本和子代的基因分型率为 100%,错判率默认为 1%。运用 Popgene3.4 对各家系后代基因型频率分布做 χ^2 检验,为进一步验证微卫星 DNA 在亲权鉴定中的效能,计算了子代个体间和家系间的遗传距离,利用 UPGMA 进行聚类分析。

H_e 计算公式: $H_e = 1 - \sum P_i^2$;

PIC 计算公式: $\mathrm{PIC} = 1 - \sum_{i=1}^{n} P_i^2 - \sum_{i=1}^{n-1}\sum_{j=i+1}^{n} 2(P_iP_j)^2$;

亲权排除概率(EP)计算公式

$$\mathrm{EP} = \sum_{i=1}^{n} p_i(1-p_i)^2 + 2\sum_{i=1}^{n-1}\sum_{j=i+1}^{n} p_ip_j(1-p_i-p_j)^2;$$

对于多个引物,累积亲权排除概率(CEP)为:

$$\mathrm{CEP} = 1-(1-\mathrm{EP}_1)(1-\mathrm{EP}_2)(1-\mathrm{EP}_3)\cdots(1-\mathrm{EP}_k) = 1-\prod_{i=1}^{k}(1-\mathrm{EP}_i)。$$

式中：P_i、P_j 分别为群体中第 i、j 个等位基因频率；n 为等位基因数；EP_k 为第 k 个引物的 EP 值

二、结果与分析

1. 大口黑鲈遗传参数分析

由表 3－4 可知，所检测的大口黑鲈在这 12 个微卫星标记中，分别有 6 个位点为高度多态（PIC≥0.5），6 个位点为中度多态（0.25≤PIC＜0.5）；12 个微卫星位点的观测杂合度介于 0.353～0.755，期望杂合度介于 0.386～0.667，大多数位点的观测杂合度超过期望杂合度，无效等位基因频率均低于 0.1，每个位点都只有 3 个等位基因，这 12 个微卫星 DNA 均可用于亲权分析。

表 3－4　12 个微卫星多态位点在 5 个大口黑鲈家系中的遗传参数分析

位点	等位基因数	样本数	平均观测杂合度 H_o	平均期望杂合度 H_e	多态信息含量 PIC	H-W 平衡	无效等位基因频率	PIC 排名
M12	3	102	0.755	0.643	0.564	＊＊	－0.0836	3
M70	3	102	0.647	0.519	0.421	＊	－0.1228	9
M117	3	102	0.569	0.667	0.589	NS	0.0790	1
M165	3	102	0.471	0.386	0.339	NS	－0.1118	12
Lma21	3	102	0.539	0.463	0.396	NS	－0.0732	10
JZL60	3	102	0.667	0.599	0.529	NS	－0.0752	5
JZL67	3	102	0.676	0.506	0.426	＊＊	－0.1658	8
JZL68	3	102	0.608	0.572	0.502	NS	－0.0608	6
JZL72	3	102	0.706	0.628	0.553	NS	－0.0537	4
JZL83	3	102	0.353	0.386	0.348	NS	0.0253	11
JZL124	3	102	0.676	0.659	0.581	NS	0.0201	2
JZL127	3	102	0.471	0.520	0.463	NS	0.0650	7
平均	3	102	0.595	0.546	0.476			

注：NS 表示不显著偏离 Hardy-Weinberg 平衡；＊表示显著偏离 Hardy-Weinberg 平衡；＊＊表示极显著偏离 Hardy-Weinberg 平衡.

表 3－5　5 个大口黑鲈家系的 Hardy-Weinberg 平衡检验

位点		家系				
		0802	0805	0806	0807	0810
M12	卡方（自由度）	1.16(1)	5.35(1)	28(1)	2.06(3)	10.00(3)
	P 值	0.281 0	0.020 7＊	0.000 0＊＊	0.560 3	0.018 6＊
M70	卡方（自由度）	14.00(1)	0.10(1)	5.49(1)	0.47(1)	10.00(3)
	P 值	0.000 2＊＊	0.751 1	0.019 1＊	0.494 5	0.018 6＊

续表

位点		家系				
		0802	0805	0806	0807	0810
M117	卡方(自由度)	单态	3.30(1)	0.28(1)	14(1)	10.00(3)
	P 值	Single genotype	0.069 4	0.598 1	0.000 2**	0.018 6*
M165	卡方(自由度)	14.00(1)	单态	4.64(1)	1.70(1)	1.47(3)
	P 值	0.002 9**	Single genotype	0.031 2*	0.192 7	0.688 2
Lma21	卡方(自由度)	0.26(1)	单态	28(1)	3.93(3)	2.42(3)
	P 值	0.611 1		0.000 0**	0.268 6	0.490 5
JZL60	卡方(自由度)	1.40(1)	1.24(1)	28(3)	1.70(1)	2.92(3)
	P 值	0.237 4	0.266 0	0.000 0**	0.192 7	0.404 7
JZL67	卡方(自由度)	3.32(1)	9.56(1)	28(3)	单态	3.08(1)
	P 值	0.068 6	0.002 0**	0.000 0**		0.079 4
JZL68	卡方(自由度)	14.00(3)	0.16(1)	0.01(1)	2.40(1)	3.08(1)
	P 值	0.002 9**	0.691 7	0.906 2	0.121 3	0.079 4
JZL72	卡方(自由度)	3.32(1)	6.47(3)	8.18(3)	0.76(1)	2.00(1)
	P 值	0.068 6	0.090 9	0.424 0	0.383 1	0.157 3
JZL83	卡方(自由度)	单态	单态	3.90(1)	14.00(1)	0.74(1)
	P 值			0.0482*	0.000 2**	0.3912
JZL124	卡方(自由度)	14.00(3)	0.64(1)	7.66(3)	0.76(1)	10.00(3)
	P 值	0.002 9**	0.425 5	0.053 6	0.383 1	0.018 7*
JZL127	卡方(自由度)	单态	7.50(3)	1.42(1)	3.73(3)	单态
	P 值		0.057 5	0.232 6	0.292 6	

* 表示 $0.01 < P < 0.05$　** 表示 $P < 0.01$.

由表 3-5 可知，M117 位点在家系 0802，M165 和 Lma21 位点在家系 0805，JZL67 位点在家系 0807，JZL83 位点在家系 0802 和 0805，JZL127 位点在家系 0802 和 0810 均表现为单态。家系 0802 在 M70、M165、JZL68、JZL124 微卫星 DNA 位点极显著的偏离 Hardy-Weinberg 平衡($P < 0.01$)；家系 0805 在 M12 和 JZL67 位点分别显著($P < 0.05$)和极显著($P < 0.01$)偏离 Hardy-Weinberg 平衡；家系 0806 在 M70、M165、JZL83 位点显著偏离 Hardy-Weinberg 平衡($P < 0.05$)，在 M12、Lma21、JZL60、JZL67 位点极显著偏离 Hardy-Weinberg 平衡($P < 0.01$)；家系 0807 在 M117、JZL83 位点极显著偏离 Hardy-Weinberg 平衡($P < 0.01$)；家系 0810 在 M12、M70、M117、JZL124 位点显著偏离 Hardy-Weinberg 平衡($P < 0.05$)。

2. 亲权排除概率分析

由表 3-6 可知，当双亲基因型均不清楚时，单个位点的排除概率(EP1)介于 0.186 6 ~ 0.367 8，平均值为 0.282 8；7 个位点和 12 个位点组合时，排除概率(CEP1)分别为 0.940 4 和 0.982 8。当有一个亲本基因型已知时，单个位点的排除概率(EP2)介于 0.303 9 ~

0.516 2之间，平均值为 0.421 4；7 个位点和 12 个位点组合时，排除概率（CEP2）分别为 0.989 9 和 0.998 7。亲权排除概率越高，说明该位点的鉴定能力越强。

表 3－6　大口黑鲈 12 个微卫星 DNA 多态位点的排除概率 1 和排除概率 2

位点	样本数	排除概率 1	排除概率 2	组合位点数目	累积排除概率 1	累积排除概率 2
M117	102	0.367 8	0.516 2	–	–	–
JZL124	102	0.361 0	0.509 7	–	–	–
M12	102	0.347 2	0.495 4	–	–	–
JZL72	102	0.340 3	0.490 6	4	0.826 0	0.939 0
JZL60	102	0.323 0	0.474 4	5	0.882 2	0.967 9
JZL68	102	0.301 9	0.450 5	6	0.917 8	0.982 4
JZL127	102	0.275 3	0.423 7	7	0.940 4	0.989 9
JZL67	102	0.240 4	0.368 9	8	0.954 7	0.993 6
M70	102	0.232 0	0.351 8	9	0.965 2	0.995 8
Lma21	102	0.221 6	0.347 4	10	0.972 9	0.997 3
JZL83	102	0.196 9	0.324 2	11	0.978 3	0.998 2
M165	102	0.186 6	0.303 9	12	0.982 8	0.998 7
Mean	102	0.282 8	0.421 4			

注：EP1 和 CEP1 分别为双亲基因型均未知情况下单个位点和多个位点组合时的排除概率；EP2 和 CEP2 为已知一个亲本基因型情况下单个位点和多个位点组合时的排除概率.

3. 判别成功率分析

根据 12 个微卫星位点多态信息含量的高低，逐步删除多态信息含量最低的位点，由多到少依次减少亲权分析中微卫星位点所使用的数目，得到判别成功率见图 3－2。

由图 3－2 可知，当使用 12 个位点进行分析时，除模拟分析在 $P=0.01$ 水平上的判别成功率仅为 78%，其余判别成功率均在 90%（$P=0.05$ 或 0.01）以上。当微卫星位点数目为 9 个时，模拟分析判别成功率为 55%（$P=0.01$）与 80%（$P=0.05$）；而实际分析的判别成功率为 81%（$P=0.01$）与 88%（$P=0.05$）。随着所使用引物数目的减少，判别成功率越来越低。置信度 95% 时，即使微卫星位点减少到 7 个，仍可以判别 80% 子代；而位点减少为 5 个，判别率仅为 55%。当位点减少为 4 个，置信度为 99% 时，无论模拟分析还是实际分析，判别率都为 0；而置信度为 95% 时，则模拟分析与实际分析的判别成功率则分别为 9% 和 17%。由以上结果可知，模拟分析结果始终低于实际分析，随着样本数量的增加和置信度的提高，所需微卫星位点增加。相同位点，置信度越高，样本越大，判别成功率越低。

4. 判别准确率分析

由图 3－3 可知，当所使用的微卫星引物数为 9 个以上时，判别准确率均在 90% 以上。当微卫星引物减少为 5 个时，判别准确率也能达到 80%。而当微卫星位点数为 4 个时，判别准确率都为 0。置信度为 95% 和 99% 时，使用相同数目位点的判别准确率相同。

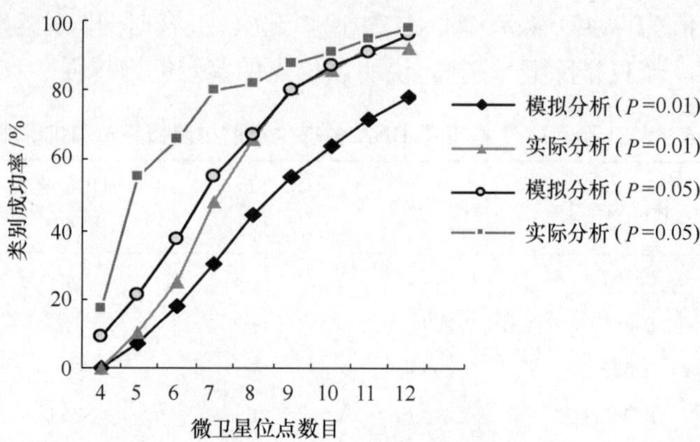

图3-2 12个微卫星DNA多态位点在大口黑鲈子代模拟和实际判别成功率分析

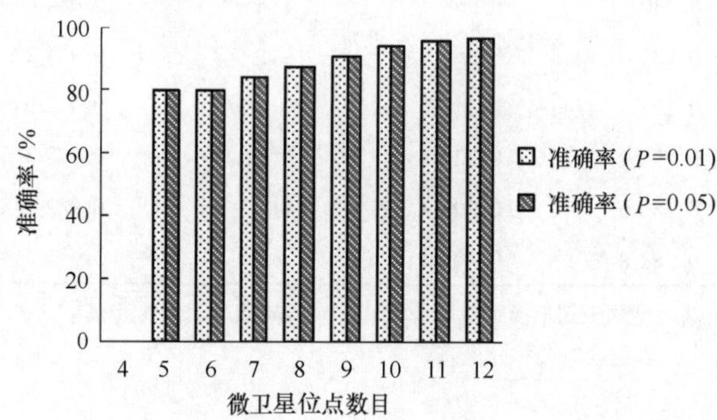

图3-3 12个多态位点在5个大口黑鲈家系的判别准确率

5. 大口黑鲈的聚类分析

为了进一步验证此12个微卫星位点的鉴定效能,计算了个大口黑鲈5家系间和家系内102个个体间的遗传距离,家系间的遗传距离见表3-7。由表3-7可知,家系0805与0810的遗传距离最大,为0.398 8;家系0802与0806的距离最小,为0.177 8。

表3-7 大口黑鲈5个家系间的遗传距离

群体	家系编号				
	0802	0805	0806	0807	0810
0802					
0805	0.287 2				
0806	0.177 8	0.337 3			
0807	0.336 3	0.363 6	0.311 8		
0810	0.318 7	0.398 8	0.224 9	0.259 2	

根据家系内个体间的遗传距离，对102个个体进行了UPGMA聚类分析(图3-4)。由图3-4可知，聚类图第1分支处，家系0805所有个体单独聚为一类，其他4个家系聚为一大类；第2分支处，家系0807又与其他3个家系(0802、0806、0810)分开；第3分支处，家系0810与0802、0806相分开；第4分支处，家系0802与0806内所有个体分别聚为一类。聚类结果表明，利用12个微卫星DNA多态位点，可完全将大口黑鲈5个家系准确地分开来。家系间的遗传距离与家系内个体间的聚类结果完全一致。

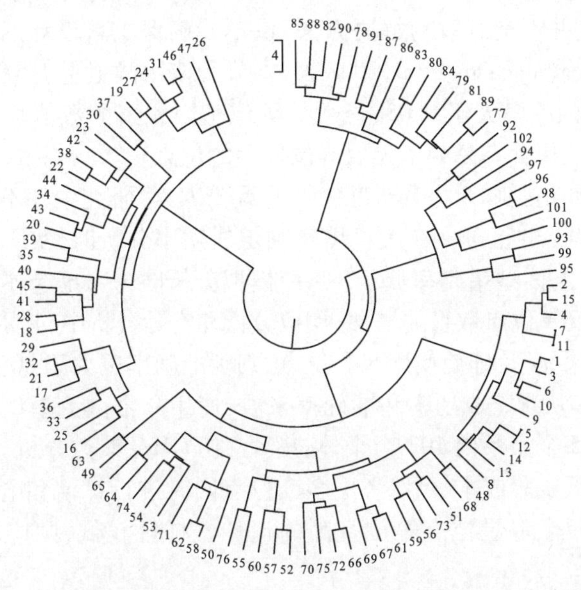

图3-4　大口黑鲈5个家系内102个个体的遗传距离UPGMA聚类结果

注：1~15属于0802家系；16~47属于0805家系；48~76属于0806家系；77~91属于0807家系；92~102属于0810家系

6. 用于亲权鉴定的微卫星位点的选择

有研究认为，利用微卫星DNA位点进行家系亲权鉴定时，其排除非亲本的能力依赖于等位基因的多样性(Norris et al, 2002; Estoup et al, 1998; Marshall et al, 1998; Bernatchez et al, 2000)，等位基因多样性越高，微卫星DNA位点数目越多(Macavoy et al, 2008)，则越容易通过特异基因找到候选亲本。本研究选用的12个大口黑鲈微卫星DNA位点，易于扩增和分型，多态信息含量较高，适合用于大口黑鲈亲权鉴定。由于国内养殖大口黑鲈本身的遗传多样性不是很高(梁素娴等, 2008)，本试验用于鉴定的微卫星DNA位点只有50%达到高度多态，每个位点等位基因数目仅为3个。本研究使用的微卫星DNA位点的遗传特征与相关研究(Norris et al, 2002; Herlin et al, 2008; Castro et al, 2004)所使用位点遗传特性有一定差异，为提高鉴定的准确性，12个位点全部用于亲权鉴定分析，因使用微卫星DNA位点较多，依然可以达到相同的目的。

7. 影响微卫星DNA用于亲权鉴定的因素

无效等位基因是影响微卫星DNA在亲权鉴定中准确性的主要因素(Castro et al,2004)。据报道,无效等位基因频率超过0.05将会影响亲缘关系鉴定(Marshall et al ,1998);另有研究认为,无效等位基因频率小于0.2,会轻微地低估平均排除概率,但不会产生很大的影响(Dakin et al,2004)。为消除无效等位基因对亲权鉴定的影响,有学者建议去除含有无效等位基因的位点(Pemberton et al,1995),也可以通过重新设计引物来避免无效等位基因的出现,但这并不是有效的解决方法,也不能确保重新设计的引物在其他个体上不会出现无效等位基因(Macavoy et al,2008)。本节所使用微卫星DNA位点只有M117和JZL127的无效等位基因频率大于0.05,但无效等位基因频率的数值均接近0.05。建议在亲权分析中尽量避免使用含有高频率无效等位基因的位点。

基因型分型错误亦是影响亲权分析准确性的重要因素,研究中并不能确保所选微卫星位点基因型的判定100%的正确。在大口黑鲈判定成功率分析时,实际分析结果要高于模拟分析,这可能与实际基因型错判率低于1%和模拟分析时未考虑亲本的基因型有关。研究发现,随着微卫星DNA位点数目的增加,模拟分析和实际分析中,判别成功率的差距越来越小。判定准确率结果显示:即使使用5个位点,判别准确率也大于80%;当位点达到9个时,准确率大于90%。从判定成功率和准确率来看,使用9个微卫星位点就足以满足亲权鉴定所需。本节还对5个家系内102个个体进行了UPGMA聚类分析,聚类分析和亲权分析结果一致。为了降低试验成本,可以考虑多个位点同时进行扩增和电泳分离。如果鉴定样本数量大,或者使用微卫星位点等位基因的遗传多样性较低,则应尽可能增加微卫星DNA位点的使用数目。

参考文献:

陈林,李思发,简伟业,等. 2008. 吉奥罗非鱼(新吉富罗非鱼♀×奥利亚罗非鱼♂)生长性能的评估. 上海水产大学学报, 17(3):257-262.

李思发,李晨虹,李家乐,等. 1998. 尼罗罗非鱼五品系生长性能评估. 水产学报, 22 (4):1-8.

梁前进. 1995. 金鱼起源及演化的研究. 生物学通报. 30(3):14-16.

梁素娴,白俊杰,叶星,等. 2007. 养殖大口黑鲈的遗传多样性分析. 大连水产学院学报, 22(4):260-263.

梁素娴,孙效文,白俊杰,等. 2008. 微卫星标记对中国引进加州鲈养殖群体遗传多样性的分析. 水生生物学报,32 (5):80-86.

楼允东. 1999. 鱼类育种学. 北京:中国农业出版社.

马大勇,胡红浪,孔杰. 2005. 近交及其对水产养殖的影响. 水产学报, 29(6):849-856.

王春元. 1985. 金鱼的起源. 生物学通报,12:11-13.

吴仲庆. 2000. 水产生物遗传育种学. 厦门:厦门大学出版社.

徐晋麟,徐沁,陈淳. 2003. 现代遗传学原理. 北京:科学出版社,224-225.

Bai J, Lutz-carrillo D J, Quan Y, et al. 2008. Taxonomic status and genetic diversity of cultured largemouth bass *Micropterus salmoides* in China. Aquaculture, 278(1-4):27-30.

Bernatchez L, Duchesne P. 2000. Individual based genotype analysis in studies of parentage and population assignment: how many loci, how many alleles? Canadian Journal of Fisheries and Aquatic Sciences, 57:1-12.

Boudry P, Collet B, Cornette F, et al. 2002. High variance in reproductive success of the Pacific oyster (*Crassostrea gigas*, Thunberg) revealed by microsatellite-based parentage analysis of multifactorial crosses. Aquaculture, 204: 283 – 296.

Castro J, Bouza C, Presa P, et al. 2004. Potential sources of error in parentage assessment of terbot (*Scophthalmus maximus*) using microsatellite loci. Aquaculture, 242: 119 – 135.

Colbourne J K, Neff B D, Wright J M, et al. 1996. DNA fingerprinting of bluegill sunfish (*Lepomis macrochirus*) using (GT) microsatellites and its potentialn for assessment of mating success. Canadian Journal of Fisherise and Aquatic Sciences, 53: 342 – 349.

Dakin E E, Avise J C. 2004. Microsatellite null alleles in parentage analysis. Heredity, 93: 504 – 509.

Dong S R, Kong J, Zhang T S. 2006. Parentage determination of Chinese shrimp (*Fenneropenaeus chinensis*) based on microsatellite DNA markers. Aquaculture, 258: 283 – 288.

Eknath A E, Tayamen M, Palada-de V, et al. 1993. Genetic improvement of farmed tilapias: the growth performance of eight strains of Oreochromis niloticus tested in different farm environments. Aquacuture, 111: 171 – 188.

Estoup A, Gharbi K, SanCristobal M, et al. 1998. Parentage assignment using microsatellites in turbot (*Scopthalmus maximus*) and rainbow trout (*Oncorhynchus mykiss*) hatchery populations. Canadlan Journal of Fisheries and Aquatic Sciences, 55: 715 – 725.

Ferguson M M, Danzmann R G. 1998. Role of genetic markers in fisheries and aquaculture: useful tools or stamp collecting. Canadian journal of fisheries and aquatic sciences, 55: 1553 – 1563.

Herbinger C M, Doyle R W, Pitman E R, et al. 1995. DNA fingerprint based analysis of paternal and maternal effects on offspring growth and survival in communally reared rainbow trout. Aquaculture, 137: 245 – 256.

Herlin M, Delghandi M, Wesmajervi M, et al. 2008. Analysis of the parental contribution to a group of fry from a single day of spawning from a commercial Atlantic cod (*Gadus morhua*) breeding tank. Aquaculture, 274: 218 – 224.

Hulata G, Wohlfarth G, Halevy A. 1986. Mass selection for growth rate in the Nile tilapia (*Oreochromis niloticus*). Aquaculture, 57: 177 – 181.

Lutz-Carrillo D J, Nice C C, Bonner T H, et al. 2006. Admixture analysis of florida largemouth bass and northern largemouth bass using microsatellite loci. Transactions of the American Fisheries Society, 135: 779 – 791.

MacAvoy E S, Wood A R, Gardner J P A. 2008. Development and evaluation of microsatellite markers for identification of individual Greenshell™ mussels (*Perna canaliculus*) in a selective breeding programme. Aquaculture, 274: 41 – 48.

Marshall T C, Slate J, Kruuk L E B, et al. 1998. Statistical confidence for likelihood-based paternity inference in natural populations. Molecular Ecology Notes, (7): 639 – 655.

Motoyuki H, Masashi S. 2003. Efficient detection of parentage in a cultured Japanese flounder *Paralichthys olivaceus* using microsatellite DNA marker. Aquaculture, 217: 107 – 114.

Norris A T, Bradley D G., Cunningham E P. 2000. Parentage and relatedness determination in farmed Atlantic salmon (*Salmo salar*) using microsatellite markers. Aquaculture, 182: 73 – 83.

O'Reilly P, Wright J M. 1995. The evolving technology of DNA fingerprinting and its application to fisheries and aquaculture. Journal of fish Biology, 47: 29 – 55.

Pemberton J M, Slate J, Bancroft D R, et al. 1995. Nonamplifying alleles at microsatellite loci: a caution for parentage and population studies. Molecular Ecology, (4): 249 – 252.

Ricardo P-E, Motohiro T, Nobu H T. 1999. Genetic variability and pedigreet racing of a hatchery-reared stock of red sea bream (*Pagrus major*) used for stock enhancement, based on microsatellite DNA markers. Aquaculture,

173:413 – 423.

Teichert-coddington D R, Smitherman R O. 1988. Lack of response by tilapia nilotica to mass selection for rapid early growth. Transactions of the American Fisheries Society, 117(3):297 – 300.

Timothy R J, Martin-Robichaud D J, Michael E R. 2003. Application of DNA markers to the management of Atlantic halibut(*Hippoglossus hippoglossus*) broodstock. Aquaculture, 220:245 – 259.

第四章　大口黑鲈"优鲈1号"新品种培育

第一节　大口黑鲈"优鲈1号"的选育

大口黑鲈是我国重要的淡水养殖经济品种之一，在养殖生产中出现了生长速度下降、性成熟年龄提前、饵料转化效率低和抗逆性能下降等问题，制约了我国大口黑鲈养殖业的健康发展，为此我们开展了大口黑鲈人工选育，于2011年培育出生长性能优良的选育品种"优鲈1号"，品种登记号为GS01－004－2010。下面介绍"优鲈1号"新品种的培育过程及选育效果。

一、大口黑鲈"优鲈1号"的亲本来源及选育过程

（1）亲本来源：从广东省佛山市南海区九江镇南金村、顺德区南水村、南海区西樵镇和广东省大口黑鲈良种场4个地区挑选体型标准、健康和体重大于0.65 kg的大口黑鲈1 200尾作为选育基础群体，经混合后分到九江镇的两个选育养殖场，雌雄鱼对半。

（2）选育方法：在佛山市南海区九江镇的两个养殖场同步开展大口黑鲈群体选育，对每一世代选育系在4月龄和9月龄时进行选择，选留生长快、体长/体高比值范围介于3.0～3.2、体长/尾柄长比值范围介于在5.5～7.0的健壮个体。每个世代的选择率为5%～10%。具体选育方法见第三章第三节。

二、大口黑鲈"优鲈1号"特征

（1）体纺锤形，侧扁，背稍厚。口裂大、斜裂，颌能伸缩，上颌骨向后延伸至眼后。吻端至尾鳍基部有排列成带状的黑斑。鳃盖上有3条呈放射状的黑斑。背鳍硬棘部和软鳍部间有一小缺刻；侧线完全，沿体侧中部与背鳍平行，后端几伸达尾鳍基部。第一鳃弓外鳃耙发达，形状似弯月形，除鳃耙背面外，其余三面均布满倒锯齿状骨质化突起，第五鳃弓骨退化成短棒状，无鳃丝和鳃耙。体被细小栉鳞。背部为青绿橄榄色，腹部黄白色。尾鳍浅凹形。

（2）可数性状：背鳍鳍式：D. Ⅷ～Ⅸ，Ⅰ－11～14，臀鳍鳍式：A. Ⅲ，i－9～11。侧线鳞55～77，侧线上鳞7～9，侧线下鳞14－17；左侧第一鳃弓外侧鳃耙数8～9；脊椎骨总数：31～32。

（3）可量性状：内部特征，鳔1室，长圆柱形；锥状细齿，较锐利。腹膜白色。

（4）细胞遗传学特征："优鲈1号"体细胞染色体数目2n＝46。核型公式2n＝2m＋2st＋42t，NF＝48。

（5）生化遗传性状：眼晶状体乳酸脱氢酶（LDH）同工酶酶带的相对迁移率分析结果见表4－1。

表 4-1 眼晶状体 LDH 同工酶酶带相对迁移率

酶带	LDH_1	LDH_2	LDH_3	LDH_4	LDH_5
相对迁移率	0.08	0.10	0.12	0.21	0.23

(6)分子遗传性状:采用微卫星标记技术对“优鲈 1 号”第二代(F_2)、第三代(F_3)、第四代(F_4)3 个连续世代的选育群体共计 90 个个体进行了遗传分析。11 个微卫星位点的 PCR 扩增结果显示,共获得 28 个等位基因,每个位点获得 2~3 个等位基因,平均等位基因为 2.54。F_2、F_3 和 F_4 选育群体的平均 PIC 值分别为 0.423、0.419 和 0.386,与普通养殖群体相比,没有显著差异。AFLP 分子标记技术分析结果显示,F_3 和 F_4 代选育群体的多态性位点比例分别为 29.36% 和 29.20%,Shannon 多样性指数分别为 0.201 7 和 0.195 5。F_3 和 F_4 代选育群体之间的遗传分化系数仅为 0.035 1,遗传相似性系数为 0.988 7,显示出选育群体在遗传上的稳定性。

三、“优鲈 1 号”主要优良性状

(1)体型好,高背短尾的畸形率明显降低。

(2)生长快,产量高,“优鲈 1 号”的生长速度比非选育养殖大口黑鲈快 17.8%~25.3%。

(3)个体间生长差异性减小,均匀性增加。

四、“优鲈 1 号”的选育与养殖结果

1. 生长对比试验结果

2008—2010 年,对每一个世代选育系与非选育大口黑鲈(普通养殖大口黑鲈)进行了养殖性能对比试验,从选育组和对照组中各随机取数量等同的试验鱼(试验开始时平均体重差异不明显),采用荧光染料或金属线码标(CWT)进行标记区分试验鱼,同塘养殖条件下进行对比试验,每年的 11 月份检测结果显示,“优鲈 1 号”的生长速度比非选育养殖大口黑鲈快 17.8%~25.3%。另外,也进行了生产性对比试验,2008 年,在佛山市南海区九江镇金汇农场进行了小规模的生产性对比试验,养殖面积为 24 亩*,平均亩产为 2 513 kg,养殖亩产比对照组(非选育大口黑鲈)增收了 14.2%。2009 年,在中山市阜沙镇丰联养殖场进行了规模化的生产性对比试验,养殖面积约 120 亩,平均亩产为 2 215 kg,养殖亩产比非选育大口黑鲈平均增收了 15.6%。在佛山市南海区九江镇金汇农场进行的小规模生产性对比试验,平均亩产为 2 498 kg,养殖亩产比非选育大口黑鲈增收 15.9%。2010 年,在湖南省益阳市南县、广东省中山市阜沙镇和佛山市勒流镇都进行了推广试验,均取得了较好的结果(表 4-2)。

---

* 亩为非法定计量单位,1 亩 = 1/15 hm^2.

表4－2　“优鲈1号”与非选育大口黑鲈的生长对比试验结果

编号	面积/亩	放养密度/(尾·亩$^{-1}$)	单产/(kg·亩$^{-1}$)	平均增产率/%
2008－1	24	6200	2513	14.2
2009－1	120	5800	2215	15.6
2009－2	24	6000	2498	15.9
2010－1	150	4600	2432	16.7
2010－2	25	6000	3044	18.2
2010－3	24	1667	928	18.3

“优鲈1号”的体重变异系数随选育世代的增加而逐渐变小，且与非选育养殖群体相比(对照)显著降低(表4－3)，表明了“优鲈1号”生长规格更加趋近整齐，生长性状趋向稳定。“优鲈1号”体重变异系数经多代选育后仍比较高，这可能也是肉食性鱼类普遍存在的一种现象，由于在苗种培育过程中常存在“大吃小”的现象，从而增加了个体间生长差异。

表4－3　大口黑鲈选育系与非选育养殖群体的体重变异系数

选育世代	选育组/%	非选育养殖群体/%	选育组/非选育群体
F_3	26.8	29.4	0.912
F_4	23.8	28.9	0.828
F_5	21.8	29.2	0.746

2. 畸形率

大口黑鲈养殖中出现有高背和短尾柄两种畸形大口黑鲈(图4－1)，在进入市场前往往被淘汰掉。对大口黑鲈选育系和非选育养殖大口黑鲈的畸形率进行了跟踪检测，其中在2010年分别对选育鱼及对照养殖群体各抽查检测了1 000尾，“优鲈1号”的畸形率为1.1%，而非选育大口黑鲈的畸形率为5.2%，“优鲈1号”的畸形率相比非选育大口黑鲈有明显降低。

A

B

图4－1　大口黑鲈畸形鱼(A为背高类型、B为尾柄短类型)

3. 成活率

大口黑鲈属于肉食性鱼类，在培苗期易出现“大吃小”的残杀现象，对苗期培育成活率的统计比较困难，仅统计了养成期的成活率(表4－4)。

表 4－4 "优鲈 1 号"养成期成活率及产后亲鱼成活率 %

年份	优鲈 1 号		非选育大口黑鲈(对照)	
	养成期	产后亲鱼	养成期	产后亲鱼
2008	78	98	76	97
2009	74	99	70	97
2010	80	97	78	96

"优鲈 1 号" 从鱼种养至成鱼期间表现出较高的成活率，其成活率可高达 80%。由于 2009 年在试验地点发生的病害比较多且严重，养殖成活率相对比较低，但"优鲈 1 号"的养殖成活率仍比对照高。从连续 3 年的试验结果来看，虽然"优鲈 1 号"抗病性能比非选育大口黑鲈要好，但并未进行过具体的抗病试验。

4. 饵料系数

饵料系数又称增肉系数，即饵料用量与养殖鱼类增重量的比值。饵料系数能反映饵料质量和测算饵料用量。营养价值高，饵料系数低，饵料利用效率就高。计算公式则为：饵料系数＝总投饵量/鱼总增重量。2009 年在中山市丰联养殖场进行的试验结果见表 4－5。"优鲈 1 号"与非选育大口黑鲈（对照组）两者间的饵料系数差异不明显。

表 4－5 "优鲈 1 号"与非选育大口黑鲈饵料系数

池塘编号	面积/亩	养殖起止时间	产量/斤*	投料量/斤	饵料系数
优鲈 1 号 1	10.7	2009－3－10 至 2010－4－15	42 227	166 938	3.95
优鲈 1 号 2	10.2	2009－5－4 至 2010－5－17	41 940	158 295	3.77
对照组 1	10.0	2009－3－10 至 2010－4－14	37 210	148 291	3.99
对照组 2	10.2	2009－5－4 至 2010－5－18	27 469	109 368	3.98

注：斤为非法定计量单位，1 斤＝0.5 kg.

5. 形态性状

经农业部淡水鱼类种质监督检验测试中心的检测，活体样品的可量性状比值见表 4－6，与国家标准（GB21045－2007）相比，差异表现在体长/头长的比值范围比国家标准略偏高，头长/眼径、尾柄长/尾柄高二者的比值范围都比国家标准略偏小，这表明了大口黑鲈形态性状经人工选育后得到改良，其中躯干部分的长度增加，可能会导致大口黑鲈含肉率有所提高。除左侧第一鳃弓外侧鳃耙数为 8～9，而国家标准为 6～7 之外，其余内外部形态与国家标准相符。

表 4－6 "优鲈 1 号"实测可量性状比值

类别	体长/体高	体长/头长	体长/尾柄长	体长/尾柄高
比值	2.882～3.512	3.203～3.717	5.213～7.628	5.812～6.903
类别	头长/吻长	头长/眼径	头长/眼间距	尾柄长/尾柄高
比值	3.091～4.296	4.696～6.013	3.248～4.121	0.852～1.368

第二节　大口黑鲈“优鲈1号”选育中的遗传结构变化

为培育优质高产的新品种,中国水产科学研究院珠江水产研究所于2005年开展了大口黑鲈人工选育,至2009年已连续进行了4个世代的选择,其生长速度有了较明显的提高(李胜杰等,2009)。但是随着人工选育过程的推进,可能会发生选育群体的遗传多样性降低,从而降低选择效果(张天时等,2005)。本节采用微卫星标记技术对大口黑鲈3个选育世代群体的遗传结构进行分析,跟踪世代间遗传结构的变化,同时也分析了选育群体与非选育群体在遗传结构上的差别,为下一步大口黑鲈育种方案的制订提供科学依据,保证育种工作顺利进行。

一、材料与方法

1. 材料

大口黑鲈选育群体的基础群体建于2005年,由广东省4个地区的1 200尾鱼形成。每年选育产生一代。本实验的材料是从2~4世代的选育群体随机采样各30尾并从非选育的南水群体随机采样30尾作为对照群体,样品采用剪取尾鳍,编号后以95%乙醇保存备用。将2~4世代的选育群体及对照群体分别命名为Sp2、Sp3、Sp4、F。试验所用的dNTP、*Taq* DNA聚合酶购自上海申能博彩生物科技有限公司,基因组DNA提取试剂盒购自TIANGEN生物技术公司,SSR DNA Marker Ⅱ购自北京鼎国生物技术有限公司。

11个大口黑鲈微卫星标记均为本实验室通过磁珠富集法获得的微卫星序列(梁素娴等,2008)(表4-7),经鉴定,在本实验群体中均具有多态性且分型效果好。所有引物均由上海生工生物工程有限公司合成。

表4-7　大口黑鲈微卫星分子标记及其引物

位点	引物序列(5′-3′)	片段长度/bp	等位基因数	退火温度/℃	GenBank登录号
JZL 23	F:GTCCGCTGCTTAGTTTAT R:TCCTTTATCCTTCCCTCT	397	3	50	EF055992
JZL 31	F:TGGACTGAGGCTACAGCAGA R:CCAAGAGAGTCCCAAATGGA	202	2	60	EF055993
JZL 36	F:GCTGAGAGCCTGAAGACCAG R:ATGGAGGACAGCAGGAACAT	214	2	56	EF055994
JZL 37	F:TCCAGCCTTCTTGATTCCTC R:CCCGTTTAGCCAGAGAAGTG	200	2	56	EF055995
JZL 43	F:GCTGCGAGTGCGTGTAACTA R:GGGAAGCGAGAGTCAGAGTG	215	2	58	EF055997

续表

位点	引物序列(5′-3′)	片段长度/bp	等位基因数	退火温度/℃	GenBank登录号
JZL 59	F：CACAAGGCAAACAGAACGTC R：TTGGCTACCCAGTGATGACA	183	2	55	EF056000
JZL 60	F：AGTTAACCCGCTTTGTGCTG R：GAAGGCGAAGAAGGGAGAGT	205	2	60	EF056001
JZL 68	F：ACCCACCGTCTTCTCTTCA R：CATTGTGGGTGCATTCTCC	166	3	58	EF056003
JZL 83	F：TGTGGCAAAGACTGAGTGGA R：ATITCTCAACGTGCCAGGTC	157	3	59	EF056006
JZL84	R：GTGCGCAGACAGCTAGACAG F：CAGCTCAATAGTTCTGTCAGG	197	3	56	EF056007
JZL85	R：ACTACTGCTGAAGATATTGT F：TCAAACGCACCTTCACTGAC	312	3	58	EF0596008

2. 基因组 DNA 的提取

参照天根离心柱型基因组 DNA 提取试剂盒(北京天根生物科技有限公司)说明书介绍的方法提取样品基因组 DNA。0.8%的琼脂糖凝胶电胶电泳和分光光度计检测 DNA 质量和浓度,于 -20℃保存备用。

3. PCR 反应程序

PCR 反应总体积为 20 μL,包括:10 × buffer 2.0 μL, $MgCl_2$(25 mmol/L) 0.8 μL,4 × dNTP (10 μmol/L) 0.3 μL,上下游引物 (10 μmol/L) 各0.5 μL,基因组40 ng,聚合酶1 U,加适量 dd H_2O。反应在 PTC200 扩增仪上经过 94℃ 预变性 5 min 后,进行25个循环,每个循环包括94℃ 30 s、退火30 s、72℃ 30 s, 最后 72℃ 延伸 7 min。引物及退火温度(表4-7)。PCR 扩增产物经8%非变性聚丙烯酰胺凝胶电泳,电泳完毕后用硝酸银染色,并用扫描仪记录电泳图谱。

4. 统计分析

根据每个个体产生的条带位置确定其基因型,数据处理用 POPGENE 1.31 和 ARLEQUIN 3.1 软件进行。计算4个群体每个位点的多态信息含量(PIC)(Botstein et al, 1980)、等位基因数(N_a)、有效等位基因数(A_e)(Crow et al, 1965)、多态位点杂合度(H)(Beardmore et al, 1997)以及固定指数 F_{is}、F-统计量 F_{st}值的 F-分析(Levene, 1949)等,并计算 Nei's 群体间的遗传相似性系数 I(Nei, 1972)和遗传距离 D(Nei, 1978)。

$$PIC = 1 - \sum_{i=1}^{n} p_i^2 - \sum_{i=1}^{n-1}\sum_{j=i+1}^{n} 2p_i^2p_j^2,$$

式中:p_i、p_j 分别为群体中第 i 和第 j 个等位基因频率,n 为等位基因数。

H_o 为杂合子观察数与观察个体总数之比。

$H_e = 1 - \sum p_i^2$，p_i 为该位点上第 i 个等位基因的频率。

$F_{is} = 1 - (H_0/H_e)$，$F_{st} = \sigma^2 P/P(1-P)$，$P$ 为某等位基因在群体中的平均频率；$\sigma^2 P$ 为该等位基因在分群体之间的方差。

$I = (2n-1)\sum(X_iY_i)/\{\sum[2n(X_i)^2-1]\sum[2n(Y_i)^2-1]\}^{1/2}$，$X_i$、$Y_i$ 分别为 X、Y 群体第 i 个位点的等位基因的频率。

$D_A = -\ln I$

二、结果与分析

1. 各微卫星位点的 Hardy-Weinberg 平衡检验

在各群体中，采用卡方检验对11个微卫星位点进行 Hardy-Weinberg 平衡检验，结果见表4-8。大口黑鲈4个群体的各位点不同程度地偏离了 Hardy-Weinberg 平衡，其中第二代群体的 JZL85 和第三代群体的 JZL23 偏离极显著，而其他的均不显著。从总体上来看，这些位点均符合 Hardy-Weinberg 平衡，适合用于本研究的分析。

表4-8　11个微卫星位点在各群体中的 Hardy-Weinberg 平衡检验

位点	CG	F_2	F_3	F_4	4个群体
JZL85	0.05	0.00	0.30	0.50	0.07
JZL37	0.25	0.09	0.97	0.09	0.75
JZL84	0.93	0.41	0.41	0.25	0.21
JZL68	0.93	0.93	0.52	0.46	0.32
JZL60	0.37	0.66	0.05	0.66	0.62
JZL23	0.61	0.44	0.00	0.25	0.06
JZL59	0.64	0.45	0.37	0.45	0.87
JZL83	0.18	0.17	0.05	0.83	0.07
JZL43	0.56	0.94	0.59	0.06	0.55
JZL31	0.78	0.61	0.35	0.41	0.79
JZL36	0.18	0.85	0.37	0.09	0.37

2. 各群体的微卫星遗传多态性

采用11对微卫星引物对大口黑鲈4个群体样本进行 PCR 扩增，共获得28个等位基因，平均每个位点获得2.54个等位基因。对这些位点的分析结果如表4-9所示。平均期望杂合度、平均观测杂合度、平均等位基因数、平均有效等位基因数和平均多态信息含量等5个指标显示，选育群体的遗传多样性比对照组高，不同世代选育群体的遗传多样性呈现随世代数的累进而降低的趋势。

表 4－9 大口黑鲈 4 个群体的遗传平均多态性

指标	CG	F_2	F_3	F_4
PIC	0. 366	0. 423	0. 419	0. 386
n_a	2. 182	2. 273	2. 545	2. 454
a_e	1. 870	2. 112	2. 069	1. 907
H_o	0. 418	0. 473	0. 464	0. 427
H_e	0. 453	0. 505	0. 496	3. 818

注：PIC 为平均多态信息含量；n_a 为平均等位基因数；a_e 为平均有效等位基因数；H_o 为平均观测杂合度；H_e 为平均期望杂合度.

3. 群体间的 F－检验

通过 POPGENE 软件对各群体进行 F－检验（表 4－10 和表 4－11），F_{st} 值均小于 0. 05，表明 4 个群体之间遗传分化较弱，但 4 个群体内有 1 个位点遗传分化中等。另外，对 F_{is} 值的计算显示，4 个群体在整体上均表现为一定程度的杂合子缺失，其中 CG 群体有 3 个位点、F_2 有 6 个位点、F_3 有 5 个位点、F_4 有 5 个位点处于杂合子缺失状态。

表 4－10 大口黑鲈 4 个群体 11 个微卫星位点的 F－分析

位点	F_{is}				F_{st}	
	CG	F_2	F_3	F_4	F_2 ~ F_4	4 个群体总计
JZL85	0. 387	0. 031	0. 202	－0. 173	0. 024	0. 021
JZL37	0. 194	－0. 250	－0. 023	－0. 250	0. 006	0. 020
JZL84	－0. 001	0. 132	0. 132	0. 100	0. 026	0. 021
JZL68	－0. 0011	－0. 001	0. 288	0. 194	0. 015	0. 013
JZL60	0. 148	0. 111	－0. 221	－0. 115	0. 013	0. 051
JZL23	－0. 011	0. 166	0. 427	0. 241	0. 012	0. 014
JZL59	0. 068	－0. 111	－0. 1321	－0. 111	0. 001	0. 026
JZL83	0. 224	0. 156	－0. 082	－0. 131	0. 017	0. 020
JZL43	－0. 118	－0. 004	－0. 111	0. 341	0. 004	0. 012
JZL31	－0. 067	0. 049	－0. 167	－0. 033	0. 006	0. 015
JZL36	－0. 200	－0. 050	0. 148	0. 313	0. 011	0. 021
平均值	0. 057	0. 021	0. 042	0. 034	0. 013	0. 021

表 4－11 大口黑鲈不同群体 11 个微卫星位点配对比较的 F_{st} 值

群体	CG	F_2	F_3	F_4
CG	* * * *			
F_2	0. 023	* * * *		
F_3	0. 017	0. 006	* * * *	
F_4	0. 020	0. 009	0. 008	* * * *

4. 群体间的遗传距离和遗传相似性

采用 Nei 的方法计算群体间的遗传相似性和遗传距离，结果见表 4－12。最大的遗传距离在 CG 与 F_2 之间，最小的遗传距离在 F_2 与 F_4 之间，分别为 0.037 和 0.011；从整体来看，4 个群体之间遗传距离很近，遗传相似度很大，说明大口黑鲈群体间的遗传分化程度较低。

表 4－12　大口黑鲈 4 个群体的相似性及遗传距离

群体	CG	F_2	F_3	F_4
CG	* * * *	0.964	0.969	0.968
F_2	0.037	* * * *	0.989	0.978
F_3	0.031	0.011	* * * *	0.979
F_4	0.032	0.022	0.021	* * * *

注：对角线下以下为遗传距离，对角线以上为遗传相似性.

对各位点进行 F_{is} 分析，发现各群体均表现为杂合子缺失。此现象在其他物种如中国对虾（张天时等，2005）、白甲鱼（熊美华等，2009）等群体中均有报道。杂合子缺失可能是无效等位基因的存在或在聚合酶链式反应中出现的口吃现象所引起的（Ball et al，1998），但更多学者认为这是由群体性别比例不均衡、亲缘近交、人为干扰程度大以及研究样本范围过小所造成的（熊美华等，2009）。经过选育的大口黑鲈选育群体很可能因受到人为干扰程度过大而产生了杂合度缺失，这会影响到选育的进程。因而在今后的选育中，应更加注重群体性别比例的均衡、加大亲本留种数量，尽量避免近交。

从本节结果来看，3 个世代选育群体的平均观测杂合度和平均多态信息含量都随着选育的进行而逐步降低，表明选育群体的遗传结构逐步趋向纯化，可见其目标性状在遗传结构上也初步得到了纯化。世代间的遗传距离显示 F_2 与 F_4 的遗传距离比其他世代间的大，说明人工选择已造成了世代间的遗传分化。但从世代间的总遗传分化指数为 0.013 以及世代间的 F_{st} 值均小于 0.05 来看，根据 Wright（1978）对遗传分化指数的界定，这种遗传分化程度很弱，基本不影响今后的选育。随着选育继续展开，世代间的遗传分化势必会进一步增大，然而这是否会影响到选育的进程及效果，还有待进一步研究。

为了更深入地了解大口黑鲈选育群体的遗传结构特性，我们引入广东南海养殖群体随机取的样品作为对照群体，结果显示连续 3 个世代的选育群体的遗传多样性均比对照群体高，反映了选育群体的遗传多样性比普通养殖群体的丰富，这可能由于在选育过程中引入广东多个养殖地区的大口黑鲈作为奠基群体以及每代留种亲鱼数量较大所导致的。此外，与第二代群体相比，第四代群体尚保留有 91.24% 的遗传多样性（以第四代的 PIC 值除以第二代的 PIC 值）；群体的遗传变异大部分来源于同一世代内的个体之间，只有极少部分来自于世代之间。可见大口黑鲈选育群体内还具有足够的遗传多样性及选育潜力来继续开展育种工作。

第三节 大口黑鲈"优鲈1号"选育群体遗传多样性的AFLP分析

上一节我们采用微卫星分子标记对大口黑鲈选育群体的遗传结构进行了分析，本节我们采用AFLP技术对大口黑鲈对照养殖群体和F_3、F_4选育群体进行遗传多样性比较分析，进一步了解大口黑鲈在选育过程中遗传结构的变化，为下一步的选育工作提供理论依据。

一、材料与方法

1. 材料

大口黑鲈F_3和F_4选育群体取自广东省佛山市九江镇金汇农场，对照养殖群体取自佛山市南海区西樵镇养殖基地，为非选育群体。3个群体分别命名为SP3、SP4和CP。每个群体各取30尾，共计90个个体。活体抽取血液后，加入抗凝剂，保存待用。

2. 基因组DNA的提取

按照上海Sangon公司DNA抽提试剂盒介绍的方法提取血液DNA，用1.0%的琼脂糖凝胶电泳检测DNA的完整性和纯度并估计其浓度，用无菌双蒸水稀释至浓度为50 ng/μL，-20℃保存备用。

3. AFLP反应

实验流程参照Vos等(1995)方法操作。

4. 基因组DNA的双酶切和连接

AFLP技术采用酶切和连接同时进行的方法，反应体系为：10 U/μL *Eco*R Ⅰ 0.5 μL，10 U/μL *Mse* Ⅰ 0.5 μL，100×BSA 2 μL，20 U/μL *Eco*R Ⅰ adapter 0.4 μL，20 U/μL *Mse* Ⅰ adapter 0.4 μL，5 U/μL T_4-DNA Ligase 1 μL，10×T_4 DNA连接酶连接缓冲液1.5 μL，50 ng/μL DNA 4 μL，加水至20 μL。37℃温浴8 h即可用于后续扩增实验，剩余酶切连接液-20℃保存。接头序列为：*Mse* Ⅰ接头序列：5′-GACGATGAGTCCTGAG-3′和5′-TACTCAGGACTCAT-3′；*Eco*R Ⅰ接头序列：5′-CTCGTAGACTGCGTACC-3′和5′-AATTGGTACGCAGTC-3′

5. PCR预扩增

取4 μL的连接产物用3′端带有1个选择性碱基的引物进行预扩增(Vos et al，1995)，*Mse* Ⅰ通用引物(E01)和*Eco*R Ⅰ通用引物(M02)见表4-13。预扩增反应体系为：50 ng/μL *Eco*R Ⅰ primer 0.6 μL，50 ng/μL *Mse* Ⅰ primer 0.6 μL，25 mmol/L dNTPs 0.3 μL，25 mmol/L Mg^{2+} 1.3 μL，10×PCR buffer 2.0 μL，5 U/μL *Taq* DNA polymerase 0.12 μL，酶切连接后模板4.0 μL。预扩增反应程序：94℃变性2 min；94℃ 30 s，56℃ 30 s，72℃ 1 min，共30个循环；72℃延伸5 min。预扩增产物用0.1倍的TE缓冲液稀释20倍，作为选择性反应的模板。

6. 引物筛选和选择性扩增

通过预备试验，筛选出扩增产物稳定、重复性好、多态性高且分辨能力强的引物对各样品基因组DNA预扩增产物进行选择性扩增。选择性扩增反应体系为:50 ng/μL *Eco*R I primer 0.8 μL,50 ng/μL *Mse* I primer 0.8μL,25 mmol/L dNTPs 0.2 μL,25 mmol/L Mg^{2+} 1.3 μL,10×PCR buffer 2.0 μL,5 U/μL *Taq* DNA polymerase 0.12 μL,预扩增产物4.0 μL。选择性扩增PCR反应程序:94℃变性2 min;94℃ 30 s,65℃ 30 s,72℃ 1 min,进行12个循环,每个循环退火温度降低0.7℃,至56℃。然后94℃ 30 s,56℃ 30 s,72℃ 1 min再进行23个循环。

表4-13 AFLP预扩增和选择性扩增引物序列

*Eco*R I Primer	序列5′-3′	*Mse* I Primer	序列5′-3′
E01	GACTGCGTACCAATTC	M02	GACTGCGTACCAATTC
EAGC	GACTGCGTACCAATTCAGC	MCTC	GATGAGTCCTGAGTAACTC
EACA	GACTGCGTACCAATTCACA	MCAG	GATGAGTCCTGAGTAACAG
EAAC	GACTGCGTACCAATTCAAC	MCTG	GATGAGTCCTGAGTAACTG
EAGG	GACTGCGTACCAATTCAGG	MCTT	GATGAGTCCTGAGTAACTT

7. 凝胶电泳和银染

选择性扩增产物中加入等体积变性缓冲液,混匀,95℃变性5 min后立刻转移到冰浴中冷却,以备电泳。制备6%的聚丙烯酰胺变性凝胶,25W恒功率预电泳30 min,50W恒功率电泳2 h。电泳后进行硝酸银染色,染色方法参照文献(Bassam et al,1992)略加改进,将凝胶放入盛有蒸馏水的塑料容器中轻轻漂洗5 s,倒掉蒸馏水;加入10 mg/mL $AgNO_3$溶液250 mL,静置2.5 min,倒掉$AgNO_3$溶液;用约250 mL蒸馏水漂洗一次,倒掉蒸馏水;快速加入少许配好的显色液(NaOH 12 g,无水Na_2CO_3 0.5 g,HCHO 3 mL,加蒸馏水定容至500 mL)约50 mL漂洗两次。振荡时间不超过5 s,倒掉漂洗液;加入一定量的显色液(须没过胶面),显色3~5 min。待带型清晰时,立即将胶取出,将胶拖出放入Alpha image凝胶成像系统拍照,然后将其做成干胶,长久保存。

8. 数据统计与分析

选择清晰的条带用于数据的统计分析,根据条带的有无分别记录为“1”、“0”,即有条带出现记为“1”,无条带记为“0”,在Excel表格中建立原始矩阵。使用软件POPGENE VERSION 1.31对遗传多态度、遗传相似度和遗传距离、遗传分化系数进行统计分析。用MEGE 4.1构建群体的UPGMA系统树。

二、结果与分析

每对引物组合可产生21~44条扩增带,分子量在50~700 bp。8对引物共产生262条扩增带,其中80条有多态性,平均每对引物产生的多态性条数为10条。计算获得养殖群体和F_3、F_4选育群体的多态性位点比例分别为32.45%、29.36%、29.20%。多态分析结果见表4-14所示。引物EACA/MCAG在大口黑鲈选育群体中的部分扩增结果见图4-2。

表 4-14　8 个引物对的扩增总位点数和多态位点数

引物对	多态点数/总位点数		
	CP	SP3	SP4
EAGC/MCTC	12/42	12/41	11/39
EACA/MCAG	6/21	5/23	5/23
EAAC/MCTG	12/33	10/33	10/33
EACC/MCTT	9/25	8/25	8/26
EACC/MCAG	7/23	7/23	7/22
EAAC/MCTT	11/29	11/30	10/29
EAGC/MCTG	13/44	12/43	12/44
EAAC/MCAG	10/31	8/30	9/31
总计	80/248	73/248	72/247
多态位点比例/%	32.45	29.36	29.20

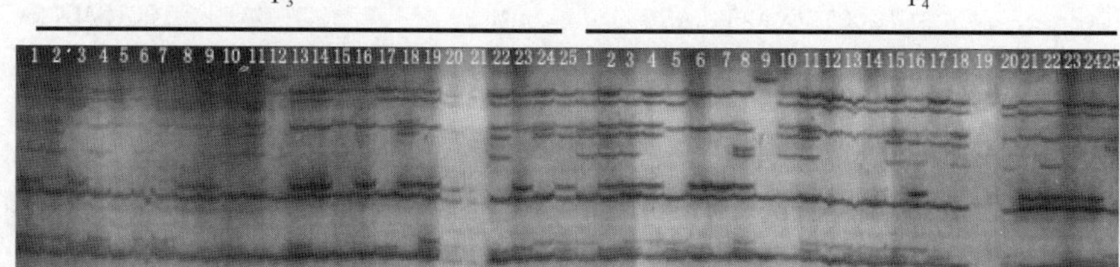

图 4-2　引物 EACA/MCAG 在大口黑鲈 F_3、F_4 选育群体的部分扩增条带

通过 POPGENE VERSION 1.31 软件分析结果显示，F_3 和 F_4 选育群体的遗传多态度分别为 0.201 7 和 0.195 5，这说明两个选育群体随着世代的增加，由 Shannon 指数反映的群体遗传多样性总体上呈下降的趋势。3 个群体的遗传变异大多数来自于群体内个体之间的变异，其中群体内的变异为 92.48%，群体间的变异仅为 7.52%（表 4-15）。

表 4-15　大口黑鲈群体内和群体间的遗传多样性

引物对	H_o			H_{POP}	H_{SP}	H_{POP}/H_{SP}	$(H_{SP}/H_{POP})/H_{SP}$
	CP	SP3	SP4				
EAGC/MCTC	0.1983	0.2135	0.2102	0.2073	0.2263	0.916	0.0563
EACA/MCAG	0.2514	0.2463	0.2159	0.2379	0.2549	0.9333	0.0667
EAAC/MCTG	0.1796	0.1726	0.1652	0.2174	0.2327	0.9713	0.0287
EACC/MCTT	0.1865	0.1809	0.1903	0.1859	0.2099	0.8856	0.1144
EACC/MCAG	0.231	0.2441	0.2273	0.2508	0.2721	0.9217	0.0783
EAAC/MCTT	0.1842	0.1699	0.1726	0.1756	0.1936	0.907	0.0930
EAGC/MCTG	0.2135	0.2039	0.2016	0.213	0.2315	0.92	0.0800
EAAC/MCAG	0.1893	0.1825	0.1807	0.1842	0.1952	0.9436	0.0564
平均	0.2042	0.2017	0.1955	0.209	0.227	0.9248	0.0752

3个群体之间的Nei遗传相似系数和无偏遗传距离结果如表4－16所示，群体内的遗传距离介于0.019 2～0.020 5，对照养殖群体与F_4之间的遗传距离最大为0.020 5，F_3与F_4之间的遗传距离最小为0.007 8。根据遗传距离和相似性系数结果构建了3个世代的UPGMA聚类关系图(图4－3)。F_3与F_4首先聚为一小支，然后与养殖群体聚为一大支，符合大口黑鲈群体在选育过程中亲缘关系的远近规律。

表4－16　大口黑鲈群体之间Nei氏遗传距离及相似性系数

群体	CP	SP3	SP4
CP	******	0.9693	0.9738
SP3	0.0192	******	0.9887
SP4	0.0205	0.0078	******

注：对角线以下为遗传距离，对角线以上为相似性系数.

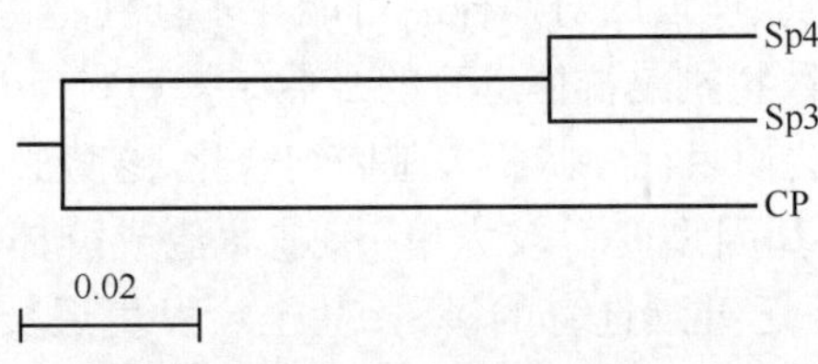

图4－3　3个群体的UPGMA的系统树

群体之间的遗传分化系数见表4－17所示，对照养殖群体与选育群体F_3、F_4之间还是出现了一定的遗传分化，分化系数平均值为0.050 6，而F_3和F_4之间的分化系数仅为0.035 1。

表4－17　不同群体之间的遗传分化系数

群体	CP	SP3	SP4
CP	******		
Sp3	0.0477	******	
Sp4	0.0534	0.0351	******

本实验中养殖群体与F_4选育群体之间的遗传距离最大，达0.020 5，而F_3和F_4之间的遗传距离仅为0.007 8。根据Wright(1951)的标准，遗传分化系数G_{st}值介于0～0.05，表明群体遗传分化较弱；介于0.05～0.15，表明群体遗传分化中等；0.15～0.25表明群体遗传分化较大；当G_{st}值大于0.25表明分化极大。本实验结果显示对照养殖群体与F_4的分化系数为0.05以上，说明对照养殖群体和选育群体之间已经出现了中等程度的分化，人工选育对群体的遗传结构产生了一定的影响。遗传相似性系数的计算结果表明：人工选择造成选育群体发生进一步的纯化，因此，我们有理由认为这种遗传纯化的趋势是选育世代群体间遗传结构变化情况的真实反映。

梁素娴等(2007)采用 RAPD 方法研究大口黑鲈的 Shannon 遗传多样性指数平均值为 0.194 2,而本节研究的结果为 0.213 0,多样性指数较之前研究相比偏高,推测原因除选取样本不同外,主要原因是应用了不同类型的分子标记技术。RAPD 技术虽然操作简便、快速,但由于使用的较短引物与模板错配的几率大,且易受实验条件干扰,所以影响了实验的稳定性和准确性。而 AFLP 扩增过程中较高的退火温度和较长的引物可以大大地减少假阳性现象和错配率,并且扩增的条带更丰富,检测的位点也更具真实性。本实验 8 对引物检测到的片段和多态性片段都比较丰富,故认为可以较好地反映群体的遗传变化。

从遗传多态度分析来看,H_{POP}/H_{SP}的值为 0.924 8,$(H_{SP}-H_{POP})/H_{SP}$的值 0.075 2,这说明群体中 92.48% 的变异来自于群体内,初步显示了大口黑鲈选育群体在遗传上的稳定性,群体尚具有较大的选育潜力,可继续进行人工选育。但是也应看到,与养殖群体相比,选育群体特别是 F_4 的多态位点比例和 Shannon 遗传多样性指数有一定程度的下降,与上一节用微卫星标记得出的结果正好相反,分析原因除了与所采用的分子标记不同外,推测与对照组所取的样品有关。两次实验所取的对照样品可能在多样性上存在较大的差异。总之,遗传多样性的下降是人工选育,特别是群体选育的必然结果(Perez-Enriquez et al,1999;Sekino et al,2002),人工定向选择会使目标性状相关基因纯合化,这势必会导致选育过程中一些等位基因丧失,使选育群体的基因型变得较为单一,进而造成群体基因位点多样性的降低。遗传多样性太低的群体将缺乏继续选育的潜力,甚至会发生近交衰退,因此我们在人工定向选育优良性状的同时,可加大每代繁殖亲本的数量,或在选育过程中加入亲缘关系较远的亲本,以防止近亲衰退等现象的发生,使选育工作取得更好的进展。

第四节 大口黑鲈"优鲈 1 号"选育群体肌肉营养成分和品质评价

大口黑鲈"优鲈 1 号"生长速度的增加对营养成分和品质是否带来影响是评价选育效果的重要内容,为此我们对相同环境条件下饲养的大口黑鲈"优鲈 1 号"和非选育群体的肌肉一般营养成分、矿物质元素、氨基酸和脂肪酸进行了测定和分析,旨在对大口黑鲈品种改良的效果进行综合评价。

一、材料与方法

1. 材料

大口黑鲈"优鲈 1 号"(简称"优鲈 1 号")为第 5 代选育群体,对照的大口黑鲈非选育群体(简称"对照组")均来自佛山市南海区九江镇金汇农场。2010 年 4 月,对"优鲈 1 号"和"对照组"亲鱼在相同时间进行人工繁殖,鱼苗分别培育至约 5.0 cm 时,用金属丝标记对"优鲈 1 号"的背鳍和"对照组"的腹鳍进行标记,两个群体各标记了 1 000 尾,放入同一个养殖池中进行养殖。

实验鱼同塘混养 5 个月时,体重达 248 ~ 375 kg,体长 22.20 ~ 27.24 cm,根据金属丝标记从池塘中随机进行取样,每个群体分别随机取 20 尾实验鱼,雌雄各 10 尾,先用清水将实验鱼洗净,擦干体表水分,除去鱼鳞,剥掉鱼皮,取鱼体的背部肌肉,每尾鱼称取 20 g 肌肉并切成小块、捣碎,将每个群体捣碎的肌肉样品混匀放在低温冰箱中保存,以供各项分析之用。

2. 样品检测方法

依据重量法测定水分和粗灰分的含量;依据容量法测定粗脂肪和粗蛋白的含量。依据火焰原子吸收光谱法(FAAS)测定钙(Ca)、镁(Mg)、铁(Fe)和锌(Zn)的含量;依据原子荧光光度法(FAFS)测定硒(Se)的含量。

样品经盐酸水解后,采用日本岛津公司生产的气相色谱仪,利用柱前衍生气相色谱法测定肌肉氨基酸含量,具体样品处理和测定步骤参照文献(杨月欣等,2002)。采用 GC/MS 面积归一化法(JY/T 003 - 1996)检测脂肪酸组成和含量。

3. 营养品质评价方法

根据 WHO/FAO(FAO/WHO,1973)建议的必需氨基酸评分标准模式(%,以千克计)及全鸡蛋蛋白的必需氨基酸模式(%,以干重计)进行必需氨基酸指数(EAAI)、氨基酸分(AAS)和化学分(CS)(Pellett et al,1980)计算。

4. 数据处理

采用 SPSS 17.0 统计软件的单因素方差分析(One-Way ANOVA)对试验数据进行检验,分析"优鲈 1 号"和"对照组"肌肉营养成分含量是否存在差异,数据运用 EXCEL 2007 进行整理,文中均用平均值 ± 标准误表示。

二、结果与分析

1. 一般营养成分

"优鲈 1 号"和"对照组"肌肉中水分、粗蛋白、粗脂肪、粗灰分含量分别为 73.63% 和 74.35%、19.34% 和 19.42%、4.45% 和 4.67%、1.09% 和 1.12%(表 4 - 18),统计分析显示,"优鲈 1 号"肌肉水分和粗脂肪含量均低于"对照组",达到显著差异($P<0.05$),而粗蛋白和粗灰分含量差异不显著($P>0.05$)。

表 4 - 18　"优鲈 1 号"和"对照组"肌肉一般营养成分　%

群体	水分*	粗蛋白	粗脂肪*	粗灰分
优鲈 1 号	73.63 ± 1.42	19.34 ± 0.78	4.45 ± 0.10	1.09 ± 0.07
对照组	74.35 ± 1.73	19.42 ± 0.67	4.67 ± 0.10	1.12 ± 0.01

注:* 表示差异显著($P<0.05$),没有上标标注的代表差异不显著($P>0.05$).

一种食品营养价值的高低有多项指标可以衡量,但最重要的评价指标是蛋白质、脂肪和氨基酸含量(杨月欣等,2009)。将本研究测得的"优鲈 1 号"和"对照组"与大口黑鲈(王广军等,2008)、鲻鱼(李来好等,2001)、匙吻鲟(吉红等,2011)等几种食用鱼类的肌肉一般营养成分进行比较(表 4 - 19)。从表 4 - 19 中可以看出,本实验所测的大口黑鲈肌肉营养成分与王广军等研究结果较一致,但王广军等(2008)测定的大口黑鲈粗脂肪含量为 6.41%

明显高于本实验所测的结果(4.45%和4.67%),推测可能与样品的生长阶段或营养状况不同有关;大口黑鲈肌肉与其他食用鱼类相比,水分含量较低,粗蛋白和粗脂肪含量较高,属于高蛋白质和高脂肪类食品。

表4-19 几种食用鱼类肌肉的营养成分 %

种类	水分	粗蛋白	粗脂肪	粗灰分
优鲈1号	73.63	19.34	4.45	1.09
对照组	74.35	19.42	4.67	1.12
大口黑鲈(王广军等,2008)	72.12	20.15	6.41	1.32
鲻鱼(李来好等,2001)	73.96	20.45	4.94	0.99
匙吻鲟(林永贺等,2010)	77.35	19	2.7	1.5
虹鳟(Chatakondi et al,1995)	75.81	18.13	3.8	/
大菱鲆(马爱军等,2003)	76.55	17.72	0.57	1.16
鳜鱼(梁银铨,1998)	79.76	17.56	1.5	1.06
鲤鱼(闫学春,2005)	78.85	17.52	2.55	1.29
梭鱼(王建新,2010)	80.9	17.25	0.76	0.83
鲫鱼(严安生,1998)	80.28	15.74	1.58	1.64
黄颡鱼(黄峰,1999)	82.4	15.37	1.61	0.16

2. 矿物质元素的含量

"优鲈1号"和"对照组"肌肉中的矿物质元素含量见表4-20,检测的5种矿物质元素的含量由高到低依次为:钙(Ca)、镁(Mg)、锌(Zn)、铁(Fe)、硒(Se),分别为428.34 mg/kg和424.57 mg/kg、252.63 mg/kg和259.77 mg/kg、7.73 mg/kg和5.77 mg/kg、6.92 mg/kg和5.76 mg/kg、0.40 mg/kg和0.41 mg/kg,"优鲈1号"肌肉中铁(Fe)和锌(Zn)含量平均值均高于"对照组",且差异显著($P<0.05$),钙(Ca)、镁(Mg)、硒(Se)差异不显著($P>0.05$),且含量均在食品标准允许的范围内(杨月新等,2009)。

表4-20 "优鲈1号"和"对照组"肌肉中矿物质元素的含量 mg/kg

项目	优鲈1号	对照组
钙(Ca)	428.34±16.03	424.57±18.37
镁(Mg)	252.63±23.97	259.77±25.89
铁(Fe)*	6.92±0.71	5.76±0.75
锌(Zn)*	7.73±1.56	5.77±1.31
硒(Se)	0.40±0.02	0.41±0.02

注:*表示差异显著($P<0.05$),没有上标标注的代表差异不显著($P>0.05$).

3. 氨基酸组成及营养分析

"优鲈1号"和"对照组"肌肉中氨基酸组成见表4-21,除了色氨酸(Typ)在酸水解过程中被破坏未测定以外,共测出了17种常见氨基酸,其中包括人体必需的7种氨基酸

(EAA)、2 种半必需氨基酸(HEAA)和 8 种非必需氨基酸(NEAA)。将测得的氨基酸组成进行比较,结果表明,"优鲈 1 号"肌肉中各氨基酸含量[除了天冬氨酸(Asp)和脯氨酸(Pro)]均高于"对照组",其中"优鲈 1 号"蛋氨酸(Met)的含量显著高于"对照组"($P<0.05$),而其余氨基酸含量差异均不显著($P>0.05$)。在所测得的 17 种氨基酸中,都是谷氨酸(Glu)含量最高,分别占 2.92% 和 2.85%,而"优鲈 1 号"和"对照组"中含量最低的均是胱氨酸(Cys),分别占 0.13% 和 0.12%。

表 4-21　"优鲈 1 号"和"对照组"肌肉中氨基酸的组成及含量　mg/100 g

必需氨基酸	优鲈 1 号	对照组	非必需氨基酸	优鲈 1 号	对照组
缬氨酸 Val	1.02 ±0.17	0.97 ±0.16	天冬氨酸 Asp	1.95 ±0.10	2.00 ±0.13
蛋氨酸 Met *	0.52 ±0.03	0.31 ±0.03	谷氨酸 Glu	2.92 ±0.15	2.85 ±0.15
苯丙氨酸 Phe	0.85 ±0.08	0.80 ±0.04	丝氨酸 Ser	0.73 ±0.07	0.70 ±0.08
异亮氨酸 Ile	0.92 ±0.11	0.87 ±0.12	胱氨酸 Cys	0.13 ±0.01	0.12 ±0.01
亮氨酸 Leu	1.59 ±0.15	1.50 ±0.10	甘氨酸 Gly	0.88 ±0.07	0.82 ±0.05
赖氨酸 Lys	2.12 ±0.07	1.97 ±0.09	丙氨酸 Ala	1.13 ±0.17	1.07 ±0.18
苏氨酸 Thr	0.83 ±0.04	0.79 ±0.03	酪氨酸 Tyr	0.57 ±0.10	0.49 ±0.09
组氨酸 His	0.49 ±0.01	0.45 ±0.01	脯氨酸 Pro	0.46 ±0.07	0.52 ±0.11
精氨酸 Arg	1.12 ±0.05	1.06 ±0.16	非必需氨基酸	8.64 ±0.60	8.45 ±0.66
必需氨基酸	9.46 ±0.37	8.72 ±0.34	总氨基酸	18.10 ±0.99	17.17 ±1.34
鲜味氨基酸	8.00 ±0.56	7.80 ±0.83	W_{EAA}/W_{TAA}	0.52	0.51
			W_{EAA}/W_{NEAA}	1.09	1.03

注:EAA 为必需氨基酸总和,DAA 为鲜味氨基酸总和,NEAA 为非必需氨基酸总和,TAA 为氨基酸总量.

肌肉中鲜味氨基酸(Glu、Asp、Gly、Ala)的组成和含量是决定其味道鲜美程度的主要指标,"优鲈 1 号"的鲜味氨基酸总量(8.00%)比"对照组"的总量(7.80%)高,但差异不显著($P>0.05$),所以推测"优鲈 1 号"保持大口黑鲈原有的鲜美程度。

大口黑鲈"优鲈 1 号"和"对照组"肌肉中必需氨基酸占总氨基酸的比值(W_{EAA}/W_{TAA})分别为 0.52 和 0.51,必需氨基酸与非必需氨基酸的比值(W_{EAA}/W_{NEAA})分别为 1.09 和 1.03。根据 FAO/WHO 的理想模式,质量较好的蛋白质其组成的氨基酸的 W_{EAA}/W_{TAA} 为 0.40 左右,W_{EAA}/W_{NEAA} 在 0.60 以上(杨月欣,2007),由此可见,"优鲈 1 号"和"对照组"肌肉中氨基酸的组成都符合上述指标的要求,即氨基酸平衡效果较好。

一种营养价值较高的食物蛋白质不仅所含的必需氨基酸种类要齐全,而且必需氨基酸之间的比例最好能与人体需要相符合,这样必需氨基酸的营养价值最高,根据 WHO/FAO 制定的蛋白质评价的氨基酸标准模式和鸡蛋蛋白质的氨基酸模式为标准,分别计算两个大口黑鲈群体的氨基酸评分(AAS)、化学评分(CS)和必需氨基酸指数(EAAI),结果见表 4-22。从表 4-22 中可以得出,以 AAS 进行评价时,"优鲈 1 号"和"对照组"的第一限制性氨基酸均为蛋氨酸 + 胱氨酸(Met + Cys),第二限制性氨基酸均为缬氨酸(Val);采用CS值来评价时,“优鲈1号”和“对照组”第一限制性氨基酸均为蛋氨酸 + 胱氨酸(Met + Cys),第二限制性氨基酸分别为缬氨酸(Val)和苯丙氨酸 + 酪氨酸(Phe + Tyr)。“优鲈1号”和“对照组”都是赖氨酸(Lys)的氨基酸分(AAS)和化学分(CS)最高。“优鲈1号”和“对照组”的必需氨基酸指数(EAAI)分别为54.32和52.89,经统计分析其差异不显著($P>0.05$)。

表4-22 “优鲈1号”和“对照组”肌肉必需氨基酸组成评价 mg/g

必需氨基酸	优鲈1号	对照组	鸡蛋蛋白	FAO评分模式	优鲈1号		对照组	
					AAS	CS	AAS	CS
Ile	151.80	139.74	331	250	0.61	0.46	0.56	0.42
Leu	262.35	240.94	534	440	0.60	0.49	0.55	0.45
Lys	349.80	316.43	441	340	1.03	0.79	0.93	0.72
Met + Cys	107.25	69.07	386	220	0.49*	0.28*	0.31*	0.18*
Phe + Tyr	234.31	207.21	565	380	0.62	0.42	0.55	0.37**
Thr	136.95	126.89	292	250	0.55	0.47	0.51	0.43
Val	168.36	155.81	410	310	0.54**	0.41**	0.50**	0.38
EAAI	54.32	52.89						

注:*表示第一限制性氨基酸;**表示第二限制性氨基酸.

对氨基酸含量的测定结果显示“优鲈1号”和“对照组”肌肉中必需氨基酸指数(EAAI)分别为54.32和52.89,均高于WHO/FAO标准(35.38%)和全鸡蛋蛋白质标准(48.08%),也高于鲇鱼(尹洪滨等,2006)、鳜鱼(严安生等,1995)、凤鲚和刀鲚(刘凯等,2009)等鱼类。根据FAO/WHO的理想模式,质量较好的蛋白质其组成的氨基酸的W_{EAA}/W_{TAA}为0.40左右,W_{EAA}/W_{NEAA}在0.60以上(杨月欣,2007),“优鲈1号”和“对照组”肌肉中必需氨基酸占总氨基酸的比值(W_{EAA}/W_{TAA})分别为0.52和0.51,必需氨基酸与非必需氨基酸的比值(W_{EAA}/W_{NEAA})分别为1.09和1.03,可见“优鲈1号”和“对照组”肌肉中氨基酸的组成都符合优质蛋白质标准,即大口黑鲈属于优质蛋白质类食品。

4. 肌肉脂肪酸组成比较

运用GC/MS面积归一化法检测“优鲈1号”和“对照组”肌肉中脂肪酸含量时均检测到26种脂肪酸(表2-23),其中饱和脂肪酸8种,总量分别为13.96 g/kg和14.68 g/kg;单不饱和脂肪酸4种,总量分别为13.66 g/kg和14.62 g/kg;多不饱和脂肪酸14种,总量分别为16.37 g/kg和16.58 g/kg;饱和脂肪酸/不饱和脂肪酸(SFA/UFA)均为0.47。“优鲈1号”和“对照组”肌肉中26种脂肪酸均是十六酸($C_{16:0}$)含量最高,十三酸($C_{13:0}$)和十六碳四烯酸($C_{16:4}$)含量最低,并且经统计分析,26种脂肪酸含量差异均不显著($P>0.05$)。

表 4－23　“优鲈 1 号”和“对照组”肌肉中脂肪酸的组成及含量　g/kg

脂肪酸	优鲈 1 号	对照组	脂肪酸	优鲈 1 号	对照组
十二酸 $C_{12:0}$	0.033 ±0.01	0.028 ±0.01	亚麻酸 $C_{18:3}$	0.62 ±0.23	0.63 ±0.15
十三酸 $C_{13:0}$	0.013 ±0.00	0.012 ±0.00	十八碳四烯酸 $C_{18:4}$	0.40 ±0.09	0.40 ±0.10
十四酸 $C_{14:0}$	3.74 ±0.23	3.71 ±0.34	二十碳二烯酸 $C_{20:2}$	0.22 ±0.05	0.24 ±0.05
十五酸 $C_{15:0}$	0.29 ±0.03	0.30 ±0.05	二十碳三烯酸 $C_{20:3}$	0.088 ±0.03	0.10 ±0.02
十六酸 $C_{16:0}$	8.34 ±0.77	8.79 ±0.81	二十碳四烯酸 $C_{20:4}$	0.83 ±0.37	0.90 ±0.33
十七酸 $C_{17:0}$	0.15 ±0.09	0.16 ±0.08	二十碳五烯酸 $C_{20:5}$	3.40 ±1.18	3.42 ±1.00
十八酸 $C_{18:0}$	1.32 ±0.83	1.60 ±0.89	二十二碳三烯酸 $C_{22:3}$	0.30 ±0.09	0.29 ±0.08
二十酸 $C_{20:0}$	0.053 ±0.01	0.05 ±0.01	二十二碳四烯酸 $C_{22:4}$	0.27 ±0.13	0.17 ±0.07
十四碳一烯酸 $C_{14:1}$	0.025 ±0.00	0.024 ±0.00	二十二碳五烯酸 $C_{22:5}$	2.58 ±0.79	2.69 ±0.75
十六碳一烯酸 $C_{16:1}$	6.50 ±1.18	6.57 ±1.11	二十二碳六烯酸 $C_{22:6}$	4.16 ±0.99	4.17 ±1.03
油酸 $C_{18:1}$	6.90 ±1.34	7.87 ±1.45	饱和脂肪酸 ΣSFA	13.96 ±2.07	14.68 ±2.17
二十碳一烯酸 $C_{20:1}$	0.26 ±0.08	0.28 ±0.09	单不饱和脂肪酸 ΣMUFA	13.66 ±2.65	14.72 ±2.77
十六碳二烯酸 $C_{16:2}$	0.96 ±0.18	0.94 ±0.16	多不饱和脂肪酸 ΣPUFA	16.37 ±3.41	16.58 ±3.57
十六碳三烯酸 $C_{16:3}$	1.15 ±0.27	1.06 ±0.28	不饱和脂肪酸 ΣUFA	30.03 ±5.82	31.30 ±6.02
十六碳四烯酸 $C_{16:4}$	0.079 ±0.03	0.08 ±0.03	饱和脂肪酸/不饱和脂肪酸 SFA/UFA	0.47	0.47
亚油酸 $C_{18:2}$	1.31 ±0.79	1.49 ±0.77			

注：SFA 为饱和脂肪酸，MUFA 为单不饱和脂肪酸，PUFA 为多不饱和脂肪酸，UFA 为不饱和脂肪酸.

5.“优鲈 1 号”肌肉营养成分评价

通过对“优鲈 1 号”和“对照组”肌肉的一般营养成分、常见矿物质元素、氨基酸组成和含量以及脂肪酸组成和含量分析表明，“优鲈 1 号”肌肉中水分和粗脂肪含量低于“对照组”，达到显著差异，粗蛋白和粗灰分含量与对照组相当，所以相对于“对照组”来说，“优鲈 1 号”属于低脂肪类食品，更为现代健康食品理念所接受；5 种矿物质元素的检测结果表明“优鲈 1 号”肌肉中铁（Fe）和锌（Zn）含量明显高于“对照组”，而铁和锌与人体的生命及其健康有密切的关系，属于人体易缺的营养元素，“优鲈 1 号”也可以间接补充人体必需的金属元素；对氨基酸含量测定结果表明，“优鲈 1 号”各氨基酸含量［除了天冬氨酸（Asp）和脯氨酸（Pro）］均高于“对照组”，特别是蛋氨酸（Met）的含量显著高于“对照组”（$P<0.05$），蛋氨酸（Met）具有抗氧化、分解脂肪、将有害的物质和铅等重金属除去等作用，这些结果表明“优鲈 1 号”肌肉的营养品质一定程度上优于“对照组”。

肌肉营养品质的另一个重要方面是风味，评价风味的一个重要指标是肌肉中鲜味氨基酸种类和含量，“优鲈 1 号”肌肉中 4 种鲜味氨基酸（Glu、Asp、Gly、Ala）含量与鲜味氨基酸总量均与“对照组”差异不显著（$P<0.05$）。肌肉中脂肪酸的种类和比例是影响肉质风味的另一个重要化学成分，大量研究表明动物体内的不饱和脂肪酸含量特别是多不饱和脂肪酸含量在肉质特征风味物质的形成中起着非常重要的作用，不饱和脂肪酸比例越高，鱼肉

的适口性越好,也更易热氧化而产生诱人的香味(王德前等,2002)。本研究表明"优鲈1号"和"对照组"肌肉不饱和脂肪酸和多不饱和脂肪酸含量相差不大,从这两方面均可看出"优鲈1号"肌肉风味并没有因为生长速度快,而失去原有的鲜美口味。

综上所述,"优鲈1号"新品种除了具有生长快、畸形率低的优点,其肌肉营养成分也相应得到一些改良,该结果与高强等(2011)对罗氏沼虾"南太湖2号"选育群体的肌肉营养成分进行分析结果一致,均表明选育群体肌肉营养品质优于"对照组"。关于大口黑鲈选育群体肌肉营养品质优于"对照组",推测可能是因为决定肌肉营养品质的一些基因与决定生长性状的基因有一定的连锁,从而经过多代的大口黑鲈生长性状的科学选育,间接提高了肌肉营养品质,并逐步被积累下来,表明通过选择育种可以改变鱼类的肌肉品质。

第五节 生长相关优势基因型在大口黑鲈"优鲈1号"的富集

大口黑鲈自从20世纪80年代被引入我国大陆进行养殖多年后,出现了一定程度的种质退化(梁素娴等,2007),为此,中国水产科学研究院珠江水产研究所经多年人工选育培育出生长速度比普通养殖大口黑鲈快17.8% ~25.3%的养殖新品种"优鲈1号"(李胜杰等,2009),已通过全国水产原种和良种审定委员会审定。传统的选育方法是一种基于表型的选择方法,而通过表型选择来育成性状更为优良的品系在短期内是难以达到,因而许多研究者着手借助于分子标记辅助选择技术培育优良品种,通过快速准确地对优势基因型进行聚合,加速育种进程,更快达到选育的目标。Meuwissen 和 Sonesson(2003)提出了基因聚合育种的方法,在一定时间内可充分扩大单基因效应和多基因效应,尤其是对一些数量性状而言。目前鱼类生长相关分子标记已经研究了很多,但利用生长标记来进行基因聚合育种方面的研究较少。在水稻的研究中发现基因聚合可以提高产量(Zhang et al,2004;Motoyuki et al,2006);Chen 等(2001)对猪雌激素受体(ESR)和促卵泡激素(FSH)基因进行研究发现,两者的优势基因型聚合可使母猪每窝仔猪多1.85 ~3.01头;与鸡繁殖性状相关的两个基因的优势基因型聚合个体在72周龄的产蛋数显著优于其他基因型组合的个体(李国辉等,2010)。在淮猪、波尔山羊和中国美利奴羊的研究中均发现,优势基因型聚合的个体比单个优势基因型的个体性状更优良(陶立等,2011;Li et al,2011;曾献存等,2011)。孙效文等(2009)对镜鲤的研究表明,优势基因型平均数量为1.7的群体比平均数量为0.7的群体在生长速度明显要快。单个分子标记对生长的作用效果容易分析,但是各个生长相关优势基因型经聚合后对生长性状的改良中贡献作用的大小很难确定,如何找出贡献率较大的优势基因型是数量性状基因聚合育种的关键点。目前有关水产动物中应用多个生长相关优势基因型分析其聚合效应的研究鲜见报道,本研究利用前期已获得的大口黑鲈8个生长相关分子标记(于凌云等,2010;Li et al,2009;杜芳芳等,2011;樊佳佳等,2009)分析大口黑鲈"优鲈1号"和非选育群体中生长相关分子标记的分布差异,旨在为下一步大口黑鲈基因聚合育种提供理论依据。

一、材料与方法

1. 材料

实验所用的大口黑鲈取自中国水产科学研究院珠江水产研究所良种基地和佛山市南海区九江镇金汇农场，从“优鲈 1 号”与非选育群体中各随机挑选 140 尾成鱼，剪尾鳍，并用浓度为95%的酒精保存于 -20℃中备用。*Taq* DNA 聚合酶、buffer 和 dNTP 体系购自上海申能博彩生物科技有限公司；限制性内切酶 *Taq*I、*Bsr*BI 和 *Alu*I 购自 Fermentas 公司。TIANamp Genomic DNA Kit 购自天根生化科技（北京）有限公司（TIANGEN）。

2. 基因组 DNA 的提取及 PCR 扩增

试验取保存鳍条，按照 TIANamp Genomic DNA Kit 说明书要求，提取组织 DNA，用 100 μL双蒸灭菌水进行洗脱，然后利用 0.8% 琼脂糖凝胶进行电泳检测，用紫外分光光度计测定浓度后，保存于 -20℃ 备用。8 个分子标记所对应的 PCR 扩增引物序列见表 4 - 24。在 PCR 扩增之前用 FAM 和 HEX 荧光标记引物，PCR 反应总体积为 20 μL，含有 10 × buffer 2.0 μL，$MgCl_2$（25 mmol/L）0.8 μL；dNTP（10 μmol/L）0.4 μL；上下游引物（20 μmol/L）各 0.4 μL；基因组 DNA 40 ng，*Taq* 酶 1U。PCR 扩增程序为 94℃ 预变性 4 min；32 个循环［94℃，30 s；48 ~ 63℃退火，30 s；72℃，30 s］；72℃再延伸 10 min。

表 4 - 24　大口黑鲈生长相关分子标记引物信息

引物	序列（5′—3′）	片段长度/bp	退火温度/℃
MSTN C - 1453T F	CAAAGGAATAGTCTGCCTCATATC	220	57
MSTN C - 1454T R	GGCAGGCGAAAGAAATGAGTA		
MSTN T + 33C F	GCCTATCAGTGTGGGACATTAA	412	57.4
MSTN T + 34C R	GTTTCTATTGGGCTGGTGGCGG		
IGF - I - 632 F	ATCTGAAATAGGCTACGTC	260	55.5
IGF - I - 632 R	CTCTATGTCACCAGTGTGC		
PSSIII - 101 F	CCTTCTGGATCTCTGGCTAG	118	53
PSSIII - 101 R	AGGTGACGGACCAGAGACTAC		
POU1F1 - 18 F	GATAAAGTAAGACTAAACACAAGC	210	52
POU1F1 - 18 R	CATTCTTCTCAGGCCCCGCT		
JZL60 F	AGTTAACCCGCTTTGTGCTG	227	60
JZL60 R	GAAGGCGAAGAAGGGAGAGT		
JZL67 F	CCGCTAATGAGAGGGAGACA	266	60
JZL67 R	ACAGACTAGCGTCAGCAGCA		
MisaTpw76 F	ACACAGTGTCAGTTCTGCA	268	48
MisaTpw76 R	GTGAATACCTCAGCAAGCAT		
MisaTpw117 F	TGTGAAAGGCACAACACAGCCTGC	220	55
MisaTpw117 R	ATCGACCTGCAGACCAGCAACACT		

3. 扩增产物检测

采用基因片段短串联重复序列(short tandem repeat, STR)分型技术检测PCR扩增产物，委托生工生物工程(上海)(Sangon Biotech)股份有限公司来完成，应用DYY－8型稳压稳流电泳仪(上海琪特分析仪器有限公司)、凝胶成像系统(Gene Genius公司)和3730XL测序列分析仪(美国ABI公司)完成STR序列分析。根据每个扩增条带分子量的差异性，判断每个个体中各个位点的基因型。3个分别位于POU1F1、PSSIII和MSTN基因上的SNP位点需要经过限制性内切酶*Taq*I、*BsrB*I和*Alu*I酶切后才进行STR基因分型，IGF－I基因上的片段缺失突变位点和4个微卫星位点则直接用STR基因分型技术分析基因型。

4. 统计指标

通过STR分型技术检测具体基因型，然后计算两个群体的优势基因型频率(p)和优势基因型的平均数量。优势基因型的平均数量计算公式如下：

$$\overline{P} = \sum x f_i / \sum f_i$$

式中：$\overline{P}$为8个优势基因型的平均数量；x_i为第i个优势基因型频率；f_i为第i个优势基因型所检测的大口黑鲈数量。

二、结果与分析

1. 优势基因型的检测

试验采用STR基因分型技术对大口黑鲈8个生长相关分子标记进行检测，结果显示："优鲈1号"选育群体中含有3个及以上优势基因型数量的大口黑鲈为69尾，非选育组中含有3个及以上优势基因型的数量的大口黑鲈数量为46尾(表4－25)。各个位点的优势基因型频率分析结果见表4－26，其中MisaTpw76、JZL60和位于MSTN基因上的SNP位点的优势基因型频率在"优鲈1号"显著高于非选育群体。

表4－25 优势基因型的数量和分布

组别/优势标记数量	0	1	2	3	4	5	6
"优鲈1号"群体	0	22	48	46	20	3	1
非选育群体	0	26	68	38	6	2	0

表4－26 优势基因型的频率变化

组别	MisaTpw76	MisaTpw117	IGF－I	PSSIII	POU1F1	JZL67	MSTN	JZL60
"优鲈1号"群体	0.139	0.323	0.029	1.000	0.700	0.136	0.100	0.179
非选育群体	0.030	0.321	0.036	0.993	0.689	0.136	0.036	0.071

2. 8个优势基因型在两试验组中的数量及分布

对大口黑鲈"优鲈1号"和非选育群体中共8个优势基因型进行了基因分型研究。统计分析每个组的优势基因型的分子标记的总平均数量，结果显示，"优鲈1号"含有优势基因型的平均数量为2.606,明显高于非选育群体(2.312)(表4－27)。

表4－27　"优鲈1号"和非选育群体中的优势基因型的平均数量

组别	非选育大口黑鲈	"优鲈1号"
优势基因型标记平均数量	2.312	2.606

本实验检测了已经得到的8个生长相关优势基因型在"优鲈1号"与非选育群体中数量的分布情况。试验结果显示:相比于非选育大口黑鲈,"优鲈1号"优势基因型的数量更多,这与"优鲈1号"生长性能提高相吻合。王宵燕等(2007)对苏姜猪人工选育世代中繁殖性状相关的ESR基因的研究发现,经选育,含有优势基因型的个体数目和优势基因型的纯合率都在不断增加;黄庭汝等(2008)对农科杜洛克猪的研究也发现经过8个世代的人工选育后,多个经济性状明显得到改良,同时不利基因型的频率降低,说明大口黑鲈与畜牧品种一样在目标性状改良的同时,与该性状相关的优势基因型频率也在增加,证实了传统的以形态和体重为指标的选育也使大口黑鲈生长相关优势基因型得到聚合。

目前关于不同基因在基因型聚合中贡献率的差异报道仍然很少。本研究对大口黑鲈"优鲈1号"8个生长相关优势基因型的分析,结果显示:人工选育得到的"优鲈1号"在MisaTpw76、JZL60和MSTN基因上的生长标记优势基因型频率比非选育组分别多10.9%、10.8%和6.4%,且差异显著,而其余5个优势基因型比例仅比非选育多0.71%～1.1%。孙效文等(2009)对镜鲤3个生长相关标记的研究发现,在极大和极小群体中,优势基因型频率相差较大的位点对生长的贡献率高。本研究的结果显示MisaTpw76、JZL60位点和MSTN基因上的SNP位点对生长的贡献比较大。本实验室之前的研究结果表明MisaTpw76和JZL60位点上的优势基因型个体的平均体重比其他基因型个体的平均体重分别高了46.18%和35.84%(樊佳佳等,2009);MSTN基因上SNP位点的优势基因型群体的体重比其他基因型群体的平均体重高53.24%(于凌云等,2010):这3个位点的优势基因型对生长的影响效果明显,而其余5个位点中,优势基因型群体的平均体重比其他基因型群体的平均体重高16.86%～32.69%(Li et al,2009;杜芳芳等,2011),这些研究反映出了MisaTpw76、JZL60和MSTN基因上的SNP位点对生长的贡献作用比较大,本研究获得的结果与其基本一致。下一步我们在大口黑鲈生长性状分子辅助选育中可将MSTN基因上的SNP、MisaTpw76和JZL60位点作为亲鱼筛选的主要标记,用于大口黑鲈生长性状的改良。

参考文献:

杜芳芳,白俊杰,李胜杰,等.2011.大口黑鲈POU1F1启动子区域SNPs对生长的影响.水产学报,35(6):793－800.

樊佳佳,白俊杰,李小慧,等.2009.大口黑鲈生长性状的微卫星DNA标记筛选.遗传,31(5):515－522.

高强,杨国梁,王军毅,等.2011.罗氏沼虾"南太湖2号"选育群体肌肉营养品质分析.水产学报,35(1):116－123.

黄峰,严安生,熊传喜,等.1999.黄颡鱼的含肉率及鱼肉营养评价.淡水渔业,(10):3－6.

黄庭汝,蔡更元,彭国良,等.2008.农科杜洛克猪专门化父系NK111选育研究.广东农业科学,(9):96－

97,102.

吉红，孙海涛，单世涛. 2011. 池塘与网箱养殖匙吻鲟肌肉营养成分及品质评价. 水产学报，35(2)：261 –267.

李国辉，魏岳，张学余，等. 2010. 鸡 GH 和 POUIF1 基因多态性及基因聚合对产蛋数的影响. 湖南农业大学学报，36(4)：446 – 448.

李来好，陈培基，杨贤庆，等. 2001. 鲻鱼营养成分的研究. 营养学报，23(1)：91 – 93.

李胜杰，白俊杰，谢骏，等. 2009. 大口黑鲈选育效果的初步分析. 水产养殖，30(10)：10 – 13.

梁素娴，白俊杰，叶星，等. 2007. 养殖大口黑鲈的遗传多样性分析. 大连水产学院学报，22(4)：260 –263.

梁素娴，孙效文，白俊杰，等. 2008. 微卫星标记对中国引进加州鲈养殖群体遗传多样性的分析. 水生生物学报，32(5)：80 – 86.

梁银铨，崔希群，刘友亮. 1998. 鳜肌肉生化成分分析和营养品质评价. 水生生物学报，22(4)：386 –388.

林永贺，张云，房伟平，等. 2010. 投喂小杂鱼和人工配合饲料对青石斑鱼生长和肌肉营养成分的影响. 饲料工业，31(8)：37 – 40.

刘凯，段金荣，徐东坡，等. 2009. 长江下游产卵期凤鲚、刀鲚和湖鲚肌肉生化成分及能量密度. 动物学杂志，44(4)：118 – 124.

马爱军，陈四清，雷霁霖，等. 2003. 大菱鲆鱼体生化组成及营养价值的初步探讨. 海洋水产研究，24(1)：11 – 14.

闫学春，梁利群，曹顶臣，等. 2005. 转基因鲤与普通鲤的肌肉营养成分比较. 农业生物技术学报，13(4)：528 – 532.

孙效文，鲁翠云，曹顶臣，等. 2009. 镜鲤体重相关分子标记与优良子代的筛选和培育. 水产学报，33(2)：177 – 181.

陶立. 2011. 猪快生长、高繁殖和优质瘦肉性状多基因聚合技术研究. 中国科技成果，12：28 – 29.

王德前，陈国宏. 2002. 影响鸡肉品质的主要因素. 中国家禽，(8)：32 – 33.

王广军，关胜军，吴锐全，等. 2008. 大口黑鲈肌肉营养成分分析及营养评价. 海洋渔业，30(3)：239 –244.

王建新，邴旭文，张成锋，等. 2010. 梭鱼肌肉营养成分与品质的评价. 渔业科学进展，31(2)：60 – 66.

王宵燕，经荣斌，宋成义，等. 2007. ESR 和 FSHβ 基因在苏姜猪世代选育中遗传变异的研究. 养猪杂志，(4)：30 – 31.

熊美华，史方，徐念，等. 2009. 微卫星标记分析乌江流域白甲鱼群体的遗传多样性. 水生态学杂志，2(2)：122 – 125.

严安生，熊传喜，钱健旺，等. 1995. 鳜鱼含肉率及鱼肉营养价值的研究. 华中农业大学学报，14(1)：80 –84.

严安生，熊传喜，周志军，等. 1998. 异育银鲫的含肉率及营养评价. 水利渔业，(3)：16 – 19.

杨月欣，王光亚，潘兴昌. 2009. 中国食物成分表：第 2 版. 北京：北京大学医学出版社，1 – 10.

杨月欣，王光亚. 2002. 实用食物营养成分分析手册. 北京：中国轻工业出版社，64 – 90.

杨月欣. 2007. 实用食物营养成分分析手册：第 2 版. 北京：中国轻工业出版社，27 – 33.

尹洪滨，姚道霞，孙中武，等. 2006. 黑龙江鲶形目鱼类的肌肉营养组分分析. 营养学报，28(5)：438 –441.

于凌云，白俊杰，樊佳佳，等. 2010. 大口黑鲈肌肉生长抑制素基因单核苷酸多态性位点的筛选及其与生长性状关联性分析. 水产学报，34 (6)：845 – 851.

曾献存,陈韩英,贾斌,等. 2011. MC4R 和 PROP1 基因多态性及合并基因型与中国美利奴羊生长性状的关联分析. 畜牧兽医学报, (9):1 227 – 1 232.

张天时,王清印,刘萍,等. 2005. 中国对虾(*Fenneropenaeus chinensis*)人工选育群体不同世代的微卫星分析. 海洋与湖沼,36(1):72 – 80.

Ball A O, Lenard S, Chapman R W. 1998. Characterization of (GT), micro satellites from native white shrimp *Penaeus setiferus*. Mol Ecol, (7): 1 251 – 1 253.

Bassam B J, Caetano-Anolles G, Gresshoff P M. 1991. Fast and sensitive silver staining of DNA in polyacrylamide-gels. Anal Biochem, 196 (1):80 – 83.

Beardmore J A, Mair G C, Lewis R I. 1997. Biodiversity in aquatic systems in relation to aquaculture. Aquacult Res,28:829 – 839.

Botstein D, While R L. 1980. Construction of genetic linkage map in man using restriction fragment length polymorphisms. American Journal of Animal Genetics,32:314 – 331.

Chatakondi N, Lovell R T, Duncan P L, et al. 1995. Body composition of transgenic common carp, *Cyprinus carpio*, containing rainbow trout growth hormone gene. Aquaculture, 138(4): 99 – 109.

Chen K, Huang L, Luo M, et al. 2001. The combined genotypes effect of ESR and FSH Beta genes on litter size traits in five different pig breeds. Chinese Science Bulletin,46 (2):140.

Crow A J, Kimura M. 1965. Evolution in sexual and asexual population. Am Nat, 99: 439 – 450.

FAO/WHO Ad Hoe Expert Committee. 1973. Energy and protein requirements. Rome: FAO Nutrition Meeting Report Series, 52.

Levene H. 1949. On a matching problem in genetics. Ann Math Stat,20:91 – 94.

Li G, An X, Fu M, et al. 2011. Polymorphism of PRLR and LHβ genes by SSCP marker and their association with litter size in Boer goats. Livestock Science, 136 (2 – 3): 281 – 286.

Li X H, Bai J J, Ye X, et al. 2009. Polymorphisms in the 5' flanking region of the insulin-like growth factor I gene are associated with growth traints in largemouth bass Micropterus salmoides. Fish Sci, 75 (2) : 351 – 358.

Meuwissen T H E, Sonesson A K. 2004. Genotype-assisted optimum contribution selection to maximize selection response over a specified time period. Genetics Research, 84(2): 109 – 116

Motoyuki A, Matsuoka M. 2006. Identification, isolation and pyramiding of quantitative trait loci for rice breeding. Trends in Plant Science, 11 (7): 344 – 350.

Nei M. 1972. Genetic distance between populmions. Am Nat,106:283 – 292.

Nei M. 1978. Estimation of average heterozygosity and genetic distance from a small number of individuals. Genetics,89:583 – 590.

Pellett P L, Yong V R. 1980. Nutritional evaluation of protein foods. Japan: The United National University Publishing Company, 26 – 29.

Perez-Enriquez R, Takagi M, Taniguchi N. 1999. Genetic variability of a hatchery-reared stock of red sea bream (*Pagrusmajor*) used for stock enhancement, based on microsatellite DNA marker. Aquaculture, 173: 413 – 423.

Sekino M, Hara M, Taniguchi N. 2002. Loss of microsatellite and mitochondrial DNA variabilities in hatchery strains of Japanese flounder *Paralichthys olivaceus*. Aquaculture, 213: 101 – 122.

Vos P, Hogers R, Bleeker M, et al. 1995. AFLP: a new technique for DNA finger printing. Nucleic Acids Res, 23:4407 – 4414.

Wright S. 1951. The genetical structure of population. Ann Eugenics, 15: 323 – 334.

Wright S. 1978. Variability within and among natural populations. Chicago, The University of Chicago Press, 121 – 124.

Zhang Z, Li P, Wang L, et al. 2004. Genetic dissection of the relationships of biomass production and partitioning with yield and yield related traits in rice. Plant Science, 167 (1): 1 – 8.

第五章 大口黑鲈亚种间的杂交

第一节 鱼类杂交育种

大多数动植物的繁殖方式是两性生殖,当两性交配的个体分类地位上处于不同科、属、种(包括品种、品系)时,育种学上将这种交配繁殖方式称为杂交(hybridization)。由杂交繁殖而来的子代个体,我们称之为杂种(hybrid)。人们在实践中发现,许多杂种个体的某些数量性状如生长速度、生活力、繁殖力、抗逆性、产量和品质等并不等于两个亲本的平均,而是高于其亲本的平均,甚至超出亲代范围,比两个亲本都高。如果杂种比双亲优越,这种现象叫做杂种优势(heterosis)。

杂交可以获得杂种优势,但杂种优势不能用有性繁殖方法固定下来。所以在品种改良上,经常要交互使用杂交和选育的方法。通过杂交使两个以上遗传基础不同的品种或种以上的个体的基因自由组合,出现新的性状后代,人们根据育种目的选留性状优良的个体进一步培育,直到符合要求的新品种的优良性状得到稳定,这种由有性杂交结合系统选育而获得优良品种的育种方法称为杂交育种(hybridize breeding)。杂交育种是最为经典的育种方法,从个体水平上又可分为两种方式:杂种优势利用和组合育种。在水产中最为广泛应用的是杂种优势利用,也称经济杂交利用。

一、杂种优势

在遗传学上,杂交是指基因不同的两个个体之间的交配。由于来自父母本的基因不同,杂种的基因处于杂合状态,所以出现杂种优势。杂种优势在性状上的表现是多方面的,有的表现在生活力、繁殖率、抗逆性以及产量和品质上,也可表现在生长快、性早熟和形态变化等方面。杂种优势多数出现于同一个种中不同品种间的子一代,也可见于种间,甚至属间的杂种。

生物界中经常出现杂种优势的现象,那杂种为什么有优势?杂种优势的遗传机理是什么?关于这个问题,有很多人作过大量的研究,并且提出各种各样的假说加以解释,其中最为主要的有两种学说,即显性学说和杂合学说。

1. 显性学说

显性学说也叫显性基因互补学说,是 Bruce 等(1910)最早提出来的。这个学说认为,异花受粉的植物和异体受精的动物,基因的杂合性程度很高,他们含有许多隐性的有害基因。近亲繁殖,特别是自交时,后代逐级纯合化,分离出形态上和生理上不良的个体,使它们的生活力减退,适应性降低。所以近亲繁殖带来的不良效应和衰退是由于原来处于杂合状态的基因发生分离的结果。近交系或自交系间进行杂交,从一亲本来的隐性有害基因与另一亲本来的显性有利基因结合,成为杂合态,显性有利基因的效应遮盖了隐性有害基因的效应,所以杂种显示出优势来。但杂种优势的强弱决定于近交系的基因型,杂交组合中隐性有害基因被遮盖的越多,杂种优势越明显,反之杂种优势就弱一些。

生物经过连续多代的自交或近交,得到自交系或纯系,它们的基因型基本上纯合化。我们假设决定生长速度的基因位点有6个,如果一个自交系的基因型为AABBCCddeeff(大写为显性基因,小写为隐性基因),而另一自交系的基因型为aabbccDDEEFF,当这两个自交系杂交,杂种一代的基因型见图5-1。

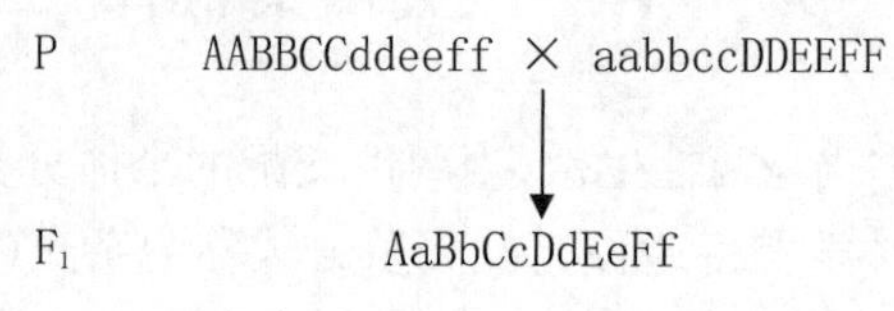

图5-1 显性学说图解

从图5-1中我们可以看到,由于显性基因的相互补充,杂种一代的6个基因位点上都有显性基因存在。由于不同位点上的显性基因遮盖了它们相应的隐性基因,隐性基因的有害作用不能表现出来,于是杂种就出现最高的生长优势。同时,由于杂种的基因相同,所以它们在表型上显得很一致。总之,如双亲对很多座位上的不同等位基因是纯合体,形成杂种后,显性基因的有利效应是互补和集积的,隐性基因的不利作用被抑制住,故出现了明显的优势。

对这个学说也有反对意见的,他们认为:①如果这个假说是正确的,应该可以得到所有显性基因的纯合体,这些个体应该显现同子一代个体一样的优势,而且不会分离,优势也不会减退。然而事实上不能得到杂种优势不分离的纯合体。②如果显性基因的集积可以说明杂种优势,那么如基因座位数是n,在杂种二代显性表型和隐性表型的频率应该是$(3/4+1/4)^n$的展开,表现为偏态分布,但事实上并非如此,子二代的表型分布接近正态分布。对于这两点,Jones(1910)用连锁关系作了补充说明,认为显性的有利基因和隐性的不利基因相互连锁着,而且有关的基因很多,分布在少数染色体上,要把所有显性基因都集合起来,事实上是不可能的;而子二代表型分布在理论上不是偏态分布,应该接近于正态分布。

2. 杂合学说

杂合学说也叫超显性学说,是East和Shull在1918年分别提出的。这个学说认为,等位基因的杂合以及与其他基因间的相互作用是产生杂种优势的根本原因。等位基因不存在显、隐性关系,基因处于杂合态的作用比纯合态的作用大,而且基因杂合的位点越多,每对等位基因作用的差异程度就越大,杂种优势就越明显。

支持这个假说的例子很多,但是这个假说完全排除了显性基因在杂种优势中的作用。然而在自然界中,杂种优势并不一定跟等位基因的杂合性始终保持一致的,例如在自花受粉植物中,有一些杂种的表型不一定比它的纯合亲本更为优越。

以上两种假说对杂种优势产生的遗传机理的解释都有一定的实践依据,也各有所侧重。随着杂种的纯化,优势降低;进行杂交,优势又恢复,这些现象用上述两个学说的任何一个都能说明。观察生物界某些杂种优势的表现，有时以上两种解释都同时存在。因此很多学者认为，这两种假说是相辅相成的，应该结合起来解释杂种优势现象。

除了上述两个假说以外，还有人提出遗传平衡假说、生活力学说、异质结合等多种理论，但都不能完善说明杂种优势机理。总的说来，关于杂种优势的来源，现在还没有比较满意的遗传学解释，还需要深入地研究和探索，并逐步修改和完善（王鸣，1979）。

二、杂种优势分离

杂交能够产生杂种优势，而许多品种间的杂交后代往往是可育的，甚至某些属间的杂交后代也是可育的。那么杂种优势能不能通过杂种的自交保持下来，不退化呢？答案是否定的，这可以用孟德尔的遗传规律结合杂种优势的显性学说或杂合学说加以解释。

杂种的自交会导致后代基因的分离和重组，使同一群体出现多种多样的基因组合。我们假设杂交一代 F_1 是两对相互独立基因的杂合体，如 XxYy，那么在产生配子时，就有 XY、Xy、xY、xy 4 种配子，配子相互结合，有 16 种组合，杂交二代 F_2 有 9 种基因型（图 5－2）。如显性完全时，F_2 的分离比为 9∶3∶3∶1，有 4 种不同的表型。由此可以看出，F_2 不论表型或生理功能已相当不一致，发生分离。这样无论从杂种优势的显性学说或者杂合学说来分析，F_2 的杂种优势已经严重衰退。

P　　XXyy × xxYY

↓

F1　　XxYy

↓ 自交

	XY	Xy	xY	xy
XY	XXYY	XXYy	XxYY	XxYy
Xy	XXYy	XXyy	XxYy	Xxyy
xY	XxYY	XxYy	xxYY	xxYy
xy	XxYy	Xxyy	xxYy	xxyy

图 5－2　杂合子两对基因的分离与组合

杂种通过自交，必然导致等位基因的纯合而使隐性有害的性状表现出来。从图 5－2 中我们可以看到，一个只有两对等位基因的杂合子，仅经过一代自交，在后代 16 个组合中出现含有纯合隐性基因座位的组合就有 7 个。由于隐性有害基因没有受到抑制，自交后代出现了生活力下降等不良后果，引起杂种优势的衰退。这再一次可以从显性学说或杂合学说获得合理解释。

由以上的分析可以看出，F_2 的遗传组成已经相当复杂，它们的生理功能也是极不一致的。不论从杂种优势的哪个学说来分析，F_2 的很多个体遗传组成已不再具有杂种优势了。也就是说杂种仅经过一代自交，优势已经发生严重分离，再往后就更不必说了。因此，我们说杂种优势不能用有性繁殖的方法固定下来。

三、杂种优势利用

杂种优势的表现形式是多种多样的,有的是生活力提高,生长速度加快;有的是抗寒力提高,适应性增强;有的是抗病力增强,产量增长;也有的是性成熟时间提前,生产周期缩短等等。那么通过有性杂交产生杂种后代,利用杂种后代的这些优势特点以提高产量或经济效益的生产应用,就称为杂种优势利用。由于杂种优势不能用有性繁殖的方法保持下来,对于水产生物而言,杂种优势利用只能利用一次,每一代必须重新制种。

杂种优势利用是育种工作最为广泛采用的方法之一,它能迅速地改变品种的性状和提高种养殖产量。在农作物中,目前全球的育种有90%是杂交育种,它极大地提高了作物的种植产量;蔬菜和家畜业的杂种优势利用也非常普遍。在水产生物中,虽然杂种优势利用工作起步较晚,但广大的水产工作者通过近百年来的努力,取得了很大的成绩。下面我们介绍一些在水产养殖中成功利用杂种优势的例子。

鲤鱼是世界性养殖鱼类,许多国家对鲤鱼的杂交育种十分重视,他们通过品种间和品系间的杂交,挑选出具有杂种优势的后代应用于生产,取得了巨大的成效。例如20世纪初,乌克兰利用从波兰引进的加里兹镜鲤与当地品种杂交,育成了闻名世界的高产乌克兰鳞鲤和乌克兰镜鲤。20世纪40年代,苏联用黑龙江的野鲤作父本,以欧洲的镜鲤为母本进行杂交,获得了耐寒性能高的杂交一代,使的苏联鲤鱼的养殖地区向北纬推进了6度。60年代,日本水产研究学者用大和鲤与欧洲镜鲤杂交,得到了生长率和饲料转化率都超过亲本的杂交F_1,当年可达到上市规格,饲料转化率分别比镜鲤和大和鲤高6%和9%,对三代虫病和水霉病的抵抗力有较大的提高。在匈牙利,鲤鱼产量占总产量的80%~85%。他们通过鲤鱼近交系间杂交获得杂种优势的方法,对全国10个地方品种进行杂交育种,先对每个地方品种自交繁殖2~3代,对入选的雌、雄鱼个体的生产值及其重要性状进行比较测定,然后进行品系间杂交,每个杂交组用一雌、一雄交配繁殖后代,第一年单独饲养,第二年在普通池中饲养。对各组亲鱼和后代进行标记,制定了评价杂种生产能力的指标,包括卵的受精率、第一年和第二年的成活率、第二年鱼的增重率、饲料转化率、含肉率和鱼肉的含脂量等。各杂交系经养殖对照,选出具有明显杂交优势的组合(二系),再与另一杂交系杂交,从而培育出优良二系杂种、三系杂种、四系杂种。杂种受精卵的成活率为80%~95%,比近交系高30%~35%,第一、第二年杂种成活率比纯种高22%,生长速度比纯种高15%~40%,饲料消耗减少15%~30%,鱼肉含脂率降低了2%~5%(Bakos,1979)。我国养殖鲤鱼的历史最为悠久,但杂交育种的开展较迟,20世纪70年代,中国科学院水生生物研究所以江西兴国红鲤作母本,以欧洲散鳞镜鲤为父本进行杂交,杂交一代的生长速度比两亲本快50%,对白头白嘴病的抵抗力也显著提高,含肉率和起捕率也有一定的改善。该杂交种被命名为丰鲤,在全国各地推广养殖。中国水产科学研究院长江水产研究所用荷包红鲤作为母本,以云南元江野鲤为父本进行杂交,获得了具有明显杂种优势的杂交一代"荷元鲤",荷元鲤生长比亲本快,抗病力强,起捕率高,通过了农业部的鉴定并获得推广(马仲波等,1976,1981)。此后,他们又以杂交种荷元鲤为母本,以散鳞镜鲤为父本再次杂交,获得了比单杂交种更具杂种优势的三杂交鲤,三杂交鲤的生长速度比荷元鲤快20%,比散鳞镜鲤快50%,抗病力和起捕率比亲本都有一定的提高,取得了很好的经济效益(马仲波等,1985)。此外,中国水产科学研究院黑龙江水产研究所、湖南师范大学等单位也先后研究出多个具有明显杂交优势的鲤鱼杂交种，这些杂交种的推广应用为我国水产事业的发展作出了重要的贡献（刘筠等，1979；刘明华等，1994，1997）。

在鲑鳟鱼类方面，美国和日本也做了大量的杂种优势利用研究。美国把生长速度快、但易患疖疮病的美洲红点鲑与生长速度慢不患此病的北极红点鲑杂交，杂种一代生长速度介于双亲之间，有抗疖疮病能力，成活率高于美洲红点鲑。日本用红尾大麻哈鱼和孟苏大麻哈鱼杂交，杂种对病毒传染性胰脏坏死症和传染性肝脏坏死症具有较强的抵抗力。

罗非鱼的杂交优势利用起于20世纪60年代，我国台湾省用莫桑比克罗非鱼做母本，以尼罗罗非鱼为父本，产生的杂交一代具有明显的生长优势，生长速度比母本快一倍，比父本快50%，养殖5~6个月体重可达600~1 000 g。80年代，我国用尼罗罗非鱼为母本，奥利亚罗非鱼为父，杂交产生的子一代95%以上为雄性，由于雄鱼生长速度比雌鱼快30%，且不会因繁殖幼苗增加养殖密度，因此杂种当年就可成为商品。自90年代开始推广以来，养殖面积逐年增多，目前年产量达数十万吨，成为我国的主要的养殖品种，取得了巨大的经济效益和社会效益。近几年，中国水产科学研究院珠江水产研究所以莫桑比克罗非鱼做母本，以荷那龙罗非鱼为父本进行杂交，杂种的生长速度比双亲优势明显，且100%为雄性，是一个很有前途的养殖品种（杨淞等，2006）。

鲇科鱼类的杂种优势利用也很成功，美国在20世纪60年代进行了斑点叉尾鮰与蓝叉尾鮰的杂交，杂种生长比亲本快，产量比斑点叉尾鮰高41%，比蓝叉尾鮰高32%；另一个组合，北美溪鲇为母本，北美蓝鲇为父本进行杂交，杂交卵的受精率较高，杂种第一年生长速度比亲本高11%~23%，第二年杂种平均体重分别比双亲高25%~53%。80年代，中国水产科学研究院珠江水产研究所用肉质好但生长速度慢、抗病力差的本地胡子鲇（雌）与从非洲引进的生长速度快但自相残杀严重的革胡子鲇（雄）杂交，杂种的苗种成活率比双亲高41%~58%，生长速度比胡子鲇快320%，与革胡子鲇相近，单位面积的养殖产量高于双亲（冼炽彬等1987）。90年代，长江大口鲇的养殖逐步推广，但由于大口鲇自相残杀相当严重，苗种成活率很低，影响了养殖产量。广东用河鲇做母本与大口鲇进行杂交，杂交一代的生长速度介于两者之间，但苗种成活率高，易饲养，产量比大口鲇高，经济效益优于纯种。

其他鱼类方面，20世纪50年代，苏联用生活在海里，生长快、个体大、洄游性的欧洲鳇做父本，以生活在淡水、性成熟早、个体小的小体鲟为母本进行杂交，它们的杂种后代兼有欧洲鳇生长快和小体鲟能在淡水中生活的特性，适合于淡水养殖。杂种雌、雄都可育，雄鱼4年性成熟，雌鱼6年性成熟，对杂种可采用剖腹取卵技术，伤口缝合恢复后第3年又可性成熟，因此可以用来进行"鱼子酱"加工生产。近几年来，我国用黑龙江的达氏鳇和史氏鲟杂交，该杂种在生活力、生长速度方面优势明显，被广泛应用于养殖。60年代，日本进行了真鲷和大头黑鲷的属间杂交，杂种孵化率高达87%，并兼有双亲的优点。英国进行了鲆、鲽类杂交，获得了两个有生产潜力的杂交种，如鲽（雌）和川鲽（雄），前者为深海种、大型卵，后者为近岸底栖种、卵小，杂种幼鱼成活率均为86%，而亲本平均为60%；杂种生长快，同龄体重仅为杂种的1/3；大菱鲆（雌）和菱鲆（雄）的正反交，在成活率和生长上都比双亲高，杂种从受精卵到变态的成活率，正交种为14.2%，反交种为58.8%，而亲本则分别为1.2%和1.6%。90年代末，珠江水产研究所与中山市三角镇惠农水产种苗繁殖场合作，以斑鳢（雌）

和乌鳢(雄)杂交获得杂种一代,杂种在生活力、生长方面优势很大,生长速度比斑鳢快80% ~138%,比乌鳢快40% ~50%,养殖4~5个月既可上市;杂种的抗病力强、适应性好,养殖亩产普遍达到4 500 kg以上。该杂交种目前已在国内10多个省市推广养殖。此外,其他许多海、淡水鱼类、虾类和贝类等品种的杂种优势利用也获得了很大的成功。

四、杂交育种

不同遗传基础的亲本进行杂交,由于基因的重新组合,出现了新的遗传类型的杂种后代。有些类型可能是双亲优良性状的组合,也可能出现超双亲的优良性状。然而,后代中也可能出现比双亲性状差劣的组合。那么,要得到具有杂种优势的杂交后代,亲本的选择十分重要。因为杂交亲本的各项遗传性状是组合成杂种后代的物质基础,决定了后代的性状表现。适当的亲本组合,其后代不仅仅是亲本间优良性状的简单结合,而且能产生亲本从未出现过的超亲代的优良性状。

1. 杂交亲本的选择

根据杂种优势理论,结合人们在实践中获得经验的总结,杂交亲本的选择应从以下几方面考虑。

(1)根据育种目标选择亲本。杂种的遗传物质来自于亲本,而性状的表现是由遗传物质决定的。如果我们育种的主要目标是抗病,那么在原来养殖品种的基础上,必须选择另一个抗病能力强的品种与之杂交;如果育种目标是抗寒,那么则应选耐寒能力强的品种与之杂交。如果两个亲本都不抗病或抗寒,指望杂交一代能够抗寒或抗病是有很大困难的。虽然杂交后代中可能出现有超越亲本的现象,但在主要育种目标的性状上,不能完全寄托在这种超越上,而是应该对亲本的选择提出严格的要求。

(2)要有丰富的亲本材料。到目前为止,还不能从亲本的生化或遗传指标来确定杂交后代是否具有杂种优势。要获得具有明显杂种优势的杂交组合,只有通过多种类型亲本间的杂交试验才能得到。因此,要求杂交亲本在一个种内应有多个品种,或有多种地理种群和生态类群。

(3)应熟悉亲本的性状和遗传规律。首先要鉴定亲本的各种性状和遗传规律,特别是对育种目标性状遗传规律的掌握,有利于我们选择杂交亲本。应注意选择那些遗传性状纯合型的类型作为亲本,这样杂交后代的性状才能达到整齐一致。

(4)选用亲本的优良性状要突出,优点多,缺点少。杂交亲本应具有较多的优点,较少的缺点,使亲本间优、缺点能够在子代中得到互补。因为鱼类的许多经济性状大多属于数量性状,存在明显的剂量效应。杂种后代的经济性状在未经选择前的表现,一般是双亲的平均值。在多数性状上,双亲平均值的大小决定了杂种后代性状优劣的表现,所以优良亲本的后代大都表现是好的。此外,还要求亲本间的优缺点能互补,就是指亲本之间若干优良性状综合起来基本上能符合育种的目标,一方的优点能够克服另一方的缺点。因为鱼类养殖品种生产上要求的目标是多方面的,既要求生长快,又要求抗寒、抗病、肉质好等,所以在选择亲本时也应注意亲本之间的互补条件(童一中等,1979)。

(5)应选用生态类型差异大或亲缘关系较远的亲本。具有不同遗传基础类型之间的交配可以产生更多座位的杂合状态,除了有明显的性状互补作用外,还常会出现一些超双亲的优良性状。

(6)选择的亲本要有良好的配合力。在一些杂交组合中,配子的受精率不高,苗种成活率低,不利于规模化生产。有一些品种正交的受精率高,苗种成活率好,反交的受精率低,出苗率差。例如革胡子鲇和胡子鲇的杂交组合,当以前者为父本,后者为母本进行杂交时,受精率可达90%以上;如果以前者为母本,后者为父本进行杂交,则受精率和出苗率都相当差。所以我们在选择杂交亲本时,应充分考虑配子间的亲和力,应选择那些受精率高,出苗率好的组合作为亲本,才可能实现规模化生产和推广。

2. 杂交的组合方式

杂交育种的方式很多,以杂种优势利用为目的的杂交称为经济杂交。经济杂交的组合方式主要有:单杂交、多品种杂交(三杂交和四杂交)、双杂交、轮回杂交。

(1)单杂交:指两个品种(或自交系)的杂交,获得一代经济杂交种,是目前鱼类杂交中最常用的一种方式,它的特点是操作简单,后代的经济性状整齐一致。为保证单杂交的杂种优势,要求考虑以下因素:①杂交的两个品种的遗传差异要大,亲缘关系要远,避免近血缘相交。②参加杂交组合的各品种,遗传性状必须稳定;品种性状不稳定,一代杂种的经济性状就不整齐,实用价值会降低。③必须考虑环境条件对杂交组合的影响。

(2)多品种杂交:是指3个或以上品种各参加杂交一次,以获得多品种一代经济杂种。多品种经济杂交,往往可比单杂交获得更高的杂种优势。因为多品种杂交,使杂种具有更丰富的遗传性和更大的内在异质性,也就是说杂种具有较复杂的新陈代谢类型和较高的生活力,这已有许多事实证明,如三杂交鲤的生产性能比荷元鲤高。多品种杂交有三杂交、四杂交,其杂交种又称为多元杂种,包括三杂交种[(A×B)×C]、四杂交种[(A×B)×C]×D。为了保证多元杂种具有明显的杂种优势,必须注意以下原则:①各品种或近交系的遗传性必须十分稳定,即参加三元或四元杂交组合的各个品种,必须是遗传性状很稳定,经济性状相当纯一,生理形态非常一致的近交系。②各原种之间的任何配合方式都要恰当,设计要周密。③在配制多元种时,应先将血缘相近,遗传差异较小的两个原种配制杂交原种,然后再与血缘关系远、遗传性差异大的品种杂交成普通种。

(3)双杂交:是指用于杂交的4个品种或自交系A、B、C、D,先用A与B杂交,得(A×B)单交种;C与D杂交得(C×D)单交种;然后再把两个单杂交种进行杂交,得(A×B)×(C×D)双杂交种。双杂交与四杂交有些相似,但双杂交种比四杂交种更接近一代杂交种,各项经济性状和生产性能与F_1相仿,性状的一致性也很好,决定组合方式也比四杂交种容易。

(4)轮回杂交:这种杂交是将参加杂交的各原始亲本品种轮流地与各代杂种进行回交,以在各代都获得经济杂种,并保留一部分作种用,以再与另一原始亲本品种回交的一种周而复始的经济杂交方式,以保证后代的杂种优势。根据参加品种数目的多少,也可分为二品种轮回杂交和多品种轮回杂交。前者是两个品种轮流不断杂交,以在各代都获得经济杂种,并在各代都保留一部分杂种作种,再轮流与两原始亲本回交。多品种轮回杂交是3个以上品种轮流参加杂交,以在各代都获得经济杂种并在各代保留一部分杂种作种,它们再轮流与参加杂交的各原始亲本回交。

五、杂种后代的选育

可育的杂种后代也要经过选育才能最终形成品种。选育方法与一般良种选育相同。

第二节　大口黑鲈杂交研究进展

杂交育种作为一种传统的鱼类育种手段,在我国养殖鱼类品种改良和生产中发挥了巨大作用,如丰鲤[兴国红鲤(♀)×散鳞镜鲤(♂)]、荷元鲤[荷包红鲤(♀)×元江鲤♂]、芙蓉鲤[散鳞镜鲤(♀)×兴国红鲤(♂)]、福寿鱼[莫桑比克罗非鱼(♀)×尼罗罗非鱼(♂)]、奥尼鱼[尼罗罗非鱼(♀)×奥里亚罗非鱼(♂)]和高邮鲫[鲫(♀)×白鲫(♂)]等杂交品种在生长性能上均表现出超亲的杂种优势(楼允东等,2006,2007)。大口黑鲈为我国的一种重要淡水养殖经济鱼类,本节综述了大口黑鲈杂交育种方面的主要研究状况,通过对这一方面的了解可有助于科学合理的利用大口黑鲈种质资源。

一、近缘杂交

大口黑鲈近缘杂交方面已有很多报道,主要集中在北方亚种与佛罗里达亚种间的杂交,但不同研究者的种间杂交试验结果在两亲本与杂交子代的生长速度方面存在较大分歧。如 Williamson 等(1990)在美国南部德克萨斯州对大口黑鲈北方亚种、佛罗里达亚种与其正反交 F_1 的生长状况进行试验,发现 4 月龄大口黑鲈北方亚种生长最快,其次为杂交种,佛罗里达亚种生长速度最慢。Zolczynski 等(1976)在美国南部地区阿拉巴马州进行类似的大口黑鲈杂交试验,结果显示:1 龄大口黑鲈北方亚种生长速度也明显比佛罗里达亚种和两个杂交种快,试验结果还发现大口黑鲈佛罗里达亚种应激反应明显强于北方亚种和两个杂交子代,捕获难度也较大。而有一些学者的试验结果则表明杂交种最具生长优势。如 Kleinsasser 等(1990)在同样是美国南部的德克萨斯地区对 2 龄大口黑鲈北方亚种、佛罗里达亚种及正反交子代的生长状况进行比较发现,杂交组合佛罗里达亚种(♀)×北方亚种(♂)生长速度最快,佛罗里达亚种的生长速度最慢,佛罗里达亚种与其北方亚种和两个杂交子代相比表现出明显的体长和体重的劣势,垂钓试验结果显示佛罗里达亚种最难垂钓。Neal 等(2002)在加勒比海的大安的列斯群岛东部的波多黎各对大口黑鲈佛罗里达亚种和两个杂交种进行生长和存活率试验,试验结果发现在生长速度方面大口黑鲈总体长达到 275 mm 前,生长速度最快为 1.25 mm/d,1 龄时生长速度降为 0.25 mm/d,2 龄时速度仅为 0.06 mm/d;在平均体重方面杂交种在第 1 年和第 2 年的产卵季节体重明显高于佛罗里达亚种。此外还有报道认为杂交种和佛罗里达亚种的生长速度比北方亚种快(Inman, et al, 1977)以及 3 龄前的大口黑鲈北方亚种生长速度快于佛罗里达亚种,但是在 4 ~5 龄时佛罗里达亚种生长速度明显快于北方亚种(Johnson et al,1978)。从以上看来,关于大口黑鲈北方亚种、佛罗里达亚种及正反交子代的生长速度快慢方面,还没有统一的结论。

二、远缘杂交

在大口黑鲈远缘杂交中,亲缘关系最远为属间杂交,如 Whitt 等(1977)对大口黑鲈和蓝鳃太阳鱼(*Lepomis cyanellus*)进行杂交试验,发现大口黑鲈♀×蓝鳃太阳鱼♂的杂交子代胚胎能正常发育,而蓝鳃太阳鱼♀×大口黑鲈♂的杂交子代胚胎不能正常发育,在孵化的时候几乎全部死亡。Parker 等(1985)用佛罗里达亚种作为母本和 10 种同科不同属的鱼进行杂交试验,发现父母本间遗传距离越大,杂交子代胚胎发育的成功率越小。其次较多的是与小口黑鲈(*Micropterus dolomieui*)的种间杂交,在天然水域中大口黑鲈和小口黑鲈种间便可发生杂交。Wheat 等(1974)对大口黑鲈和小口黑鲈进行杂交与回交试验,发现杂种优势与卵细胞中的遗传物密切相关。目前还未见有关大口黑鲈远缘杂交能产生明显杂种优势的报道。

第三节　大口黑鲈北方亚种、佛罗里达亚种及其杂交子代的生长和形态差异

培育养殖性能更加优异的品种对水产养殖产业有着极为重要的意义。杂交作为鱼类育种的重要手段之一(楼允东,1993),能有效地转移亲本的优良性状和增加后代的遗传变异,从而使后代获得杂种优势。国内外已开展的大量鱼类杂交研究表明,杂交对于提高后代的生长速度、抗逆性等均具有积极的作用(Hulata,2001;楼允东,2007)。本节对大口黑鲈北方亚种(*M. salmoides salmoides*)和佛罗里达亚种(*M. salmoides floridanus*)进行杂交试验,评价杂交后代与亲代的生长性能,同时将传统形态学可量、可数性状和框架结构参数相结合,利用多元分析方法对大口黑鲈北方亚种、佛罗里达亚种及其杂交子代的形态差异进行分析,以期为大口黑鲈杂交育种提供基础资料。

一、材料与方法

1. 材料

大口黑鲈北方亚种与佛罗里达亚种均取自中国水产科学研究院珠江水产研究所热带亚热带鱼类遗传育种中心,其中北方亚种为本地养殖种,佛罗里达亚种为本实验室 2009 年从美国引进。2010 年 3 月,从 1 龄大口黑鲈北方亚种和佛罗里达亚种中挑选性腺发育好的亲本各 20 尾,体重在 0.5 ~ 0.6 kg,按照大口黑鲈常规育苗方法(白俊杰等,2009),分别获得北方亚种自交群体(用 N 表示)、佛罗里达亚种自交群体(用 F 表示)、北方亚种♀×佛罗里达亚种♂群体(简称正交子代,用 NF 表示)和佛罗里达亚种♀×北方亚种♂群体(简称反交子代,用 FN 表示)4 个试验群体,供生长对比和形态学测量。用于标记的金属丝线码标记购于美国 Northwest Marine Technology ,Inc。

2. 生长比较

养殖对比试验在珠江水产研究所热带亚热带鱼类遗传育种中心进行。生长对比试验仅在北方亚种和两个杂交子代群体中进行。2010 年 7 月,在北方亚种和两个杂交子代群体中,挑选体重 15.0 g 左右的鱼苗各 250 尾,用金属丝线码标记鱼种后,放入一个 667 m^2 的池塘养殖。养殖方式及日常管理见参考文献(白俊杰等,2009)。每隔 4 ~ 6 周测量一次数据。试验日期从 2010 年 7 月至 2011 年 1 月。

生长分析所采用的公式如下：

绝对增重率 $AGR_M(g/d)=(w_2-w_1)/(t_2-t_1)$

瞬时增重率 $IGR_M(\%/d)=(\ln w_2-\ln w_1)/(t_2-t_1)\times 100\%$

式中：w_1、w_2 分别为时间 t_1 和 t_2 的体重。

3. 形态数据测量

生长对比试验结束后取大口黑鲈北方亚种和两杂交子代样本以及另取同龄的佛罗里达亚种样本进行形态学和框架结构数据测量。形态学数据包括可数性状和可量性状。可数性状有背鳍条数、胸鳍条数、腹鳍条数、臀鳍条数、尾鳍条数、侧线鳞数、侧线上鳞数、侧线下鳞数、脊椎骨数、肋骨数、鳃耙数，共 11 项；可量性状有体重、全长、体长、体高、体宽、头长、吻长、眼径、眼间距、尾柄长、尾柄高、肛前体长，共 12 项，体重用电子天平测定（精确度：0.1 g），体长等用直尺和游标卡尺测量（精确度：0.1 mm）。框架结构数据测量参照李思发的方法（李思发，1998），共 24 项，框架结构示意图见图 5－3。

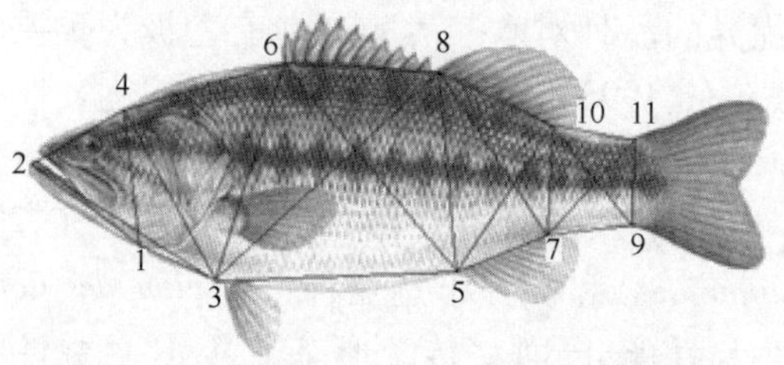

图 5－3 大口黑鲈框架结构数据测量示意图

1. 下颌骨最后端；2. 吻前端；3. 腹鳍起点；4. 额部上颌骨最后端；5. 臀鳍起点；6. 背鳍起点；7. 臀鳍末端；8. 第一背鳍末端；9. 尾鳍腹部起点；10. 背鳍末端；11 尾鳍背部起点.

4. 数据分析

1）可数性状

对每个可数性状用 SPSS17.0 做方差分析，然后用 LSD 法作群体间差异显著性检验。对可数数据计算杂交大口黑鲈的杂种指数 HI（hybrid index）（Witkowski，et al，1980；Cricelli，et al，1988）：$HI=100\times(H_i-M_{i1})/(M_{i2}-M_{i1})$，$H_i$：杂种平均值；$M_{i1}$：母本平均值；$M_{i2}$：父本平均值。HI 介于 45 与 55 之间属中间性状，HI < 45 为偏母本性状，HI > 55 为偏父本性状，HI > 100 或 HI < 0 为超亲偏离性状。

2）可量性状和框架结构数据

为消除鱼体大小差异对可量性状和框架参数的影响，将可量性状参数转化为比例性状参数进行矫正，框架结构数据与体长相比予以矫正。除体重以外的 11 项可量数据取全长/体长、体长/体高、体长/体宽、体长/头长、体长/尾柄长、体长/尾柄高、体长/肛前体长、尾柄长/尾柄高、头长/吻长、头长/眼径、头长/眼间距共 11 个比值进行 LSD 显著性检验并计算杂交子代的杂种指数 HI。将 11 个比值与 24 项框架结构数据综合在一起，共 35 个数据，取自然对数后，用 SPSS17.0 进行聚类分析、判别分析和主成分分析。

二、结果与分析

1. 生长对比

生长对比试验时间为 174 d，大口黑鲈北方亚种及两杂交子代生长速度比较见表 5-1，体重与日龄的关系见图 5-4。由表 5-1 和图 5-4 可知，在 90~152 日龄期间 3 个试验群体生长速率差别不大，在 152 日龄后大口黑鲈北方亚种的生长速度明显快于两杂交子代，且 3 个群体均在 189~264 日龄期间生长速度最快。

表 5-1　大口黑鲈北方亚种及两杂交种不同阶段的体重增长率

群体	绝对增重率/(g·d⁻¹)			瞬时增重率/(%·d⁻¹)		
	152 d	189 d	264 d	152 d	189 d	264 d
N	1.36	1.48	1.9	1.226 2	1.353 8	1.291 7
NF	1.38	1.18	1.6	0.729 7	0.645 1	0.566 2
FN	1.38	1.01	1.5	0.32	0.311	0.304 2

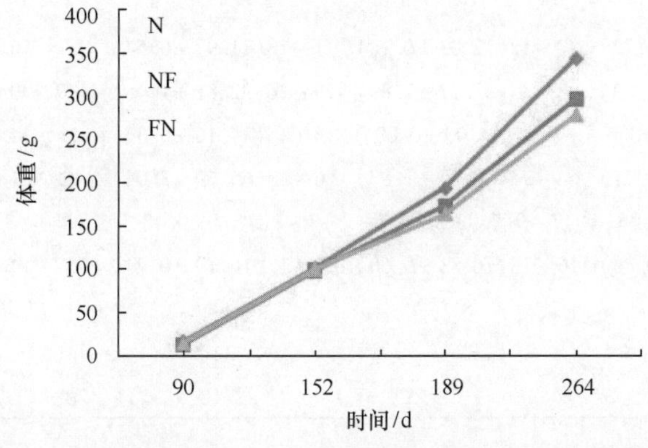

图 5-4　大口黑鲈北方亚种与两杂交种体重(m)与日龄(t)的关系

2. 可数性状

大口黑鲈北方亚种、佛罗里达亚种及正反交子代形态测量样本数、体长和体重范围见表 5-2。4 个试验群体的可数性状数据列于表 5-3。由表 5-3 可知，各试验群体在腹鳍条数、臀鳍硬棘数、鳃耙数和脊椎骨数上均没有差异，分别为 5、3、8 和 32 个。对剩余 8 个可数性状进行卡方分析（表 5-4），表明正交子代 NF 与亲本 N 除肋骨数外，剩余 7 项可数性状差异均显著($P<0.05$)，与亲本 F 除侧线鳞数目外，其余 7 项可数性状差异均显著；反交子代 FN 仅与 F 中的侧线鳞差异不显著($P>0.05$)。经对正、反交子代在这 8 个有差异的可数性状杂种指数(HI)的计算，显示正交子代 NF 在背鳍条数和侧线鳞数上偏母本性状，在胸鳍条、臀鳍条、尾鳍条、肋骨、侧线上鳞和侧线下鳞数上偏父本性状，反交子代 FN 除在尾鳍条和侧线下鳞数上偏向母本外，其他性状均偏向父本。杂种指数平均值显示在可数性状上

NF 和 FN 均偏向父本。

表 5-2 大口黑鲈北方亚种、佛罗里达亚种及正反交子代形态测量样本数及体长、体重范围

群体	样本数/尾	体长/cm		体重/g	
		范围	均值±标准差	范围	均值±标准差
N	31	21.8~27.3	24.46±1.30	273.7~551.4	403.71±68.90
F	30	19.0~25.8	22.05±1.79	174.5~652.1	343.56±114.26
NF	32	16.5~22.3	19.42±1.37	133.0~367.8	211.43±57.66
FN	33	18.4~26.1	21.38±1.74	173.4~523.6	276.28±83.48

表 5-3 大口黑鲈北方亚种、佛罗里达亚种及其杂交子代的可数性状数据

项目	N	F	NF	HI	FN	HI
背鳍棘	8~10(9.00±0.25)	9	8~10(9.00±0.25)	/	9	/
背鳍条	14~15(14.61±0.50)	15~16(15.07±0.25)	14~17(14.81±0.69)	4	13~15(14.58±0.66)	106
胸鳍条	13~15(13.77±0.50)	14~16(14.80±0.49)	14~15(14.59±0.50)	80	10~16(14.21±1.22)	57
腹鳍条	5	5	5	/	5	/
臀鳍棘	3	3	3	/	3	/
臀鳍条	11~15(11.87±0.72)	12~13(12.03±0.18)	11~13(11.97±0.54)	63	10~14(11.70±0.69)	206
尾鳍条	28~35(31.58±1.62)	28~35(31.77±1.89)	29~36(32.81±1.45)	647	30~35(32.30±1.40)	-278
肋骨	15.00(15.00±0.00)	14.00(14.00±0.00)	14~15(14.16±0.37)	84	14~15(14.61±0.50)	61
侧线鳞	59~68(65.03±2.27)	68~75(70.63±1.87)	60~73(65.69±3.04)	12	61~73(66.00±2.32)	189
侧线上鳞	7~8(7.61±0.50)	7~9(7.73±0.52)	7~8(7.34±0.48)	225	7~9(7.33±0.54)	333
侧线下鳞	15~19(16.97±0.84)	16~18(16.83±0.60)	13~17(16.19±0.74)	557	14~18(16.61±0.93)	-157
鳃耙	8	8	8	/	8	/
脊椎骨	32	32	32	/	32	/
平均				209		64.63

表 5-4 大口黑鲈北方亚种、佛罗里达亚种及杂交子代可数性状的卡方值

类别	N-F	N-NF	N-FN	F-NF	F-FN	NF-FN
背鳍条	54.92**	59.73**	33.97**	88.07**	100.62**	90.31**
胸鳍条	33.10**	17.43**	71.38**	38.74**	93.48**	90.35**
臀鳍条	119.66**	81.57**	110.06**	71.26**	143.59**	102.62**
尾鳍条	19.31**	39.14**	32.00**	32.65**	23.48**	36.29**
肋骨	0.02**	1.29	22.56**	43.61**	8.40**	3.46
侧线鳞	29.49*	37.49**	62.34**	17.36	22.00	36.35**
侧线上鳞	35.54**	28.67**	30.22**	54.89**	26.00**	73.52**
侧线下鳞	64.66**	80.33**	70.25**	47.29**	64.86**	82.97**

注:"*"表示 $P<0.05$,即差异显著;"**"表示 $P<0.01$,即差异极显著.

3. 可量性状与框架结构数据

1)可量性状

可量比值性状差异显著性及杂种指数(HI)见表5-5。对可量比值性状进行卡方分析显示NF与N仅在尾部差异较大,与F在尾部和头部差异较大;FN与N和F均在尾部和头部差异较大。计算正、反交子代的杂种指数,正交子代NF的全长/体长、体长/体高、体长/体宽、头长/吻长和头长/眼间距上均偏向母本,在体长/头长、体长/尾柄长、体长/尾柄高、体长/肛前距、尾柄长/尾柄高和头长/眼径均上偏向父本;反交子代FN的体长/尾柄高、尾柄长/尾柄高和头长/吻长上均偏向母本,在全长/体长、体长/体高、体长/体宽、头长/眼径和头长/眼间距上均偏向父本,体长/头长、体长/尾柄长和体长/肛前距接近理想的中间值。杂种指数平均值显示在可量性状上NF偏向母本而FN偏向父本。

表5-5 大口黑鲈北方亚种、佛罗里达亚种及其杂交子代的可量性状

项目	N	F	NF	HI	FN	HI
长/体长	1.20±0.04	1.25±0.02	1.21±0.02	20	1.20±0.02	100
体长/体高	3.10±0.19	3.04±0.22	3.14±0.19	-66	3.12±0.23	133
体长/体宽	5.69±0.52	5.51±0.45	5.90±0.45	-116	5.78±0.39	150
体长/头长	3.31±0.21	3.07±0.13	3.10±0.14	88	3.21±0.10	54
体长/尾柄长	4.61±0.38	5.23±0.36	4.98±0.34	60	4.95±0.59	45
体长/尾柄高	8.10±0.60	7.89±0.31	7.94±0.34	76	7.89±0.63	0
体长/肛前距	1.67±0.07	1.61±0.03	1.63±0.05	67	1.64±0.05	50
尾柄长/尾柄高	1.76±0.14	1.52±012	1.60±0.13	67	1.61±0.21	38
头长/吻长	4.09±0.21	3.76±0.19	4.12±0.26	-9	3.66±0.36	-3
头长/眼径	6.25±0.39	6.30±0.47	6.36±0.36	220	6.46±0.56	320
头长/眼间距	3.69±0.17	4.55±0.16	3.80±0.02	13	3.89±0.35	77
平均				38.18		87.63

2)聚类分析

大口黑鲈北方亚种、佛罗里达亚种及杂交子代的形态比例参数聚类图见图5-5。由图5-5可见,4个群体明显分为两支,北方亚种与佛罗里达亚种聚为一支,正交子代与反交子代聚为一支。说明正反交子代与两亲本间的趋异程度增加。

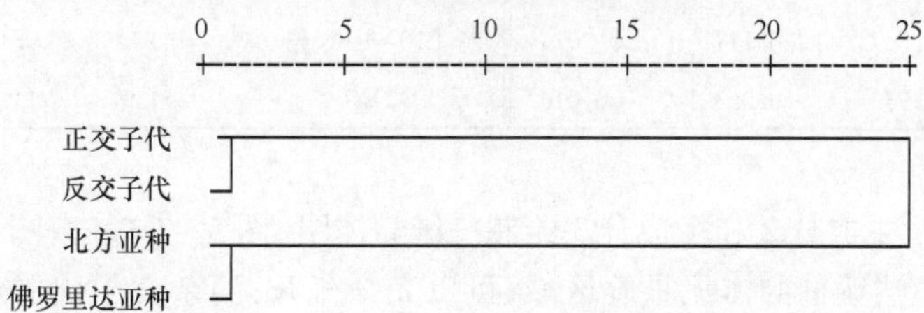

图5-5 大口黑鲈北方亚种、佛罗里达亚种及其杂交子代的形态聚类图

3) 主成分分析

对4个群体大口黑鲈的可量性状和框架结构数据进行主成分分析,共获得6个主成分,其中前3个主成分综合指标分析结果见表5-6。6个主成分对变异的累积贡献率达82.97%,其中前3个主成分的方差贡献率较大,分别为54.90%、11.21%和5.33%,累积贡献率为71.44%。这3个主成分包含了群体总变异的大部分。对主成分的因子负荷矩阵进一步分析,发现主成分1在所有框架结构数据上的载荷值均大于0.5,即主要反映整个鱼体形的变化;主成分2在体长/体高、体长/体宽、体长/头长、体长/尾柄长、体长/肛前距和尾柄长/尾柄高上载荷值较大(载荷值大于0.3),主要反映鱼的头部、背部和尾部的形态变化。主成分3在全长/体长、体长/体高、体长/体宽、体长/尾柄长和头长/眼间距,主要反映鱼头部、背部和尾部的形态变化。从主成分1、主成分2和主成分3可见,4个群体的实验鱼在形态上的差别主要是由鱼头部、背部和尾部差异引起。

表5-6 大口黑鲈4个群体主成分载荷矩阵及主成分对总变异的贡献率

项目	主成分			项目	主成分		
	1	2	3		1	2	3
全长/体长	0.201	-0.658	0.432	C9-7/全长	0.719	0.136	0.250
体长/体高	-0.471	0.458	0.417	C7-5/全长	0.742	0.211	-0.090
体长/体宽	-0.430	0.389	0.452	C5-3/全长	0.779	0.152	-0.252
体长/头长	0.107	0.663	-0.427	C3-1/全长	0.752	0.126	-0.083
体长/尾柄长	-0.178	-0.654	-0.007	C4-1/全长	0.929	0.004	0.034
体长/尾柄高	-0.042	0.608	0.550	C6-3/全长	0.967	-0.128	-0.056
体长/肛前距	-0.044	0.653	0.013	C8-5/全长	0.974	-0.035	-0.087
尾柄长/尾柄高	0.105	0.794	0.299	C10-7/全长	0.926	-0.034	-0.026
头长/吻长	0.091	0.282	0.184	C2-3/全长	0.931	-0.138	0.118
头长/眼径	0.006	0.047	0.103	C6-1/全长	0.978	0.003	-0.026
头长/眼间距	0.014	-0.578	0.533	C4-3/全长	0.964	-0.097	0.051
C1-2/全长	0.864	-0.195	0.183	C8-3/全长	0.972	-0.022	-0.096
C2-4/全长	0.528	-0.368	0.126	C6-5/全长	0.948	0.029	-0.107
C4-6/全长	0.902	-0.057	0.167	C10-5/全长	0.928	0.007	0.037
C6-8/全长	0.862	0.122	0.012	C8-7/全长	0.935	0.088	-0.130
C8-10/全长	0.860	0.172	-0.028	C11-7/全长	0.883	-0.006	0.262
C10-11/全长	0.847	0.111	0.201	C10-9/全长	0.915	0.159	-0.008
C11-9/全长	0.936	0.053	-0.016	贡献率(%)	54.9	11.21	5.33

运用主成分1、主成分2和主成分3绘制三维立体图(图5-6)。由图5-6可见,北方亚种群体与佛罗里达亚种群体无重叠区域,可以完全分开;两杂交子代群体与两亲代群体有少量重叠区域,绝大部分可以分开。

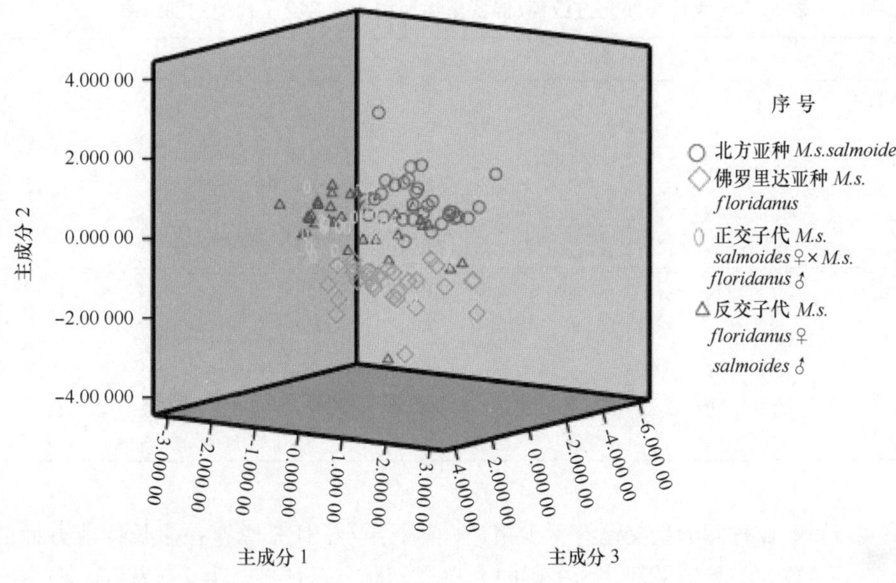

图5－6　大口黑鲈4个群体主成分分析三维立体图

4）判别分析

经判别分析得到贡献最大的11个参数，分别为全长/体长、头长/吻长、头长/眼间距、D_{2-4}、D_{4-6}、D_{3-5}、D_{1-4}、D_{3-6}、D_{1-6}、D_{7-11}和D_{9-10}，分别以$C_1 \sim C_{11}$表示11个参数，判断某尾鱼的群体归属时，将所测数据经校正后代入方程，函数值最大的即为其所属。构建的贝叶斯判别方程如下。

北方亚种：

$Y_1 = 3\ 496.682C_1 + 692.507C_2 + 1\ 267.656C_3 - 433.971C_4 - 826.245V_5 + 192.661C_6 - 164.821C_7 - 1128.399C_8 + 3\ 093.024C_9 - 185.123C_{10} + 149.703C_{11} - 1\ 231.358$

佛罗里达亚种：

$Y_2 = 4\ 001.170C_1 + 644.406C_2 + 1\ 417.690C_3 - 255.006C_4 - 542.880C_5 + 115.709C_6 - 311.967C_7 - 968.845C_8 + 2\ 786.414C_9 - 91.569C_{10} + 38.710C_{11} - 1\ 326.474$

正交子代（北方亚种♀×佛罗里达亚种♂）：

$Y_3 = 3\ 503.698C_1 + 700.878C_2 + 1262.584C_3 - 355.557C_4 - 834.575C_5 + 144.567C_6 - 214.796C_7 - 1012.395C_8 + 2\ 992.039C_9 - 125.173C_{10} + 73.932C_{11} - 1\ 189.613$

反交子代（佛罗里达亚种♀×北方亚种♂）：

$Y_4 = 3\ 451.419C_1 + 635.203C_2 + 1\ 285.565C_3 - 386.524C_4 - 950.231C_5 + 210.935C_6 - 232.781C_7 - 1191.915C_8 + 3\ 291.234C_9 - 307.054C_{10} + 197.822C_{11} - 1\ 192.641$

为了验证上述判别方程的实用性，对实验鱼按照建立的判别方程进行预测分析和统计评价，判别结果见表5－7。由表5－7第一部分可见，N中有4尾误判到NF中，判别正确率为87.1%，FN中有1尾误判到N中，判别率为97.0%，F和NF均为100%。由表5－7第二部分的交互验证的结果可见，和上面方法基本相同，说明该判别函数是较为稳定的。

表 5-7 大口黑鲈北方亚种、佛罗里达亚种及其杂交子代的判别结果

项目		N	F	NF	FN	总尾数
普通判别	N	27	0	4	0	31
	F	0	30	0	0	30
	NF	0	0	32	0	32
	FN	1	0	0	32	33
合计		27	30	32	31	126
交互验证	N	26	0	4	1	31
	F	0	30	0	0	30
	NF	1	0	31	0	32
	FN	1	0	0	32	33
合计		26	30	31	32	126

有关大口黑鲈亚种间的杂交已有不少报道,但对杂交子代是否存在生长性能方面的优势却存在分歧。多数的实验结果都认为1龄时大口黑鲈北方亚种最具生长优势,杂交种次之,而佛罗里达亚种生长最慢(Williamson et al,1990;Philipp et al,1991;Zolczynski et al,1976),本实验的结果虽然没有得到佛罗里达亚种的生长数据,也是认为北方亚种比杂交种更具生长优势。然而也有实验认为佛罗里达亚种♀×北方亚种♂的杂交子代比两亲本的生长要好(Kleinsasser et al,1990)。造成这种差异的原因除了与养殖环境和养殖方式有关外,与鱼的不同生长阶段关系密切,如本实验中大口黑鲈北方亚种与两个杂交子代的生长速度在152日龄之前差别很小,152日龄之后差别加大。有报道认为3龄前的大口黑鲈北方亚种生长速度快于佛罗里达亚种,但4~5龄时佛罗里达亚种生长速度明显快于北方亚种(Johnson et al,1978),也有报道表明,2龄后杂交种(佛罗里达亚种♀×北方亚种♂)的生长速度要明显快于北方亚种(Kleinsasser et al,1990),因此推测不同生长阶段可能是产生上述分歧的主要原因。

在大口黑鲈形态学研究方面,最早见Bailey和Hubbs(1949)于20世纪40年代对大口黑鲈北方亚种和佛罗里达亚种的形态性状的报道,发现两亚种间仅在侧线鳞和肋骨数上存在明显差异,其侧线鳞分别为59~65片和69~73片,肋骨数分别为15对和14对。之后的报道也证明两亚种在胸、腹、臀鳍条、侧线上鳞、侧线下鳞数目以及脊椎骨数目等方面均无差异(Richard et al,1975;李仲辉等,2001)。推测杂交子代可能会在肋骨以及侧线鳞上出现差异。本研究结果显示,两杂交子代的肋骨数和侧线鳞数目均处于两亲本之间,而其他主要的可数性状无明显差异。因此仅从可数性状上较难把两杂交子代与亲代区别开来。

近年来结合传统可量性状和框架参数的多元分析方法在鱼类形态差异判别上获得了很好的效果(顾志敏等,2008;Matondo et al,2008)。聚类分析可以直观地显示分类对象的差异和联系(李春喜等,2000),通过主成分分析可以概括不同群体间的形态差异(王新安等,2008),通过判别函数和相应的测量指标可将任一待判样本判入其中一个群体(马爱军等,2008)。本研究在对亲代与子代群体的可量性状和框架结构数据进行多元分析时发现,主成分分析中所得到的6个主成分累积贡献率为82.97%,一般认为提取主成分的累积贡献率达到80%~85%以上就比较满意了(张文彤,2002),这6个主成分包含了群体总变异的绝大部分，说明可以用几个相互独立的因子来概括大口黑鲈两亚种与两杂交子代群体间的形态差异。在进行判别分析时，从可量和框架数据中挑选出11个对判别贡献较大的参数构建的判别方程对佛罗里达亚种和正交子代达到100%的判别，对反交子代达到97%的判别，北方亚种的判别率稍低，为87.1%，各个群体实验鱼的归属判别率均较高。同时主成分和判别分析均显示4个群体的形态差异主要存在于头部和尾部，与可量比值性状的卡方分析结果一致，说明大口黑鲈的头部和尾部是变异比较大的部位。

本节研究结果可为大口黑鲈北方亚种、佛罗里达亚种及杂交子代的研究提供生长与形态鉴别的基础数据，也将有利于在实际生产中大口黑鲈的养殖和管理。

第四节　大口黑鲈北方亚种、佛罗里达亚种及其杂交子代的耐低温和耗氧率

水温和溶解氧是影响鱼类生长代谢及活动的重要环境因子（Elliott，1995）。水温不仅影响水体中许多理化因子，而且直接影响鱼类本身的生理活动（吴宁等，2010），对鱼类的种群结构和地理分布产生重要影响。氧气则直接参与鱼类大多数代谢活动，耗氧率可以直接或间接地反映鱼类新陈代谢规律、生理和生活状况（范镇明等，2009），窒息点则是研究鱼类对溶氧量的要求和对低溶解氧耐受力的重要参数（孙宝柱等，2010），因此测定鱼类对低温的耐受性及其呼吸生理对于其生理学的研究和生产实践中的养殖运输具有重要意义。本节利用国内养殖北方亚种与引进的佛罗里达亚种进行杂交试验，探讨杂交子代与两亲本在低温耐受特征、耗氧率和窒息点方面的差异，以期为大口黑鲈杂交育种提供基础资料。

一、材料与方法

1. 材料

实验用大口黑鲈北方亚种（用N表示）、佛罗里达亚种（用F表示）、北方亚种♀×佛罗里达亚种♂（简称正交子代，用NF表示）和佛罗里达亚种♀×北方亚种♂（简称反交子代，用FN表示）均取自珠江水产研究所热带亚热带鱼类遗传育种中心。用于低温致死试验的实验鱼规格见表5－8，用于耗氧率和窒息点测定的试验鱼规格为15～19 g。其中北方亚种为本地养殖群体，佛罗里达亚种为珠江水产研究所于2009年从美国原产地引进。

表5－8　低温致死试验试验鱼体重和体长范围

项目	北方亚种	佛罗里达亚种	正交子代	反交子代
平均体重/g	0.90±0.02	0.43±0.07	0.25±0.02	0.45±0.02
平均体长/mm	4.19±0.13	3.64±0.27	2.91±0.21	3.47±0.11

2. 低温致死试验

实验在SPX－430智能型生化培养箱内完成。试验前先将4个群体的幼鱼放入经曝气的自来水中驯养1周，水温保持在（20±0.5）℃，此温度为试验的驯化温度，期间每天投喂

鱼浆1次，投喂前清除粪便，投喂后1 h清除残饵，日换水量约为水总体积的10%。将实验鱼禁食24 h后转入容器为30 cm×20 cm×17 cm玻璃水槽中，水槽中水为经曝气后温度控制在(20±0.5)℃的自来水，每个试验群体设两个平行组，每组20尾个体，试验鱼规格见表5-8。试验设置降温速率为1℃/2h。按照上述方式降温，直至鱼全部死亡，期间不换水，不投喂，保持充气状态，用精确度为0.1℃的水银温度计测量温度，每30 min观察1次试验鱼的状态，记录各温度下鱼死亡尾数，死亡标准参考STAUFFER等(1988)。

3. 耗氧率测定

用封闭流水式试验装置测定耗氧率，具体设计参考陈宁生和施泉芳(1955)，呼吸室容积为18 L。试验用水为曝气的自来水，平均溶解氧量为7.586 mg/L。每组试验用鱼均为10尾，体重为15~19 g。实验开始前，先让实验鱼在呼吸室中适应2~3 h，待其呼吸平稳后开始试验，控制流速在30 L/h左右，每隔2 h测定一次进、出呼吸室水的溶解氧及流速，每次测定取样两次，取其平均值，连续测24 h。测量完毕后实验鱼被用于下一步的窒息点测定试验中。溶解氧测定采用WINKER碘量法(陈佳荣等，2000)。

4. 窒息点测定

用10 L的广口瓶作为呼吸室，置于25℃的生化培养箱中。放入试验鱼前先从呼吸室取一次水样，测定起始水中溶解氧，放入试验鱼后立即用液体石蜡封闭水面。随后分别测定死亡1尾、半数及全部试验鱼死亡时的溶解氧。以半数实验鱼死亡时的溶解氧为窒息点。每组鱼10尾，每次取平行样两次，结果以两次的平均值为准。

5. 数据分析

采用直线内插法计算各组实验鱼的低温半致死温度，试验数据用excel2007进行处理，利用SPSS17.0进行差异显著性分析。

溶解氧的计算(C_{O_2})：$C_{O_2} = C \times V \times 8 \times 1000/100$ (1)

式中：C_{O_2}为水中溶解氧的浓度(mg/L)；C为硫代硫酸钠标准溶液浓度(mol/L)；V为硫代硫酸钠标准溶液用量(mL)。

$$OC = (I - O) \times V/W \quad (2)$$

式中：OC为耗氧率[mg/(g·h^{-1})]；I、O为进、出水口的溶氧量(mg/L)；V为单位时间的流量(L/h)，W为鱼体重(g)。

二、结果与分析

1. 低温的耐受性

低温致死实验显示，当水温降至7℃之前时，各组鱼的活动正常，但随着温度的降低试验鱼开始出现游泳缓慢，反应迟钝。当水温降至6.7℃时，佛罗里达亚种首先出现鱼体失去平衡，随后平躺于水底，当水温降至5.3℃，反交子代鱼体最后出现失衡状态，其余两组失衡温度介于佛罗里达亚种与反交子代之间。当水温降至5.2℃时，佛罗里达亚种最先出现死亡个体，北方亚种最后出现死亡，且出现死亡时的水温为3.8℃，两杂交子代死亡温度介于两亚种之间。佛罗里达亚种的半致死温度最高，为5.0℃，北方亚种最低，为3.1℃，两杂交子代的半致死温度介于两亚种之间(图5-7)。

试验过程中,重复的各平行组在相同温度下的死亡率基本接近一致。对4种鱼的低温半致死温度进行单因素方差分析,结果 $P<0.03$,各组之间均达到显著($P<0.05$)或者极显著水平($P<0.01$),显示出这4个大口黑鲈群体的半致死低温具有明显差异。将表5-9转换成死亡率后,形成死亡率和温度曲线图(图5-7)。

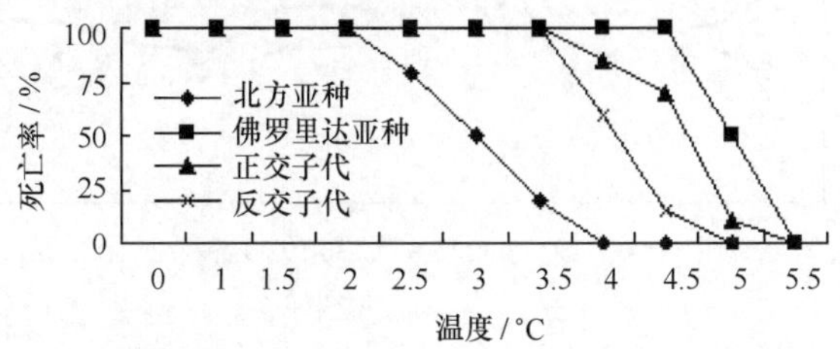

图5-7　大口黑鲈北方亚种、佛罗里达亚种及其杂交子代低温试验死亡率曲线

2. 耗氧率测定

本试验为模拟自然状态下水温昼夜的变化,未设置恒温装置,试验过程中水温为24~27℃。大口黑鲈4个试验群体的体重相近。大口黑鲈4个群体的昼夜耗氧率见表5-9。由表5-9可知,佛罗里达亚种和正交子代的平均耗氧率最高,北方亚种的最低,北方亚种与反交子代间平均耗氧率差异不明显。根据表5-9绘制大口黑鲈北方亚种、佛罗里达亚种及其杂交子代耗氧率的昼夜变化曲线(图5-8)。北方亚种与佛罗里达亚种的最高耗氧率峰值均出现在夜晚19:30~21:30之间,正反交子代的最高耗氧率峰值均出现在下午13:30~15:30之间。佛罗里达亚种的最高和最低耗氧率峰值在4个群体中最高,分别为0.29 mg/(g·h^{-1})和0.0 5 mg/(g·h^{-1})。

表5-9　大口黑鲈北方亚种、佛罗里达亚种及其杂交子代的耗氧率

鱼种	平均体重/g	耗氧率/(mg·g^{-1}·h^{-1})												平均耗氧率/(mg·g^{-1}·h^{-1})
		5:30	7:30	9:30	11:30	13:30	15:30	17:30	19:30	21:30	23:30	1:30	3:30	
北方亚种	16.46±1.68	0.07	0.18	0.07	0.10	0.18	0.18	0.18	0.18	0.21	0.18	0.07	0.13	0.1368
佛罗里达亚种	18.27±1.67	0.18	0.18	0.21	0.23	0.18	0.17	0.22	0.29	0.18	0.17	0.14	0.05	0.1811
正交子代	16.19±1.75	0.20	0.16	0.16	0.10	0.23	0.21	0.18	0.18	0.14	0.14	0.16	0.17	0.1681
反交子代	17.13±2.45	0.11	0.14	0.17	0.17	0.15	0.24	0.14	0.14	0.11	0.10	0.10	0.12	0.1388

计算各群体昼夜平均耗氧率,白天为7时至19时,夜间为19时至凌晨7时,北方亚种的昼夜平均耗氧率分别为0.15 mg/(g·h^{-1})和0.14 mg/(g·h^{-1}),佛罗里达亚种分别为0.20 mg/(g·h^{-1})和0.18 mg/(g·h^{-1}),正交子代分别为0.17 mg/(g·h^{-1})和0.16 mg/

(g·h⁻¹),正反交子代分别为0.17 mg/(g·h⁻¹)和0.11 mg/(g·h⁻¹)。

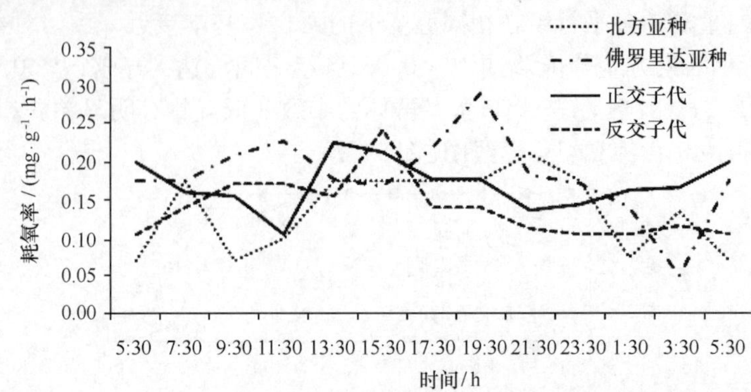

图5-8 大口黑鲈北方亚种、佛罗里达亚种及其杂交子代耗氧率的昼夜变化

3. 窒息点

窒息点测定结果见表5-10。在4组试验鱼中,佛罗里达亚种的窒息点为0.4 mg/L,为最高值;北方亚种的窒息点0.33 mg/L,为最低值;正反杂交子代群体的窒息点介于两亚种之间。经方差分析表明,4个群体在窒息点上差异不显著($P>0.05$)。

表5-10 大口黑鲈北方亚种、佛罗里达亚种及其杂交子代的窒息点

鱼种	平均体重/g	溶解氧/(mg·L⁻¹)				
		初始值	浮头值	第一尾死亡	半数死亡	全部死亡
北方亚种	16.46±1.68	7.45±0.07	0.78±0.07	0.39±0.03	0.33±0.03	0.22±0.01
佛罗里达亚种	18.27±1.67	6.53±0.06	0.77±0.03	0.48±0.03	0.40±0.01	0.38±0.01
正交子代	16.19±1.75	7.68±0.07	0.58±0.05	0.58±0.02	0.38±0.01	0.34±0.04
反交子代	17.13±2.45	7.06±0.06	0.65±0.06	0.39±0.01	0.34±0.02	0.27±0.02

窒息试验中随着呼吸室水体中溶解氧的降低,试验鱼首先表现出焦躁不安,上下窜动,继而出现浮头现象,随着水中溶解氧的大幅度降低,部分个体出现身体失去平衡,平躺于水底,呼吸频率明显减慢。试验鱼在死亡前出现挣扎现象,死亡后身体僵直。4种不同试验群体在窒息试验中都表现出类似的行为特征。

温度是影响鱼类生长、繁殖的重要环境因素之一,低致死温度的范围对于鱼类的低温耐受能力以及其适应环境能力起着决定性的作用(姜鹏等,2010),研究其低温耐受性对引种以及养殖推广有着极为重要的意义。本节对大口黑鲈北方亚种和佛罗里达亚种的低温耐受性进行测定时发现,北方亚种与佛罗里达亚种在半致死低温上差异显著($P<0.05$),其数值分别为(3.1±0.17)℃和(5.0±0.21)℃。Carmichael等(1988)采用慢速降温的方式,降温速率为1℃/d。实验结果显示北方亚种的耐低温能力比佛罗里达亚种强,本实验得出的结果与之相似,这可能与两亚种在原产地的生活环境有差异相关,北方亚种主要分布于较寒冷的美国北部淡水河流湖泊,而佛罗里达亚种则分布于较温暖的美国最南部佛罗里达地区。与同属鲈形目的其他淡水养殖鱼类相比,大口黑鲈的低温致死温度比罗非鱼(*Oreo-*

chromis niloticus)(王兵等,2011),尖塘鳢(*Oxyeleotris marmorat*)(王语同等,2011),斑鳢(*Channa maculata*)等要低,与鳜鱼(*Siniperca chuatsi*)和乌鳢(*Channa argus*)的低温致死温度差别很小(王广军,2000),属于较耐低温的鱼类。Cossins 和 Bowler(1987)认为动物适应温度的范围与其对温度变化的适应能力是成正比的,因此可以考虑在我国北方地区开展大口黑鲈北方亚种的养殖,进一步推广国内大口黑鲈的养殖。

关于鱼类耗氧率呈现出昼夜有规律变化的现象已经在许多文献中得到证实(王晓光等,2011;顾若波等,2006;徐刚春等,2011),耗氧率的变化可反映出鱼类在自然环境中的活动规律(Clausen,1936),鱼类在进行摄食或其他活动时其耗氧率就高。图 5 - 8 显示 4 个群体大口黑鲈幼鱼昼夜的耗氧率波动明显,一般认为鱼类耗氧率的昼夜变化分为 3 种类型:昼大于夜(王刚等,2010)、夜大于昼(范镇明等,2009)、昼夜差异不明显(谷伟等,2010)。本实验结果表明:4 个大口黑鲈群体的昼夜平均耗氧率相差均不明显,属于第三种类型,日间与夜间的耗氧率相当,这与大口黑鲈的夜出觅食习性是相符的(Manns et al,1992)。同时在对 4 种大口黑鲈的昼夜平均耗氧率进行对比时发现,两杂交子代群体的平均耗氧率均稍高于北方亚种群体,两杂交子代群体在幼鱼阶段可能不具有耐低氧杂种优势。Williamson 等(1990)和 Carmichael 等(1988)对大口黑鲈北方亚种、佛罗里达亚种及其杂交子代的耗氧率进行测定,结果均显示北方亚种耐低氧能力最强,与本实验结果类似。鉴于目前国内大口黑鲈养殖业仅限于北方亚种,建议在鱼耗氧率较高时段进行投喂,综合分析认为在 7:30、13:30 和 18:30 投喂较好,使投喂时间基本与呼吸生理节律相符,以提高饲料的利用率,而且在傍晚的投喂量要大于全天总量的 1/3。

第五节 大口黑鲈北方亚种、佛罗里达亚种及其正反交子代的遗传结构分析

前两节介绍了大口黑鲈北方亚种和佛罗里达亚种及其杂交子代的生长性状、低温耐受力和耗氧率,为了进一步了解大口黑鲈北方亚种与佛罗里达亚种杂交的遗传机理,本节选用微卫星标记对大口黑鲈北方亚种、佛罗里达亚种及其正反交子代的遗传结构进行分析,以期为大口黑鲈杂交育种提供理论依据。

一、材料与方法

1. 材料

实验用大口黑鲈北方亚种和佛罗里达亚种亲鱼均取自珠江水产研究所热带亚热带鱼类遗传育种中心,其中北方亚种为本地养殖种,佛罗里达亚种为本实验室于 2009 年从美国佛罗里达州引进。2010 年 3 月挑选性腺发育良好的 1 龄大口黑鲈北方亚种和佛罗里达亚种亲鱼,体重在 0.5 ~0.6 kg 之间,注射 LHR - A_2 和 DOM 进行人工催产。然后取北方亚种雌鱼与佛罗里达亚种雄鱼各 5 尾、北方亚种雄鱼 6 尾与佛罗里达亚种雌鱼 5 尾进行杂交配组,在两个水泥池中进行群体自然繁殖。繁殖完毕后,分别剪取 11 尾北方亚种(N)亲鱼和 10 尾佛罗里达亚种(F)亲鱼的部分尾鳍固定于 95% 的乙醇中。杂交子代在 3 月龄时,各取

36 尾杂交子代的部分尾鳍固定于95%的乙醇中。为简便起见,将北方亚种♀×佛罗里达亚种♂杂交后代定为正交子代记为 NF,佛罗里达亚种♀×北方亚种♂定为反交子代记为 FN。

2. 亲本及子代基因组 DNA 的提取

参照北京天根动物基因组 DNA 抽提试剂盒说明书的方法提取样品基因组 DNA。并用 8 mg/mL(0.8%)的琼脂糖凝胶电泳检测 DNA 质量,用紫外分光光度计测定 OD_{260} 和 OD_{280},取出部分 DNA 样品将浓度调至 50 ng/μL,保存于 -20℃备用。

3. 微卫星引物

18 对大口黑鲈微卫星引物(表 5-11)中有 9 对为本实验室通过磁珠富集法(梁素娴等,2008)获得,9 对来自文献(Lutz-Carrillo et al,2006)。所有引物均由上海生工生物工程有限公司合成。

表 5-11 18 对引物序列及扩增温度

位点	引物序列(5′-3′)	退火温度/℃
Jzl31	F:TGGACTGAGGCTACAGCAGA ;R:CCAAGAGAGTCCCAAATGGA	60
Jzl48	F:TCGACGATCAATGGACTGAA;R:TCTGGACAACACAGGTGAGG	55
Jzl60	F:AGTTAACCCGCTTTGTGCTG;R:GAAGGCGAAGAAGGGAGAGT	60
Jzl68	F:AGGCACCGTCTTCTCTTCA; R:CATTGTGGGTGCATTCTCC	58
Jzl72	F:AGGGTTCATGTTCATGGTAG ;R:ACACAGTGGCAAATGGAGGT	58
Jzl83	F:TGTGGCAAAGACTGAGTGGA ;R:ATTTCTCAACGTGCCAGGTC	55
Jzl84	F:GAAAACAGCCTCGGGTGTAA; R:CACTTGTTGCTGCGTCTGTT	55
Jzl85	F:GGGGCTCACTCACTGTGTTT; R:GTGCGCAGACAGCTAGACAG	56
Jzl131	F:CAAATGCCCGGTCCACAATAAC ;R:GTATTTGAGCCGGATGATAAGTG	55
Lar7	F: GTGCTAATAAAGGCTACTGTC; R: TGTTCCCTTAATTGTTTTGA	47
Lma120	F:TGTCCACCCAAACTTAAGCC;R:TAAGCCCATTCCCAATTCTCC	54
Mdo6	F:TGAAATGTACGCCAGAGCAG; R:TGTGTGGGTGTTTATGTGGG	55
Mdo7	F:GTCACTCCCATCATGCTCCT ;R:TCAAACGCACCTTCACTGAC	53
Msal21	F:CACTGTAAATGGCACCTGTGG; R:GTTGTCAAGTCGTAGTCCGC	58
MiSaTPW76	F:ACACAGTGTCAGTTCTGCA ;R: GTGAATACCTCAGCAAGCAT	48
MiSaTPW117	F:TGTGAAAGGCACAACACAGCCTGC;:ATCGACCTGCAGACCAGCAACACT	55
MiSaTPW165	F:GTTCGCATCTGAATGCATGTGGTG ;R:TGAAGGTATTAGCCTCAGCCTACA	55
MiSaTPW184	F:TTGTATACCAAGTGACCTGTGG ;R:GGGAGTGCATCTTTCTGAAGTGCC	47

4. PCR 扩增及产物检测

PCR 反应总体系为 20 μL:50 ng 的基因组 DNA, 10×buffer 2 μL,$MgCl_2$(25 mmol/L) 0.8 μL,4×dNTP(10μ mol/L)0.3 μL,上、下游引物(20 pmol/L)各0.5 μL,*Taq* 酶 1U。PCR 反应程序为:94℃预变性4 min;94℃30 s,退火(退火温度依引物而定)30 s,72 ℃ 30 s,30 个循环;72℃延伸 7 min。PCR 产物在 10%的非变性聚丙烯酰胺凝胶中分离,硝酸银染色。

5. 数据统计分析

利用 Popgene32(Version 1.31)软件统计分析微卫星基因座的等位基因数(N_a)、有效等位基因数(N_e)、观测杂合度(H_o)、期望杂合度(H_e)、χ^2 检验 Hardy-Weinberg 平衡、遗传分化指数 F-统计量(F-statistics,F_{ST})及 Nei's 标准遗传距离(D_s)(Nei,1978)。根据 Botstein 等的方法(Botstein et al,1980)计算每个微卫星位点的多态信息含量(PIC)。应用软件 MEGA 4.0 采用 UPGMA 法进行聚类分析,以分析亲缘关系。

二、结果与分析

1. 微卫星扩增结果

试验所用 18 对微卫星引物均能在所有 DNA 样品中稳定地扩增出相应条带(图 5-9)。各微卫星引物在亲本及杂交子代 93 个个体中的等位基因数为 2~8 个,平均等位基因数为 5.00,平均有效等位基因数为 3.55,扩增片段大小在 131~268 bp 之间。

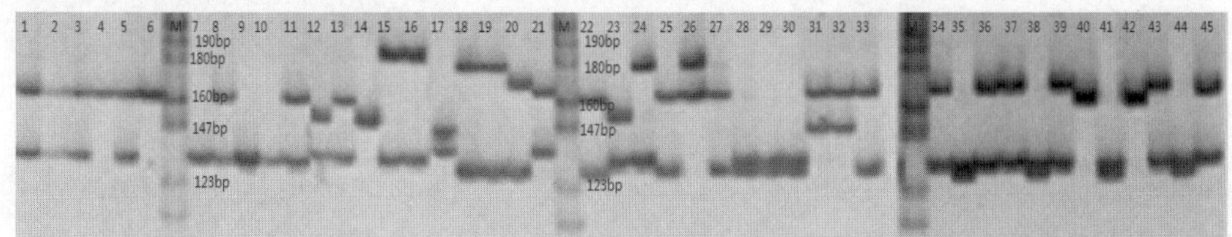

图 5-9　引物 Lar7 在北方亚种、佛罗里达亚种及部分杂交子代个体中的扩增结果

1-11:N;12-21:F;22-33:FN;33-45:NF;M:Marker

大口黑鲈北方亚种亲本、佛罗里达亚种亲本及杂交子代在各位点的等位基因数及有效等位基因数见表 5-12。18 个位点在亲代大口黑鲈中共扩增出 87 个等位基因,在杂交子代中共扩增出 81 个等位基因。位点 Jzl48、Jzl68、Jzl84、MiSaTPW76、Msal21、Mdo6、Mdo7 在本实验所用大口黑鲈北方亚种和佛罗里达亚种样本间扩增出亚种间特异性条带。其中引物 Jzl48 在北方亚种中扩增出两种基因型(215 bp/219 bp,219 bp/219 bp),在佛罗里达亚种中为单态(203 bp),在杂交子代中扩增出两种基因型(203 bp/215 bp,203 bp/219 bp),引物 Mdo7 在北方亚种和佛罗里达亚种中均表现为单态,分别扩增出大小为 165 bp 和 174 bp 的条带,在杂交子代中却扩增出两种基因型(165 bp/174 bp,174 bp/182 bp),其中有一条 182 bp 的非亲条带。

表 5-12　大口黑鲈北方亚种、佛罗里达亚种及其杂交子代在 18 个微卫星位点的等位基因数、有效等位基因数及多态信息含量

位点	北方亚种			佛罗里达亚种			正交子代			反交子代		
	N_a	N_e	PIC	N_a	N_e	PIC	N_a	N_e	PIC	N_a	N_e	PIC
Jzl31	3	2.141 6	0.431 5	2	2.000 0	0.375 0	4	3.340 2	0.645 7	2	2.000 0	0.375 0
Jzl48	2	1.766 4	0.339 7	1	1.000 0	0.000 0	3	2.655 7	0.552 5	3	2.333 0	0.485 0

续表

位点	北方亚种			佛罗里达亚种			正交子代			反交子代		
	N_a	N_e	PIC	N_a	N_e	PIC	N_a	N_e	PIC	N_a	N_e	PIC
Jzl60	6	4.653 8	0.753 4	6	5.555 6	0.794 7	5	4.062 7	0.711 5	6	5.062 5	0.775 0
Jzl68	3	2.547 4	0.524 4	3	2.469 1	0.527 9	4	3.264 5	0.637 7	5	4.081 9	0.715 2
Jzl72	5	4.172 4	0.723 6	5	4.166 7	0.722 4	6	4.305 6	0.732 3	5	4.500 0	0.742 5
Jzl83	5	4.101 7	0.718 4	6	5.128 2	0.775 7	4	3.227 9	0.636 0	5	3.993 8	0.704 3
Jzl84	4	3.226 7	0.640 8	3	2.409 6	0.543 4	4	3.285 2	0.640 6	5	3.862 9	0.697 0
Jzl85	2	1.198 0	0.151 6	3	1.941 7	0.406 3	4	2.628 8	0.545 8	3	2.655 7	0.552 5
Jzl131	2	1.983 6	0.372 9	1	1.000 0	0.000 0	3	2.501 9	0.520 4	1	1.000 0	0.000 0
Lar7	4	3.270 3	0.636 8	7	6.060 6	0.813 2	6	4.408 2	0.743 5	6	5.215 3	0.780 9
Lma120	3	2.659 3	0.553 2	2	1.724 1	0.331 8	3	2.322 6	0.476 7	4	3.038 7	0.610 0
Mdo6	3	1.322 4	0.228 4	2	1.342 3	0.222 4	2	2.000 0	0.375 0	2	2.000 0	0.375 0
Mdo7	1	1.000 0	0.000 0	1	1.000 0	0.000 0	3	237 15	0.489 3	2	2.000 0	0.375 0
Msal21	1	1.000 0	0.000 0	3	2.531 6	0.526 9	3	1.710 9	0.368 8	3	2.480 4	0.527 4
MiSaTPW76	3	2.547 4	0.524 4	5	3.846 2	0.696 5	4	2.902 6	0.595 7	6	4.069 1	0.722 2
MiSaTPW117	4	3.408 5	0.655 5	5	3.125 0	0.642 0	3	1.981 7	0.397 2	5	3.301 9	0.645 3
MiSaTPW165	4	2.987 7	0.604 1	4	2.439 0	0.503 9	4	3.264 5	0.637 7	4	3.845 7	0.691 7
MiSaTPW184	2	1.423 5	0.253 2	3	2.381 0	0.491 8	2	1.492 2	0.275 4	3	2.271 7	0.497 1
平均	3.166 7	2.498 1	0.450 6	3.444 4	2.784 5	0.465 2	3.722 2	2.873 7	0.554 5	3.888 9	3.199 7	0.570 6

2. 遗传多样性分析

18 个位点中仅 Msal21、MiSaTPW184、Jzl131 和 Mdo6 位点的多态信息含量(PIC)小于 0.5,为中度或者低度多态,其余位点均为高度多态,说明所选微卫星引物多态性较好,可以用于遗传多样性分析。根据每个位点的等位基因频率,计算反映群体遗传多样性的有效等位基因数、观测杂合度、期望杂合度以及多态信息含量,其平均数值范围分别为 2.498 1 ~ 3.199 7,0.555 6 ~ 0.848 8,0.524 8 ~ 0.638 9,0.450 6 ~ 0.570 6。平均有效等位基因数、平均期望杂合度、平均多态信息含量均为杂交组合 FN 最高,分别为 3.199 7、0.638 9、0.570 6,但平均观测杂合度为杂交组合 NF 最高为 0.848 8。这些指标的分析结果表明:杂交组合 FN 的遗传多样性最高,NF 和 F 次之,N 遗传多样性最低。

对各组合每个位点进行 Handy-Weinberg 平衡的 χ^2 检验,结果表明:N 中有 5 个位点偏离平衡,F 中有 7 个位点偏离平衡,正交子代 NF 中除 Msal21(0.2267)和 M184(0.1290)位点外,其余位点均偏离平衡,反交子代 FN 中位点全部偏离平衡($P>0.05$)。

3. 群体间遗传结构分析

通过对大口黑鲈北方亚种、佛罗里达亚种及其正反交子代进行 F－检验(表 5－13),结果显示北方亚种与佛罗里达亚种间的遗传分化指数最大($F_{ST}=0.240\ 9$),达到高度分化,两个杂交组合 NF 和 FN 间的遗传分化指数最小(0.0678),为中度分化。对亲代与子代间的遗传分化指数对比发现，正反交子代均与北方亚种的遗传分化指数最小（0.092 0，0.119 6），组合间遗传分化差异极显著（$P<0.01$）。

表 5-13　大口黑鲈北方亚种、佛罗里达亚种及其子代的 F-统计量（F_{ST}）

项目	北方亚种	佛罗里达亚种	正交子代	反交子代
北方亚种	* * * *	* * * *	* * * *	* * * *
佛罗里达亚种	0.240 9	* * * *	* * * *	* * * *
正交子代	0.102 6	0.131 8	* * * *	* * * *
反交子代	0.092 0	0.093 2	0.068 0	* * * *

对正反交子代与其亲本的遗传相似率和遗传距离分别进行分析（表 5-14），发现正反交子代均与北方亚种的遗传相似率较高。根据亲本与子代间的遗传距离，采用 UPGMA 法构建正反交子代与亲本的系统进化树（图 5-10）。由图 5-10 可知，正、反交子代首先聚为一支，然后再与北方亚种聚为一支，最后与佛罗里达亚种聚合。

表 5-14　大口黑鲈北方亚种、佛罗里达亚种及其正反交子代的遗传相似率和遗传距离

项目	北方亚种	佛罗里达亚种	正交子代	反交子代
北方亚种	* * * *	0.346 7	0.748 8	0.628 3
佛罗里达亚种	1.059 4	* * * *	0.747 9	0.728 5
正交子代	0.289 3	0.290 4	* * * *	0.757 0
反交子代	0.464 7	0.316 8	0.278 4	* * * *

注：表格中，对角线以上的数字表示群体间的相似性指数，对角线以下的数字表示群体间的相对遗传距离.

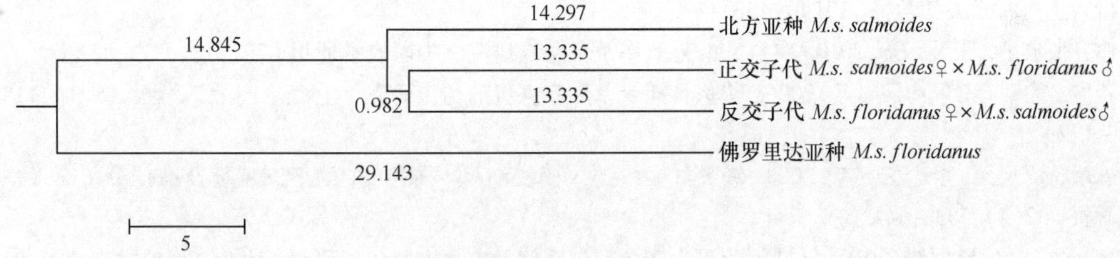

图 5-10　大口黑鲈北方亚种、佛罗里达亚种及其杂交子代的 UPGMA 聚类分析

目前鱼类杂交已涉及 3 个目、7 个科，共 40 多种鱼类（楼允东等，2006），由于亲本遗传背景的差异，杂交遗传的方式也不尽相同，如双亲精卵未发生结合的雌核、雄核发育（王晓清等，2008）、双亲部分遗传物质发生合并或交换（楼允东等，2006）以及真正的精卵结合（宓国强等，2010）。本节在对 18 对微卫星标记谱带研究时发现，杂交子代的等位基因除 1 条非亲条带外，全部来自父母本，符合孟德尔遗传机制，表明大口黑鲈亚种间的杂交后代是精卵结合发育的产物，这一结论与杂交子代的表型是介于两亲本之间的结果相吻合。Wheat 等（1974）在进行同属的大口黑鲈与小口黑鲈（*M. dolomieui*）的种间杂交试验，结果也是获得了

精卵结合的杂交子代,产生精卵结合的结果与两个亲本物种的亲缘关系较近有关。

本节中正反交子代在遗传相似性和遗传距离上均表现出杂交子代与大口黑鲈北方亚种的亲缘关系相近。杂交子代与两亲本的遗传距离是不对等的现象在其他鱼类的杂交实验中也常有出现,如虹鳟(*Oncorhynchus mykiss*)♀与山女鳟(*Oncorhynchusmasou masou*)♂的杂交子代在遗传上偏向父本山女鳟(张玉勇等,2009)、长江草鱼♀×珠江草鱼♂的杂交子代与母本长江草鱼亲缘关系较近(傅建军等,2010)。荷包红鲤(*Cyprinus carpiovar wuyuanensi*)与德国镜鲤(*Cyprinus carpio mirror*)正反交子代均与荷包红鲤的亲缘关系较近(池喜峰等,2010)。遗传物质对子代的贡献不对等的现象,推测是由于两亲本基因的纯合度不同导致基因型纯度较高亲本的基因型在后代中被检测到的几率增加的原因造成的。本研究中检测到北方亚种基因的纯合度要比佛罗里达亚种高,这样北方亚种的基因型在后代中被检测到的几率也相应要比佛罗里达亚种高。但也有学者认为杂交遗传过程中的重组和突变、着丝粒和异染色质附近区域微卫星标记的偏分离聚集(张玉山等,2008)以及发育过程中染色体的选择性丢失(Estoup,et al,2002)等原因也会导致这种双亲遗传给子代的比例失衡。

参考文献:

白俊杰, 李胜杰, 邓国成, 等. 2009. 我国加州鲈的养殖现状和养殖技术. 科学养鱼,(6):12 - 16.

陈佳荣, 藏维玲, 金送笛,等. 2000. 水化学实验指导书. 北京:中国农业出版社.

陈宁生, 施泉芳. 1955. 草鱼、白鲢和花鲢的耗氧率. 动物学报, 7(1):34 - 57.

池喜峰, 贾智英, 李池陶, 等. 2010. 荷包红鲤与德国镜鲤正反杂交组遗传结构的微卫星分析. 大连海洋大学学报, 25(5):450 - 455.

范镇明, 赵新红, 钱龙. 2009. 河鲈鱼苗耗氧率和窒息点的测定. 水生态学杂志, 30(4):129 - 132.

傅建军, 王荣泉, 刘峰, 等. 2010. 草鱼长江和珠江群体及长江♀×珠江♂杂交组合遗传差异的微卫星分析. 上海海洋大学学报, 19(4):433 - 439.

谷伟, 张永泉, 张慧, 等. 2010. 白点鲑的耗氧率及窒息点研究. 中国农学通报, 26(21):427 - 431.

顾若波, 徐钢春, 闻海波, 等. 2006. 花鱼骨耗氧率和窒息点的初步研究. 上海水产大学学报,15(1):118 - 122.

顾志敏, 贾永义, 叶金云, 等. 2008. 翘嘴红鲌(♀)×团头鲂(♂)杂种 F_1 的形态特征及遗传分析. 水产学报, 32(4):533 - 544.

姜鹏, 白俊杰, 樊佳佳. 2010. 转基因鱼野生唐鱼耐温限度及窒息点的比较研究. 水生态学杂志, 3(6):92 - 95.

李春喜, 王志和, 王文林. 2000. 生物统计学. 北京:科学出版社

李思发. 1998. 中国主要淡水养殖鱼类种质研究. 上海:上海科学技术出版社, 3 - 10.

李仲辉, 杨太有. 2001. 大口黑鲈和尖吻鲈骨骼系统的比较研究. 动物学报, 47: 110 - 115.

梁素娴, 孙效文, 白俊杰, 等. 2008. 微卫星标记对中国引进加州鲈养殖群体遗传多样性的分析. 水生生物学报, 32(5):80 - 86.

刘明华, 沈俊宝, 张铁齐. 1994. 选育中的高寒鲤. 中国水产科学, 1(1):10 - 19

刘明华, 沈俊宝, 白庆利, 等. 1997. 新品种高寒鲤的选育. 水产学报, 21(4):391 - 397

刘筠, 陈淑群, 王义铣, 等. 1979. 荷包红鲤♀×湘江野鲤♂杂交一代及其生产上应用的研究. 湖南师范学院学报:自然科学版, (1):1 - 5

楼允东 . 1993. 鱼类育种学 . 北京:中国农业出版社 .

楼允东 . 1999. 鱼类育种学 . 北京:中国农业出版社 .

楼允东 . 2007. 我国鱼类近缘杂交研究及其在水产养殖上的应用 . 水产学报, 31(4):532 - 538.

楼允东, 李小勤 . 2006. 中国鱼类远缘杂交研究及其在水产养殖上的应用 . 中国水产科学, 13(1):151 - 158.

马爱军, 王新安, 雷霁霖, 等 . 2008. 大菱鲆(*Scophthalmus maximus*)四个不同地理群体数量形态特征比较. 海洋与湖沼, 39(1):24 - 29.

马仲波 . 1981. 沅江鲤鱼荷包红鲤的生态类型及其杂交后代(荷元鲤)经济性状的分析 . 水产学报, 5(3): 187 - 198

马仲波 . 1985. 三杂交鲤(荷元鲤 F1♀×镜鲤♂)生长性状与产量的数理统计分析 . 淡水渔业, 1:32 - 33

宓国强, 赵金良, 贾永义, 等 . 鳜(♀)×斑鳜(♂)杂种 F1 的形态特征与微卫星分析 . 上海海洋大学学报, 19(2):145 - 150.

孙宝柱, 黄浩, 曹文宣, 等 . 2010. 厚颌鲂和圆口铜鱼耗氧率与窒息点的测定 . 水生生物学报, 34(1):88 - 93.

童一中, 高瑾南 . 1979. 作物遗传育种知识 . 上海:上海科学技术出版社 .

王兵, 李思发, 蔡完其 . 2011. "新吉富"罗非鱼、"吉丽"罗非鱼及萨罗罗非鱼耐寒力的测定 . 上海海洋大学学报, 20(4):499 - 503.

王刚, 李加儿, 区又君, 等 . 2010. 卵形鲳鲹幼鱼耗氧率和排氨率的初步研究 . 动物学杂志, 45(3):116 - 121.

王广军 . 2000. 乌鳢的生物学特性及繁殖技术 . 淡水渔业, 30(6):10 - 11.

王晓光, 于伟君, 李军, 等 . 2011. 雷氏七鳃鳗耗氧率和窒息点的研究 . 大连海洋大学学报, 26(2):119 - 125.

王晓清, 王志勇, 谢中国, 等 . 2008. 大黄鱼(♀)与鮸鱼(♂)杂交的遗传分析 . 水产学报, 32(1): 51 - 57.

王新安, 马爱军, 陈超, 等 . 2008. 七带石斑鱼(*Epinephelus septemfasciatus*)两个野生群体形态差异分析 . 海洋与湖沼, 39(6):655 - 660.

王语同 . 2011. 暗纹东方鲀和云斑尖塘鳢的混养试验 . 科学养鱼, (9):33 - 34.

吴宁, 李文静, 黎中宝, 等 . 2010. 5 种鳗鲡幼鳗极限温度的耐受性初步研究 . 南方水产, 6(6):14 - 19.

吴清江, 桂建芳 . 1999. 鱼类遗传育种工程 . 上海:上海科学技术出版社 .

冼炽彬, 邬国民 . 1987. 胡子鲶(♀)×革胡子鲶(♂)杂交一代鱼与亲本经济性状比较的初步研究 . 淡水渔业, 4:26 - 29

徐刚春, 顾若波, 魏宝莹 . 2011. 似刺鳊鮈耗氧率和窒息点的初步研究 . 水生态学杂志, 32(4):110 - 114.

杨淞, 卢迈新, 黄樟翰, 等 . 2006. 5 种杂交 F_1 罗非鱼生长性能比较研究 . 淡水渔业, 36(4):41 - 44.

张文彤 . 2002. SPSS11 统计分析教程高级篇 . 北京:北京希望电子出版社, 190 - 202.

张玉山, 陈庆全, 吴薇, 等 . 2008. 水稻 SSR 标记遗传连锁图谱着丝粒的整合及偏分离分析 . 华中农业大学学报, 27(2):167 - 171.

张玉勇, 白庆利, 贾智英, 等 . 2009. 虹鳟、山女鳟及其杂交子代(虹鳟♀×山女鳟♂)的微卫星分析 . 水产学报, 33(2):188 - 195.

Bailey R M, Hubbs C L. 1949. The black basses (*Micropterus*) of Florida, with description of a new species. University of Michigan Museum of Zoology Occasional Papers, 516: 1 - 40.

Bakos J. 1976. Crossbreeeding Hungarian races of common carp to develop more productive. Advance in Aquaculture, FAO. 633 - 635.

Botstein D, White R L, Skolnick M, et al. 1980. Construction of a genetic linkage map in man using restriction fragment length polymorphisms. The American Journal of Human Genetics, 32: 314 - 331.

Carmichael G J, Williamson J H, Woodward C A C, et al. 1988. Communications: responses of northern, florida, and hybrid largemouth bass to low temperature and low dissolved oxygen. The Progressive Fish-Culturist, 50 (4):225 - 231.

Clausen R G. 1936. Oxygen consumption in freshwater fishes. Ecology, 17(2):216 - 226.

Cossins A, Bowler K. 1987. Temperature biology of animals. London: Chapman & Hall, 1987: 337.

Cricelli A, Dupont F. 1988. Biometrical and biological features of *Alburnus alburnus* × *Rutilus rubilio* natural hybrids from lake Mikri Prespa, northern Greece. Journal of Fish Biology, 31(6):721 - 733.

Elliott J A. 1995. A comparison of thermal polygons for British freshwater teleosts. Freshwater Forum, (5): 178 - 184.

Estoup A, Jarne P, Cornuet J. 2002. Homoplasy and mutation model at microsatellite loci and their consequences for population genetics analysis. Molecular Ecology, 11(9):1591 - 1604.

Hulata G. 2001. Genetic manipulations in aquaculture: a review of stock improvement by classical and modern technologies. Genetica, 111:155 - 173.

Inman C R, Dewey R V, Durocher P P. 1977. Growth comparisons and catchability of three largemouth bass strains. Fisheries, 2:20 - 25.

Johnson D L, Graham L K. 1978. Growth, reproduction, and mortality factors affecting the management of largemouth and smallmoulh bass. American Fisheries Society, 112:92 - 103.

Kleinsasser L J, Willamson J H, Whiteside B G. 1990. Growth and Catchability of Northern, Florida, and F_1 Hybrid Largemouth Bass in Texas Ponds. North American Journal of Fisheries Management, 10:462 - 468.

Lutz-Carrillo D J, Nice C C, Bonner T H, et al. 2006. Admixture Analysis of Florida Largemouth Bass and Northern Largemouth Bass using Microsatellite Loci. Transactions of the American Fisheries Society, 135: 779 - 791.

Matondo B N, Ocidio M, Poncin P, et al. 2008. Morphological recognition of artificial F_1 hybrids between three common European cyprinid species: *Rutilus rutilus*, *Blicca bjoerkna* and *Abramis brama*. Acta Zoologica Sinica, 54(1):144 - 156.

Manns R E JR, Hope J. 1992. Revelations in big bass behavior. In-Fishman, 109:50 - 57.

Neal J W, Noble R L. 2002. Growth, survival, and site fidelity of Florida and intergrade largemouth bass stocked in a tropical reservoir. North American Journal of Fisheries Management, 22:528 - 536.

Nei M. 1978. Estimation of average heterozygosity and genetic distance from a small number of individuals. Genetics, 89: 583 - 590.

Parker H R, Philipp D P, Whitt G S. 1985. Gene regulatory divergence among species estimated by altered developmental patterns in interspecific hybrids. Molecular Biology and Evolution, 2(3):217 - 250.

Philipp D P, Whitt G S. 1991. Survival and Growth of Northern, Florida, and Reciprocal F_1 Hybrid Largemouth Bass in Central Illinois. Transactions of the American Fisheries Society, 120: 58 - 64.

Richard H, Editors H C. 1975. Black bass biology and management. Washington (DC): Sport Fishing Institute, 1975: 67 - 75.

Stauffer J R, Boltz S E, Boltz J M. 1988. Cold shock susceptibility of blue tilapia from the susquchanna river, pennsylvania. North American Journal of Fisheries Management, (8):329 - 332.

Wheat T E, Childers W F, Whitt G S. 1974. Biochemical genetics of hybrid sunfish: differential survival of heterozygotes. Biochemical Genetics, 11(3):205 - 219.

Whitt G S, Philipp D P, Childers W F. 1977. Aberrant gene expression during the development of hybrid sunfishes. Differentiation, 9(1/3):97－109.

Williamson J H, Carmichael G J. 1990. An aquacultural evaluation of Florida, northern, and hybrid largemouth bass, *Micropterus salmoides*. Aquaculture, 85(1－4):247－257.

Witkowski A, Blachutad J. 1980. Natural hybrids *Alburnus alburnus*(L.)×*Leucuscus* and Biebrza. Acta Hydrobiologica, 22(4):473－487.

Zolczynski J R S J, Davies W D. 1976. Growth Characteristics of the Northern and Florida Subspecies of Largemouth Bass and Their Hybrid, and a Comparison of Catchability Between the Subspecies. Transactions of the American Fisheries Society, 105:240－243.

第六章　大口黑鲈分子标记

第一节　微卫星标记技术在水产动物遗传育种中的应用

微卫星 DNA 是由 1 ~6 bp 碱基为核心序列组成的一个重复单位,头尾相连的串联重复序列,在真核生物中普遍存在,并表现出高度的多态性。本节主要概述了微卫星技术的原理、特点、分类与分布以及在水产动物遗传育种中的应用。

一、微卫星技术的原理

微卫星 DNA 又称简单序列重复(simple sequence repeats,SSR)、短串联重复(short tandom repeats)或简单序列长度多态性 (simple sequence length polymorphism),由 1 ~6 bp 碱基为核心序列组成一个重复单位,头尾相连的串联重复序列。微卫星在真核生物中普遍存在,并且表现出高度的多态性。微卫星两端一般是比较保守的非重复序列或称为侧翼序列,中间为重复的核心序列,因此分析微卫星 DNA 多态性时,一般在分离得到微卫星后,根据两端的侧翼序列设计引物,再根据 PCR 扩增结果来分析不同个体之间因为重复次数不同而造成的遗传多样性。微卫星标记是继第一代作图用分子标记 RFLP 后的第二代作图用分子标记。一般认为引起微卫星形成的机理有不对称重组和 DNA 聚合酶滑动两种学说(Williams et al,1990)。前者认为是在 DNA 重组过程中,由于与不同 DNA 分子简单重复单位,以错排的构型配对和发生遗传变换导致重复单位的增加或减少。后者是 DNA 聚合酶滑动,在 1 个或多个重复单位未配对的构型中,DNA 复制期间新生链和模板链有一瞬间分离,如果由不配对的重复序列引起的变性不断修复,则导致 1 个或多个重复单位的增加或丢失。

二、微卫星的分类与分布

根据微卫星自身结构可将微卫星分为完全重复型(perfect repeats)、不完全重复型(imperfect repeats)和复合型(compound repeats)3 种。完全微卫星由不中断的重复单位串联而成,不完全微卫星是指重复单位间有 3 个以下的非重复碱基间隔,且两间隔间重复单位连续重复数不低于 3,复合微卫星由几类串联重复单位构成,中间有 3 个以下碱基间隔,且两间隔间重复单位连续重复数不低于 5(马洪雨等,2006)。

陈金平(2004)的研究认为,除着丝粒和端粒以及染色体的其他区域外,微卫星 DNA 广泛分布于各种真核生物基因组中,而且呈随机分布,不仅可以存在于内含子中,也可存在于编码区、调控区及染色体基因的任一区域。梁利群等(2004)的研究表明,真核生物中大约每隔 10 ~50 kb 就存在一个微卫星。而据陈微(2005)估计,真核基因组中平均每 6 kb 就存在一个微卫星序列。

三、微卫星 DNA 的特点

微卫星 DNA 在基因组中分布是随机的,不仅可以存在于内含子中,也可以存在于编码区和染色体的其他区域。核心序列的重复次数在不同个体中可能不同,核心序列重复数越多其变异性越大,其表现出的等位基因数也就越多。在群体分析中能够得到比线粒体标记、同工酶标记等更多的等位基因数,因此在遗传多样性和遗传图谱构建等方面有比较多的应用。Beacham 等(2004)应用了 13 个微卫星位点,分析了来自华盛顿、英国哥伦比亚、哥伦比亚河的 51 个虹鳟群体的遗传结构,结果得到在每一个微卫星位点上不同群体都有等位基因频率的差异,平均 F_{st} 为 0.066,存在明显的区域群体结构,认为微卫星标记是混合群体中分析群体组成的可靠方法。Matala 等(2004)用了 8 个微卫星位点分析了阿拉斯加岩鱼的遗传结构,发现 8 个地理分布群体没有明显的遗传变异,没有体现出地理渐变的结构分布。微卫星已经在鲑鱼(Narum et al,2004)、鲤鱼(Vandeputte et al,2004)、罗非鱼(Romana-Eguia et al,2004)、红大麻花鱼(Young et al,2004)、日本牙鲆(Sekino et al,2004)、白鲟(Rodzen et al,2004)等多种鱼类有相应的报道。

一些常染色体上的等位基因,彼此间没有显性和隐性的关系,在杂合状态时,两种基因的作用同样得以表现,分别独立地产生基因产物,这种遗传方式称为共显性或等显性。微卫星标记是呈孟德尔共显性遗传,可以区分杂合子和纯合子个体,因此可以用来进行家系分析和遗传图谱的构建。Postlethwait 等(1994) 构建了斑马鱼的遗传重组图谱,并对致死突变和形态突变进行了图谱定位。Kocher 等(1998)从单倍体胚胎中分离了 62 个微卫星位点,并通过在单倍体后代中研究多态性标记的分离而构建了尼罗罗非鱼的遗传图谱。另外在虹鳟(Young et al,1998)、鲤鱼(孙效文等,2000)等也构建了连锁图谱。

微卫星 DNA 的侧翼序列是相对保守的单拷贝序列,因此在亲缘关系较近的物种之间,侧翼序列可能高度保守,因此在一些鱼类中分离得到的微卫星引物就有可能在亲缘关系较近的物种中实现跨种扩增。如鲤鱼的一些微卫星引物可以用来检测鲢的遗传多样性(Tanck et al,2000),又如一些鲫鱼的微卫星引物在鲤鱼中也能很好的扩增(Yue et al,2002)。

四、微卫星分子标记技术在水产动物遗传育种中的应用

1. 分析群体的遗传结构及遗传背景

生物的遗传变异主要是体内 DNA 的差异造成的,而 DNA 的差异主要表现在碱基排列顺序的不同,又由于微卫星 DNA 的孟德尔共显性遗传的特征,因而可以根据多个微卫星位点在不同群体中出现的等位基因频率计算杂合度和遗传距离等,从而描述群体的遗传结构和确定种群的遗传变异。Klaus(2003)利用 16 对微卫星引物对两个不同群体的红鳍东方鲀进行了遗传多样性的分析,结果表明两个不同群体平均杂合度较低,遗传多态性不高。Huvet 等(2000)利用 9 对微卫星引物对红鳍东方鲀和假睛东方鲀进行遗传多样性的研究,结果表明:红鳍东方鲀养殖群体遗传多样性显著下降,应及早加强对其种质的保护,红鲀东方纯与假睛东方鲀应为同一个种。马洪雨等(2006)采用 27 对鲤微卫星引物对山东东平湖黄颡鱼进行全基因组扫描,结果有 19 对引物能获得稳定的扩增条带,其中有 6 个微卫星位点

具有多态性,表明东平湖黄颡鱼种群结构合理,群体遗传多样性较丰富,种质资源处于安全状态。

微卫星技术还可用于水产动物的遗传背景和起源进行检测。如 Lal 等(2004)曾利用标记鉴定印度主养的鲤鱼的群体结构,检测发现采自 5 个不同江河的样本的等位基因频率具有显著的遗传异质性,说明它们起源于不同种群。Mohindra (2005)用微卫星检测 3 种鲤科鱼的遗传变异,也发现基因型异质性显著,说明这些样本来自不同的基因库。Tanck 等(2000)以微卫星检测荷兰 Anna Paulowna 水系的鲤鱼,发现一个野生鲤鱼特有的等位基因,分析认为该鲤鱼应为野生或未受人工驯化的群体。Yue(2002)以微卫星技术分析 16 个银鲫个体的基因组时,发现所测鲫鱼应该来自两个母系。

2. 遗传图谱的建立和基因定位

通过对多个基因之间的连锁关系分析,发现多个基因中,有些基因形成连锁群,并与其他的连锁群独立,根据基因之间的距离,可以得到连锁群中各个基因在染色体上排列顺序及其相对距离,将多个基因之间的相对关系反映为图的形式——即为遗传连锁图谱或将多个基因直接定位在染色体上构成物理图谱。构建基因图谱是研究生物基因组结构、性状控制的分子基础和基本的方法,通过基因图谱可以详细了解控制那些有价值的数量性状或抗病性状的位点组成和表达调控机制,以便于操作这些基因。长期以来,构建遗传连锁图谱所用的遗传标志、表型标记,都由于存在多态性不足、数量有限等缺点,大大限制了遗传图谱制作的过程。微卫星 DNA 具备丰富的多态性和染色体上分布广等优点,因而成为目前遗传连锁图谱制作的主要标记,成为人类遗传连锁图谱的热点。在鱼类上,这一技术的运用相对较晚。Thomas(1998)利用微卫星 AFLP 标记检测了尼罗罗非鱼雌核发育的基因型,并构建了包含全部 22 条染色体的连锁图。孙效文等(2000)建立了鲤鱼的遗传连锁图谱,其中图谱有 RAPD 分子标记 56 个,鲤鱼的微卫星分子标记 26 个,鲫鱼微卫星分子标记 19 个,斑马鱼的微卫星分子标记 70 个。

3. 群体近交分析

群体内近交程度的检测对于动物遗传资源的保护具有重要的意义。近交系也可作为连锁分析和 QTL 定位的基础材料。近交系动物由于具有相同的基因型,因此可缓和环境效应的影响。高达 99% 的近交系对研究单个基因或基因簇的效应已被证明是非常有用的。如 Tomas 等(1999)对 3 个品系小鼠染色体上 419 个微卫星位点的可变等位基因数目进行了分析,为近交系小鼠用于转基因动物的研究提供了理论依据。高度近交系还可作为参考家系的父母代,因为父母代如果高度近交,那么回交或 F_1 的多态性就只表现出两个等位基因(Zhou et al, 1999)。可见利用微卫星标记分析近交群体,在育种工作中具有重要的实践意义。

第二节 单核苷酸多态性及其在水产动物遗传育种中的应用

单核苷酸多态性(Single Nucleotide Polymorphisms,简称 SNPs)这个术语最早于 1994 年出现在《人类分子遗传》杂志上,随后美国麻省理工学院学者 Lander(1996)在《Science》上第一次正式提出 SNPs 为新一代分子标记。本节主要论述 SNPs 的特点、SNPs 主要检测方法和 SNPs 在水产动物育种中的应用，旨在将 SNPs 更广泛地应用于水产动物群体遗传、分子标记辅助育种和生物进化等研究领域。

一、SNPs 的概念和特点

1. SNPs 的概念

SNPs 主要是指在基因组水平上由于单个核苷酸的变异所引起的 DNA 序列多态性，即同一物种不同个体间染色体上遗传密码单个碱基的变化。常表现为单碱基的转换、颠换、插入和缺失，但通常所指的 SNPs 不包括后两种情况，即插入和缺失；满足 SNPs 条件的另一规定是其中一种等位基因在群体中出现的频率应不小于 1%（Alain et al，2002）。转换是指嘌呤与嘌呤之间或者嘧啶与嘧啶之间的相互转换（A ↔G 或 C↔T）；颠换则是指嘌呤与嘧啶之间的相互替代（C↔A，C↔G，A↔T）。通常发生转换与颠换的 SNPs 之比为 2∶1，这是由于 CpG 二核苷酸的胞嘧啶是最易发生突变的位点，胞嘧啶可发生甲基化脱去氨基而形成胸腺嘧啶。理论上，在一个二倍体生物群体中，SNPs 可能是由 2 个、3 个或 4 个等位基因构成，但实际上 3 个或 4 个等位基因的 SNPs 罕见，所以 SNPs 通常被认为只有两种等位基因，即双等位基因分子标记（Brookes et al ，1999）。根据 SNPs 在基因组中的位置可分为编码区 SNPs（coding region SNP）、基因周边 SNP（perigenic SNP）和基因间 SNP（intergenic SNP）3 类。大多数 SNPs 位于基因组的非编码区，对蛋白质无直接影响，这一类 SNPs 作为遗传标记在群体遗传和生物进化研究中有着很重要的作用（Syvanen et al，2001）。少数分布在基因编码区的 SNPs 称为 cSNPs （coding SNPs）。Halushka 等（1999）根据对 75 个基因的检测结果推测人类基因组中约存在 100 万个 SNPs 位点，其中约 50 万个分布在非编码区，20 万 ~40 万个 SNPs 在编码区，而分布在编码区的非同义突变 SNPs 只有 2. 4 万 ~4 万个。根据对遗传性状的影响，cSNPs 还可分为：①同义突变：编码序列的改变并不影响所翻译的氨基酸序列，蛋白质的功能不变；②非同义突变：可分为错义突变和无义突变，前者指改变编码序列导致翻译的氨基酸序列改变，从而改变蛋白质的生物学功能；无义突变是指突变形成终止密码子，翻译终止。Henikoff（2002）估计 SNP 数据库中 3 084 条非同义 SNPs 中，25% 的 SNPs 影响蛋白质的功能。

2. SNPs 的特点

（1）数量多且分布广泛。据估计，在人类基因组中大约平均每 1 900 bp 就会出现 1 个 SNPs，整个基因组中大约有 142 万个 SNPs，其发生频率超过 1%（Sachidanandam et al，2001），正是由于 SNPs 数量的巨大从而弥补了其多态性不足的缺点。Kruglyak（1997）认为使用 700 ~900 个 SNPs 进行基因组扫描构建遗传图谱的能力相当于目前使用 300 ~400 个微卫星标记，而如果使用 1 500 ~3 000 个 SNPs 作基因组扫描，其结果明显高于目前普遍采用的微卫星标记。

（2）富有代表性。某些位于基因内部的 SNPs 有可能直接影响蛋白质结构或表达水平，因此它们可能代表某些性状的遗传基础。

（3）遗传稳定性。SNPs 是基因组中分布最广泛且稳定的点突变，突变率低，与微卫星等重复序列多态标记相比,SNPs 具有更高的遗传稳定性,尤其是处于编码区的 SNPs(Weber et al,1993)

(4)检测易于实现自动化。SNPs 通常是 1 种双等位基因的遗传变异，在检测时无需像检测微卫星标记那样对片段的长度做出测量，只需一个“+/-”或“全或无”分析的方式，有利于发展自动化筛选或检测 SNPs。

二、SNPs 的检测方法

从技术上来讲,凡是能够检测出点突变的方法都可以用来鉴定 SNPs。随着分子生物学技术的飞跃发展，SNPs 基因分型技术也不断涌现。在一些经典的 SNPs 检测技术,如单链构象多态性(SSCP)和限制性片段长度多态性(RFLP)等仍在实践中广泛使用的同时,近几年又出现了一系列高灵敏度、高通量的基因分型方法,如温控高效液相色谱法、TaqMan 探针法等,可以满足大样本及多 SNPs 位点的基因分型要求。在实际应用时要根据研究目的、实验条件以及经费情况等来进行有目的的选择。在这些众多的检测方法中,根据其检测原理可以大致分为以下 4 种类型(Brookes et al ,1998)。

1. 直接测序法

直接测序法是检测 SNPs 最准确的方法,其检出率可达到 100%。主要是指对不同个体同一基因或基因片段的 PCR 产物进行测序和序列比较,或对已定位的序列标签位点(STS)和表达序列标签(EST)进行再测序。其流程为:PCR 扩增目的片段→纯化、回收→测序。随着测序自动化程度的提高和测序成本的降低,直接测序将会越来越多地用于 SNPs 的检测与分型,但目前直接测序仍然是一种费用较高的方法,而且对于杂合体不易分型。另外常用的一种方法为简化代表性散弹(Reduced Representation Shotgun, RRS)测序。其主要步骤为:首先用限制性内切酶消化 DNA 成许多片段,然后将这些片段连接到载体,载入受体细胞,最后进行测序。Altshuler 等(2000)用该方法在人类基因组中发现了 47 172 个 SNPs,为建立人类高密度 SNPs 图谱奠定了基础。

2. 以构象为基础的检测法

1)单链构象多态性(Single-strand conformational polymorphism,SSCP)

日本学者 Orita 等(1989)研究发现,单链 DNA 片段呈复杂的空间折叠构象,这种立体结构主要是由其内部碱基配对等分子内相互作用力来维持的,当有一个碱基发生改变时,会或多或少地影响其空间构象,使构象发生改变,空间构象有差异的单链 DNA 分子在聚丙烯酰 胺凝胶中受排阻大小不同。因此,通过非变性聚丙烯酰胺凝胶电泳(PAGE),可以非常敏锐地将构象上有差异的分子分离开。该方法称为单链构象多态性。在随后的研究中,Orita 等又将 SSCP 用于检查 PCR 扩增产物的基因突变,从而建立了 PCR - SSCP 技术,进一步提高了检测突变方法的简便性和灵敏性(Orita et al,1989)。PCR - SSCP 的基本过程包括:①PCR 扩增靶 DNA;②将特异的 PCR 扩增产物变性,而后快速复性,使之成为具有一定空间结构的单链 DNA 分子;③将适量的单链 DNA 进行非变性聚丙烯酰胺凝胶电泳;④最后通过放射性自显影、银染或溴化乙锭显色分析结果。若发现单链 DNA 带迁移率与正常对照的相比发生改变,就可以判定该链构象发生改变,进而推断该 DNA 片段中有碱基突变。经实验证明,小于 300 bp 的 DNA 片段中的单碱基突变,90% 可被 SSCP 发现。该方法简便、快速、灵敏,不需要特殊的仪器,但它的不足之处是只能作为一种粗略地突变检测方法,要最后确定突变的位置和类型,还需进一步测序;此外电泳条件也要求较严格;另外,由于 SSCP 是依据点突变引起单链 DNA 分子立体构象的改变来实现电泳分离的,这样就可能会出现当某些位置的点突变对单链 DNA 分子立体构象的改变不起作用或作用很小时,再加上其他条件的影响,使聚丙烯酰胺凝胶电泳无法分辨造成漏检。尽管如此该方法还是在各领域得到了广泛的应用,乃至今天仍然不失为一种检测 SNPs 的经典方法(Murakami et al,1991)。

SSCP 技术自创立以来,经历了自身发展和完善的过程,刚建立时是将同位素掺入 PCR 扩增物中,通过放射自显影来显示结果。这给该技术的推广造成一定的困难,随着 DNA 银染方法与 PCR－SSCP 的结合,使得该方法大大简化。SSCP 值得注意的改进是将 DNA－SSCP 分析改为 RNA－SSCP 分析,其基本原理是:RNA 有着更多精细的二级和三级构象,这些构象对单个碱基的突变很敏感,从而提高了检出率,其突变检出率可达 90% 以上。另外,RNA 不易结合成双链,因此可以较大量地进行电泳,有利于用溴化乙锭染色。但该方法增加了一个反转录过程,还需要一个较长的引物,内含有启动 RNA 聚合酶的启动序列,从而相对地增加了该方法的难度。Sarkar 等(1992)用 RNA－SSCP 法检测了 28 名 B 型血友病患者的凝血因子 IX 的基因序列,对于全长 2.6 kb 的凝血因子 IX 基因组用直接测序法检测到的 20 处碱基点突变,用 RNA－SSCP 可检测出其中的 70%,而 DNA－SSCP 只能检测出 35%,证明了 RNA－SSCP 比 DNA－SSCP 具有更高的灵敏性。另一方面,为了进一步提高 SSCP 的检出率,还可将 SSCP 分析与其他突变检测方法相结合。其中与杂交双链分析(Heterocluplex analysis,Het)法结合可以大大提高检出率。Het 法是用探针与要检测的单链 DNA 或 RNA 进行杂交,含有一对碱基对错配的杂交链可以和完全互补的杂交链在非变性 PAG 凝胶上通过电泳被分离开。对同一靶序列分别进行 SSCP 和 Het 分析可以使点突变的检出率 100%,而且实验简便。Ravnik-Glavac 等(1994)对膀胱纤维基因 27 个外显子中的 134 个突变点进行了检测,结果表明单独用 SSCP 检出的效率为 75% ~98%,而结合 Het 法则能全部检测出来。

2)温度梯度凝胶电泳(Temperature gradient gel electrophoresis,TGGE)

TGGE 方法主要是根据点突变和正常 DNA 片段由于 Tm 值的不同将表现出不同的解链行为。DNA 片段在聚丙烯酰胺凝胶电泳中通过设置温度梯度来进行分离,当温度达到最低熔解区即开始解链,使片段呈 Y 形结构,因而降低其迁移速率。一个碱基的不同足以导致迁移速率的不同,从而达到在温度梯度电泳中分离的效果。如果序列是已知的,则 DNA 双链片段的变性行为可以用 Poland 软件进行预测。该方法可用于 200 ~900 bp 内的 DNA 片段,检出率可达 100%(Risesner et al,1992)。

3)变性梯度凝胶电泳(Denaturing gradient gel electrophoresis,DGGE)

变性梯度凝胶电泳是利用双链 DNA 分子在一定浓度梯度变性剂的凝胶中电泳时,会在一定变性剂浓度下发生部分解链,导致电泳迁移率下降,两个 DNA 分子间即使只有一个碱基对的差异,也会在不同时间不同地点发生部分解链,从而被分离成两条带(Cotton et al,1991)。DGGE 与 TGGE 类似,只是 DGGE 依靠变性剂使 Tm 值不同的分子分离,而 TGGE 是依靠温度梯度。DGGE 能检测的片段可长达 1 kb,若 SNPs 发生在最先解链的 DNA 区域,其检出率也可达 100%,尤其是 100 ~ 500 bp 的片段,所以该技术已被广泛应用于 SNPs 的检测。

4)变性高效液相色谱(Denaturing high-performance liquid chromatography,DHPLC)

变性高效液相色谱法(DHPLC)是近年来在 DGGE 和 SSCP 基础上发展起来的一种检测 SNPs 的技术,其基本原理是:含有突变位点的 PCR 扩增产物经变性、逐步降温退火后,将形成同源和异源双链两种 DNA 分子。在部分变性条件下,由于异源双链的解链温度较低,发生错配的异源双链 DNA 更易于解链为单链 DNA,会先形成单螺旋 DNA 从色谱柱中流出,从而与同源双链 DNA 分离(Oefner et al,1995)。DHPLC 的检出率为 90% ~95%,有效片段大小为 70 ~ 1 000 bp。它的优点是成本低,操作简单,易自动化,与 DGGE 和 SSCP 相比,更适合于大样本筛选,且有较高的重复性;缺点是仍然不能准确地指明 SNPs 在片段中的位置。

3. 基于 PCR、酶切的检测法

1)聚合酶链式反应 - 限制性片段长度多态性(PCR - RFLP)检测

PCR - RFLP 是 SNPs 筛选中最经典的方法之一,已广泛应用于 SNPs 的检测中。限制性片段长度多态性(Restricted Fragment Length Polymorphism,RFLP)是指用限制性内切酶切割不同个体基因组 DNA 后,含有同源序列的酶切片段在长度上的差异。最初由 Botstein 等(1980)首先提出利用 RFLP 标记构建遗传图谱,直至 1987 年 Donis Keller 等才构建出第一张人的 RFLP 图谱。由于传统的 RFLP 检测需要 Southern 杂交等过程,使得分析成本偏高、速度较慢,其应用受到了很大的限制。现在的 RFLP 标记一般与 PCR 技术结合起来应用,其原理是根据基因的突变会产生或消除某些酶切位点,从而利用限制性内切酶的特异性,用 1 种或 1 种以上的限制性内切酶作用于同一 DNA 片段,如果存在 SNPs 位点,酶切片段的大小和数目就会出现差异,然后进行电泳检测就可以判断是否有 SNPs 位点以及碱基替换的类型。不难看出,该方法只适合于检测酶切位点处的 SNPs,对于酶切位点以外的 SNPs 则无法检测,因而在一定程度上限制了该方法的应用。

2)突变酶学检测(Enzymatic mutation detection, EMD)

EMD 是利用 T_4 内切酶 VII 的特性检测 SNPs,T_4 内切酶 VII 又称为离解酶,能够解离重组中间体,识别并切割一些特殊 DNA 底物,如:十字结构、分支 DNA、单链突出、单碱基错配而形成的泡状结构及因插入或缺失而形成的突变(Del et al,1998)。EMD 检测的方法简述如下:PCR 扩增不同个体的 DNA 片段,混合,经变性、复性形成异源双链,用 T_4 内切酶 VII 处理,电泳分离产物片段,根据片段大小判断是否存在 SNPs 及大致位置。EMD 的优点是:方法简单、速度快,检出率可高达 100%;可分析几个 kb 的 DNA 片段,能检测多种类型的 SNPs,并且可以找出 SNPs 的大致位置。

4. 基于杂交的检测法

1)TaqMan 探针技术

TaqMan 技术是以荧光共振能量传递(fluorescent resonance energy transfer, FRET)为基础的检测方法,在 PCR 反应中,将供者 - 受者染料对(发光基团和淬灭基团)分别结合到

Taqman 探针的两端,探针未与目标序列结合时,通过 FRET 作用使供者不发荧光;完全互补配对后,由于 *Taq* DNA 聚合酶具有 5′核酸酶的活性,可将供者从探针上切下来从而发出荧光。如果探针与目标序列中存在错配碱基,就会减少探针与目标序列结合的紧密程度及 *Taq* DNA 聚合酶切割供者的活性,也就影响了供者的荧光释放量,从而使碱基突变链和正常链得以区分。TaqMan 技术将检测结合在 PCR 反应过程中,无须分离或洗脱,提高了速度并减少了 PCR 污染的可能性(Ranade et al,2001)。其缺点主要是:敏感性受 *Taq* 酶活性影响较大;设计探针时需注意 FRET 的传递效率和 PCR 扩增效率,探针设计成本较高。

2)基因芯片(gene chip)检测

基因芯片(gene chips)又称 DNA 芯片(DNA chips),是在固相支持介质上进行分子杂交并原位荧光检测的一种高通量 SNPs 分析方法。根据核苷酸的碱基配对原理,设计两种或多种探种,在优化操作后,探针只与其完全互补的序列杂交,而与含有单个错配碱基的序列不杂交。特定序列的探针固定在特殊的载体表面上,如玻璃、硅片等,制成 DNA 芯片。待测基因经提取扩增、荧光化学标记后,与固定的探针进行杂交,然后洗去没有发生杂交的样品,即可检测杂交样品。由于目标基因和探针杂交的程度与荧光强度及种类有关,因此通过激光扫描,可根据荧光强弱或荧光的种类检测出被检序列的碱基类别。利用基因芯片技术筛查 SNPs 是随着近几年芯片技术的迅速发展而建立的一种高通量、自动化的检测手段,应用该方法可以寻找新的 SNPs 位点,并实现 SNPs 位点在基因组中的精确定位。但是该项技术还不够成熟,由于杂交条件对不同 GC 含量的 DNA 是完全不同的,还没有找到一种普遍性的杂交条件,另外还需要解决重复序列对杂交准确度的影响。

三、SNPs 在水产养殖动物遗传育种中的应用

SNPs 在构建高密度遗传连锁图谱、关联分析、群体遗传结构及系统发育分析、品种鉴定等方面均表现出了良好的应用前景(Liu et al,2004)。下面重点阐述水产动物遗传育种中 SNPs 的应用研究及研究进展。

1. 构建高密度遗传连锁图谱

遗传连锁图谱(genetic linkage map),是生物基因组结构研究以及进行 QTL 准确定位的一个重要前提。遗传连锁图谱上包括的标记数越多,分布越均匀则定位的基因就越精确,这将为标记辅助选择、重要经济性状的 QTL 定位及至最终实现基因型选择创造条件。到 20 世纪 80 年代,各种 DNA 分子标记的出现使得构建中、高密度遗传连锁图谱成为可能,特别是微卫星(SSR)曾一度成为育种学家的最爱。SNPs 在基因组中分布的广泛性及其在同一位点上的双等位特性,使之适合于自动化大规模扫描,成为继 SSR 之后最受推崇的作图标记。人类以及作为实验遗传的模式动物鼠(*Mus musculus*)(Lindblad-Toh et al ,2000)、果蝇(*Drosophila melanogaster*)(Hoskins et al ,2001)、模式植物拟南芥(*Arabidopsis thaliana*)(Cho et al,1999)等的 SNPs 遗传连锁图谱已经建立起来。在水产动物方面,Stickney 等(2002)采用寡核苷酸微阵列(Oligonucleotide microarrays)技术,对模式动物斑马鱼(*Danio rerio*)中 712 个基因和表达序列标签(EST)进行大规模扫描得到了 2 035 个 SNPs,其中发生转换的 SNPs 占 54.6%,由颠换造成的 SNPs 占 45.4%。构建了斑马鱼的第一幅 SNPs 遗传图谱,该图谱

由25个连锁群(Linkage Group,LG)组成,其全长为3 000 cM,包括了1 930个SNPs,平均分辨率为6.98 cM。利用斑马鱼的SNPs图谱,将以前一些用基因图谱或微卫星图谱不能定位的突变和基因进行了定位。通过斑马鱼SNPs图谱,Stickney(2002)成功地将Talbot等发现的floating head(flh)突变定位于LG13;功能基因st11也被成功地定位到LG2。SNPs图谱的构建无疑将更有利于QTL的精确定位。目前用SNPs标记构建遗传连锁图谱还只限于模式种斑马鱼,它所确立的一系列方法也可用于水产动物的SNPs遗传图谱的构建。

2. 连锁不平衡、关联分析和功能学验证

SNPs标记在群体水平上的应用研究最具有吸引力的方面是利用群体遗传学中的连锁不平衡(linkage disequilibrium, LD)原理来进行关联分析(associate study)。连锁不平衡是一个复杂现象,遗传距离、不同等位基因的选择压力、遗传漂变、群体的瓶颈效应以及发生新突变均对连锁不平衡有着很大的影响。但由于漂变和选择产生的不平衡在不连锁的基因座之间将很快消失,而紧密连锁的基因座之间的连锁不平衡消失很慢,因而通过研究一个位标与性状相关基因座之间的连锁不平衡将有助于目标性状的精细定位。由于SNPs在基因组十分丰富,它的稳定性和容易记录使得人们可以利用连锁不平衡分析来深入研究群体遗传学的一些基本理论问题,并在此基础上进行关联研究。进行关联分析时,采用候选基因法来分析功能基因的等位基因与表型的关联性,是一个有效的方法(Talbot et al, 1995)。候选基因SNPs标记是一种重要的QTL定位方法,它通过揭示直接在生理上或在生长发育过程中能得以表现的标记基因与控制数量性状的主效基因的关系,而用于QTL定位。

肉质是家畜重要经济性状之一,其中影响最为突出的是双肌性状。双肌性状是由于肌肉生长抑制素(mysatatin,MSTN)缺失或突变从而导致肌肉过度生长或肥大引起的。Grobet等(1998)研究表明:皮埃蒙特牛MSTN基因在第三外显子处发生错义突变(G→A),使得蛋白质成熟区酪氨酸替代胱氨酸,导致MSTN基因失活,从而表现出双肌性状。生长性状是水产动物中最重要的一个经济性状,与水产动物生长性能相关的候选基因主要包括生长激素(growth hormone, GH)、生长激素受体(growth hormone receptor, GHR)、类胰岛素生长因子(insulin-like growth factor, IGF)。国内外学者通过候选基因法在寻找与水产动物生长性状相关的SNPs位点上也取得了初步成效。Tao等(2003)采用PCR-RFLP和双向特异等位基因扩增(bidirectional amplification of specific alleles, Bi-PASA)技术对北极嘉鱼(*Salvelinus alpinus* L.)两个全同胞家系中与生长相关的10个候选基因进行了SNPs位点的筛选,并进行了SNPs位点与生长性状的关联分析。结果表明,10个候选基因中有5个(GH1、GH2、IGF1、Pit1及GHRH/PACAP2)含有SNPs位点(8个),其中位于基因GHRH/PACAP2上的SNPs位点与北极嘉鱼早期生长速率存在极显著性相关($P=0.00001$);同时表明,对于非模式生物,通过近缘种序列比对来设计引物扩增候选基因进行QTL定位是一种切实可行的方法。Gross等(1999)用*Taq*I酶切大西洋鲑(*Salmo salar* L.)GH1基因从第1外显子到第4外显子的1 825 bp片段,结果在内含子3上发现了一个新的*Taq*I酶切位点,在1龄大西洋鲑中共检测到了3个等位基因8种基因型,在这3个群体中不同等位基因和基因型的分布存在显著性差异($P<0.05$)。Prudence等(2006)对太平洋牡蛎(*Crassostrea gigas*)amylase基因(AMYA和AMYB)进行了PCR-RFLP分析,结果表明,牡蛎肉重与amylase基因型显

著相关,这对于遗传育种中提高牡蛎生长速度具有重要的潜在价值。Xu 等(2006)克隆了与尖吻鲈(*Lates calcarifer*)肌肉生长相关的小清蛋白基因(PVALB1 和 PVALB2),在 PVALB1 基因的 3′非编码区发现了一个微卫星位点,该位点与尖吻鲈孵出 90 d 后的体重、体长极显著相关($P<0.01$);同时通过直接测序法在 PVALB2 基因的 3 个内含子上检测到了 3 个 SNPs 位点,但没有发现与尖吻鲈的生长性状存在相关性。Kang 等(2002)利用 Southern 杂交技术对牙鲆(*Paralichthys olivaceus*)GH 第 1 外显子到第 5 外显子的 2 114 bp 进行了分析,*Sau*3AI 限制性内酶在牙鲆大、中、小 3 个群体中检测到了 6 个等位基因 15 种基因型,这些等位基因和基因型在 3 个不同群体中的分布具有显著性差异($P<0.05$),可以将这些位点作为与牙鲆生长相关的标记。Case 等(2006)用 *Dra* I 酶切大西洋鳕(*Gadus morhua*)和其他海域鳕鱼 *pan* I 基因中的 313 bp 片段,发现大西洋鳕鱼 *pan* I 基因的变异对其生长性状有着重要的影响,其中属于 *pan* I ab 基因型的鳕鱼在出生 10 周后的体重和体长明显高于 *pan* I bb 型的鳕鱼($P<0.01$)。

国内学者倪静等(2006)根据牙鲆(*Paralichthys olivaceus*)生长激素(GH)基因的 5 个外显子序列设计引物,通过 PCR – SSCP 分析技术对其进行检测,结果表明,该群体生长激素基因的第四个外显子存在多态性(C→T),进行关联分析发现不同基因型的个体在体重和头长上存在显著性差异($P<0.05$)。珠江水产研究所于凌云等(2009)通过候选基因法,对大口黑鲈(*Micropterus salmoides*)*MyoD* 基因进行了 SNPs 位点的筛选,在内含子上发现有 7 个 SNPs 位点,这些位点在分析群体中的突变频率为 4.2% ~35.3%,均大于1%因而可以认为是突变点,为接下来分析这 7 个 SNPs 位点与大口黑鲈生长性能的相关性奠定了基础。李小彗等通过直接测序和 RFLP、SSCP 方法对大口黑鲈中国养殖群体和美国群体 IGF – I 基因进行了 SNPs 位点的筛选,在该基因的启动子上存在一个 4 个碱基的插入 – 缺失突变和 T – A 转换突变,该多态位点的基因型与大口黑鲈体重显著相关($P<0.05$);同时还在该基因的 3 个内含子上共检测到了 7 个 SNPs 其中只有内含子 1 上的 SNPsG1070 – A 在中国养殖群体中具有多态性,其他 SNPs 位点只在美国群体中存在多态性,证实中国养殖群体的遗传多样性较低。相对畜牧和家禽而言,SNPs 标记应用于水产动物关联分析方面起步较晚,研究还很少,但随着 SNPs 技术的迅速发展和各国学者对水产养殖业的重视,必将在水产动物分子标记辅助育种中得到广泛的应用。

对于 SNPs 位点与某一性状的关联性研究,不同实验室得出的结果往往也存在很大差异甚至完全相反,而且与某一性状显著关联的 SNPs 到底是发挥功能性作用,还是仅仅与功能性 SNPs 相连锁的遗传标记甚至二者只是某种联系上的假象,这都需要进行功能学研究来加以证实。预计引起细胞功能学改变的 SNPs 在所有 SNPs 只占极小一部分,大多数是分布在基因启动子区域可能发挥调节转录效应的 SNPs 和蛋白质编码区域引起编码氨基酸改变的 SNPs。分子生物学技术的迅速发展,极大地推动了 SNPs 功能学验证的深入研究。现在比较成熟的对于启动子区域 SNPs 功能学研究技术主要包括:①报告基因转染技术。这一技术主要用于研究启动子 SNPs 对于 mRNA 转录效率的影响, 通过观察转录结果来判断 SNPs 是否具有功能。②凝胶迁移滞后实验(electrophoretic mobility shift assays, EMSA)。该技术通过在体外合成含 SNPs 位点的寡核苷酸与转录因子特异性结合,观察二者结合的强度和效率,但是该技术只是人工合成较短长度的寡核苷酸,没有考虑 SNPs 位点周围遗传背景环境的影响。③染色质免疫沉淀分析(chromatin immunoprecipitation assay, CHIP)。该技术通过超声将染色体碎片化,再将碎片化的核酸片段与转录因子结合,然后通过PCR技术扩增观察判断二者结合的效率和强度。

现阶段对于SNPs功能学的研究主要集中在人类复杂疾病上。Sun等(2007)通过关联分析发现CASP8基因启动子区域-652 6N缺失与肺癌风险的降低存在显著相关性。同时对其进行了SNPs功能学验证,发现由于-652 6N的缺失使得CASP8基因对应的mRNA表达量有所下降,最终导致T淋巴细胞中CASP8的活性和在癌细胞抗原诱导下的细胞死亡率降低。SNPs的功能学验证这一特点是其他分子标记所不具备的,因而用SNPs标记来进行关联性研究再进行功能学验证很大程度上提高了标记的可靠性,具有其他分子标记无可比拟的优越性。虽然SNPs功能学验证在水产动物中还没有相关研究,但随着水产动物分子生物技术的不断发展,该技术独特的优点在水产动物遗传育种中将具有广泛的应用前景。

3. 种群进化和亲缘关系的研究

SNPs具有分布广泛、位点丰富、低突变率(10^{-8}~10^{-9})能稳定遗传及二等位基因标记易于实现自动化等特点,非常适合群体遗传学中种群进化和亲缘关系的研究(Brumfield et al,2003)。线粒体DNA(mtDNA)具有分子结构简单、严格的母性遗传、几乎不发生重组、进化速度快、不同区域进化速度存在差异等特点,使其成为群体遗传学和分子系统学研究的重要标记。在水产动物方面,将SNPs标记应用于mtDNA来研究特种的进化和亲缘关系已经取得了一系列进展。Chow等(1997)用4种限制性内酶(*Alu*,*Dde* I,*Hha* I和*Rsa* I)对13个不同海域的456尾剑鱼(*Xiphias gladius*)的线粒体DNA进行了PCR-RFLP分析,共检测到了52种基因型,遗传距离为0.702~0.962。*Rsa* I在地中海剑鱼群体中没有发现多态性,说明很少有外来剑鱼进入该水体中;同时还成功地将大西洋与太平洋的剑鱼群体进行了区分。Aranishi等(2005)对亲缘关系非常接近的3种鳕科鱼类的细胞色素*b*基因进行了PCR-RFLP分析,结果在阿拉斯加州鳕鱼中扩增出了3条带(106 bp,161 bp和291 bp),太平洋鳕鱼为两条带(106 bp和452 bp),而在大西洋鳕鱼中没有切开,从而很好地将3种鳕区分开来。Shiro等(2005)运用PCR-RFLP和*Taq*Man MGB探针技术,得到的不同大小的酶切片段及荧光密度的不同能够很好地将日本鳗鲡(*Anguilla japonica*)和欧洲鳗鲡(*Anguilla anguilla*)区分开来。由于等位酶标记受到取样数量大小的限制,而微卫星标记在不同实验室或国家之间的数据传输困难,Smith等(2005)利用10个SNPs位点成功地将分别位于美国和加拿大流域的大鳞大麻哈鱼区分开来,其精确度达到95%。汪登强等(2005)利用PCR-RFLP对13种鲟形目鱼类mtDNA进行了分析,结果显示,鲟科的6种鱼与匙吻鲟和白鲟分成两大支;鲟科中两种鳇鱼没有聚到一起,支持了鳇不能作独立分类单元的观点,为鲟形目鱼类遗传和进化研究提供了科学依据。

五、展望

SNPs是生命遗传物质基因变异的主要存在形式,既可用于高密度遗传图谱的构建,也可用于基于候选基因或整个基因组的关联研究。近年来,SNPs在人类流行病学关联研究中取得的成果,极大地促进了SNPs在动物基因组研究中的应用。一系列发现和检测SNPs的方法、构建图谱的策略以及连锁不平衡和关联分析等技术正被广泛应用于动物基因组研究领域中。水产动物的主要经济性状(如生长性状)大都属于数量性状(QTL),其遗传机制比较复杂,受到众多基因控制。要想精确定位这些 QTL 从而辅助育种,就必须建立高密度的遗传图谱。SNPs 标记的出现可以很好地解决这一问题,与微卫星相比,SNPs 在基因组中的分布更为广泛,拥有更庞大的遗传信息,并且易于自动化。因而,更适合于建立水产动物遗传图谱,进行 QTL 精细定位。但由于 SNPs 应用于水产动物研究起步较晚,缺乏足够的 SNPs 位点来构建遗传图谱或进行关联分析。在今后的研究中,应致力于用高效的检测方法来大规模筛选 SNPs 位点,进行关联分析以及 SNPs 功能学验证研究。另一方面可从已知的与重要经济性状相关的基因着手,研究这些基因外显子、内含子 SNP 多态性,特别是调控序列上的 SNP 多态性,这样更容易找到与特定功能相关的分子标记,提高水产动物选择育种的效率。

第三节　EST 技术的研究进展及在水产领域的应用

表达序列标签(expressed sequence tags, ESTs)技术是将 mRNA 反转录成 cDNA 并克隆到质粒或噬菌体载体构建成 cDNA 文库,从中随机挑取克隆并对其 3′或 5′端进行单轮测序。构建的转录组数据可为寻找新的编码蛋白和非编码蛋白信息以及对基因组序列的功能注释、组织特异性基因表达谱分析、连锁图谱的构建、SSR 和 SNP 的研究提供帮助。本节主要从 EST 技术的研究进展以及在水产动物上的应用两个方面进行概述,以便于为水产动物的应用提供帮助。

一、EST 技术的研究进展

Costanzo 早在 1983 年就随机对肝脏 cDNA 文库测序,证实所测序列可用于研究 DNA 序列与基因功能之间的关系,于是提出了 EST 概念雏形。之后,Wilcox(1991)和 Okubo(1992)几乎同时描述了 EST 技术。有关 EST 技术应用的首次报道是 1991 年 Adams 等从 3 种人脑组织 cDNA 文库随机挑取 609 个克隆进行测序,得到一组人脑组织的 EST。另外,Boguski 和 Schuler(1996)首先提出构建以 EST 为界标的人类基因组转录图谱计划,这使科学家提前进入对基因组的功能研究。

近年来,表达序列标签越来越多地受到研究者的重视。在模式鱼类斑马鱼和青鳉中,都已有大量 EST 标记成功用于构建遗传图谱和比较基因组作图(Woods et al,2000;Naruse et al,2004)。在鱼类(Liu et al,1999)、贝类(Yu et al,2003)、虾类(Tong et al,2003)等水产经济动物中也相继有研究 EST 标记的相关报道。而高通量测序是从 2005 年 454Life Sciences 公司推出 454 FLX 焦磷酸测序平台以后才发展起来的。目前,斑点叉尾鮰(*Ictalurus punctatus*)和蓝鲇(*Ictalurus furcatus*)(Wang et al,2010)、尖吻鲈(*Lates calcarifer*)(Xia et al,2010)、马氏珠母贝(*Pinctada martensii*)(王爱民等,2010)等已经完成了测序。

1993 年美国国家生物技术信息中心(National Center of Biotechnology Information,NCBI)建立了一个专门的 EST 数据库(http://www. ncbi. nlmVnih. gov/dbEST)来保存和收集所有的 EST 数据,截至到 2011 年 4 月 27 日,该数据库共收集了 2 243 多种生物的分别 69、231、

200 条 ESTs 序列。除美国国家生物技术信息中心的 GenBank 是较为常用的核酸序列数据库之外,还有欧洲分子生物学实验室(The Eurpean Molecular Biology Laboratoy,EMBL)建立的 EMBL 数据库,日本 DNA 数据库(DNA Data Bank of EST,DDBJ),这 3 个数据库是收录范围最广并完全向公众开放的数据库。中国于 1996 年在北京大学建立了生物信息中心(Center for BioInformatics,CBI),引进了核酸蛋白质序列及结构等近 40 个数据库。随着各类数据库中 EST 数目的急剧上升, EST 标记已成为基因研究的基本工具,广泛应用于基因组学的研究。

二、EST 技术在水产领域的应用

1. 电子克隆发现新基因

利用对某一特异组织或某一生长发育阶段的 cDNA 文库进行随机部分测序所得的 ESTs 作为查询项,在 dbEST 中进行同源查找;同时将由 ESTs 序列按密码子推出的氨基酸序列作为查询项,在蛋白质信息资源数据库中进行同源查找,如果该 ESTs 序列及其所代表氨基酸序列在以上数据库中存在同源序列,可对 ESTs 所代表基因的功能进行分析及鉴定。如果不存在同源序列,则该 ESTs 所代表的基因有可能是新基因,有必要对其进行进一步研究。发现基因是当前国际上基因组研究的热点。

电子克隆(in silicon cloning)是指利用计算机技术依托现有的网络资源(ESTs 数据库、核苷酸数据库、蛋白质数据库、基因组数据库等)采用生物信息学方法(同源检索、聚类、序列拼装等)延伸 ESTs 序列,以期获得部分乃至全长 cDNA 序列的方法(Gill et al,2000)。电子克隆的优势主要在于节省时间和节约经费,能够起到事半功倍的效果。但是数据库中的 EST 数据最高精确度为 97%(何志颖等,2002),这意味着获得的是模拟序列,最终仍要通过试验验证。

高琪等(2005)以日本七鳃鳗口腔腺为材料,构建 cDNA 文库。通过对文库中克隆子的序列测定和生物信息学初步分析,得到 1 323 条有效 EST 序列。经 BlastX 及 BlastN 软件进行同源对比分析,653 条(49.36%)EST 可在蛋白质或核苷酸水平上找到同源序列,其中 328 条与七鳃鳗科物种同源。同源序列功能分类大致分为 11 类,与蛋白质合成有关的蛋白所占比例最大。1 323 条 EST 进行片段重叠群分析(contig analysis)获得包括 547 条序列在内的 162 组片段重叠群并确定了 8 条全长 cDNA。在遗传结构的研究中,Yu 等(2009)从开放 EST 数据库中找太平洋牡蛎有多态性的微卫星,结果显示有多态性的 51 个基因中有 31 个是未知基因。EST 数据的开放为发现新基因奠定了基础。

2. 基因表达差异

基因在不同组织和疾病发生发展的不同时空存在明显的基因表达差异。由于用 EST 技术研究基因的表达稳定性高且分析规模大,使其成为研究基因差异表达的热点。如果 EST 来源于不同的 cDNA 文库,而每一个文库来自于一种细胞或器官,那么在不同文库中某一 EST 存在与否反映了细胞或器官表达基因的特异性,而且 EST 数量的差异也能粗略地反映特定细胞或组织相应基因表达量的差异。比较生物不同发育时期和每一个发育时期不同组织或器官 cDNA 文库 EST 的信息,可以绘出生物体在时间和空间的基因表达顺序谱。

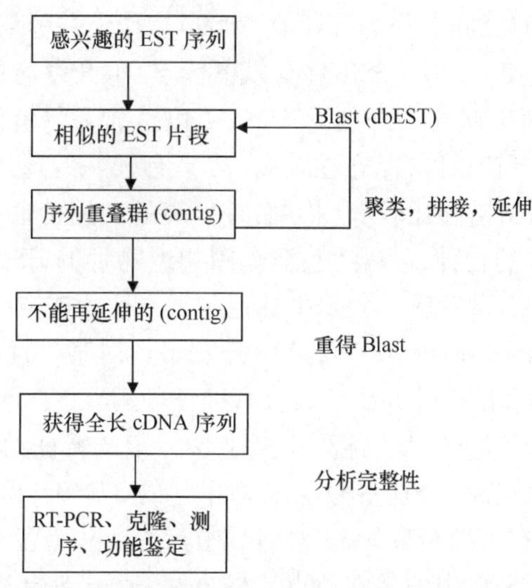

图 6－1　基于 EST 库的电子克隆流程

随着 mRNA 差异显示、cDNA 代表差异分析以及抑制性削减杂交等技术的改进，人们能在 EST 数据库中进行 BLAST 分析，不但能发现已知基因在不同组织、不同时期的表达规律，还可以快捷地筛选出存在差异表达的未知基因片段，为克隆新的差异表达基因提供依据。

戴雅丽(2007)利用生物信息学的理论与方法对公共数据库中的 5 个不同发育阶段的 EST 序列进行了分析。结果表明：文昌鱼的 5 个不同的发育阶段中，神经胚时期的表达量最大，但比对得到的可注释的序列最少，成体期的可注释序列最多。

3. 通过 EST 寻找 SSR 和 SNP 分子标记

由于 ESTs 含有足够的结构信息显示其所代表的基因的功能以及与其他基因之间的关系，因此 ESTs 是以测序为核心的新型分子标记方法的典型代表。同时通过对 ESTs 重叠群组装、对大量重复的 ESTs 进行序列比较，还可以从 ESTs 数据库中筛选另一种以测序为核心的分子标记 SSR 和 SNP。

1) EST－SSR 分子标记

表达序列标签微卫星(expressed sequence tags simple sequence repeats, EST－SSR)是一种基于 EST 中简单重复序列设计的新型分子标记。尽管不同生物 EST 序列中 SSR 分布的频率差异很大，但其中 2% ~5% 的序列中都含有 SSR 位点，随着生物技术的发展和实验成本的降低，公共数据库 EST 数量急速增加为动植物 EST－SSR 标记的开发提供了具有丰富价值的可利用资源。

简单重复序列(SSR)又称微卫星(microsatellite)，广泛分布于动植物基因组中。根据 SSR 的来源，可将其分为基因组 SSR 和 EST－SSR(Chen et al, 2006)，一般 EST 中的 SSR 要短于基因组中的 SSR。传统的基因组 SSR 标记开发过程较慢，花费时间长，费用较高，效率较低，因为需要进行基因组文库构建重复序列克隆的识别和筛选克隆测序引物设计等环节。海量 EST 的出现为 EST－SSR 的开发提供了新的具有丰富信息量的生物信息来源从而可克服开发 SSR 引物费用高的问题(姜春芽等,2009)。作为一种新的 SSR 标记,EST - SSR 已经在研究中得到广泛应用。EST - SSR 具有以下优点:①开发简单、快捷、费用低,从 EST 中开发 SSR 只是大规模 EST 测序计划的副产品,可以节省大量资源耗费(余渝等,2005);②通用性好,由于 EST 来自转录区,保守性较高,故具有较好的通用性,这在亲缘关系较近的物种之间校正基因连锁图谱和比较作图方面有很高的利用价值(Varshney et al, 2005)。同时对于 EST 信息量较少的物种,可参考甚至借用相近物种的 EST - SSR 引物进行遗传多样性的研究;③信息量大,如果发现一个 EST 标记与某一性状连锁,那么该 EST 就可能与控制此性状的基因相关(Bozhko et al,2003),从而开发出针对某一性状的分子标记辅助选择技术提高育种的选择效率和准确性并用于聚合育种。

孙典巧等(2011)分析了鮸鱼 EST 序列中微卫星标记的特征,结果表明:二核苷酸和三核苷酸重复类型出现频率较高,分别占微卫星总序列的 37.43% 和 32.98%。根据设计的 45 对引物的多态性检测,在可以扩增的 33 对引物中筛选到 9 个多态位点,多态位点的比例达到 20%。这表明 EST - SSR 中的多态位点比较丰富,适于进行大规模 EST - SSR 多态标记的筛选。李偲等(2011)研究了草鱼Ⅰ型微卫星标记的发掘及其多态性检测,为草鱼遗传连锁图谱构建和 QTL 分析提供有效的基因分子标记。Bai(2011)和 Wang(2009)分别对淡水珍珠贻贝和中国对虾有多态性 EST - SSR 遗传结构进行了分析,这些标记对遗传多样性、群体结构、选择育种很有价值。

可见,这些 EST 标记在为今后的遗传多样性分析、遗传图谱构建以及比较基因组等研究方面奠定了基础,发挥了重要作用。

2)EST - SNP 分子标记

EST - SNP 作为一种新型的功能分子标记,除具备传统的 SNP 标记的优势外, 还可能与功能基因表达产物的结构和功能直接相关。同时由于 EST - SNP 来自转录区, 具有较高的保守性, 在比较不同物种基因组时非常有利, 因而被广泛应用于比较基因组学、进化基因组学和候选基因的筛选等方面。曹婷婷等(2012)利用草鱼 EST 数据库筛选到了羧肽酶 A 的两个颠换 SNP 位点,醛缩酶 B 基因上的 3 个颠换 SNPs 位点,结果显示:这些位点在体重等 5 个生长性状上都存在显著差异,可以将羧肽酶 A 和醛缩酶 B 作为生长相关的候选基因,用于草鱼的分子辅助育种。Liu(2011)等研究了大规模测序后斑点叉尾鮰和蓝鲇鱼的 SNP 位点。其中斑点叉尾鮰和蓝鲇鱼种内的 SNP 位点分别是 342 104 个和 366 269 个,种间 SNP 位点是 420 727 个。这些信息为了解进化、基因组成及基因调控等方面有着非常重要的意义。

随着生物信息学算法的完善,新的分析 SNP 的软件不断产生和成熟,软件和分析策略已不再是有效开发 SNP 标记位点的最大制约因素,而大量相关 EST 数据库的不断积累和发展便显得更加关键。大量数据的积累有利于发掘基因组上更多相关基因本身遗传变异的 SNP 位点。由于 EST 数据库中包含着丰富的分子生物学信息,使其在新基因克隆中展现出明显的优势。随着基因组学研究的深入和基因定点突变技术、定向重组技术、基因表达 DNA 芯片技术和蛋白质组计划的发展,EST 将在大规模基因识别、克隆和表达分析方面起到更加显著的作用。比较不同的 EST 数据,结合实验方法可以构建更为个性化的基因图。

第四节　遗传连锁图谱及其在水产动物遗传育种中的应用

一、遗传图谱的构建原理

遗传图谱,又称连锁图谱或者遗传连锁图谱,是以多态性的遗传标记为路标,以两个基因座间的交换率为图距,反映一条染色体或基因内位点相对位置的线性排列图。如果同一条染色体上的两个基因相对距离越长,那么他们减数分裂发生重组的概率将越大,共同遗传的概率也就越小。根据他们后代性状的分离可以判断他们的交换率,也就可以判断他们在遗传图谱上的相对距离。因此我们所提到的某一物种的遗传连锁图谱,显示的是染色体上基因或遗传标记的相对位置。

Sutton 和 Boveri(1903)分别提出了遗传因子位于染色体上的理论,这为遗传连锁图谱的构建提供了其染色体方面的理论前提。他们指出每条染色体在个体的生命周期中均能保持结构上的恒定性和遗传上的连续性。连锁图谱构建的理论基础是染色体的交换与重组。在细胞减数分裂时,非同源染色体上的基因相互独立、自由组合,同源染色体上非姊妹染色体的基因发生交换,交换的频率随基因间距离的增加而增大,同一染色体上的基因在遗传过程中倾向于维系在一起,而表现为基因连锁。1913 年 Sturtevant 等构建出世界上第一张遗传连锁图谱,在果蝇的 X 性染色体上确定了颜色、翅形、体形大小、体色等 6 个性状。

二、遗传连锁图谱的构建

利用遗传标记进行遗传连锁图谱构建的一般程序是:选择合适的作图群体;根据作图群体的多态性及其品种基因组的研究状况选择合适的分子标记对亲本和群体进行分析;作图群体中不同个体标记基因型的确定;利用计算机软件统计分析,建立标记间的连锁排序和确定遗传距离。

1. 实验群体的选择

试验样本群体的选择是构建过程中首要的一步,这需要考虑亲本的选择,分离群体类型的选择以及群体大小的确定。

选择的亲本直接影响构建分子标记图谱的难易程度及所建图谱的实用范围。亲本的选择首先需要考虑亲本间的多态性,只有双方具有一定的差异,才能使群体具有足够的多态性标记用于作图。一般情况下,亲本的亲缘关系越远,个体间的多态性越高。其次,要尽量选用纯度高的材料作为亲本,便于通过自交进行纯化。第三,需要提前对作图亲本及其后代进行细胞学鉴定。若双亲存在相互异位,或多倍体材料存在单体或部分染色体缺失等问题,那么其后代就不宜用来构建连锁图谱(Concibido et al,1997)。

选择和建立一个理想的分离群体是遗传连锁图谱构建的前提条件和关键因素,并且分离群体的类型直接关系到连锁图谱的作图效率和应用范围。到目前为止,很多生物的遗传图谱已被建成,并且有些作物(如水稻、小麦、玉米、番茄等)已按不同的作图群体构建出了多种遗传图谱。根据作图群体的遗传稳定性可将分离群体分为两大类:一类是暂时性分离群体,其中包括单交组合所产生的 F_2 及其衍生的 F_3、F_4 和回交群体,这类群体中分离单位是个体,一经自交或近交就会使个体的遗传组成发生变化,无法永久使用。另一类是永久性分离群体,包括重组近交系和单倍体。这类群体的分离单位是品系,不同品系之间存在基因型的差异,而品系内个体间的基因型是相同且纯合的,自交不分离(方宣钧等,2002)。迄今为止,大多数连锁图谱是基于单交产生的 F_2 群体,这种群体易于建立,所需时间相对较短,而且 F_2 群体的作图信息量最大,是回交群体的两倍,而且因为 F_2 群体含有亲本所有可能的等位基因组合,所以是应用非常广泛的作图群体,尤其是杂合度较低群体初期遗传连锁图谱的建立。回交群体则适合自交不亲和材料,如 Naruse 等(2004)利用青鳉近交系产生的回交群体构建了 88 个基因或 EST 标记的图谱以 RFLP 为作图标记构建青鳉的连锁图谱,并比较了青鳉、斑马鱼和人的图谱。F_1 群体适合杂合度较高的生物,对于大部分的水生生物而言,较难获得近交系,如 Li 等(2005)以日本群体及中国群体的两个个体杂交产生的 F_1 群体为材料,构建了栉孔扇贝 AFLP 遗传连锁图谱,同时将性别标记定位在雌性连锁图上。重组近交系和单倍体则适用于植物研究上。

实验所用的群体个数的多少直接关系构建图谱的密度和图谱的应用范围,因此群体大小也是重要的考虑因素之一,从目前已构建的水产动物遗传图谱来看,常用的作图群体大都小于 100 个个体,但如果个体太少,会大大降低遗传图谱的连锁密度,更会降低其实用价值。增大作图群体是遗传作图的发展趋势,Bevis 根据 Monte Carlo 模拟指出群体数量小于 200 时将不能发现大多数的 QTL,大多数情况下,需要大于 500 的群体。

2. 作图的标记选择

遗传连锁图谱的成功构建和数量性状的精确定位,都离不开遗传标记的应用。选择合适的遗传标记是构建遗传连锁图谱的重要步骤,遗传标记是指可以明确反应染色体或者染色体的某一区域在垂直传递过程中的遗传多态性的生物特征,也是遗传育种的重要工具。

在第一张遗传图出现以后的几十年间,各种生物遗传图谱的研究都是根据可分辨的形态学、生理学及生化常规标记来构建的。这些能够用来作图的遗传标记数量极为有限,图谱分辨率极低,标记少,图距大,饱和度低,在遗传连锁图谱的构建方面应用价值不大。进入 80 年代,由于分子生物学技术的发展,使利用 DNA 分子水平上的变异作为遗传标记进行遗传作图成为可能,从而诞生了一种现在被广泛使用的重要遗传标记—DNA 分子标记。下面概述各类分子标记在遗传连锁图谱中的应用。

(1)限制性片段长度多态性。RFLP(restriction fragment length polymorphism)标记是最早应用的 DNA 分子标记技术之一(Botstein et al,1980),其原理为当用限制性内切酶处理不同生物体的 DNA 时,所产生的大分子片段长度可能不相同,它既可能是碱基突变引起限制性内切酶识别位点的改变,也可能是部分片段的缺失、插入、易位、倒位、重复等引起电泳带的改变。

RFLP 标记呈孟德尔式遗传,大多数 RFLP 的等位基因为共显性,在任何分离群体中能区分纯合基因型与杂合基因型;RFLP 标记反映基因型差异,无表型效应,不受发育阶段或外界环境的影响;非等位的 RFLP 之间不存在上位互作效应,因而相互独立互不干扰;RFLP 标记源于基因组 DNA 自身变异,标记的数目多且稳定,在构建高密度的遗传图谱和指纹图谱的构建以及群体遗传分析等研究领域仍然具有重要的应用价值。

1980 年，Bostein 等（1980）首次提出了利用 RFLPs 标记构建遗传图谱的设想，开创了利用分子遗传标记进行遗传连锁图谱构建的先河，其图谱的饱和度远远超过以前的常规标记图谱。1987 年由 Donis-Keller 等（1987）构建了第一张人类 RFLPs 连锁图。杨俊品等（2004）将 90 个 RFLP 标记定位于玉米的一个遗传连锁图谱中。曹永国等（1999）以杂交 F_2 作为构图群体，构建了具 85 个 RFLP 标记的玉米遗传图，覆盖玉米基因组的 1827.8cM，标记间平均间距为 24.4cM，并对矮生基因进行了定位分析。Nodar 利用 RFLP 技术，构建了大豆的 F_2 遗传连锁图谱，其实包括 152 个标记，并且定位了宿主菌的两个抗病基因，并推测每个基因可能存在至少 4 个 QTL 性状位点。

（2）随机扩增多态性 DNA。RAPD（random amplified polymorphic DNA）标记是由 William 和 Welsh 领导的两个研究小组在 1990 年同时发现的 DNA 分子标记（Welsh et al，1990）。它是以 PCR 为基础，利用一个人工合成较短的（通常 9～10 bp）随机序列寡核苷酸作引物，以生物的基因组 DNA 作为模板进行 PCR 扩增反应，产生不连续的 DNA 产物，通过琼脂糖凝胶电泳来检测 DNA 序列的多态性。扩增 DNA 片段的多态性反映了基因组相应区域的 DNA 多态性（张丕燕等，2000）。

RAPD 技术可以在对物种没有任何分子生物学研究的情况下，对其进行 DNA 多态性分析；引物序列通用性强，无需根据物种特异性分别设计引物；操作简便、快速；所需模板 DNA 的量极少，只要有特定的 DNA 片段，就可将该 DNA 片段扩增（林炜等，2002）；每个 RAPD 标记就相当于一个靶序列位点，可定向增加 RFLP 某一区域的 DNA 标记数，更有效地进行遗传图谱的构建；绝大多数 RAPD 标记遵从孟德尔遗传规律。

胡学军等（2004）用 520 个 RAPD 标记构建甘蓝分子连锁图，并对甘蓝叶球紧实度和中心柱长两性状进行了 QTL 定位分析。检测到 3 个与叶球紧实度相关的 QTL。刘春林等（2003）用 RAPD 标记对油菜的 F_2 群体进行分析，构建了油菜的遗传连锁图谱，并将抗菌核病基因定位在四、八、十四 3 个连锁群上。张鲁刚等（2000）以杂交的 F_2 群体为试材，采用 RAPD 标记，构建了白菜的 RAPD 遗传图谱。Dario Grattapaglia 等（1994）利用拟测交策略，构建了桉树的遗传连锁图谱。

（3）微卫星 DNA 标记。微卫星 DNA 标记自被发现以来就受到育种学家们的高度重视，并充分认识到了把它作为基因变异研究所具有的巨大潜在价值，已被广泛应用于构建物种遗传连锁图、基因鉴定、物种进化演变追踪 QTL 定位等方面（Ziethiewisz et al，1994）。

吴晓雷等（2001）利用 RFLP 和 SSR 标记分析构建了一张大豆遗传图谱，该图谱包含 22 个连锁群和 256 个标记。Wilson 等（2002）报道了斑节对虾的遗传图谱，该图谱以 F_2 群体为材料，利用微卫星和 AFLP 标记为基础，此图谱包含 20 个连锁群，总图距为 1 412 cM，标记间的平均距离为 22 cM。陆光远等（2004）利用 AFLP 和 SSR 标记构建了一张甘蓝型油菜的分子标记遗传连锁图谱，并且将显性细胞核雄性不育基因 Ms 定位到第 10 个连锁群上。Hubert 等（2004）发表了以微卫星为基础的太平洋牡蛎遗传连锁图谱，他们利用 102 个微卫星标记为作图标记，雌雄性图谱分别覆盖 11 个和 12 个连锁群。Lee 等（2005）报道了第二代罗非鱼的连锁图谱，利用种间杂交的 F_2 群体，连锁群包括 525 个微卫星标记和 21 个基因标记，连锁群为 24 个，总长度为 1 311 cM，平均间隔为 2.4 cM。向道权等（2004）利用 SSR

分子标记构建了玉米的遗传连锁图谱,并检测到 30 个 QTL。

(4)扩增片段长度多态性。扩增片段长度多态性(amplified fragment length polymorphism,AFLP)是由荷兰科学家 Zabeau 和 Vos 于 1993 年建立起来的一种检测 DNA 多态性的新方法,由于它具有有重要的实用价值,一出现就被 Key Gene 公司以专利形式买下。AFLP 是通过 PCR 反应先将酶切片段扩增,然后把扩增的酶切片段在高分辨率的顺序分析胶上进行电泳,多态性即以扩增片段的长度不同被检测出来。实验中酶切片段首先与含有与其共同黏性末端的人工接头连接,连接后的黏性末端顺序和接头顺序就作为以后 PCR 反应的引物结合位点。实验中,根据需要通过选择在末端上分别添加了 1 ~ 3 个选择性核苷酸的引物,可以达到选择性地识别具有特异性配对顺序的内切酶片段进行结合,导致特异性扩增。

由于 AFLP 标记数目多,多态性丰富,所需 DNA 量少,高分辨力,结果稳定可靠,重复性好,使 AFLP 标记成为构建遗传连锁图谱不可或缺的工具,国内外利用这一技术目前已经构建出许多动植物的连锁图谱。Koche 等(1998)发表了尼罗罗非鱼(*Orechromis niloticus*)的第一个遗传连锁图谱,其中包括 112 个 AFLP 标记和一些微卫星标记,平均分辨率在 7 cM 左右。Liu 等(2003)利用 AFLP 标记和回交群体构建了斑点鲇鱼遗传连锁图谱,由 418 个 AFLP 标记组成了 44 个连锁群,图谱长度为 1 593 cM。赵爱春等(2004)利用 AFLP 分子标记,对家蚕品系回交一代 BC1 群体构建了一张含有 408 个标记位点、33 个连锁群的连锁图谱,并将绿茧基因定位在该图谱的 22 连锁群上,表明该连锁群与家蚕经典遗传学的第 15 染色体相对应。贾建航等(2003)通过对水稻的 F_2 分离群体的 AFLP 分析找到了 142 个 AFLP 标记,用这 142 个 AFLP 标记以及已定位的 25 个 SSR 标记和 5 个 RFLP 标记构建了水稻 12 个染色体的第一张 AFLP 标记连锁图谱。在建立连锁图谱的同时把一个新基因 tms5(水稻温敏核不育基因)定位在第 2 号染色体上。Pérez 等(2004)利用拟测交理论,用 103 对 AFLP 引物组合,分别构建凡纳滨对虾雌雄性遗传连锁图谱,其中雌性图谱包含 212 个标记,形成 51 个连锁群,图谱长度为 2 771 cM,雄性图谱由 182 个标记分布在 47 个连锁群中,覆盖 2 116 cM。凡纳滨对虾雌性基因组估计值为 4 445 ~ 5 407 cM,雄性基因组估计值在 3 584 ~ 4 333 cM。

(5)单核苷酸多态性。单核苷酸多态性(single nucleotide polymorphism,SNPs)是指不同个体基因组 DNA 某一特定核苷酸位置上发生变化引起的多态性,比微卫星标记密度更高(杨昭庆等,2000)。它包括单碱基的转换,颠换、插入及缺失形式。SNP 从理论上来说,是目前覆盖了基因组所有 DNA 多态的唯一标记方法。研究表明,SNP 是人类可遗传的变异中最常见的一种,占所有已知多态性的 90% 以上(杜玮南等,2000)。

利用 SNP 技术进行构建的遗传连锁图谱国外有过报道,使用 SNP 作为连锁图谱的标记位点,已显露出广阔的应用前景。1998 年 Wang 等(1998)首先报道了根据 SNP 技术建立的人类基因图谱,包括了 2 227 个位点,平均密度达到了 2 cM。Stickney 等(2002)利用 2 035 个 SNP 标记构建了斑马鱼的第一代 SNP 图谱并发展了寡核苷酸列阵技术检测 SNP。Cho 等(1999)在模式生物拟南芥上作了全基因组的 SNP 图谱定位,平均距离为 3. 5 cM。Xia 等(2010)发表了草鱼的第一张遗传连锁图谱,其中包括 16 个 SNP 标记和 263 个微卫星标记,这对草鱼的选育有重要的意义。

3. 群体基因型分析及数据统计

用选择好的分子标记对作图群体进行分析，收集相关的分子标记数据。通常各种 DNA 标记基因型的表现形式使电泳带型或峰型，将电泳带型或者峰型数字化是 DNA 标记分离数据进行数学处理的关键。进行 DNA 标记带型数字化的基本前提是，必须区分所有可能的类型和情况，并赋予相应的数字或者符号。DNA 标记数据的收集和处理应该注意以下问题：①应该避免利用没有把握的数据；②应注意亲本基因型，对亲本基因型的赋值在所有座位上要统一，千万别混淆；③当两亲本出现多条带的差异时，应通过共分离分析来鉴别这些带是属于同一座位还是分别属于不同座位。如果属于不同座位，应逐带记录分离数据。

4. 遗传标记的连锁分析

筛选得到一定数量的分离标记以后，下一步工作就是对所有的分离标记进行连锁分析。所有利用遗传标记来构建连锁图谱的过程都是基于两点测验和三点测验。对两个基因座之间的连锁关系进行检测，称为两点检测，在进行检测之前，必须了解各基因座位的等位基因分离是否符合孟德尔分离比例，这是准确检测连锁关系的前提。在检测前利用卡方检验来确定 DNA 标记的分离是否符合孟德尔遗传分离比例。三点测验是以重组为基础的连锁分析方法。三点测交能直接提供合子在减数分裂过程中基因所发生的重组以及由此产生的重组类型及数目，能提供双交换类型及其频率和染色体交叉干涉等作图信息。一次试验可以确定 3 个基因的排列顺序和连锁距离，所以三点测交法一直都是连锁分析中最有效的基因作图方法。

对于大量标记间的连锁关系进行分析需要借助计算机软件进行。目前已有许多计算机软件用于遗传图谱的构建，其中常用的作图软件有 Mapmaker/EXP 3.0、JoinMap 3.0 和 CRI-MAP 等。

三、遗传连锁图谱在水产动物遗传育种中的应用

遗传连锁图谱已经广泛应用于数量性状位点的定位研究、比较基因组研究、基因的定位与克隆和分子标记辅助选择等方面。

1. QTL 定位

QTL 即数量性状位点，由 Geldermann 在 1975 年提出，他指出 QTLs 是对占据染色体某区域数量性状位点的变异有较大影响效应的单一基因或紧密连锁的基因簇。QTL 的提出为研究数量性状单基因作用及其互作效应，以及建立在此基础上的遗传分析模型的应用提供了理论依据，为动物育种方案的实施开辟了新途径。应用遗传连锁图谱来分析数量性状位点是基于遗传标记座位等位基因与 QTL 等位基因之间的连锁不平衡关系，通过对遗传标记从亲代到子代遗传过程的追踪以及他们在群体中的分离与数量性状表现之间的关系的分析，来判断是否有 QTL 存在。

QTL 在图谱上的精确定位，是今后能否实现对主要水产养殖动物的经济性状进行遗传操作的技术保证，同时也是实现分子标记或基因辅助育种在水产养殖动物中成功运用的重要工具。Shirak 等（2006）在罗非鱼的图谱上定位了 11 个与性别决定机制相关的基因，检测到了这些基因非编码区域的多态性，并将 *Amh* 和 *Dmrta2* 基因定位在 23 连锁群上。

2. 比较基因组作图

比较基因组研究最早是在双子叶植物番茄和马铃薯间进行的(Ifremer,1999),是利用相同的DNA分子标记在相关物种之间进行遗传或物理作图,比较这些标记在不同物种基因组中的分布特点,揭示染色体或者染色体片段上的基因及其排列序列的相同性或相似性,从而对不同物种的基因结构及其起源进化进行精细分析。通过比较作图,可以从分子水平上明确不同基因组间的系统进化关系,更重要的是有可能把相对近源的物种作为一个单一的遗传系统进行研究,为发育生物学和杂交育种等学科提供更全面的指导(李莉,2003)。

目前许多脊椎动物较完整的遗传连锁图谱已经完成(Broad et al,1994),将这些动物的基因连锁图谱与已构建的斑马鱼图谱比较,将有助于搞清脊椎动物基因组的进化过程。还可以增加各种生物中可利用的遗传标记的数量,这对遗传基因组研究较为滞后的水产生物来说尤为重要。目前已经有不少比较基因组作图的报道。Naruse等(2004)利用818个保守的基因构建了青鳉的连锁图谱,比较了青鳉、斑马鱼和人基因组间的同线性关系。Woods等(2005)构建了目前覆盖率最高的斑马鱼连锁图谱,通过比较作图发现了斑马鱼和人之间的多个同线保守区域。Gharbi等(2006)利用288个微卫星和13个同工酶标记构建了褐鳟的遗传连锁图谱,得到37个连锁群,并与其他四倍体起源的鲑科鱼类如大西洋鲑、虹鳟和红点鲑进行了比较。

3. 基因的克隆

克隆基因是分子遗传图谱构建重要的应用之一,以遗传连锁为基础的基因克隆也叫定位克隆,又称图位克隆(景润春等,2000)。如果能得到高密度遗传连锁图谱,就可以找到目的基因的侧翼连锁非常紧密的分子标记,然后用这些标记去筛选大片段DNA文库,得到与分子标记有关的克隆,继而分离出目的的基因。这一方法已用于斑马鱼体色基因的克隆。

4. 标记辅助选择

标记辅助选择,就是通过标记对目标性状实施间接选择,其前提是标记与目标性状紧密连锁(林红等,2000)。长期以来,鱼类遗传育种工作一直以表型性状为基础,当性状的遗传表现加性基因效应遗传时,其表型受许多微效基因的控制,而且易受环境的影响。根据表型对性状的选择往往周期很长,效率不高。很多研究者很早就提出利用标记进行辅助选择,以加速遗传改良的进程。分子辅助选择的前提是连锁分析。分子标记辅助选择与传统的表型选择相比,具有以下优点:对目标性状的选择不受基因表达和环境条件的限制;利用分子标记辅助育种,使对动物的早期选择成为可能;对于多位点控制的,个体间差异并不明显而且用常规方法又难以检测但对育种十分重要的数量性状。

综上所述,构建遗传连锁图谱是水产动物选育和改良研究的一个重要方法,为重要基因克隆及主要经济性状定位奠定基础。但由于目前水产养殖动物遗传连锁图谱分辨率都还较低,还不能够实现QTL精确定位,解决的方法就是不断增加图谱上的标记数,提高分辨率,进一步缩小QTL在连锁群上的分布区域。

第五节 磁珠富集法制备大口黑鲈微卫星分子标记

微卫星技术在遗传多样性和家系标识等方面有着广阔的应用前景,鉴于大口黑鲈已有的微卫星序列较少,本节我们采用磁珠富集法直接从基因组文库的克隆序列中筛选微卫星序列并设计引物,进行多态性大口黑鲈微卫星位点的开发,以期为大口黑鲈种质资源鉴定和分子辅助育种奠定基础。

一、材料与方法

1. 仪器与试剂

PCR 反应所用 DNA 扩增仪为美国 ABI 公司 Gene Amp PCR System 9700;离心机为美国 BECKMAN 公司的 GS-15R 型超速冷冻离心机;电泳采用北京六一仪器厂 DYY-Ⅲ型电泳仪槽,美国 Bio-Rad 公司 164-5070 电泳仪;凝胶成像系统为美国 UVP 公司的 GDS 8000 凝胶成像仪。

分子量标准为 DL 2000,接头为人工合成的 Brown 接头,磁珠为 DYNAL BIOTECH LLC. 公司的 Dynabeads M-280 Streptavidin,离心柱为 PALL FILTRON 公司的 Centrifugal Devices, DNA 聚合酶为 Promega 公司的 *Taq*E,生化试剂均购自宝生物工程(大连)有限公司,其他试剂为国产分析纯。

2. 实验鱼

实验鱼大口黑鲈来自珠江水产研究所水产良种基地,采用 ACD 抗凝剂鱼尾静脉活体取血,按天为时代基因组提取试剂盒说明书所述方法提取基因组 DNA,1% 的琼脂糖凝胶电泳检测 DNA 质量和浓度,电泳缓冲液为 1×TAE,检测完毕保存 -20℃ 备用。

3. 方法

微卫星基因组文库的构建与克隆筛选的基本流程:基因组 DNA 提取 → DNA 酶切与梯度离心 → 连接接头 → PCR 扩增Ⅰ → 磁珠富集 → PCR 扩增Ⅱ → 连接 T-载体、克隆 → 同位素二次杂交

4. 提取、纯化并酶切基因组 DNA

取基因组 DNA 用限制性内切酶 *Sau3AI* 进行不完全酶切,再用蔗糖密度梯度(10%、20%、30% 和 40% 4 个梯度)离心(2 200 r/min,22 h),收集 400~900 bp 的目的片段。

5. 连接人工接头

用单链的寡核苷酸制备接头,等比例的混合两组寡核苷酸 A、B,退火以形成带有几个限制性酶切位点的双链接头:

```
5′ GATCGTCGACGGTACCGAATTCT       A
       ||||||||||||||||||||
3′     CAGCTGCCATGGCTTAAGAACTS   B
```

。建立 20 μL 的反应体系(接头 25 μmol/L,10 μL;T_4 DNA ligase 6U,10× buffer 2 μL,纯化的酶切片段 2 μL,无菌水补足体积至 20 μL)。16℃连接 16 h。连接完毕 Centrifugal Devices 离心柱离心

去除多余接头，电泳检测直至去除干净，并将终总体积浓缩到 15 μL 左右。

6. 利用接头连接片段构建基因组 PCR 文库

取适量连有接头的 DNA 片段作为模板，Primer B 为引物，进行 PCR 扩增，构建基因组 PCR 文库。程序为 94℃ 预变性 3 min，94℃ 变性 1 min，58℃ 退火 1 min，72℃ 延伸 2 min，20 个循环，最后 72℃ 延伸 10 min。反应完毕后，上离心柱，去除多余的引物和没有参加反应 dNTP 等，并使体积浓缩到 15 μL 左右。

7. 微卫星文库杂交，富集和捕获

用生物素标记的微卫星探针和磁珠与微卫星文库杂交，富集和捕获。50 μL 反应体系中包括 1.5 μL（10 μmol/L）Probe（生物素标记的（CA）$_{15}$探针）、5 μL（50 μmol/L）primer B、15 μL 20 × SSC、0.5 μL 10% SDS 和 16 μL ddH_2O，上述混合液在 68℃ 条件下预热并待用。12 μL（约 300 ng）模板 DNA 经 95℃ 变性 5 min 后加入以上预热的杂交混合液，68℃ 杂交 1 h。

磁珠的平衡：将磁珠轻轻摇匀，吸出 100 μL 到硅化离心管中，放在磁力架上（MPC）1 ~ 2 min，吸出盐溶液。用 200 μL B & W 洗液（10 mmol/L Tris-Cl，1 mmol/L EDTA，2 mol/L NaCl）洗涤两次，再用 200 μL 洗液 I（6 × SSC，0.1% SDS）反复洗涤平衡，直到磁珠变得顺滑易洗脱。

将杂交完毕的杂交液加入已平衡好的磁珠中，25℃ 温育 20 min，并轻轻摇动，使生物素和链霉亲和素结合。温育结束后，将离心管放置到磁力架上，去除溶液。依次用洗液 I，洗液 II（3 × SSC，0.1% SDS），洗液 III（6 × SSC）洗涤磁珠，去除不含有微卫星的序列。洗涤方法是：洗液 I 在室温洗两次，每次静置 10 min；洗液 II 在 68℃ 洗两次，每次静置 15 min；洗液 III 在室温快速洗两次，即可基本将不含微卫星的序列去除干净。然后，用 200 μL 0.1 × TE 在室温快速洗两次，加入 50 μL 0.1 × TE，95℃ 变性 10 min，释放出含有微卫星序列的单链 DNA，放在磁力架上吸出备用。

使用 PCR 扩增含有微卫星序列的 DNA 片段。PCR 反应体系、程序同前。反应完毕后，过离心柱以去除多余的引物和没有参加反应 dNTP，并浓缩到 15 μL 左右。

8. 连接 T - 载体，克隆

建立 10 μL 连接反应体系：2 × Buffer 5 μL，pMD 18-T vector 1 μL（购于 Promega 公司），拟插入的 DNA 2 μL，T_4 DNA ligase3U，加无菌去离子水补足 10 μL。4℃ 连接过夜。用 $CaCl_2$ 制备的感受态大肠杆菌 DH5α（萨姆布鲁克等，2002）进行转化，得到微卫星基因组文库。以菌落 PCR 检测插入率。Primer B 为引物，挑单菌落菌在 PCR 反应液中搅动几下，以不接种菌的为空白对照。反应程序同前所述。琼脂糖检测扩增结果，插入率在 80% 以上则进行下步操作。

9. 菌落杂交，用同位素探针进行二次筛选

通过菌落杂交对微卫星文库进行二次筛选。将转化所得的克隆转化到杂交膜上，同时保留完全相同大小的菌板，以待杂交结果出来后挑取阳性克隆。用同位素标记的（CA）$_{15}$进行杂交，压 X 光片，-70℃ 放射自显影 7 d，成像。挑取阳性克隆进行测序分析。

10. 微卫星引物的设计与筛选

根据其两端保守的侧翼序列，用 Primer 3.0 和 Premier 5.0 软件进行引物设计，以 10 尾分别来自不同群体的大口黑鲈基因组 DNA 为模板，PCR 筛选其特异性与多态性。

二、结果与分析

1. 适宜基因组 DNA 片段的筛选

高质量基因组 DNA 用限制性内切酶 *Sau3AI* 进行不完全酶切（图 6－2），再通过蔗糖密度梯度离心的方法筛选所需的基因组片段。试验选用了 10%、20%、30% 和 40% 4 个梯度的蔗糖溶液进行密度梯度离心，离心后用针刺管底收集混合溶液，按每管 400 μL 共收集 32 管含酶切 DNA 片段的溶液。琼脂糖电泳检测（图 6－3），选取目的片段 400～900 bp，即第 20、21 管进行下步试验。

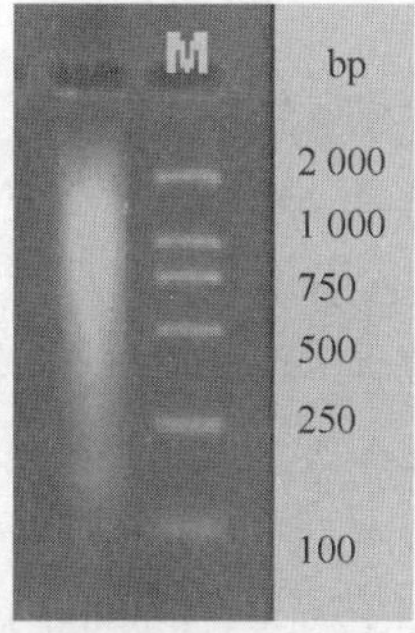

图 6－2　*Sau3AI* 部分酶切基因组 DNA

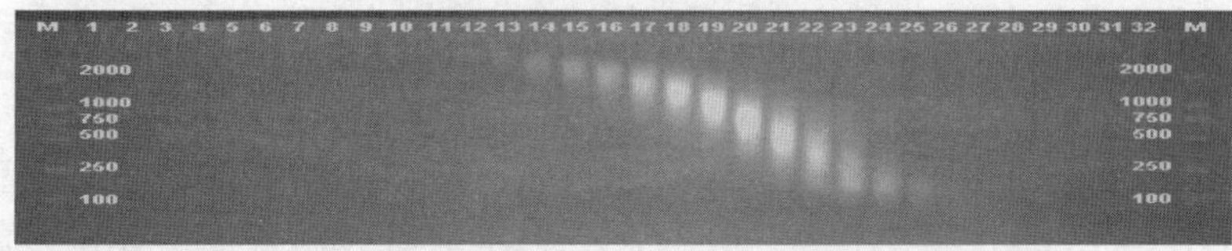

图 6－3　蔗糖密度梯度离心收集产物的电泳图谱

2. 菌落 PCR 检测重组率

通过 $CaCl_2$ 制备的感受态大肠杆菌 DH5α 转化目的片段，获得的基因组文库共 6 000 个克隆，随机挑选 10 个克隆，以 Primer B 为引物，进行菌落 PCR，检测重组率，结果 10 个克隆均为阳性（图 6－4），重组率 100%。所获得的基因组文库约含有 6 000 个重组克隆。

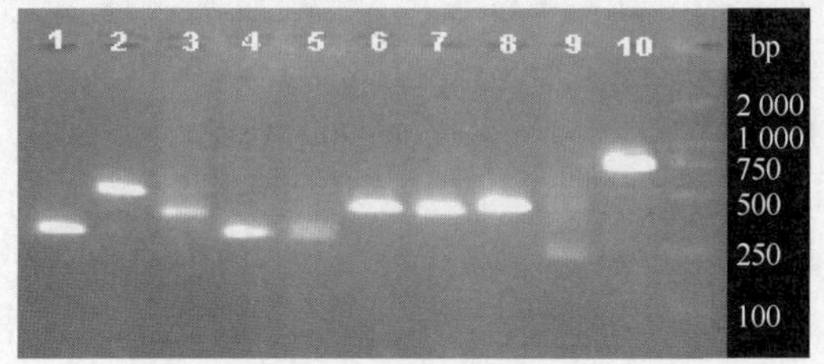

图 6－4　菌落 PCR 检测的电泳图谱

3. 测序结果

挑选288个阳性克隆进行测序,成功测序276个,其中含微卫星的序列267个,占96.7%。微卫星重复次数集中在20~50,最高达到174次重复。根据Weber提出的标准,按照微卫星核心序列排列方式的差异,将大口黑鲈微卫星序列分为完美型、非完美型和混合型3种类型,其中完美型175个,占65.5%;非完美型79个,占29.6%;混合型13个,占4.9%。

4. 引物设计与筛选结果

在267个微卫星序列中,除了一些微卫星序列因本身结构或两端太短不能设计引物外,其余微卫星利用引物设计软件Primer 3.0 和 Premier 5.0 设计引物,设计并合成引物85对微卫星引物以PCR扩增,选取其中18对具有扩增多态性较好的引物作为大口黑鲈分子标记使用(微卫星序列等信息请查询网站http://www.ncbi.nlm.nih.gov)。

5. 微卫星标记的获得

获得微卫星侧翼序列是微卫星基因座分析的关键,可通过以下3种途径获得:①构建富含微卫星基因座的基因组文库(Karagyozov et al,1993;Aliah et al,1999)。②检索GenBank、EMBL和DDBJ等DNA序列数据库。③借用相关物种已有微卫星。第1种方法又可分为两类:一类是用传统分子生物学方法建立基因组DNA文库,通过人工合成带放射性同位素或非放射性标记的探针进行Southern杂交,筛选阳性克隆、测序。方法简单,但是筛选效率极其低下,阳性克隆率为2%~3%,且需要大量的人力和资金的投入。另一类是用生物素包被的磁珠富集法分离微卫星分子标记,它是一种简单高效的方法(Brown et al,1995;Kandpal et al,1994),已经应用于一些植物和动物微卫星分子标记的分离(He et al,2003;Ostrander et al,1992),现已经逐步开始在水产动物方面应用(李红蕾等,2003)。

6. 微卫星筛选的效率

至今微卫星的筛选工作已经在我国的栉孔扇贝(李红蕾等,2003)、剑尾鱼(李霞等,2004)、鲤(孙效文等,2005)等许多水生动物中开展,并且开发出了很多具有较高多态性的微卫星位点。早期建立的小片段克隆文库并用含有微卫星重复的探针去筛选的策略效率比较低,目前较为广泛使用的方法是磁珠富集法。Cifarelli等(1995)提出了RAHM(Random Amplified Hybridization Microsatellites)方法,而后Lunt等(1999)提出了PIMA(PCR Isolation of Microsatellite Arrays)方法。两种方法都是基于RAPD产物富集制备微卫星,它们均能避免构建基因组文库,但效率并不高,富集的微卫星带有一定的随机性。此外,有学者提出目的性和富集能力更强的基于ISSP-PCR的微卫星分离策略。Fisher等(1996)设计5′-KKVRVRV$(CT)_6$-3′为简并引物的PCR扩增,产物克隆测序,该方法较快捷。Lench等(1996)以载体的特异序列与微卫星重复序列为引物先筛选得到一侧翼序列,设计引物,再与载体的特异序列一起PCR扩增,得到另一条序列。Lian等(2001)报道的与其类似,不同的是在DNA酶切片段两端连接人工接头,以人工接头序列代替载体的序列。该方法每次测序仅获得微卫星一侧序列,需要花费较多的时间与费用。Haden等(2001)则提出通过建立序列标签文库富集微卫星的方法,该法可一次获得多个*Pst* Ⅰ和*Eco* R Ⅰ识别位点间隔的16个核苷酸序列,均作为微卫星引物,但该法技术步骤较多,对实验室要求高,周期长。

本试验与以上富集方法相比,连接了人工接头,根据接头序列设计引物,扩增由探针捕获的富含微卫星的酶切片段,人工接头增加了其特异性,两侧翼序列由一次克隆测序获得,花费相对较少。且由于二次杂交的应用,大大提高了微卫星在所测序列中的比例,如所测288个序列,276个含微卫星,比例高达96.7%。试验结果显示本方法富集微卫星的效果较好,筛选出的阳性克隆率为33.1%,优于同类实验。魏东旺等(2004)使用常规方法筛选微卫星序列其效率仅为2.25%,鲁翠云等(2005)的筛选效率为1.25%。Refseth等(1997)研究富集法制备微卫星报道的为33%;Gardner等(1999)报道的为16.7%;李琪等(2004)在皱纹盘鲍的研究中报道的为13.1%;在长牡蛎研究中(Refseth等,1997)报道的为20.5%,均低于本试验结果。

这也说明富集法制备微卫星的效率是可以通过改进实验方法来提高的,实验中有些关键步骤也是不可轻视的。磁珠富集整个过程是连续而互相依存的,获得高质量的基因DNA是进行实验的基础,接头的连接也是很重要的,它关系到后面PCR扩增,T-载体的连接等步骤。但最关键的一步还是磁珠富集,它影响到克隆中微卫星的质量。磁珠的平衡及洗液和洗涤温度又是富集的关键,必须严格控制,磁珠用前需要用盐溶液反复平衡,直到磁珠顺滑;整个富集过程要严格控制温度,以达到洗涤掉那些不含有微卫星的多余片段,磁珠表面仅保留富含微卫星序列的目的片段。另外,Zane等(2002)认为富集文库中约有50%的阳性克隆重复出现了5~20次,但我们通过随机挑选来自不同文库的阳性克隆进行测序,在测序结果中并未发现有重复出现的微卫星序列。

也有研究者认为,微卫星富集法虽然使阳性克隆率提高了,但获得有用序列的概率并不高(李明芳等,2004)。经常是由于插入片段过短、侧翼序列太短或二级结构过多,不足以设计高质量的引物。从本次实验来看,该结论并不成立,部分筛选引物在群体中扩增多态性也较好。这与实验操作有很大的关系。重组子中的酶切插入片段一定要有足够的长度,保证富集后的微卫星侧翼序列足够长,以便从中设计引物。

同时,由于微卫星探针的使用,目的微卫星也有很强的针对性,获得的微卫星序列一般较长,本次测序获得的276个微卫星座位,重复次数集中在20~50,最高达到174次重复。较高重复数的微卫星序列的获得,也有利于开发更多多态性微卫星分子标记。

第六节　大口黑鲈两个亚种EST数据库构建与分析

在本章第四节中向作者介绍EST技术的研究进展,本节我们以大口黑鲈北方亚种和佛罗里达亚种的脑、肌肉和肝脏组织为材料,通过新一代高通量的Roche 454测序仪获得了大量的ESTs序列,对这些ESTs序列进行生物信息学分析。研究结果可为开展大口黑鲈功能基因调控机制研究、分子标记开发以及两个亚种的比较基因组学等研究提供基础资料。

一、材料与方法

1. 材料

大口黑鲈北方亚种(*M. salmoides salmoides*)与佛罗里达亚种(*M. salmoides floridanus*)均

取自珠江水产研究所水产良种基地。分别挑选6月龄大口黑鲈北方亚种和佛罗里达亚种成鱼各15尾,取大脑、肌肉、肝脏组织,并将两个亚种的组织分别混合,用液氮冷冻,-80℃保存备用。

2. 总RNA提取和cDNA反转录

总RNA提取参照Xu等(2009)的方法。以1 μg总RNA为模板,采用SMART™ PCR cDNA Synthesis Kit (Clontech)反转录合成cDNA,然后采用PCR Advantage Ⅱ polymerase (Clontech)对cDNA进行扩增,扩增条件为95℃1 min; 94℃15 s,65℃30 s,68℃3 min,18个循环。最后采用PureLink™ PCR Purification kit (Invitrogen)去除体系中小于300 bp的片段。

3. 454文库构建和测序

应用新一代高通量的Roche 454(GS FLX Titanium System)测序仪分别对两个亚种的5 μg cDNA样品测序。双链cDNA打断为300~800 bp的片段后,两端添加特异性衔接子A和B,变性为单链连接到磁珠上,经Emulsion PCR富集后,置于PicoTiterPlate板上,上机测序。

4. 序列处理与拼接

原始序列采用SeqClean和Lucy软件去掉文库制备及测序过程中所用的接头序列、低度复杂序列、头尾低质量区域,以及最终长度小于100 bp的序列。将得到的序列进行2次cap3拼接,第1次控制质量分数中断点为15次,第二次控制相似性在95%以上。GC含量分析窗口移动值为51 bp。

二、结果与分析

1. EST序列和EST序列拼接

采用Roche 454 GS FLX高通量测序仪测序获得的大口黑鲈北方亚种和佛罗里达亚种EST序列分别为468 671条和332 322条,两亚种EST序列的平均长度分别为306.5 bp和304.4 bp。两个亚种的EST序列长度分布见图6-5。从图6-5中可以看出,北方亚种EST小于100 bp的EST序列占9.9%,而佛罗里达亚种小于100 bp的EST序列占10.7%,北方亚种获得的EST序列质量稍高。

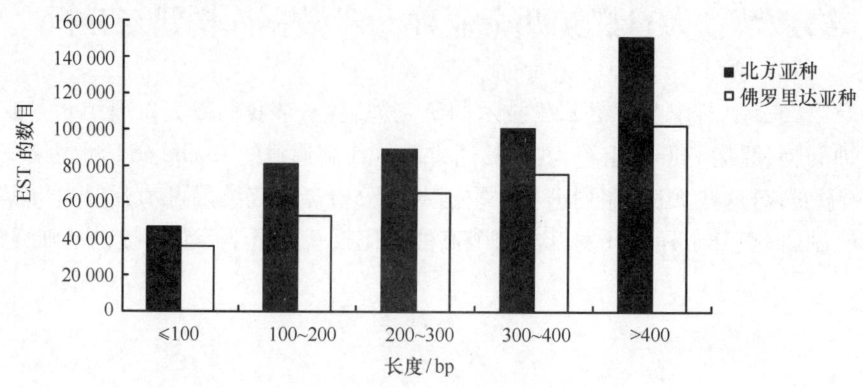

图6-5 大口黑鲈两个亚种EST有效长度分布

将得到的两个亚种 EST 数据库中的序列进行各自拼接，分别得到北方亚种的 contigs 序列数为 42 056 条，佛罗里达亚种的为 35 743 条，然后将两个数据库混合拼接共得到大口黑鲈 contig 序列总数为 50 736 条。北方亚种和佛罗里达亚种的 contig 平均长度分别是 612.6 bp 和 588.2 bp，最小的 contig 序列长度都是 42 bp，最大的 contig 序列长度分别是 8 216 bp和 8 689 bp。没有进入拼接的 EST 序列分别为 93 740 条和 69 343 条。图 6－6 展示了 contig 序列长度的分布情况。两个亚种的 contig 序列长度在 300～600 bp，均具有较高的频率分布。

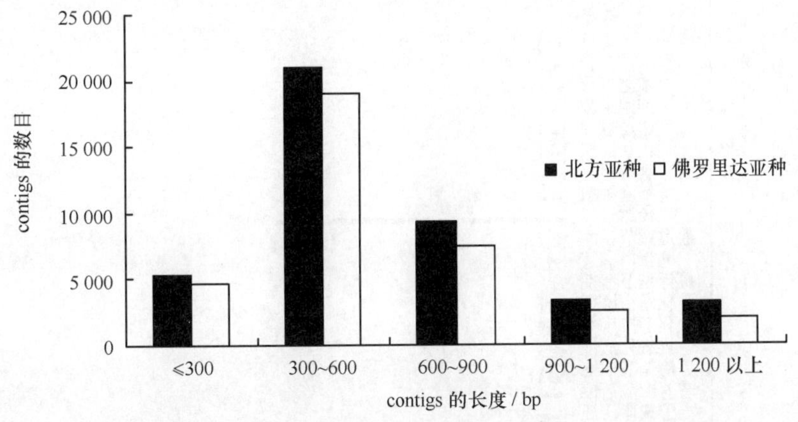

图 6－6 拼接后大口黑鲈两个亚种 contig 长度分布

2. GO 分类

GO 是一个国际标准化的基因功能分类体系，提供了一套动态更新的标准词汇表（controlled vocabulary）和严格定义的概念描述来全面地概括任何生物体中基因和基因产物的属性。GO 总共有 3 个本体（ontology），分别是基因发挥的分子功能（molecular function）、细胞组分（cellular component）、参与的生物过程（biological process），GO 的基本单位是词条、节点，每个词条、节点都属于一个本体。

将大口黑鲈两个亚种 EST 库合并，拼接成 contig，将拼接后的序列和没有拼接进去的序列 singleton 与蛋白库进行比对，有 78 938 条 EST 序列被注释了功能。将这些被注释功能的基因序列进行 GO 分类分析。其中，有 2 584 条 EST 序列归入“分子功能”中，注释了 14 个亚类；929 条 EST 序列归入“细胞组分”中，注释了 5 个亚类；5 424 条 EST 序列归入“生物过程”中，注释了 16 个亚类。图 6－7 是亚类注释的数量。

3. 大口黑鲈 EST－SSRs 的分布特征

在北方亚种和佛罗里达亚种合并的 EST 库中，共 25 469 个 EST－SSRs，142 种重复基元。其中有 8 234 个 SSRs 存在于拼接后的 contig 序列中，46.15% 有功能注释；17 235 个存在于没有进入拼接的 singlet 序列中，15.78% 有功能注释。在所有重复基元中，二核苷酸重复基元出现的频率最高为 32.00%，其次分别是三、五和四核苷酸重复基元（表 6－1）。

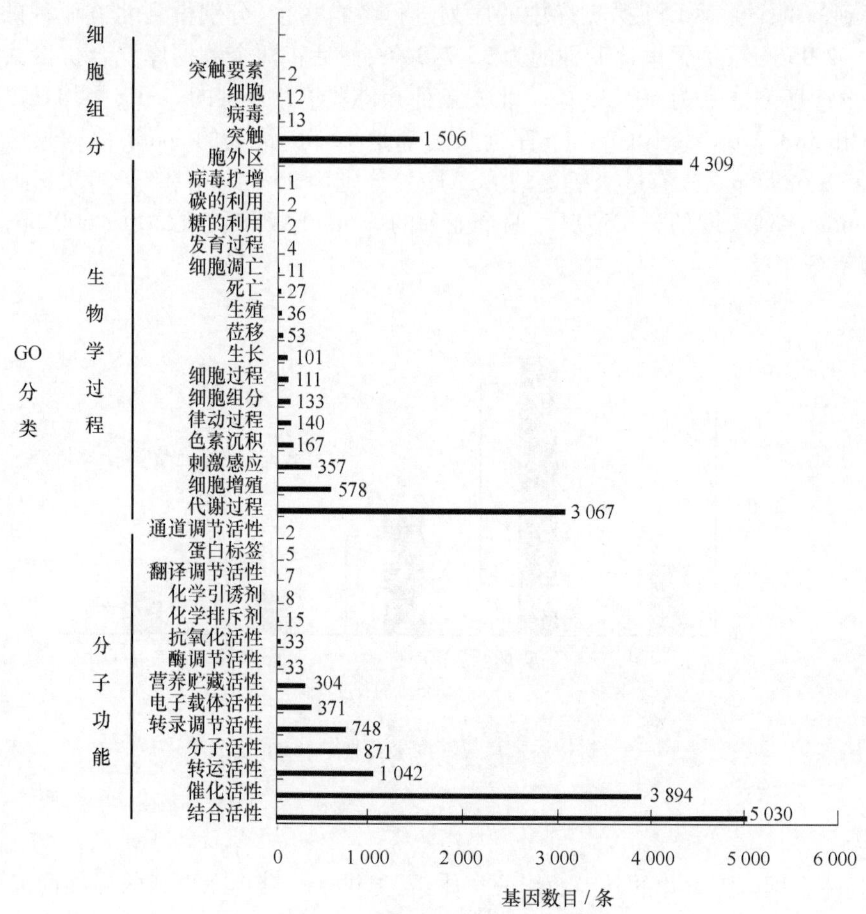

图6-7　基因GO功能注释分类

表6-1　大口黑鲈SSRs中不同重复基元出现的频率

重复基元类型	数量	频率%	最多的重复基元(数量,百分比)
二核苷酸	8154	32.15	AC/TG(5762,75.66%)
三核苷酸	7877	30.93	AGG/TCC(2662,33.79%)
四核苷酸	3674	14.43	AAAT/TTTA(571,15.54%)
五核苷酸	5764	22.63	AAAAC/TTTTG(731,12.68%)

4. EST-SNP出现的频率及突变类型

在大口黑鲈EST库中,按照reads与contig对位排列分析大于或等于0.9,SNP数大于或等于5,质量值大于或等于20的条件,大口黑鲈有8 547个SNP位点,按照reads与contig对位排列分析大于或等于0.95,SNP数大于或等于5,质量值大于或等于20,大口黑鲈有2 755个SNP位点。本研究从第一种情况对8 547个SNP位点进行分析,结果显示北方亚种和佛罗里达亚种的碱基置换有7 054个(82.53%),碱基转换占17.40%,碱基颠换占

75.30%,各个类型的置换见表6-2。其中,一个基因位点测出来3种碱基的有502个,4种碱基的有13个。经过计算得出大口黑鲈北方亚种和佛罗里达亚种编码区的SNP发生频率分别为0.059 5%和0.084 5%(单核苷酸多态位点数与测到的高质量的碱基总数的比值),平均每1 700 bp和1 200 bp就有一个SNP位点。

表6-2　大口黑鲈EST-SNP的类型及数量

SNP类型	碱基转换			碱基颠换		
	A/T	C/G	A/C	A/G	C/T	G/T
数量	584	643	621	1990	2027	674
百分比/%	8.28	9.12	8.80	28.21	28.74	9.55
转换和颠换各占百分比/%	17.40			75.30		

5. 大口黑鲈北方亚种和佛罗里达亚种基因差异的比较

从大口黑鲈北方亚种EST数据库中随机选取75条contigs,然后在佛罗里达亚种数据库中找到与之对应的序列。用软件Vector NTI Suite 8(Invitrogen)将两个亚种比较,结果显示,EST序列的同源性大于或等于99.0%有67条,占随机选取contigs的89.3%(图6-8),平均同源性为99.2%,表明两个亚种cDNA差异微小。

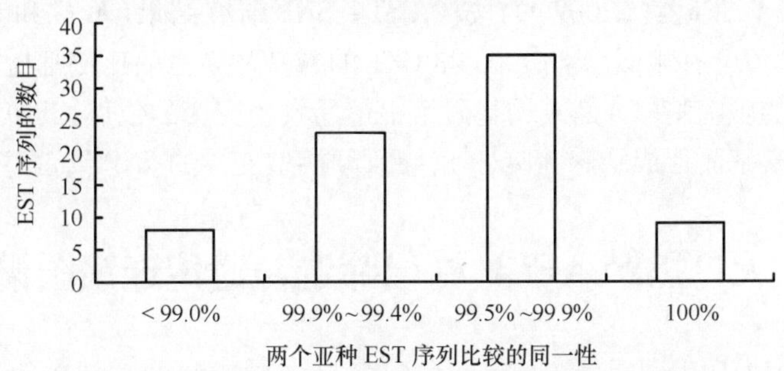

图6-8　北方亚种和佛罗里达亚种ESTs序列同源性分布

从已随机选择的75条EST序列中再随机选择25条并对其设计引物,分析北方亚种和佛罗里达亚种EST序列的真实差异性。结果显示25对引物中有23对成功地扩增出了片段,在北方亚种和佛罗里达亚种中相一致的序列有21条,其余两条EST序列各存在1个突变位点,进一步的分析表明,两个突变点没有改变编码的蛋白质,属于无义突变。

大口黑鲈cDNA数据库的建立,得到了大口黑鲈几十万条EST序列资源。许多学者的研究表明,数据库中的EST数据的精确度大约为97%(Hillier et al,1996),而大口黑鲈的平均精确度为99%,说明大口黑鲈的cDNA文库测序数据比较准确、可靠,这为基因组重复和基因组进化的分析以及种质遗传学分析提供基础。鉴于北方亚种和佛罗里达亚种很近的亲缘关系,将两个亚种EST数据库合并,预计大部分重复的EST序列将可以拼接组装,提供大口黑鲈更为完整的转录组。经两个亚种的EST数据库合并拼接后的大口黑鲈contigs序列总数为50 736条,远大于北方亚种(42 056)和佛罗里达亚种(35 743)的任何一种,这可能是由以下3个原因引起的:①一些ESTs序列存在于北方亚种中,而不在佛罗里达亚种,反之亦然;②无论是北方亚种还是佛罗里达亚种,没有拼接的singletons在混合后会拼接成新的contigs;③两个亚种之间序列变异和拼接的不同可能导致contigs数目的增大。

大口黑鲈北方亚种和佛罗里达亚种编码区的SNP发生频率分别为0.059 5%和0.084 5%,平均每1 700 bp和1 200 bp才有一个SNP位点,说明大口黑鲈的SNP发生频率比较低,要低于草鱼中EST的SNP发生率(平均1 000 bp发现7.7个SNP)(Xu et al, 2010),也低于鲤鱼的发生率(平均1 000 bp发现2.9个SNP)(张晓峰等,2009)。与已研究的很多植物相比,大口黑鲈的SNP的发生频率更低。如Ossowskid(2008)对拟南芥的3个自然品系的基因组测序及重测序研究发现了超过82万的SNP位点,平均约每1.4kb就会有一个SNP。茶树EST中SNP的发生频率为每200 bp就有一个SNP位点(王丽鸳,2011),桉树(Carsten et al, 2009)的4个种每100 bp有3.83~7.3个SNP个位点,柑橘(Jiang et al,2010)的是每1 000 bp有6.1个。

点突变是DNA序列进化中最重要的因素之一。很多研究表明,即使是无功能的假基因,碱基突变方向也不是随机的,如碱基颠换A/G的发生频率比C/T更常发生。我们的研究结果表明,大口黑鲈EST序列中的SNP大部分来源于颠换,部分来源于转换。在6种碱基替换类型中,大口黑鲈的SNP位点以C/T和A/G的碱基颠换为主,分别占28.21%和28.74%,这与王丽鸳(2011)研究的茶树SNP的研究结果(C/T和A/G的碱基颠换分别占31.78%和29.10%)、张晓红(2009)的桉树EST-SNP研究结果(A/G和C/T的碱基颠换分别占32.4%和35%)有相似趋势,A/G和C/T的碱基颠换占的比例都比较高。有研究表明,CpG二核苷酸的胞嘧啶(C)是人类基因组中最易发生突变的位点,其中大多数是甲基化的,可自发地脱去氨基而形成胸腺嘧啶(T),导致颠换型变异的SNP约占总数的2/3。

第七节 大口黑鲈AFLP标记筛选与遗传连锁图谱的构建

构建高密度的遗传连锁图谱是开展大口黑鲈分子标记辅助育种研究中的一个重要基础环节,可为大口黑鲈重要经济性状相关的分子标记定位和筛选提供帮助。本节我们利用AFLP分子标记采用"拟测交"理论构建大口黑鲈遗传连锁图谱。

一、材料与方法

1. 家系材料

实验所用的大口黑鲈取自广东佛山南海区金汇农场。家系的构建于2008年在珠江水产研究所进行,作图所用家系为大口黑鲈单对亲本繁殖所获得的F_1群体。人工繁殖培育按大口黑鲈的常规繁育方法进行,F_1群体生长2月龄后随机采集106尾个体,活体抽取血液后,加入抗凝剂,保存待用。

2. 基因组DNA的提取

按照上海Sangon公司DNA抽提试剂盒介绍的方法提取血液DNA,用1.0%的琼脂糖凝胶电泳检测DNA的完整性和纯度并估计其浓度,用无菌双蒸水稀释至浓度为50 ng/μL,

-20℃保存备用。

3. AFLP 反应

AFLP 实验流程参照 Vos 等方法操作(1995)。

AFLP 技术采用酶切和连接同时进行的方法,反应体系为:10 U/μL *Eco*R I 0.5 μL,10 U/μL *Mse* I 0.5 μL,100 × BSA 2 μL, 20 U/μL *Eco*R I adapter 0.4 μL, 20 U/μL *Mse* I adapter 0.4 μL,5 U/μL T_4 - DNA Ligase 1 μL , 10 × T_4 DNA 连接酶连接缓冲液 1.5 μL,50 ng/μL DNA 4 μL,加水至 20 μL。37℃温浴 8 h 即可用于后续扩增实验,剩余酶切连接液 -20℃保存。接头序列为:

Mse I 接头序列:5′ - GACGATGAGTCCTGAG - 3′
3′ - TACTCAGGACTCAT - 5′

*Eco*R I 接头序列:5′ - CTCGTAGACTGCGTACC - 3′
3′ - CTGACGCATGGTTAA - 5′

4. PCR 预扩增

取 4 μL 的连接产物用 3′端带有 1 个选择性碱基的引物进行预扩增。预扩增反应体系为:50 ng/μL *Eco*R I 引物 0.6 μL, 50 ng/μL *Mse* I 引物 0.6 μL,25 mmol/L dNTPs 0.3μL,25 mmol/L Mg^{2+} 1.3μL,10 × PCR buffer 2.0 μL, 5 U/μL *Taq* DNA polymerase 0.12 μL,酶切连接后模板 4.0 μL。预扩增反应程序:94℃变性 2 min;94℃ 30 s,56℃ 30 s,72℃ 1 min,共 30 个循环;72℃延伸 5 min。预扩增产物用 0.1 倍的 TE 缓冲液稀释 20 倍,作为选择性反应的模板。

5. 引物筛选和选择性扩增

通过预备试验,筛选出扩增产物稳定、重复性好、多态性高且分辨能力强的引物对各样品基因组 DNA 预扩产物进行选择性扩增。选择性扩增反应体系为:50 ng/μL *Eco*R I 引物 0.8 μL, 50 ng/μL *Mse* I 引物 0.8μL,25 mmol/L dNTPs 0.2 μL,25 mmol/L Mg^{2+} 1.3 μL,10 × PCR buffer 2.0 μL, 5 U/μL *Taq* DNA polymerase 0.12 μL,预扩增产物 4.0 μL。选择性扩增 PCR 反应程序:94℃变性 2 min;94℃ 30 s,65℃ 30 s,72℃ 1 min,进行 12 个循环,每个循环退火温度降低 0.7℃,至 56℃。然后 94℃ 30 s,56 ℃ 30 s,72℃ 1 min 再进行 23 个循环。

6. 凝胶电泳和银染

电泳:选择性扩增产物中加入等体积变性缓冲液,混匀,95℃变性 5 min 后立刻转移到冰浴中冷却,以备电泳。制备 6% 的聚丙烯酰胺变性凝胶,25 W 恒功率预电泳 30 min,50 W 恒功率电泳 2 h。

银染:电泳后进行硝酸银染色,染色方法参照文献略加改进(Bassam et al,1987),将凝胶放入盛有蒸馏水的塑料容器中轻轻漂洗 5 s,倒掉蒸馏水;加入 10 mg/mL $AgNO_3$ 溶液 250 mL,静置 2.5 min,倒掉 $AgNO_3$ 溶液;用约 250 mL 蒸馏水漂洗一次,倒掉蒸馏水;快速加入少许配好的显色液(NaOH 12 g,无水 Na_2CO_3 0.5 g,HCHO 3 mL,加蒸馏水定容至 500 mL)约 50 mL 漂洗两次。振荡时间不超过 5 s,倒掉漂洗液;加入一定量的显色液(须没过胶面),显色 3 ~ 5 min。待带型清晰时,立即将胶取出,将胶拖出放入 Alpha image 凝胶成像系统拍照,然后将其做成干胶,长久保存。

7. AFLP 标记的统计分析

根据作图群体基因组 DNA 的 AFLP 标记检测结果,选取清晰可辨的多态谱带用来数据统计分析。AFLP 为显性标记,其表型分为扩增片段的有(1)和无(0)两种,相应的基因型分别为 AA、Aa(有扩增片段)及 aa(无扩增片段),统计只在一个亲本中出现,而在另一个亲本中缺失的片段。利用卡方($P<0.05$)检验,鉴定多态标记在子代的分离比是否符合 1∶1 孟德尔分离规律,符合规律的分离标记用来构建大口黑鲈的遗传连锁图谱。

8. 标记的命名

AFLP 标记的命名是由四部分组成:第一位是大写的字母,表示一个选扩引物;第二位是一个数字,表示另外一个选扩引物;第三位是小写的字母 f,是 fragment 的缩写;从第四位往后是数字,表示的是扩增片段的大小,采用软件 AlpaEaseFC 4.0 预测。例如 D5f280 表示所用的 *Eco*R Ⅰ和 *Mse* Ⅰ选择性扩增引物的选择性碱基分别为 EACA(D)和 MCAT(5),而扩增片段的大小为 280 bp。

9. 连锁分析

本实验采用连锁分析软件 MAPMAKER/EXP 3.0(Lander E S et al,1987),采用拟测交策略分别构建父、母本的遗传连锁图谱。用 A 代替 0,H 代替 1,将母本和父本 1∶1 分离标记分别转化为 MAPMAKER/EXP 3.0 的数据格式,在 LOD≥3.0,标记之间的两两最大距离为 50 cM(CentiMorgan,厘摩)条件下,利用 GROUP 命令对现有标记进行分组。大于 9 个标记的连锁群,用 THREE POINT 命令将连锁群分为几个亚群,对每个亚群分别进行排序后,再确定亚群之间的顺序。小于或等于 9 个遗传标记的连锁群,采用 COMPARE 命令进行排序。当连锁群中的标记排好序之后,利用 MAP 命令计算标记间的距离。对于应用以上命令还未能加入的标记,采用 TRY 命令进行定位。将 RIPPLE 命令来检验排序的可靠性,通过 CENTFUNC 命令将 Haldane 转化为 Kosambi(1944)。将连锁标记名称及对应标记间的距离输入到 Mapdraw2.1(Voorrips et al,2002)软件进行连锁图谱的绘制。

10. 遗传图谱的平均间隔、实际长度、预期长度和覆盖率的计算

遗传图谱的标记平均间隔为图谱长度除以总间隔数,而总间隔数为图谱上标记总数减去连锁群数;每个连锁群的标记平均间隔为连锁群长度除以连锁群上的间隔数,连锁群上的间隔数为连锁群上的标记数减去 1。遗传连锁图谱实际长度为两个方面:一为框架图长度(G_{of});二为包括三联体和连锁对在内的所有连锁标记的长度(G_{oa})。用两种方法来计算遗传图谱的估计长度(G_e)(Cervera et al,2001)。G_e1 参照参考文献的方法(Postlethwait et al,1994),每个连锁群的长度加上整个连锁图谱的平均间隔的 2 倍来补偿连锁群最末端的标记和端粒距离。G_e2 参照参考文献的方法(Chakravarti et al,1997),各个连锁群的估计长度之和。每个连锁群的估计长度为实际长度乘以系数$(m+1)/(m-1)$。m 为每个连锁群的遗传标记数。本实验取两种算法的平均值作为图谱的估计长度 G_e,框架图覆盖率 $C_{of}=G_{of}/G_e$,总的图谱覆盖率 $C_{oa}=G_{oa}/G_e$。

三、结果与分析

1. AFLP 扩增结果分析

采用 64 种引物组合共检测到 2 135 个分子标记，有 483 个标记在群体中呈现多态性，平均每对引物产生 7.55 个标记，多态性片段中，189 个母本分离标记，209 个父本分离标记。其中 85 个偏离 1∶1 孟德尔分离规律（$P < 0.05$），17 个属于母本，28 个属于父本，偏分离比例为 11.3%。分子标记在大口黑鲈连锁图谱上的具体分布情况见表 6－3。

表 6－3　大口黑鲈雌性/雄性连锁图谱相关数据

项目	雌性	雄性
连锁群数目	21	22
连锁群平均标记数目	3.57	3.72
连锁群最小标记数目	2	2
连锁群最大标记数目	7	7
平均间隔	18.22	19.22
最大间隔	33.1	35.2
最小间隔	3.0	6.4
最小连锁群长度	7.1	8.6
最大连锁群长度	92.5	103.2
图谱长度		
G_{0f}	599.3	730.2
G_{oa}	983.8	1 153.2
预期长度		
G_{e1}	1 364.44	1 575.88
G_{e2}	1 435.25	1 589.55
G_{e}	1 399.85	1 582.72
图谱覆盖率		
C_{of}	42.81%	46.14%
C_{oa}	70.28%	72.86%

2. 遗传连锁图谱的构建

分别对符合孟德尔 1∶1 分离规律的 172 个母本分离标记和 181 个父本分离标记进行连锁分析，得到大口黑鲈的雌、雄性连锁图谱。在大口黑鲈雌性连锁图谱中，有 75 个连锁标记分布在 21 个连锁群上（图 6－9）。其中遗传标记数量大于 3 的连锁群有 9 个，三联体有 6 个，连锁对有 6 个。最大连锁群的长度为 92.5 cM，最短的为 7.1 cM（表 6－3）。标记间的最大图距为 33.1 cM，最小图距为 3.0，平均间隔为 18.22 cM. 雌性连锁图谱总长度（G_{oa}）为 983.8 cM，预期长度（G_{e}）为 1 399.85 cM，图谱总覆盖率（C_{oa}）为 70.28%。

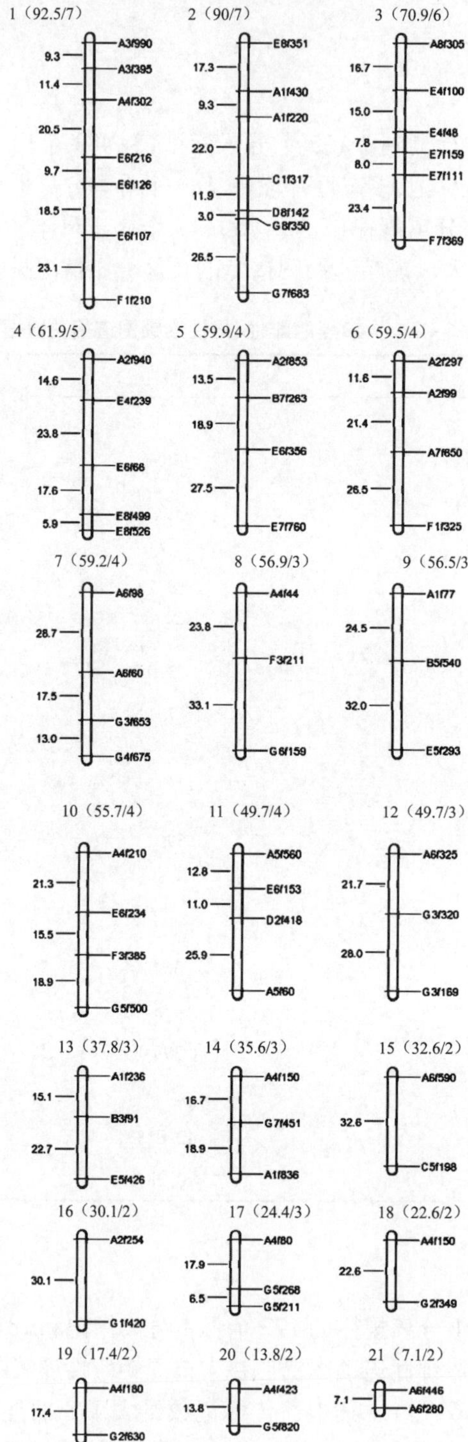

图6-9　大口黑鲈雌性遗传连锁图谱

注:连锁群按照由大到小依次命名和排序;连锁群右侧为标记名称,左侧为相邻两标记之间的图距(cM).

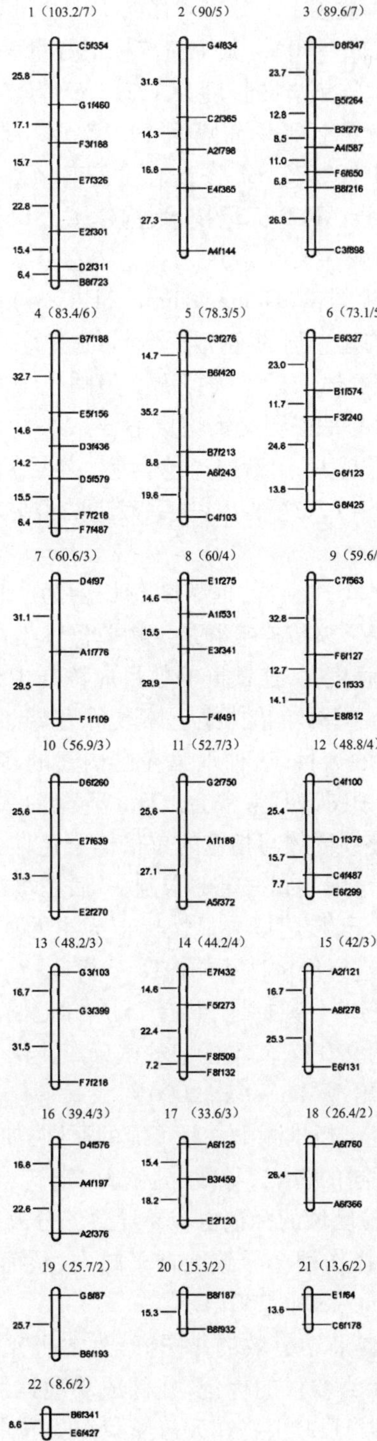

图 6－10　大口黑鲈雄性遗传连锁图谱

注:连锁群按照由大到小依次命名和排序;连锁群右侧为标记名称,左侧为相邻两标记之间的图距(cM).

在雄性连锁图谱中,符合孟德尔 1∶1 分离规律的 181 个母本分离标记中只有 82 个标记连锁,分布在 22 个连锁群上(图 6 - 10)。其中遗传标记数量大于 3 的连锁群有 10 个,三联体有 7 个,连锁对有 5 个。最大连锁群的长度为 103.2 cM,最短的为 8.6 cM。标记间的最大图距为 35.2 cM,最小图距为 6.4,平均间隔为 19.22 cM. 雌性连锁图谱总长度(G_{oa})为 1 153.2 cM,预期长度(G_e)为 1 582.72 cM,图谱总覆盖率(C_{oa})为 72.86%。

本研究采用拟测交策略结合 AFLP 标记技术,构建了大口黑鲈第一个分子标记遗传连锁图谱。拟测交策略开始的时候主要是应用于林木等多年异交作物,最早报道见于利用 RAPD 标记构建按树的遗传连锁图谱(Grattapaglia et al,1994)。其优点是仅需要两代系谱的材料,可以在较短的时间内构建生物的连锁图谱,同时鱼类一般具有较强的繁殖力,可以从相对较小的亲本中获得作图群体。近年来拟测交策略已成功应用于很多鱼类图谱构建中(Kai et al,2005)。值得注意的是拟测交策略更适合亲缘关系相对较远的杂合度亲本交配,理论上杂交亲本间遗传差异越大,图谱构建越容易。在今后的实验中,我们将采用美国野生种与国内养殖群体杂交产生 F_1,这种亲缘关系较远的群体将为大口黑鲈遗传连锁图谱的构建提供更好的实验材料。

本研究中雌性图谱包括 21 个连锁群,框架图总长度为 983.8 cM,而雄性图谱包含 22 个连锁群,总长度为 1 153.2 cM。遗传连锁群是生物单倍体染色体数目的一个间接反应,理论上应图谱的覆盖率达到一定程度时,连锁群的数目应该与生物的单倍体染色体数目相一致。大口黑鲈染色体数目为 2n = 48,单倍体染色体数目为 24,而雌雄性图谱可能因标记数目不够导致连锁群少于染色体的数目,这种现象在已构建的多个连锁图谱中都有报道,特别首次构建一个物种的遗传连锁图谱时常常会出现(Wang et al,2005)。显然,还需要更多的标记添加到连锁图谱中,使连锁群数与相应的单倍体染色体数趋于一致。本研究仅是以 AFLP 标记构建的图谱,其应用范围受到一定的限制,今后在增加 AFLP 标记的基础上,可开发更多的微卫星标记和 SNP 标记,构建以共显性标记为主的连锁图谱,与本研究的图谱整合,以获得高密度的图谱,用以进行经济性状的 QTL 分析。

试验中共产生的 398 个 AFLP 分离标记,共有 75 个标记偏离孟德尔分离比,占 11.3%。其中,母本标记中偏分离比例为 9.0%,父本标记的偏分离比例为 13.4%。偏分离现象在其他水产动物作图过程中也常有出现(Liu et al,2006),究竟是什么原因导致偏分离现象现在尚无明确答案,不过大量的研究已经推测出一些可能的原因,如:在统计 AFLP 片段的时候,会出现一些相同的片段来自不同的位点,导致非孟德尔遗传,从而造成偏分离(Nikaido et al,1999)。来自于染色体着丝粒区域的标记也容易导致偏分离(Faris et al,1998)。另外,遗传负荷和对有害隐形基因的选择作用会导致纯合子缺失,从而引起偏分离,这在太平洋牡蛎的研究中已经得到证实(Launey et al,2003)。

许多研究证明,AFLP 标记是非常有效的作图标记,本研究同样也显示了 AFLP 标记技术的高效性,在短期内收集了相当数量的标记,并被成功地运用到大口黑鲈初级遗传图谱的构建中。不过本研究中,每对 AFLP 引物在大口黑鲈作图群体中仅产生 7.55 条多态性片段,低于其他很多学者在水产动物中每对引物产生 10 ~ 20 条多态性片段的研究报道(Moore et al,1999)。分析这种差异可能是由于研究的物种不同或统计的方法不一致引起的。另一个方面,我们采用传统的聚丙烯凝胶电泳和银染法分离检测 PCR 的产物,与毛细管电泳技术和荧光显色技术的测序仪检测方法相比,检测效率和灵敏度是相对较低的。这也可能是本实验中每对 AFLP 引物检测到的多态片段少于其他相关研究的主要原因之一。

第八节　大口黑鲈分子标记辅助育种探讨

分子标记辅助育种技术是通过利用与目标性状紧密连锁的分子标记对目标性状进行间接选择的现代育种技术,即通过现代分子生物技术手段检测同一环境下不同表型动物个体的 DNA 序列差异,确定有利基因(或基因型),然后通过对后备个体的基因组进行分析来选种(孙效文等, 2009)。分子标记辅助育种技术可弥补常规育种的不足,不仅可在选育早期进行准确、稳定的选择,还解决了再度利用隐性基因时识别难的问题。据推测,与传统育种相比,分子标记辅助育种可提高育种效率 2 ~ 3 倍(徐云碧等, 1994;Gomez-Raya et al, 1999)。目前国内外在水产动物分子标记辅助育种方面的研究主要集中在分子标记的定位与鉴定等基础环节,鲜见有分子标记开展育种研究应用的报道,尤其是针对生长性状等数量性状开展的研究。我们在大口黑鲈育种研究过程中,结合现有的与生长相关分子标记的开发成果,探索应用分子标记辅助大口黑鲈育种研究。

多基因聚合育种是目前分子标记辅助育种应用较多的主要技术策略之一(范吉星等, 2008)。它是通过遗传学上或育种学上的杂交(不同基因型间的杂交)、回交等技术将优势基因聚合到同一个基因组中。也就是通过不同基因型个体间的杂交,再在分离世代中通过分子标记选择多个目标基因座上均为优势基因的纯合子的个体,从而选出性状表现优良的个体,实现优势基因聚合的一种育种方法(秦钢等,2006)。水产动物大多数生长性状如体重、体长等是多基因控制的数量性状,遗传基础复杂,单个基因对性状的影响有限,需要尽可能发掘影响经济性状的多个基因的连锁标记,将多个生长标记有利基因型聚合并应用于育种中,更加有效地提高育种效果。我们利用关联分析法开展了大口黑鲈生长性状相关分子标记的筛选,共获得了 13 个与生长性状相关的分子标记。微卫星分子标记方面,鉴定出与体重、体长和体高性状相关的优势基因型分别为 JZL60 位点的 AA、JZL67 位点的 BB、JZL72 位点的 AC、MiSaTPW76 位点的 BB 和 MiSaTPWl17 位点的 BC。SNP 及单、双倍型分子标记方面,在胰岛素样生长因子 - 1(IGF - I)基因上的由一个 GTTT 缺失和两个单核苷酸多态组成的两个单倍型:ATTTTTGTTTTT(单倍型 A)和 ATAATT-TT(单倍型 B),AA 基因型的个体体重和体宽显著大于 AB 和 BB 型个体;在肌肉生长抑制素(Myostatin,MSTN)基因上寻找到两个与生长性状相关的双倍型标记。在胰岛素样生长因子 - 2(IGF - 2)基因上筛选出由 4 个 SNP 位点组合而成的两个与生长性状相关的双倍型标记;在 POU1F1 基因上找出一个与生长性状相关的单倍型标记,并在全同胞家系中进一步的验证其与生长的相关;在大口黑鲈 PSSIII 基因上找到一个与体重、体长、全长、尾柄长和尾柄高性状显著关联的 SNP 位点;在 GHRH 基因启动子区域上找到一个缺失突变致死的位点;每个与生长相关标记的优势基因型群体比该标记其他基因型群体的平均体重高达 16.86% ~53.24%。在获得上述影响大口黑鲈生长性状的标记之后,利用其中的 8 个快长标记,分析大口黑鲈“优鲈 1 号”不同选育世代群体中的优势基因型的聚合,结果发现,F_2、F_3、F_5 和 F_6 选育群体中优势基因型的分子标记平均数量依次为 2.12、2.70、2.90 和 3.08,呈现逐代递增趋势,人工选育在一定程度上聚合了优势基因,随着选育代数的递进,优势基因型的分子标记数量与大口黑鲈生长速度呈同步递增趋势。此外,"优鲈 1 号"选育群体中所含的快长标记数量比非选育群体中也明显增加。结合上述的工作基础,我们正在尝试以生长性状相关优势基因型作为快速生长标记,辅助大口黑鲈亲本选择,组建优势基因型富集的育种群体,与以表型选择为依据的传统选育方法进行比较,评估分子标记辅助育种效果,探索大口黑鲈分子辅助育种的实践应用。首先选择聚合 4 个以上标记有利基因型的生长优良个体,作为育种群体,群体交配繁殖后代,与当年以表型为亲本选择依据的对照群体繁殖后代进行比较,估计分子标记辅助选择的育种效应。接着在分子标记辅助育种子一代中,选择聚合 6 个以上标记有利基因型的生长优良个体,群体交配繁殖后代,与以表型为亲本选择依据的对照群体繁殖后代进行比较,进一步评价与验证分子标记辅助选择育种的效果,技术路线详见图 6－11。

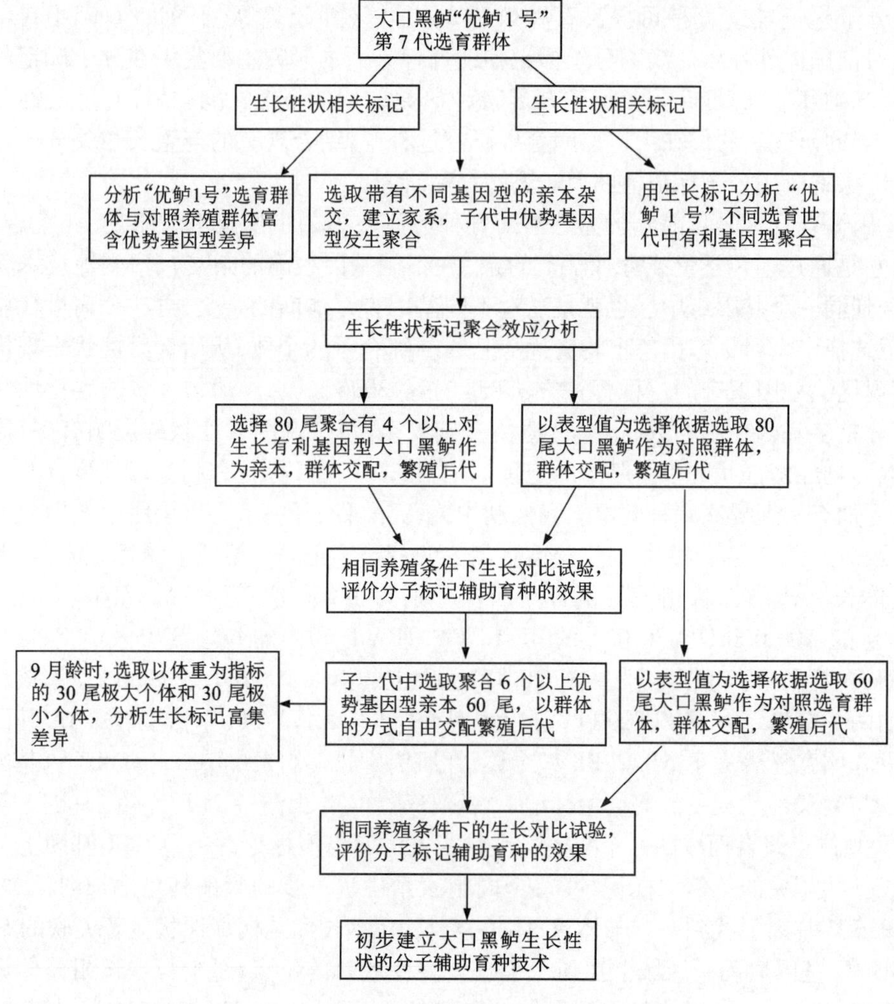

图 6－11　大口黑鲈分子标记辅助育种技术路线

另一项正在开展的分子标记辅助育种的工作是利用分子标记指导高孵化率亲本选择。

鱼苗孵化率高低是直接影响育苗场鱼苗产量的一个重要因素。提高鱼苗的孵化率在一定程度上降低孵化生产成本,提高养殖经济效益。我们在 GHRH 基因启动子区域上找到一个缺失突变致死的位点,针对该位点构建 AB × AB 家系,家系子代基因型频率分析显示 BB 型个体在出膜前死亡,因而利用该分子标记来指导高孵化率大口黑鲈亲本的选择,在规模化的群体繁殖生产中应选择 AA 基因纯合型个体作为亲本来进行繁殖,从而可以控制生产中 BB 基因型个体的产生,以提高大口黑鲈苗种的孵化率。

参考文献:

曹婷婷,白俊杰,于凌云,等 . 2012. 草鱼醛缩酶 B 基因部分序列的 SNP 多态性及其与生长性状的关联分析. 水产学报,36(4):481 - 488.

曹婷婷,白俊杰,于凌云,等 . 2012. 草鱼羧肽酶 A1 基因(CPA1)部分片段的单核苷酸多态性(SNP)多态性及其与生长性状的关联分析 . 农业生物技术学报, 20(3):301 - 307.

曹永国,王国英,王守才,等 . 1999. 玉米 RFLP 遗传图谱的构建及矮生基因定位 . 科学通报, 44(20): 2178 - 2182.

陈金平,董崇智,孙大江,等 . 2004. 微卫星标记对黑龙江流域大麻哈鱼遗传多样性的研究 . 水生生物学报, 28(6):607 - 612.

陈克飞, 李宁 . 2000. 猪 FSHβ 及 ESR 合并基因型对猪产仔数性状的影响 . 科学通报, 45(18): 1963 - 1966.

陈微,张全启,于海洋,等 . 2005. 牙鲆微卫星标记的筛选及群体多态性分析 . 中国水产科学,12(6):682 - 687.

戴雅丽 . 2007. 基于文昌鱼(*Branchiostoma floridae*)ESTs 的转录组比较分析及 EST 数据库构建 . 安徽:安徽农业大学 .

杜玮南,孙红霞,方福德 . 2000. 单核苷酸多态性的研究进展 . 中国医学科学院报,(4):392 - 394

范吉星, 邓用川 . 2008. 分子标记辅助育种研究 . 安徽农业科学, 36(24): 10348 - 10350, 10358.

高琪, 逄越, 吴毓, 等 . 2005. 日本七鳃鳗(*Lampetra japonica*)口腔腺表达序列标签(EST)分析 . 遗传学报, 32(10): 1045 - 1052.

何志颖,姚玉成 . 2002. EST 技术及其在基因全长 cDNA 克隆上的应用策略 . 国外医学遗传分册, 25(2):67 - 69.

胡学军, 邹国林 . 2004. 甘蓝分子连锁图的构建与品质性状的 QTL 定位 . 武汉植物学研究, 22 (6) : 482 - 485

贾建航,李传友,邓启云,等 . 2003. 用 AFLP 标记快速构建遗传连锁图谱并定位一个新基因 *tms5*. 植物学报, 45 (5): 614 - 620

姜春芽,廖娇,徐小彪,等 . 2009. 植物 EST - SSR 技术及其应用 . 分子植物育种, 7(1):125 - 129.

景润春,黄青阳,朱英国 . 2000. 图位克隆技术在分离植物基因中的应用 . 遗传,22:180 - 185

李 琪 . 2004. 皱纹盘鲍微卫星研究进展 . 中国海洋大学学报, 34(3):365 - 370.

李红蕾,宋林生,王玲玲, 等 . 2003. 栉孔扇贝 EST 中微卫星标记的筛选 . 高技术通讯, (12): 72 - 75.

李莉 . 2003. 太平洋牡蛎分子标记筛选和遗传图谱构建 . 青岛:中国科学院海洋研究所学位论文 .

李明芳, 郑学勤 . 2004. 开发 SSR 引物方法之研究动态 . 遗传, 26(5):769 - 776.

李齐发, 赵兴波, 罗晓林, 等 . 2004. 牦牛基因组微卫星富集文库的构建与分析 . 遗传学报,31(5):489 - 494.

李琪, 木岛明博 . 2004. 长牡蛎微卫星克隆快速分离及特征分析 . 海洋与湖沼,35(5):364 - 370.

李思经. 1996. 指纹法水产品种育种的运用. 生物技术通报,(2):13.

李霞,白俊杰,吴淑勤, 等. 2004. 剑尾鱼微卫星 DNA 的筛选. 中国水产科学, 11(3):196 - 201.

李小慧, 白俊杰, 叶星, 等. 2009. 大口黑鲈 IGF - I 基因内含子 1、3 和 4 序列多态性研究. 上海海洋大学学报,18(1):8 - 14.

梁利群,常玉梅,董崇智,等. 2004. 微卫星 DNA 标记对乌苏里江哲罗鱼遗传多样性的分析. 水产学报,28(3):241 - 244.

林红,厦德全,杨宏. 2000. 遗传连锁图谱及其在鱼类遗传育种中的应用. 中国水产科学, (1):96 - 98

林炜,刁丽娟. 2002. RAPD 技术及其在动物遗传多样性分析中的应用. 生物学通报, 37 (3): 17 - 19.

刘春林,官春云,李栒,等. 2000. 油菜分子标记图谱构建及抗菌核病基因的 QTL 定位. 遗传学报, 27(10):918 - 924

鲁翠云,孙效文,梁利群. 2005. 鳙鱼微卫星分子标记的筛选. 中国水产科学, 12(2):192 - 196.

陆光远,杨光圣,傅廷栋. 2004. 甘蓝型油菜分子标记连锁图谱的构建及显性细胞核雄性不育基因的图谱定位. 遗传学报, 31(1):1309 - 1315

马洪雨,姜运良,郭金峰,等. 2006. 利用微卫星标记分析东平湖黄颡鱼的遗传多样性. 激光生物学报, 15(2):136 - 139.

倪静, 尤锋, 张培军,等. 2006. 牙鲆 GH 基因外显子多态性与生长性状关系的初步研究. 高技术通讯, 16(3):307 - 312.

秦钢,李杨瑞,陈彩虹. 2006. 分子标记聚合育种在作物新品种选育中的应用. 广西农业科学,37(4): 345 - 350.

萨姆布鲁克, 拉塞尔著. 黄培堂, 等. 2002. 分子克隆实验指南:第 3 版. 北京:科学出版社.

沈富军,张志和,张安居,等. 2005. 磁珠富集大熊猫微卫星标记. 遗传学报, 32(5):457 - 462.

孙典巧,孙悦娜,王日昕, 等. 2011. 鲩鱼 EST 序列中微卫星标记的初步筛选及特征分析. 水生生物学报, 35(5):753 - 760.

孙效文, 鲁翠云, 曹顶臣, 等. 2009. 镜鲤体重相关分子标记与优良子代的筛选和培育. 水产学报, 33(2): 177 - 181.

孙效文, 鲁翠云, 贾智英, 等. 2009. 水产分子育种研究进展. 中国水产科学, 16(6): 981 - 990.

孙效文,梁利群. 2000. 鲤鱼的遗传连锁图谱(初报). 中国水产科学, 7(1):1 - 5.

孙效文,鲁翠云,梁利群. 2005. 磁珠富集法分离草鱼微卫星分子标记. 水产学报, 29(4): 482 - 486.

汪登强,危起伟,王朝明,等. 2005. 13 种鲟形目鱼类线粒体 DNA 的 PCR - RFLP 分析. 中国水产科学, 12(4):383 - 389.

王爱民. 2010. 马氏珠母贝生长相关杂种优势和 EST 序列分析. 上海:上海海洋大学学位论文.

王长彪,郭旺珍,蔡彩平,等. 2006. 雷蒙德氏棉 EST - SSRs 分布特征及开发利用. 科学通报, 51(3):82 - 85,93.

王丽鸳. 2011. 基于 EST 数据库和转录组测序的茶树 DNA 分子标记开发与应用研究. 北京:中国农业科学院学位论文.

魏东旺, 楼允东, 孙效文, 等. 2001. 鲤鱼微卫星分子标记的筛选. 动物学研究, 22(3):238 - 241.

吴晓雷,贺超英,王永军,等. 2001. 大豆遗传图谱的构建与分析. 遗传学报,28(11): 1051 - 1061

向道权,曹海河,曹永国,等. 2001. 玉米 SSR 遗传图谱的构建及产量性状基因定位. 遗传学报, 28(8): 778 - 784

刑巨斌,谢彩霞,张逸飞,等. 2011. 变态前牙鲆 cDNA 文库中 I 型微卫星的多态性分析. 上海海洋大学学报, 20(2):167 - 172.

徐云碧,朱立煌. 1994. 分子数量遗传学. 北京:中国农业出版社.

杨俊品,荣廷昭,黄烈健,等.2004. 玉米分子遗传框架图谱构建. 作物学报,30(1):82－87

杨昭庆, 洪坤学.2000. 单核苷酸多态性的研究进展. 国外遗传学分册, 23(1):4－8.

于吉英, 陈宽维, 肖小君,等.2008. 2ESR、NPY 基因对文昌鸡繁殖性状的遗传效应分析. 畜牧与兽医, 40(4):49－51.

余渝,王志伟,冯常辉,等.2008. 草棉 EST－SSRs 的遗传评价. 作物学报, 34(12):2085－2091.

张鲁刚,王鸣,陈杭,等.2000. 中国白菜 RAPD 分子遗传图谱的构建. 植物学报,42 (5):485－489.

张丕燕,谢庄,刘红林,等.2000. RAPD 技术及其在动物遗传育种中的应用. 生物工程进展,20(4),52－54.

张晓峰,杨晶,孙效文.2009. 基于 EST 序列的鲤鱼生长相关 SNP 发掘. 水产学杂志, 22(4):1－7.

张晓红.2009. 桉树 EST－SNP 的开发及 EST 图谱的构建. 南京:南京农业大学学位论文.

赵爱春,鲁成,李斌,等.2004. 家蚕 AFLP 分子连锁图谱的构建及绿茧基因定位. 遗传学报, 31(8):787－794.

Adams M D,Kelley J M, G ocayne J D,et al. 1991,Complementary DNA Sequencing : Expressed Sequence Tags and Human Genome Project. Science, 252:1651－1656.

Alain V,Denis M,Magali S C, et al. 2002. A review on SNP and other types of molecular markers and their use in animal genetics. Genet Sel Evol, 34:275－305.

Aliah RS, Takagi M, Dong S, et al. 1999. Isolation and inheritance of microsatllite markers in the common carp *Cyprinus carpio*. Fisheries Science, 65(2):235－239.

Altshule D, Pollara V J,Cowles C R, et al. 2000. An SNP map of the human genome generated by reduced representation shotgun sequencing. Nature, 407:513－516.

Aranishi F, Okimoto T, Izumi S. 2005. Identification of gadoid species(Pisces, Gadidae) by PCR－RFLP analysis. J Appl Genet, 46(1):69－73.

Bailey R M, Hubbs C L. 1949. The black basses (Micropterus) of Florida, with description of a new species. University of Michigan Museum of Zoology Occasional Papers, 516: 1－40.

BAI J J , LUTZ－CARRILLO D J,QUAN Y C,et al. 2008. Taxonomic status and genetic diversity of cultured largemouth bass *Micropterus salmoides* in China. Aquaculture, 278(1/4):27－30.

Bassam B J, Caetano-Anolles G, Gresshoff P M. 1991. Fast and sensitive silver staining of DNA in polyacrylamide gels . Anal Biochem, 196(1): 80－83.

Bai Z Y,Niu D H,Li J L. 2011. Development and characterization of EST－SSR markers in the freshwater pearl mussel(*Hyriopsis cumingii*). Conservation Genet Resour,

Beacham TD,Le KD,Candy JR. 2004. Population structure and stock identification of steelhead trout(*Oncorhynchus mykiss*) in British Columbia and the Columbia River based on microsatellite variation. Environmental Biology of Fishes, 69(1－4): 95－109.

Bozhko M, Riegel, Schubert R, et al. 2003. A cyclophilin gene marker confirming geographical differentiation of Norway spruce populations and indicating viability response on excess soilborn salinity. Mol Ecol, 12(1):3147－315.

Botstein D. 1980, Construction of a genetic linkage map in the man using restriction fragment length polymorphism. Hum Genet, 32:314－331.

Botstein D R, White R L,Skolnick M,et al. 1980. Construction of a geneticlinkage map in man using restriction fragment length polymorphism . Am J Hum Genet,32:314－331

Botstein D, White R L, Skolnick M, et al. 1980. Construction of a genetic linkage map in man using restriction fragment length polymorphism. Am J Hum Genet, 32: 314－331

Brookes A J. 1999. The essence of SNPs. Gene, 234:177 – 186.

Brookes A, Day I. 1998. SNP attack on complex traits. Nat Genet, 20(3): 217 – 218.

Brumfield R T, Beerli P, Nickerson D A, et al. 2003. The utility of single nucleotide polymorphisms in inferences of population history. Trends Ecol Evol, 18:249 – 256.

Broad T E, et al. 1994. Mapping the sheep genome: practice progress and promise. Brit Venterin J, 150:215 – 217

Brown J, Hardwick LJ, Wright AF. 1995. A simple method for rapid isolation of microsatellites from yeast artificial chromosomes. Molecular and Cellular Probes, 9:53 – 58.

Case R A J, Hutchinson W F. 2006. Association between growth and Pan I genotype within Atlantic cod full-sibling families. American Fisheries Society 135:241 – 250.

Carsten K, Suat H Y, Jens M, et al. 2009. Comparative SNP diversity among four Eucalyptus species for genes from secondary metabolite biosynthetic pathways. BMC Genomics, 10:452.

Cervera M T, Storme V, Ivens B, et al. 2001. Dense genetic linkage maps of three populus species(*Populus deltoids*, *P. nigra* and *P. trichocarpa*) based on AFLP and microsatellite markers. Genetics, 158:787 – 809

Chakravarti A, Lasher L K, Reefer J E. 1991. A maximum likelihood method for estimating genome length using genetic linkage data. Genetics, 128: 175 – 182

Chen C, Zhou P, Choiya, et al. 2006. Mining and characterizing microsatellites from citrus ESTs. Oretical Appl Genet, (112):1248 – 1257.

Cho R J, Mindrinos M, Richards D R, et al. 1999. Genome-wide mapping with biallelic markers in *Arabidopsis thaliana*. Nature, 23: 203 – 207.

Chow S, Okamoto H, Uozumi, et al. 1997. Genetic stock structure of the swordfish(*Xiphias gladius*) inferred by PCR – RFLP analysis of the mitochondrial DNA control region. Marine Biology, 127:359 – 367.

Cifarelli RA, Gallitelli M, Cellini F. 1995. Fandom amplified hybridization microsatellites (RAHM): isolation of a new class of microsatellite-containing DNA clones. Nucleic Acids Research, 23:3 802 – 3 803.

Cotton R G H, Malcolm A D B. 1991. Mutation detection. Nature, 353:582 – 583.

Concibido V C. 1997. Genome mapping of soybean cyst nematode resistance genes in "Peking", PI90763, PI88788 using DNA markers. Crop Sci, 37(1): 258 – 264

Costanzo F. 1983. Cloning of several cDNA segments coding rot human liver proteins. EMBO J, (2): 57 – 60.

Del Tito B J, Poff H E, Novotny M A, et al. 1998. Automated fluorescent analysis procedure for enzymatic mutation detection. Clinic Chem, 44:731 – 739.

Donis-Keller H, Knowlton R G, Braman J C, et al. Genotyping by restriction fragment length polymorphisms. European Patenet: 0221633, 05/13/1987.

Donis-kell H, et al. 1987. A genetic linkage map of human genome. Cell, 51:319.

Faris J D, Laddomada B, Gill B S. 1998. Molecular mapping of segregation distortion loci in *Aegilops tauschii*. Genetics, 149: 319 – 327.

Fisher PJ, Gardner RC, Richardson TE. 1996. Single locus microsatellites isolated using 5′-anchored PCR. Nucleic Acids Research, 24:4 369 – 4 371.

Gardner MG, Cooper SJB, Bull CM, et al. 1999. Isolation of microsatellite loci from a social lizard, Egernia stokesii, using a modified enrichment procedure. Journal of Heredity, 90:301 – 304.

Gharbi K, Gautier A, Danzmann R G, et al. 2006. A Linkage Map for Brown Trout (*Salmo trutta*): Chromosome Homeologies and Comparative Genome Organization With Other Salmonid Fish. Genetics, 172: 2405 – 2419.

Gill RW, San Seau P. 2000. Rapid in silico cloning of genes using expressed sequence tags(ESTs). Biotechnol Annu Rev, (5):25 – 44.

Gomez-Raya L, Klemetsdal G. 1999. Two-stage selection strategies utilizing marker-quantitative trait locus information and individual performance. Journal of animal science, 77(8): 2008 – 2018.

Grattapaglia D Sederoff R. 1994. Genetic linkage maps of Eucalyptus grandis and Eucalyptus urophylla using a pseudo-testcross mapping strategy and RAPD markers . Genetics, 137 (4):1121 – 1137.

Grobet L, Poncelet D, Royo L J, et al. 1999. Molecular definition of an allelic series of mutations disrupting the myostatin function and causing double-muscling in cattle. Mammal Genome, (9):210 – 213.

Gross R, Nilsson J. 1999. Restriction fragment length polymorphism at the growth hormone 1 gene in Atlantic salmon(*Salmo salar* L.) and its association with weight among the offspring of a hatchery stock. Aquaculture, 173: 73 – 80.

Haden MJ, Sharp PJ. 2001. Sequence-tagged microsatellite profiling (STMP): a rapid technique for developing SSR markers. Nucleic Acids Research, 29(8):43e – 43.

Halush M K, Fan J B, Bentley K, et al. 1999. Patterns of single-nucleotide polymorphisms in candidate genes for blood-pressure homeostasis. Nat Genet, 22:239 – 247.

Henikoff S. 2002. Accounting for human polymorphisms predicted to affect protein function. Genome Research, 12 (3):436 – 446.

Hillier L D, Lennon G, Beck M, et al. 1996. Generation and analysis of 280000 human expressed sequence tags. Genome Research , 6(9): 807 – 828.

Hoskins R A, Phan A, Naeemuddin M, et al. 2001. Single nucleotide polymorphism markers for genetic mapping in *Drosophila melanogaster*. Genome Research, 11:1 100 – 1 113.

Hubert S, Hedgecock D. 2004. Linkage maps of microsatellite DNA markers for the Pacific Oyster *Crassostrea gigas*. Genetica, 104: 351 – 362

Huvet A, Lapegue S, Magoulas A, et al. 2000. Mitochondrial and nuclear DNA phylogeography of *Crassostrea angulata*, the Portuguese oyster endangered in Europe. Conservation Genetics, (1):251 – 262.

Itoi S, Nakaya M, Kaneko G, et al. 2005. Rapid identification of eels *Anguilla japonica* and *Anguilla Anguilla* by polymerase chain reaction with single nucleotide polymorphism-based specific probes. Fish Sci, 71:1 356 – 1 364.

JIANG D, YE Q L, WANG F S, et al. 2010. The Mining of citrus EST – SNP and its application in cultivar discrimination. Agricultural Sciences in China, 9(2):179 – 190.

Kai W, Kikuchi K, Fujita M. 2005. A genetic linkage map for the tiger pufferfish, *Takifugu rubripes*. Genetics, 171;227 – 238

Karagyozov L. 1993. Construction of random small-inster genomic libraries highly enriched for simple sequence repeats. Nucleic Acid Research, 21: 3911 – 3912.

Kandpal R P, Kandpal G, Weissman SM. 1994. Construction of libraries enriched for sequence repeats and jumping clones, and hybridization selection for region specific markers. Proceedings of National Academy of Scencesi of the USA, 91:88 – 92.

Kang J H, Lee S J, Park S R, et al. 2002. DNA polymorphism in the growth hormone gene and its association with weight in olive flounder *Paralichthys olivaceus*. Fisheries Sci, 68(3):494 – 498.

Kosambi D D. 1944. The estimation of map distances from recombination values . Ann Eugen, 12(2):172 – 175

Klaus K, Riho G, Asiya M, et al. 2003. Genetic variability and structure of common carp (*Cyprinus carpio*) populations throughout the distribution range inferred from allozyme, microsatellite and mitochondrial DNA markers. Aquatic Living resources, 16:421 – 431.

Kocher TD, Lee WJ, Sobolewska H, et al. 1998. A genetic linkage map of cichid fish, the Tilapia(*Oreochromis niloticus*). Genetics, 148:1225 - 1232.

Kryuglyak L. 1997. The use of a genetic map of biallelic markers in linkage studies. Nat Genet, 17:21 - 24.

Lander E S, Green P, Abrahamson J, et al. 1987. MAPMAKER, an interactive computer package for constructing primary genetic linkage map of experimental and natural population . Genomics, 1(2):174 - 180.

Lander E S. 1996. The new genomics: global views of biology. Science, 274:536 - 539.

Lal KK, Chauhan T, Mandal A, et al. 2004. Identification of microsatellite DNA markers for population structure analysis in Indian major carp, *Cirrhinus mrigala*(Hamilton-Buchanan, 1882). Journal of Applied Ichthyology, 20(2):87 - 91.

Launey S, Hedgecock D. 2001. High genetic load in the Pacific Oyster *Crassostrea gigas*. Genetics. 159: 255 - 265.

Lee B Y, Lee W J, Streelman J T, et al. 2005. A second-generation genetic linkage map of tilapia (*Oreochromis* spp.). Genetics, 170:237 - 244.

Lench NJ. Norris A, Bailey A, et al. 1996. Vectorette PCR isolation of microsatellites repeat sequences using anchored dinucleotide repeats primers. Nucleic Acids Research, 24:2190 - 2191.

Li L, Xiang J, Liu X, et al. 2005. Construction of AFLP-based genetic linkage map for Zhikong scallop, *Chlamys farreri* Joneset Preston and mapping of sex-linked markers. Aquaculture, 245: 63 - 73.

Li X, Bai J, Ye X, et al. 2009. Polymorphisms in the 5′ flanking region of the insulin-like growth factor I gene are associated with growth traits in largemouth bass Micropterus salmoides. Fisheries Sci, 75(2):351 - 358.

Lian C, Zhou Z, Hogetsu T. 2001. A simple method for developing microsatellite markers using amplified fragments of inter-simple sequence repeat. Journal of Plant Research, 114:381 - 385.

Lindblad-Toh K, Winchester E, Daly M J, et al. 2000. Large-scale discovery and genotyping of single - nucleotide polymorphisms in the mouse. Nat Genet, 24:381 - 386.

Liu Z J, Karsi A, Li P, et al. 2003. An AFLP-Based Genetic Linkage Map of Channel catfish (*Ictalurus punctatus*) Constructed by Using an Interspecific Hybrid Resource Family. Genetics, 165: 687 - 694

Liu X D, Liu X, Zhang G, et al. 2006. A preliminary genetic linkage map of the pacific abalone *Haliotis discus hannai* Ino . Mar Biotechnol, 8:386 - 397

Liu S K. Zhou Z C, Lu J G, et al. 2011. Generation of genome-scale gene-associated SNPs in catfish for the construction of a high-density SNP array. BMC Genomics, 12:53

Liu Z J, Cordes J F. 2004. DNA marker technologies and their applications in aquaculture genetics. Aquaculture, 238:1 - 37.

Liu Z J, Karsi A, Dunham R A. 1999. Development of polymorphic EST markers suitable for genetic linkage mapping of catfish . Marine Biotechnology, 1:437 - 447.

Lunt DH, Hutchinsom WF, Carvalho GR. 1999. An efficient method for PCR - based identification of microsatellite arrays (PIMA). Molecular Ecology, 8:893 - 894.

Lynch M, Walsh B. 1998. Genetics and analysis of quantitative traits. Sinauer Assoc Inc Sunderland, MA, USA, 980.

Matala AP, Gray AK, Heifetz J, Gharrett AJ. 2004. Population structure of Alaskan shortraker rockfish, *Sebastes borealis*, inferred from microsatellite variation. Environmental Biology of Fishes, 69(1 - 4):201 - 210.

McDonald J H, Kreit Man M. 1991. Adaptive protein evolution at the *Adh locus* in Drosophila. Nature, 351(6328): 652 - 654.

Michaud J, Brody L C, Steel G, et al. 1992. Strand-separating conformational polymorphism analysis: efficacy of detection of point mutations in the human ornithine delta—a minotransferase gene. Genomics, 13:389 - 394.

Mohindra V, Anshumala, Punia P, et al. 2005. Microsatellite loci to determine population structure of *Labeo dero* (Cyprinidae), Aquatic Living Resources. 18:83 – 85.

Moore S S, Whan V, Davis G P, et al. 1999. The development and application of genetic markers for the Kuruma prawn *Penaeus japonicus*. Aquaculture, 173: 19 – 32.

Murakami Y, Katahira M, Makino R, et al. 1991. Inactivation of the retinoblastoma gene in a human lung carcinoma cell line detected by single-strand conformation polymorphism analysis of the polymerase chain reaction product of cDNA. Oncogene, 6:37 – 42.

Narum SR, Powell M S, Talbot AJ. 2004. A distinctive microsatellite locus that differentiates ocean-type from stream-type chinook salmon in the interior columbia river basin. Transactions of the American Fisheries Society, 133(4):1051 – 1055.

Naruse K, Tanaka M, Mita K, et al. 2004. A medaka gene map: the trace of ancestral vertebrate proto-chromosomes revealed by comparative gene mapping. Genome Res, 14: 820 – 828

Naruse K, Hori H, Shimizu N, et al. 2004. Medaka genomics: a bridge between mutant phenotype and gene function. Mech Develop, 121:619 – 628

Nikaido A, Yoshimaru H, Tsumura, Y. et al. 1999. Segregation distortion for AFLP markers in *Cryptomeria japonica*. Genes Genet Syst, 74:55 – 59.

Oefner P J, Underhill P A. 1995. DNA mutation detection using denaturing high performance liquid chromatography(DHPLC). Am J Hum Genet, 57:226.

Orita M, Iwahana H, Kanazawa H, et al. 1989. Detection of polymorphisms of human DNA by gel electrophoresis as single-strand conformation polymorphisms. Proc Natl Acad Sci USA, 86:2766 – 2770.

Orita M, Suzuki Y, Sekiya T, et al. 1989. Rapid and sensitive detection of point mutations and DNA polymorphisms using the polymerase chain reaction. Genomics, (5):874 – 879.

Okubo K, Hori N, Matoba R, et al. 1992. Large scale cDNA sequencing for analysis of quantitative and qualitative aspects of gene expression. Nature Genetics, (2):173 – 179.

Ostrander EA, Jong PM, Rine J, et al. 1992. Construction of small-insert genomic DNA libraries highly enriched for microsatellite repeat sequences. Proceedings of National Academy of Scencesi of the USA, 89:3419 – 3423.

Ossowski S, Schneeberger K, Clark R M, et al. 2008. Sequencing of natural strains of *Arabidopsis thaliana* with short reads. Genome Research, 18(12):2024 – 2033.

Perez F, Erazo C, Zhinaula M, et al. 2004. A sex-specific linkage map of the white shrimp *Penaeus* (*Litopenaeus*) *vannamei* based on AFLP markers. Aquaculture, 242: 105 – 118

Postlethwait JH, Johnson SL, Midson CN, et al. 1994. A genetic linkage map for the zebrafish. Science, 264:699 – 703.

Prudence M, Moal J, Boudry P, et al. 2006. An *amylase* gene polymorphism is associated with growth differences in the Pacific cupped oyster *Crassostrea gigas*. Anim Genet, 37:348 – 351.

Ranade K, Chang M S, Ting C T, et al. 2001. High-Throughput genotyping with single nucleotide polymorphisms. Genome Res, 11:1 262 – 1 268.

Ravnik Glavac M, Glavac D, Dean M. 1993. Sensitivity of single-strand conformation polymorphism and heteroduplex method for mutation detection in the cystic fibrosis gene. Hum Mol Gene, 801 – 807.

Ramsay L, Macaulay M, Ivanissivieh S, et al. 2000. A simple sequence repeat-based linkage map of barley. Genetics, 156:1997 – 2005.

Refseth UH, Fangan BM, Jakonbsen KS. 1997. Hybridization capture of microsatellites directly from genomic DNA. Electrophoresis, 18:1519 – 1523.

Risesner D, Steger G, Wiese U, et al. 1992. Temperature-gradient gel electrophoresis for the detection of polymorphic DNA and for quantitative polymerase chain reaction. Electrophoresis,13(9):63 – 66.

Rodzen JA,Famula TR,May B. 2004. Estimation of parentage and relatedness in the polyploid white sturgeon(*Acipenser transmontanus*)using a dominant marker approach for duplicated microsatellite loci. Aquaculture, 232(1 – 4):165 – 182.

Romana-Eguia MRR,Ikeda M,Basiao ZU,Taniguchi N. 2004. Genetic diversity in farmed Asian Nile and red hybrid tilapia stocks evaluated from microsatellite and mitochondrial DNA analysis. Aquaculture, 236 (1 – 4):131 – 150.

Sachidanandam R, Weissman D, Schmidt S C, et al . 2001. A map of human genome sequence variation containing 1. 42 million single nucleotide polymorphisms. Nature, 409:928 – 933.

Sarkar G, Yoon H S, Sommer S S. 1992. Screening for mutations by RNA single-strand conformation polymorphism (rSSCP): comparison with DNA – SSCP. Nucleic Acids Res,20(4):871 – 878.

Schuler G D, Boguski M S, Stewart E A. 1996. A Gene Map of the Human Genome. Seienee, 274(5287):540 – 546.

Sekino M,Sugaya T,Hara M,Taniguchi N. 2004. Relatedness inferred from microsatellite genotypes as a tool for broodstock management of Japanese flounder *Paralichthys olivaceus*. Aquaculture, 233(1 – 4):163 – 172.

Shirak A, Seroussi E, Cnaani A, et al. 2006. Amh and Dmrta2 Genes Map to Tilapia (*Oreochromis* spp.) Linkage Group 23 Within QTL Regions for Sex Determination. Genetics,174(3):1573 – 1581.

Smith C T, Templin W D, Seeb J E, et al. 2005. Single nucleotide polymorphisms provide rapid and accurate estimates of the proportions of U. S. and Canadian Chinook salmon caught in Yukon River fisheries. North American Journal of Fisheries Management,25:944 – 953.

Stickney H L, Schmutz J, Woods I G, et al. 2002. Rapid mapping of zebrafish mutations with SNPs and oligonucleotide microarrays. Genome Res,12(12):1929 – 1934.

Sun T, Gao Y, Tan W, et al. 2007. A six-nucleotide insertion-deletion polymorphism in the *CASP*8 promoter is associated with susceptibility to multiple cancers. Nat Genet, 39(5):605 – 613.

Sturtevant A H. 1913. The linear arrangement of six-linked factors in Drosophila, as shown by their mode of association. J Exp Zool, 14: 43 – 59.

Syvanen A C. 2001. Accessing genetic variation: genotyping single nucleotide polymorphisms. Nat Rev Genet,(2): 930 – 942.

Tao WJ,Boulding EG. 2003. Associations between single nucleotide polymorphisms in candidate genes and growth rate in Arctic charr(*Salvelinus alpinus* L.). Heredity,91(1):60 – 69.

Talbot W S, Trevarrow B, Halpern M E,et al. 1995. A homeobox gene essential for zebrafish notochord development. Nature, 378:150 – 157.

Tanck MWT, Baars HCA, Kohlmann K, et al. 2000. Genetic characterization of wild Dutch common carp (*Cyprinus carpio* L.). Aquaculture Research, 31:779 – 783.

Thomas D K, et al. 1998. A genetic linkage map of a cichild fish the tilapia or cochromis miloticus,Genetics,1225 – 1232

Thomas E,Voyer Le,Kenw,et al. 1999. Microsatellite DNA varians among the FVB/NJ, C58/J and I/LnJ mouse strains. Mammalian Genome, 10:542 – 543.

Vandeputte M,Kocour M,Mauger S, et al. 2004. Heritability estimates for growth-related traits using microsatellite parentage assignment in juvenile common carp(*Cyprinus carpio* L.). Aquaculture, 235(1 – 4):223 – 236.

Varshney R K, Sigmund R, Borner A, et al. 2002. Interspecific transferability and comparative mapping of barley

EST – SSR markers in wheat, rye and rice. Plant Sci, 2005, 168: 195 – 202.

Voorrips R E. MapChart: software for the graphical prephical presentation of linkage maps and QTLs . J Hered, 93 (1): 77 – 78.

Vos P, Hogers R, Bleeker M, et al. 1995. AFLP: a new technique for DNA fingerprinting . Nucleic Acids Res, 23: 4 407 – 4 414.

Wang S L, Eric P, Jason A, et al. 2010. Assembly of 500000 inter-specific catfish expressed sequence tags and large scale gene-associated marker development for whole genome association studies. Genome Biology, 11(1): R8.

Wang L, Song L, Guo X, et al. 2005. A preliminary genetic map of Zhikong scallop(*Chlamys farreri* Jones et preston 1904) . Aquaculture Res, 36: 643 – 653.

Wang X L, Guo X L, Zhang Y M, et al. 2008, Development of polymorphic EST – derived SSR markers for the shrimp, *Fenneropenaeus chinensis*. Conservation Genet Resour, 10: 1 455 – 1 457

Weber J L, Wong C. 1993. Mutation of human short tandem repeats. Hum Mol Genet, (2): 1 123 – 1 128.

Welsh J M, mclelland M. 1990, Finger printing genomes using PCR with arbitary Primers. Nucleic Acid Research, 18: 7 213 – 7 218

Wilcox A S, Khan A S, Hopkins J A, 1991 . Use of 3' untranslated sequences of human cDNAs for rapid chromosome assignment and conversion to STSs: implication for an expression map of the genome. Nucleic Acids Research, 19: 1 837 – 1 843.

Wilson K, Li Y, Whan V, et al. 2002. Genetic mapping of the black tiger shrimp *Penaeus mondon* with amplified fragment length polymorphism. Aquaculture, 204: 297 – 300

Williams J G, Kubelik A R, Livak K J, et al. 1990. DNA polymorphisms amplified by arbitrary primers are useful as genetic markers. Nucleic Acids Research, 18(22): 6 531 – 6 535.

Woods I G, Kelly P D, Chu F, et al. 2000. A comparative map of the zebrafish genome . Genome Research, 10 (12): 1 903 – 1 914.

Woods I G, Wilson C, Friedlander B, et al. 2005. The zebrafish gene map defines ancestral vertebrate chromosomes. Genome Res, 15: 1 307 – 1 314.

Xia J H, liu F, Zhu Z Y, et al. 2010. A consensus linkage map of the grass carp (*Ctenopharyngodon idella*) based on microsatellites and SNPs . BMC Genomics, 11: 135.

Xia J H, Gen H Y. 2010. Identification and analysis of immune-related transcriptome in Asian seabass *Lates calcarifer*. BMC Genomics, 11: 356.

Xiao Hui Li, Jun Jie Bai, Xing Ye, et al. 2009. Polymorphisms in the 5' flanking region of the insulin-like growth factor I gene areassociated with growth traits in largemouth bass *Micropterus salmoides*. Fisheries Science, 75 (2): 351 – 358.

Xu B, Wang S, Jing Y, et al. 2010. Generation and Analysis of ESTs from the Grass Carp, *Ctenopharyngodon idellus*. Animal Biotechnology, 21: 217 – 225.

Xu M, Zang B, Yao H, et al. 2009. Isolation of high quality RNA and molecular manipulations with various tissues of *Populus*. Russian Journal of Plant Physiology. 56(5): 716 – 719.

Xu Y X, Zhu Z Y, Lo L C, et al. 2006. Characterization of two parvalbumin genes and their association with growth traits in Asian seabass(*Lates calcarifer*). Anim Genet, 37: 266 – 268.

Yang Z, Swanson W J . 2002. Codon-substitution model to detect adaptive evolution that account for heterogeneous selective pressures among site classes. Mol Biol Evol, 19(1): 49 – 57.

Yang Z . 1998. Likelihood ratiotests for detecting positive selection and application to primate lysozyme evolution.

Mol Biol Evol, 15(5):568 – 573.

Young S F, Downen M R, Shaklee J B. 2004. Microsatellite DNA data indicate distinct native populations of kokanee, *Oncorhynchus nerka*, persist in the Lake Sammamish Basin, Washington. Environmental Biology of Fishes, 69(1 – 4):63 – 79.

Young W P, Wheeler P A, Coryell V H, et al. 1998. A detailed linkage map of rainbow trout produced using doubled haploids. Genetics, 148:839 – 850.

Yu Z, Wang Y, Fu D. 2010. Development of Fifty-one novel EST – SSR loci in the Pacific oyster, *Crassostrea gigas* by data mining from the public EST database. Conservation Genet Resour, (2):13 – 18.

Yu Z, Guo X. 2003. Genetic linkage map of the eastern oysterCrassostrea virginicaGmelin . The Biological Bulletin, 204:327 – 338.

Yue G, Orban L. 2002. Polymorphic microsatellites from silver crucian carp (*Carassius auratus gibelio* Bloch) and cross-amplification in common carp(*Cyprinus carpio* L.). Molecular Ecology Notes, (2):534 – 536.

Zane L, Bargelloni L, Patarnello T. 2002. Strategies for microsatellite isolation: a review. Molecular Ecology, 11: 1 – 16.

Zebeau M and Vos R. 1993. Selective restriction fragment amplification: a general method for DNA fingerp rinting. European Patent Application Number 92402629, Publication Number 0534858AI

zhou H, Lamont S J. 1999. Genetic characterization of biodirersity in hihly inbred chicken lines by microsatellite marker. Anim Genet, 30(4):256 – 264.

Ziethiewisz E, Rafalski A, Labuda D, et al. 1994. Genome fingerprinting by simple sequence repeats(SSR) anchored polymerase chain reaction amplification. Genomics, 20:176 – 183.

第七章　大口黑鲈与生长性状相关的分子标记

第一节　大口黑鲈生长性状相关的微卫星分子标记

应用分子标记对水产动物目标性状进行关联分析的方法归纳为两种:一种是分离群体标记关联分析法;另一种是随机选择群体标记关联分析法。这两种方法在水产动物研究方面都有应用。Gross 等(1999)和 Kang 等(2002)在研究大西洋鲑和褐牙鲆的生长激素多态与体重关联时，就是利用分离群体标记关联分析法，根据体重把实验群体分为小个体组、中间个体组和大个体组，通过检测多态位点的等位基因和基因型频率在这 3 组中的分布差异来判断生长激素多态位点是否影响体重。张天时等(2006)同样采用这种方法筛选出对虾与体重关联的微卫星标记。分离群体标记关联分析法可以快速获得与目的性状连锁的分子标记，缺点是灵敏度和精确度都较低(唐辉,2003),而随机选择群体标记关联分析法应用相对较广泛，如罗非鱼的抗寒和体重标记的筛选(Cnaani et al,2003)，斑点叉尾鮰的饲料转化率和抗斑点叉尾鮰肠道败血症病性状相关联标记的获得(赫崇波等,2005)，牙鲆的抗牙鲆淋巴囊肿病毒病相关联的标记获得(Fuji et al,2005)等。随机选择群体标记关联分析法是把筛选的标记在所选的群体中进行检测，通过方差分析寻找与目标性状相关联的标记,该方法的优点是可以全面分析所选用的标记,准确度和精确度较好,缺点是需要检测的 DNA 量大和分析费用较高(唐辉,2003)。本节利用已获得的微卫星标记,试图通过筛选出极大和极小群体中基因型分布差异显著的多态性标记,然后在随机群体中分析其与大口黑鲈体重、体长和体高 3 个性状的相关性,验证极端群体中筛选的标记的有效性,旨在开发与大口黑鲈生长性状相关的分子标记,为下一步分子标记辅助大口黑鲈选择育种奠定基础。

一、材料与方法

1. 材料

从广东省佛山市九江镇金汇农场选择亲鱼 300 对,翌年春天对所选择的亲鱼进行人工繁殖，繁殖后代在同一养殖池塘中进行培育。年底选择该养殖池塘中的大口黑鲈成鱼 160 尾，建立体重的正态分布图(图 7－1),取 15% 的高值个体即体重为 750 g 以上的记为“极端大群体”,15% 低值个体即体重为 315 g 以下的记为“极端小群体”,从这两个群体中各随机选择 12 尾用于与生长相关微卫星标记的初步筛选。另从相同的养殖池中随机选择 121 尾大口黑鲈，用于生长性状关联分析，此 121 尾大口黑鲈记为“随机群体”。121 尾大口黑鲈均测量体重、体长和体高等生长数据,同时尾静脉取血，加入 ACD 抗凝剂，保存于－20℃备用。

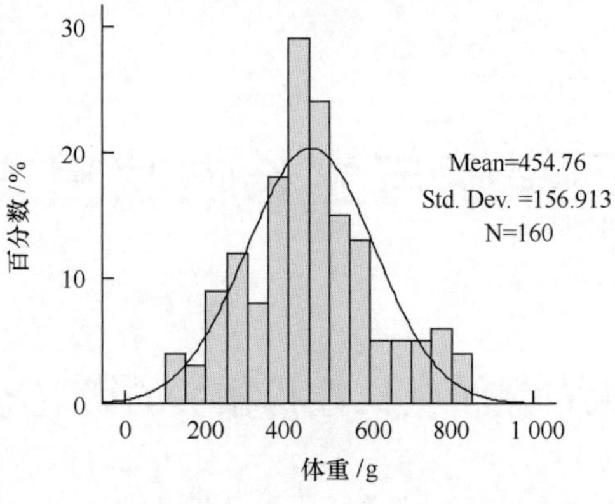

图 7-1 体重的正态分布

2. 微卫星引物

选用 40 个大口黑鲈微卫星位点(引物信息见表 7-1),其中,22 个来自本实验室通过磁珠富集法获得的微卫星序列(梁素娴,2008),18 个来自文献报道的微卫星标记(Lutz et al, 2006)。经鉴定,这些位点在本实验群体中均具有多态性且分型效果好。引物由上海生工生物工程有限公司合成。

表 7-1 微卫星重复序列、引物序列、等位基因及退火温度

位点	重复序列	引物序列(5′-3′)		等位基因	退火温度/℃
JZL31	$(CA)_{25}$	F:TGGACTGAGGCTACAGCAGA	R:CCAAGAGAGTCCCAAATGGA	3	60
JZL37	$(CA)_{24}$	F:TCCAGCCTTCTTGATTCCTC	R:CCCGTTTAGCCAGAGAAGTG	2	56
JZL43	$(CA)_{21}$	F:GCTGCGAGTGCGTGTAACTA	R:GGGAAGCGAGAGTCAGAGTG	2	58
JZL48	$(GT)_{13}$	F:TCGACGATCAATGGACTGAA	R:TCTGGACAACACAGGTGAGG	2	55
JZL60	$(CA)_{21}$	F:AGTTAACCCGCTTTGTGCTG	R:GAAGGCGAAGAAGGGAGAGT	3	60
JZL67	$(CA)_{16}$	F:CCGCTAATGAGAGGGAGACA	R:ACAGACTAGCGTCAGCAGCA	4	60
JZL68	$(CA)_{20}$	F:AGGCACCGTCTTCTCTTCA	R:CATTGTGGGTGCATTCTCC	3	58
JZL71	$(GT)_{21}$	F:GCAGCTTCAGGTGTGTGTT	R:TCGGTGAACTCCTGTCAGG	2	60
JZL72	$(CA)_{21}$	F:AGGGTTCATGTTCATGGTAG	R:ACACAGTGGCAAATGGAGGT	3	58
JZL83	$(CA)_{23}$	F:TGTGGCAAAGACTGAGTGGA	R:ATTTCTCAACGTGCCAGGTC	3	55
JZL84	$(CA)_{20}$	F:GAAAACAGCCTCGGGTGTAA	R:CACTTGTTGCTGCGTCTGTT	3	55
JZL85	$(CA)_{17}$	F:GGGGCTCACTCACTGTGTTT	R:GTGCGCAGACAGCTAGACAG	3	56
JZL105	$(GT)_{13}$	F:GTGTCCCTGACTGTATGGC	R:TCTGATGAGGCTGTGAAAT	2	58
JZL106	$(GT)_{35}$	F:GCAGGCAGTGAACCCAGATT	R:TATGTATTGACGAGCGAGCAG	3	54
JZL108	$(CA)_{17}$	F:GTGACAGATGAGCGGAGAA	R:GATGCTTGAGATACGACTA	2	55
JZL111	$(GT)_{27}$	F:TGTCTCAACTCCACCTACG	R:CACCCTGGCTTCATCTGC	3	52

续表

位点	重复序列	引物序列(5′-3′)		等位基因	退火温度/℃
JZL114	$(GA)_{11}$ $(GT)_{17}$	F:CTACAGGTTAGGGAGTTACACG	R:TGCTGAGGACACAACGAGGT	2	55
JZL124	$(CA)_{28}$ $(CT)_{25}$	F:GCATTCATACACCATCATTG	R:AGCATTTTGTCAGACCACC	3	50
JZL126	$(AC)_{24}$	F:CAGGTAGCAGCGGTTAGGATG	R:TCTGAAACACGGACTCACGAC	2	55
JZL127	$(CA)_{15}$	F:CAGAGAGATAGTGTCAACCA	R:ACCACGGAGAAAGCCATT	3	52
JZL131	$(CA)_{8}$	F:CAAATGCCCGGTCCACAATAAC	R:GTATTTGAGCCGGATGATAAGTG	2	55
JZL132	$(GT)_{11}$	F:CAAATGCCCGGTCCACAATAAC	R:GTATTTGAGCCGGATGATAAGTG	3	55
Lma10	$(TG)_{10}$ (TATGTG)	F:GTCTGTAAGTGTGTTTGCTG	R:GAAACCCGAAACTTGTCTAG	3	55
Lma120	$(GT)_{28}$	F:TGTCCACCCAAACTTAAGCC	R:TAAGCCCATTCCCAATTCTCC	2	54
MiSaTPW01	$(AC)_{16}$	F: AGTAAAGGACCACCCTTGTCCA	R:GCCTGGTCATTAGGTTTCGGAG	3	56
MiSaTPW11	$(AGAT)_{13}$	F: CAACATGGACGCTACTAT	R:CAACCATCACATGCTTCT	2	55
MiSaTPW12	$(AGAT)_{21}$	F: CGGTTGCAAATTAGTCATGGCT	R:CAGGGTGCTCGCTGTCT	2	48
MiSaTPW25	$(AGAT)_{11}$	F: CCAAGGTCAGGTTTAAC	R:ACCTTTGTGCTGTTCTGTC	2	55
MiSaTPW51	$(AGAT)_{31}$	F:CACAGAGACATTGCAGCTGACCCT	R:TGACGTATAGTACCAGCTGTGGTT	2	55
MiSaTPW70	$(AGAT)_{43}$	F: ACTTCGCAAAGGTATAAC	R:CCTCATGCAGAAGATGTAA	2	55
MiSaTPW76	$(AGAT)_{22}$ $(AGAC)_{10}$	F:ACACAGTGTCAGTTCTGCA	R: GTGAATACCTCAGCAAGCAT	2	48
MiSaTPW90	$(ACAT)_{6}$	F:TGCCAGAGATCCTGAGCTAC	R:CACTTACCTGAATAACCAGAGACA	2	48
MiSaTPW96	$(AGAT)_{15}$ $(AGAC)_{6}$	F:CTTCTAAATGTGTGTAGGGTTGC	R:AGCTTAGCATAAAGACTGGGAAC	2	55
MiSaTPW117	$(AC)_{24}$	F:TGTGAAAGGCACAACACAGCCTGC	R:ATCGACCTGCAGACCAGCAACACT	3	55
MiSaTPW123	$(AC)_{22}$	F:GCTAACTTAATCTGCTGGATGGTG	R:TGAACCTTCATAGGACAGCC	2	55
MiSaTPW157	$(AC)_{21}$	F:GACCTCAATGCGGATACTGTGACC	R:AGGCACTCATCTGAATTGTCCATGT	5	55
MiSaTPW165	$(AC)_{16}$	F:GTTCGCATCTGAATGCATGTGGTG	R:TGAAGGTATTAGCCTCAGCCTACA	3	55
MiSaTPW173	$(AC)_{15}$	F:CCACACAGTGACACAAACTGTGC	R:GCCATTGTGCTGCTGCAGAG	4	55
MiSaTPW184	$(AC)_{14}$ $(CT)_{10}$	F:TTGTATACCAAGTGACCTGTGG	R:GGGAGTGCATCTTTCTGAAGTGCC	3	55
Mdo6	$(CA)_{7}$ $(TA)_{4}$	F:TGAAATGTACGCCAGAGCAG	R:TGTGTGGGTGTTTATGTGGG	2	55

3. 基因组的提取

参照北京天根生物科技有限公司生产的天根离心柱型基因组 DNA 提取试剂盒说明书介绍的方法提取样品基因组 DNA。0.8% 的琼脂糖凝胶电泳和分光光度计检测 DNA 质量和浓度,保存于 -20℃ 备用。

4. PCR 反应程序

PCR 反应总体积为 20 μL，含有 10 × buffer 2.0 μL，$MgCl_2$（25 mmol/L）0.8 μL；dNTP（10 μmol/L）0.3 μL；上下游引物（20 μmol/L）各 0.5 μL；基因组 DNA 40 ng；*Taq* 酶（上海申能博彩生物科技有限公司）1 U；在 PTC－200 扩增仪扩增，扩增程序为 94℃ 预变性 4 min，然后 25 个循环（94℃ 30 s、48～60℃ 退火 30 s、72℃ 延伸 30 s），最后 72℃ 延伸 7 min。8% 非变性聚丙烯酰胺凝胶电泳检测、硝酸银染色，扫描记录电泳图谱。

5. 遗传多样性分析

用 AlphaEase FC（Stand Alone）软件分析微卫星条带的大小。根据电泳图谱上 DNA 泳动距离判断个体的基因型。统计每个微卫星位点的等位基因数，用 Popgene Version 3.2 软件进行数据处理，计算以下参数：有效等位基因数（*Ne*）：

$$E = 1/\sum_{i=1}^{n} P_i^{\ 2}$$

平均观测杂合度（H_o）：H_o = 观察到的杂合子数/观察个体总数

平均期望杂合度（H_e）：$H_e = 1 - \sum P_i^2$

平均多态信息含量（PIC） $\mathrm{PIC} = 1 - \sum_{i=1}^{n} P_i^2 - \sum_{i=1}^{n-1}\sum_{j=i+1}^{n} 2(P_iP_j)^2$

式中：P_i 和 P_j 分别为群体中第 i，j 个等位基因频率，n 为等位基因数。

6. 卡方检验与标记－性状相关性分析

采用 SPSS15.0 软件对实验数据进行统计分析。运用卡方检验，对 40 个微卫星位点在大口黑鲈极端大群体和极端小群体中的分布进行初步筛选。应用一般线性模型（General linear models，GLM）对大口黑鲈生长性状与初步筛选的微卫星位点的关联性进行最小二乘分析，并对同一标记的各基因型进行多重比较。

采用 $y_{ij} = \mu + a_i + e_{ij}$ 线性模型公式，进行最小二乘分析。式中：y_{ij} 为某性状第 i 个标记第 j 个个体的观测值；μ 为实验观测所有个体的平均值（即总体平均值）；a_i 为第 i 个标记的效应值；e_{ij} 为随机误差。由于一些微卫星位点中某些基因型出现频率太少，不具有统计分析意义，因此，在实际统计分析中，每种基因型的样本数应在 4 次以上观察值时才被考虑。

二、结果与分析

1. 与大口黑鲈体重、体长、体高关联的微卫星座位的初步筛选

从卡方检验分析结果（表 7－2）可以看出，在所选择的 40 个微卫星位点中，有 16 个微卫星位点（见下划线的引物）的基因型分布，在极端大个体组和极端小个体组的差异趋近于显著（$P < 0.1$）。其中，JZL60、MiSaTPW76 和 MiSaTPW117 差异极显著（$P < 0.01$），JZL67、JZL72、JZL106、JZL108、JZL124、JZL127 和 MiSaTPW173 差异显著（$P < 0.05$），JZL37、JZL85、JZL126、JZL131、MiSaTPW70 和 MiSaTPW96 差异趋近于显著（$0.05 < P < 0.1$）。这 16 个微卫星位点将用于下一步随机群体的验证分析。

表 7-2　微卫星位点在极大群体和极小群体中基因型分布的卡方检验

位点	卡方值	P 值	位点	卡方值	P 值
JZL31	5. 371	0. 121	JZL131	8. 961	0. 089
JZL37	5. 790	0. 055	JZL132	1. 667	0. 422
JZL43	1. 955	0. 376	Lma10	9. 133	0. 104
JZL48	0. 670	0. 413	Lma120	1. 424	0. 404
JZL60	14. 37	0. 006	MiSaTPW01	0. 000	1. 000
JZL67	8. 578	0. 047	MiSaTPW11	1. 067	0. 484
JZL68	0. 715	0. 699	MiSaTPW12	2. 911	0. 233
JZL71	1. 200	0. 273	MiSaTPW25	0. 000	1. 000
JZL72	13. 13	0. 022	MiSaTPW51	0. 689	0. 406
JZL83	1. 530	0. 675	MiSaTPW70	13. 13	0. 069
JZL84	2. 311	0. 379	MiSaTPW76	18. 87	0. 001
JZL85	9. 262	0. 055	MiSaTPW90	0. 345	0. 842
JZL105	2. 053	0. 289	MiSaTPW96	4. 534	0. 100
JZL106	8. 985	0. 011	MiSaTPW117	13. 73	0. 008
JZL108	5. 042	0. 020	MiSaTPW123	2. 441	0. 295
JZL111	1. 733	0. 545	MiSaTPW157	8. 939	0. 347
JZL114	6. 479	0. 831	MiSaTPW165	5. 471	0. 242
JZL124	2. 129	0. 039	MiSaTPW173	15. 08	0. 035
JZL126	5. 137	0. 055	MiSaTPW184	3. 041	0. 219
JZL127	9. 803	0. 044	Mdo6	3. 452	0. 178

注：位点的下划线为 $P<0.1$。

2. 与大口黑鲈体重、体长、体高关联的微卫星位点的验证

利用最小二乘法对微卫星位点与大口黑鲈体重、体长、体高性状进行关联性分析（表 7-3），在 16 个微卫星位点中，JZL60、JZL67、JZL72、MiSaTPW76、MiSaTPW117、MiSaTPW173 与体重、体长、体高呈显著或极显著相关（$P<0.05$ 或 $P<0.01$），而 JZL124 仅与体长显著相关（$P<0.05$）。对差异显著的位点进行不同基因型间与生长性状的多重比较（表 7-4）发现，标记 JZL60 的基因型 AA 个体的 3 个性状的均值显著或极显著高于基因型 BC、AC 个体（$P<0.05$，$P<0.01$），同样看出具有 A 等位基因个体各性状均值均高于具有 C 等位基因的个体，推测等位基因 A 对 3 种生长性状起正面影响；标记 JZL67 基因型 BB 个体的 3 个性状均值均极显著高于基因型 AC 和 AA（$P<0.01$），同样看出等位基因 B 对 3 种性状起正面影响，而等位基因 C 对 3 种性状起负面影响；标记 JZL72 基因型 AC 在体重、体长和体高性状均值均显著或极显著高于其他基因型（$P<0.05$，$P<0.01$），推测基因型 AC 属于优势基因型；标记 MiSaTPW76 基因型 BB 在 3 个性状均值均明显高与基因型 CC、BC、AA 和 AC（$P<0.01$），基因型 CC、BC 均值明显高于基因型 AA 和 AC（$P<0.01$），推测等位基因 B 对 3 种

性状有正效应；标记 MiSaTPW117 基因型 BC 各性状均值显著高于基因型 BB 和 AC（$P<0.05$），其他基因型之间均不存在显著差异，推测基因型 BC 属于优势基因型；标记 MiSaTPW173 基因型 BC 在体重、体长、体高的均值均显著或极显著低于其他基因型（$P<0.01$，$P<0.05$），推测 BC 属于负效基因型。

表 7－3 微卫星标记与大口黑鲈生长性状的关联分析

位点	体重	体长	体高
JZL37	0.497	0.450	0.478
JZL60	0.048 *	0.059	0.045 *
JZL67	0.011 *	0.002 **	0.002 **
JZL72	0.001 **	0.012 *	0.001 **
JZL85	0.540	0.272	0.546
JZL106	0.113	0.093	0.081
JZL108	0.923	0.726	0.762
JZL126	0.780	0.858	0.635
JZL124	0.059	0.049 *	0.089
JZL127	0.573	0.448	0.547
MiSaTPW70	0.161	0.503	0.385
MiSaTPW76	0.000 **	0.000 **	0.000 **
MiSaTPW96	0.835	0.631	0.846
MiSaTPW117	0.086	0.097	0.089
MiSaTPW173	0.050 *	0.022 *	0.032 *
Mdo6	0.650	0.254	0.435

注：表中数值为性状（体重、体长和体高）与微卫星位点关联分析的概率值．上标“＊”和“＊＊”分别代表性状与标记呈显著相关（$P<0.05$）和极显著相关（$P<0.01$），没有上标标注的数据代表性状和标记不相关（$P>0.05$）．

表 7－4 微卫星位点不同基因型与体重、体长、体高的多重比较 $\bar{x}\pm SD$

位点	基因型	个体数	体重	体长	体高
JZL60	AA	9	547.9 ± 63.49^{a}	27.80 ± 1.03^{a}	9.14 ± 0.47^{Aa}
	AB	41	493.4 ± 29.74^{ab}	25.75 ± 0.48^{abd}	8.48 ± 0.22^{ABac}
	BB	20	476.2 ± 42.59^{abd}	25.88 ± 0.69^{ab}	8.37 ± 0.31^{ABabc}
	BC	30	464.4 ± 34.77^{bcd}	25.36 ± 0.56^{bcd}	8.38 ± 0.26^{ABabc}
	AC	18	361.4 ± 44.89^{c}	23.83 ± 0.73^{c}	7.57 ± 0.33^{Bb}
JZL67	BB	7	648.6 ± 69.82^{Aa}	28.60 ± 1.13^{Aa}	9.82 ± 0.51^{Aa}
	BC	9	532.4 ± 61.57^{ABab}	26.51 ± 0.99^{ABab}	8.77 ± 0.44^{ABab}
	AB	46	489.3 ± 27.23^{ABb}	26.02 ± 0.44^{ABb}	8.57 ± 0.19^{ABb}
	AC	22	437.1 ± 39.38^{Bb}	24.99 ± 0.63^{Bb}	8.09 ± 0.28^{Bb}
	AA	34	422.0 ± 31.68^{Bb}	24.70 ± 0.51^{Bb}	7.98 ± 0.23^{Bb}

续表

位点	基因型	个体数	体重	体长	体高
JZL72	AC	4	802.5 ± 90.03^{A}	29.73 ± 1.51^{Aa}	10.66 ± 0.66^{A}
	AA	5	482.8 ± 80.53^{B}	25.42 ± 1.35^{ABb}	8.23 ± 0.59^{B}
	AB	41	461.1 ± 28.12^{B}	25.71 ± 0.47^{ABb}	8.42 ± 0.21^{B}
	BB	58	439.6 ± 23.64^{B}	25.06 ± 0.39^{Bb}	8.13 ± 0.18^{B}
	BC	10	428.0 ± 56.94^{B}	24.58 ± 0.96^{Bb}	7.86 ± 0.42^{B}
JZL124	AB	27	495.4 ± 37.31^{a}	26.12 ± 0.61^{a}	8.64 ± 0.27^{a}
	AA	26	493.0 ± 38.02^{a}	26.10 ± 0.61^{ac}	8.55 ± 0.28^{a}
	CC	6	475.0 ± 79.14^{a}	25.00 ± 1.28^{abc}	8.24 ± 0.58^{a}
	BC	32	472.8 ± 34.27^{a}	25.66 ± 0.55^{abc}	8.35 ± 0.25^{a}
	BB	10	432.5 ± 61.30^{a}	24.85 ± 0.99^{abc}	8.09 ± 0.45^{a}
	AC	20	401.0 ± 43.35^{a}	24.22 ± 0.71^{b}	7.85 ± 0.32^{a}
MiSaTPW76	BB	10	658.9 ± 55.93^{A}	28.64 ± 0.91^{A}	9.74 ± 0.41^{Aa}
	CC	39	489.5 ± 28.32^{B}	25.97 ± 0.46^{B}	8.54 ± 0.21^{ABb}
	BC	42	485.8 ± 27.29^{BD}	25.87 ± 0.44^{BD}	8.52 ± 0.20^{BDbd}
	AA	10	366.5 ± 55.93^{BCD}	24.20 ± 0.91^{BCD}	7.70 ± 0.41^{BCDbcd}
	AC	20	338.6 ± 39.54^{C}	23.01 ± 0.64^{C}	7.24 ± 0.29^{Cc}
MiSaTPW117	BC	47	521.9 ± 27.57^{Aa}	26.47 ± 0.45^{a}	8.79 ± 0.20^{a}
	AB	13	467.5 ± 52.42^{ABab}	25.23 ± 0.86^{ab}	8.26 ± 0.39^{ab}
	CC	23	466.7 ± 39.41^{ABab}	25.47 ± 0.65^{ab}	8.25 ± 0.29^{ab}
	BB	23	425.6 ± 39.41^{ABb}	24.67 ± 0.65^{b}	8.04 ± 0.29^{b}
	AC	13	359.9 ± 52.42^{Bb}	24.32 ± 0.86^{b}	7.73 ± 0.39^{b}
MiSaTPW173	AB	6	572.0 ± 76.78^{A}	27.30 ± 1.24^{Aa}	9.30 ± 0.56^{Aa}
	CD	20	515.2 ± 42.06^{A}	26.41 ± 0.68^{Aa}	8.70 ± 0.31^{Aa}
	CC	5	510.7 ± 84.11^{A}	25.70 ± 1.36^{ABCabc}	8.52 ± 0.62^{ABCa}
	BD	25	494.5 ± 37.62^{AC}	26.28 ± 0.61^{ACa}	8.66 ± 0.28^{ACa}
	DD	7	488.2 ± 71.09^{ABC}	26.05 ± 1.15^{ABCa}	8.44 ± 0.52^{ABCabc}
	AC	7	439.6 ± 71.09^{ABC}	24.06 ± 1.15^{ABCabc}	7.81 ± 0.52^{ABCabc}
	AD	6	533.8 ± 76.78^{A}	25.82 ± 1.24^{ABCabc}	8.62 ± 0.56^{ABCa}
	BB	11	451.0 ± 56.71^{ABC}	25.88 ± 0.92^{ABCac}	8.48 ± 0.42^{ABCac}
	BC	26	348.7 ± 36.88^{B}	$23.41 \pm 0.59B^{b}$	7.44 ± 0.27^{Bb}

注:同一列数值中,上标含相同字母者表示两种基因型之间差异不显著($P > 0.05$),不同小写字母代表差异显著($P < 0.05$),不同大写字母代表差异极显著($P < 0.01$)。

标记－性状连锁分析是指根据标记位点的基因型和数量性状的表型对个体进行显著性检验,差异显著则说明标记与数量性状存在关联(王高富等,2006)。本研究结果得到JZL60、JZL67、JZL72、MiSaTPW76、MiSaTPW117、MiSaTPW173与大口黑鲈的体重、体长和体高性状显著相关,而JZL124仅与体长显著相关。其中,微卫星JZL60的AA基因型、微卫星JZL67的BB基因型、微卫星JZL72的AC基因型、微卫星MiSaTPW76的BB基因型、微卫星MiSaTPW117的BC基因型个体生长性状均极显著高于同一标记的其他基因型的个体,通过这几种基因型可以对生长性状进行间接选择。本实验首次鉴定出与大口黑鲈生长性状相关的微卫星标记,下一步工作将对所得的微卫星标记结果进一步的分析,探讨其能否作为大口黑鲈标记辅助育种的有效分子标记。

3. 群体的遗传多样性分析

利用在极端大个体组和极端小个体组中基因型分布差异显著的16个微卫星位点,对随机群体进行扩增(表7-5),共检测到47个等位基因,平均等位基因数为2.938个,每个位点检测到的等位基因数为2~5个,有效等位基因数在1.456~3.535之间,平均值为2.142;观测杂合度在0.250~0.783,平均值为0.515;期望杂合度在0.254~0.720,平均值为0.500;多态信息含量在0.218~0.685之间,平均值为0.445。

表7-5 大口黑鲈遗传多样性的微卫星位点分析

位点	等位基因数	有效等位基因	观测杂合度	期望杂合度	多态信息含量
JZL37	2	1.456	0.339	0.314	0.264
JZL60	3	2.767	0.736	0.641	0.575
JZL67	3	2.378	0.636	0.582	0.524
JZL72	3	1.870	0.455	0.467	0.410
JZL85	3	1.816	0.430	0.451	0.442
JZL106	3	1.496	0.364	0.333	0.306
JZL108	2	1.332	0.292	0.254	0.218
JZL124	3	2.908	0.653	0.659	0.606
JZL126	2	1.385	0.250	0.284	0.239
JZL127	3	2.165	0.542	0.550	0.502
JZL131	3	1.986	0.583	0.507	0.373
MiSaTPW70	5	2.575	0.603	0.614	0.599
MiSaTPW76	3	2.338	0.512	0.575	0.525
MiSaTPW96	2	1.753	0.458	0.439	0.337
MiSaTPW117	3	2.506	0.603	0.603	0.521
MiSaTPW173	4	3.535	0.783	0.720	0.685
平均值	2.938	2.142	0.515	0.500	0.445
标准差	0.772	0.622	0.155	0.144	0.144

平均等位基因数(N_e)、基因杂合度(H_o、H_e)和多态信息含量(PIC)都是反映群体多样性的较好指标,其均为数值越大,表明群体多样性水平越高。本实验选择的养殖群体的N_e=2.938,H_o=0.515,H_e=0.5,PIC=0.445,遗传多样性属中等水平,高于广州大口黑鲈养殖群体的遗传多样性水平(梁素娴等,2008;Bai et al,2008)。本实验用于分析遗传多样性

的微卫星标记与梁等(2008)和Bai等(2008)用到的微卫星标记不同，属于中度或高度多态性，而这两位学者所选择的微卫星标记均是随机选择的，其中包含低度多态性微卫星，推测这是造成差异的主要原因。

第二节　大口黑鲈*POU1F1*启动子区域SNPs对生长的影响

垂体特异性转录因子（pituitary specific transcription factor 1,*POU1F1*）是POU家族成员之一,由动物垂体前叶特异性表达。*POU1F1*对垂体前叶分泌细胞分泌生长激素(Growth Hormone,GH)、催乳素(Prolactin,PRL)和促甲状腺素亚β单位(Thyroid-Stimulating Hormone β,TSH-β)起决定性的正向调控作用(Rosenfeld,1991)。*POUIFI*基因的突变可阻碍GH、PRL和TSH-β的正常表达,致使垂体发育异常及矮小个体的产生(Stasio et al,2002)。目前尚未见到有关该基因突变在水产动物上的相关研究报道。本节以大口黑鲈*POU1F1*基因作为与生长相关的候选基因,克隆了*POU1F1*基因的启动子序列,并采用直接测序法检测基因上的单核苷酸多态性,研究*POU1F1*基因启动子上的SNPs与大口黑鲈生长性状的关系,为下一步的分子标记辅助选育提供候选标记。

一、材料与方法

1. 实验鱼、试剂和菌种

从广东省佛山市九江镇金汇农场采集同塘中同一批次鱼苗养殖的随机群体样本126尾。Trizol reagent购自Invitrogen公司;pGEM－T Easy购自Promega公司; Blood & Cell Culture DNA Kit和GenomeWalker Universal Kit均购自Clontech公司;RNase Free DNase Ⅰ购自Promega公司;ReverTra Ace－α－® Kit试剂盒购自TOYOBO公司, Power SYBR Green Master Mix购自Applied Biosystem公司;限制性内切酶*Dra* Ⅰ、*Pvu* Ⅱ、*Ssp* Ⅰ、*Eco*R Ⅴ、*Sca* Ⅰ、*Stu* Ⅰ、*Alu* Ⅰ和*Bsr*B Ⅰ购自Fermentas公司;Marker pBR322DNA/*Msp* Ⅰ购自TIANGEN公司,大肠杆菌DH5α由本实验室保存。

2. DNA的提取及基因组DNA文库构建

将用于实验的每尾大口黑鲈测量体重、体长、全长、体高、体宽,同时以抗凝剂(ACD)与血液体积比为6:1的比例进行尾静脉活体取血,按Blood & Cell Culture DNA Kit试剂盒的操作提取鱼血液DNA。按照Genome Walker Universal Kit试剂盒的操作,分别用限制性内切酶*Dra* Ⅰ、*Pvu* Ⅱ、*Ssp* Ⅰ、*Eco*R Ⅴ、*Sca* Ⅰ、*Stu* Ⅰ构建大口黑鲈基因组DNA文库。

3. POU1F1启动子序列的扩增及测序

根据已知的大口黑鲈*POU1F1* cDNA序列设计引物P1和P2(表7－6)。按照GenomeWalker Universal Kit试剂盒的操作,分别以6个基因组文库为模板,用试剂盒提供的引物AP1与P1引物进行PCR扩增。PCR反应总体积为20 μL,含有10×Buffer 2.0 μL, $MgCl_2$(25 mmol/L)0.8 μL;dNTP(10 μmol/L)0.4 μL;上下游引物(20 μmol/L)各0.4 μL;基因组DNA 40 ng,*Taq*酶(上海申能博彩生物科技有限公司)1 U。PCR扩增程序为94℃预变性4 min;32个循环(94℃,30 s;46～56℃,30 s;72℃,30 s);72℃再延伸10 min。取该PCR产

物稀释100倍后利用AP2和P2在同样的程序下进行巢式PCR扩增，在*Eco*RⅤ文库中检测到特异性片段。扩增产物经纯化、连接和转化，阳性克隆委托上海英骏生物技术有限公司进行测序。

表7-6 引物名称及序列

引物名称	引物序列5′→3′	引物名称	引物序列5′→3′
P1	5′-ATGAGGATTGGCAAGGGTGAGTCT-3′	P3	5′-GCAGAGCCCAAGACAAACAC-3′
P2	5′-TGGGGTGAAAGAGTCGGCACTGAACG-3′	P4	5′-ATCAGGATTGGCAAGGGTGAGTCT-3′
AP1	5′-GTAATACGACTCACTATAGGGC-3′	P5	5′-GATAAAGTAAGACTAAACACAAGC-3′
AP2	5′-ACTATAGGGCACGCGTGGT-3′	P6	5′-CATTCTTCTCAGGCCCCGCT-3′

4. POU1F1启动子序列的转录元件分析

5′侧翼区域转录元件分析采用Transcription Element Search System软件(http://www.cbil.upenn.edu/cgi-bin/tess/tess)对启动子上的转录元件进行预测，所有参数设置均使用默认值，核心序列矩阵相似度与序列矩阵相似度比值均大于0.8。

5. 突变位点筛选

从实验样品中随机取10尾大口黑鲈的基因组DNA，利用引物P3和P4扩增*POU1F1* 5′端长度为1 473 bp的侧翼序列，经纯化后委托上海英骏生物技术有限公司进行测序，用Vector NIT Suite 11.0比对分析测序结果并寻找SNPs位点。

6. 不同个体的基因型检测

先用引物P3和P4扩增启动子部分序列，再以其PCR产物为模板，用酶切引物P5和P6进行两个SNP位点之间210 bp片段的PCR扩增，扩增产物分别用限制性内切酶*Alu* Ⅰ(-183位点)和*Bsr*BⅠ进行酶切(-18位点)，8%聚丙烯酰胺凝胶检测突变个体。

7. SNP突变及单倍型生长相关性分析

等位基因频率分析利用Popgene(Version 3.2)软件处理。利用SPSS 17.0软件一般线性模型(General Linear Model，GLM)，采用最小二乘法，分析SNPs与大口黑鲈生长性状之间的相关性。统计分析模型为：$Y_{ij}=u+B_i+e_{ij}$

其中：Y_{ij}为某个性状第i个标记第j个个体观测值；u为实验观测所有个体的平均值(即总体平均值)；B_i为第i个标记的效应值；e_{ij}为对应于观察值的随机误差效应。

二、结果与分析

1. 大口黑鲈*POU1F1*基因5′侧翼序列克隆与转录因子作用位点预测

以6个大口黑鲈基因组DNA酶切连接文库(*Dra* Ⅰ、*Pvu* Ⅱ、*Ssp* Ⅰ、*Ecor* Ⅴ、*Stu* Ⅰ、*Sca* Ⅰ)为模板(Li et al，2008)，利用基因组步移技术获得*POU1F1* 5'侧翼序列1 629 bp，5′-UTR 620 bp。启动子区转录元件预测结果见图7-2，包含TATA框、CCAAT框、GATA框和4个八聚体转录因子1(*Oct*-1)结合位点等启动子基本转录元件，还有Homeobox转录因子结合

```
-1629 ACTAT AGGGC ACGCG TGGTC GACGG CCCGG GCTGG TAAAA CAATT AACAT
                                                Homeobox
-1579 GTGAC CCTGC AACTG AGTGA ATCTA TAAAC TCAGC AACCA AAAAT CTGTT
-1529 TTGTG GAGAG ACATT GTCAA AAGTG CATCT AGTCC ATATT TACAC TGCAT
-1479 GCTTA AACGT GTCAA ATCGT GCCTG CCACC CACAA GCTAT TTTCC ACCTG
-1429 CTGCC CACCT ACATC AACAA TAGCA AAGCA GAGCC CAAGA CAAAC ACAAA
-1379 CAGAC ACAAC AGAGC GCACA TGGTG GCCAC GCTCC TCAGA TTAAC CTTTA
-1329 TCCTC CCTGA TGAGA CCTGT TGTCT TTACC TGGAG CACTC TGCAC TCAAC
-1279 ACAAT ATGGA CTCCA AACCG AAACA ATGTT AACCT TTTCT TCCAC TCACT
                                  HNF
-1229 TTGAG ATAAG GCTAC ACAAG TTTTT GGTTG TGGGC TAAAG GGATA GGGTT
           GATA                                    GATA
-1179 AAAGC GGTGC CCTGA CCTCC TGGTG ATCTA TCCAC CAAAA AACAT CCAAT
           ZNFP                                     Oct-1
-1129 TTACA CCTAA ACGCT CTTGC AAGAC AACTC AATGT CCGTG GTAAA ACAAG
-1079 TGTGA TTTTC CAAGT CAAGT TTAGC ATTGG TCGGG GGTAC ACATA TGCAA
                                                    Oct-1
-1029 AACAA AGCAG AACAA TTGGT TTGAG ATTAT TTGTG GCAAC ACTTT ATGCC
      Oct-1
-979 AAACC ATGTT ATCTA TCAAA AGAAA CAAAG TCTTT GTTGC TTTAA TGAGC
-929 ATCCT AAATG TTCAC TTTAC TTTCC CATAG CAACT ACATC ACAAC CCTGC
-879 AATCA AGGAG AAGGA CAGAG AGATA GCGAG AGAGG GTGAG GAGAG GAAGG
                          GATA
-829 GATCG GGTTT CTCAG TACCC TAATC CTGGA TTTGG AAACG GGATG AGGAG
-779 AACGC AGCTA AGGAC AAGCA CAAGT AATAA CAGCA CTGAC ATGGG TTTGG
-729 TAGGT GGGGG TGAGC AGCTT GATGG GAAAT AGGGG GCCTC ATAGG TCGAG
-679 AGAGG GGTGG TTAGT TGTAG GTGGG TGGGA TATAA ATACC TGCAG TAGAC
                         HNF           TBP
-629 AAGGG CTGCA AATTG CTGAG GGTAT GACAG ACACT GGTTA CCTGC ATCTA
-579 TAATA GAGAA AAAGA GACAG GGATA TGCAT TGCAG AGGCC CAGTA GTATA
                                  Oct-1
-529 CCAGT GGTAG TAACT TGAAC CTGAA GCTCA TCATT ATTCA TCTCT GGGAG
-479 TCTTG ACTGA GGGTG CAGAT GTGCC TAAAA ATGGG AGAAT TCTAG CTGAA
-429 GTGCT GACAG TCTTT TCTCT TTGAG AAAAA AGGTA ACTTA TCACA GTTTC
                          C/EBPa
-379 CTACC TGAAT ATTCC CAAGT GACTG AAGTG AGAAC TACGC TTGAC TGAGC
-329 CAGGG AAAAA AGGAC AAGAA AAGAA GACAA TACCA GAGGT GAAAG AAGAC
-279 AAGAC GCAGC AGGGA GAAAG ACAAG GCAGA ACAAG AGAAG GCCAA AGAAG
-229 ACGAG ACAGA GACAG AAGGC GAGAT AAAGT AAGAC TA（AAC ACAAG ATACA
                          GATA       CREB       EVI1
-179 AGAA）A GGAAG GCGAG GAAAC AGATA TCAAG AGGGC AAGAC AAGAA AAGAC
                               GATA
-129 AGAGG ACAAG GAAAG CAACA ATGGG AGACA AGACCAAATA AAGCA AGAGA
-79 GGAAA GAAAA GGAAC CAGTT AAAGG ATCAC GTCAA CCTTC AGTGT ACGAT
                                  CREB            GATA
-29( AAGGA CCATC CGAGA GGGGC CTGAG) AAGA
     HSF
```

图 7-2 大口黑鲈 *POU1F1* 基因启动子序列

注：TATA 框、CCAAT 框、GATA 框和 Oct-1 结合位点用方框标出，CREB、HNF、ZNFP 等用下画线表示；突变碱基用加粗字体标出，突变碱基位置的转录因子 EVI1、HSF 结合位点用括号标出，起始密码子设为"+1"。

位点 1 个, cAMP 反应元件结合蛋白(CREB)结合位点两个。CREB 与 *POU1F1* 启动子两个 CREB 结合元件结合,启动 *POU1F1* 基因的转录过程。人的垂体特异性转录因子 *POU1F1* 和生长激素 GH 启动子上存在两个 cAMP 反应元件序列 CGTCA(Laurie et al,1999),大麻哈鱼 *POU1F1* 基因、*GH* 基因,虹鳟的 *GH* 基因启动子上亦存在两个 CREB 结合位点(Wong et al,1996)。

2. 突变位点筛查结果

对 10 个个体 *POU1F1* 启动子序列经比对分析,在其启动子 –183 和 –18 位置发现两个 SNPs,且这两个突变只检测到 A 和 B(C – A 为 A, T – G 为 B)两种单倍型。利用个体数为 126 的群体对两个突变进行检测,结果表明:两个 SNPs 在群体中广泛存在,也只有两种单倍型 A(C – A)和 B(T – G)(图 7 – 3)。单倍型的判断方法为: –183 位点用限制性内切酶 *Alu* Ⅰ酶切后有 210 bp 和 187 bp 两条带,定为等位基因 a_1 和 b_1; –18 位点用限制性内切酶 *Bsr*BⅠ酶切后有 210 bp 和 192 bp 两条带,定为等位基因 a_2 和 b_2;且若 –183 位点检测到等位基因 a_1, –18 位点也会检测出等位基因 a_2,若 –183 位点检测到等位基因 b_1, –18 也会检出等位基因 b_2,反之亦然,于是将 –183 和 –18 两个位点都出现的等位基因 a 定义为单倍型 A,将两位点都检测到的等位基因 b 定义为单倍型 B。两种单倍型的等位基因频率和基因型见表 7 – 7。

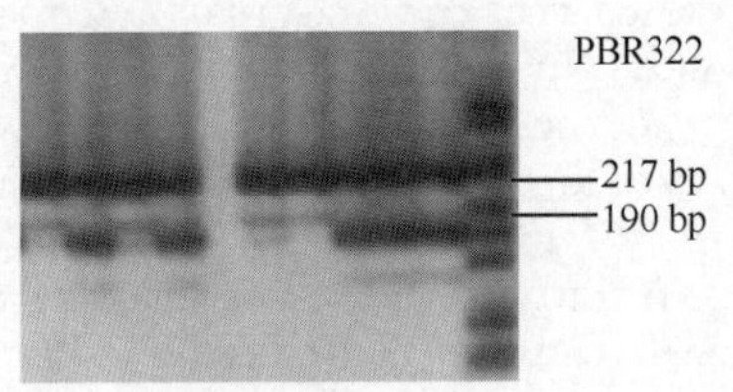

图 7 – 3 *POU1F1* 启动子 – 183 位点的 SNP 酶切电泳图谱

注:位于 Marker 217 bp 处的条带为不能被限制酶切开的 210 bp 的片段,位于 Marker 190 bp 处的条带为被限制酶切开后的 187 bp 的片段.

表 7 – 7 大口黑鲈 *POU1F1* 启动子区域 SNP 突变在随机群体中的基因频率分布

基因型	基因型频率/%(样本数)	等位基因频率/%	
		A	B
AA	8.7(11)		
AB	31.7(40)	24.6	75.4
BB	59.5(75)		

3. 不同单倍型与性状的关联分析

本实验用于关联分析的 126 尾鱼的体重均约 500 g,为同一批繁殖、同池养殖,且采样时间一致,因此在建立模型时不考虑时间、环境及人工饲养条件的差异。不同基因型个体间生长性状的多重比较结果见表 7 – 8,关联分析结果表明,两个 SNPs 所构成的单倍型对体重、体长、全长、体高、体宽有显著影响($P < 0.05$),基因型 AA 和 AB 的个体的生长性状明显优于基因型为 BB 的个体。

表 7-8　不同基因型个体间生长性状的多重比较

性状	基因型			
	AA	AB	BB	*P* 值
体重/g	561.77 ±54.98[a]	542.71 ±28.83[a]	411.82 ±21.05[b]	0.000
体长/cm	27.04 ±0.91[a]	26.91 ±0.48[a]	24.48 ±0.35[b]	0.000
全长/cm	30.64 ±0.98[a]	30.66 ±0.52[a]	27.93 ±0.38[b]	0.000
体高/cm	8.96 ±0.40[a]	9.06 ±0.21[a]	7.92 ±0.15[b]	0.000
体宽/cm	4.79 ±0.21[a]	4.70 ±0.11[a]	4.16 ±0.08[b]	0.000

注:采用5%的显著性检验,差异显著性分别用上标 a、b 表示.

本研究在大口黑鲈 *POU1F1* 基因启动子筛选到两个 SNPs 位点,分别位于 -183 和 -18 处。-183 位点处的 SNP 恰好是嗜亲性病毒综合位点(ecotropic viral integration site,EVI)-1 转化蛋白的结合位点,EVI-1 转化蛋白结合位点的碱基序列为 AGAT,突变后该 4 个碱基变为 AGAC,即 -183 位点的突变会造成 EVI-1 转化蛋白结合位点的消失。EVI-1 转化蛋白能够抑制 TGF-β 细胞因子和骨形态发生蛋白(bone morphogenetic protein,BMP)信号转导的进行,而骨形态发生蛋白(BMP)是一种分泌性多功能蛋白,属于转化生长因子(TGF)-β 细胞因子超家族,具有调节细胞的增殖和分化以及促进骨、软骨生成的作用(朱海燕等,2008)。-18 位点 SNP 的 A/G 突变亦造成热激因子(heat shock factors,HSF)结合位点的消失。而热激因子是热激蛋白的主要调控因子,许多热激蛋白有组成型表达,在正常生理条件下参与一些重要的生理活动,如蛋白质的转运、折叠、引起细胞的不可逆损伤并导致死亡(Lindquist et al,1988)。-183 位点和 -18 位点的突变造成的 EVI-1 和 HSF 结合位点的消失可能提高启动子的活性或转录效率,推测该突变是导致 AA 型和 AB 型个体生长性状优于 BB 型个体的主要原因。

人类和小鼠 *GH* 基因的启动子含有两个 POU1F1 蛋白结合位点,它们在 *GH* 基因启动子的激活过程中是必不可少的,而 POU1F1 蛋白具有的 POU1F1 特有结构域和 POU 家族共有结构域两个结构域决定其与 *GH* 基因启动子的结合功能(Nelson et al,1988)。此外,马岗鹅催乳素(PRL)基因 5′-UTR 上也发现存在 1 个潜在 POU1F1 结合位点(TGAATATGAA)(刘志等,2006)。将大口黑鲈 POU1F1 基因启动子序列与黑鲷 POU1F1 基因 cDNA 序列(EU279458)进行比对,推测其转录起始位点以 A 起始,位于 -620 bp 处。大口黑鲈 *POU1F1* 基因的 5′调控区上存在的两个 SNPs 分别位于 -183 和 -18 处,说明这两个 SNPs 位于大口黑鲈 *POU1F1* 基因的 5′-UTR,推测本研究发现的 SNPs 可能会影响 POU1F1 mRNA 的表达水平,造成不同机体内 POU1F1 蛋白表达量的差异,进而影响 *GH* 基因和 PRL 启动子活性,导致其表达水平的不同而出现基因型 AA 和 AB 的个体的生长性状优于基因型为 BB 的个体。

在 SNP 标记研究和应用中发现,基因组上相邻 SNPs 的等位位点倾向以整体形式遗传给后代,这种一组相关联的 SNPs 等位位点被称作单倍型(haplotype)。单个研究 SNP 费时费力、统计效率较低,而且单个 SNP 与疾病或某种表型性状可能无相关性,而几个 SNPs 的集合即单倍型与性状有良好的相关性。因为单倍型是位于同一条染色体上的多个 SNPs 位点上的一列等位基因,它含有连锁不平衡的信息,而且基于单倍型的关联分析相当于利用多个 SNPs 位点去寻找和定位基因,并且还考虑到各个 SNP 位点之间的相关性,这当然比单个 SNP 的定位更精确,并且检验的功效也会随之增加。研究表明,基于单倍型的关联分析研究比基于单个 SNP 位点的关联分析研究更加有效(Schaid,2004)。本研究对大口黑鲈 *POU1F1* 启动子序列 -18 和 -183 两个 SNP 位点同时进行基因分型,只检测到 A 和 B 两种单倍型,基因型为 AA 型和 AB 型的个体在体重、体长、全长、体高、体宽方面明显高于 BB 型个体($P<0.05$),反映出单倍型中多个突变能够相互作用组成一个更优等位基因,从而显著影响表型性状。

通过直接测序法发现大口黑鲈 *POU1F1* 基因启动子上的两个 SNP 位点仅组合成两种单倍型 A 和 B,其中单倍型 A 为优势单倍型,可将其作为选择优良亲鱼的候选分子标记。

第三节 大口黑鲈肌肉生长抑制素基因 SNPs 的筛选及其与生长性状关联性分析

肌肉生长抑制素(Myostatin,MSTN),属于转化生长因子超家族(transforming growth factor β,简称 TGF-β)成员。它是一类分泌型的多肽,通过二聚体与细胞膜上的受体结合,再经过 3 种 Smad 蛋白的介导,信号传入细胞核,抑制 MyoD 家族成员转录活性,负向调节肌肉的生长发育(Joulia et al,2003)。目前在水产动物方面,已克隆了斑马鱼(*Danio rerio*)(Amli et al,2003;Biga et al,2005)、虹鳟(*Oncorhynchus mykiss*)(Rescan et al,2001)、大麻哈鱼(*Salmo salar*)(Ostbye et al,2001)、金头鲷(*Sparus aurata*)(Maccatrozzo et al,2001)、罗非鱼(*Oreochromis mossambicus*)(Rodgers et al,2001)、斑点叉尾鮰(*Ictalurus punctatus*)(Kocabas et al,2000)、石首鱼(*Umbrina cirrosa*)(Maccatrozzo et al,2002)、大口黑鲈(*Micropterus salmoides*)等(李胜杰等,2007)鱼类的 MSTN 基因;并对一些鱼类 MSTN 基因在各个组织的表达进行了相关研究,MSTN 除在骨骼肌表达外,还可在鱼类多个组织如肝、胃、心、鳃、肌肉、眼、脑、卵巢、精巢等中表达。

候选基因法是一种常用的从 DNA 水平寻找与数量性状相连锁的方法之一。自从 1997 年 Grobet 等(Grobet et al,1997),Mcpherron 和 Lee(Mcpherron et al,1997)分别在比利时蓝牛(Belgian Blue)和皮尔蒙特牛(Piedmontese)中发现了 MSTN 的自然缺失与变异造成这两种牛的双臀性状现象之后,许多学者都相继把马、猪、鸡、羊等畜禽的 MSTN 基因作为候选基因对其进行了单核苷酸多态性研究,研究表明 MSTN 的突变与动物的肌肉产量成相关(李绍华等,2002;顾志良等,2003;朱智等,2007;张慧玲等,2007)。本节将 MSTN 基因作为大口黑鲈生长性状的候选基因,寻找 MSTN 基因全基因上的遗传多态位点,为寻找大口黑鲈生长性状的分子标记、构建遗传连锁图谱和开展标记辅助育种工作奠定基础。

一、材料与方法

1. 材料

用来进行 SNPs 位点筛选的 24 尾大口黑鲈及用于生长性状关联性分析的 127 尾大口黑

鲈均来自广东省佛山市南海区九江镇金汇农场，关联分析中的大口黑鲈样本(10月龄)来自于同一个养殖场且采样时间一致。

2. 主要试剂

Taq DNA 聚合酶体系购自上海申能博彩生物科技有限公司，PMD - 18T vector system 购自大连宝生物工程有限公司；胶回收试剂盒(E. Z. N. A Gel Extraction Kit)为美国OMEGA公司产品；DNA 提取试剂盒购自北京天为时代科技有限公司，丙稀酰胺和N,N - 亚甲基双丙烯酰胺和甘油购自广州威佳科技有限公司。大肠杆菌 DH5α 由本实验室保存。

3. 引物合成

根据 GenBank 上登录的大口黑鲈 MSTN 基因的序列(GenBank 号 EF071854)设计10对引物用来扩增 MSTN 基因及进行相关酶切，引物序列、产物长度及引物用处见表7 - 9。

表7 - 9 大口黑鲈 MSTN 基因引物信息

引物	碱基组成(5′-3′)	产物长度/bp	最适合退火温度 TM/℃	用途
P1	F CAAAGGAATAGTCTGCCTCATATC R TTGTCATCTCCCAGCACGTCGTA	1 842	57.4	启动子序列扩增
P2	F GCCTATCAGTGTGGGACATTAA R:GTTTCTATTGGGCTGGTGGCGG	220	57.0	*Alu* I 酶切
P3	F: AGCCCAATAGAAACGGAGCAGT R:TCATCTCCCAGCACGTCGTACT	206	58.0	筛选 SNPs 位点
P4	F: CCTCGACCAGTACGACGTGC R: GCGTAATAACGGTCTGAGCG	177	58.0	筛选 SNPs 位点
P5	F: TGTACACTTCAATCGCGCATG R:TGCGTATGTGCCTGTTCCCGT	252	58.0	筛选 SNPs 位点
P6	F:ATACGCATCCGCTCCCTGAAG R: ACCATAAGGGTTCAGTTTAGTGTA	230	58.0	筛选 SNPs 位点
P7	F: TATTCACACACACTCTGTCATT R: ACTCCCCGGAGCAATAGTTG	216	50.0	筛选 SNPs 位点
P8	F:GCCAACTATTGCTCCGGGGA R: CCGTCCCAACTCAAGAGCATC	223	57.0	筛选 SNPs 位点
P9	F:TGCTCTTGAGTTGGGACGG R: CTGGAGGAAAGAAAAGTAAGAGC	229	56.0	筛选 SNPs 位点
P10	F: CAAAGGAATAGTCTGCCTCATATC R:GGCAGGCGAAAGAAATGAGTA	207	57.4	*Taq* I 酶切

注:F 为正向引物;R 为反向引物.

4. 大口黑鲈基因组 DNA 的提取

采用 ACD 抗凝剂，实验鱼尾静脉活体取血，按天根离心柱型基因组 DNA 提取试剂盒介绍的方法提取样品基因组 DNA,取 100 μL 双蒸灭菌水溶解,0.8% 的琼脂糖凝胶电泳检测 DNA 质量和浓度。检测完毕后取 20 μL 基因组 DNA 保存于 4℃供使用,余留基因组 DNA 保存于 -20℃备用。

5. SSCP 分析

将 5 μL PCR 产物与 9 μL 上样缓冲液(95% 甲酰胺,10 mmol/L EDTA,0.09% 二甲苯青,0.09% 溴酚蓝,pH 8.0)混匀后,100℃变性 10 min 后迅速置于冰上冷却 5 min,160V 电压,4℃下 12% 非变性聚丙烯酰胺凝胶电泳 16 ~ 22 h,银染显色。

6. 克隆测序

对所获得的目的片断经低熔点琼脂糖凝胶电泳回收后连接到 pMD - T 载体上,筛选阳性转化子进行序列测定,测序由上海英骏生物技术有限公司完成。

7. 酶切反应、体系及检测

根据预扩增的大口黑鲈 MSTN 基因目标碱基序列和测序结果进行比对,利用网络酶切软件(http://helix.wustl.edu/dcaps/dcaps.html)进行突变点的酶切位点查询,结果限制性内切酶 *Taq* I 及 *Alu* I 分别识别 -1453 处和 +33 处的突变位点,然后分别参照 *Taq* I 及 *Alu* I 酶切反应体系和反应条件对所扩增目的片断的 PCR 产物进行酶切。酶切产物用 10% 的非变性聚丙酰胺凝胶电泳进行检测。

8. 统计分析

由于样本是同一个品种且来自于同一个养殖场,而且采样时间一致,不存在年、季节的差别,所以在建立模型时没有考虑场年季效应。统计分析模型为:

$$Y_{ij} = u + B_i + e_{ij}$$

式中:Y_{ij}为性状表型值;u 为群体均值;B_i 为基因型的影响值;e_{ij}为对应于观察值的随机残差效应。根据固定效应模型,利用 SPSS 15.0 软件包 General Linear Model 过程分析各基因型效应对生产性能值的效应。

二、结果与分析

1. PCR - SSCP 结果

根据表 7 -9 中各引物的条件和用处对 MSTN 基因进行 PCR 扩增,扩增片断大小与预期扩增大小相一致,扩增效果良好,没有非特异性条带。对这些片断进行 SSCP 分析后发现,启动子和第一外显子上 DNA 序列存在单核苷酸多态性,第二外显子和第三外显子均无多态性。挑取表现多态性的不同个体的 PCR 产物分别进行纯化,连接到 PMD - T 载体上,筛选阳性转化子进行双向序列测定。所测序列进行同源性比较发现,启动子上 -1453 处存在 C→T 突变;外显子 +33 处存在 T→C 突变,编码的氨基酸没有发生改变,仍然是 Ser(图 7 -4)。

2. 酶切结果

采用限制性内切酶 *Tag* I 对大口黑鲈 MSTN 基因 -1453 处突变点扩增产物进行酶切,结果出现了 3 种基因型,分别命名为:AA(78 bp,333 bp),AB(78 bp,333 bp,412 bp),BB(412 bp),由 A、B 两个共显性基因控制。限制性内切酶 *Alu* I 对大口黑鲈 *MSTN* 基因外显

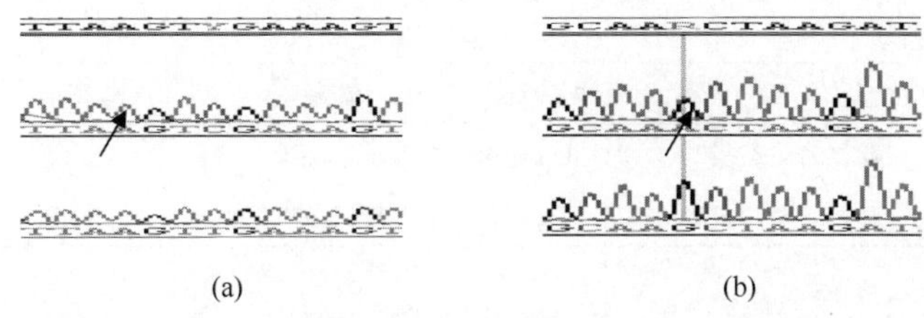

图 7-4 *MSTN* 基因测序序列同源性比较

(a) *MSTN* 基因启动子 -1453 处突变点;(b) 第一外显子 +33 处突变点.

子 +33 处扩增产物进行酶切,结果出现了 3 种基因型,分别命名为:AA(220 bp),AB(83 bp,137 bp,220 bp),BB(83 bp,137 bp),由 A、B 两个共显性基因控制。

3. 基因型及其基因频率分布

MSTN 基因 -1453 处和 +33 处突变点表现的 3 种基因型及其等位基因频率在大口黑鲈样品中的统计结果见表 7-10。MSTN 基因 -1453 处突变点在大口黑鲈中以 AB 型居多,A、B 基因频率基本相当;该基因外显子 +33 处突变点在大口黑鲈中的基因型以 AA 和 AB 型居多,A 基因频率为 0.604,这表明在大口黑鲈中 A 等位基因为优势基因。

表 7-10 大口黑鲈 *MSTN* 基因突变点基因型及其基因频率

位点	样品数	基因型频率(个体数)			等位基因频率	
		AA	AB	BB	A	B
-C1453T	127	0.24(31)	0.51(64)	0.25(32)	0.496	0.504
T+33C	125	0.41(51)	0.39(49)	0.2(25)	0.604	0.396

4. MSTN 基因多态性与大口黑鲈生长性状关联分析

把筛选的两个 SNPs 位点不同基因型与大口黑鲈体重、体长、体高、体宽和眼间距这 5 个主要生长性状进行一般线性模型(GLM)分析表明,两个 SNPs 位点不同基因型与体重、体长、体高、体宽和眼间距均未达到显著性水平($P>0.05$)(表 7-11)。将两个突变点不同基因型组合成 6 种双倍型(去掉频率小于 3% 的组合),关联分析表明,双倍型 D2 在体重、体长、体高、体宽和眼间距的均值均高于其他双倍型,而双倍型 D5 在体重、体长、体高、体宽和眼间距的均值均低于其他双倍型,双倍型 D2 与 D5 之间在 5 个主要生长性状均存在差异显著($P<0.05$)(表 7-12)。

表 7-11 *MSTN* 基因 SNPs 不同基因型与大口黑鲈生长性状的关联分析

SNPs 位点	基因型	体重/g	体长/cm	体高/cm	体宽/cm	眼间距/cm
-C1453T	AA	497.27±34.90	26.00±0.57	8.53±0.26	4.50±0.14	2.22±0.06
	AB	474.91±24.87	25.52±0.41	8.39±0.18	4.41±0.10	2.17±0.04
	BB	441.42±35.46	24.91±0.58	8.24±0.26	4.31±0.14	2.13±0.06
T+33C	AA	467.65±27.93	25.70±0.46	8.36±0.20	4.40±0.11	2.19±0.04

续表

SNPs 位点	基因型	体重/g	体长/cm	体高/cm	体宽/cm	眼间距/cm
	AB	483.97 ±28.22	25.40 ±0.46	8.45 ±0.21	4.43 ±0.11	2.15 ±0.02
	BB	457.29 ±40.33	25.47 ±0.66	8.33 ±0.29	4.35 ±0.16	2.16 ±0.06

表 7-12 *MSTN* 基因不同双倍型与大口黑鲈生长性状的关联分析

双倍型	SNPs 位点		频率/%	体重/g	体长/cm	体高/cm	体宽/cm	眼间距/cm
	-C1453T	T33C						
D1	AA	AA	24.39	482.65 ± 35.43^{abc}	25.73 ± 0.58^{ab}	8.40 ± 0.26^{b}	4.43 ± 0.14^{ab}	2.21 ± 0.06^{ac}
D2	AA	AB	3.25	716.50 ± 37.21^{a}	30.12 ± 1.24^{a}	10.64 ± 1.00^{a}	5.50 ± 0.53^{a}	2.40 ± 0.02^{a}
D3	AB	AA	16.26	445.15 ± 43.39^{abc}	25.66 ± 0.71^{ab}	8.30 ± 0.32^{b}	4.36 ± 0.17^{b}	2.17 ± 0.07^{a}
D4	AB	AB	31.70	495.55 ± 30.31^{ac}	25.60 ± 0.49^{ab}	8.49 ± 0.22^{b}	4.46 ± 0.12^{ab}	2.18 ± 0.05^{ac}
D5	BB	AB	4.88	327.33 ± 39.22^{b}	22.49 ± 1.29^{c}	7.47 ± 0.58^{b}	3.90 ± 0.31^{b}	1.90 ± 0.13^{b}
D6	BB	BB	19.51	457.29 ± 39.61^{abc}	25.47 ± 0.65^{bd}	8.33 ± 0.29^{b}	4.35 ± 0.15^{b}	2.16 ± 0.06^{a}

注：同一列字母不同表示差异显著（$P<0.05$）.

MSTN 基因与动物骨骼肌总量的调节有关，其功能的缺失会造成骨骼肌的异常肥大，该基因的突变能使动物骨骼肌肌群分布广泛，肉质性状优良，所以 *MSTN* 基因是提高畜禽产肉数量和质量的理想基因（孟详人等，2008）。通过大口黑鲈 *MSTN* 基因启动子调控元件的研究发现：*MSTN* 基因启动子有两个 TATA 盒和 9 个 E-box，其中 E6 box 是调控大口黑鲈 *MSTN* 基因表达的重要因子（Li et al，2008）；对该基因编码区功能研究方面王全喜等（2005）认为 *MSTN* 基因表达产物的功能区主要由 109 个氨基酸组成，编码这一段氨基酸的核苷酸主要集中在外显子 3，其中 9 个半光氨酸对该因子的发挥起重要的功能，属保守性氨基酸；本研究采用常规 PCR-SSCP 技术对大口黑鲈 *MSTN* 基因进行 SNPs 筛选，发现了两个 SNPs 位点，其中 -C1453T 位于启动子 E8 box 和 Octamer（+）调控元件之间的区域；外显子 T+33C 的突变处于第一外显子区域，属于同义突变；突变点单标记不同基因型与大口黑鲈生长性状关联分析，均未达到显著水平（$P>0.05$）。说明该基因两个突变位点并未直接影响该基因的转录及功能，这与基因突变位点所处位置与其所起功能相一致。

作为一种关联分析和连锁不平衡分析方法，单倍型（Haplotype）分析方法的出现很好地解决了单标记分析存在的位点信息模糊、检测和统计效率低等问题（Stephens et al，2001）。由于不同的 SNPs 之间存在相互作用，因而由单倍型构成的双倍型比单个 SNPs 能够提供更多而准确的基因型频率信息。本研究对 *MSTN* 基因不同双倍型与大口黑鲈生长性状进行关联分析，结果显示：双倍型 D2 在体重、体长、体高、体宽和眼间距的均值均高于其他双倍型，而双倍型 D5 在体重、体长、体高、体宽和眼间距的均值均低于其他双倍型，双倍型 D2 与 D5 之间在 5 个主要生长性状均存在差异显著（$P<0.05$），推测双倍型 D2 对生长性状起正相关，可作为分子标记辅助育种应用的首选标记，而双倍型 D5 与大口黑鲈的生长性状呈负相关，从育种角度来看，应该选择优势基因型个体，淘汰不利基因型个体，以期加快育种进程。

生长性状属于数量性状，是由多基因控制的，存在主效基因，这些基因可能在不同世代中分离或整合，因此，对于本研究与大口黑鲈生长性状相关联 *MSTN* 基因突变点的 D2、D5 双倍型标记，不仅要证明其在不同群体中的可重复性，还要验证其在不同世代中也具有相关性，进一步确保研究结果的准确性和可用性。另外，体重作为鱼类选育中重要的目标性状之一，体重与形态性状存在着不同程度的相关性。根据何小燕等（2009）对大口黑鲈 9 个形态性状对体重的影响效果分析结果，体宽、体长、眼间距等形态性状是直接或间接影响大口黑鲈体重的主要形态性状，因此本研究选择了体重、体宽、体长、眼间距及体高等部分生长性状作为标记—关联分析的形态学性状，对大口黑鲈选育和育种参数评估具有较好的参考价值和意义。

第四节　大口黑鲈 *PSS*Ⅲ基因启动子区域 SNPs 对生长的影响

生长抑素（somatostatin，SS）是一种抑制生长激素释放的因子，具有抑制机体生长激素分泌的作用，是生物体内重要的神经递质。SS 家族成员包括 SS、SS－28、SS－14、SS－13 等，主要分布于从圆口动物到哺乳动物的中枢及外周神经系统和肠、胃、胰腺、甲状腺等组织（Vanetti et al，1993）。最早关于鱼类 SS 的报道是鮟鱇和斑点叉尾鮰的 SS 肽的鉴定，随后克隆出它们的 cDNAs（Hobart et al，1980），目前，已克隆到多种鱼类生长抑素前体基因（PSS）的 cDNA 片段。目前，尚未见到关于鱼类生长抑素多态性的研究。本研究以大口黑鲈 *PSS*Ⅲ基因作为与生长相关的候选基因，克隆了 *PSS*Ⅲ的启动子序列，并采用直接测序法检测该基因上的单核苷酸多态性，研究 *PSS*Ⅲ启动子上的 SNPs 与大口黑鲈生长性状的关系，为下一步的分子标记辅助选育提供候选标记。

一、材料与方法

1. 实验鱼、试剂和菌种

用于克隆的 1 尾实验鱼及生长关联性分析的 293 尾实验鱼均于 2010 年 11 月从广东省佛山市九江镇金汇农场养殖基地采集。Trizol reagent 购自 Invitrogen 公司；pGEM－T Easy 购自 Promega 公司；Blood & Cell Culture DNA Kit 和 GenomeWalker Universal Kit 均购自 Clontech 公司；RNase Free *DNase* Ⅰ购自 Promega 公司；ReverTra Ace－α－® Kit 试剂盒购自 TOYOBO 公司；限制性内切酶 *Dra* Ⅰ、*Pvu* Ⅱ、*Ssp* Ⅰ、*Eco*R Ⅴ、*Sca* Ⅰ、*Stu* Ⅰ、*Alu* Ⅰ和 *Bsr*B Ⅰ购自 Fermentas 公司；琼脂糖、硝酸银、氢氧化钠、过硫酸铵、TEMED、丙烯酰胺和 N，N′－亚甲基甲叉丙烯酰胺等购自广州威佳生物技术有限公司；Marker pBR322DNA/*Msp* Ⅰ购自 TIANGEN 公司；大肠杆菌 DH5α 由本实验室保存。

2. DNA 的提取及基因组 DNA 文库构建

将用于实验的每尾大口黑鲈测量体重、体长、全长、体高和体宽，同时以抗凝剂（ACD）与血液体积比为 6∶1 的比例进行尾静脉活体取血，按 Blood & Cell Culture DNA Kit 试剂盒的操作提取鱼血液 DNA。

按照 Genome Walker Universal Kit 试剂盒的操作，分别用限制性内切酶 *Dra* Ⅰ、*Pvu* Ⅱ、

Ssp Ⅰ、*Eco*R Ⅴ、*Sca* Ⅰ、*Stu* Ⅰ构建大口黑鲈基因组 DNA 文库。

3. *PSS*Ⅲ启动子序列的扩增及测序

根据得到的大口黑鲈 cDNA 序列设计引物 P1 和 P2（表 7－13），按照 GenomeWalker Universal Kit 试剂盒的操作，分别以 6 个基因组文库为模板，用试剂盒提供的引物 AP1 与 P1 引物进行 PCR 扩增。PCR 反应总体积为 20 μL，含有 10 × buffer 2.0 μL，$MgCl_2$（25 mmol/L）0.8 μL；dNTP（10 μmol/L）0.4 μL；上下游引物（20 μmol/L）各 0.4 μL；基因组 DNA 40 ng，*Taq* 酶（上海申能博彩生物科技有限公司）1 U。第一轮 PCR 反应程序为：两步循环法，94℃，3 min，一个循环；94℃，30 s；72℃，3 min，7 个循环；94℃，30 s；65℃，3min，27 个循环；67℃，5 min。取第一轮 PCR 产物稀释 100 倍做模板进行第二轮 PCR 扩增。第二轮 PCR 反应程序为：两步循环法，94℃，3 min，一个循环；94℃，30 s；70℃，3 min，5 个循环；94℃，30 s；68℃，3min，27 个循环；67℃，5 min。将第二轮的产物在在 1% 琼脂糖凝胶上进行电泳检测，在 *Pvu* Ⅱ文库中检测到特异性片段。扩增产物经纯化、连接和转化，阳性克隆委托上海英骏生物技术有限公司进行测序。

再根据以上得到的大口黑鲈 cDNA 序列设计引物 P3 和 P4（表 7－13），如上操作利用 GenomeWalker 法在 *Stu* Ⅰ文库中得到特异性片段，并进行克隆测序，最终得到大口黑鲈 *PSS*Ⅲ较完整的启动子序列。

4. *PSS*Ⅲ启动子序列的转录元件分析

5′侧翼区域转录元件分析采用 Transcription Element Search System 软件（http://www.cbil.upenn.edu/cgi-bintesstess）对启动子上的顺式作用元件进行预测，所有参数设置均使用默认值，核心序列矩阵相似度与序列矩阵相似度比值均大于 0.8。

表 7－13 引物名称及序列

引物名称	引物序列 5′→3′	引物名称	引物序列 5′→3′
P1	5′－CTACAGTTCATGTGGAGATGGGAGCG－3′	P7	5′－TGAATGTGCACTGGTAGCTAG－3′
P2	5′－AGCGAAGGAGTACGATAAGCAGGCAGAGC－3′	P8	5′－CTGAACAGAAGCCCCATGAG－3′
P3	5′－ACCTCTTCAAGCAGGCGGGTGGAC－3′	P9	5′－GCAGCTACAGCCTATACTATACC－3′
P4	5′－GTGGACATTTTCCACATCTCATCAACTGTG－3′	P10	5′－AGGTGACGGACCAGAGACTAC－3′
P5	5′－TAGTGCTGAATGTTCCCTGC－3′	AP1	5′－GTAATACGACTCACTATAGGGC－3′
P6	5′－GCTGTTTGGATTCAACTATGC－3′	AP2	5′－ACTATAGGGCACGCGTGGT－3′

5. 突变位点筛选

随机取 10 尾大口黑鲈基因组 DNA，在得到的大口黑鲈 *PSS*Ⅲ的启动子序列上下游设计引物 P5 和 P6 扩增启动子前段序列，并设计两对上下游引物 P7、P8、P9 和 P10 进行两轮 PCR 扩增启动子后段序列（引物序列见表 7－13），扩增产物经纯化后委托上海英骏生物技术有限公司进行测序，用 Vector NIT Suite 11.0 比对分析测序结果及寻找 SNPs 位点。

6. 基因型检测

根据筛选到的大口黑鲈 *PSS*Ⅲ基因启动子区域 5 个 SNPs 位点设计引物，经过 PCR 扩增后,对产物进行酶切并用聚丙烯酰胺凝胶电泳检测。不同位点的酶切引物序列及相应的限制性内切酶见表7-13。具体操作设计如下。

(1)用上下游引物Ⅲ-F1,Ⅲ-R1进行PCR扩增,产物471 bp,分别用*Taq*Ⅰ、*Ssp*Ⅰ酶切以检测-870和-448位点的突变。将产物用*Taq*Ⅰ进行单酶切,若能被切开,则会出现449 bp和22 bp的片段,出现不能被切开的条带记为-870 bp位点的等位基因A,能被切开的条带记为等位基因B;将产物用*Ssp*Ⅰ进行单酶切,若在-448位点能被切开,则会有451 bp和20 bp片段,不能被切开的条带记为-448位点的等位基因A,能被切开的条带记为等位基因B。

(2)用上下游引物Ⅲ-F2,Ⅲ-R2进行PCR扩增,产物118 bp,并用*Ple*Ⅰ酶切以检测-101位点的突变。将产物用*Ple*Ⅰ进行单酶切,若能被切开,则会出现84 bp和34 bp的片段,出现不能被切开的条带记为-101位点的等位基因A,能被切开的条带记为等位基因B。

(3)用上下游引物Ⅲ-F3,Ⅲ-R3进行PCR扩增,产物122 bp,并分别用*Hae*Ⅲ、*Ava*Ⅱ酶切以检测-54和-24位点的突变。将产物用*Hae*Ⅲ进行单酶切,若能被切开,则会出现103 bp和19 bp的片段,出现不能被切开的条带记为-54位点的等位基因A,能被切开的条带记为等位基因B;将产物用*Ava*Ⅱ进行单酶切,若能被切开,则会出现75 bp和47 bp的片段,出现不能被切开的条带记为-24位点的等位基因A,能被切开的条带记为等位基因B。

为了防止相应的检测引物特异性不高的问题影响后续实验,在用表7-14中的检测引物进行PCR扩增之前,先以鳍条裂解液为模板,用P7、P8和P9、P10两对上下游引物进行两轮PCR扩增,将扩增产物作为后续基因型检测中PCR扩增的模板。终产物用相应的限制酶酶切后用8%聚丙烯酰胺凝胶检测突变个体。

表7-14 *PSS*Ⅲ启动子SNPs检测引物

检测到的SNPs	引物名称	引物序列(5′→3′)	限制性内切酶(5′→3′)
-870(A/C)、	Ⅲ-F1	5′-CCATCAGCTCCATTGTACATCG-3′	*Taq*Ⅰ(TCG**A**)
-448(C/T)	Ⅲ-R1	5′-GGTTCCAACATCACTTTGTAACTAAA-3′	*Ssp*Ⅰ(AATATT)
-101(A/G)	Ⅲ-F2	5′-CCTTCTGGATCTCTGGCTAG-3′	*Ple*Ⅰ(GAG**T**C)
	Ⅲ-R2	5′-AGGTGACGGACCAGAGACTAC-3′	
-54(C/T)、	Ⅲ-F3	5′-ACACTCCTGTCTCTGTGGGC-3′	*Hae*Ⅲ(GGC**C**)
-24(C/T)	Ⅲ-R3	5′-CTGAACAGAAGCCCCATGAG-3′	*Ava*Ⅱ(GGWCC)

注:错配碱基加粗字体表示.

7. SNPs的生长相关性分析

等位基因频率分析利用Popgene(Version 3.2)处理。利用SPSS 17.0软件一般线性模型,采用最小二乘法,分析SNPs与大口黑鲈生长性状之间的相关性。统计分析模型为$Y_{ij}=u+B_i+e_{ij}$。其中:Y_{ij}为某个性状第i个标记第j个个体观测值;u为实验观测所有个体的平均值(即总体平均值);B_i为第i个标记的效应值;e_{ij}为对应于观察值的随机误差效应。

二、结果与分析

1. 大口黑鲈 *PSS*Ⅲ 5′侧翼序列克隆与转录因子作用位点预测

以6个大口黑鲈基因组DNA酶切连接文库（*Dra* Ⅰ、*Pvu* Ⅱ、*Ssp* Ⅰ、*EcoR* Ⅴ、*Stu* Ⅰ、*Sca* Ⅰ）为模板（Li et al,2008），利用基因组步移技术克隆获得 *PSS*Ⅲ 5′侧翼序列1751bp，启动子区转录元件预测结果见图7-5，包含TATA框、CAAT框、GATA框和5个八聚体转录因子1（Oct-1）结合位点等启动子基本转录元件，5个Homeobox转录因子结合位点，9个cAMP反应元件结合蛋白（CREB）结合位点和4个BRNF结合位点。

2. 突变位点筛查结果

经过测序比对，用引物P5和P6扩增15尾大口黑鲈 *PSS*Ⅲ启动子前段序列，未发现SNPs，用引物P9和P10进行PCR扩增15尾大口黑鲈 *PSS*Ⅲ基因启动子后段序列发现5个SNPs，分别是：-870位点的A/C突变，-448位点的C/T突变，-101位点的A/G突变，-54位点的C/T突变，-24位点的C/T突变。利用表7-14中的引物在样本数为293的随机群体中对5个突变进行检测，结果表明，5个SNPs在该群体中存在，基因型频率见表7-15。

表7-15 大口黑鲈 *PSS*Ⅲ启动子区域SNPs在随机群体中的基因频率分布

位点	基因型	基因型频率/%（样本数）	等位基因频率/%	
			A	B
-870bp A/C	AA	0(0)	3.2	96.8
	AB	6.5(19)		
	BB	93.5(274)		
-448bp C/T	AA	85.3(250)	92.0	8.0
	AB	13.3(39)		
	BB	1.4(4)		
-101bp A/G	AA	67.6(198)	81.1	18.9
	AB	27.0(79)		
	BB	5.5(16)		
-54bp C/T	AA	2.7(8)	18.9	81.1
	AB	32.4(95)		
	BB	64.8(190)		
-24bp C/T	AA	6.5(19)	21.7	78.3
	AB	30.4(89)		
	BB	63.1(185)		

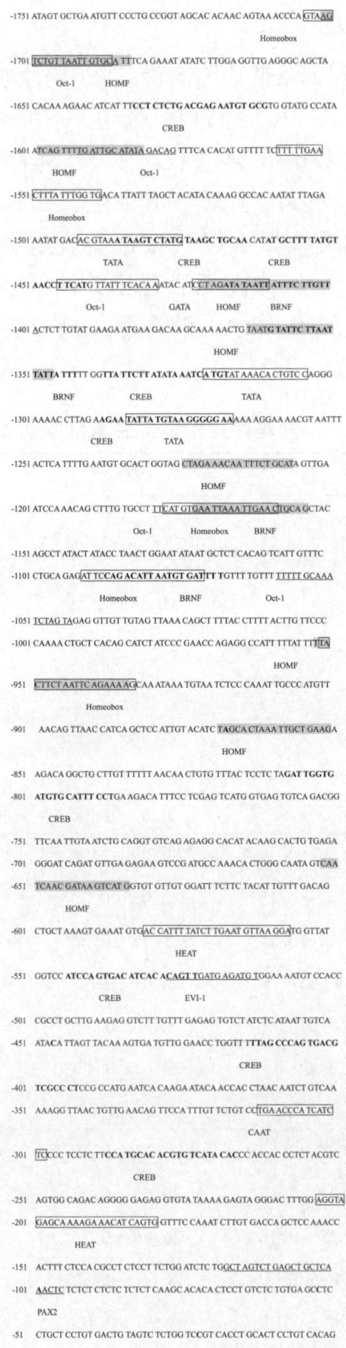

图 7－5　大口黑鲈 *PSS*Ⅲ启动子序列

注：Homeobox、TATA 框、CAAT 框、HEAT 和 GATA 框用方框标出，Oct－1、PAX2、EVI－1 用下划线表示，HOMF 用阴影表示，CREB、BRNF 用粗体表示．突变碱基用加粗字体标出，突变碱基位置的转录因子 EVI1、HSF 结合位点用括号标出，起始密码子设为“＋1”．

3. 不同单倍型与性状的关联分析

在大口黑鲈随机群体中检测 *PSS*Ⅲ基因 5 个 SNPs 与生长的相关性，不同基因型个体间生长性状的多重比较结果见表 7－16。经过检测，在－870 位点未发现基因型为 AA 的个体，基因型为 AB 的个体占个体数的 6.5%，仅与头长、体高和尾柄长有显著相关性（$P<0.05$）；－448 和－24 位点的 3 种基因型都与 7 个生长指标均无显著相关性（$P>0.05$）；－101位点的基因型与体重的相关性为 0.057，接近显著水平，与体长、全长、尾柄长和尾柄高有显著相关性（$P<0.05$），与头长、体高无显著相关性（$P>0.05$）；－54 位点的基因型为 AA 的个体只占样本数的 2.7%，在统计学上没有意义，基因型为 AB 和 BB 的个体在各个生长指标上无显著差异（$P>0.05$）。

表 7－16　不同基因型个体间生长性状的多重比较

位点	性状	基因型			P 值
		AA	AB	BB	
－870 bp A/C	体重/g	—	575.13 ±31.11[a]	526.43 ±8.19[a]	0.131
	全长/cm	—	31.46 ±2.28[a]	30.89 ±2.42[a]	0.322
	体长/cm	—	27.83 ±0.52[a]	27.01 ±0.14[a]	0.129
	头长/cm	—	11.67 ±0.52[a]	8.24 ±0.14[b]	0.000
	体高/cm	—	9.89 ±0.32[a]	8.69 ±0.08[b]	0.000
	尾柄长/cm	—	6.15 ±0.16[a]	5.75 ±0.04[b]	0.018
	尾柄高/cm	—	3.28 ±0.08[a]	3.27 ±0.02[a]	0.874
－448 bp C/T	体重/g	530.39 ±8.56[a]	539.09 ±21.67[a]	386.63 ±67.65[b]	0.099
	全长/cm	30.97 ±0.15[a]	30.95 ±0.39[a]	28.34 ±1.20[b]	0.097
	体长/cm	27.10 ±0.14[a]	27.15 ±0.36[a]	24.29 ±1.12[b]	0.046
	头长/cm	8.43 ±0.15[a]	8.76 ±0.39[a]	7.50 ±1.22[a]	0.537
	体高/cm	8.79 ±0.09[a]	8.74 ±0.22[a]	7.84 ±0.70[a]	0.407
	尾柄长/cm	5.79 ±0.05[a]	5.72 ±0.11[a]	5.49 ±0.36[a]	0.586
	尾柄高/cm	3.28 ±0.02[a]	3.23 ±0.06[ab]	2.90 ±0.18[b]	0.084
－101 bp A/G	体重/g	539.92 ±9.60[a]	517.27 ±15.19[ab]	462.47 ±30.76[b]	0.057
	全长/cm	31.21 ±0.17[a]	30.53 ±0.27[b]	29.49 ±0.59[c]	0.005
	体长/cm	27.28 ±0.16[a]	26.80 ±0.25[a]	25.71 ±0.56[b]	0.012
	头长/cm	8.46 ±0.17[a]	8.60 ±0.27[a]	7.79 ±0.61[a]	0.481
	体高/cm	8.81 ±0.10[a]	8.76 ±0.16[a]	8.25 ±0.35[a]	0.306
	尾柄长/cm	5.83 ±0.05[a]	5.73 ±0.08[ab]	5.39 ±0.18[b]	0.045
	尾柄高/cm	3.31 ±0.03[a]	3.21 ±0.04[b]	3.11 ±0.09[b]	0.020

续表

位点	性状	基因型			P 值
		AA	AB	BB	
-54 bp C/T	体重/g	484.75 ±48.13[a]	527.06 ±13.97[a]	532.73 ±9.88[a]	0.606
	全长/cm	30.72 ±0.86[a]	30.78 ±0.25[a]	31.02 ±0.18[a]	0.709
	体长/cm	26.55 ±0.80[a]	27.02 ±0.23[a]	27.11 ±0.16[a]	0.759
	头长/cm	7.92 ±0.86[a]	8.54 ±0.25[a]	8.45 ±0.18[a]	0.778
	体高/cm	8.41 ±0.50[a]	8.79 ±0.14[a]	8.77 ±0.10[a]	0.767
	尾柄长/cm	5.88 ±0.25[a]	5.79 ±0.07[a]	5.77 ±0.05[a]	0.906
	尾柄高/cm	3.24 ±0.13[a]	3.29 ±0.04[a]	3.27 ±0.03[a]	0.845
-24 bp C/T	体重/g	522.79 ±31.28[a]	530.47 ±14.46[a]	529.86 ±10.03[a]	0.975
	全长/cm	30.60 ±0.56[a]	30.78 ±0.26[a]	31.04 ±0.18[a]	0.574
	体长/cm	26.63 ±0.52[a]	27.06 ±0.24[a]	27.11 ±0.17[a]	0.678
	头长/cm	8.09 ±0.56[a]	8.57 ±0.26[a]	8.45 ±0.18[a]	0.728
	体高/cm	8.75 ±0.32[a]	8.77 ±0.15[a]	8.77 ±0.10[a]	0.998
	尾柄长/cm	5.64 ±0.16[a]	5.80 ±0.08[a]	5.78 ±0.05[a]	0.659
	尾柄高/cm	3.28 ±0.08[a]	3.27 ±0.04[a]	3.27 ±0.03[a]	0.991

注:不同单倍型间的多重比较采用 LSD 法 5% 的显著性检验,差异显著性分别用上标 a、b 表示./表示在 -870 位点未发现基因型为 AA 的个体.

SS 对 GH 起重要的表达调控作用,在许多硬骨鱼类中已得到证明(Vanetti et al,1993)。大口黑鲈 *PSS*Ⅲ启动子区域筛选到 5 个 SNPs 位点,分别位于 -870 bp、-448 bp、-101 bp、-54 bp、-24 bp 处,进一步的预测启动子序列中的潜在转录元件,发现 -101 bp 处的 A/G 突变会导致 Pax2 结合位点的消失,其余 4 个 SNPs 都没有引起转录元件改变。生长相关分析结果表明:-870 bp、-448 bp、-54 bp、-24 bp 处的 SNPs 与生长性状无显著关联性,-101 bp处的 SNP 与 5 个生长性状显著相关。*Pax* 基因是在胚胎发育中起调控作用的基因家族,其编码的转录因子调控着各种动物的生长发育,胚胎发育及器官形成,从果蝇到人类呈进化上的高度保守性。*Pax* 基因除编码特征性的配对结构域之外,还含有一个同源结构域和一个八肽域(Octapeptide,OP),OP 由 24 个氨基酸残基组成,多行使转录抑制调节作用(Eberhard et al, 2000)。启动子 -101 bp 处存在 Pax2 结合位点的为等位基因 A,不存在 Pax2 结合位点的为等位基因 B,由于 Pax2 蛋白含有对转录起抑制作用的 OP 结构域,可能引起 -101 位点中基因型为 AA 和 AB 个体的 *PSS*Ⅲ基因转录效率低于基因型 BB 个体,导致基因型为 AA 和 AB 的个体其体重、体长等生长性状显著优于基因型为 BB 的个体。

本实验通过直接测序法发现大口黑鲈 *PSS*Ⅲ启动子上的 5 个 SNPs 位点,并分析了每个位点与生长性状的关联性,结果表明:大口黑鲈 *PSS*Ⅲ启动子上 -101 位点的 A/G 突变的 A 碱基为优势基因型。

第五节 大口黑鲈 *IGF-I* 基因启动子多态性与生长性状的相关性

胰岛素样生长因子 - I(insulin-like growth factor - I,*IGF-I*)基因一直是动物分子标记

辅助育种研究中重要的候选基因，大量研究证实 *IGF-I* 基因上的一些多态位点与牛（Davis et al, 2006）、猪（Estany et al, 2007）和鸡（Zhou et al, 2005）的生长性状相关。鱼类与陆生动物类似，*IGF-I* 在其生长过程中发挥至关重要的作用，包括促进细胞生长、分化和分裂（Pozios et al, 2001），调节细胞代谢和诱导生殖细胞成熟（Weber, 2000）等多种生理功能，并且生长激素（growth hormone, GH）通过调节肝 *IGF-I* 的表达和功能而发挥促生长作用（Moriyama et al, 2001）。Zhang 等将鲮鱼 *IGF-I* 重组蛋白注射到罗非鱼幼鱼体内，试验组比对照组生长速度提高了 67.3%（Zhang et al, 2006）。Dyer 等（2004）研究表明，血浆中 *IGF-I* 浓度与澳洲肺鱼和大西洋鲑的生长速度呈正相关，并认为血浆中 *IGF-I* 浓度可作为生长速度的评估依据。本节将 *IGF-I* 基因作为大口黑鲈生长性状的候选基因，研究 *IGF-I* 基因启动子上的多态位点与大口黑鲈生长性状的关系，为寻找大口黑鲈生长性状的分子标记、开展鱼类的标记辅助育种工作奠定理论和实践基础。

一、材料与方法

1. 实验动物

关联分析群体来自于佛山市南海区九江镇金汇农场，在整个养殖过程中，所有鱼保持相同的饲养和管理条件。到养殖群体达到 9 月龄时，从同一池塘随机挑选，称重并拍照，平均体重为（411.69 ± 8.23）g，应用 Winmeasure 软件测量全长、体长、体高和体宽 4 个体尺指标。本实验中样本数为 91 尾，采集实验鱼的血液样本，应用北京时代天根生化公司（TIANGEN）血液基因组提取试剂盒提取鱼血液 DNA，-20℃保存。

2. 基因组 DNA 提取

所有试验鱼尾鳍静脉取血，抗凝剂（ACD）与血液体积比为 6∶1，应用北京时代天根生化公司（TIANGEN）血液基因组提取试剂盒提取鱼血液 DNA，-20℃保存。

3. 大口黑鲈 *IGF-I* 基因启动子序列克隆

根据大口黑鲈 *IGF-I* 基因第一外显子和第一内含子序列设计两条下游引物 GSP1：5′-CTGTGCAAATTGTGAGCAAGTGAATGTG-3′和 GSP2：5′-CACATAAATGCCACTGAAAGGAAAGAGC-3′。按照 GenomeWalker Universal Kit 试剂盒的操作步骤，使用 *Pvu* II 酶切基因组 DNA 后，与试剂盒中的接头连接建库。使用试剂盒提供的引物 AP1：5′-GTAATACGACTCACTATAGGGC-3′和自备引物 GSP1 进行 PCR 扩增，先行两个循环 94℃ 25 s，72℃ 3 min，再行 32 个循环，94℃ 25 s，67℃ 3 min，最后一个循环 67℃ 7 min。取该次 PCR 产物稀释 50 倍后为模板，以 AP2：5′-ACTATAGGGCACGCGTGGT-3′和 GSP2 为引物进行第二次 PCR，反应程序同上。扩增产物经低熔点琼脂糖凝胶回收纯化，与 pMD19-T 载体连接，转化感受态大肠杆菌 DH5α，转化子用碱裂解法提取质粒，酶切鉴定插入片段的大小，挑取阳性转化子送上海英竣公司测序。启动子区域的转录因子结合位点采用 TRANSFAC 数据库预测（http://www.gene-regulation.com）。

4. *IGF-I* 基因启动子序列扩增和测序

根据上面扩增得到的启动子和外显子序列设计一对引物 P1：5′-CAGAATGGTTGCCAATTC-3′和 P2：5′-CATAAATGCCACTGAAAGG-3′，扩增 *IGF-I* 基因启动子序列。

PCR 反应体系为：10 × buffer（含 $MgCl_2$）2 μL，10 mmol/LdNTP 0.4 μL，10 mmol/L 引物各 0.4 μL，*Taq* 酶 1.0U，50 ng/μL DNA 模板 1.2 μL，ddH_2O 14.6 μL。PCR 反应条件为：94℃预变性 3 min，94℃变性 30 s，56℃复性 40 s，72℃延伸 50 s，30 个循环后于 72℃延伸 7 min，12℃保温。这对引物扩增获得 1 782 bp（ –1701 ~ +81）的片段，包括获得包括 *IGF–I* 基因启动子和部分外显子 1 序列。从 91 尾试验鱼中挑选 46 尾，进行 PCR 扩增，然后测序，以筛查启动子序列可能存在的多态位点。多序列比对采用 Vector NTI Suite 8.0 软件（InforMax，Inc.，Bethesda，MD，USA）。

5. *IGF–I* 基因启动子多态位点分型

根据筛查出多态位点的两侧序列设计检测引物，上游引物采用 P1，下游引物为 P3：5′–CTCTATGTCACCAGTGTGC–3′。PCR 反应体系同上。PCR 反应条件为：94℃预变性 3 min，94℃变性 30 s，56℃复性 30 s，72℃延伸 30 s，30 个循环后于 72℃延伸 7 min，12℃保温。采用 8% 的聚丙烯酰胺凝胶（29∶1）电泳检测 PCR 产物多态性，电泳 2 h 后银染显色。

6. 不同基因型个体肝脏 *IGF–I* mRNA 表达

采用半定量 RT–PCR 方法分析不同基因型个体肝脏 *IGF–I* mRNA 表达。从同一个养殖池塘随机采集 22 尾相同年龄的鱼（AA group：$n=5$；AB group：$n=7$；BB group：$n=8$），放入暂养池中 7 d。取肝 100 mg，按照 Bioteke 公司 RNApure total RNA isolation kit 的方法进行，并用 1% 琼脂糖凝胶电泳检测其质量和浓度。反转录过程按照 ReverTra Ace Kit（TOYOBO，Osaka，Japan）试剂盒上的操作步骤进行。根据大口黑鲈的 IGF–I cDNA（NCBI Genbank Accession no. DQ666526）序列设计检测 *IGF–I* mRNA 表达引物，上游引物：5′–ATGTCTAGCGCTCTTTCCTTTC–3′和下游引物：5′–CTTTGGAAGCAGCACTCGTC–3′。应用尼罗罗非鱼的 β-actin 作为内参（上游引物：5′–ATGGTGTGACCCACACAGTGCC–3′；下游引物：5′–TACAGGTCCTTACGGATGTC–GA–3′）。反应结束后采用 p1 和上述试剂盒中的 M13 Primer M4：5′–GTTTTCCCAGTCACGAC–3′进行 PCR 扩增，94℃ 3 min，1 个循环，94℃ 30 s，54℃ 30 s，72℃ 1 min，共 28 个循环，72℃ 7 min。IGF–I 和 β-actin 的 PCR 反应体系为：2 μL of synthesized cDNA、1 × *Taq* Buffer（Mg^{2+} Plus）、每个引物 10 pmol、100 mmol/L dNTP、1 unit *Taq* DNA polymerase（TaKaRa，Japan）。扩增条件为：94°C 3 min，共 40 个循环，每个循环 94℃ 30 s，60℃ 30 s，72℃ 30 s，72°C 5 min。β–actin 的最好反应条件为 94°C 3 min，共 40 个循环，每个循环 94℃ 30 s，58℃ 30 s，72℃ 30 s，72℃ 5 min。反应产物经 2% 的琼脂糖凝胶分离，又伯乐的凝胶成像系统扫描条带密度。

7. 数据统计

应用 Excel 软件计算 SNPs 等位基因和基因型频率。应用 SAS 9.0 软件分析单倍型与大口黑鲈生长性状之间的关联。分析模型如下：$Y=\mu+G\ or\ D+e$　Y 代表 5 个生长性状的测量值；μ 为生长性状的平均值；G 或 D 为每个 SNP 或者双体型的固定效应；e 为随机效应。不同基因型和双体型之间的组间差异采用 Duncan’s multiple-range test 进行检验。

二、结果与分析

1. 大口黑鲈 *IGF-I* 基因的5′侧翼序列

IGF-I 基因启动子扩增获得大约1.8 kb的5′侧翼序列。应用TRANSFAC数据库分析可能存在转录因子结合位点,结果显示有几个潜在肝脏上表达较多的转录因子结合位点(图7-6),包括hepatocyte nuclear factor 1 alpha (HNF-1α)、hepatocyte nuclear factor 3 beta (HNF-3β)和CCAAT/enhancer binding protein(C/EBP)都是多拷贝。此外,大口黑鲈 *IGF-I* 与其他物种的一样,没有发现TATA、CCAAT-like或者GAGA序列。

2. 大口黑鲈 *IGF-I* 基因的5′侧翼序列的多态性

测序结果显示,在大口黑鲈 *IGF-I* 基因的5′侧翼序列上存在两个SNPs(-635和-636)和一个插入缺失突变(从-633到-632)。这3个多态位点构成两个单倍型:一个是ATTTTT-GTTTTT (haplotype A);另一个是ATAATT----TT (haplotype B)。两个单倍型导致了转录因子结合位点的变化,从haplotype A的-649到-640,转录因子结合位点为estrogen receptor (ER),而从haplotype B的-638到-629,转录因子结合位点为pituitary-specific transcription factor 1(Pit-1)。转录因子结合位点的变化可能会影响 *IGF-I* 基因的表达(图7-6)。

3. *IGF-I* 基因启动子多态的基因型和单倍型频率

在本实验的大口黑鲈群体中,共发现3种基因型和两种单倍型。单倍型A的产物片段是260 bp,单倍型B是256 bp(图7-7).不同基因型和单倍型的频率见表7-17。

表7-17 大口黑鲈 *IGF-I* 5′上游序列多态位点单倍型和基因型频率

基因型频率/%(样品数)			等位基因频率/%	
AA	AB	BB	A	B
11(10)	48(44)	41(37)	35	65

4. *IGF-I* 基因多态与生长性状关联分析

统计分析结果显示,*IGF-I* 基因启动子上多态影响大口黑鲈的体重和体宽($P<0.05$)。不同基因型的多重比较表明,携带AA基因型个体比携带BB和AB型个体具有更高的体重和体宽($P<0.05$)。全长、体长和体高与基因型之间关联不显著(表7-18)。

表7-18 大口黑鲈 *IGF-I* 5′上游序列多态位点的基因型与生长性状的关联分析

性状	基因型			
	AA	AB	BB	*P*
体重/g	472.35±23.98[a]	412.59±11.43[ab]	394.23±12.47[b]	0.018
全长/cm	29.74±0.62[a]	28.90±0.28[a]	28.77±0.33[a]	0.103
体长/cm	26.19±0.58[a]	25.25±0.26[a]	25.32±0.30[a]	0.104
体高/cm	8.60±0.24[a]	8.03±0.15[a]	7.95±0.13[a]	0.064
体宽/cm	4.52±0.12[a]	4.21±0.06[b]	4.16±0.06[b]	0.025

注:每行数据上标不同为差异显著($P<0.05$).

-1770　aaaaaacacaacagtctgaaacaatacaattttggcattttgcctaaaaaaactatgaatctattaccagaatggttg

-1690　ccaattcatttgtcaatcgactaattgttttaactctaatgtaaagctacaagatatataaagacagatcgatatcacgt

HNF-3β

-1610　cttccagtatttatggcttttatctctttcaaatgaagcaaggcctactataaagtttcgtcataggtttaatgggacta

-1530　tgacctgtgagaagttcacacaggatatttctctttgttctggaattattaaatcagtgagtcttcattcgaatcattat

HNF-3β

-1450　gacacaacaatccaggatttcacaacaaaaatgttaagttcaacatattctgataaaaaaatcaacttcatttcagcaat

-1370　gtttttttcttcttttcaaatgtgtgacccctcacatttaccttgtgacccttcaggagccccaacccacatgttggaa

C/EBPα

-1390　accactcatttaagtttggatgagagttgtagcctctgcgccatgagagtggtccagtgctgtctatgtaatgtggggaa

-1210　atgtgatcgtgcatgtattttgacccactttacctcaacaaccatgctgcgtgtcttcagcatccgacgttgctttgtga

-1130　tgcgcttgagcacgctggccaagcatgctgggatatgtgctggtgtcctgttttatgattgggccactgcactgatctca

-1050　tgtttagtgactggatcagtgctgatatcccgtcacggctgaaaacaacagcctctttgaagctgtggtatatcgttgct

C/EBPα

-970　ctgtgacacagtggaaacactgggacccttactttaagatgaggggtggatggctcgggtgtcatcagtgtttgtcagtg

-890　cagtagcatccagctctgtaatttctccaaggaggcaactgaaatctgaaataggctacgtcaaatattaatggtcttc

HNF1α

-810　ttcataaattcccgtgtgttttctgtttttcacattctttcacatcagtcactcagttcataaaagaatcagatataatc

-730　tgcagacaaaccttaatgtactgactcaatttcaactcagaaattagagtaagttacttatttctgacaagaatttccag

HNF1α　　HNF1α

-650　tgacaaagtcacat**aa**tt----ttaattatgtattcaagttagtagcacactggtgacatagaggaagaagaaactgttt

Pit-1α　　**Halotype B**

tgacaaagtcacatt**tttgttt**ttaattatgtattcaagttagtagcacactggtgacatagaggaagaagaaactgttt

ER　　**Halotype A**

-574　ttaatgatttattttagcgtgaaccaaatcagactttggatagaagggctgttgtattatgcggtgccgaattacgcaca

HNF1α

-494　gcaaccaacagtcatgtcataaccttcagcttgtctttaacttctccatcgtgagctttcagggcataaaatagcgtgct

C/EBPα

-414　gtgtaagtgtgagctgctgctggtggggcagcaccgctttttctagcttgatctgaactactaaccaagagagatcaaaa

-334　ttcaatcccgttctgagaaaaaaagagaaatgacgttatttgaatatgtgcccaaaatccttaatgaataacttaggacg

STAT5　　HNF1α(C/EBPα)

-254　agtaggaggcaaatgctgccccagctgtttcctgttgaaaatgtctgtgtaatgtagataaatgtgagggattttctctc

HNF-3β

-174　taaatccgtctcctgttcgctaaatctcacttctccaaaacgagcctgcgcaatggaacaaagtcggaatattgagatgt

HNF-3β

-94　gacattgcccgcatctcatcctctttctccccgttttaatgacttcaaacaagttcattttcgctgggctttgtcttgc

-14　ggagacccgtgggg

+1　ATGTCTAGCGCTCTTTCCTTTCAGTGGCATTT

图 7－6　大口黑鲈 *IGF－I* 基因 5′上游序列

序列编号相对于起始密码子位置(＋1),外显子序列用大写字母显示,潜在的转录因子结合位点 HNF－1α、HNF－3β、C/EBPα、STAT5、Pit－1α 和 ER 加框显示,“－－－－”代表 GTTT 缺失.

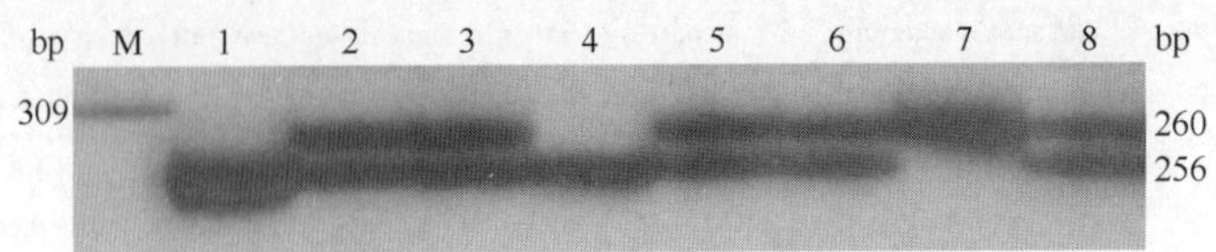

图 7-7 大口黑鲈 *IGF-I* 5′上游序列多态位点的凝胶电泳图谱

5. 不同基因型肝 *IGF-I* mRNA 表达差异

半定量 PCR 实验结果显示，*IGF-I* 5′侧翼序列的多态显著影响 *IGF-I* mRNA 在肝的表达水平（图 7-8）。携带 AA 基因型的个体肝 *IGF-I* mRNA 水平比 AB 和 BB 型的个体更高（$P=0.018$ 和 $P=0.001$）。

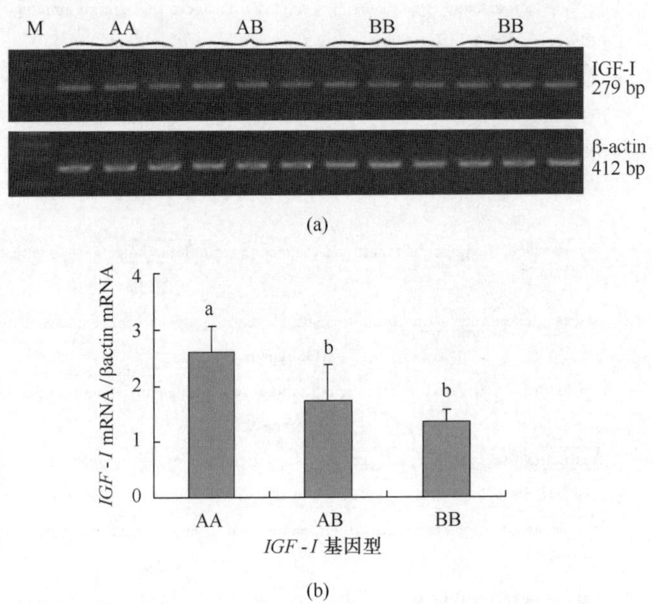

图 7-8 (a)大口黑鲈肝脏的 *IGF-I* mRNA 表达分析，279 bp 条带为 *IGF-I*，412-bp 条带为 β-actin 基因；(b)3 种基因型的 *IGF-I* mRNA 表达．*IGF-I* mRNA 浓度由 β-actin 作为内标校正

在大口黑鲈 *IGF-I* 基因上游 1 770 bp 的序列中，不存在 TATA 盒或者 CAAT 盒，人类、鼠、三文鱼和鲤鱼的 *IGF-I* 基因也有类似的特征。TATA 盒和 CAAT 盒是基本的启动子元件，他们在 *IGF-I* 基因上的缺乏会使转录起始位点不特异（Kajimoto，Rotwein，1991）。而这与 *IGF-I* 基因在发育方面的功能以及器官特异的功能密切相关。不仅如此，*IGF-I* 基因启动子上，*C/EBP*、*HNF-1*、*HNF-3* 等肝上表达较多的转录因子结合位点也是多拷贝的。这些启动子特点与 *IGF-I* 的广泛功能密切相关（Nolten et al，1995）。

大口黑鲈 *IGF-I* 启动子上的多态位点影响体重和体宽。AA 基因型的个体比 AB 和 BB 型的个体有更高的体重。在人类和家畜上，也有 *IGF-I* 启动子上的多态位点与生长的关联的报道。在人类,*IGF-I*启动子上的一个多态位点与血清中*IGF-I*的水平、出生体重和体高密切相关(Rietveld et al, 2004)。牛*IGF-I*启动子上的一个CA重复多态与牛的出生体重、断奶体重和周岁体重相关(Moody et al, 1996)。

为了更进一步研究*IGF-I*启动子多态位点对大口黑鲈生长的作用,本研究采用了半定量RT-PCR测定*IGF-I*启动子多态3种基因型对*IGF-I*表达的影响。结果表明,*IGF-I*启动子多态影响肝中*IGF-I*基因的表达。AA型个体肝*IGF-I*基因的表达水平比AB和BB个体更高,这个结果与生长关联分析结果一致。这可能是因为转录因子结合位点的变化所致。单倍型A所形成的转录因子结合位点为ER,而单倍型B所形成的转录因子结合位点为Pit-1α。ER为雌激素依赖得到转录因子,可调节基因表达(Levin, 2009)。Pit-1主要在垂体表达,其对细胞分化发挥至关重要的作用,同时也是生长激素和促乳素的转录因子(Andersen, 1994)。大量的体内和体外实验表明,雌激素受体介导雌激素调节*IGF-I*的表达。在可表达外源的雌激素受体HepG2细胞系中,一个含有鸡的600 bp的*IGF-I*启动子的报告基因质粒对10(-6) M 17 beta-雌二醇的反应可提高8.6倍(Maor et al, 2006)。在鼠的子宫内,在雌激素受体的介导下,雌二醇能刺激*IGF-I*的生成(Klotz et al, 2002)。比较而言,目前还没有证据表明Pit-1与*IGF-I*基因表达有关。本实验的结果说明转录因子结合位点的变化可调节大口黑鲈*IGF-I*基因的表达。*IGF-I*是大口黑鲈生长性状的重要候选基因,*IGF-I*启动子上多态标记有望用于大口黑鲈的标记辅助育种实践中。

第六节　大口黑鲈*IGF-II*基因多态性与生长性状的相关性

胰岛素样生长因子Ⅱ(*IGF-II*)是人类生长发育和家养动物生长性状的重要候选基因。大量研究表明,人类*IGF-II*不仅影响初生体重,还影响人类的成年体重(Gomes et al, 2005; Zhang et al, 2006)。在水产动物研究方面,其中对尖吻鲈的QTL定位研究显示,*IGF-II*基因正好落在影响体重和体长的LG10区域(Wang et al, 2008)。在本节中我们将克隆大口黑鲈*IGF-II*基因的全基因组序列,并进一步筛选*IGF-II*基因的SNPs,同时将分析这些SNPs与大口黑鲈生长性状的关联。

一、材料与方法

1. 材料

实验鱼来自于佛山市南海区九江镇金汇农场,所有鱼为同一时间孵化,并且保持同样的饲养和管理方法。在大约9个月龄时,127尾大口黑鲈被随机挑选出来称重并测量全长、体长、体高和体宽4个体尺指标。试验鱼的平均体重为(411.69±8.23)g。所有鱼尾鳍静脉取血,抗凝剂(ACD)与血液体积比为6∶1,采用北京时代天根生化公司(TIANGEN)血液基因组提取试剂盒提取鱼血液DNA。所有DNA样本均放于-20℃保存。

2. *IGF-II*基因组序列克隆

根据GenBank中已登录乌颊鱼(Duguay,1996)、尖吻鲈(Collet et al, 1997)、罗非鱼(Chen et al, 1997),欧洲海鲈(Terova et al,2007)和white seabream(Ponce et al,2008)等鱼

的 *IGF-II* 基因的 cDNA 序列，在同源保守区内设计兼并引物，上有引物 *IGF-II* F:5′-ATGGARACCCMGMAAAGAYACG 3′，下游引物 *IGF-II* R:5′-TCATTTGTGRYTGACRWAGTTGTC-3′。应用这一对引物直接扩增 *IGF-II* 基因的基因组序列。PCR 总反应体系为 20 μL，其中包含 50 ng 的 DNA 模板、2.5 mmol/L $MgCl_2$、0.20 mmol/L 的引物、0.20 mmol/L 的 dNTP。PCR 反应条件为：94℃预变性 5 min，94℃变性 45 s，60℃复性 1 min，72℃延伸 1 min，30 个循环后于 72℃延伸 10 min，4℃保温。PCR 产物经基因组 DNA 纯化试剂盒（Promega，Madison，WI）纯化后，与 pMD19-T 载体连接，转化感受态大肠杆菌 DH5α，转化子用碱裂解法提取质粒，酶切鉴定插入片段的大小，挑取阳性转化子送上海英竣公司测序。

3. *IGF-II* 基因启动子序列克隆

IGF-II 基因第一外显子处设计两条下游引物 GSP1：5′CCTTCATTCTGCTGCTCTCCGTTCTCC 3′和 GSP2：5′AGTGAGTGGTGTCCGTATC-TTTTCTGG 3′。按照 GenomeWalker Universal Kit 试剂盒的操作步骤，使用 *Pvu* II 酶切基因组 DNA 后，与试剂盒中的接头连接建库。使用试剂盒提供的引物 AP1:5′-GTAATACGACTCACTATAGGGC-3′和自备引物 GSP1 进行 PCR 扩增，先行两个循环 94℃ 25 s，72℃ 3 min，再行 32 个循环，94℃ 25 s，67℃ 3 min，最后一个循环 67℃ 7 min。取该次 PCR 产物稀释 50 倍后为模板，以 AP2:5′-ACTATAGGGCACGCGTGGT-3′和 GSP2 为引物进行第二次 PCR，反应程序同上。扩增产物转化、鉴定、测序过程方法同上。使用 TRANSFAC 数据库对启动子上的顺式作用元件进行预测（http://www.gene-regulation.com）。

4. *IGF-II* 基因 SNPs 筛查

为了筛查 *IGF-II* 的多态，根据上面获得的 *IGF-II* 序列，设计 4 对引物（表 7-19）。用来筛查多态的 20 尾大口黑鲈样本购自当地市场。采用基因组 DNA 提取试剂盒提取。PCR 扩增获得 *IGF-II* 基因片段，PCR 产物经胶纯化后直接测序。

表 7-19 大口黑鲈基因组序列的扩增引物

引物	引物序列	位置*	变性温度/℃	产物长度/bp	扩增区域
IGF-II 1	5′ GTGAGCCACCAAATGTCATC 3′	-741…-722	52	832	Promoter 和 Exon1
	5′ TGTTCCCTCTGGTTACCTTC 3′	+72…+91			
IGF-II 2	5′ ATGGAAACCCAGAAAAGATAC 3′	+1…+21	51	1484	Exon1，2 和 Intron1
	5′ GGTGCTATTACTTTACTGGT 3′	+1465…+1484			
IGF-II 3	5′ CACGCACTCACACTCATACG 3′	+1253…+1272	53	1594	Intron2 和 Exon3
	5′ CACAGTGTCAGGCACATAGG 3′	+2827…+2846			
IGF-II 4	5′ GGAAACAATGCTAATCATCG 3′	+2770…+2789	54	1623	Intron3 和 Exon4
	5′ TCATTTGTGGTTGACGAAGT 3′	+4373…+4392			

* 碱基位置以转录起始密码子为参照（+1），下表同.

5. *IGF-II* 基因 SNPs 分型

在大口黑鲈的 *IGF-II* 基因上共发现 4 个 SNPs，本实验采用 RFLP 方法对 SNPs 分型。

根据 SNPs 两侧的序列设计特异引物,这些引物的扩增条件见表 7 – 20。PCR 扩增包含 SNPs 的片段后,每微克 DNA 模版放入 2 ~ 4 个单位的限制性内切酶,进行酶切。酶切反应时间为 3 h. 酶切的 PCR 产物经 12% 聚丙烯酰胺电泳分离,银染染色。

表 7 – 20　大口黑鲈 *IGF – II* 基因上 SNPs 的分型引物及扩增条件

位点	产物长度/bp	引物			变性温度/℃	限制性酶
		名称	位置	序列(5′–3′)		
SNP C127T	226	F	1 – 22	ATGGAAACCCAGAAAAGATACG	56	*Taq* I
		R	207 – 226	GCACAAAAATGATGCGATC		
SNP T1012G	196	F	935 – 953	ATGTCTTCGTCCAGTCGTG	52	*Hinf* I
		R	858 – 875	AGCGAAACATGTACGCAGC		
SNP C1836T	214	F	1715 – 1734	CTTCAGTTTGTACAGTCTGC	54	*Nde* I
		R	1909 – 1928	GTGGGAGCACATCTATGTTG		
SNP C1851T	214	F	1715 – 1734	CTTCAGTTTGTACAGTCTGC	54	*Mbo* II
		R	1909 – 1928	GTGGGAGCACATCTATGTTG		

6. 统计分析

应用 Excel 软件计算 SNPs 等位基因和基因型频率。采用卡方检验分析每个 SNP 是否符合哈迪温伯格平衡。4 个 SNPs 的单倍型计算采用 Arlequin 软件(http://lgb.unige.ch/arlequin/)。对于大于 3 个样本数的双体型,应用 SAS 9.0 软件分析其与大口黑鲈生长性状之间的关联。分析模型如下:$Y = \mu + G$ 或 $D + e$,Y 代表 5 个生长性状的测量值;μ 为生长性状的平均值;G 或 D 为每个 SNP 或者双体型的固定效应;e 为随机效应。不同基因型和双体型之间的组间差异采用 Duncan's multiple-range test 进行检验。

二、结果与分析

1. 大口黑鲈 *IGF – II* 的基因序列

克隆得到大约 5.2 kb 的大口黑鲈的 *IGF – II* 序列(GenBank 登录号,GQ328049),其中包含 764 bp 的 5′上游序列。根据尖吻鲈(Collet et al, 1997),罗非鱼(Chen et al, 1997)和欧洲海鲈的 *IGF – II* cDNA(Terova et al, 2007)比对,确定大口黑鲈 *IGF – II* 的内含子和外显子位置。*IGF – II* 基因有 4 个外显子和 3 个内含子,4 个外显子的长度分别为 75 bp、151 bp、182 bp 和 240 bp,内含子的长度分别为 852 bp、1 481 bp 和 1 417 bp。应用 TRANSFAC 数据库,预测得到 *IGF – II* 基因的转录因子结合位点,包括 C/EBP、HNF、Sp1、TATA box.

2. 大口黑鲈 *IGF – II* 基因上的 SNPs 位点

在大口黑鲈 *IGF – II* 基因上共鉴定出 4 个 SNPs(C127T,T1012G,C1836T 和 C1861T)。其中,SNP T1012G 位于第二外显子上,为同义突变。SNP C127T 位于第一内含子上,SNP C1836T 和 SNP C1861T 位于第二内含子上。

3. 4 个 SNPs 的等位基因和基因型频率

4 个 SNPs 的等位基因和基因型频率见表 7-21。在 SNP C82T、SNP C1836T 和 SNP C1851T 的两个等位基因中,C 为优势等位基因。而在 SNP T1012G,G 为优势等位基因。4 个 SNPs 的优势等位基因频率非常高,都超过 70%。卡方分析显示,所有 SNPs 位点都处于哈迪温伯格平衡状态。

表 7-21 大口黑鲈 *IGF-II* 基因 4 个 SNPs 的等位基因频率和基因型频率

位点	基因型频率/%			等位基因频率/%	
SNP C82T	CC	CT	TT	C	T
	55.12	40.16	4.72	75.20	24.80
SNP G1012T	TT	GT	GG	T	G
	54.33	40.16	5.51	74.41	25.59
SNP C1836T	CC	CT	TT	C	T
	58.27	39.37	2.36	77.95	22.05
SNP C1851T	CC	CT	TT	C	T
	55.12	39.37	5.51	74.80	25.20

4. 单倍型和双体型分析

通过对 4 个 SNPs 的 3 种基因型分析,在大口黑鲈群体中共得到 7 种单倍型,单倍型频率见表 7-22。Haplotype 1 是最常见的单倍型,其频率达到 70.4%。另一个较为常见的 hapoltype 2,其频率为 18.5%。以这两个最常见的单倍型作为参照,分析得到两个单倍型分支。以 haplotype 1 为参照,在 1 012 处由 T→G 就成为 haplotype 3,在 1 836 处由 C→T 就成为 haplotype 6。以 haplotype 2 为参照,在 1836 处由 T→C 就成为 haplotype 4,在 1012 处由 G→T 就成为 haplotype 5。更进一步,haplotype 5 在 1851 处由 T→C 就成为 haplotype 7。单倍型的变化显示 SNP T1012G 和 SNP C1836T 是两个活跃的突变。这 7 个单倍型组成 13 个双体型(表 7-22),D1 和 D2 两个常见的双体型占了整体双体型频率的 83.47%。

表 7-22 大口黑鲈 *IGF-II* 基因的单倍型和双体型频率

单倍型	SNP C82T	SNP T1012G	SNP C1836T	SNP C1851T	频率/%	双倍型	频率/%
H1	C	T	C	C	70.4	H1H1	49.61
H2	T	G	T	T	18.5	H1H2	33.86
H3	C	G	C	C	3.1	H1H3	3.15
H4	T	G	C	T	3.9	H1H5	3.15
H5	T	T	T	T	2.0	H4H4	2.36
H6	C	T	T	C	1.5	H2H4	1.57
H7	T	T	T	C	0.4	H1H4	1.57

续表

单倍型	SNP C82T	SNP T1012G	SNP C1836T	SNP C1851T	频率/%	双倍型	频率/%
						H6H6	1.57
						H2H3	0.79
						H2H5	0.79
						H1H7	0.79
						H3H3	0.79

5. SNPs 与生长性状的关联

应用 GLM 过程分析了 4 个 SNPs 及其所构成的双体型与大口黑鲈生长性状的关联。单个的 SNP 与生长性状的统计关联不显著。单体型与生长性状的关联分析显示(表 7-23),单体型与体重、全长、体长、体高和体宽显著相关($P<0.05$)。单体型之间的多重比较显示,H1H3 的群体生长性状最好,而 H4H4 群体生长性状最差。H1H3 群体的鱼比其他单体型(H1H1, H1H2 和 H4H4)的群体有更好的生长表现($P<0.05$)。同时,H1H5 比 H1H1、H1H2 和 H4H4 群体有更大的体重和体宽($P<0.05$)。

表 7-23 大口黑鲈 *IGF-II* 基因的双体型与生长性状的关联 $\bar{x}\pm SE$

双倍型	体重/g	全长/cm	体长/cm	体宽/cm	体厚/cm
H1H1	451.86 ± 20.13^{A}	28.93 ± 0.39^{AC}	25.37 ± 0.36^{AC}	8.35 ± 0.16^{AC}	4.34 ± 0.08^{A}
H1H2	401.27 ± 24.18^{A}	27.94 ± 0.47^{AC}	24.44 ± 0.43^{AC}	7.87 ± 0.19^{A}	4.12 ± 0.10^{A}
H1H3	845.88 ± 79.27^{B}	35.15 ± 1.53^{B}	31.17 ± 1.42^{B}	11.33 ± 0.62^{B}	5.73 ± 0.32^{B}
H1H5	765.13 ± 79.27^{B}	31.88 ± 1.53^{BC}	28.19 ± 1.42^{BC}	9.95 ± 0.62^{BC}	5.58 ± 0.32^{B}
H4H4	281.33 ± 91.53^{AC}	24.61 ± 1.77^{AD}	21.71 ± 1.64^{AD}	6.81 ± 0.72^{A}	3.65 ± 0.37^{AC}

注:在同一列数据上标大写字母不同表示差异显著($P<0.05$).

在本研究中,我们克隆了大约 5.2 kb 的大口黑鲈 *IGF-II* 基因组序列。大口黑鲈 *IGF-II* 基因有 4 个外显子和 3 个内含子,与其他已经报道的硬骨鱼类的 *IGF-II* 基因结构相似(Radaelli et al, 2003;Tse et al, 2008;Palamarchuk et al, 1997;Chen et al, 1997)。在 *IGF-II* 基因启动子上游的 150 bp 处,有一个 TATA 框,这与尖吻鲈(Radaelli et al, 2003),罗非鱼(Chen et al, 1998)和虹鳟(Shamblott et al, 1998)等鱼类的 *IGF-II* 基因相似。这说明硬骨鱼类的 *IGF-II* 基因结构非常相似。

在大口黑鲈的 *IGF-II* 基因上共发现 4 个 SNPs。只有 SNP T1012G 位于外显子上,其他 3 个 SNPs 都位于内含子上。大口黑鲈 *IGF-II* 基因的内含子的 SNPs 比外显子更多,在大口黑鲈的 *IGF-I* 和 *Myo*D 也是如此(李小慧等,2009;于凌云等,2009)。外显子和内含子上 SNPs 分布的差异显示外显子区域有更强的选择压力。

在以往的研究中,在候选基因与经济性状的关联分析中,单个 SNP 分析是较为常用的方法。近些年来研究表明,单倍型或者双体型分析具有更好的统计结果。因为单倍型关联分析可以显示出一个基因内多个 SNPs 的相互作用(Drysdale et al, 2000)。在本研究中,单个的 SNP 与生长性状没有关联,而 4 个 SNPs 的单倍型和双体型与生长性状显著关联。H1H3 和 H1H5 的群体有更优秀的生长表现,因而单倍型 H3 和 H5 可能是对生长有利的单倍型。H4H4 的生长性状最差,单倍型 H4 可能对生长不利。这一结果显示出 *IGF-II* 基因上 4 个 SNPs 的互作,*IGF-II* 基因上的 SNPs 标记有望应用于未来的大口黑鲈育种实践中。另一方面,因为本实验中每个双体型的样本数目有限,未来还应进一步扩大样本,对 *IGF-II* 基因与大口黑鲈生长性状的关联更一步进行验证。

第七节 大口黑鲈"优鲈 1 号"选育世代优势基因型聚合分析

基因聚合育种最早由 Yadav 等(1990)在研究芥菜抗病和抗逆性状改良时提出,之后越来越多的研究者开始关注数量性状的基因聚合的研究,期望通过基因聚合育种技术加快育种进程。本章研究了分子标记与大口黑鲈生长的相关性,获得了一批与生长相关的 SNP 标记和微卫星标记,其中 4 个 SNPs 标记分别位于胰岛素样生长因子-I(*IGF-I*)5′侧翼区域(Li et al, 2009)、垂体特异性转录因子(*POU1F1*)启动子(杜芳芳等,2011)、生长抑素前体(*PSSIII*)启动子和肌肉生长抑制素(*MSTN*)基因上(于凌云等,2010),4 个微卫星 DNA 位点分别为 JZL60、JZL67、MisaTpw76 和 MisaTpw117(樊佳佳等,2009)。本节利用这 8 个大口黑鲈生长性状相关的分子标记来分析大口黑鲈"优鲈 1 号"选育世代含有的优势基因型的变化规律,研究结果可以为下一步生长性状相关标记的聚合及辅助选育提供理论依据。

一、材料与方法

1. 材料

大口黑鲈"优鲈 1 号"是通过国家审定的养殖新品种,来自珠江水产研究所良种基地和佛山市九江镇金汇农场。从"优鲈 1 号"F_2、F_3、F_5 和 F_6 中各随机选择 30 份已保存好的成鱼尾鳍组织,用于提取基因组 DNA。各个位点 PCR 反应所用的引物由生工生物工程(上海)股份有限公司合成。TIANamp Genomic DNA Kit 购自天根生化科技(北京)有限公司。*Taq* DNA 聚合酶,buffer 和 dNTP 购自华美生物工程公司。限制性内切酶 *Taq*I、*Bsr*BI 和 *Alu*I 购自 Fermentas 公司。

2. 方法

(1)基因组 DNA 的提取。按照天根生化科技(北京)有限公司试剂盒说明书提供的方法提取大口黑鲈鳍条组织的总 DNA。0.8% 的琼脂糖凝胶电泳和分光光度计检测 DNA 质量和浓度,保存于 -20℃备用。

(2)PCR 扩增。在 PCR 扩增之前,引物用 FAM、ROX 或 HEX 荧光来进行标记。PCR 反应总体积为 20 μL,含有 10×buffer 2.0 μL,$MgCl_2$(25 mmol/L)0.8 μL;dNTP(10 μmol/L)0.4 μL;上下游引物(20 μmol/L)各 0.4 μL;基因组 DNA 40 ng,*Taq* 酶(上海申能博彩生物科技有限公司)1 U;PCR 扩增程序为 94℃预变性 4 min;32 个循环[94℃,30 s;48~63 ℃退火,30 s;72℃,30 s];72℃再延伸 10 min。

(3)扩增产物检测。短串联重复序列(short tandem repeat,简称STR)基因分型委托生工生物工程(上海)股份有限公司完成,根据每个扩增条带的分子量判断每尾鱼相应位点的基因型。其中4个微卫星位点和*IGF-I*基因上片段缺失的突变位点直接分析基因型,位于*POU1F1*、*PSSIII*和*MSTN*基因上的3个SNP位点分别经限制性内切酶*Taq*I、*Bsr*BI和*Alu*I酶切后再进行STR基因分型。

(4)统计指标。通过*STR*基因分型技术确定每个个体在各个位点的基因型,计算出每个世代选育群体中每一个位点上的优势基因型的频率(p)和各个选育世代中优势基因型的平均数量和分布。各个世代中优势基因型的数量计算公式如下:

$\overline{P}=\sum x_i f_i/\sum f_i$. $\overline{P}$:8个优势基因型的平均数量;x_i:第i个优势基因型频率;f_i:第i个优势基因型所对应的大口黑鲈检测数量。

二、结果与分析

1. 优势基因型的检测

分型检测结果见表7-24,表中数据显示:随人工选育世代的推进,个体中优势基因型标记的数量逐渐增多。在F_2、F_3和F_5中,除*PSSIII*和*POU1F1*优势基因型的频率有波动之外,其他优势基因型的频率逐渐升高的(表7-25)。

表7-24　选育世代中不同个体所含优势基因型的数量

世代	标记数量						
	0	1	2	3	4	5	6
F_2	0	3	20	6	1	0	0
F_3	1	4	14	9	2	0	0
F_5	0	4	10	9	7	0	0
F_6	0	1	9	12	5	2	1

表7-25　"优鲈1号"世代中的优势基因型频率

世代	*MisaTpw76*	*MisaTpw117*	*IGF-I*	*PSSIII*	*POU1F1*	*JZL67*	*MSTN*	*JZL60*	总计
F_2	0	0.043	0	1.000	0.900	0.033	0.038	0.143	2.157
F_3	0.069	0.321	0.067	0.897	1.000	0.133	0.071	0.143	2.701
F_5	0.120	0.353	0.133	0.862	0.833	0.185	0.267	0.143	2.896
F_6	0.200	0.300	0.067	1.000	0.777	0.133	0.333	0.267	3.077

2. 优势基因型在各个世代的数量及分布

根据大口黑鲈"优鲈1号"F_2、F_3、F_5和F_6中各个优势基因型的数量统计分析,得到每个世代中8个优势基因型的平均数量(表7-26)。结果显示:从F_2到F_5代优势基因型的数量逐步增多,说明传统的选育使优势基因型也得到聚合。

表 7－26 “优鲈 1 号”各世代中的优势基因型的平均数量

世代	F_2	F_3	F_5	F_6
优势基因型数量	2.12	2.70	2.90	3.08

目前,生长性状与生长相关基因聚合的研究大多利用的是2 个或3 个位点,本节对生长性状与多个生长相关优势基因型间的联系进行探索,在水产动物中还较少见。试验结果显示:大口黑鲈“优鲈 1 号”随着选育世代的推进,优势基因型的平均数量逐代增加,这与“优鲈 1 号”生长速度逐代提高的结果相吻合,说明传统的以形态和体质量为指标的选育也使生长优势基因型得到聚合。李爱民等(2012)对鲁西牛 *ANGPTL6* 基因的 3 个生长相关位点的研究发现,优势基因型数量的增加与生长性状改良是同步的,可以应用于鲁西牛的分子育种实践。赵广泰等(2010)对大黄鱼选育世代的研究也得到类似的结果。但“优鲈 1 号”选育群体从 F_2 到 F_3、F_3 到 F_5 和 F_5 到 F_6 增加的幅度依次为 0.58、0.20 和 0.18,呈逐渐减小。理论上讲,人工选择育种是把某些性状逐渐选留下来,随着选育世代的推进,选择的有效度就会下降,对表型和基因型频率的改变幅度都会有所降低(杨业华,2006)。

本研究对 8 个生长相关优势基因型的研究结果显示:位于 *MSTN* 基因上的 SNP 位点和 MisaTpw76 位点上的优势基因型出现的频率随着“优鲈 1 号”生长速度的加快而逐代增大,而其余 6 个优势基因型频率在选育进程中有时增加,有时减小或不变,推测这两个标记与生长性状的相关性比较明显。之前的研究结果也表明:MisaTpw76 位点和位于 *MSTN* 基因上的优势基因型的个体分别比其他基因型的个体平均体重高 46.18%(樊佳佳等,2009)和 53.24%(于凌云等,2010),其余 6 个标记中优势基因型群体比自身位点的其他基因型群体的体重高 16.86% ~35.84%(Li et al,2009;于凌云等,2010;杜芳芳等,2011),前两个标记对生长性状的影响效果比其余6 个标记更大。今后在利用生长标记来辅助亲鱼挑选时可优先使用 *MSTN* 上的 SNP 和 MisaTpw76 位点的优势基因型。

第八节 大口黑鲈生长性状相关标记的聚合效果分析

上一节我们分析了生长优势基因型在大口黑鲈“优鲈 1 号”选育世代中的变化规律,结果显示:随着大口黑鲈“优鲈 1 号”选育世代的推进,优势基因型的平均数量逐代增加,说明传统的以形态和体重为指标的选育也使生长优势基因型得到聚合。本节筛选优势基因型数量较多的大口黑鲈个体进行繁殖,分析子代中生长相关优势基因型聚合的数量与生长性状的相关性,探索利用生长优势基因型聚合方法进行遗传改良的可行性。

一、材料与方法

1. 实验鱼的繁殖和养殖

从中国水产科学研究院珠江水产研究所热带亚热带鱼类遗传育种中心挑选含有4 个以

上生长优势基因型数量的大口黑鲈共20尾进行群体繁殖,其中雌鱼9尾,雄鱼11尾。将同批繁殖的鱼苗放入水泥池中培育,待仔鱼生长达2月龄时从中随机挑选5 000尾放于一个1 114 m^2池塘中饲养。水泥池中培育时投喂水蚤,池塘养殖时投喂冰鲜杂鱼。9月龄时,从养殖池塘中随机采集实验鱼测量体重,并剪取尾鳍加酒精于-20℃保存备用。

2. 检测的位点

所选标记为位于*POU1F1*、*PSSIII*、*IGF-I*和*MSTN*基因上的4个SNP位点与4个微卫星基因座JZL60、JZL67、MisaTpw76和MisaTpw117,均由本实验室之前筛选获得,经相关分析表明,与生长性状相关显著或极显著(Li,2009;杜芳芳等,2011;于凌云等,2010)。各个位点PCR反应所用的引物序列及荧光标记和目的片段大小等信息见表7-27。所有引物由生工生物工程(上海)股份有限公司合成。

表7-27 大口黑鲈生长相关分子标记引物信息

引物	序列(5′~3′)	片段长度	最适退火温度/℃	荧光
MSTN C-1453T F	CAAAGGAATAGTCTGCCTCATATC	220	57℃	FAM
MSTN C-1454T R	GGCAGGCGAAAGAAATGAGTA			
MSTN T+33C F	GCCTATCAGTGTGGGACATTAA	412	57.4℃	FAM
MSTN T+34C R	GTTTCTATTGGCTGGTGGCGG			
IGF-I -632 F	ATCTGAAATAGGCTACGTC	260	55.5℃	HEX
IGF-I -632 R	CTCTATGTCACCAGTGTGC			
PSSIII -101 F	CCTTCTGGATCTCTGGCTAG	118	53℃	HEX
PSSIII -101 R	AGGTGACGGACCAGAGACTAC			
POU1F1-18 F	GATAAAGTAAGACTAAACACAAGC	210	52℃	ROX
POU1F1-18 R	CATTCTTCTCAGGCCCCGCT			
JZL60 F	AGTTAACCCGCTTTGTGCTG	227	60℃	FAM
JZL60 R	GAAGGCGAAGAAGGGAGAGT			
JZL67 F	CCGCTAATGAGAGGGAGACA	266	60℃	HEX
JZL67 R	ACAGACTAGCGTCAGCAGCA			
MisaTpw76 F	ACACAGTGTCAGTTCTGCA	268	48℃	FAM
MisaTpw76 R	GTGAATACCTCAGCAAGCAT			
MisaTpw117 F	TGTGAAAGGCACAACACAGCCTGC	220	55℃	HEX
MisaTpw117 R	ATCGACCTGCAGACCAGCAACACT			

3. 基因组DNA的提取和PCR扩增

取实验鱼亲本或子代保存鳍条,按照TIANamp Genomic DNA Kit(天根生化科技(北京)有限公司)说明书方法提取组织DNA,0.8%琼脂糖凝胶电泳,紫外分光光度计测定浓度后保存于-20℃备用。PCR扩增之前用FAM、HEX和ROX荧光标记引物,PCR反应总体积为20 μL,含有10×buffer 2.0 μL,$MgCl_2$(25 mmol/L)0.8 μL;dNTP(10 μmol/L)0.4 μL;上下游引物(20 μmol/L)各 0.4 μL;基因组 DNA 40 ng,*Taq* 酶 1U。PCR 扩增程序为:94℃预变性 4 min;94℃,30 s;48~63℃退火,30 s;72℃,30 s,32 个循环;之后 72℃再延伸 10 min。

4. 扩增产物检测

采用基因片段短串联重复序列(Short tandem repeat, STR)分型技术检测 PCR 扩增产物,分型委托生工生物工程(上海)(Sangon Biotech)股份有限公司来完成,采用 DYY-8 型稳压稳流电泳仪(上海琪特分析仪器有限公司)进行电泳、凝胶成像系统(Gene Genius 公司)和 3730XL 测序列分析仪(美国 ABI 公司)进行分型。其中 3 个分别位于 *POU1F1*、*PSSIII* 和 *MSTN* 基因上的 SNP 位点需要经过限制性内切酶 *Taq*I、*BsrB*I 和 *Alu*I 酶切后再分型,*IGF-I* 基因上的片段缺失突变位点和 4 个微卫星位点则直接用 STR 基因分型技术分析基因型。

5. 统计分析

通过 STR 基因分型技术分析每尾大口黑鲈各个位点的基因型,统计每尾大口黑鲈所含优势基因型的数量,根据所含优势基因型数量的不同将大口黑鲈进行分组,分析不同数量的优势基因型组在生长性状上存在的差异。

二、结果与分析

试验采用 STR 基因分型技术对大口黑鲈子代的 8 个生长相关分子标记进行检测,*IGF-I*、*POU1F1*、*PSSIII* 和 *MSTN* 基因上的 SNP 位点和微卫星基因座 *JZL60*、*JZL67*、*MisaTpw76* 和 *MisaTpw117* 的优势基因型数量在检测个体中的分布见表 7-28。其中 *POU1F1* 优势基因型在群体中的数量最高,达 89.93%,*MisaTpw117* 优势基因型的含量最低,只有 12.85%。大口黑鲈含有的优势基因型数量与平均体重的关联分析结果见表 7-29。从表 7-29 可见大口黑鲈个体含有的优势基因型数量在 1~6 个之间,含有 2 个和 3 个优势基因型数量的个体较多,所占比例分别为 34.72% 和 38.19%。优势基因型数量与群体的体重呈正相关,优势基因型的数量越多,相应群体的平均体重也越高,含有 6 个和 5 个优势基因型个体的平均体重与其他个体的体重达到极显著的差异($P \leq 0.05$)。

表 7-28 大口黑鲈优势基因型频率 %

基因型	M76	M117	IGF-I	PSSIII	POU1F1	J67	MSTN	J60
频率	12.85	14.58	13.19	25.00	89.93	26.04	17.01	25.00

表 7-29 优势基因型数量与生长性状的关联分析

优势基因型数量	群体分布频率/%	体重/g
6	2.78(8 尾/288 尾)	305.60 ± 33.29^{a}
5	6.94(20 尾/288 尾)	302.50 ± 52.69^{a}
4	15.28(44 尾/288 尾)	273.02 ± 47.10^{ab}
3	38.19(110 尾/288 尾)	258.81 ± 55.69^{bc}
2	34.72(100 尾/288 尾)	239.56 ± 50.71^{bc}
1	2.08(6 尾/288 尾)	227.83 ± 50.49^{c}

本实验挑选了400尾大口黑鲈成鱼作为亲本，该群体的平均优势基因型数量为2.26，从中挑选出优势基因型数量为4个或以上的大口黑鲈共20尾作为繁殖亲本，培育出的子代中优势基因型的平均数量为2.99，结果显示：优势基因型达到了一定程度的聚合，说明通过挑选优势基因型数量较多的亲鱼进行群体繁育，可有效提高大口黑鲈个体含有的优势基因型的数量。同时结果还反映了大口黑鲈生长相关优势基因型聚合数量越多，生长性状也越优良，推测利用有限的与生长相关的优势基因型进行聚合，可以获得具有生长性状优良的大口黑鲈。

参考文献：

杜芳芳，白俊杰，李胜杰，等. 2011. 大口黑鲈 *POU1F1* 启动子区域 SNPs 对生长的影响. 水产学报, 35 (6):793－800.

樊佳佳，白俊杰，李小慧，等. 2009. 大口黑鲈生长性状的微卫星 DNA 标记筛选. 遗传,31 (5):515－522.

顾志良、朱大海，李宁，等. 2003. 鸡 Myostatin 基因单核苷酸多态性与骨骼肌和脂肪生长的关系. 中国科学,33(3):273－280

赫崇波，周遵春，刘卫东. 2005. 斑点叉尾鮰的基因组研究. 水产科学, 24(1):38－40.

何小燕，刘小林，白俊杰，等. 2009. 大口黑鲈形态性状对体重的影响效果分析. 水产科学,33(4):597－603

姜运良，李宁，杜立新，等. 2002. 猪肌肉生长抑制素基因 5′调控 T—A 突变与生长性状的关系分析. 遗传学报, 29 (5) :413－416.

李绍华，熊远著，郑嵘，等. 2002. 猪 MSTN 基因多态性及其 SNPs 的研究. 遗传学报, 29 (4):326－331.

李胜杰，白俊杰，叶星，等. 2007. 加州鲈肌肉生长抑制素(MSTN)cDNA 的克隆和序列分析. 海洋渔业, 29 (1):13－19

李爱民，马云，杨东英，等. 2012. 鲁西牛 *ANGPTL6* 基因的 3 个多态位点与其生长性状的关联性分析. 中国农业科学, 45(11):2306－2314.

梁素娴，白俊杰，叶 星，等. 2007. 养殖大口黑鲈的遗传多样性分析. 大连水产学院学报, 22(4): 260－263.

梁素娴，孙效文，白俊杰，等. 2008. 微卫星标记对中国引进加州鲈养殖群体遗传多样性的分析. 水生生物学报, 32 (5): 80－86.

刘志，施振旦. 2006. 马岗鹅 *PRL* 基因及 PRLR cDNA 的克隆与生物信息学分析. 广州:华南农业大学.

孟详人、郭军、赵倩君，等. 2008. 11 个绵羊品种 MSTN 基因非翻译区的变异. 遗传, 30(12):1585－1590.

任磊，帅素容，杨显彬，等. 2007. 藏猪肌肉生长抑制素基因外显子 I 的 PCR－SSCP 分析. 湖北农业科学, 26(4):517－519

唐辉. 2003. 从数量性状基因座位到标记辅助选择. 中国畜牧杂志, 39(2): 44－45.

王高富，吴登俊. 2006. 凉山半细毛羊微卫星标记与羊毛性状的相关分析. 遗传, 28(12): 1505－1512.

王全喜，红海，张焱如，等. 2005. 蒙古马 MSTN 基因第三外显子的克隆及其 SSCP 研究. 华北农学报,20 (3):14－16.

于凌云，白俊杰，樊佳佳，等. 2010. 大口黑鲈肌肉生长抑制素基因单核苷酸多态性位点的筛选及其与生长性状关联性分析. 水产学报, 34 (6):845－851.

杨业华. 2006. 普通动物学. 北京:高等教育出版社.

赵广泰，刘贤德，王志勇，等. 2010. 大黄鱼连续 4 代选育群体遗传多样性与遗传结构的微卫星分析. 水产学报, 34 (4):500－507.

朱海燕，林正梅. 2008. 骨形态发生蛋白信号通路的负向调节. 国际口腔医学杂志，35(6)：647－653.

朱智，吴登俊，徐宁迎. 2007. 鸡 *Myostatin* 基因单核苷酸多态性及其对屠体性状的遗传效应分析. 遗传，29(5)：593－598.

张慧玲，史洪才，罗淑萍，等. 2007. 绵羊肌肉生长抑制素基因外显子 I 单核苷酸多态性分析. 新疆农业大学学报，30(4)：21－24.

张天时，刘 萍，李 健，等. 2006. 中国对虾与生长性状相关微卫星 DNA 分子标记的初步研究. 海洋水产研究，27(5)：201－209.

Amli A A, Lin C J, Chen Y, et al. 2003. Up-regulation of muscle-specific transcription factors during embryonic somitogenesis of zebrafish by knock-down of myostation-1. Dev Dyn, 229: 847－856.

Andersen B, Rosenfeld M G. 1994. Pit-1 determines cell types during development of the anterior pituitary gland. Biol Chem, 269: 29335－8.

Bai J J, Lutz-Carrillo D J, Quan Y C, et al. 2008. Taxonomic status and genetic diversity of cultured largemouth bass *Micropterus salmoides* in China. Aquaculture, 278(1－4): 27－30.

Biga P R, Robets S B, Iliev D B, et al. 2005. The isolation, characterization, and expression of a novel *GDF11* gene and a second myostatin form in zebrafish, *Danio rerio*. Comp Biochem. Physiol B Biochem Mol Biol, 141: 218－230.

Chen J Y, Chang C Y, Chen J C, et al. 1997. Production of biologically active recombinant tilapia insulin-like growth factor II polypeptides in *E. coli* cells and characterization of the genomic structure of the coding region. DNA Cell Biol, 16: 883－892.

Chen J Y, Tsai H L, Chang C Y, et al. 1998. Isolation and characterization of tilapia (*Oreochromis mossambicus*) insulin-like growth factors gene and proximal promoter region. DNA Cell Biol, 17: 359－376.

Cnaani A, Hallerman E M, Ron M, et al. 2003. Detection of a chromosomal region with two quantitative trait loci, affecting cold tolerance and fish size, in an F_2 tilapia hybrid. Aquaculture, 223(1－4): 117－128.

Collet C, Candy J, Richardson N, Sara V. 1997. Organization, sequence, and expression of the gene encoding IGF-II from barramundi (Teleosteii; *Lates calcarifer*). Biochem Genet 35: 211－224.

Davis M E, Simmen R C M. 2006. Genetic parameter estimates for serum insulin-like growth factor I concentrations, and body weight and weight gains in Angus beef cattle divergently selected for serum insulin-like growth factor I concentration. J Anim Sci, 84(9): 2299－2308.

Drysdale C M, McGraw D W, Stack C B, et al. 2000. Complex promoter and coding region beta 2-adrenergic receptor haplotypes alter receptor expression and predict in vivo responsiveness. Proc Natl Acad Sci U S A, 97: 10 483－10 488.

Duguay S J, Lai-Zhang J, Steiner D F, et al. 1996. Developmental and tissue-regulated expression of IGF－I and IGF－II mRNAs in *Sparus aurata*. J Mol Endocrinol, 16: 123－132.

Dyer A R, Barlow C G, Bransden M P, et al. 2004. Correlation of plasma IGF-I concentrations and growth rate in aquacultured finfish: a tool for assessing the potential of new diets. Aquaculture, 236(1－4): 583－592.

Eberhard D, Jimenez G, Heavey B, et al. 2000. Transcriptional repression by Pax5 (BSAP) through interaction with corepressors of the Groucho family. EMBO J, 19 (10): 2292－303.

Estany J, Tor M, Villalba D, et al. 2007. Association of CA repeat polymorphism at intron 1 of insulin-like growth factor (IGF-I) gene with circulating IGF-I concentration, growth, and fatness in swine. Physiol Genomics, 31(2): 236－243.

Fuji K, Kobayashi K, Hasegawa O, et al. 2005. Identification of a single major genetic locus controlling the resistance to lymphocystis disease in Japanese flounder (*Paralichthys olivaceus*). Aquaculture, 254 (1－4): 203

-210.

Gomes M V, Soares M R, Pasqualim-Neto A, et al. 2005. Association between birth weight, body mass index and IGF2/ApaI polymorphism. Growth Horm IGF Res,15:360-362.

Grobet L, Martin L J R,Poncelet,et al. 1997. A deletion in the bovine myostatin gene causes the double-muscled phenotype in cattle. Nature Genetics, 17:71-74.

Gross R, Nilsson J. 1999. Restriction fragment length polymorphism at the growth hormone 1 gene in Atlantic salmon(*Salmo salar* L.) and its association with weight among the offspring of a hatchery stock. Aquaculture, 173 (1-4): 73-80.

Hobart P, Crawford R, Shen LP, et a1. 1980. Cloning and sequence analysis of cDNA sencoding two distinct somatostatin precursors found in the endocrine pancreas of anglerfish. Nature, 288: 137-141.

Joulia D, Bernardi H, Garandel V, et al. 2003. Mechanisms involved in the inhibition of myoblast proliferation and differentiation by myostatin. Exp Cell Res, 286(2): 263-275.

Kajimoto Y, Rotwein P. 1991. Structure of the chicken insulin-like growth factor I gene reveals conserved promoter elements. J Biol Chem,266: 9724-9731.

Kang J H, Lee S J, Park S R, et al. 2002. DNA polymorphism in the growth hormone gene and its association with weight in olive flounder Paralichthys olivaceus. Fish Sci, 68(3): 494-498.

Klotz D M, Hewitt S Curtis, Ciana P, et al. 2002. Requirement of Estrogen Receptor-α in Insulin-like Growth Factor-1(IGF-1) - induced Uterine Responses and in Vivo Evidence for IGF-1/Estrogen Receptor Cross-talk. J Biol Chem,277: 853188537.

Kocabas A M, Kucuktas H, Dunham R A, et al. 2000. Molecular characterization and differential expression of the myostatin gene in channel catfish(*Ictalurus punctatus*). Biochim Biophys Acta, 1575(1-3):99-107

Laurie E C, Yukiko H, Kerstin Z, et al. 2005. CREB-independent regulation by CBP is a novel mechanism of human growth hormone gene expression . J Clin Invest, 1999, 104:1123-1128.

Levin E R. 2009. Integration of the extranuclear and nuclear actions of estrogen. Mol Endocrinol,19:1951-1959.

Li X, Bai J, Ye X, et al. 2009. Polymorphisms of intron1, 3, and 4 of insulin-like growth factoe I gene in largemouth bass. J Shanghai Ocean University,18:8-13.

Li S, Bai J, Wang L, et al. 2008. Cloning and characterization of largemouth bass(*Micropterus salmoides*) myostatin encoding gene and its promoter. Journal of Ocean University of China, 7(3):304-310.

Lin X W, Otto C J, Peter R E. 1998. Evolution of neuroendocrine peptide systems: gonadotropin-releasing hormone and somatostatin. Comp Biochem Physiol,119C: 375-388.

Lindquist S, Craig E A. 1988. The heat shock proteins. Ann Rev Genet, 22:631-677.

Lutz-Carrillo D J, Hagen C, Dueck L A, et al. 2006. Isolation and Characterization of Microsatellite Loci for Florida Largemouth Bass, *Micropterus salmoides floridanus*, and other Micropterids. Transactions of American Fisheries Society,135: 779-791.

Maor S, Mayer D, Yarden R I, et al. 2006. Estrogen receptor regulates insulin-like growth factor-I receptor gene expression in breast tumor cells: involvement of transcription factor Sp1. J Endocrinol,191: 605-612.

Maccatrozzo L, Bargelloni L, Radaelli G, et al. 2001. Characterization of the myostatin gene in the gilthead seabream(Sparus aurata):sequence,genomic structure,and expression pattern. Mar Biotechnol, (3):224-230

Maccatrozzo L, Bargellini L, Patarnello P et al. 2002. Characterization of the myostatin gene and a linked microsatellite marker in shi drum(*Umbina cirrosa*,Sciaenidae). Aquaculture, 205(1-2):49-60.

Mcpherron A C, Lawler AM, Lee S J, et al. 1997. Regulation of skeletal muscle mass in mice by a new TGF-β superfamily member. Nature, 387(6628):83-90.

Moody D E, Pomp D, Newman S, et al. 1996. Characterization of DNA polymorphisms in three populations of Hereford cattle and their associations with growth and maternal EPD in Line 1 Herefords. J Anim Sci, 74: 1784 – 1793.

Moriyama S, Ayson F G, Kawauchi H. 2000. Growth regulation by insulin-like growth factor I in fish. Biotechnol Biochem. 64(8):1553 – 1562.

Nelson C, Albert V R, Elsholtz H P, et al. 1988. Activation of cell-specific expression of rat growth hormone and prolactin genes by a common transcription factor . Science, 239: 400 – 1405.

Nolten L A, Steenbergh P H, Sussenbach J S. 1995. Hepatocyte nuclear factor 1 alpha activates promoter 1 of the human insulin-like growth factor I gene via two distinct binding sites. Mol. Endocrinol, (9): 1488 – 1499.

Ostbye T, Galloway T F, Nielsen C, et al. 2001. The two myostatin genes of Atlantic salmon(*Salmo salar*) are expressed in a variety of tissues. Eur. J. Bicchem, 268(20):5249 – 5257

Palamarchuk A Y, Holthuizen P E, Müller W E, et al. 1997. Organization and expression of the chum salmon insulin-like growth factor II gene. FEBS Lett, 344 – 348.

Pozios, K C, Ding J, Degger B, et al. 2001. IGFs stimulate zebrafish cell proliferation by activating MAP knase and PI3 – kinase-signaling pathways. Am J Physiol Regul Integr Physiol, 280(4):1230 – 1239.

Ponce M, Infante C, Funes V, et al. 2008. Molecular characterization and gene expression analysis of insulin-like growth factors I and II in the redbanded seabream, Pagrus auriga: transcriptional regulation by growth hormone Comp. Biochem Physiol B Biochem Mol Biol, 150: 418 – 426.

Radaelli G, Patruno M, Maccatrozzo L, et al. 2003. Expression and cellular localization of insulin-like growth factor-II protein and mRNA in *Sparus aurata* during development. J Endocrinol, 178: 285 – 299.

Rescan P Y, Jutel L, Ralliere C. 2001. Two myostatin genes are differentially expressed in myotomal muscles of the trout(*Oncorhynchus mykiss*). J Exp Biol, 204(P1 20):3 523 – 3 529

Rietveld I, Janssen J A, van Rossum EF, et al. 2004. A polymorphic CA repeat in the *IGF-I* gene is associated with gender-specific differences in body height, but has no effect on the secular trend in body height. Clin Endocrinol. 61: 195 – 203.

Rosenfeld M G. 1991. POU-domain transcription factors: powerful developmental regulators . Genes Development, (5): 897 – 907.

Rodgers B D, Weber G M, Sullivan C V, et al. 2001. Isolation and characterization of myostatin complementary deoxyribonucleic acid clones from two commercially important fish: Oreochromis mossambicus and Morone chrysops. Endocrinology, 142:1412 – 1418.

Schaid D J. 2004. Evaluating associations of haplotypes with traits. Genetic Epidemiology, 27(4):348 – 364.

Servin B, Martin OC, Mézard M, et al. 2004. Toward a theory of marker-assisted gene pyramiding. Genetics, 168(1): 513 – 523.

Shamblott M J, Leung S, Greene M W, et al. 1998. Characterization of a teleost insulin-like growth factor II (IGF – II) gene: evidence for promoter CCAAT/enhancer-binding protein (C/EBP) sites, and the presence of hepatic C/EBP. Mol Mar Biol Biotechnol, 7:181 – 190.

Stasio L D, Saratore S, Albera A. 2002. Lack of association of GH and POU1F1 gene variants with meat production traits in Piemontese cattle . Animal Genetics, 33: 61 – 64.

Stephens M, Smith N, Donnelly P. 2001. A new statistical method for haplotype reconstruction from population from population data. An J Hum Genet, 68:978 – 989.

Terova G, Rimoldi S, Chini V, et al. 2007. Cloning and expression analysis of insulin-like growth factor I and II in liver and muscle of sea bass(*Dicentrarchus labrax*, L) during long-term fasting and refeeding. J Fish Biol 70

(Supp. B): 219 - 233.

Tse M C, Chan K M, Cheng C H. 2008. Cloning, characterization and promoter analysis of the common carp IGF-II gene. Gene, 412: 26 - 38.

Vanetti M, Vogt G, Holh V. 1993. The tow isoforms of the mouse somatostatin receptor (mSSTR2A and mSSTR2B) differ in coupling efficiency to adenylate cyclase and in agonist-induced receptor desensitization. FEBS Lett, 331(3): 260 - 266.

Wang C M, Lo L C, Feng F, et al. 2008. Identification and verification of QTL associated with growth traits in two genetic backgrounds of Barramundi (*Lates calcarifer*). Anim Genet, 39: 34 - 39.

Weber G, Sullivan C V. 2000. Effects of insulin-like growth factor-I on in vitro final oocyte maturation and ovarian steroidogenesis in striped bass, *Morone saxatilis*. Biol Reprod, 63(4): 1049 - 1057

Williams K C, Carragher J F. 2004. Correlation of plasma IGF-I concentrations and growth rate in aquacultured finfish: a tool for assessing the potential of new diets. Aquaculture, 236(1 - 4): 583 - 592

Wong A O, Drean Y L, Liu D, et al. 1996. Induction of chinook salmon growth hormone promoter activity by the adenosine 3′,5′-monophosphate (cAMP)-dependent pathway involves two cAMP-response elements with the CGTCA motif and the pituitary-specific transcription factor Pit-1. Endocrinology, 137: 1775 - 1784.

Li X, Bai J, Ye X, et al. 2009. Polymorphisms in the 5' flanking region of the insulin-like growth factor I gene are associated with growth traints in largemouth bass *Micropterus salmoides*. Fish Sci, 75 (2): 351 - 358.

Yadav R D S, Singh S B, Singh A, et al. 1990. Gene Pyramiding and Horizontal Resistance to Diara Stress in Mustards. National Academy Science Letters-India, 13 (9): 325 - 327.

Zhang W, Maniatis N, Rodriguez S, et al. 2006. Refined association mapping for a quantitative trait: weight in the H19 - IGF2 - INS - TH region. Ann Hum Genet, 70: 848 - 856.

Zhang D C, Huang Y Q, Shao Y Q, et al. 2006. Molecular cloning, recombinant expression, and growth-promoting effect of mud carp (*Cirrhinus molitorella*) insulin-like growth factor-I. Gen Comp Endocrinol, 148(2): 203 - 212.

Zhou H, Mitchell A D, McMurtry J P, et al. 2005. Insulin-like growth factor-I gene polymorphism associations with growth, body composition, skeleton integrity, and metabolic traits in chickens. Poult Sci, 84(2): 212 - 209.

第八章 大口黑鲈生长轴基因结构、功能和多态性

第一节 GH-IGF 生长轴概述

鱼类的生长主要是由下丘脑-垂体-肝生长轴(即 GH-IGF 生长轴)调控的,该生长轴包括有生长激素(GH)、生长激素受体(GHR)、胰岛素样生长因子(IGF)、胰岛素样生长因子受体(IGFR)及其胰岛素样生长因子结合蛋白(IGFBP)(Gabillard et al, 2005; Moriyama et al, 2000)。在动物的生长过程中各个激素发挥着重要的作用,其中生长激素是整个生长轴中最重要的激素。GH-IGF 生长轴除了对生长有促进作用外,还能调节鱼体的渗透压及在性腺发育中起重要作用(Shunsuke et al,2000)。大口黑鲈功能基因的开发和应用研究比较薄弱,通过克隆其重要生长相关的功能基因及开展相关功能的研究,为筛选与生长性状相关联的分子标记及分子标记辅助育种研究提供基础。

一、生长激素的功能

鱼类生长激素是由脑垂体前叶的嗜酸性细胞合成分泌的一种单链多肽,它通过激活靶细胞膜上的受体来实现其生物学效应。鱼类生长激素与其他高等脊椎动物生长激素有很高的同源性,分子质量在 2.2 kD 左右,由 173~190 个氨基酸残基组成。鱼类生长激素蛋白的一级结构中含 4 个或 5 个半胱氨酸,分子内形成两个二硫键,构成特征性的一个大环和一个小环。在空间构型中 α-螺旋占 50%,折叠成 4 个反向平行的螺旋段即 A、B、C 和 D 段,在每一区段之间至少有一个脯氨酸存在(Law et al,1996)。序列比较发现,在生长激素蛋白的羧基端螺旋 D 区,氨基酸的保守性比其他位置更强,这一区域的疏水氨基酸埋在蛋白质内部,作为受体结合位点,同时在维持蛋白质结构中起重要作用(Devlin,1993)。

生长激素是一种具有广泛生理功能的生长调节素,能影响到几乎所有的组织和细胞,包括免疫组织、脑组织及造血系统,其主要的功能有促进生长发育、提高饵料转化效率、调节体内渗透压和调节性腺的发育等(潘登等, 2001)。生长激素受体主要分布在肝脏细胞膜上,在肾脏、心脏和肌肉等组织的细胞膜上也有(Hollway et al,1998),意味着生长激素除了直接作用于肝细胞的膜受体外,也可直接作用于其他组织细胞。摘除垂体的鱼生长发育与体内蛋白质的合成随即停止,当注射外源的生长激素后,去除垂体的鱼又恢复生长,外源生长激素的补充对鱼体生长表现出补偿效应(Zhu et al,1985)。生长激素对机体的作用需要胰岛素样生长因子Ⅰ的介导,生长激素与肝脏细胞表面的生长激素受体结合,促进肝细胞合成和分泌胰岛素样生长因子Ⅰ,后者通过内分泌、自分泌和旁分泌途径作用于靶组织,促进组织细胞的生长和分化。促进生长激素分泌释放的神经因子包括促生长激素释放激

素(growthhormone-releasing hormone, GHRH)、促性腺激素释放激素(gonadotropin-releasing hormone, GnRH)、垂体腺苷酸环化酶激活多肽(PACAP)、神经肽 Y (NPY)和多巴胺(dopamine)等。生长激素抑制激素(somatostatin)是主要的抑制因子,抑制垂体分泌生长激素(林浩然,1996)。

生长激素对鱼类最明显的作用是刺激鱼的体重增加和体长增长,促进发育和参与鱼体代谢调节(Donaldson et al, 1979)。早期的研究发现,将动物的脑垂体匀浆后,加入饵料中投喂鱼,鱼体生长加快(韦家永等, 2004)。白俊杰等(1998)用大肠杆菌表达的鲑鱼生长激素作为饲料添加剂投喂罗非鱼后,试验组的增长速度比对照组提高了 119.2%,具有极显著的促生长效果。注射入提纯的南方黑鲷生长激素的欧亚鱼卢也表现出明显的生长优势(Jentoft et al, 2004)。另外,将美洲大绵鳚抗冻蛋白启动子与王鲑生长激素构建的重组体导入大西洋鲑,成功地获得比对照体重大 4 ~6 倍的快速生长的转基因鱼(Du et al,1992)。

二、胰岛素样生长因子的功能

胰岛素样生长因子(IGFs)也叫生长介素(somatomedins),因其在结构上与胰岛素前体有高度同源性且可作用于胰岛素受体,因而称之为胰岛素样生长因子(Insulin-like Growth Factors,IGFs)。胰岛素样生长因子是一种促细胞分裂的多肽,包括胰岛素样生长因子 I 和胰岛素样生长因子 II,由于其结构和功能与胰岛素类似,在所有胰岛素的靶细胞中都能发挥作用(Blundel et al, 1978),具有促进生长发育的作用(Vasilatos-Youngken et al,1991)。胰岛素样生长因子 I 是由 70 个氨基酸残基组成的单链多肽, 分子量约为 7.5 kD, 其前肽由信号肽和 B、C、A、D、E 共 6 个区域构成,形成成熟肽时, 信号肽和 E 区域被切除, 这样 IGF-I 成熟蛋白的一级结构则包括 B、C、A 和 D 4 个区域,其中 B、C、A 3 个区域分别与胰岛素原的 B 链,C 链(连接肽)和 A 链同源,与胰岛素原不同的是羧基末端多了一个 D 区域。鱼类中的胰岛素样生长因子 II 基因与胰岛素样生长因子 I 基因的结构相似,它的前肽也是由信号肽、B、C、A、D 和 E 结构域这 6 个区域组成;当形成成熟肽时,信号肽和 E 结构域被切除。二者在作用机理上不同。其中胰岛素样生长因子 II 是重要的胚胎生长和发育的调节因子,主要在胚胎期发生作用,不受生长激素的调节;而胰岛素样生长因子 I 则是在出生后的生长和发育起调控作用,主要具有通过调节生长激素来促进生长的作用。

鱼类的胰岛素样生长因子 I(IGF-I)是一种多功能的激素,能够促进细胞的生长、分裂和分化,调节细胞代谢,调节渗透压和抑制细胞死亡等。IGF-I 的主要生理功能是介导生长激素的促生长作用。用重组 IGF-I 腹腔注射罗非鱼,注射 5 周后实验组比对照组体重增加了 73%,两组间差异显著,而且这种促生长作用具有剂量依赖效应(Chen et al, 2000)。IGF-I 能直接激活鱼鳃 Na^+-K^+-ATPase,调节渗透压,增强海河洄游性鱼类的适应能力(Madsen et al,1993);IGF-I 也是一种促性腺发育的激素,可以增强芳香化酶活性,从而刺激鱼类的性腺产生性类固醇激素,如雌二醇等(Kagawa et al, 2003);在细胞复制过程中,IGF-I 可以促进 DNA 合成,静止期的细胞在 IGF-I 的推动作用下,进入到 G1 期,顺利地完成细胞分裂的过程(Wood et al, 2005);IGF-I 以旁分泌和自分泌的形式在免疫和炎症反应中也起到重要作用,例如 TNF-A 和前列腺素 E2 等许多免疫相关因子均能诱导巨噬细胞中 IGF-I 的合成, 并且几乎在所有的免疫细胞(如 T-细胞、B-细胞、NK-细胞等) 中都有 IGF－IR 的表达（Vincent et al,1999）。

胰岛素样生长因子 II（IGF－II）的主要功能作用是促进细胞的分裂和增殖，在动物个体生长和发育过程中起着关键的调控作用（De Chiara et al, 1990）。在斑马鱼中发现，其背部中线组织的发育依赖于 *IGF－II*，当 *IGF－IIb* 基因被敲除以后，斑马鱼的胚胎将严重水肿；而 *IGF－IIa* 和 *IGF－IIb* 的同时敲除将加剧背部中线组织的发育不全，结果表明 *IGF－II* 对胚胎组织的发育具有重要的调控作用（White et al, 2009）。在罗非鱼中，注射外源 IGF－II 的实验组鱼的体重比对照组鱼的体重增加 72%（Chen et al, 2000）。IGF－II 能够促进鱼类生殖腺的发育，诱导卵细胞分化和参与卵黄的生成（Reinecke, 2010）。

鱼类 GH－IGF 生长轴的调控受到营养状态、温度季节、激素调节、光照周期、盐度等多种因素的影响。在鱼类整个生长过程中，各个因素之间是相互作用，相互协调，一起调节 GH/IGF 轴的表达，影响着鱼类的生长。

第二节　大口黑鲈生长激素和胰岛素样生长因子 I cDNA 序列

生长激素（GH）是由脊椎动物脑垂体分泌的一种单链多肽激素，具有促进食欲、调节生长和提高饲料转化率的作用（白俊杰等,1999）。胰岛素样生长因子－I（IGF－I）因其结构与胰岛素原类似而得名，在脊椎动物中，它介导 GH 的生理作用、加速细胞的分裂和分化及促进蛋白质的合成，从而促进动物的生长（张殿昌,2005）。GH－IGF－I 轴的主要作用是调控鱼体的生长发育，研究表明 GH 和 IGF－I 的浓度存在高度的相关性，用它们处理硬骨鱼类都能促进鱼体的生长（Shunsuke et al, 2000）。GH－IGF－I 轴除了对生长有促进作用外，还能调节鱼体的渗透压，与营养也有紧密的关系（Shunsuke et al, 2000）。本节克隆了大口黑鲈 *GH* 和 *IGF－I* 基因 cDNA 序列，并推导出它们的蛋白质一级结构，为进一步研究 GH－IGF－I 轴的对大口黑鲈生长发育的调控提供基础。

一、材料与方法

1. 材料

实验所用大口黑鲈成鱼体重为 400 g 左右，来自广东省大口黑鲈良种场；SV Total RNA Isolation kit 购自 Promega 公司；RNA PCR Kit（AMV）Ver. 3.0 试剂盒和 pMD19－T vector system 购自 TakaRa 公司；DNA Purification kit 购自北京天为时代公司；*Eco*R Ⅰ、*Hin*d Ⅲ购自华美生物工程有限公司；本实验所用 PCR 扩增引物由上海英骏生物技术有限公司合成；大肠杆菌 DH5α 由本实验室保存。

2. 大口黑鲈脑垂体和肝脏总 RNA 的提取

按照 Promega 公司 SV Total RNA Isolation System 试剂盒的方法提取大口黑鲈肝和脑垂体总 RNA，并用 1% 琼脂糖凝胶电泳检测其质量和浓度。

3. 大口黑鲈 GH 和 IGF－I cDNA 的克隆

根据蓝太阳鱼（*Lepomis cyanellus*）、斜带石斑鱼（*Epinephelus coioides*）和金头鲷（*Sparus aurata*）的 *GH* 基因 cDNA 序列及金头鲷、河鲈（*Perca fluviatilus*）与舌齿鲈（*Dicentrarchus la-*

brax)IGF－I 的 cDNA 序列分别设计了一对引物：GH－$P_{1:}$ 5′－ATGGACAGAGTBRTCCTYCTG－3′，GH－$P_{2:}$ 5′－CGGAGCTACARGGTGCAGTTG－3′；IGF－I－$P_{3:}$ 5′－ATGTCTAGCGCTCTTTCCTTT C－3′；IGF－I－$P_{4:}$ 5′－CTACATTCKGTAATTTCTGCCCC－3′，用去离子双蒸水将两对引物溶解至终浓度为 20 μmol/L。

按照 TaKaRa 公司 RNA PCR Kit（AMV）Ver. 3.0 试剂盒的方法进行 RT－PCR 扩增，反转录条件为 50℃ 30 min，99℃ 5 min，5℃ 5 min。GH cDNA 的 PCR 扩增条件为：94℃ 预变性 3 min 后进行 35 个循环反应：94℃ 下变性 30 s，56℃ 下退火 30 s，72℃ 下延伸 1 min；循环结束后 72℃ 下延伸 7 min。IGF－I cDNA 的 PCR 扩增条件除退火温度改为 52℃ 外，其他均与 GH 相同。取 5 μL PCR 扩增产物用 1.2 mg/mL 琼脂糖凝胶电泳进行检测，然后纯化目的扩增片段，并连接到 pMD19－T 载体中，转化大肠杆菌 DH5α 感受态细胞，挑选阳性克隆并委托由上海英骏生物技术有限公司完成其序列测定。

4. 序列分析

利用 DNA 分析软件 Vector NTI 8.0 以及在线软件 ExPASy Proteomics Server 进行序列分析，内容包括核苷酸序列中 ORF 的寻找，编码氨基酸序列的推导及其信号肽的预测。

二、结果与分析

1. 大口黑鲈 *GH* cDNA 的序列分析

用 Vector NTI 8.0 分析已测得的 *GH* 序列，结果表明：其开放阅读框（ORF）长为 615 bp，编码 204 个氨基酸。将序列登录到 GenBank 数据库中，序号为 DQ666528。利用在线软件 ExPASy Proteomics Server 预测 GH 前体蛋白相对分子质量约为 2.31×10^4 D，等电点 pI 约为 6.9。根据对蓝太阳鱼和大黄鱼加工位点的分析，推断大口黑鲈 GH 信号肽为 17 个氨基酸，成熟肽为 187 个氨基酸（曹运长等，2004；江树勋等，2002）。

大口黑鲈与其他鱼类的生长激素氨基酸序列进行同源性比较（图 8－1），结果发现大口黑鲈 GH 与同为太阳鱼科的蓝太阳鱼的同源性为 100%，与同为鲈形目中的斜带石斑鱼、金头鲷的同源性分别为 97% 和 94%，与鲑形目中的虹鳟（*Oncorhynchus mykiss*）的同源性为 66%，与鲤形目中的鲤鱼（*Cyprinus carpio*）、斑马鱼（*Danio rerio*）的同源性分别为 56% 和 53%，基本上反映了它们的系统分类地位（图 8－2）。在这些比对的鱼类中，GH 都存在 5 个相对保守的区域（D1～D5），推测是维持生长激素生物活性所必需的，尤其是蛋白质 C－端的 D5 区保守性最高，同源性达 80% 以上，表明该区域对 GH 的功能有重要作用（Male et al，1992）。另外，它们都有保守的 4 个半胱氨酸残基，可形成两个二硫键，对生长激素的正常折叠及空间结构的维持非常重要（Ayson et al，2000）。鲤科鱼类和鲑科鱼类 GH 中有两个 N－糖基化位点（May et al，1999），而大口黑鲈 GH 中只发现一个糖基化位点（Asn-Cys-Thr）（Ayson et al，2000）。

2. 大口黑鲈 *IGF－I* cDNA 的测序结果和序列分析

用 Vector NTI 8.0 分析已测得的大口黑鲈 *IGF－I* 的序列，结果表明：其 ORF 长为 561 bp，编码 186 个氨基酸。将序列登录到 GenBank 数据库中，序号为 DQ666526。利用在线软件 ExPASy Proteomics Server 预测 IGF－I 前体蛋白的相对分子质量约为 2.05×10^4 D，等

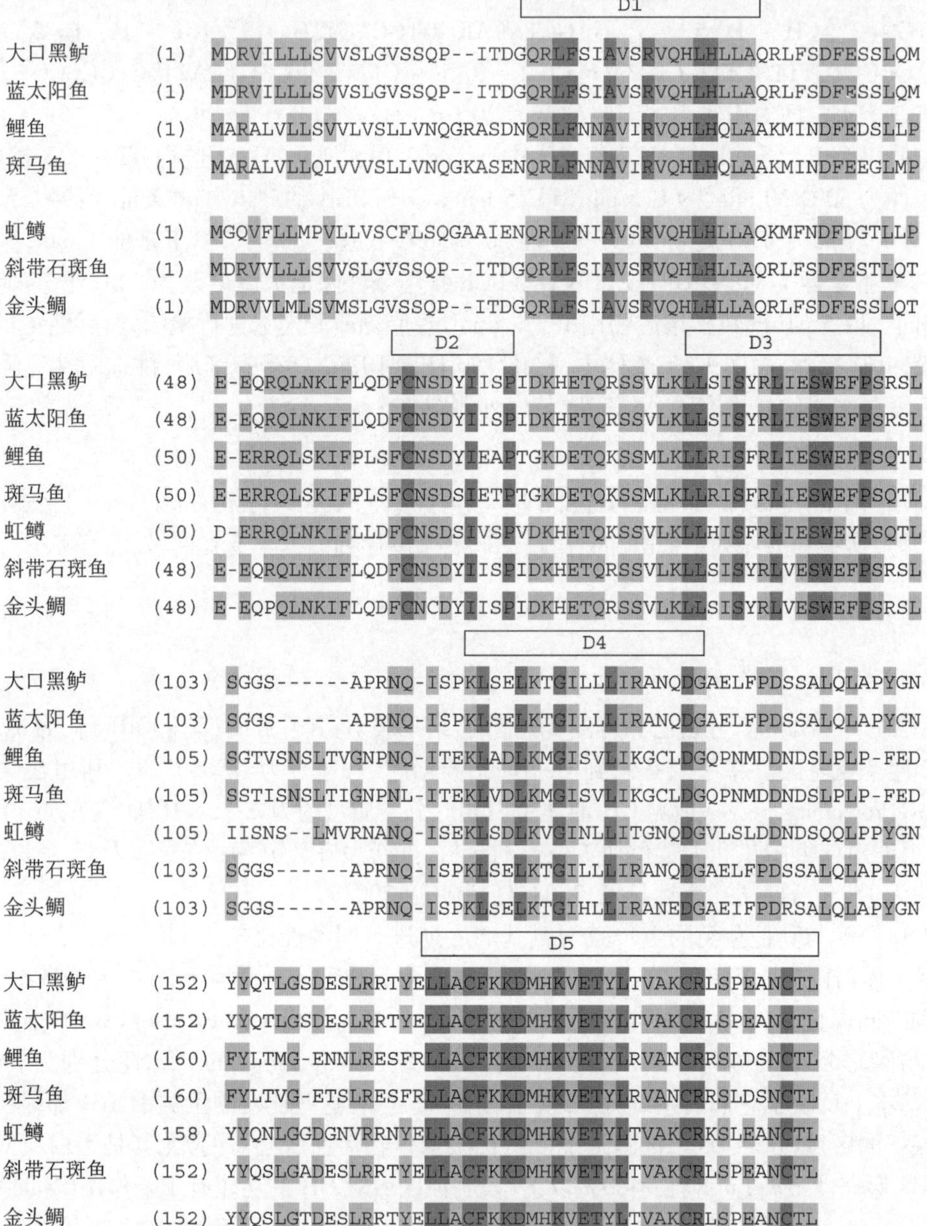

图 8 - 1 大口黑鲈和其他鱼类 GH 氨基酸序列的同源性比较

注:序列比对采用了 Vector NTI 8.0 软件,相同的氨基酸残基以深灰色背景标记,保守的氨基酸残基以浅灰色标记,非保守的氨基酸没有背景颜色。(蓝太阳鱼 GenBank: AY530822;斜带石斑鱼 GenBank: AAK57697;金头鲷 GenBank: AAA03329;虹鳟 GenBank: A31363;鲤鱼 GenBank: S02764;斑马鱼 GenBank: BC116501)

电点 pI 约为 9.6。参照其他脊椎动物的 *IGF - I* 的结构特点,推断大口黑鲈 *IGF - I* 信号肽为 44 个氨基酸,信号肽之后的氨基酸分成 5 个区域,由 B、C、A 、D 和 E 组成,分别包含 29、

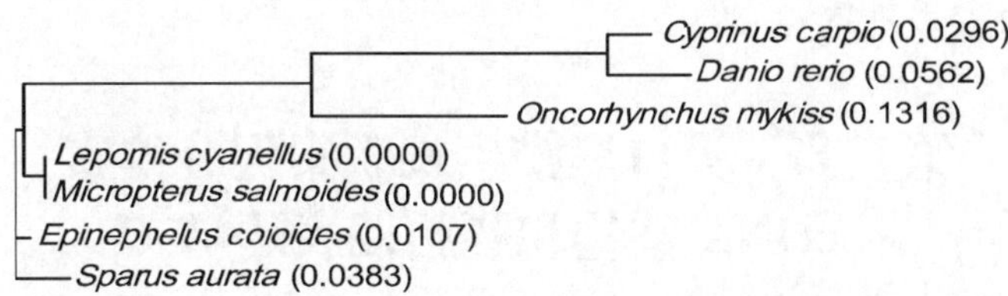

图 8－2　依据不同鱼类 GH 氨基酸序列构建的进化树

（蓝太阳鱼 GenBank：AY530822；斜带石斑鱼 GenBank：AAK57697；金头鲷 GenBank：AAA03329；虹鳟 GenBank：A31363；鲤鱼 GenBank：S02764；斑马鱼 GenBank：BC116501）

9、23、8 和 73 个氨基酸（白俊杰等，2001；张殿昌等，2002）。

大口黑鲈 IGF－I 前肽由信号肽和 B、C、A、D、E 6 个区域构成，形成成熟肽时，信号肽和 E 区域被切除。将大口黑鲈 IGF－I 成熟蛋白的氨基酸序列与 GenBank 中已知的的河鲈、舌齿鲈、金头鲷、斑马鱼和三角鲂（*Megalobrama terminalis*）的相比较，结果发现，4 个区域的保守性有差异，A 区和 B 区保守性较高，C 区和 D 区保守性较差（图 8－3）。B 区域中都含有 $F^{B23}-Y^{B24}-F^{B25}$ 残基，这是 IGF－I 受体的识别序列（de Jesus et al，2002；Humbel et al，1990）。

```
               | B-domain                    | C-domain |  A-domain                | D-domain
大口黑鲈 (1) GPETLCGAELVDTLQFVCGDRGFYFSKPTGYGPNARR--SRGIVDECCFQSCELRRLEMYCAPAKTSKPA
河鲈     (1) GPETLCGAELVDTLQFVCGERGFYFSKPTGYGPNARR--SRGIVDECCFQSCELRRLEMYCAPAKTSKAA
舌齿鲈   (1) GPETLCGAELVDTLQFVCGERGFYFSKPTGYGPNARR--SRGIVDECCFQSCELRRLEMYCAPAKTGKAA
金头鲷   (1) SPETLCGAELVDTLQFVCGERGFYFSKP-GYGPNARR--SRGIVDECCFQSCELRRLEMYCAPAKTSKAA
斑马鱼   (1) GPETLCGAELVDTLQFVCGDRGFYFSKPTGYGPSSRRSHNRGIVDECCFQSCELRRLEMYCAPVKTGKSP
三角鲂   (1) GPETLCGAELVDTLQFVCGDRGFYFSKPTGYGPSSRRSHNRGIVDECCFQSCELRRLEMYCAPVKTGKTP
```

图 8－3　大口黑鲈和其他鱼类 IGF－I 成熟蛋白氨基酸的同源性比较

注：序列比对采用了 Vector NTI 8.0 软件，相同的氨基酸残基以深灰色背景标记，保守的氨基酸残基以浅灰色标记，非保守的氨基酸没有背景颜色.

（河鲈 GenBank：AJ586908；舌齿鲈 GenBank：DQ105655；金头鲷 GenBank：AY996779；斑马鱼 GenBank：NM131825；三角鲂 GenBank：AY247412）

Shamblott 和 Chen（1993）在研究鲑鳟类 *IGF－I* 时发现存在 4 种 *IGF－I* mRNA，依其分子大小分别命名为 Ea－1、Ea－2、Ea－3 和 Ea－4，这些转录产物都含有相同的 B、C、A、D 区域，仅仅是 E 区域转录后大小不同。Ea－1、Ea－2、Ea－3 和 Ea－4 的 E 区域分别含有 35、47、62 和 74 个氨基酸，通过与鲑的 4 种 *IGF－I* 序列比较，本研究中大口黑鲈 IGF－I 序列属于 IGF－I Ea－4 亚型。Duguay 等（1996）报道大麻哈鱼的心脏、脂肪、脑、肾、脾和卵巢等组织中主要表达 Ea－4 型 *IGF－I* mRNA，Chen 等（1998）报道黑鲷也主要表达 Ea－4 型 *IGF－I* mRNA，而 Hashimoto 等（1997）报道鲤鱼各组织器官主要表达 Ea－2 型 *IGF－I* mRNA，这说明在不同种类的鱼中可能表达不同类型的 *IGF－I* mRNA，对于该基因产生几种不同转录产物的机理有待进一步研究。

第三节 大口黑鲈生长激素促分泌素 cDNA 结构和胚胎期表达谱

生长激素促分泌素(Ghrelin)是生长激素促分泌素受体(growth hormone secretagogue receptor,GHS－R)的内源性配体,自1999年Kojima从小鼠胃中克隆该基因以来,陆续又有学者克隆到人(Kojima et al,2002)、牛蛙(Kaiya et al,2001)、鸡(Kaiya et al,2002)、金鱼(Unniappan et al,2002)、鳗鲡(Kaiya et al,2003)和罗非鱼(Kaiya et al,2003)等动物的*Ghrelin*基因。*Ghrelin*具有促进生长激素(growth hormone,GH)分泌(Arvat et al,2000)、增进食欲和参与能量平衡等生物学作用(马细兰等,2009)。连续给大鼠注射Ghrelin可引起进食和体重增加,而若注射Ghrelin受体拮抗剂则可引起进食减少、体重减轻(Asakawa et al,2003),在鱼类上也有类似的实验结果(Unniappan et al,2002;Unniappan et al,2004;Riley et al,2005),说明Ghrelin参与动物的摄食和能量调节等作用。

动物早期发育阶段是其生命过程中食物转换、对外界环境适应最关键时期,也是高死亡率时期,特别对鱼类这种低等的脊椎动物,其早期发育阶段显得尤为重要,因此,对鱼类早期发育阶段摄食调控基因的研究是很有必要的(殷名称,1996)。关于*Ghrelin*基因参与成年动物生长和发育方面的工作已有较多报道,但在动物早期发育各阶段的基因表达谱分析还较少见到。利用获得的大口黑鲈*Ghrelin*基因完整的编码区序列,应用实时定量PCR(Real-time PCR)方法检测大口黑鲈*Ghrelin*基因在胚胎和仔鱼期的表达谱,为下一步了解鱼类早期摄食和生长的调控奠定基础。

一、材料与方法

1. 材料

实验用的大口黑鲈材料取自珠江水产研究所水产良种基地,选择体重约400 g的成鱼用于*Ghrelin*基因cDNA克隆。选择一对健康亲鱼(♀650 g,♂600 g)催产后人工授精,收集受精卵于室温(23～25℃)下培育,选择受精卵、囊胚、原肠早期、原肠中晚期、体节出现、出膜4 d和出膜12 d的胚胎或仔鱼用于*Ghrelin*基因的表达谱分析,每个发育阶段随机取3组样本,每组样本30粒(尾)个体。样品置于冷冻存管,液氮速冻,置于－80℃冰箱保存备用。

2. 主要试剂和试剂盒

SV Total RNA Isolation kit和*DNase* Ⅰ购自Promega公司;PrimeScript™ RT－PCR Kit、3′－Full Race Core Set Ver. 3.0 Kit和pMD18－T vectors system购自TaKaRa公司;ReverTra Ace－α－® RT－PCR Kit购自TOYOBO公司;Power SYBR Green PCR Master Mix Kit购自ABI公司;大肠杆菌DH5α由本实验室保存。

3. 大口黑鲈*Ghrelin*基因cDNA克隆

用SV Total RNA Isolation kit(Promega)提取大口黑鲈胃组织总RNA,提取的RNA用琼

脂糖凝胶电泳和分光光度计分析其完整性和纯度,然后置于-20℃备用。

ORF框扩增:参照NCBI中已登录的舌齿鲈(*Dicentrarchus labrax*,DQ665912)、黑棘鲷(*Acanthopagrus schlegelii*,AY643808)、尼罗罗非鱼(*Oreochromis niloticus*,AB104859)、斑点叉尾鮰(*Ictalurus punctatus*,AB196449)、鳗鲡(*Anguilla japonica*,AB062427)、虹鳟(*Oncorhynchus mykiss*,AB096919 & AB100839)、鲫(*Carassius auratus*,AF454389)和斑马鱼(*Danio rerio*,AM055940)等鱼的*Ghrelin*基因的cDNA序列,在同源保守区内设计引物,上游引物P_1位于起始密码子处,下游引物P_2位于280 bp处,用于扩增该基因的核心序列,引物信息见表8-1,反转录过程按照PrimeScript™ RT-PCR Kit(TaKaRa)的操作步骤进行,反应结束后采用P_1和P_2进行PCR扩增,扩增条件为94℃ 3 min,1个循环,94℃ 30 s,52℃ 30 s,72℃ 30 s,共30个循环,72℃ 7 min。

3′RACE扩增:根据已获得的序列设计上游引物P_3(引物信息见表8-1);下游引物为3′-Full Race Core Set Ver. 3.0试剂盒(TaKaRa)提供的3′Race outer primer和3′Race inner primer。操作步骤按照试剂盒操作说明进行。

表8-1 引物信息

引物	引物序列(5′-3′)	退火温度/℃	产物长度/bp	用途
P_1	ATGYTTYTGAAAARAAAYACCTGTYTGCTGG	52	282	ORF框扩增
P_2	CAGAYGCTGAATGATCTCCTG			
P_3	TGAGTGGAGAGGACTTTGAGG	55	211	3′RACE扩增
3′Race outer primer	TACCGTCGTTCCACTAGTGATTT			
3′Race inner primer	CGCGGATCCTCCACTAGTGATTTCACTATAGG			
P_4	TGTTTTGTTCTCTGACCTTGTGG	58	259	Real-time PCR分析
P_5	TTCTGCTGTCTCTGTGTTTCCC			
18S-F	GGACACGGAAAGGATTGACAG	58	182	18s内参引物
18S-R	CGGAGTCTCGTTCGTTATCGG			

4. 大口黑鲈*Ghrelin*基因在早期发育阶段的相对表达量

采用SV Total RNA Isolation kit(Promega)提取保存的胚胎样本总RNA,分别测量样品在260 nm和280 nm波长的吸光度值,计算RNA样品的浓度和纯度,再分别取相应发育阶段的RNA各1 μg作为模板,经*DNase* Ⅰ(Promega)处理后,按照ReverTra Ace-α-®(TOYOBO)RT-PCR Kit(TOYOBO)说明反转录得到cDNA。应用大口黑鲈*Ghrelin*基因特异引物P_4与P_5(序列见表8-1)和18S内参通用引物18S-F与18S-R(序列见表8-1)进行Real-time PCR。用Power SYBR Green PCR Master Mix试剂盒在ABI7300荧光定量PCR仪上进行。反应体系是:20 μL PCR反应液中包括1μL cDNA模板,10 μL Power SYBR Green Master Mix,0.4 μL ROX Reference Dye,0.4 μL的上、下游引物(20 μmol/L)和7.8 μL的ddH_2O。扩增条件为50℃ 2 min,95℃ 2 min;42个循环的条件是95℃ 15 s,58℃ 30 s,72℃ 30 s。荧光读板温度为72℃。PCR结束后对扩增产物进行溶解曲线分析,以确保特异

性扩增。每个样品重复 3 次,并设置阴性对照(不加模板)。

5. 生物信息学分析

序列同源性分析采用 NCBI 数据库 BLAST 程序。ORF 框预测采用 NCBI 数据库的 ORF finder 软件。氨基酸序列结构分析采用 Vector Ⅶ 10. 3、clustalx1. 81 和 MEGA 4 软件。

6. 数据分析

根据公式 $\triangle C_T = C_{T,Target} - C_{T,18s}$,取每份样品 3 个重复样的平均 C_T 值计算目标基因 *Ghrelin* 相对于内参基因 18s 的 $\triangle C_T$ 值,采用 $2^{-\triangle\triangle CT}$ 方法(Pfaffl,2001;Pfaffl et al,2002)计算目的基因在不同发育阶段相对于受精卵时期的相对表达量。

本研究中关于基因相对表达量的所有数据处理均采用 SPSS 15. 0 软件进行统计分析,差异显著用 One-way ANOVA 方差分析,并用进行 Duncan 检验进行多重比较,根据平均值 ± 标准误绘制统计图。

二、结果与分析

1. *Ghrelin* cDNA 序列与分析

大口黑鲈胃组织总 RNA 提取结果见图 8 - 4,其中 28 S、18 S 和 5. 8 S rRNA 条带完整。*Ghrelin* 基因 ORF 的 PCR 和 3′RACE 扩增结果见图 8 - 5,其中 ORF 和 3′RACE 分别扩增出大小约 280 bp 和 250 bp 的特异条带,与预期片段大小相符。

把获得的片段用 VectorⅦ 10. 3 进行拼接,拼接后的序列采用 NCBI 数据库的 BLAST 和 ORF finder 软件预测 Ghrelin 前肽和成熟肽氨基酸序列(图 8 - 6)。结果得到 Ghrelin cDNA 全长 434 bp,其中 ORF(开放阅读框)长 321 bp,共编码 107 个前肽,成熟肽位于第 27 位到第 46 位氨基酸处,共编码 20 个氨基酸,3′非翻译区长 113 bp,有一 Poly(A)加尾信号 ATTAAA。本研究得到的 Ghrelin cDNA 序列在 NCBI 上的登陆号为 EU932862。

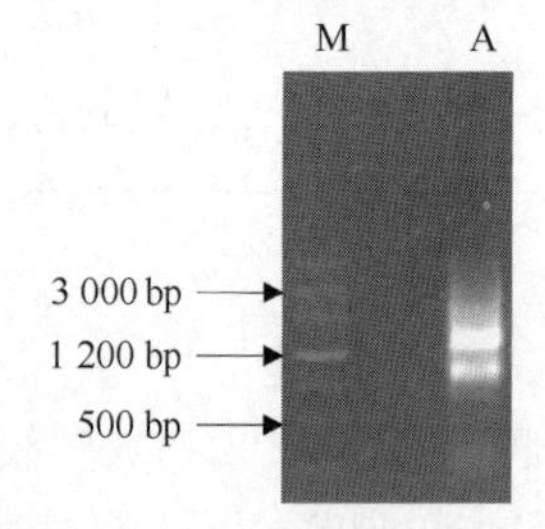

图 8 - 4 RNA 提取结果检测

M:核酸分子量标准;A:RNA 抽提结果

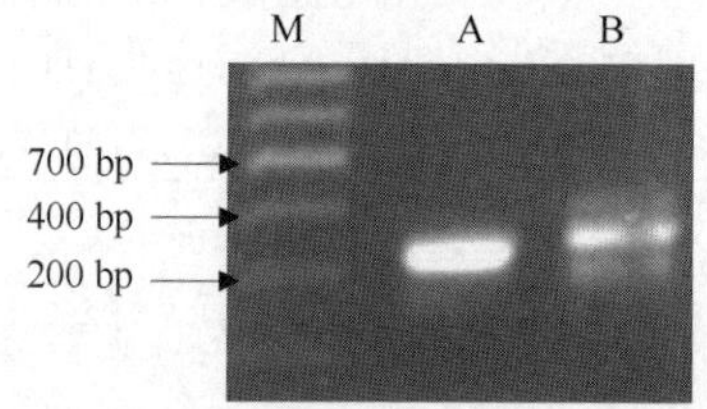

图 8 - 5 *Ghrelin* 3′RACE 和 ORF 扩增结果

M:核酸分子量标准;A:3 RACE 的 PCR 扩增结果;B:ORF 扩增结果

Blast 分析显示,尽管不同物种的 *Ghrelin* 基因在氨基酸数量和组成上存在差异,但成熟肽的前 7 个氨基酸(GSSFLSP)极为保守(图 8 - 7),其余氨基酸序列保守性均不高,但从氨基酸组成上表现出哺乳类、家禽类及鱼类内部各物种间的同源性较高,而各类动物之间的同源性较低,如哺乳动物成熟肽 N 端前 10 个氨基酸完全相同,而鱼类内部成熟肽 N 端前 11 个氨基酸完全相同(虹鳟 - 1 型除外);将已报道的 22 种脊椎动物的 *Ghrelin* 基因和大口黑

鲈 *Ghrelin* 基因编码的前肽进行聚类分析，结果显示（图 8－8），23 个物种首先聚为两大类，即鱼类和陆生动物；鱼类又明显分为鲤形总目和鲈形总目；陆生动物又明显分为鸡等家禽类和人等哺乳类；该聚类结果与传统的动物分类及进化关系基本吻合。有研究表明，*Ghrelin* 基因发挥生理功能的主要区域是成熟肽的前 7 个氨基酸，其中第 3 位丝氨酸存在 N 端辛酰基化和去 N 端辛酰基化两种结构，第 3 位丝氨酸残基 N 端辛酰基化，对其生物活性具有重要作用，去 N 端辛酰基化后，则失去生物活性（Tena-Sempere, 2005）。从大口黑鲈 *Ghrelin* 基因的功能区域与其他动物功能区域相同，可以推测大口黑鲈 *Ghrelin* 基因在鱼体内所起的作用和其他动物相似。

```
  1 ATG TTT CTG AAA AGA AAC ACC TGT CTG CTG GTC TTT CTG TTT TGT
  1  M   F   L   K   R   N   T   C   L   L   V   F   L   F   C
 46 TCT CTG ACC TTG TGG TGC AAG TCA ACC AAT GCC GGT TCA AGC TTT
 16  S   L   T   L   W   C   K   S   T   N   A   G   S   Ⓢ   F
 91 CTC AGC CCT TCT CAA AAA CCT CAG AGC AGG GGG AAG CCG TCC AGA
 31  L   S   P   S   Q   K   P   Q   S   R   G   K   P   S   R
136 GCC GGC CGC CAA GTC ATG GAG GAG CCT AAT CAA CCC ACT GAG GAC
 46  A  [G   R]  Q   V   M   E   E   P   N   Q   P   T   E   D
181 AAT CAC ATC ACA ATA AGT GCC CCG TTT GAA ATT GGC ATC ACT ATG
 61  N   H   I   T   I   S   A   P   F   E   I   G   I   T   M
226 AGT GGA GAG GAC TTT GAG GAG TAC GGT GTC CTG CTG CAG GAG ATC
 76  S   G   E   D   F   E   E   Y   G   V   L   L   Q   E   I
271 ATT CAG CGT CTG CTG GGA AAC ACA GAG ACA GCA GAA AGA CCA GCA
 91  I   Q   R   L   L   G   N   T   E   T   A   E   R   P   A
316 CAA CCT TGA 324
106  Q   P   *
325 AGATCATGGA CAAGATTTTC AAATTTTCTG TCCCAATGTC TTCTAATTTC AACTTCATTA
385 GATAGTGATC ATTAAAATGC TGAAAGCAAT TAGCCCGCAA AAAAAAAAAA
```

图 8－6　大口黑鲈 Ghrelin cDNA 序列及推测的氨基酸序列

注：双下画线代表 Ghrelin 成熟肽；圆圈代表可被辛酰基化的丝氨酸；方框代表信号识别位点；阴影代表终止信号

将大口黑鲈 *Ghrelin* 基因前肽、成熟肽的核苷酸和氨基酸序列与部分脊椎动物进行同源性比较（表 8－2）分析显示：大口黑鲈与不同鱼类前肽和成熟肽的氨基酸同源性分别为 52.7%～87.9% 和 72.7%～90%，其中同源性最高的是舌齿鲈（*Dicentrarchus labrax*）和黑棘鲷（*Acanthopagrus schlegelii*），其同源性均在 85% 以上，但与其他脊椎动物前肽和成熟肽的氨基酸同源性分别为 30.6%～40.0% 和 32.1%～46.2%，表明 Ghrelin 在氨基酸组成上表现出鱼类内部各物种间的同源性较高，而与其他脊椎动物之间的同源性较低。从表 8－2 中还可看出，从鱼类到哺乳类其前肽和成熟肽分别是从 104～117 个氨基酸和 19～28 个氨基酸的长度，而且氨基酸长度随动物由低等到高等有逐渐加长的趋势。

```
Micropterus salmoides         MFLKRNTCLLVFLFCS-LTLWCKSTNAGSSFLSPSQKP---QSRGK---PSRAGRQVME------
Dicentrarchus labrax          MFLKKNTCLLVVLLCS-LTLWCKSTSAGSSFLSPSQKP---QSRGK---SSRVGRQTME------
Acanthopagrus schlegelii      MFLKRNTYLLVFLFCS-LTLWCKSTSAGSSFLSPSQKP---QNRGK---SSRVGRQVMQ------
Oreochromis niloticus         MLLKRNTCLLAFLLCS-LTLWCKSTSAGSSFLSPSQKP---QNKVK---SSRIGRQAME------
Anguilla japonica             MRQMKRTAYIILLVCV-LALWMDSVQAGSSFLSPSQRP---QGKDK--KPPRVGRRDSDGILD-L
Oncorhynchus mykiss-1         MPLKRNTGLMILMLCT-LALWAKSVSAGSSFLSPSQKPQVRQGKGK---PPRVGRRDIESFA--E
Oncorhynchus mykiss-2         MPLKRNTGLMILMLCT-LALWAKSVSAGSSFLSPSQKP---QGKGK---PPRVGRRDIESFA—E
Ictalurus punctatus           MLGHGRVGHMMLLLCA-FSLWAETVMGGSSFLSPTQKP---QNRGDRK-PPRVGRRTAAEL----
Carassius auratus             MPLRRRASHMFVLLCA-LSLCVESVKGGTSFLSPAQKP---QGR---R-PPRMGRRDVAEP----
Danio rerio                   MPLRCRASSMFLLLCVSLSLCLESVSGGTSFLSPTQKP---QGR---R-PPRVGRREAADP----
Canis familiaris              MPSLGTMCSL-LLFS--VLWV-DLAMAGSSFLSPEHQKLQQRKESK-KPPAKLQPRALEGSLGPE
Mus musculus                  MLSSGTICSL-LLLS--MLWM-DMAMAGSSFLSPEHQKAQQRKESK-KPPAKLQPRALEGWLHPE
Homo sapiens                  MPSPGTVCSL-LLLG--MLWL-DLAMAGSSFLSPEHQRVQQRKESK-KPPAKLQPRALAGWLRPE
                              *                          *******

Micropterus salmoides         --EPNQPTEDN-HITISAPFEIGITMSGEDFEEYGVLLQEIIQRLLGNTETAERPAQP-------
Dicentrarchus labrax          --EPSQPTENN-HITISAPFEIGVTVREEDFEEYGVALQEIIQHLLGNGDTAETPPQL-------
Acanthopagrus schlegelii      --EPQQPTDDK-HITISAPFEIGISMTEEDYDEYGVVLQEIIQRLLGGTEAAEGPPQL-------
Oreochromis niloticus         --EPNQANEDK-TITLSAPFEIGVTLRAEDLADYIVELQEIVQRLLGNTETAERPSPR-------
Anguilla japonica             FMRPPLQDEDIRHITFNTPFEIGITMTEELFQQYGEVMQKIMQDLLMDTPAKE------------
Oncorhynchus mykiss-1         LFEGPLHQEDK-HNTIKAPFEMGITMSEEEFQEYGAVLQKILQDVLGDTATAE------------
Oncorhynchus mykiss-2         LFEGPLHQEDK-HNTIKAPFEMGITMSEEEFQEYGAVLQKILQDVLGDTATAE------------
Ictalurus punctatus           --EAPLPSEE--KIMVSAPFQLAVSLSDAEYEDYGPVLQRMLLDVLGDPPTLDGAN---------
Carassius auratus             --EIPVIKEDD-QFMMSAPFELSVSLSEAEYEKYGPVLQKVLVNLLGDSP-LEF-----------
Danio rerio                   --EIPVIKEDD-RFMMSAPFELSMSLSEAEYEKYGPVLQNLLEDLLRDSS-FEF-----------
Canis familiaris              DTSQVEEAEDELEIRFNAPFDVGIKLSGPQYHQHGQALGKFLQEVLWEDTNEALADE--------
Mus musculus                  DRGQAEETEEELEIRFNAPFDVGIKLSGAQYQQHGRALGKFLQDILWEEVKEAPADK--------
Homo sapiens                  DGGQAEGAEDELEVRFNAPFDVGIKLSGVQYQQHSQALGKFLQDILWEEAKEAPADK--------
```

图 8－7 推测的大口黑鲈和其他物种 *Ghrelin* 氨基酸序列比较

注：－－－：使序列对齐；*：示同一性；方框：代表成熟肽；氨基酸序列：大口黑鲈 EU932862、舌齿鲈 DQ665912、黑棘鲷 AY643808、尼罗罗非鱼 AB104859、鳗鲡 AB062427、虹鳟－1AB096919、虹鳟－2AB100839、斑点叉尾鮰 AB196449、鲫 AF454389、斑马鱼 AM055940、狗 AJ298295、家鼠 NM021488、人 NM016362.

表 8－2 大口黑鲈与其他脊椎动物 *Ghrelin* 基因的氨基酸序列的同源性比较

物种	前肽长度	同源性		成熟肽长度	同源性	
		核苷酸 /%	氨基酸 /%		核苷酸 /%	氨基酸 /%
大口黑鲈 *Micropterus salmoides*	107	100	100	20	100	100
舌齿鲈 *Dicentrarchus labrax*	107	82.2	85.0	20	90.0	90.0

续表

物　种	前肽长度	同源性		成熟肽长度	同源性	
		核苷酸/%	氨基酸/%		核苷酸/%	氨基酸/%
黑棘鲷 *Acanthopagrus schlegelii*	107	80.4	87.9	20	85.0	85.0
尼罗罗非鱼 *Oreochromis niloticus*	107	72.9	81.3	20	75.0	80.0
斑马鱼 *Danio rerio*	104	33.6	52.7	19	65.0	80.0
牛蛙 *Rana catesbeiana*	114	21.6	31.9	28	21.4	32.1
鸭 *Anas platyrhynchos*	116	26.7	39.2	26	34.6	42.3
鸡 *Gallus gallus*	116	25.8	40.0	26	38.5	46.2
狗 *Canis familiaris*	117	21.5	30.6	28	32.1	35.7
家鼠 *Mus musculus*	117	25.6	36.4	28	32.1	35.7
人 *Homo sapiens*	117	24.8	35.5	28	32.1	35.7

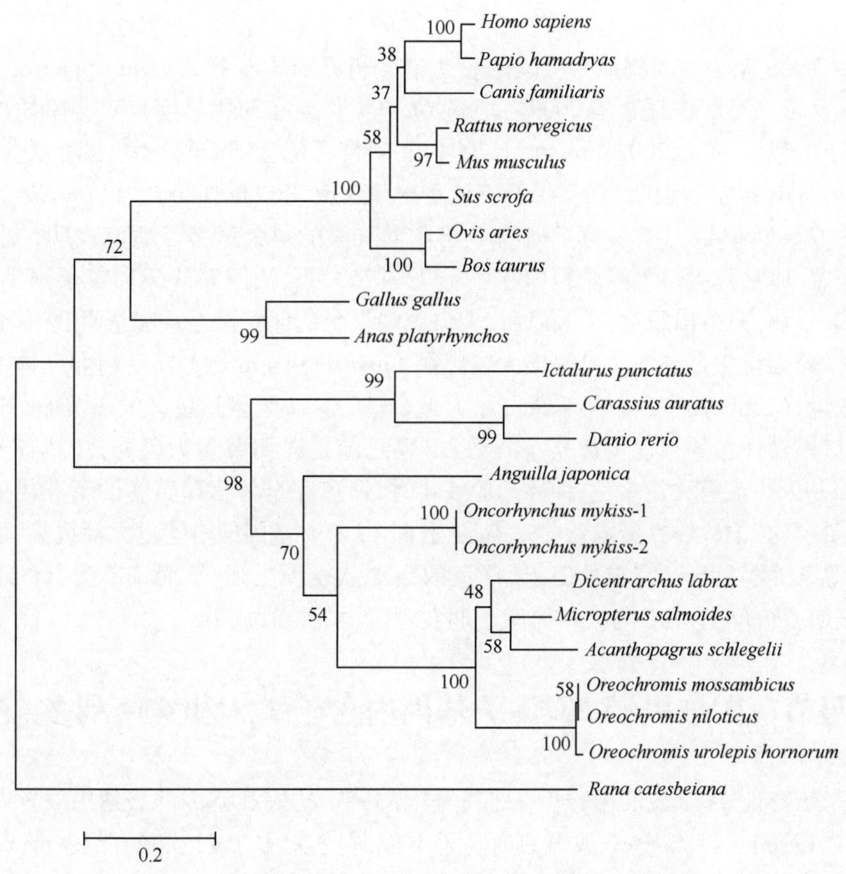

图 8-8　依据不同动物 Ghrelin 前肽序列构建的系统树

2. 大口黑鲈 *Ghrelin* 基因在不同发育阶段的相对表达量

大口黑鲈7个不同发育阶段 *Ghrelin* 基因的相对表达量(相对于受精卵)的 $2^{-\triangle\triangle C_T}$ 方法分析结果见表8-3。结果表明,大口黑鲈 *Ghrelin* 基因在受精卵就开始表达,但表达量很低,囊胚期、原肠早期、原肠中晚期和体节出现期相对受精卵时期的表达量有少量增加,体节出现期的表达量是受精卵时期的6.34倍。仔鱼出膜之后,*Ghrelin* 的表达量有很大提高,其中出膜4 d和出膜12 d的相对表达量是受精卵时期的206.77倍和531.2倍,方差分析差异均极显著($P<0.01$)。

表8-3 大口黑鲈早期发育阶段中 *Ghrelin* 基因的相对表达量

数值	受精卵	囊胚	原肠早期	原肠中晚期	体节出现	出膜4 d	出膜12 d
$\triangle C_T$	7.55	7.59	9.73	7.57	10.22	15.24	16.60
$\triangle\triangle C_T$	0	-0.04	-2.18	-0.02	-2.67	-7.70	-9.05
$2^{-\triangle\triangle C_T}$	1	1.03	4.52	1.01	6.34	206.77	531.20

注:$\triangle C_T=(C_{T,Ghrelin})-(C_{T,18S})$;$\triangle\triangle C_T=(\triangle C_{T,受精卵})-(\triangle C_{T,发育阶段})$.

关于 *Ghrelin* 基因在动物成年阶段的表达谱分析已有不少报道(Unniappan et al,2002;Unniappan et al,2004;马细兰等,2009),但对 *Ghrelin* 基因在动物早期发育各阶段的表达谱分析仅见小鼠(Lee et al,2002;Sun et al,2004)和斜带石斑鱼(陈廷,2007)的相关报道,从小鼠在出生后7 d(摄食增加期)和斜带石斑鱼在出膜3 d(开口觅食期)之后 *Ghrelin* 基因大量表达,表明 *Ghrelin* 基因可能参与了动物早期发育阶段的摄食调节。研究表明(刘文生等,1995;吴庆龙,1993),大口黑鲈受精卵在水温22~25℃下,出膜第4天卵黄逐渐消失,开始从外界摄取食物为食;出膜第12天以后,大口黑鲈仔鱼的卵黄已经被完全吸收,仔鱼完全靠摄取外界营养维持生存。本实验得出大口黑鲈 *Ghrelin* 基因 mRNA 在受精卵到体节出现期间,其表达量均较低,而在出膜第4天开始大量表达,第12天表达量又大幅增加。这一变化规律与大口黑鲈仔鱼的摄食规律基本一致,出膜之前是以卵黄囊为营养,胚胎营养供应稳定,*Ghrelin* 基因也没有大量表达,而在出膜4 d时,仔鱼完全依靠卵黄囊的营养供应已达不到生理的要求,必须从外界摄取营养来满足,此时 *Ghrelin* 基因的表达也大幅提高,而到了完全依靠外源营养满足自己需求的时侯,仔鱼的摄食欲表现更强,从而调节食欲的基因会高量表达,表明 *Ghrelin* 基因参与大口黑鲈早期发育阶段的摄食调节。

第四节 大口黑鲈 *IGF-I* 基因内含子1、3和4序列多态性

近年来研究证实,基因的内含子在维持基因的特定功能和基因的表达中发挥重要作用(邱晓云等,1996)。猪 *IGF-I* 基因的内含子不仅调控基因的表达和功能(Jungerius et al,2004),其多态位点更与生长速度、肌肉和脂肪的沉积密切相关(Knoll et al,2000;Van Laerel et al,2003;Estany et al,2007)。在鱼类中 *IGF-I* 基因与生长性状的关联研究已有报道,一个 SNP(G/T) 位点存在于红点鲑的 *IGF-I* 基因启动子上,但与红点鲑早期生长没有相关

性(Tao et al,2003)。本节以 *IGF-I* 基因为大口黑鲈生长性状的候选基因,寻找该基因内含子上的遗传多态位点,为下一步寻找大口黑鲈生长性状的分子标记和开展分子标记辅助育种工作奠定基础。

一、材料与方法

1. 材料

大口黑鲈样本分两个群体共52尾,其中美国群体(AL,12尾)均为野生个体,鳍条组织样本由美国德克萨斯州公园和野生动物处(Texas Parks & Wildlife Department)的 Dijar Lutz-Carrillo 博士提供,采用上海生工生物工程技术有限公司(SANGON)基因组提取试剂盒提取鳍条 DNA;中国养殖群体(CL,40尾),来自广东省佛山市九江镇金汇农场,从养殖群体中随机抽取。所有鱼尾鳍静脉取血,抗凝剂(ACD)与血液体积比为6∶1,采用北京时代天根生化公司(TIANGEN)血液基因组提取试剂盒提取鱼血液 DNA。所有 DNA 样本均放于 -20℃保存。

2. 试剂

Taq DNA 聚合酶和 dNTP 购自华美生物工程公司,限制性内切酶和 PMD19-T Vector 购自大连宝生物公司(TAKARA),琼脂糖、氯化钙、去离子甲酰胺丙烯酰胺和 N,N'-亚甲双丙烯酰胺等购自广州威佳生物技术有限公司,大肠杆菌 DH5α 由本实验室保存。

3. 引物设计及合成

草鱼和大麻哈鱼的 *IGF-I* 基因的全序列已经获得,两种鱼类的 *IGF-I* 基因都包括5个外显子和4个内含子。将已经克隆的大口黑鲈 *IGF-I* 基因的 cDNA 序列(EF536889)(李胜杰等,2007)与斑马鱼的全基因组序列进行比对,对照草鱼(AF465830)和大麻哈鱼(AF063216)的基因组结构和序列,推测大口黑鲈 *IGF-I* 基因外显子区,根据外显子序列设计内含子扩增引物(表8-4)。引物交由上海英骏生物技术有限公司合成(INVITROGEN)。

表8-4　大口黑鲈 *IGF-I* 基因内含子扩增和多态位点检测引物

引物名称	引物序列(5′-3′)	退火温度 T_m/℃	扩增片段长度/bp	目标序列
P1	F: GTGGCATTTATGTGATGTCTTC R: AGAGGGTGTGGCTACAGGAGAT	63	1379	内含子1
P2	F: AGTAAACCAACAGGCTATGG R: GGATGAATGACTATGTCCAGAT	58	1000	内含子3
P3	F: GGACATAGTCATTCATCCTTC R: CTACATTCKGTAATTTCTGCCCC	56	2025	内含子4
P4	F: GCATCAGTAGTGGCACCTCT R: CTCTGGCACCAAGTGGAAGT	62	211	内含子1 SNP G1070A
P5	F: CAACTGTCCTGCATTTCTTGGTCG R: CCAGAGCAGTGAAACTCGTG	58	127	内含子1 SNP G208A

续表

引物名称	引物序列(5′-3′)	退火温度 T_m/℃	扩增片段长度/bp	目标序列
P6	F：TCCTCAATATCGTTGTCCTC R：TCTATTACTGCACTCCCTG	56	225	内含子4 SNP G1563A
P7	F：GAAATACGAGTTCTCCTCAC R：AATGTGGTAAAGGGACAG	58	232/252	内含子4 插入-缺失突变

注:带下画线的碱基为 CRS-RFLP 检测时的错配碱基.

4. SNP 位点筛选

从中国养殖群体和美国野生群体中各随机挑选 7 个样本,扩增 *IGF-I* 基因内含子 1、3 和 4 序列,送交到上海英骏生物技术有限公司进行纯化测序,用 Vector NIT Suite 8.0 比对分析测序结果寻找 *IGF-I* 基因上的突变位点。

5. SNP 位点检测和分析

采用下列几种方法对部分突变进行检测。

(1)限制性切断长度多态性(Restricted Fragment Length Polymorphism, RFLP)。限制性内切酶是一类能识别 DNA 序列上的特异位点(通常为 4~6 bp 的反向重复序列),并在特异位点处切割的 DNA 酶类。对于一条 DNA 分子来说会产生特定大小和数目的酶切片段。由于基因的突变会产生或消除某些酶切位点,从而改变酶切片段的大小和数目,这些酶切片段称为 RFLP,并可以通过电泳方法检测出来。本实验应用 RFLP 方法检测大口黑鲈 IGF-I 基因内含子 1 上的 SNP G1070A。包含 SNP G1070A 位点的 PCR 产物用 *Hin*d III 限制性内切酶酶切,酶切体系为:PCR 产物 5 μL,Buffer 1μL,酶 0.5 μL,ddH_2O 3.5 μL。酶切产物用 8% 的聚丙烯酰胺凝胶电泳(Acr: Bis =29: 1),140 V 电泳后,银染显色。

(2)创造限制酶切位点 PCR 法(CRS-PCR, created restriction site PCR)。CRS-RFLP 是应用引物错配技术结合 SNP 的一个等位基因而配合成一个酶切位点,使 SNP 可用于 PCR-RFLP 分析的一种方法。*IGF-I* 基因内含子 1 上的 SNP G208A 采用 CRS-RFLP 方法检测,错配引物(序列见表 8-4)设计应用在线引物设计软件 dCAPS Finder 2.0(http://helix. wustl. edu/dcaps/dcaps. html.)(Neff et al,2002)。

(3)单链构象多态性(single-strand conformational polymorphism, SSCP)。SSCP 是以构象为基础的检测基因组中 SNP 的方法,由日本学者 Orita 等发明。其原理是:单链 DNA 片段呈复杂的空间折叠构象,这种立体结构主要是由其内部碱基配对等分子内相互作用力来维持的,当有一个碱基发生改变时,会使空间构象发生改变。空间构象有差异的单链 DNA 分子在聚丙烯酰胺凝胶中受到阻力不同,因此,构象上有差异的 DNA 分子通过可以电泳分离开(梁素娴等,2007)。本实验建立了大口黑鲈 *IGF-I* 基因内含子 4 上的 SNP G1563A 的 SSCP 检测方法。具体步骤如下:取 2 μLPCR 产物和 6 μL 加样缓冲液(98% 甲酰胺、0.025% 溴酚蓝、0.025% 二甲苯菁、10 mmol/L EDTA(pH 8.0)、10% 甘油)混匀,99℃ 变性 10 min,然后冰浴 5 min,使之保持变性状态。变性后的 PCR 产物用 12% 非变性聚丙烯酰胺凝胶电泳(Acr: Bis =29: 1) 280 V/cm 电泳 10 ~12 h 后,银染显色。

6. 数据统计

统计 SNPs 在美国野生群体和中国养殖群体中的等位基因频率和基因型频率,卡方分析进行独立性检验,统计软件为 SPSS 15.0。

二、结果与分析

1. *IGF – I* 基因内含子序列扩增

成功扩增了包含大口黑鲈 *IGF – I* 基因的内含子 1、3 和 4 的序列,扩增片段长度分别为 1 379 bp、1 000 bp 和 2 025 bp。将所得序列与大口黑鲈 IGF – I cDNA 比对后删除外显子序列,内含子 1、3 和 4 分别为 1 317 bp、712 bp 和 1 941 bp,并且内含子与外显子边界均符合 GT – AG 规则。

2. SNP 位点筛查和检测结果

将测序结果比对后,两个群体共发现 6 个 SNPs 和一个插入 – 缺失突变(表 8 – 5)。其中两个 SNPs 位于内含子 1 上,在第 208 和 1 070 位碱基都发生了 G – A 突变(相对各内含子位置,下同);在内含子 3 上发现 3 个 SNPs,40 位为一个 A 碱基插入 – 缺失突变,在 307 碱基为 C – T 突变,在 683 位碱基为 G – A 突变;在内含子 4 上的 696 碱基处有一个 20 bp 的插入 – 缺失突变,另一个 SNP 为 1 563 位碱基的 G – A 突变。根据两个群体各 7 个样本的测序结果,只有内含子 1 上的 SNP G1070A 在中国养殖群体中有多态性,其他多态位点都只存在于美国野生群体中。

表 8 – 5　大口黑鲈 *IGF – I* 基因内含子上多态位点

位置(相对各内含子)		类型	分布
内含子 1	208	G – A	美国
	1070	G – A	中国、美国
内含子 3	40	A(插入 – 缺失)	美国
	307	C – T	美国
	683	G – A	美国
内含子 4	696	cccacctgtgggtgggcggt (插入 – 缺失)	美国
	1563	G – A	美国

建立相应的检测方法,进一步分析 *IGF – I* 内含子 1 和 4 的多态位点在美国野生群体和中国养殖群体的多态分布。内含子 1 上 1 070 位碱基突变可用 RFLP 方法检测,经引物 P4F 和 P4R 扩增后获得 211 bp 的 PCR 产物,经 *Hin*d III 酶切后电泳,GG 基因型个体仍为 211 bp 的条带,GA 基因型个体为 211 bp、153 bp 和 58 bp 3 条带,AA 基因型个体为 153 bp 和 58 bp 两条带(图 8 – 9 – a)。内含子 1 上 208 位碱基突变采用 CRS – RFLP 方法检测,设计错配引物 P5 – F,与等位基因“A”组合成一个 *Taq* I 酶切位点 TCGA,扩增片段长度为 127 bp。经酶切后电泳检测,GG 基因型仍为 127 bp 条带,GA 基因型为 127 bp

和103 bp两条带，AA基因型为一个103 bp条带（图8－9－b）。内含子4上的插入－缺失突变直接采用PAGE电泳检测，定义插入型为GG，大小为252 bp，缺失型为AA，大小为232 bp，插入/缺失杂合型为GA，为252 bp和232 bp两条带（图8－9－c）。内含子4上的SNP采用SSCP方法检测，共检测出3种带型，经测序验证，3种带型分别与AA、GG和GA基因型对应，结果如图8－9－d所示。

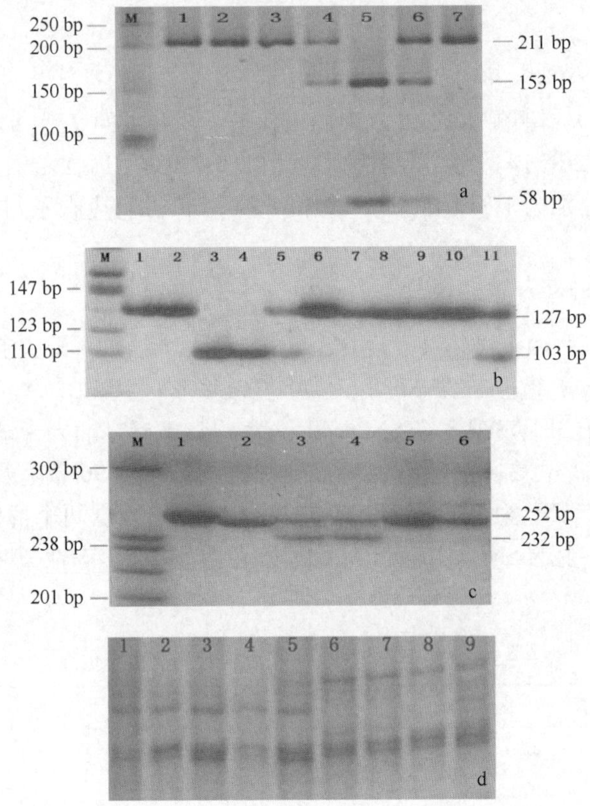

图8－9 大口黑鲈*IGF－I*基因内含子上多态位点电泳检测结果

a. 内含子1 SNP G1070A RFLP电泳图谱．M：Marker；泳道1～3、7为GG基因型；泳道4和泳道6为GA杂合型；泳道5为AA基因型；b. 内含子1 SNP G208A CRS－RFLP电泳图谱。M：Marker；泳道1、2、6～10为GG基因型；泳道3和泳道4为AA基因型；5和11为GA杂合型；c. 内含子4第696位插入－缺失电泳检测图谱；M：Marker；泳道1、2、5、6为插入型＋/＋；泳道3和泳道4为杂合型＋/－；d. 内含子4 SNP G1563A SSCP电泳图谱，泳道1～5为AA型；6～8为GG型；9为AG杂合．

2. 4个多态位点在两个群体中的基因频率分布

为了进一步验证*IGF－I*基因多态性在两个群体的差异，我们用已经建立的SNP检测方法以及1个插入－缺失突变，分析两个群体全部样本多样性。3个SNPs和1个插入－缺失突变在中国养殖群体和美国野生群体中的基因型和等位基因频率见表8－6。试验表明，只有内含子1上SNP G1070A存在于中国养殖群体中，其他3个多态位点只存在于美国野生群体中,与测序结果一致。在美国群体和中国群体中,内含子1上SNP G1070A G等位基因都为优势等位基因。卡方检验显示,内含子1上的SNP G1070A在两个群体的基因频率分布没有显著差异。

表8-6 大口黑鲈*IGF-I*基因内含子上4个多态位点在中国养殖群体和美国野生群体中基因频率分布

SNP	群体	基因型频率/(样本数, %)				基因频率/%	
		样本数	GG	AA	AG	G	A
内含子1	中国	40	62.5(25)	2.5(1)	35(14)	80	20
1070 A>G	美国	12	75(9)	0	25(3)	81	19
内含子1	中国	40	100(40)	0	0	100	0
208 A>G	美国	12	58(7)	17(2)	25(3)	71	29
内含子4	中国	40	0	100(40)	0	0	100
1563G> A	美国	12	25(7)	58(3)	17(2)	33	67
内含子4	中国	40	100(40)	0	0	0	100
696 +/-	美国	12	58(7)	0	42(5)	21	79

本研究使用了RFLP、CRS-RFLP和SSCP方法分别检测了内含子1上的SNP G1070A、SNP G208A和内含子4上的SNP G1563A,3种方法都是基于PCR和电泳技术而建立,对实验仪器要求不高,并且成本低廉,适合普及应用。RFLP检测技术具有操作简单、特异性高、重复性好等优点,而且可以直接确定SNP的性质和具体位置,是最常使用的方法。但是,并不是所有SNP位点都与其邻近碱基构成限制性内切酶酶切序列,有时内切酶价格的过于昂贵也会大大增加其检测成本,使得RFLP的应用受到一些限制。CRS-RFLP方法可以克服SNP位点核苷酸序列的限制,通过向一个引物的3′端引入错配碱基,结合SNP位点而构成一个酶切位点,使SNP可采用PCR-RFLP进行分析,为SNP检测提供了更多选择。此外,本实验采用SSCP方法检测内含子4上已知SNP G1563A的多态性,SSCP方法还适用于筛选未知SNP位点。在实际应用中,可以综合应用这3种检测方法,先以SSCP结合测序方法筛选SNP位点,测序验证后依据SNP位点的具体特征来选择相对方便和经济的检测方法,用于SNP的分型,以及标记与性状间的关联分析等。

本研究克隆了大口黑鲈*IGF-I*基因的内含子1、3和4的序列。在3个内含子中,共发现6个SNPs和1个插入-缺失多态位点。内含子1的两个SNP位点都为G-A突变;内含子3上有3个SNPs,包括一个A碱基插入-缺失突变、一个G-A突变和一个C-T突变;内含子4上一个为G-A突变,另一个为20 bp的插入-缺失突变。然而,在本研究中,除内含子上1 070位SNP A-G在中国地区养殖群体中存在多样性以外,其他SNPs只存在于美国野生群体中,说明中国养殖大口黑鲈的遗传多样性较低,试验结果与本实验室先前应用RAPD和微卫星的研究结果基本一致(梁素娴等,2007;Bai et al,2008)。这可能是由于大口黑鲈引进时种质单一、有效亲本数量过少所造成。本研究未能获得大口黑鲈*IGF-I*基因的内含子2序列,主要原因可能与内含子2序列较长有关。通过比较大麻哈鱼、罗非鱼、斑马鱼和草鱼的*IGF-I*基因组序列,发现其内含子2序列在6~10 kb之间,采用PCR扩增直接

获得 *IGF-I* 基因内含子 2 的序列有一定难度,后续的多态位点筛选和分型工作也需投入大量的资金和时间。

第五节 大口黑鲈 *IGF-I* 基因内含子 1 上 SNP G208A 的 CRS-PCR 检测方法

单核苷酸多态性(single nucleotide polymorphism, SNP)是广泛存在于基因组中的一类由单个碱基转换或颠换引起的 DNA 序列变异,是继限制性片段长度多态性(restriction fragment length polymorphism, RFLP)、微卫星标记(SSR)之后最具有应用潜力的第 3 代分子标记,已广泛应用于遗传连锁图谱构建、QTL 定位、标记与性状的关联分析及群体遗传结构与亲缘关系研究等方面(刘福平等,2008)。鉴于 SNP 的重要应用价值,建立快速准确的 SNP 检测技术是关键。上一节我们采用了 RFLP、SSCP 和 CRS-PCR 3 种方法检测了大口黑鲈 *IGF-I* 基因内含子上的 SNPs 位点,这 3 种方法都是基于 PCR 技术 SNP 的检测方法。比较而言,RFLP 检测技术具有操作简单、特异性高、重复性好等优点, 而且可以直接确定突变的部位和性质, 特别适用于一些小样本已知突变位点的检测,是科研人员最常使用的方法。但是, 并不是所有突变位点都与其邻近碱基构成酶切序列, 而内切酶价格的过于昂贵也会大大增加其检测成本, RFLP 的应用因此受到一些限制。创造限制酶切位点 PCR 法(CRS-PCR,created restriction site PCR)(赵春江等,2003)又称扩增引进限制性酶切位点技术(ACRS,amplification created restriction sites) 或引入限制性酶切扩增多态性(dCAPs,derived cleaved amplified polymorphic sequence)(Neff et al,2002),是应用引物错配技术结合 SNP 位点而配合成一个酶切位点,使 SNP 可用于 PCR-RFLP 分析的一种方法。本节以大口黑鲈 *IGF-I* 基因内含子 1 上 SNP G208A 为例,详细介绍 CRS-PCR 的技术原理,如何利用在线软件设计 CRS-PCR 错配引物,以及设计创造限制酶切位点 PCR 法错配引物时的注意事项,以促进该方法在水产动物 SNP 检测中的应用。

一、材料与方法

1. 材料

实验用大口黑鲈包括两个群体,美国野生群体和中国养殖群体。美国野生大口黑鲈的鳍条样本由美国德克萨斯州公园和野生动物处 (Texas Parks & Wildlife Department) 的 Dijar Lutz-Carrillo 博士提供,样本数 12 个。采用上海生工生物工程有限公司(SANGON)的组织基因组提取试剂盒提取鳍条 DNA。中国养殖群体来自广东省南海九江金汇农场,所有鱼尾鳍静脉取血,抗凝剂(ACD)与血液体积比为 6:1,采用北京时代天根生化公司(TIANGEN)血液基因组提取试剂盒提取鱼血液 DNA。所有 DNA 样本 -20℃保存。

2. 主要试剂

Taq DNA 聚合酶和 dNTP 购自华美生物工程公司,限制性内切酶购自大连宝生物公司(TAKARA),琼脂糖、氯化钙、去离子甲酰胺丙烯酰胺和 N,N' -亚甲双丙烯酰胺等购自广州威佳生物技术有限公司,大肠杆菌 DH5α 由本实验室保存。

3. CRS – PCR 的技术原理及引物设计

创造限制酶切位点 PCR 法是根据 SNP 位点两侧序列设计一个引物，将引物 3′端碱基与模板错配，错配碱基与待检测的 SNP 一个等位基因构成一个限制性内切酶酶切位点，最后通过 PCR – RFLP 方法检测出不同的基因型。CRS – PCR 的原理见图 8 – 10。上游错配引物采用在线软件 dCAPS Finder 2.0（http://helix.wustl.edu/dcaps/dcaps.html）设计，序列为：5′ – CAACTGTCCTGCATTTCTTGGTCG – 3′，下划线碱基为错配碱基，与大口黑鲈 *IGF – I* 基因内含子 1 上 SNP G208A 的 A 等位基因形成 *Taq* I 酶切位点。下游引物采用 Primer Premier 5.0 设计，序列为：5′ – CCAGAGCAGTGAAACTCGTG – 3′。

(a)

"G"等位基因 5' AGCAACTGTCCTGCATTTCTTGGTGG***G***GTTTTTCAACAGATAACAAGAGATTGTCCCACT 3'
3' TCGTTGACAGGACGTAAAGAACCACC***C***CAAAAAAGTTGTCTATTGTTCTCTAACAGGGTGA 5'

"A"等位基因 5' AGCAACTGTCCTGCATTTCTTGGTGG***A***GTTTTTCAACAGATAACAAGAGATTGTCCCACT 3'
3' TCGTTGACAGGACGTAAAGAACCACC***T***CAAAAAAGTTGTCTATTGTTCTCTAACAGGGTGA 5'

Taq I 酶切位点： 5' TCGA 3'
3' AGCT 5'

(b)

错配引物：5' CAACTGTCCTGCATTTCTTGGT**C**G 3'

"G"等位基因不能被 *Taq* I 酶切开
5' AGCAACTGTCCTGCATTTCTTGGTGG***G***GTTTTTCAACAGATAACAAGAGATTGTCCCACT 3'
3' TCGTTGACAGGACGTAAAGAACCACC***C***CAAAAAAGTTGTCTATTGTTCTCTAACAGGGTGA 5'

"A"等位基因能被 *Taq* I 酶切开
5' AGCAACTGTCCTGCATTTCTTGGT　CG***A***GTTTTTCAACAGATAACAAGAGATTGTCCCACT 3'
3' TCGTTGACAGGACGTAAAGAACCAGC　***T***CAAAAAAGTTGTCTATTGTTCTCTAACAGGGTGA 5'

图 8 – 10　创造酶切位点法原理

（a）因为大口黑鲈 *IGF – I* 基因内含子 1 上 SNPG208A（斜体并加粗显示）左侧一个碱基不符合，SNPG208A 不能形成 *Taq* I 酶切位点；（b）包含错配碱基的引物，使 SNPG208A 的 A 等位基因能为 *Taq* I 酶切开 .

4. PCR 扩增

PCR 反应体系为：10 × buffer 1 μL, 25 mmol/LMgCl$_2$ 0.6 μL, 10 mmol/LdNTP 0.6 μL, 10 mmol/L 引物各 0.5 μL，*Taq* 酶 0.5U, 50 ng/μL DNA 模板 1 μL, ddH$_2$O 6.3 μL。PCR 反应条件为：94℃预变性 3 min, 94℃变性 30 s, 58℃复性 30 s，72℃延伸 30 s, 30 个循环后于 72℃延伸 7 min, 4℃保温。

5. 酶切鉴定及电泳

PCR 产物经 1.5% 的琼脂糖凝胶电泳检测后，用限制性内切酶 *Taq* I 酶切，酶切体系为：PCR 产物 5 μL, Buffer 1 μL, 内切酶 0.5 μL, ddH$_2$O 3.5 μL, 37℃反应 3 h。酶切产物用 10% 的聚丙烯酰胺凝胶电泳（Acr: Bis = 29: 1），140 V 电泳，银染显色。

二、结果与分析

1. 引物设计

大口黑鲈 *IGF – I* 基因内含子 1 的序列由本实验室获得，登陆 dCAPS Finder 2.0 在线软件网站,输入一段包含 SNP 位点的序列,SNP 位点两侧各约 30 个碱基。然后依次输入 0 错配、1 错配或 2 个错配,提交序列后,系统将自动返回一系列的错配引物。我们以大口黑鲈胰岛素样生长因子(insulin-like growth factor I,*IGF-I*)基因内含子 1 上的 SNP G208A 错配引物设计为例说明一下这个过程(图 8-11)。大口黑鲈 *IGF-I* 基因内含子 1 上 SNP G208A 的两个等位基因不能被任何限制性内切酶切开,在 1 个碱基错配的引物序列返回结果中,我们选择了错配碱基较为稳定并且价格较为低廉的 *Taq* I 内切酶。根据所选择的错配引物,我们在应用 Primer Premier 5.0 软件来设计与错配引物各项参数相匹配的下游引物。

dCaps Finder 2.0 Output

Number of Mismatches in the primer: 1

Wild Type Forward	AGCAACTGTCCTGCATTTCTTGGTGGGGTTTTTCAACAGATAACAAGAGATTGTCCCACT
Mutant Forward	AGCAACTGTCCTGCATTTCTTGGTGGAGTTTTTCAACAGATAACAAGAGATTGTCCCACT
Wild Type Reverse	AGTGGGACAATCTCTTGTTATCTGTTGAAAAACCCCACCAAGAAATGCAGGACAGTTGCT
Mutant Reverse	AGTGGGACAATCTCTTGTTATCTGTTGAAAAACTCCACCAAGAAATGCAGGACAGTTGCT

These matches were found for:

Cutting wild type forward sequence:

ENZYME	**RECOGNITION SEQUENCE**	**PRIMER SEQUENCE**
BsiYI :	CCNNNNNNNGG	AGCAACTGTCCTGCATTCCTTGGTGG

Cutting wild type reverse sequence:

ENZYME	**RECOGNITION SEQUENCE**	**PRIMER SEQUENCE**
CviJI :	RGCY	AGTGGGACAATCTCTTGTTATCTGTTGAAAAAG
EcoPI :	AGACC	AGTGGGACAATCTCTTGTTATCTGTTGAAAAGAC

Cutting mutant forward sequence:

ENZYME	**RECOGNITION SEQUENCE**	**PRIMER SEQUENCE**
BseRI :	GAGGAG	AGCAACTGTCCTGCATTTCTTGGAGG
BsgI :	GTGCAG	AGCAACTGTCCTGCATTTCTTGGTGC
CviRI :	TGCA	AGCAACTGTCCTGCATTTCTTGGTGC
EciI :	GGCGGA	AGCAACTGTCCTGCATTTCTTGGCGG
GsuI :	CTGGAG	AGCAACTGTCCTGCATTTCTTGCTGG
TaqI :	TCGA	AGCAACTGTCCTGCATTTCTTGGTCG

Cutting mutant reverse sequence:

ENZYME	**RECOGNITION SEQUENCE**	**PRIMER SEQUENCE**
AluI :	AGCT	AGTGGGACAATCTCTTGTTATCTGTTGAAAAAGC
ApoI :	RAATTY	AGTGGGACAATCTCTTGTTATCTGTTGAAAAAAT
HinfI :	GANTC	AGTGGGACAATCTCTTGTTATCTGTTGAAAAGAC
MjaIV :	GTNNAC	GTGGGACAATCTCTTGTTATCTGTTGAAAAAAG
MnlI :	CCTC	AGTGGGACAATCTCTTGTTATCTGTTGAAAAACC
TspEI :	AATT	AGTGGGACAATCTCTTGTTATCTGTTGAAAAAAT
XmnI :	GAANNNNTTC	AGTGGGACAATCTCTTGTTATCTGTTGAAAAAAT

图 8-11 应用 dCAPS Finder 2.0 设计错配引物结果

带下画线的碱基为错配碱基,N 代表 A、C、G 或者 T,R 代表 A 或 G,Y 代表 C 或 T,所有序列都为 5′到 3′.

2. 酶切及电泳结果

PCR 扩增片段长度与预期相同,为 127 bp。经 *Taq* I 酶切后,G 等位基因不能被 *Taq* I 酶切断,为一条 127 bp 的片段,A 等位基因经 *Taq* I 酶切后,为 103 bp 和 24 bp 两条片段,但

24 bp 片段在电泳图谱中未显示。GG 基因型仍为 127 bp 条带,GA 基因型为 127 bp 和 103 bp 两条带,AA 基因型为一个 103 bp 条带。电泳结果见图 8 - 12。

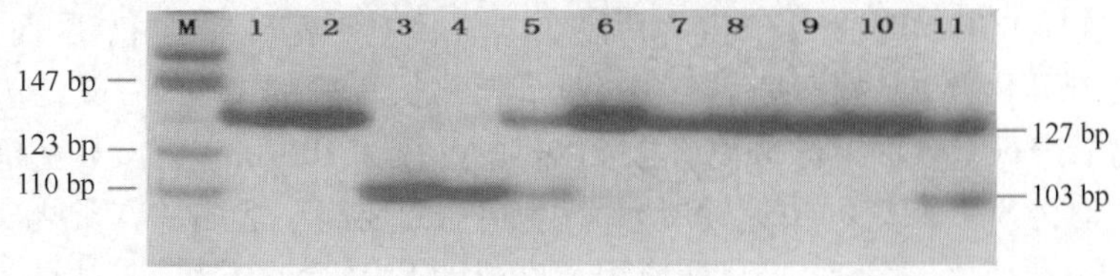

图 8 - 12　大口黑鲈 *IGF - I* 基因内含子 1 SNP G208A 位点 CRS - PCR 产物 *Taq* I 酶切电泳图谱

3. *IGF - I* 基因内含子 1 SNP G208A 的等位基因及基因型频率分布

两个群体在 SNP G208A 的等位基因及基因型频率分布差异显著(表 8 - 7),中国养殖群体中,SNP G208A 只有一种 GG 基因型,无多态性。比较而言,SNP G208A 在美国群体中多态性好,包含了 3 种基因型,GG 为优势基因型。

表 8 - 7　大口黑鲈 *IGF - I* 基因内含子 1 上 SNP G208A 在在美国野生群体和中国养殖群体的等位基因和基因型频率

群体	样本	基因型频率/%(样本数)			基因频率/%	
		GG	AA	AG	G	A
中国养殖群体	40	100(40)	0	0	100	0
美国野生群体	12	58(7)	25(3)	17(2)	67	33

4. CRS - PCR 技术的主要优点和应用

CRS - PCR 不仅可以构建一个新的酶切位点,当 SNP 位点与两侧序列形成酶切位点所用的内切酶价格较贵时,还可以改造酶切位点。错配引物可以根据 SNP 任意一个等位基因来设计,也可以设计在 SNP 位点的任意一侧,为 CRS - PCR 的应用提供了极大的灵活性。CRS - PCR 中所应用 PCR 扩增和 RFLP 技术都比较稳定,操作简便。结合在线错配引物设计软件,它是一种极易实现的检测单碱基突变方法。此外,其他单碱基突变检测方法,如 SSCP、四引物扩增受阻突变体系 PCR 技术等,都可能产生假阳性。在应用其他单碱基突变检测方法的同时,使用 CRS - PCR 不失为降低检测错误发生率的好方法。

5. 引物设计注意事项

在设计错配引物时,错配的数量和所在位置都可能会影响引物的扩增能力。错配数量要尽可能的少,当错配数量达到 3 以上时将会大大降低 PCR 扩增的效率。另外,错配碱基距离引物的 3′端越远扩增的特异性越高。错配碱基之间配对也会影响引物的功效,因为嘌呤和嘌呤之间的的错配比嘧啶和嘧啶之间更不稳定,因此最好选择嘧啶和嘧啶,嘧啶和嘌呤之间错配。PCR 反应中引物对错配是有一定的耐受力的,在经过几轮扩增后,大多数模板将有和引物对一样的序列,就可以减少引物和模板之间的错配。已经发表的许多文章证明,错配引物都可以取得很好的实验结果。另外还应考虑所选限制性内切酶的价格。除了错配碱基,在引物设计时,还应注意以下问题:①在保证引物质量的前提下,错配引物尽量设计长一些,这样 PCR 产物酶切产生的片段在电泳后的分离效果较好,因而也易于判断。②错配引物决定了 PCR 产物酶切后产生的两个相邻长片段的差异,一般约为 20 个碱基。为使酶切产物能进行有效的电泳分离,一般以目的片段为 100 bp 左右,不宜超过 200 bp。

随着水产动物 SNP 标记的快速发展和应用,迫切需要简单适用并在常规实验室易于实现的 SNP 检测方法。RFLP 方法是目前应用最广泛的 SNP 检测方法,通过维普中文期刊网搜索 2000—2008 年应用 RFLP 方法检测 SNP 的中文文献,高达 1 229 篇。本节介绍的 CRS - PCR 是由 RFLP 方法上发展而来,并进一步弥补了 RFLP 方法的应用局限。将两种方法结合起来可以满足大部分 SNP 位点的检测需要。因而,CRS - PCR 技术应用将会加快 SNP 标记在水产动物分子标记辅助育种中的应用。

第六节　大口黑鲈 *GHRH* 启动子区域缺失突变对基因表达及生长的影响

促生长激素释放激素(growth hormone releasing hormone, GHRH)是由下丘脑分泌的一种胰高血糖素超家族多肽激素,其主要生物学功能是刺激垂体细胞合成、分泌生长激素。此外,其在胚胎期对细胞增殖分化,脑垂体形成等也有重要作用(Mayo et al,1985;Mayo et al,2000;Billestrup et al,1986)。研究表明,GHRH 及其受体的自然缺失或异常会导致诸如侏儒症,巨人症之类的现象(Desai et al,2005;Sanno et al,1997);通过外源适度增加 GHRH 能够促进动物的生长(Zhang et al,2008)。由于 *GHRH* 与动物的生长性状具有紧密的联系,使之成为理想的分子标记育种候选基因。基因的启动子上存在众多的调控基因表达的元件,该区域的核苷酸多态性极可能会影响到启动子的活性,并在性状上有所反映。李小慧等在 *IGF - I* 启动子上发现了一个缺失突变,该突变影响到了 *IGF - I* 的表达水平及个体的生长速率(Li et al,2009)。在朝鲜牛 GHRH 5′UTR 中发现一个 SNP 位点与体重及背最长肌表面积显著相关(Cheong et al,2006)。本研究以大口黑鲈 *GHRH* 作为与生长相关的候选基因,采用直接测序法在 *GHRH* 启动子区域发现了一个 66 bp 的片段缺失。研究了该缺失突变对 *GHRH* 表达水平的影响,以及该缺失突变在群体中的基因频率变化,为该标记应用于分子标记辅助育种奠定基础。

一、材料与方法

1. 材料

2008 年 11 月,从广东省佛山市九江镇南金村养殖场采集样本 170 尾用于基因突变位点筛选及生长性状关联分析。每尾大口黑鲈均测量体重、体长和体高等生长数据,同时尾静脉活体取血,抗凝剂(ACD)与血液体积比为 6∶1,用 Blood & Cell Culture DNA Kit(Clontech)提取 DNA。

2. *GHRH* 启动子序列的扩增与转录元件分析

将大口黑鲈 *GHRH* 基因 cDNA 序列与目前已知的鱼类 *GHRH* 基因全序列比较，设计引物 P1 和 P2 用于扩增 *GHRH* 的启动子（表 8－8）。按照 GenomeWalker Universal Kit（Clontech）试剂盒提供的方法，取 4 个酶切文库为模板，使用试剂盒提供的引物 AP1 与 P1 引物进行 PCR 扩增，94℃，3 min，1 个循环；94℃，30 s；67℃，3 min，5 个循环；94℃，30 s；63℃，30 s；72℃，3 min，27 个循环；72℃，5 min。取该 PCR 产物稀释 100 倍后利用 AP2 和 P2 进行巢式扩增，程序同上。扩增产物经纯化，克隆后送上海英俊生物技术有限公司测序。5′侧翼区域转录元件分析采用 Transcription Element Search System 软件（http://www.cbil.upenn.edu/cgi－bintesstess）对启动子上的顺式作用元件进行预测，所有参数设置均使用默认值，核心序列矩阵相似度与序列矩阵相似度比值均大于 0.8。

表 8－8　引物名称及序列

引物名称	引物序列 5′→3′	引物名称	引物序列 5′→3′
P1	TGCCCTTCACTCTCATCTCTCATCCTC	P6	AACACAAGAGCACATTGCTTCCTC
P2	TAGCTCCCAGTCACTCCCACATCACAC	P7	CCGCTCTACCCATCCATTA
AP1	GTAATACGACTCACTATAGGGC	P8	GCTCTCACTTTCATCTCCCAG'
AP2	ACTATAGGGCACGCGTGGT	P9	GGACACGGAAAGGATTGACAG'
P3	CGGGCTGGTCTGTTAAATACAAGGT	P10	CGGAGTCTCGTTCGTTATCGG'
P4	ACAGCAGCAGTGCAGCTTTCTCCAT		

3. 插入/缺失位点的筛查

从 170 尾养殖大口黑鲈中随机取极大个体和极小个体各 6 尾基因组 DNA。根据已知的 GHRH 5′侧翼启动子序列，设计并合成引物 P3 和 P4 用于扩增 GHRH 5′已知侧翼序列，以筛查个体差异位点。扩增片段送上海英俊生物技术有限公司进行纯化测序，用 Vector NIT Suite 8.0 比对分析。

4. 基因型频率检测

（1）群体中的个体基因型频率检测。设计引物 P4 和 P5（表 8－8）用于分析 *GHRH* 启动子区域 66 bp 插入/缺失的基因型对大口黑鲈后代生长性状及其对 *GHRH* 基因表达水平的影响，以 P3 和 P6 为引物，170 尾养殖大口黑鲈基因组 DNA 为模板，PCR 扩增检测 170 尾养殖大口黑鲈插入/缺失位点的基因型，含有 66 bp 序列的位点用 A 表示，不含有 66 bp 序列的位点用 B 表示。利用 Popgene（Version 3.2）软件分析等位基因频率，采用卡方检验进行 Hardy-Weinberg 平衡检验，以分析群体中的基因型分布频率。

（2）以杂合子为亲本的子代胚胎期基因型频率检测。选取 AB 基因型成熟亲鱼进行繁殖，受精卵在孵化过程中，于神经胚早期和出膜时期各取 48 枚（尾）胚胎（稚鱼）提取基因组，以 P3 和 P6 为引物对子代个体进行基因型检测。

5. 不同基因型个体 *GHRH* 基因表达水平的检测

随机选取 10 cm 左右的鱼苗 20 尾,麻醉后每个个体分别取大脑组织 30 mg,用 Trizol reagent(Invitrogen)提取总 RNA。取 1 μg 总 RNA,经 *DNase* Ⅰ(Promega)处理后,用 ReverTra Ace－α－® Kit(TOYOBO)试剂盒将其反转录合成 cDNA,然后利用 Power SYBR Green Master Mix (Applied Biosystems) 在 ABI 7300 定量 PCR 仪上进行 PCR 检测,反应体系为 20 μL:cDNA 产物 1 μL,Power SYBR Green Master Mix 10 μL,GHRH 基因特异引物 P7 和 P8 各 0.2 μL,水 8.2 μL(表 8－8)。以 18S 基因作为内参基因,其特异引物为 P9 和 P10。反应程序为:95℃ 2 min,95℃ 15 s,56℃ 30 s,72℃ 30 s,共 45 个循环,最后在 65～95℃范围内检测扩增产物的融解曲线。数据分析采用 $2^{-\Delta\Delta Ct}$法。

同时提取 20 尾鱼的基因组 DNA,P3 和 P6 为引物对子代个体进行基因型检测,分析基因型和基因表达水平之间的关系。

6. 基因型与生长性状的关联分析

由于样本是同一批繁育且同池养殖、采样时间一致,不存在时间、环境及人工饲养水平的差别,所以在建立模型时不考虑年龄、环境及人工饲养技术的差别。利用 SPSS 15.0 软件一般线性模型(General Linear Model,GLM),对突变区域基因型与大口黑鲈主要生长性状之间的相关性进行最小二乘分析。统计分析模型采用 $Y_{ij} = u + B_i + e_{ij}$

其中:Y_{ij}为某个性状第 i 个标记第 j 个个体观测值;u 为实验观测所有个体的平均值(即总体平均值);B_i 为第 i 个标记的效应值;e_{ij}为对应于观察值的随机残差效应。

二、结果与分析

1. 大口黑鲈 *GHRH* 基因 5′侧翼序列克隆与转录因子作用位点预测

以本实验室保存的大口黑鲈基因组 DNA 酶切连接文库为模板(Li et al, 2008),利用基因组步移技术获得 GHRH 5′侧翼序列 1 452 bp。启动子区转录元件预测结果见图 8－13,在 1 452 bp 的区域内存在启动子基本转录元件 TATA 框、CAAT 框和八聚体转录因子 1(Oct－1)结合位点。同时发现有上游激活因子(Upstream stimulating factor, USF)结合位点 1 个,核转录因子 SP1 结合位点 4 个,AP1 转录因子结合位点 1 个,神经特异转录因子 NF－1 转录因子结合位点 4 个,Homeobox 结合位点 3 个,CRE－BP 结合位点 1 个。

研究发现 Homeobox 蛋白对于动物 *GHRH* 基因的表达是至关重要的调节因子,突变或敲除 Homeobox 家族中的 *Gsh*－1 基因会导致下丘脑 *GHRH* 基因表达的缺失,并最终导致侏儒症的发生(Li et al, 1996; Valerius et al, 1995)。体外实验亦证实 GHRH 启动子只能在表达 Gsh－1 因子的神经细胞中具有活性,且转录活性对 Gsh－1 具有剂量依赖效应(Mutsuga et al, 2001)。另外,FoxO 也参与了对 *GHRH* 基因表达的调控,它是 INS/IGF－I 信号通路中的关键分子,参与 IGF－I 反馈调节通路(Kato et al, 2002; Ghigo et al, 1997; Romero et al, 2010)。因此,Homeobox 和 FoxO 因子转录结合位点的缺失可能会影响到 *GHRH* 的正常表达,从而导致正常与突变位点的个体在生长性状或生活力上的差异。

```
-1452 GTAATACGAC TCACTATAGG GCACGCGTGG TCGACGGCCC GGGCTGGTCT GTTAAATACA
                          USF          SP1        HNF-1
-1392 AGGTGTGCAT TACATAAACC TTTAAAGGGG ACCTATTAAA CTGTTTTTCC TGTCCTATAT
         Oct-1    REV-ErbA           Homeobox  C/EBPalp
-1332 TGTAGGACTG TGACTCCTGT ATGGCTCCTG TATGTATTCT TGAAGCTTTG GTCATGTTTA
             CPC1        NF-1                                     Oct
-1272 ACATGAACAT CCAACATTGT AACATTGGTC TCCTTTAAAA CAATGACGTA TGTAGCCATG
             C/EBPbeta                       CRE-BP1      C/EBPa
-1212 TAATAATTAA TAACCAATTA AACATAATGT AAAGTTTTAT ACATGTGTGC AAAGCTTCTT
          Pit-1a                Pit-1a     NF-1
-1152 ATTCAAATGT ATTAACAGTT TATGAGGAAG CAATGTGCTC TTGTGTTGCG CAAGTACTCG
      Oct-1              C/EBPalp              C/EBPbeta
-1092 ACTGAAACAG TACCCCTTAG AGATAACATA CTTTTTACGA GTATCTTCTG AGTAAAATGT
                                                              MITF
-1032 GTAACATGTG TTTTCTAATG AACAATACAA ATAGGAACAG TTATTTTTTT ATTATTAGTC

             C/EBPalp      C/EBPalp        C/EBPalp    Pit-1
-972 TCTCACTATT GTGATCAAAA CAGTGCTCTG AAGCTCAATT CAGAGGCTGT TCTGTAAATA
                                       Ftz        C/EBPalp
-912 GCTCCCTAAT AAATTCAGCA TATTTTGATC AACCTATATC AGGTTTAAAT TAAGTGGATT
                  Oct-1
-852 CGCCCACTTC CGGTGTATAC CACGCCCATT TCGAAGTTAA GTTAGATGCT TGAACAGATA
       Sp1               SP1                                  GATA
-792 GACACTGATT GCCTAATGGT GTACTCACTC ATCACTAACC CAATAACATA CACACTTTGT
          C/EBPalp                     AP-1               Ftz
-732 GTTTGTTTCC CCGGGTCCCA TTGGACAAAA TCATTTCAAA TAAAGGGCTA TATGTATGTA
        C/EBP          C/EBPalp       Oct-1
-672 TTAGTTTTAC GCTGACAGGC AATGGTTTTA CATAACACAC TTTATTTTAA GGAACATTAA
                C/EBPalp      C/EBPalp    C/EBPalp       HNF-1
-612 ATTATTCATT AAACTATAAA CAATATTTCA TCAAATCATG CAGTTTTTGT GTGTTTTCAA
                           C/EBPalp     Homeobox
-552 TTATGTGTTT GCAACGATTT GTTTTGATC TTTCATTATA GCATGTAAGT AACAGTAATG
       C/EBPalp     GR       T3R-alp
-492 TGCCAACACA CACACACACA CAGAGAGAGA GAGAGAGAGA GAGAGAGTCA GCATGTGTGA
       NF-1   WT1-del2                              GCN4
-432 TGTGGGAGTG ACTGRGAGCT ACAGGTTCAG TATAAAGTGA CCATGGATGA AGGGATCACA
       SP-1
-372 AACAGTACTG TTCCAGTGTT TCTTTTGTTC AGTCTTTGAG AGGATGAGRG ATGAGAGTGA
       GR             C/EBP                          c-Jun
-312 AGGGCACCAA ATAAAGAGGA ACTGCAGGGA CTCTCAGAAT TCACACAAAA TCACTAGGTA
                 TBP  PU.1                       C/EBP
-252 CCTCTTCCAC CACACGTGTG AATGTCCTGT GCATATTATA CATTTAATGT TTGTGCAATT
                                  Oct-1    Oct-2.1      NF-1
-192 TTCAACATTT CAAATGAAAT GCTACTGTTT TCCACCGTAG TCTACATCTC TGCCTGCTGC
          Oct-2.1   C/EBP
-132 AACTTCCGTG CCTTCTGCTG AGCGATGAGG CTGGTTGAGG GGAACTGTGG TTTCAGCGTT
-72 TTTTCTAATG TAATTTCTAC TCCTGTCATT TTTTTCTAG ctgtccattc ttctccacga
        C/EBP              Homeobox
-12 ctagctgtga ggatggagaa agctgcactg
                +1
```

图 8－13　大口黑鲈 *GHRH* 基因启动子序列

TATA 框、CCAAT 框、HNF－1 结合位点和 Oct－1 结合位点用粗体方框标出，USF、AP－1、NF－1、SP1 和 Pit－1 等转录因子用粗体和下画线表示，外显子用小写字母表示，起始密码子设为"＋1"．

2. 突变位点筛查结果

12 个个体 *GHRH* 启动子序列经比对分析，在 -1290 位置发现一个 66 bp 的插入/缺失位点（图 8-14）。经软件预测，这个 66 bp 序列中存在 1 个 Homeobox 转录因子结合位点和 1 个 FoxO 转录因子结合位点（图 8-13）。

```
   90        100       110       120       130       140       150       160       170       180       190       2
ATTACATAAACCTTTAAAGGAGACCTATtaaactgtttttcctgtcctatattgtaggactgtgactcctgtatggctcctgtatgtatttttgAAGCTTTGGTCATGTTTAACA
ATTACATAAACCTTTAAAGGAGACCTATTAAACTGTTTTTCCTGTCCTATATTGTAGGACTGTGACTCCTGTATGGCTCCTGTATGTATTTTTGAAGCTTTGGTCATGTTTAACA
ATTACATAAACCTTTAAAGGAGACCTAT------------------------------------------------------------------AAGCTTTGGTCATGTTTAACA
ATTACATAAACCTTTAAAGGAGACCTATTAAACTGTTTTTCCTGTCCTATATTGTAGGACTGTGACTCCTGTATGGCTCCTGTATGTATTTTTGAAGCTTTGGTCATGTTTAACA
```

图 8-14　大口黑鲈 GHRH 5′侧翼插入/缺失序列小写字母区域表示缺失的片段

3. 杂合亲本（AB×AB）子代中基因型频率分析

杂合亲本（AB×AB）子代基因型频率分析结果显示（表 8-9），在神经胚早期，48 个胚胎中 BB 型个体存活数仅有 2 个，基因型比例 AA: AB: BB 为 1: 1.6: 0.1，而在出膜稚鱼中没有检测到 BB 型个体存活个体，基因型比例 AA: AB: BB 为 1: 2: 0，推测 BB 型个体发育存在缺陷，在胚胎期即已死亡，B 基因型为隐性致死位点。AA 基因型和 AB 基因型后代比例基本符合孟德尔遗传规律，而 BB 基因型个体在神经胚早期尚有少量检出，但在出膜期末时已完全检测不到。推测可能是由于 BB 型个体缺乏 Gsh-1 和 FoxO 因子蛋白结合位点，导致 *GHRH* 表达水平过低而影响了中枢神经系统，尤其是脑垂体的正常发育（Tissier et al, 2005）。

表 8-9　不同基因型个体在不同发育时期的频率

胚胎发育时期	总数	AA 基因型个体数	AB 基因型个体数	BB 基因型个体数	比例（AA: AB: BB）
神经胚早期	48	18	28	2	1: 1.6: 0.1
出膜	48	16	32	0	1: 2: 0

4. 不同基因型在群体中的分布频率

GHRH 基因启动子区域中缺失突变位点在 170 个个体中的基因型及等位基因频率见表 8-10。所有个体中未发现有 BB 型，卡方检验对缺失突变位点进行 Hardy-Weinberg 平衡检验表明，该位点在群体中处于平衡状态，但有趋于不平衡的趋势（$P = 0.17$）。

表 8-10　大口黑鲈 GHRH 启动子插入/缺失在随机群体中的基因型频率分布

群体	样品	基因型频率（样本数）/%			等位基因频率	
		AA	AB	BB	A	B
养殖群体	170	71.2（121）	28.8（49）	0	85.6	14.4

5. 不同基因型 *GHRH* 基因表达水平与基因型相关性分析

利用荧光定量 PCR 的方法，对 AA 和 AB 基因型个体的 *GHRH* 基因表达水平进行检测，并检测每个个体的基因型，分析基因表达水平和基因型的相关性。AA 基因型的相对表达量平均值为 4.89E－05（n＝9），AB 基因型的平均值为 4.29E－05（n＝10），尽管 AA 基因型个体 *GHRH* 表达水平较 AB 型个体略高（约高 19 %），但差异不显著。可能是由于杂合子中野生型等位基因的存在足以弥补缺失型等位基因所造成的缺陷（Alba et al, 2004）。

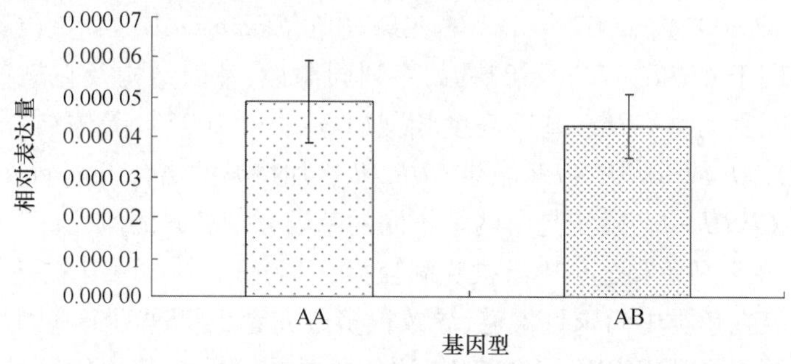

图 8－15　*GHRH* 基因在不同基因型个体中的表达水平

6. 不同基因型个体与鱼生长性状的关联分析

AA 和 AB 基因型与生长性状的关联分析见表 8－11，结果显示 AA 与 AB 基因型间在体长、体重、体宽、头长 4 个生长性状指标中不具有显著性差异（P＝0.90）。

表 8－11　不同基因型个体体重、体长、体高、头长性状指标　$\bar{x}\pm$SD

基因型	体重/g	体长/cm	体高/cm	头长/cm
AA	350.13±94.62	23.70±2.70	7.60±1.05	6.96±1.19
AB	345.38±86.21	23.68±2.16	7.65±0.79	6.89±1.06

第七节　大口黑鲈 *GHRH－LP* 和 *GHRH* 基因序列同源性、基因结构和时序表达

促生长激素释放激素样多肽（Growth hormone releasing hormone like peptide, GHRH－LP），又称为脑垂体腺苷酸环化酶激活多肽关联蛋白（PACAP-related peptide，PRP）是一种在与脑垂体腺苷酸环化酶激活多肽（Pituitary Adenylate Cyclase Activating Polypeptide，PACAP）共编码的一种生物活性多肽（Miyata et al，1989；Bell et al，1986）。研究发现 GHRH－LP cDNA 广泛分布于中枢神经系统及外周神经系统，在神经系统、消化系统及生殖系统中均具有重要的调节作用，并在原索动物、鱼类、两栖类、鸟类及哺乳类动物中高度保守（Ole et al, 2003）。聚类分析表明 GHRH 与 GHRH－LP 同属胰高血糖素家族。在哺乳动物中，这两个多肽是由不同基因编码的，但在非哺乳动物中过去认为这两个蛋白为同一物质，并认为哺乳类 *GHRH* 基因是在进化过程中由非哺乳类动物 *GHRH－LP* 基因演化而来的，并据此推测非哺乳类动物 *GHRH－LP* 也起着促生长激素释放功能（Hoyle et al，1998；Montero et al,

2000)。然而在鱼类及两栖类动物中的研究表明,尽管 GHRH - LP 激素能表现出促进鱼类脑垂体生长激素释放的能力,但其促生长激素释放的效应极其微弱(Vaughan et al,1992; Parker et al,1997;Rousseau et al,2001),推测在非哺乳脊椎动物中也可能和在哺乳动物中一样,存在两个基因分别编码 GHRH 与 GHRH - LP,只是鱼类及两栖类 *GHRH* 基因当时尚未被发现(Wang et al,2007)。2007 年 Lee 等在斑马鱼(*Danio rerio*)、金鱼(*Carassius auratus*)中分离出一个不同于 *GHRH - LP* 的新基因,序列同源性,基因结构及在染色体中的布局等分析均表明其与哺乳动物 *GHRH* 基因高度相似(Lee et al,2007),受体结合实验亦表明,鱼类 *GHRH* 较之 *PACAP* 或 *GHRH - LP* 能与 *GHRHR* 更加特异的结合(Lee et al,2007),揭示在鱼类中 *GHRH* 与 *GHRH - LP* 确实是由两个不同的基因分别编码的。

目前,*GHRH* 在斑马鱼和金鱼中已被克隆获得,但它与 *GHRH - LP* 在基因结构和体内表达方面的比较研究在鱼类中尚未见报道,导致很多研究者仍将这两个基因混淆。本研究在大口黑鲈中克隆了 *GHRH*、*GHRH - LP* 基因,比较分析了这两个基因的结构特征、序列同源性和组织表达及胚胎发育表达特征,旨在区分鱼类 *GHRH* 和 *GHRH - LP* 及探索这两个基因的功能差异。

一、材料与方法

1. 材料

实验用大口黑鲈取自珠江水产研究所水产良种基地;Trizol reagent 购自 Invitrogen 公司;PrimerScript™ RT - PCR Kit,3′ - Full RACE Core Set Ver. 2. 0 和 Pmd18 - T vector system 购自 TaKaRa 公司;BD SMART™ RACE cDNA Amplification Kit,Blood&Cell Culture DNA Kit 和 GenomeWalker Universal Kit 均购自 Clontech 公司;RNase Free *DNase* Ⅰ购自 Promega 公司;ReverTra Ace - α - ® Kit 试剂盒购自 TOYOBO, Power SYBR Green Master Mix 购自 Applied Biosystem 公司;大肠杆菌 DH5α 由本实验室保存。

2. 脑组织总 RNA 及 DNA 的提取

取大口黑鲈前脑组织 30 mg,按照 Invitrogen 公司 Trizol reagent 试剂方法进行 RNA 及 DNA 提取。

3. GHRH 3′序列的扩增与克隆

参照 GenBank 中已登录的斑马鱼(*Danio rerio*, NM_001080092)、金鱼(*Carassius auratus*, DQ991243)、爪蛙(*Xenopus laevis*, NM_001096728)、鸡(*Gallus gallus*, NM_001040464)等动物的 *GHRH* 基因 cDNA 序列,在成熟肽区域上设计上游引物 P1、P2(表 8 - 12)。首先利用 3′ - Full RACE Core Set Ver. 2. 0 试剂盒反转录总 RNA,以此为模版,用 P1 和该试剂盒自带 3′ RACE Outer Primer 引物进行 PCR 扩增,反应条件为:94℃,3 min;94℃,30 s;55℃,30 s;72℃,1 min,30 个循环;72℃,5 min。然后用 P2 和 3′ RACE inner Primer 进行第二轮巢式扩增,PCR 反应程序同上,仅退火温度改为 50℃。目的片段经低熔点琼脂糖凝胶回收纯化,与 pMD18 - T 载体连接,转化感受态大肠杆菌 DH5α,筛选阳性克隆送上海生工公司测序。

4. *GHRH* 基因组序列及侧翼序列的扩增和克隆

按照 Genome Walker Universal Kit 试剂盒的操作,取 4 个酶切文库为模板,使用试剂盒提供的引物 AP1 与 P3 引物进行 PCR 扩增,94℃,3 min,1 个循环;94℃,30 s;67℃,3 min,5 个循环;94℃,30 s;63℃,30 s;72℃,3 min,27 个循环;72℃,5 min。取该 PCR 产物稀释 100 倍后利用 AP2 和 P4 进行巢式扩增,程序同上。同样,利用 P5、P6 及 P7、P8 进行 3′及 5′侧翼序列的第二轮扩增。利用 Vector NTI 7.0 软件拼接上述序列并找出内含子 3 和 4。

5. 生物信息学分析及实验验证

利用在线软件 GeneScan 预测外显子 1 和 2。使用 PrimerScript™ RT - PCR Kit 反转录 RNA,引物 P9 和 P10 进行 PCR 扩增:94℃,3 min,一个循环;94℃,30 s;55℃,30 s;72℃,1 min,30 个循环;72℃,5 min。产物经回收测序并将序列与前面扩增获得的序列进行比对分析,确认在线软件 GeneScan 预测外显子 1 和 2 的正确性。

6. *GHRH - LP* cDNA 序列的扩增与克隆

参照 GenBank 中已登录的斜带石斑鱼(*Epinephelus coioides*,AY869693)、橙色莫桑比克罗非鱼(*Oreochromis mossambicus*,AY522580)、蓝曼龙(*Trichogaster trichopterus*,EU107387)、慈鲷(*Astatotilapia burtoni*,EU523856)等鱼的 *GHRH - LP* 基因的 cDNA 序列,在同源保守区内设计引物。反转录过程按照 TaKaRa 公司 PrimerScript™ RT - PCR Kit 试剂盒中的操作步骤进行。取反转录液作为模板,采用 R1 和 R3 引物进行 PCR 扩增,反应结束后利用第一次 PCR 产物为模板采用 R2 和 R3 引物做巢式 PCR 扩增。扩增产物经低熔点琼脂糖凝胶回收纯化与 pMD18 - T 载体连接转化感受态大肠杆菌 DH5α,经菌落 PCR 验证后送阳性克隆测序。在此基础上,根据核心片段序列信息设计 3′ RACE 及 5′ RACE 引物。3′ RACE 按照 TaKaRa 公司 3′ - Full RACE Core Set Ver. 2.0 试剂盒进行,通过基因特异引物 R4 和试剂盒 3′ RACE Outer Primer 及 3′ RACE Inner Primer 两轮 PCR,获得目的条带,经回收连接后转化大肠杆菌 DH5α,挑取阳性克隆测序,反应程序为:94℃ 3 min 变性,94℃ 30 s,55℃ 30 s,72℃ 45 s 32 个循环,72℃延伸 5 min。5′ RACE 按照 Clontech 公司 BD SMART™ RACE cDNA Amplification Kit 试剂盒进行操作,利用基因特异引物 R5 及巢式引物 R6 与试剂盒自带引物 UPM 及 NUP 两轮扩增获得,反应程序为:95℃ 3 min 变性,94℃ 30 s,68℃ 30 s,72℃ 1 min 20 s 5 个循环;94℃ 30 s,64℃ 30 s,72℃ 1 min 20 s 5 个循环;94℃ 30 s,60℃ 30 s,72℃ 1 min 20 s 27 个循环,72℃延伸 5 min,条带胶回收克隆送样测序。

7. *GHRH - LP* 基因组序列的克隆

参照大口黑鲈 *GHRH - LP* cDNA 序列,设计引物 R7、R8,以大口黑鲈基因组 DNA 为模板进行 PCR 扩增,反应程序为:94℃ 3 min 变性,94℃ 30 s,55℃ 30 s,72℃ 3 min, 32 个循环,72℃延伸 7 min,目的片段经回收克隆后送测序。

8. 基因的时空表达谱研究

为了研究 *GHRH* 和 *GHRH - LP* 基因在大口黑鲈胚胎发育中的表达情况,取一对健康亲鱼(♀650 g,♂600 g)催产后放养在水泥池中自然交配受精,收集受精卵于室温下培育,不同发育阶段(未受精卵、受精卵、桑椹胚、囊胚中期、原肠早期、原肠中晚期、体节出现期、神经胚、肌肉效应期、出膜前、刚出膜、出膜后 1 d、2 d、3 d、4 d）各取 50 粒卵（幼鱼）提取总 RNA。取 1 μg 总 RNA，经 *DNase* Ⅰ（Promega）处理后，用 ReverTra Ace－α－® Kit 试剂盒中试剂反转录合成 cDNA，然后利用 Power SYBR Green Master Mix（Applied Biosystems）在 ABI 7300 定量 PCR 仪上进行基因定量，反应体系为 20 μL：cDNA 产物 1 μL，Power SYBR Green Master Mix 10 μL，*GHRH* 基因特异引物 P9 和 P10（GHRH－LP 引物 R9 和 R10 或 R9 和 R11 或内参基因 18S 特异引物 P11 和 P12）各 0.2 μL 及水 8.2 μL。反应程序为：95℃ 2 min，95℃ 15 s，56℃ 30 s，72℃ 30 s，共 45 个循环，最后在 65～95℃范围内检测扩增产物的融解曲线。

为了研究 *GHRH* 和 *GHRH－LP* 基因在大口黑鲈各组织中的表达情况，取 3 尾成鱼（250 g±50 g）在水泥池暂养 3 d 后无菌条件下取各组织样本（前脑、中脑、小脑、延脑、垂体、鳃、心、肝、脾、胃、肾、肠、肌、脂肪组织）提取 RNA，将上述 3 尾鱼相同组织的等量 RNA 混合作为一个样品用于后续定量 PCR 实验，实验程序同上。整个实验重复 3 次。

表 8－12 引物名称及序列

引物名称	引物序列（5′→3′）	引物名称	引物序列（5′→3′）
P1	CATGCTGAYGCCATCTTTACC	P7	TGCCCTTCACTCTCATCTCTCATCCTC
P2	AYGCCATCTTTACCAACAGC	P8	TAGCTCCCAGTCACTCCCACATCACAC
P3	ATCCAGACATCTTGACCCGTTTTAGCAT	P9	CCGCTCTACCCATCCATTA
P4	AACAAGTGCAGAGGGCACAGCTATGA	P10	GCTCTCACTTTCATCTCCCAG
P5	CATGAGGCCAAGACTGCTGAGTTGAGA	P11	GGACACGGAAAGGATTGACAG
P6	TTCCTCCAACTCGTTCTTTACAGATG	P12	CGGAGTCTCGTTCGTTATCGG
R1	GCCAGTTCGAGYAAAGCSAC	R7	CTCTCCCTGCTTCCCTGCCATA
R2	GTCTAYGGAATCWTAATGCAC	R8	CAGGTATTTCTGCACGGCCATCT
R3	TYCTAAYTCTCTGTCTRTACCT	R9	ACACCTATCGGACTAAGTTACCCT
R4	TGACAACGACGCCTTCGATGAG	P10	GCTCTCACTTTCATCTCCCAG
R5	CTCTGACTCTTCCTCCATGCTGTTGTCG	P11	GGACACGGAAAGGATTGACAG
R6	AATTCCCATCCTCATCGAAGGCGTC		

二、结果与分析

1. 大口黑鲈 *GHRH* 基因的 cDNA 序列分析

在已知鱼类 *GHRH* 基因最保守区域设计一对部分重叠引物 P1、P2，结合 oligo dT 引物，扩增获得了大口黑鲈 *GHRH* cDNA 3′端 399 bp 的片段。在 RACE 技术获取大口黑鲈 *GHRH* 基因 cDNA 5′端序列失败后，利用 Genomewalk 技术向基因的 5′端扩增基因组序列，经在线软件 Genescan 分析，所获得的 5′侧翼序列包含该基因第 1、第 2 外显子及内含子 1，起始密码子位于第一外显子。利用引物 P9 和 P10 在 cDNA 库中扩增及测序后验证了预测的准确性。获得大口黑鲈 *GHRH* cDNA 序列 629 bp（GenBank 收录号：HQ640678），其中 ORF 长为 426 bp，编码 140 个氨基酸；3′ 非翻译区长为 171 bp，存在 Poly（A）加尾信号 ATTAAA。氨基酸序列分析结果表明：大口黑鲈 *GHRH* 与青鳉 *GHRH* 的相似性最高，为 100%；与其他两栖类及鱼类的同源性介于 70% ~96%（表 8 - 13）。利用在线软件 SignalP 3.0 Server 分析 *GHRH* 基因编码的氨基酸序列，预测出该蛋白具有一个 18 个氨基酸的信号肽（M1 - G18），成熟肽位于第 65 ~91 个氨基酸。

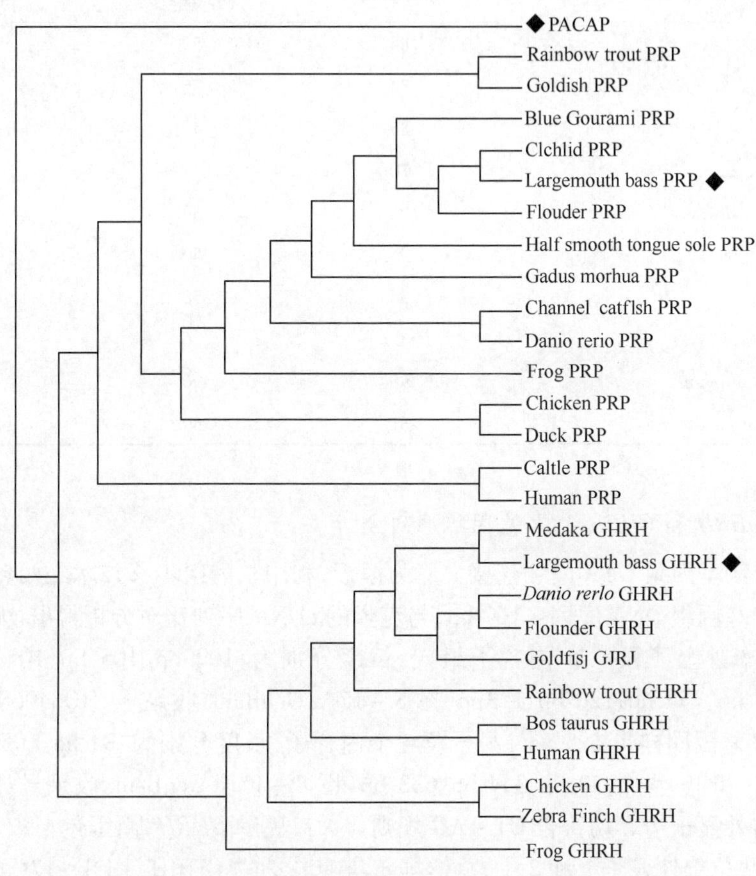

图 8 - 16　*GHRH*、*GHRH - LP*（PRP）和 *PACAP* 系统发生树分析

2. 大口黑鲈 *GHRH - LP* 基因 cDNA 序列分析

大口黑鲈 *GHRH - LP* 基因存在两种 cDNA 序列，其中序列 a 全长 742 bp，包含 54 bp 的 5′ UTR，525 bp 的 ORF，164 bp 的 3′UTR（GenBank 收录号：HQ651674）；序列 b 全长为 758 bp，包括 54 bp 的 5′UTR，420 bp 的 ORF 框，284 bp 的 3′ UTR（GenBank 收录号：HQ651675）。这两种 mRNA 在阅读框及 3′末端存在两处可变剪切，序列 a 具有较大的阅读框和较短的 3′末端，编码 PACAP 和 GHRH - LP；而序列 b 仅编码 PACAP，具有较长的 3′末端。利用在线软件 SignalP 3.0 Server 分析 *GHRH - LP* 基因编码的氨基酸序列，预测出该蛋白具有一个 24 个氨基酸的信号肽（M1 - C24），GHRH - LP 成熟肽位于第 84 ~128 个氨基酸，PACAP 成熟肽位于第 131 ~168 个氨基酸位置。序列同源性分析结果表明，大口黑鲈与青鳉和牙鲆的 GHRH - LP 的相似性最高，达到 96%，与其他鱼类和两栖类的相似性在

41% ~78%(表 8 - 13)。

表 8 - 13 大口黑鲈与其他脊椎动物 GHRH 和 GHRH - LP 激素氨基酸序列同源性比较

物种	GHRH 相似率/%	GHRH - LP 相似率/%	GHRH/GHRH - LP 相似率/%
鸡 *Gallus gallus*	85	59	59
爪蟾 *Xenopus laevis*	74	56	56
人 *Homo sapiens*	85	41	48
小鼠 *Rattus norvegicus*	70	48	52
虹鳟 *Oncorhynchus mykiss*	96	59	59
金鱼 *Carassius auratus*	96	59	59
斑马鱼 *Danio rerio*	96	78	44
青鳉 *Oryzias latipes*	100	96	37
牙鲆 *Paralichthys olivaceus*	96	96	37
斑胸草雀 *Taeniopygia guttata*	81	59	63

3. 大口黑鲈 *GHRH* 和 *GHRH - LP* 基因组序列分析

以大口黑鲈基因组 DNA 酶切连接文库为模板,利用基因组步移技术经两轮 PCR 扩增,获得了 *GHRH* 基因组 DNA 序列 4 167 bp,与克隆的 cDNA 序列比对分析得出,大口黑鲈 *GHRH* 基因由 5 个外显子及 4 个内含子组成,长度分别为:109 bp、105 bp、105 bp、126 bp、175 bp 和 702 bp、355 bp、120 bp、113bp(图 8 - 17A,GenBank 收录号:HQ640680)。大口黑鲈 *GHRH - LP* 基因同样包含 5 个外显子及 4 个内含子,长度分别为:84 bp、105 bp、135 bp、105 bp、454 bp 和 409 bp、959 bp、344 bp、633 bp(图 8 - 17B,GenBank 收录号:HQ640681)。基因内含子与外显子边界均符合 GT - AG 规则。大口黑鲈 *GHRH* 基因成熟肽位于外显子 3 和 4 中,信号肽位于外显子 1 和 2 中,总体排布与哺乳动物 GHRH(图 8 - 17C)结构类似而明显区别于脊椎动物 *GHRH - LP* 基因(图 8 - 17D);而大口黑鲈 *GHRH - LP* 基因成熟肽位于外显子 4 和 5 中,第一外显子不包括阅读框在内,其外显子排布与其他脊椎动物 *GHRH - LP* 基因结构高度相似。

4. *GHRH* 和 *GHRH - LP* 基因表达谱研究

采用荧光定量 PCR 方法对大口黑鲈 *GHRH* 和 *GHRH - LP* 基因的时空表达谱进行了研究,数据分析采用 $2^{\Delta\Delta Ct}$ 法。组织表达研究结果表明:大口黑鲈 *GHRH* 只在大脑及延脑中检测到表达,而在中脑、小脑、垂体及外周组织中均未检测到该基因的表达(图 8 - 18A);*GHRH - LP* 基因广泛分布于中枢神经系统及外周组织中,但是在不同组织中的表达水平有所变化。但总体而言,在中枢神经系统表达量高,在外围组织中表达量较低(图 8 - 18B)。胚胎发育研究结果表明,大口黑鲈 *GHRH* 首先在神经胚阶段检测到微弱表达,出膜后表达水平逐步提高(图 8 - 18C);而 *GHRH - LP* 基因囊胚期即检测到微弱表达,且随着发育的的进行表达量逐步提高(图 8 - 18D)。*GHRH - LP* 在胚胎发育过程及成鱼消化系统中的表达结

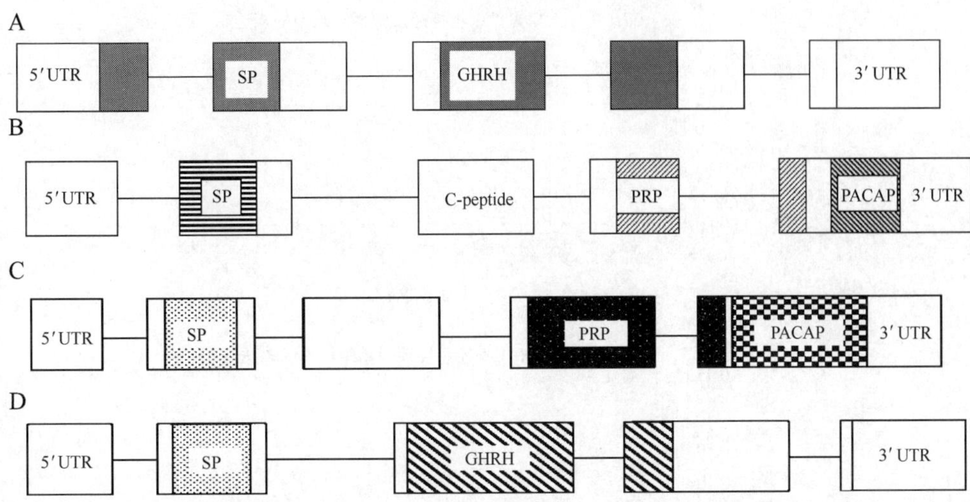

图 8-17　大口黑鲈 *GHRH* 基因(A)、*GHRH-LP* 基因(B)及哺乳动物 *GHRH-LP* 基因(C)、*GHRH* 基因(D)的基因组结构

UTR 表示非翻译区;SP 表示信号肽;GHRH 表示促生长激素释放激素;PRP 表示脑垂体腺苷酸环化酶激活多肽关联蛋白;PACAP 表示脑垂体腺苷酸环化酶激活多肽;外显子用方框表示,内含子用直线表示

资料来源:Rousseau et al,2001

果表明,*GHRH-LP* 可能在胚胎发育及食欲调节过程中发挥着重要作用(Miranda et al,2002;Portbury et al,1992)。

5. 大口黑鲈 *GHRH* 和 *GHRH-LP* 氨基酸序列与其他脊椎动物同源性比较

大口黑鲈 *GHRH* 基因编码 141 个氨基酸,序列同源性分析表明,与其他脊椎动物比较 GHRH 前肽同源性较低,介于 32% ~56%,而在成熟肽区域(N1-27aa)序列则高度保守,同源性介于 74% ~100%(表 8-13),显示基因的不同区域在进化过程中受到的选择压力并不一致,成熟肽区域可能因为承担着重要的生理作用而更加保守。而 GHRH-LP 蛋白(N1-27aa)保守性则在鱼类及哺乳动物中比较低,但与 GHRH 相比较仍有一定的同源性(37% ~63%),尤其是在 N 端,这也可能是 GHRH-LP 蛋白在鱼类中能够表现出一定的促生长激素释放能力的原因(Vaughan et al,1992;Parker et al,1997)。

6. *GHRH* 和 *GHRH-LP* 基因的系统发生

关于 *GHRH* 和 *GHRH-LP* 的进化关系,此前曾有学者认为哺乳类 *GHRH* 基因是由低等脊椎动物 *GHRH-LP* 基因进化而来(Hoyle et al,1998)。本节基于已克隆及生物信息学推测出的各物种 *GHRH* 序列和 *PRP* 序列,利用 *PACAP* 基因序列作为外群,构建系统发生树(图 8-16)。大口黑鲈 *GHRH* 与之前已克隆出来的两栖类,鸟类及哺乳类 *GHRH* 聚为一支,而大口黑鲈与其他鱼类和两栖类的 GHRH-LP 蛋白则与哺乳类 PRP 聚为另一支,二者间分化明显。据此,Tam 等(2007)认为鱼类及两栖动物中先前称为 GHRH 的 GHRH-LP 蛋白应该是哺乳动物 PRP 的同源物,应统一命名为 PRP 蛋白。通过系统发生树的分析结果,也进一步表明了大口黑鲈 GHRH 不同于鱼类中已分离出的 GHRH-LP (PRP) 蛋白,而是

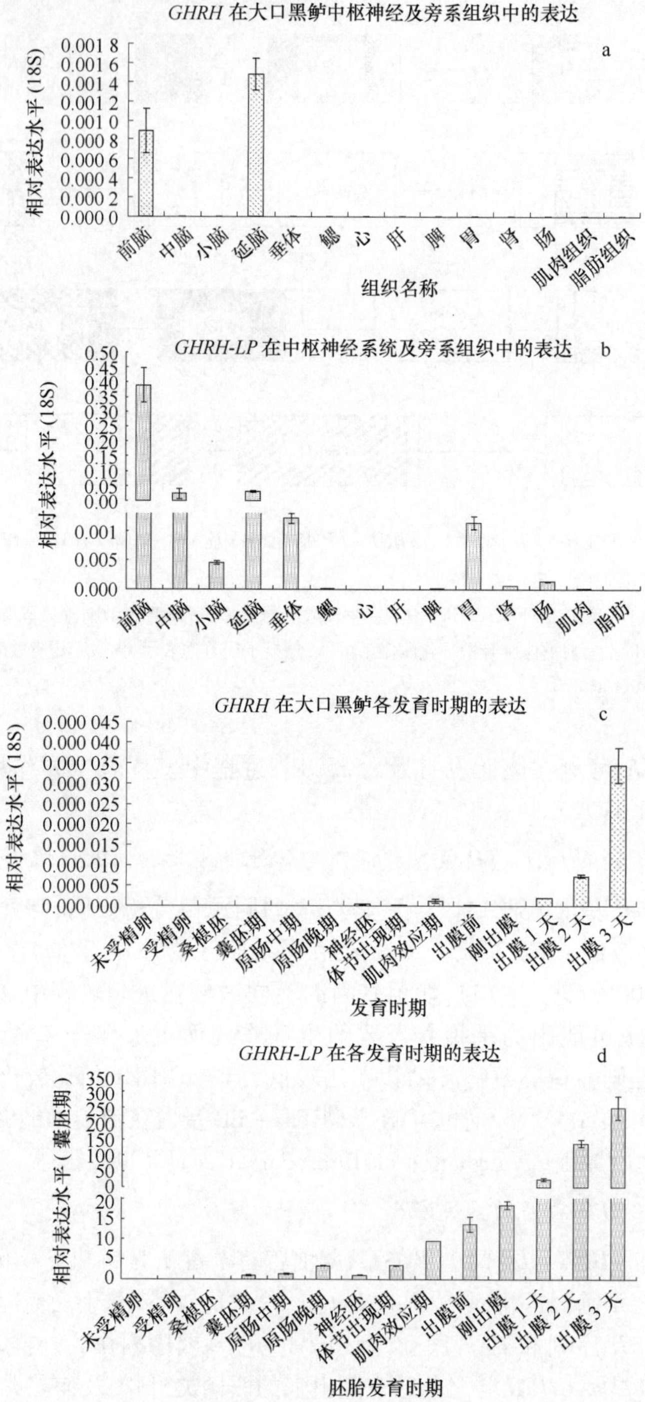

图 8－18　大口黑鲈 *GHRH* 组织表达(a)及胚胎发育表达谱(b)和 *GHRH－LP* 组织表达(c)及胚胎发育表达谱(d)

哺乳动物 GHRH 的同源产物。

目前认为 *GHRH* 基因、*GHRH - LP* 基因以及 *PHI - VIP* 基因应是由一共同的祖先基因进化而来，在生物进化的第一次染色体倍增过程中该祖先基因形成两支，其中一支在第二次染色体倍增过程中又形成两个拷贝，一个形成 GHRH 基因，另一个丢失；而另一支倍增后形成 *GHRH - LP* 基因和 *PHI - VIP* 基因（Lee et al，2007）。

7. *GHRH* 表达谱分析

为了将鱼类 *GHRH* 与 *GHRH - LP* 基因区分开来，我们研究了这两个基因在大口黑鲈胚胎发育及各组织中的表达特征，并与其在其他动物中的研究做了比较。*GHRH* 在哺乳动物中主要是由下丘脑分泌表达的，是垂体生长激素的正性调控因子（Mayo et al，1985）。不同于 *GHRH* 基因，*PRP* 基因在哺乳动物中主要是在中枢神经及外周呼吸系统、消化系统、内分泌系统中的神经纤维中表达（Matsubara et al，1995；Arimura et al，1991）。Lee 等（2007）通过 qRT - PCR 技术研究了金鱼及爪蟾 *GHRH* 的表达情况，发现与哺乳动物 *GHRH* 表达情况相似，主要在大脑中表达。在斑马鱼及斜带石斑鱼等中的研究结果表明：*GHRH - LP* 表达情况与哺乳动物 *PRP* 的表达情况更加相似，主要在脑、垂体、精巢、肠、肾等组织中表达（Ando et al，1995；Montero et al，1998；Jiang et al，2003）。此外，Wang 等（2007）在鸡上同时比较了 *GHRH* 与 *GHRH - LP* 基因的组织表达特征，显示 *GHRH* 主要在下丘脑中大量表达，并在中脑及后脑中检测到微弱表达，而 *GHRH - LP* 则在中枢神经组织中广泛表达（Wang et al，2007）。本研究发现 *GHRH* 在大口黑鲈中的表达只局限在前脑及延脑，其他中枢神经组织及外周组织未检测到表达，而 *GHRH - LP* 较之具有更广泛的组织表达并以中枢神经系统表达水平最高，暗示了这两种蛋白可能在功能上有着不同的作用。

GHRH 对于哺乳动物脑垂体的形成具有重要的诱导分化作用（Frohman et al，2002）。本研究中大口黑鲈 *GHRH* 基因在神经胚时期检测到微弱表达，表明 *GHRH* 可能在鱼类神经发育，尤其是脑垂体的分化过程中发挥了重要作用。此外，*GHRH* 对于胚胎发育后期脑垂体细胞的增殖亦具有重要的刺激作用，缺失 *GHRH* 将导致脑垂体发育不良（Matsubara et al，1995）。鱼类脑垂体在出膜时仍未发育完善，其正常的激素分泌活动要在出膜几天后才趋于正常（鲁双庆等，1996；Li et al，2005；卢月娇等，2009）。本研究在出膜 1 d 后检测到 *GHRH* 表达水平的显著升高，表明 *GHRH* 可能也参与了鱼类脑垂体细胞的增殖过程。Wu 等（2006）在斑马鱼中研究发现，受精 30 min 后即可以在受精卵中检测到 *GHRH - LP* mRNA 的存在，敲除 *GHRH - LP* 基因将导致脑部发育异常，表明该基因在动物脑部正常发育过程中发挥重要作用。

总之，我们克隆出的大口黑鲈 *GHRH* 与哺乳动物 *GHRH* 在序列同源性、基因结构、组织表达分布等方面更加相似而明显区别于 *GHRH - LP* 基因，是哺乳动物 *GHRH* 的同源基因；而 *GHRH - LP* 应为哺乳动物 *PRP* 的同源物，应统一命名为 PRP 蛋白。

第八节　禁食对大口黑鲈 *PACAP/GHRH - LP* 基因表达的影响

脑垂体腺苷酸环化酶激活多肽（Pituitary adenylate cyclase activating polypeptide，PAC-

AP)是在羊下丘脑中首次分离出的一种能够促进脑垂体细胞环腺苷酸(cyclic adenylic acid,cAMP)生成的肽类激素,属于胰高血糖素超家族(Miyata et al, 1989; Ogi et al, 1990)。*PACAP/GHRH - LP* 基因在低等脊椎动物体内存在两种不同的 mRNA,其中一种 mRNA 编码 PACAP 和 GHRH - LP 两个蛋白;而另一种 mRNA 只编码 PACAP 蛋白(Lee et al, 2009)。*PACAP* 在动物的神经调节,生殖及呼吸系统中发挥着重要作用(Vaudry et al, 2009; Sherwood et al, 2000)。近年来有研究表明 *PACAP* 在脊椎动物中可能还参与了食欲的调节过程(Matsuda et al, 2007)。在小鼠中的研究表明,短暂的禁食水和食物能够显著的改变 *PACAP* 在脑中的表达(Jozsa et al, 2006)。反之,脑腔注射 *PACAP* 能够有效抑制饥饿组和正常饲喂组大鼠的摄食量(Morley et al, 1992)。研究发现 *PACAP* 对于摄食的抑制效应同样存在于鸟类中,且这种抑食效应能够在 *PAC*1 受体抑制剂被同时注射入体内时有效减弱(Tachibana et al, 2004)。脑腔注射 PACAP 在金鱼中同样能够观察到抑制摄食的效应,但在大西洋鳕中的研究表明,*PACAP/GHRH - LP* 基因在脑部的表达水平并没有受到禁食的影响(Matsuda et al, 2006; Xu et al, 2009)。已有研究表明 *PACAP* 是一种重要的抑制摄食因子,为此我们研究了 *PACAP* 和 *PRP* 在大口黑鲈大脑中的表达水平及其与摄食之间的关系,进而阐释这些内分泌因子在营养代谢调节中的作用。

一、材料与方法

1. 材料

实验用大口黑鲈幼鱼来自中国水产科学研究院珠江水产研究所水产良种基地,体重为 45 ~60 g。随机选取相等数目的大口黑鲈分别放入 4 个面积为 6 m^2 的室外水泥池中饲养,每天上午 9 点及下午 4 点投喂冰鲜饵料鱼肉糜两次,每次投喂量为鱼体体重的 3% 左右,驯食 1 周后开始试验。随即选取两组进行饥饿试验,其余两组作为对照。于禁食后第 4 d、15 d 和 25 d 每组随机抽取 4 ~6 尾称重(第 15 d 和 25 d 时饥饿组选部分试验鱼分池进行复投喂 3 d)及测量体长和体高,然后采集大脑组织并提取 RNA。

2. RNA 提取及 PCR 扩增

总 RNA 提取及定量 PCR 实验操作方法同本章第七节。

3. 血糖、肥满度和肝指数计算

依据葡萄糖液体试剂盒(上海科欣生物技术研究所)说明书方法测定血糖。肥满度计算公式为:CF(condition factor) = 重量(g)/体长(cm)。肝指数计算公式为:HSI(hepatic somatic index) = 肝重/体重 ×100%。

二、结果与分析

1. 血糖在实验中的变化

禁食 4 d 时对照组血糖平均浓度为 18.4 mmol/L,禁食组为 13.8 mmol/L,禁食组显著低于对照组(图 8 - 19),在第 15 d 和第 25 d 时禁食组和对照组之间差别不显著($P >$ 0.05),禁食组经复投喂食物 3 d 后其血糖浓度也没有发生显著变化,结果表明:肉食性鱼类血糖代谢可能与草食性或杂食性鱼类不同,血糖浓度不能准确地直接反映出大口黑鲈鱼体

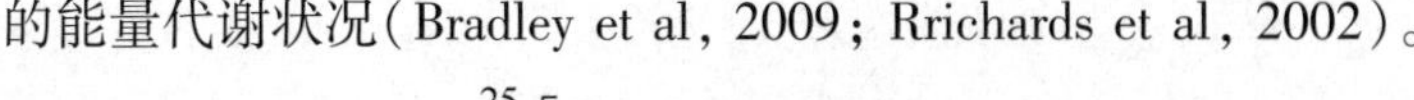

的能量代谢状况(Bradley et al, 2009; Rrichards et al, 2002)。

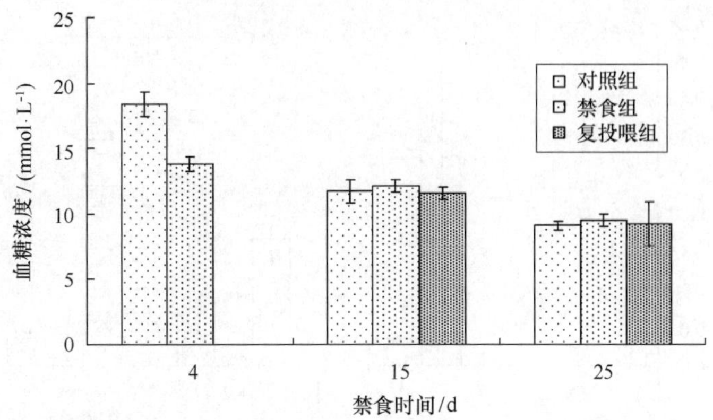

图 8－19　禁食对血糖浓度的影响

2. 肝体比在实验过程中的变化

用肝体比指数来衡量禁食过程中鱼体的营养状况,发现禁食 4 d 显著影响到了幼鱼的肝体比指数,禁食组的肝体比指数是对照组的 0. 57 倍(图 8－20),并且这种降低随着禁食的延续变化更大,禁食组与对照组之间的肝体比指数差异在 15 d 时是 0. 4 倍。这种下降在禁食后的复投喂过程中迅速得到恢复,禁食 15 d 后复投喂 3 d 复投喂组是对照组的 0. 95 倍;禁食 25 d 复投喂 3 d 后复投喂组是对照组的 0. 87 倍,结果表明:肝脏是大口黑鲈在极端条件下主要的能量供应器官。

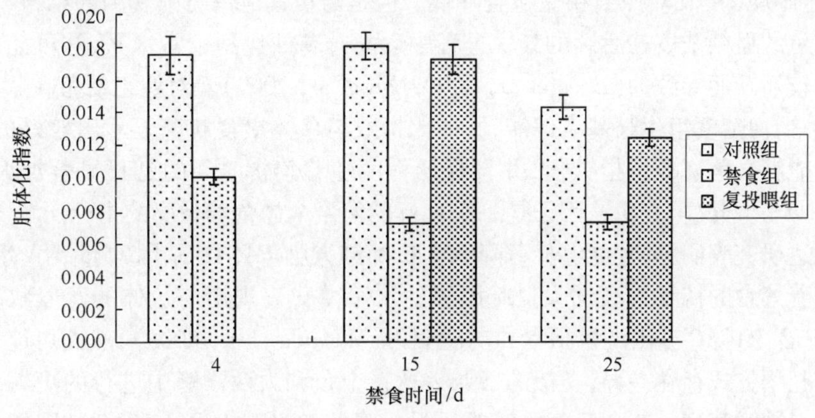

图 8－20　禁食对肝体比指数的影响

3. 摄食对 *PACAP* 基因两种转录本 mRNA 在大脑中的表达水平的影响

饥饿 4 d 后,*PACAP SV* mRNA 和 *LV* mRNA 表达量在饥饿组中均显著低于对照组,分别是对照组的 0. 12 倍和 0. 16 倍;在饥饿 25 d 时,这种下调趋势进一步加剧,*SV* mRNA 和 *LV* mRNA 表达量在饥饿组中分别是对照组的 0. 099 倍和 0. 086 倍(图 8－21)。但是这种下调在禁食组进行复投喂后得到了扭转,复投喂 3 d 后 *SV* mRNA 和 *LV* mRNA 表达量均得到了显著的升高。

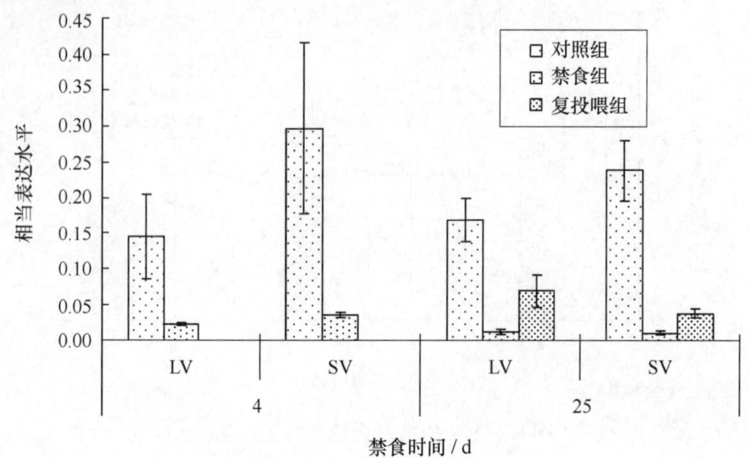

图 8-21 禁食对大口黑鲈大脑 *PACAP* 基因表达水平的影响

在脊椎动物中 *PACAP* 被认为是一种饱食因子,参与了机体的能量代谢调节,脑腔注射 *PACAP* 能够有效地抑制动物的摄食,且其 mRNA 的表达水平受摄食水平的影响(Morley et al, 1992)。在本研究中,我们研究了禁食对脑组织 *PACAP* 基因表达量的影响以及该基因表达量与个体营养状态的关系。实验分为短期禁食和长期禁食两部分,并测定肝体比指数及血糖浓度来衡量个体的营养状况。结果表明,血糖浓度在实验初期对禁食比较敏感,禁食 4 d 后,禁食组血糖浓度和对照组相比显著降低。但是与在其他鱼类中观测的结果不同的是,大口黑鲈幼鱼的血糖浓度在后续的禁食过程中逐渐升高并达到正常水平,这可能是由于糖异生途径比较活跃而导致的(Enes et al, 2009; Xu et al, 2009)。对照组幼鱼在整个实验过程中生长正常,而禁食组生长基本停滞,肝体比指数与鱼体摄食状况显示出较好的一致性,短暂禁食即能够显著降低该指数值,并且降低程度随着禁食时间的延长显著加大;而复投喂后该指数即马上升高,表明该因子是一个良好的衡量个体营养状况的指标。

基因表达研究表明:禁食能够显著降低大口黑鲈大脑 *PACAP* 基因的 mRNA 水平,并且降低程度随着禁食的持续逐渐加大。基因表达水平变化表现出与鱼体的营养状况良好的正相关性,符合 *PACAP* 基因调控摄食的功能假设(Matsuda et al, 2005),然而可能是由于不同物种能量利用方式存在差异,类似的下调表达在金鱼和大西洋鳕中进行的短期或长期禁食过程中没有被观察到。禁食后复投喂或过量投喂能够显著上调 *PACAP* 基因在金鱼和大西洋鳕的表达,这种上调也同样在大口黑鲈禁食后的复投喂过程中存在。有研究认为,*PACAP* 基因在动物食欲调节过程中发挥着双重作用,在进食后通过促进胰岛素的分泌而导致脂肪的合成代谢(Yata et al, 1997; Lina et al, 2003)。另外,在禁食状态作用于下丘脑食欲调节中枢诱导食欲,及促进胰高血糖素的分泌,调节脂肪的分解代谢并提供能量(Nakata et al, 2007)。

研究表明,*PACAP* 基因对动物的营养状况的调控作用不仅仅是通过对机体内在能量代谢平衡的调节,同时也能够通过调节动物摄食行为的实现。已有实验表明:脑腔注射 *PAC-*

AP 会减少动物的食物摄入和诱发饱食行为（Seth et al, 2005）。*PACAP* 基因敲除小鼠实验表现出过度的活动性和探索行为，这些都与它的觅食行为相类似（Hashimoto et al, 2001）。关于 *PACAP* 对食欲的调节机制，目前研究表明可能存在两种不同的途径：一方面 *PACAP* 作用于食欲调节中枢影响动物的食欲（Matsuda et al, 2007）；另一方面也可能通过作用于胃等消化道，通过影响消化道内压来影响食欲（Ozawa et al, 1999）。大口黑鲈 *PACAP* 的组织表达研究显示，旁系组织中 *PACAP* 在肠胃中的表达水平是最高的，表明在大口黑鲈中也是存在这样的调控机制的。

与 PACAP 多肽相比，目前对 PRP 的生理功能知之甚少，仅局限于其对 GH 释放活性。在哺乳动物中，由于缺乏特异受体，*PRP* 基因被认为是没有任何生理功能的。但是近年来在斑马鱼中分离到 *PRP* 的特异受体，推测该基因在鱼类中具有某些特定的生理功能。本节研究结果表明：大口黑鲈脑组织 *PACAP* 基因的表达水平与鱼体的能量状况具有紧密的正相关关系，认为 *PACAP* 在大口黑鲈体内行使调控摄食的生理作用。

参考文献：

白俊杰，劳海华，叶星，等. 2001. 团头鲂胰岛素样生长因子 – I 基因克隆与分析. 动物学研究，22(6)：502 – 506.

白俊杰，马进，简清，等. 1999. 鲤鱼（*Cyprinus carpio*）生长激素基因克隆及原核表达. 中国生物化学与分子生物学报，15(3)：409 – 412.

白俊杰，叶星，李英华，等. 2001. 草鱼胰岛素样生长因子 – I 基因克隆及序列分析. 水产学报，25(1)：1 – 4.

白俊杰，简清，马进，等. 1998. 鲑鱼生长激素 cDNA 在大肠杆菌中的表达及表达产物对罗非鱼促生长作用. 农业生物技术学报，6(4)：343 – 346.

曹运长，李文笙，叶卫，等. 2004. 蓝太阳鱼生长激素全长 cDNA 的克隆与序列分析. 水产学报，28(5)：589 – 592.

陈廷. 2007. 斜带石斑鱼脑肠肽及其受体的克隆与 mRNA 表达研究. 广州：中山大学学位论文，47 – 60.

江树勋，马鸿媚，邓文汉，等. 2002. 大黄鱼生长激素基因的分离及序列测定. 生物工程进展，22(2)：88 – 90.

李胜杰，白俊杰，叶星，等. 2007. 加州鲈生长激素和胰岛素样生长因子 I cDNA 的克隆及序列分析. 广东海洋大学学报，27(3)：1 – 5.

梁素娴，白俊杰，叶星，等. 2007. 养殖大口黑鲈的遗传多样性分析. 大连水产学院学报，22(4)：260 – 263.

林浩然. 1996. 鱼类生长和生长激素分泌活动的调节（综述）. 动物学报，42(1)：69 – 79.

刘福平，白俊杰. 2008. 单核苷酸多态性及其在水产动物遗传育种中的应用. 中国水产科学，15(4)：704 – 712.

刘文生，林焯坤，彭锐民. 1995. 加州鲈鱼胚胎及幼鱼发育的研究. 华南农业大学学报，16(2)：5 – 11.

卢月娇，胡炜，朱作言. 2009. 鲤鱼发育早期 HPG 轴和 GH/IGF 轴相关因子的转录起始分析. 水生生物学报，33(6)：1126 – 1131.

鲁双庆，刘筠，陈淑群. 1996. 草鱼脑垂体的起源和发生的研究. 湖南农业大学学报，22(2)：182 – 186.

马细兰，刘晓春，周立斌，等. 2009. 鱼类 ghrelin 研究进展. 水生生物学报，33(3)：546 – 551.

马细兰，张勇，刘云，等. 2009. 不同饥饿时段对黑鲷（*Acanthopagrus schlegeli*）*ghrelin* 基因表达的影响. 海洋与湖沼，40(3)：313－318.
潘登，双宝，陈荣忠，等．鱼生长激素在水产养殖中的应用．台湾海峡，2001，20：85－89.
邱晓云，卢大儒．1996．内含子在基因表达调控中的作用．国外医学遗传学分册，19(1)：44－45.
韦家永，薛良义．2004．鱼类生长激素的研究概况．浙江海洋学院学报，23(1)：56－59.
吴庆龙．1993．加州鲈鱼的繁殖习性、早期胚胎发育以及孵化与水温的关系．海洋湖沼通报，(1)：64－70.
殷名称．1996．鱼类早期生活史阶段的自然死亡．水生生物学报，20(4)：363－372.
张殿昌，江世贵，苏天凤，等．2002．鲮胰岛素样生长因子 I(IGF－I) cDNA 的分子克隆和序列分析．上海水产大学学报，11 (2)：97－101.
张殿昌．2005．鱼类胰岛素样生长因子研究进展．上海水产大学学报，14 (1)：66－72.
赵春江，李宁，邓学梅．2003．应用创造酶切位点法检测单碱基突变．遗传，25(3)：327－329.
Alba M，Salvatori R. 2004. A mouse with targeted ablation of the growth hormone releasing hormone gene：a new model of isolated growth hormone deficiency. Endocrinology，145(9)：4134－4143.
Ando E，Nokihara K，Naruse S. 1995. Development of pituitary adenylate cyclase activating polypeptides specific radioimmunoassay systems and distribution of PACAP like immunoreactivity in guinea pig tissues. Biomedical Peptides，Proteins Nucleic Acids，1(1)：45－50.
Arimura A，Somogyvari VA，Miyata A，et al. 1991. Tissue distribution of PACAP as determined by RIA：highly abundant in the rat brain and testes. Endocrinology，129(5)：2787－2789.
Arvat E，Vito L Di，Broglio F，et al. 2000. Preliminary evidence that Ghrelin，the natural GH secretagogue (GHS)-receptor ligand，strongly stimulates GH secretion in humans. J Endocrinol Invest，23(8)：493－495.
Asakawa A，Inui A，Ueno N，et al. 2003. Ob/ob mice as a model of delayed gastric emptying. J Diabetes Complications，17(1)：27－28.
Ayson F G，de Jesus E G T，Amemiya Y，et al. 2000. Isolation，cDNA cloning，and growth promoting activity of rabbitfish (*Siganus guttatus*) growth hormone. Gen Comp Endocrinol，117(1)：251－259.
Bai J，Lutz-Carrillo D J，Quan Y，et al，2008，Taxonomic status and genetic diversity of cultured largemouth bass Micropterus salmoides in China. Aquaculture，278：27－30.
Bell G I. 1986. The glucagon superfamily：precursor structure and gene organization. Peptides，(Suppl 1)：27－36.
Billestrup N，Swanson L W，Vale W. 1986. Growth hormone releasing factor stimulates proliferation of somatostrophs in vitro. Proc Natl Acad Sci USA，83(18)：6854－6857.
Blundel T L，Bedarkar L S. 1978. Insulin-like growth factor：a model for tertiary structure accounting formmunoreactivity and receptor binding. Proceedings of the National Academy of Sciences，75(1)：180－184.
Bradley KF，Jason PB，Tetsuya H，et al. 2009. Effects of short and long term fasting on plasma and stomach ghrelin，and the growth hormone/insulin like growth factor I axis in the tilapia，*Oreochromis mossambicus*. Domestic Animal Endocrinology，37：1－11.
Chen J Y，Chen J C，Chang C Y，et al. 2000. Expression of recombinant tilapia insulin-like growth factor-I and stimulation of juvenile tilapia growth by injection of recombinant IGFs polypeptides. Aquaculture，181(34)：347－360.
Chen M，Lin G，Gong H，et al. 1998. Cloning and characterization of insulin-like growth factor I cDNA from black seabream(*Acathopagrus schlegeli*). Zool Stud，37(3)：213－221.
Cheong H S，Yoon D H，Kim L H，et al. 2006. Growth hormone-releasing hormone (GHRH) polymorphisms associated with carcass traits of meat in Korean cattle. BMC Genetics，7：35 doi：10. 1186/1471－2156
de Jesus E G T，Ayson F G，Amemiya Y，et al. 2002. Milkfish(*Chanos chanos*) growth hormone cDNA cloning

and mRNA expression in embryos and early larval stages. Aquaculture, 208(1) : 177 – 188.

DeChiara T M, Efstratiadis A, Robertsen E J. 1990. A growth-deficiency phenotype in heterozygous mice carrying an insulin-like growth factor II gene disrupted by targeting. Nature, 345(6270): 78 – 80.

Desai M P, Upadhye P S, Kamijo T, et al. 2005. Growth hormone releasing hormone receptor (GHRH-r) gene mutation in Indian children with familial isolated growth hormone dificiency: a study from western India. J Pediatr Endocrinol, 18(10):955 – 973.

Devlin R H. 1993. Sequence of sockeye aslmon type 1 and type 2 growth hormone genes and the relationship of rainbow trout with Atlantic and Pacific salmon. Can J Fish Aquat Sci, 55: 1738 – 1748.

Donaldson E M, Fagerlund U H, Higgs D A, et al. 1979. Hormonal enhancement of growth. Fish Physiol, New York: Acdemic Press, (8): 455 – 597.

Du S J, Gong Z, Fletcher G L, et al. 1992. Growth enhancement in transgenic Atlantic salmon by the use of an all fish chimeric growth hormone gene construct. Bio Technology, 10(2):176 – 181.

Duan C M. 1998. Nutritional and developmental regulation of insulin-like growth factors in fish. Journal of Nutrition, 128(2): 306S – 314S.

Duguay S J, Lai-Zhang J, Steiner D F, et al. 1996. Development and tissue-regulated expression of *IGF – I* and *IGF – II* mRNAs in *Sparus aurata*. Mol Endocrinol,16: 123 – 132.

Enes P, Panserat S, Kaushik S, et al. 2009. Nutritional regulation of hepatic glucose metabolism in fish. Fish Physiol Biochem, 35(3):519 – 539.

Estany J, Tor M, Villalba D, et al, 2007. Association of CA repeat polymorphism at intron 1 of insulin-like growth factor (IGF-I) gene with circulating IGF – I concentration, growth, and fatness in swine. Physiol. Genomics, 31: 236 – 243.

Frohman L A, Kineman R D. 2002. Growth hormone releasing hormone and pituitary somatotrope proliferation. Minerva Endocrinological, 27(4): 277 – 285.

Gabillard J C, Weil C, Rescan P Y, et al. 2005. Does the GH/IGF system mediate the effect of water temperature on fish growth? A review . Cybium,29(2): 107 – 117.

Ghigo M C, Torsello A, Grilli R, et al. 1997. Effects of GH and IGF-I administration on GHRH and somatostatin mRNA levels: I. A study on ad libitum fed and starved adult male rats. J Endocrinol Invest, 20(3):144 – 150.

Hashimoto H, Mikawa S, Takayama E, et al. 1997. Molecular cloning and growth hormone-regulated gene expression of carp insulin-like growth factor I. Biochem Mol Biol Inter, 41(5): 877 – 886.

Hashimoto H, Shintani N, Tanaka K, et al. 2001. Altered psychomotor behaviors in mice lacking pituitary adenylate cyclase activating polypeptide (PACAP). Proc Natl Acad Sci USA, 98(23):13 355 – 13 360.

Hollway A C, Leatherland J F. 1998. Neuroendocine regulation of growth hormone secretion in teleost fishes with emphasis on the involvement of gonadal sex steroids. Reviews in Fish Biology and Fisheries, (8):409 – 429.

Hoyle C H. 1998. Neuropeptide families: evolutionary perspectives. Regulatory Peptides, 73: 1 – 33.

Humbel R E. 1990. Insulin-like growth factor I and II. Eur J Biochem, 190 : 445 – 462.

Jentoft S,Aastveit A H,Andersen O. 2004. Molecular cloning and expression of insulin-like growth factor-I (*IGF-I*) in Eurasian perch (*Perca flmuatilis*): lack of responsiveness to growth hormone treatment. Fish Physiology and Biochemistry, 30(1): 67 – 76.

Jiang Y, Li W, Xie J, et al. 2003. Sequence and expression of a cDNA encoding both pituitary adenylate cyclase activating polypeptide and growth hormone releasing hormone in grouper (*Epinephelus coioides*). Acta Biochimica et Biophysica Sinica, 35(9): 864 – 872.

Jozsa R, Nemeth J, Tamas A, et al. 2006. Short term fasting differentially alters PACAP and VIP levels in the brains of rat and chicken. Annals of the New York Academy of Sciences, 1070:354 – 358.

Jungerius B J, van Laere A S, Te Pas M F, et al. 2004. The IGF – 2 intron 3 – G3072A substitution explains a major imprinted QTL effect on backfat thickness in a meishan x european white pig intercross. Genet Res, 84(2):99 – 101.

Kagawa H, Gen K, Okuzawa K, et al. 2003. Effects of luteinizing hormone and follicle stimulating hormone and insulin like growth factor-I on aromatase activity and P450 aromatase gene expression in the ovarian follicles of red seabream, *Pagrus major*. Reproduction, 68(5): 1562 – 1568.

Kaiya H, Kojima M, Hosoda H, et al. 2001. Bullfrog ghrelin is modified by *n*-octanoic acid at its third threonine residue. J Biol Chem, 276(44): 40441 – 40448.

Kaiya H, Kojima M, Hosoda H, et al. 2003. Amidated fish ghrelin: purification, cDNA cloning in the Japanese eel and its biological activity. J Endocrinol, 176(3): 415 – 423.

Kaiya H, Kojima M, Hosoda H, et al. 2003. Identification of tilapia ghrelin and its effects on growth hormone and prolactin release in the tilapia, *Oreochromis mossambicus*. Comp Biochem Physiol B Biochem Mol Biol, 135(3): 421 – 429.

Kaiya H, Van Der Geyten S, Kojima M, et al. 2002. Chicken ghrelin: purification, cDNA cloning, and biological activity. Endocrinology, 143(9): 3454 – 3463.

Kato Y, Murakami Y, Sohmiya M, et al. 2002. Regulation of human growth hormone secretion and its disorders. Internal Medicine, 41(1):7 – 13.

Kojima M, Hosoda H, Date Y, et al. 1999. Ghrelin is a growth-hormone-releasing acylated peptide from stomach. Nature, 402(6762): 656 – 660.

Kojima M, Kangawa K. 2002. Ghrelin an orexigenic signaling molecule from the gastrointestinal tract. Curr Opin Pharmacol, 2(6): 665 – 668.

Knoll A, Putnova L, Dvorak J, Cepica S. 2000. A Nci I PCR – RFLP within intron 2 of the porcine insulin – like growth factor 2(IGF2) gene. Anim Genet, 31(2):150 – 151.

Law M S, Cheng K W, Fung T K, et al. 1996. Isolation and characterization of two distinct growth hormone cDNAs from the goldfish, *Carassius auratus*. Archives of Biochemistiy and Biophysics, 330(1): 19 – 23.

Lee H M, Wang G, Englander E W, et al. 2002. Ghrelin, a new gastrointestinal endocrine peptide that stimulates insulin secretion: enteric distribution, ontogeny, influence of endocrine, and dietary manipulations. Endocrinology, 143(1): 185 – 190.

Lee L T, Tam J K, Chan D W, et al. 2009. Molecular cloning and mRNA distribution of pituitary adenylate cyclase activating polypeptide(PACAP)/PACAP-related peptide in the lungfish. Ann N Y Acad Sci, 1163:209 – 14.

Lee L T O, Siu F K Y, Tam J K V, et al. 2007. Discovery of growth hormone releasing hormones and receptors in nonmammalian vertebrates. Proceedings of the National Academy of Sciences of the United States of America, 104(7): 2133 – 2138.

Li H, Zeitler P S, Valerius M T, et al. 1996. Gsh-1, an orphan Hox gene, is required for normal pituitary development. EMBO J, 15(4):714 – 724.

Li S, Bai J, Wang L. 2008. Cloning and characterization of largemouth bass (*Micropterus salmoides*) myostatin encoding gene and its promoter. Journal of Ocean University of China, 7(3):304 – 310.

Li W S, Chen D, Wong A O, et al. 2005. Molecular cloning, tissue distribution, and ontogeny of mRNA expression of growth hormone in orange-spotted grouper (*Epinephelus coioides*). General and Comparative Endocrinology, 144(1): 78 – 89.

Li X, Bai J, Ye X, et al. 2009. Polymorphisms in the 5' flanking region of the insulin – like growth factor I gene are associated with growth trait in largemouth bass (*Micropterus salmoides*). Fisheries Science, 75:351 - 358.

Lina A, Bo A, Vincent C, et al. 2003. Dual effects of pituitary adenylate cyclase-activating polypeptide and isoproterenol on lipid metabolism and signaling in primary rat adipocytes. Endocrinology, 144(12):5293 - 5299.

Madsen S S, Bern H A. 1993. In-vitro effects of insulin-like growth factor-I on gill Na^+, K^+ - ATPase in coho salmon, *Oncorhynchus kisutch*. Journal of Endocrinology, 138(1):23 - 30.

Male R, Nerland A H, Lorens J B, et al. 1992. The complete nucleotide sequence of the Atlantic salmon growth hormone I gene. Biochim Biophys Acta, 1130(3): 345 - 348.

Matsubara S J, Sato M, Mizobuchi M, et al. 1995. Differential gene expression of growth hormone releasing hormone (GRH) and GRH receptor in various rat tissues. Endocrinology, 136: 4147 - 4150.

Matsuda K, Maruyama K, Miura T, et al. 2005. Anorexigenic action of pituitary adenylate cyclase activating polypeptide (PACAP) in goldfish: feeding-induced changes in the expression of mRNAs for PACAP and its receptors in the brain, and locomotor response to central injection. Neurosci Lett, 386(1):9 - 13.

Matsuda K, Maruyama K, Nakamachi T, et al. 2006. Effects of pituitary adenylate cyclase activating polypeptide and vasoactive intestinal polypeptide on food intake and locomotor activity in the goldfish, *Carassius auratus*. Ann N Y Acad Sci, 1070:417 - 21.

Matsuda K, Maruyama K. 2007. Regulation of feeding behavior by pituitary adenylate cyclase activating polypeptide (PACAP) and vasoactive intestinal polypeptide (VIP) in vertebrates. Peptides, 28:1761 - 1766.

May D, Alrubaian J, Patel S, et al. 1999. Studies on the GH/SL gene family: cloning of African lungfish (*Protopterus annectens*) growth hormone and somatolactin and Toad (*Bufo marinus*) growth hormone. Gen Comp Endocrinol, 113(1): 121 - 135.

Mayo K E, Cerelli G M, Lebo R V, et al. 1985. Gene encoding human growth hormone-releasing factor precursor: structure, sequence, and chromosomal assignment. Proc Natl Acad Sci U S A, 82(1):63 - 67.

Mayo K E, Miller T, DeAlmeida V, et al. 2000. Regulation of the pituitary somatotroph cell by GHRH and its receptor. Recent Prog Horm Res, 55:237 - 266.

Miranda L A, Strobl - Mazzulla P H, Somoza G M. 2002. Ontogenetic development and neuroanatomical localization of growth hormone releasing hormone GHRH) in the brain and pituitary gland of pejerrey fish *Odontheshes bonariensis*. International Journal of Developmental Neuroscience, 20: 503 - 510.

Miyata A, Arimura A, Dahl R R, et al. 1989. Isolation of a novel 38 residue hypothalamic polypeptide which stimulate adenylate cyclase in pituitary cells. Biochemical and Biophysical Research Communications, 164(1): 567 - 574.

Montero M, Yon L, Kikuyama S, et al. 2000. Molecular evolution of the growth hormone releasing hormone/pituitary adenylate cyclase activating polypeptide gene family. Functional implication in the regulation of growth hormone secretion. Journal of Molecular Endocrinology, 25: 157 - 168.

Montero M, You L, Rousseau K, et al. 1998. Distribution, characterization, and growth hormone releasing activity of pituitary adenylate cyclase activation polypeptide in the European eel, *Anguilla anguilla*. Endocrinology, 139 (10): 4300 - 4310.

Moriyama S, Ayson F G, Kawauchi H. 2000. Growth regulation by insulin-like growth factor-1 in fish. Bioscience Biotechnology and Biochemistry, 64(8): 1553 - 1562.

Morley J E, Horowitz M, Morley PMK, et al. 1992. Pituitary adenylate cyclase activating polypeptide (PACAP) reduces food intake in mice. Peptides, 13:1133 - 5.

Mutsuga N, Iwaski Y, Morishita M, et al. 2001. Homeobox protein Gsh-1 dependent regulation of the rat GHRH gene promoter. Molecular Endocrinology, 15(2):2149 - 2156.

Nakata M, Yada T. 2007. PACAP in the glucose and energy homeostasis: physiology role and therapeutic potential. Current Pharmaceutical Design, 13(11):1105 – 1112.

Neff M M, Turk E, Kalishman M. 2002. Web-based primer design for single nucleotide polymorphism analysis. Trends Genet,18: 613 – 615.

Ogi K, Kimura C, Onda H, et al. 1990. Molecular cloning and characterization of cDNA for the precursor of rat pituitary adenylate cyclase activating polypeptide (PACAP). Biochem Biophys Res Commun, 173:1217 – 1219.

Ole S. 2003. Pituitary adenylate cyclase activating polypeptide and adrenomedullary function. American Journal of Physiology. Regulatory ,Integrative Comparative Physiology, 284: R586 – R587.

Ozawa M, Aono M, Mizuta K, et al. 1999. Central effects of pituitary adenylate cyclase activating polypeptide (PACAP) on gastric motility and emptying in rats. Digestive Diseases Sci, 44(4): 735 – 743.

Parker D B, Power M E, Swanson P, et al. 1997. Exon skipping in the gene encoding pituitary adenylate cyclase activating polypeptide in salmon alters the expression of two hormones that stimulate growth hormone release. Endocrinology, 138: 414 – 423.

Pfaffl M W, Horgan G W, Dempfle L. 2002. Relative expression software tool (REST) for group-wise comparison and statistical analysis of relative expression results in real-time PCR. Nucleic Acids Res, 30(9): 1 – 10.

Pfaffl M W. 2001. A new mathematical model for relative quantification in real-time RT – PCR. Nucleic Acids Res, 29(9): 2002 – 2007.

Portbury AL, McConalogue K, Furness JB, et al. 1995. Distribution of pituitary adenylate cyclase activating peptide (PACAP) immunoreactivity in neurons of the guinea pig digestive tract and their projuctions in the ileum and colon. Cell and Tissue Research, 279(2): 385 – 392.

Reinecke M. 2010. Insulin-like Growth Factors and Fish Reproduction. Biology of Reproduction, 82(4): 656 – 661.

Riley L G, Fox B K, Kaiya H, et al. 2005. Long-term treatment of ghrelin stimulates feeding, fat deposition, and alters the *GH/IGF – I* axis in the tilapia, *Oreochromis mossambicus.* Gen Comp Endocrinol, 142(1 – 2): 234 – 240.

Romero C J, Ng Y, Luque R M, et al. 2010. Targeted deletion of somatotroph insulin like growth factor I signaling in a cell specific knockout mouse model. Mol Endocrinol, 24(5):1077 – 1089.

Rousseau K, Le B, Pichavant K, et al. 2001. Pituitary growth hormone secretion in the trubot, a phylogenetically recent teleost, is regulated by a species specific pattern of neuropeptides. Neuroendocrinology, 74: 375 – 385.

Rrichards J, Heigenhauser G, Wood C. 2002. Lipid oxidation fuels recovery from exhaustive exercise in white muscle of rainbow trout. Am J Physiol, 282R:89 – 99.

Sanno N, Teramoto A, Osamura RY, et al. 1997. A growth hormone releasing hormone producing pancreatic islet cell tumor metastasized to the pituitary is associated with pituitary somatotroph hyperplasia and acromegaly. J Clin Endocrinol, 82:2731 – 2737.

Seth D N, Mahasweta D, Gabor L. 2005. Behavioral effects of local microinfusion of pituitary adenylate cyclase activating polypeptide (PACAP) into the paraventricular nucleus of the hypothalamus (PVN). Regulatory Peptides, 128(1):33 – 41.

Shamblott MJ, Chen TT. 1993. Age-related and tissue-specific levels of five forms of insulin-like growth factor mRNA in a teleost. Mol Mar Biotechnol, 2(6):351 – 361.

Sherwood N M, Krueckl S L, McRory J E. 2000. The origin and function of the pituitary adenylate cyclase activating polypeptide (PACAP)/ glucagon superfamily. Endocr Rev, 21(6): 619 – 70.

Shunsuke M, Ayson F G. Hiroshi K. 2000. Growth regulation by insulin-like growth factor-I in fish. Biosci Biotechnol Biochem, 64(8):1553 - 1562

Sun Y, Wang P, Zheng H, et al. 2004. Ghrelin stimulation of growth hormone release and appetite is mediated through the growth hormone secretagogue receptor. Proc Natl Acad Sci U S A, 101(13): 4679 - 4684.

Tachibana T, Saito ES, Takahashi H, et al. 2004. Anorexigenic effects of pituitary adenylate cyclase activating polypeptide and vasoactive intestinal peptide in the chick brain are mediated by corticotrophin releasing factor. Regul Pept, 120(1 - 3):99 - 105.

Tam J K V, Lee L T O, Chow B K C. 2007. PACAP related peptide (PRP) - Molecular evolution and potential functions. Peptides, 28: 1920 - 1929.

Tao W J, Boulding E G. 2003. Associations between single nucleotide polymorphisms in candidate genes and growth rate in Arctic charr (*Salvelinus alpinus* L.). Heredity, 91(1):60 - 69.

Tena-Sempere M. 2005. Ghrelin: novel regulator of gonadal function. J Endocrinol Invest, 28(5 Suppl): 26 - 29.

Tissier P R, Carmignac D F, Lilley S, et al. 2005. Hypothalamic growth hormone releasing hormone (GHRH) deficiency: Targeted ablation of GHRH neurons in mice using a viral ion channel transgene. Molecular Endocrinology, 19(5):1251 - 1262.

Unniappan S, Canosa L F, Peter R E. 2004. Orexigenic actions of ghrelin in goldfish: feeding-induced changes in brain and gut mRNA expression and serum levels, and responses to central and peripheral injections. Neuroendocrinology, 79(2): 100 - 108.

Unniappan S, Lin X, Cervini L, et al. 2002. Goldfish ghrelin: molecular characterization of the complementary deoxyribonucleic acid, partial gene structure and evidence for its stimulatory role in food intake. Endocrinology, 143(10): 4143 - 4146.

Valerius M T, Li H, Stock J L, et al. 1995. Gsh-1: a novel murine homeobox gene expressed in the central nervous system. Dev Dyn, 203:337 - 351.

Van Laere A S, Nguyen M, Braunschweig M, et al. 2003. A regulatory mutation in IGF2 causes a major QTL effect on muscle growth in the pig. Nature 425:832 - 836.

Vasilatos-Youngken R, Scanes C G. 1991. Growth hormone and insulin-like in poultry growth: required, optimal orneffective. Poultry Sciences, 70:1764 - 1780.

Vaudry D, Falluel MA, Bourgault S, et al. 2009. Pituitary adenylate cyclase activating polypeptide and its receptors: 20 years after the discovery. Pharmacol Rev, 61(3):283 - 357.

Vaughan J M, Rivier J, Spiess J, et al. 1992. Isolation and characterization of hypothalamic growth hormone releasing factor from common carp, *Cyprinus carpio*. Neuroendocrinology, 56: 539 - 549.

Vincent H, Heemskerk, Marc A R C, et al. 1999. Insulin-like growth factor-I(IGF-I) and growth hormone (GH) in immunity and inflammation. Cytokine & Growth Factor Reviews, 10: 5 - 14.

Wang Y J, Li J, Wang C Y, et al. 2007. Identification of the endogenous ligands for chicken growth hormone releasing hormone (GHRH) receptor: evidence for a separate gene encoding GHRH in submammalian vertebrates. Endocrinology, 148(5): 2405 - 2416.

White Y A R, Kyle J T, Wood A W. 2009. Targeted Gene Knockdown in Zebraflsh Reveals Distinct Intraembryonic Functions for Insulin-Like Growth Factor II Signaling. Endocrinology, 150(9): 4366 - 4375.

Wood A W, Duan C M, Bern H A. 2005. Insulin-like growth factor signaling in fish. International Review of Cytology, 243: 215 - 285.

Wu S, Adams B A, Fradinger E A, et al. 2006. Role of two genes encoding PACAP in early brain development in zebrafish. Annals of New York Academy of Science, 1070: 602 - 612.

Xu M, Volkoff H. 2009. Cloning, tissue distribution and effects of food deprivation on pituitary adenylate cyclase activating polypeptide (PACAP)/PACAP-related peptide (PRP) and preprosomatostatin 1 (PPSS 1) in Atlantic cod (*Gadus morhua*). Peptides, 30:766 – 776.

Yata T, Sakurada M, Ishihara H, et al. 1997. Pituitary adenylate cyclase activating polypeptide (PACAP) is an islet substance serving as an intra – islet amplifier of glucose – induced insulin secretion in rats. The Journal of Physiology, 505(Pt 2):319 – 328.

Zhang Y, Zhu Y, Li Z, et al. 2008. Injection of porcine growth hormone releasing hormone gene plasmid in skeletal muscle increase piglets' growth and whole body protein turnover. Livestock Science, 115:279 – 286.

Zhu Z, Li G, He L, et al. 1985. Novel gene transfer into the fertilized eggs of goldfish. Angew Ichthyol, (1): 31 – 34.

第九章　大口黑鲈生肌决定因子(MRFs)家族功能基因的研究

第一节　生肌决定因子概述

生肌决定因子(MRFs)家族包括 *Myf5*、*MyoD*、*Myogenin* 和 *MRF4* 四个成员,其基本功能是决定生肌细胞的分化和促进成肌细胞的增殖和分化。鱼类 MRFs 家族功能基因的结构和功能以及核苷酸的变化对鱼类生长的影响的研究结果可为生长性状的遗传改良,特别是分子辅助选育提供理论基础。

一、MRFs 家族基因的结构

MRFs 家族蛋白结构上的最大特点是含有 b－HLH 结构域,都属于 HLH 转录因子超家族成员(Braun et al, 1991)。Basic 区是一个富含精氨酸和赖氨酸的碱性区段,而 HLH 螺旋结构则是与许多其他因子相互作用的位点,是调控的重要区域。在 bHLH 区外，还有两个同源区,一个是紧靠碱性区氨基末端,富含半胱氨酸和组氨酸;另一个是在 MRF 的羧基末端，富含丝氨酸和苏氨酸,是可磷酸化的部位(Braun et al, 1990)。bHLH 区外结构可能与肌肉发育过程的精细调节功能有关,是 *MyoD* 及其家族成员功能差异的分子基础(Anthony et al, 1992)。MRFs 通过与一些正调节因子(如 E 蛋白、肌肉 LIM 蛋白等)形成的异二聚体与靶 DNA 上的 E-box 结合,激活肌肉特异性蛋白的表达(Davis et al, 1990)。

二、MRFs 家族基因功能

MRFs 在肌肉细胞系的分化特化过程中有重要的作用,它们只表达在骨骼肌细胞和它们的前体细胞中,非肌肉细胞系中 MRFs 家族成员的表达会被其他特异性的调节因子抑制,同时 MRFs 基因可以激活自身的表达,这对于保持成肌作用具有重要意义(Weintraub et al, 1991)。尽管 MRFs 及其家族成员的功能有相同或者重叠的部分，但每种基因又具独特功能。MFRs 家族成员在发育中不同的时空表达模式表明了其成员在肌肉发生中的作用是不同的。研究表明,在肌肉生成的早期分化阶段,*Myf5* 最早表达,在胚胎发育早期即体节形成前就已表达,伴随着体节的形成,*MyoD*、*Myogenin* 和 *MRF4* 依次表达(Ott et al,1991;Chen et al,2001)。早期表达的 *Myf5* 和 *MyoD* 决定了近轴细胞和轴上中胚层细胞的成肌发育命运(Kablar et al,1998),而 *Myogenin* 和 *MRF*4 则在成肌细胞终末分化过程中发挥作用。骨骼肌肌肉发生(myogenesis)是一个复杂的生物学过程,MRFs 基因家族以及其他的关联转录调节因子共同通过相互复杂的调控来决定骨骼肌肌肉细胞的生长发育。

MRFs 对骨骼肌发生起重要的调节作用,其中 *MyoD* 基因是脊椎动物胚胎期肌肉发育的主导调控基因之一。在去神经造成的骨骼肌4种MRFs基因转录增强效果试验中，*MyoG*基因是*MyoD*基因家族中唯一在所有骨骼肌细胞系中均可表达的基因(Olson, 1990)。在转基因小鼠中过度表达*Myogenin*，将导致*MyoD*和*MRF*4 mRNA水平均降低(Gundersen et al,1995)。有研究表明，阻遏*MyoD*表达，*Myf5*出现代偿性高表达，小鼠肌肉的生长发育仍相对正常(Rudnicki et al,1993)；如阻遏*Myf5*表达，则不能形成早期肌节，随后*MyoD*被激活，肌肉仍可正常生成，但这些小鼠出生时因肋骨缺陷而死亡，可能是由于缺乏生肌节与生骨节之间的相互作用(Braun et al,1992; Braun et al,1994)。*Myf5*和*MyoD*均缺乏的小鼠既不能生成骨骼肌，也无前体成肌细胞群生成(Rudnicki et al, 1992)，因此认为*MyoD*和*Myf5*能够相互补充及在基因通路的上游就启动骨骼肌的产生。但是*Myf5*与*MyoD*的功能并不是完全重叠的，两者分别独立地决定着胚胎发育过程中肌肉细胞的分化过程。有研究认为两者在时间上有不同的生肌作用插入位点：一个由*Myf5*基因引发，是建立早期的生肌节所必需的，另一个以*MyoD*基因为标志，形成后期的生肌节细胞，在生肌节发育后期，两基因又同时表达(王蕾等,2005)。*Myogenin*基因与*MRF4*基因参与了骨骼肌肌肉细胞的终末分化过程。缺乏*Myogenin*的鼠无肌纤维生成，但肌母细胞可能正常(Cossu et al,1996)。*MRF4*减少的小鼠虽有骨骼肌形成，但因肋骨生长缺陷而在出生时死亡(Cossu et al,1996)。

第二节 大口黑鲈*Myf5*基因cDNA和基因组序列的克隆与分析

*Myf5*是生肌调节因子家族最早表达的基因，在成肌细胞的特化和增殖过程中发挥了关键的调节作用。人类*Myf5*基因最早发现于1989年，能够诱导鼠的10T1/2C3H成纤维细胞分化为肌纤维(Braun et al,1989)。*Myf5*基因敲除实验中小鼠轴上肌肉系统发育迟缓并死于肋骨缺陷症，说明*Myf5*基因起始调控了轴上肌肉的形成(Kablar et al,1997,2003;Braun et al,1992,1994)。在胚胎时期阻碍斑马鱼*Myf5*基因的表达，体节形成与肌肉发育过程均表现出异常，说明鱼类的*Myf5*基因与哺乳类有着相似的功能(Chen et al,2002)。目前，*Myf5*基因在斑马鱼(*Danio rerio*)(Chen et al,2001)、条纹狼鲈(*Morone saxatilis*)(Tan et al, 2002)、褐牙鲆(*Paralichthys olivaceus*)(Tan et al,2006)、花鲈(*Lateolabrax japonicus*)(Ye et al,2007)胚胎时期的表达模式已经建立。在虹鳟(*Oncorhynchus mykiss*)的胚后生长发育中，*Myf5*基因的表达水平与肌肉的阶段性生长成明显的相关性(Johansen et al,2005)。不同于哺乳动物，大多数鱼类肌肉生长发育往往持续一生(Rowlerson et al, 2001)，而其肌肉生长发育的状况决定了鱼体的最终大小(Weatherley et al,1989)，深入研究鱼类肌肉生长发育的机制对提高鱼类的养殖效率将会有很大帮助。

一、材料与方法

1. 材料

实验用大口黑鲈成鱼体重约400 g，来自广东省大口黑鲈良种场；SV Total RNA Isolation kit购自Promega公司；RNA PCR Kit (AMV) Ver. 3.0试剂盒和pMD19 - T vectors system购

自 TaKaRa 公司；Blood & Cell Culture DNA Kit 和 GenomeWalker Universal Kit 均购自 Clontech 公司;大肠杆菌 DH5α 由本实验室保存。

2. 肌肉总 RNA 的提取

取大口黑鲈背部肌肉 30 mg,按照 Promega 公司 SV Total RNA Isolation System 试剂盒的方法进行。

3. 基因组 DNA 的提取

取大口黑鲈尾部静脉血,按 1∶6 体积与抗凝剂混匀,按照 Clontech 公司 Blood & Cell Culture DNA Kit 试剂盒的方法进行。

4. *Myf5* cDNA 序列的扩增和克隆

参照 GenBank 中已登录的条纹狼鲈(*Morone saxatilis*, AF463525)、花鲈(*Lateolabrax japon*,DQ407725)、斑马鱼(*Danio rerio*,AF270789)、大西洋鲑(*Salmo salar*,DQ452070)、褐牙鲆(*Paralichthys olivaceus*,DQ872515)、虹鳟(*Oncorhynchus mykiss*,AY751283)、红鳍东方鲀(*Takifugu rubripes*,AY445319)等鱼的 *Myf5* 基因的 cDNA 序列,在同源保守区内设计引物,上游引物 p1 位于起始密码子处:5′ - ATGGAY(T/C)GTCTTCTCV(G/A/C)M(A/C)CATCCC - 3′,p2:5′ - CGCCATCCAGTACATCGAGAG - 3′,下游引物 p3 位于终止密码子处:5′ - TCACAGK(G/T)ACGTGGTAGACGGG - 3′。反转录过程按照 TaKaRa RNA PCR Kit(AMV) Ver. 3.0 试剂盒上的操作步骤进行,反应结束后采用 p1 和上述试剂盒中的 M13 Primer M4:5′ - GTTTTCCCAGTCACGAC - 3′进行 PCR 扩增,94℃ 3 min,1 个循环,94℃ 30 s,54℃ 30 s,72℃ 1 min,共 28 个循环,72℃ 7 min。反应结束后,用 p1 和 p3 引物进行巢式扩增得到开放阅读框(ORF)序列,用 p2 和反转录试剂盒中的 oligo dT Adaptor primer 为引物进行 3′RACE 扩增,PCR 反应程序同上。扩增产物经低熔点琼脂糖凝胶回收纯化,与 pMD19 - T 载体连接,转化感受态大肠杆菌 DH5α,转化子用碱裂解法提取质粒,酶切鉴定插入片段的大小,挑取阳性转化子送上海英竣公司测序。使用 Vector NTI 7.0 软件将上述两条序列进行拼接得到 ORF 与 3′非翻译区序列。

5. *Myf5* 内含子序列的扩增和克隆

以基因组 DNA 为模板,p1、p3 为引物进行 PCR 扩增,94℃ 4 min,每个循环包括 94℃ 45 s,56℃ 45 s,72℃ 1 min 30 s,共 30 个循环,72℃ 10 min。扩增产物回收纯化、转化、鉴定、测序过程方法同上。并用 Vector NTI 7.0 软件进行外显子与内含子的序列拼接。

6. *Myf5* 基因组 5′调控区域序列的扩增和克隆

在 *Myf5* 基因第一外显子处设计两条下游引物 GSP1:5′ - CAGCCCGTCTGCGGTCCACAAAGTTG - 3′, GSP2:5′ - TGCTCGTCCTCCTCAGAACCATCAAG。按照 GenomeWalker Universal Kit 试剂盒的操作步骤,使用 *Eco*RV 酶切基因组 DNA 后,与试剂盒中的接头连接建库。使用试剂盒提供的引物 AP1:5′ - GTAATACGACTCACTATAGGGC - 3′和自备引物 GSP1 进行 PCR 扩增,先行两个循环 94℃ 25 s,72℃ 3 min,再行 32 个循环,94℃ 25 s,67℃ 3 min,最后一个循环 67℃ 7min。取该次 PCR 产物稀释 50 倍后为模板,以 AP2:5′ - ACTATAGGGCACGCGTGGT - 3′和 GSP2 为引物进行巢式扩增,反应程序同上。扩增产物转化、

鉴定、测序过程方法同上。

7. 生物信息学分析

序列同源性分析采用 NCBI 数据库 BLAST 程序。氨基酸序列结构分析采用 Vector NTI 7.0 和 Signal 3.0 server 软件。使用 MatInspector Release professional 7.4.5 软件对启动子上的顺式作用元件进行预测，所有参数设置均使用默认值，核心序列矩阵相似度与序列矩阵相似度比值均大于 0.8。

二、结果与分析

1. 大口黑鲈 *Myf5* 基因 cDNA 和对应氨基酸序列

大口黑鲈总 RNA 提取结果如图 9－1(a)所示，28S、18S 和 5 SrRNA 条带完整。*Myf5* ORF 的 PCR 和 3′RACE 扩增出的目的条带见图 9－1(b)，结果与预期片段大小相符。

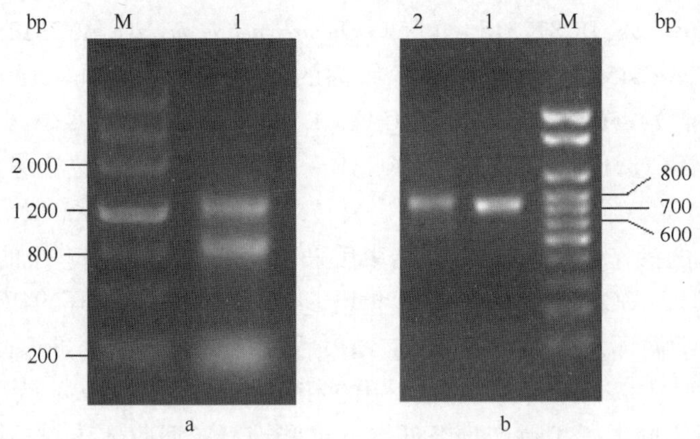

图 9－1 RNA 抽提检测结果(a)及 *Myf5* ORF 的 PCR 和 3′RACE 扩增结果(b)

M：核酸分子量标准；a：1，RNA 抽提结果；b：1，ORF 的 PCR 扩增结果；2，3′RACE 扩增结果

克隆得到的大口黑鲈 *Myf5* cDNA 序列及推测的氨基酸序列见图 9－2，*Myf5* cDNA 长 1 093 bp，其中 ORF 长 723 bp，共编码 240 个氨基酸；3′非翻译区长 370 bp，存在转录终止序列 ATTAAA。该基因编码的氨基酸序列具有一典型的碱性螺旋－环－螺旋（basic helix-loop-helex，bHLH）结构域，位于第 56～124 氨基酸处，其中第 56～80 氨基酸处为富含精氨酸与赖氨酸的碱性区，易于与带负电的 DNA 结合。经软件预测该蛋白无信号肽序列，属核蛋白，与其只在肌细胞内特异表达的特性相符。

将 15 种脊椎动物 *Myf5* bHLH 结构域的序列进行比对，可以看到螺旋 1 和螺旋 2 区域内碱性氨基酸与酸性氨基酸(天冬氨酸和谷氨酸)并存，这种两亲性的特征使得其与具有 bHLH 结构域的其他蛋白聚合成为可能；同时发现不同物种中存在序列完全一致的疏水性氨基酸(苯丙氨酸、异亮氨酸和亮氨酸)，它们可能在螺旋表面通过疏水作用稳定螺旋结构，与该蛋白以二聚体形式发挥作用相吻合(图 9－3)。

大口黑鲈 *Myf5* 基因氨基酸序列与 14 种脊椎动物相比同源性介于 56%～93%，其中 bHLH 结构域与其他鱼类的同源性可达到 90% 以上，相比其他脊椎动物也有 82% 以上的同

1　**ATG** GAC GTC TTC TCA CCA TCC CAG GTC TAC TAC GAC AGA GCG TGT GCT TCG TCT CCA GAT
1　M D V F S P S Q V Y Y D R A C A S S P D
61　AGC CTG GAG TTT GGA CCC GGT GTG GAG CTT GAT GGT TCT GAG GAG GAC GAG CAT GTC AGG
21　S L E F G P G V E L D G S E E D E H V R
121　GTT CCC GGG GCA CCT CAC CAG CCG GGA CAC TGT CTC CAG TGG GCC TGC AAG GCC TGC AAG
41　V P G A P H Q P G H C L Q W A C K A C K
181　CGC AAG TCC AAC TTT GTG GAC CGC AGA CGG GCT GCC ACC ATG CGT GAG CGC CGG CGG CTG
61　R K S N F V D R R R A A T M R E R R R L
241　AAG AAG GTC AAC CAC GCG TTC GAG GCT TTG AGA CGT TGC ACC TCG GCC AAC CCC AGC CAA
81　K K V N H A F E A L R R C T S A N P S Q
301　CGT CTG CCA AAG GTG GAG ATC CTG CGC AAC GCC ATC CAT TAC ATT GAG AGT CTG CAG GAC
101　R L P K V E I L R N A I H Y I E S L Q D
361　CTG CTA CGA GAG CAG GTG GAA AAC TAC TAC TGC CTA CCT GGA GAG AGC AGC TCT GAG CCT
121　L L R E Q V E N Y Y C L P G E S S S E P
421　GGT AGC CCA CTG TCC AGC TGC TCT GAC GGC ATG GCT GAC AGC AAC AGT CCA GTG TGG CAA
141　G S P L S S C S D G M A D S N S P V W Q
481　CAT CTG AAT GCA AAC TAC AGC AAC AGA TAT TCA TAT GCG AAA AAT GAG AGT GTG GGC GAT
161　H L N A N Y S N R Y S Y A K N E S V G D
541　AAG ACA GCT GGA GCC TCT AGT CTG GAG TGT CTC TCC AGC ATC GTT GAT CGC TTG TCC TCG
181　K T A G A S S L E C L S S I V D R L S S
601　GTG GAG TCC AGC TGC GGA CCG GTG GCT CTG AGA GAC ATG GCC ACC TTC TCC CCT GGG AGC
201　V E S S C G P V A L R D M A T F S P G S
661　TCC GAC TCG CAG CCC TGC ACG CCG GAG AGC CCC GGA TGC AGG CCC GTC TAC CAC GTC CTG **TGA**
221　S D S Q P C T P E S P G C R P V Y H V L *
AGGAAACTTCGCTTTAACGTGGCTATATTGCCACAGTCAGGCGCCCAGCTTTCACCAAACACCAGCTGCATTTGCAACAAGAAGAGATAAGA
ACTAGTTTTGTGCAATTTTAAAAGAGTCTGAATTTGAGGACCTGTGGCAAGTAGCTTTTTTGTACATGAGATTGTAAATATGTGATGTAATT
GCCCATTTATTCTATACATGCTATTATACTCAATGAGACATATTTAATTATGAGAGTACATGTAATGTTGCATAATTCCAACATGAAATGGT
ATTTAAGCAGTTTTCATTCTTACTTTCCATGTTGAATTTCATGAAC**ATTAAA**TCTTTTCACTGTTTTGTGTAAAAAAAGAAAGAAAAAAAAA
AA

图 9-2　大口黑鲈 *Myf5* cDNA 序列及推测的氨基酸序列

注:3′非翻译区的转录终止信号 ATTAAA 用阴影标出,碱性螺旋-环-螺旋结构域用下划线标出

源性(表 9-1)。序列高度的保守性与其重要的生物学功能有关。HLH 结构域能够介导 Myf5 蛋白与 E 蛋白(如 E12、E47、HEB 和 ITF 等)结合形成二聚体,再通过碱性区的作用与肌肉特异性基因如肌球蛋白轻链基因、肌酸激酶基因等的上游调控序列中的 E-box (CANNTG)结合从而启动这些基因的表达,促进成肌细胞的分化(Jaynes et al,1988;Braun et al,1991;Faerman et al,1993)。曾有报道认为该蛋白的氨基端和羧基端大部分序列同样能够作为内在的转录激活域与碱性区共同激活肌肉特异性基因的转录(Braun et al,1990)。我们将大口黑鲈氨基酸序列的 1~54 处氨基端与 132~240 处的羧基端序列与其他脊椎动物进行比较,发现保守性低于 bHLH 区(表 9-1),提示这两段序列可能在转录激活过程中起着辅助作用。

```
M.salmoides    CKACKRKSNFVDRRRAATMRERRRLKKVNHAFEALRRCTSANPSCRLPKVEILRNAIHYIESLQDLLRE
M.saxatilis    CKACKRKSNFVDRRRAATMRERRRLKKVNHAFEALRRCTSANPSCRLPKVEILRNAICYIESLQDLLHE
L.japonicus    CKACKRKSNFVDRRRAATMRERRRLKKVNHAFEALRRCTSANPSCRLPKVEILRNAICYIESLQDLLRE
P.olivaceus    CKACKRKSSFVDRRRAATMRERRRLKKVNHAFEALRRCTSANPSCRLPKVEILRNAIHYIESLQELLRE
D.rerio        CKACKRKASTVDRRRAATMRERRRLKKVNHAFEALRRCTSANPSCRLPKVEILRNAICYIESLQELLRE
C.carpio       CKACKRKASTVDRRRAATMRERRRLKKVNHAFEALRRCTSANPSCRLPKVEILRNAICYIESLQELLRE
S.salar        CKACKRKSSTVDRRRAATMRERRRLRKVNHGFEALRRCTSANHSCRLPKVEILRNAICYIESLQELLHE
O.mykiss       CKACKRKSSTVDRRRAATMRERRRLKKVNHGFEALRRCTSANPSCRLPKVEILRNAICYIESLQELLHE
T.rubripes     CKACKRKSNFVDRRRAATMRERRRLKKVNHAFDALRRCTSANSSCRLPKVEILRNAICYIESLQELLRE
T.nigroviridis CKACKRKSNFVDRRRAATMRERRRLKKVNHAFDALRRCTSANSSCRLPKVEILRNAICYIESLQELLRE
H.sapiens      CKACKRKSTTMDRRKAATMRERRRLKKVNQAFETLKRCTTTNPNCRLPKVEILRNAIRYIESLQELLRE
M.musculus     CKACKRKSTTMDRRKAATMRERRRLKKVNQAFETLKRCTTTNPNCRLPKVEILRNAIRYIESLQELLRE
B.taurus       CKACKRKSTTMDRRKAATMRERRRLKKVNQAFDTLKRCTTTNPNCRLPKVEILRNAIRYIESLQELLRE
G.gallus       CKACKRKSTTMDRRKAATMRERRRLKKVNQAFETLKRCTTANPNCRLPKVEILRNAIRYIESLQELLRE
X.laevis       CKACKRKSSTTDRRKAATMRERRRLKKVNQAFETLKRCTTTNPNCRLPKVEILRNAICYIESLQDLLRE
                        Basic                helix1       loop          helix2
```

图9-3　脊椎动物中 *Myf5* 碱性螺旋-环-螺旋结构域氨基酸序列比较

注:从上至下依次为大口黑鲈(*Micropterus salmoide*)与条纹狼鲈(*Morone saxatilis*, AF463525)、花鲈(*Lateolabrax japonicus*, DQ407725)、褐牙鲆(*Paralichthys olivaceus*, DQ872515)、斑马鱼(*Danio rerio*, AF270789)、鲤鱼(*Cyprinus carpio*, AB012883)、大西洋鲑(*Salmo salar*, DQ452070)、虹鳟(*Oncorhynchus mykiss*, AY751283)、红鳍东方鲀(*Takifugu rubripes*, AY445319)、黑青斑河鲀(*Tetraodon nigroviridis*; DQ453127)、人(*Homo sapiens*, X14894)、鼠(*Mus musculus*, NM_008656)、牛(*Bos taurus*, M95684)、鸡(*Gallus gallus*, X73250)和非洲爪蟾(*Xenopus laevis*, X56738)碱性螺旋-环-螺旋结构域的氨基酸序列比较,完全一致序列用深色区域表示,部分一致序列用浅色区域表示.

表9-1　大口黑鲈与其他脊椎动物 *Myf5* 基因氨基酸序列的同源性比较　%

物种	bHLH 结构域	氨基端	羧基端	全序列	编码氨基酸长度/个
条纹鲈 *Morone saxatilis*	97	93	89	92	239
花鲈 *Lateolabrax japonicus*	99	93	89	93	240
褐牙鲆 *Paralichthys olivaceus*	97	93	88	92	239
鲤鱼 *Cyprinus carpio*	93	88	59	76	237
斑马鱼 *Danio rerio*	93	83	60	75	240
红旗东方鲀 *Takifugu rubripes*	94	90	86	89	237
黑青斑河鲀 *Tetraodon nigroviridis*	94	92	68	81	246
大西洋鲑 *Salmo salar*	88	86	70	79	239
虹鳟 *Oncorhynchus mykiss*	90	86	74	82	239
牛 *Bos taurus*	82	40	49	56	255
人 *Homo sapiens*	84	40	49	57	255
鼠 *Mus musculus*	84	36	52	57	255
鸡 *Gallus gallus*	85	35	49	56	258
非洲爪蟾 *Xenopus laevis*	85	38	51	57	255

2. 大口黑鲈 *Myf5* 基因组序列及启动子区的调控元件

以大口黑鲈基因组 DNA 为模板,p1 和 p3 为引物,扩增得到约 2 000 bp 的包含内含子序列的特异条带,结果如图 9 - 4a 所示。以 *Eco*R Ⅴ酶切建库的基因组为模板,AP1 和 GSP1 为引物,进行 Genomewalker 第一轮 PCR 扩增,出现弥散条带,如图 9 - 4b 所示。再以产物为模板,AP2 和 GSP2 为引物,进行第二轮巢式 PCR 扩增,出现一条约 2 700 bp 的特异条带,如图 9 - 4b(2)所示。

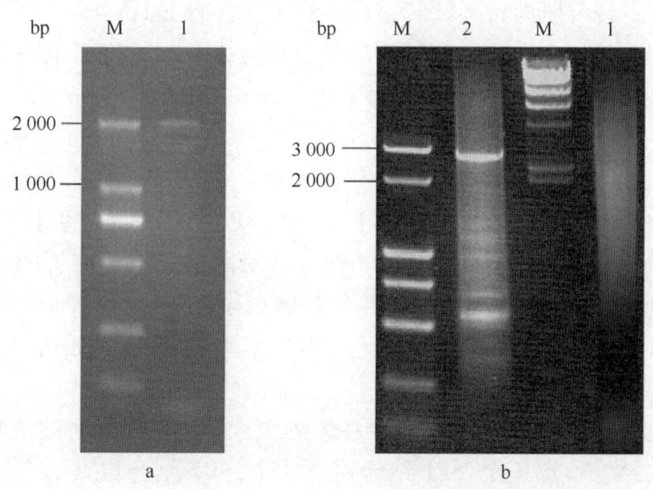

图 9 - 4　内含子序列扩增结果(a) 和 genomwalker 扩增 5′调控区序列结果(b)

M:核酸分子量标准;a:1, 内含子序列扩增结果;b:1, Genomewalker 第一轮 PCR 扩增结果;2,Genomewalker 巢式 PCR 扩增结果.

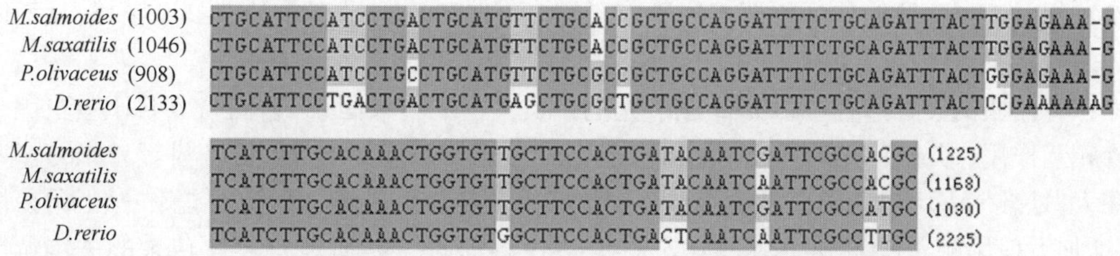

```
M.salmoides (1003)  CTGCATTCCATCCTGACTGCATGTTCTGCACCGCTGCCAGGATTTTCTGCAGATTTACTTGGAGAAA-G
M.saxatilis (1046)  CTGCATTCCATCCTGACTGCATGTTCTGCACCGCTGCCAGGATTTTCTGCAGATTTACTTGGAGAAA-G
P.olivaceus (908)   CTGCATTCCATCCTGCCTGCATGTTCTGCGCCGCTGCCAGGATTTTCTGCAGATTTACTGGGAGAAA-G
D.rerio (2133)      CTGCATTCCTGACTGACTGCATGAGCTGCGCTGCTGCCAGGATTTTCTGCAGATTTACTCCGAAAAAAG

M.salmoides         TCATCTTGCACAAACTGGTGTTGCTTCCACTGATACAATCGATTCGCCACGC (1225)
M.saxatilis         TCATCTTGCACAAACTGGTGTTGCTTCCACTGATACAATCAATTCGCCACGC (1168)
P.olivaceus         TCATCTTGCACAAACTGGTGTTGCTTCCACTGATACAATCGATTCGCCATGC (1030)
D.rerio             TCATCTTGCACAAACTGGTGTGGCTTCCACTGACTCAATCAATTCGCCTTGC (2225)
```

图 9 - 5　4 种鱼类 *Myf5* 基因内含子 1 中高度保守序列比较

注:比对序列依次为大口黑鲈(*Micropterus salmoide*)、条纹狼鲈(*Morone saxatilis*, AF463525)、褐牙鲆(*Paralichthys olivaceus*, DQ872515)、斑马鱼(*Danio rerio*, AF270789)。完全一致序列用深色区域表示,部分一致序列用浅色区域表示.

经序列拼接可知大口黑鲈 *Myf5* 基因共存在 3 个外显子和两个内含子。外显子 1、2、3 分别长 453 bp, 73 bp 和 197 bp。内含子 1 和 2 分别长 920 bp 和 328 bp,内含子与外显子边界均符合 GT - AG 规则。通过大口黑鲈、条纹鲈、褐牙鲆和斑马鱼的基因组序列比对,我们发现内含子 1 中存在 123 bp 且同源性为 86% 以上的高度保守序列(图 9 - 5),Lin 等(2004)已经证实斑马鱼中的该段序列能够显著抑制 *Myf5* 的表达。经软件预测该段序列含有肌源蛋白结合因子 1(COMP1,cooperates with myogenic proteins 1)结合位点、羧基端锌指蛋白结合结构域(carboxy-terminal zinc finger domain)、转录增强子(transcriptional enhancer factors 1,3,4,5)、CCAAT 框等转录调控元件,它们可能在对 *Myf5* 基因的时空和组织特异性表达过程中起到调节作用。

克隆得到的大口黑鲈 *Myf5* 基因启动子区序列长 2 690 bp,存在基础转录调控元件 TATA 框、GC 框、CCAAT 框(核转录因子 NFY 能对该序列进行调控)和八聚体转录因子 1(Otc-1)结合位点。同时发现与肌肉特异性转录调控相关元件有 E-box 18 个、肌细胞特异增强因子 2(Myocyte specific enhancer factor2,MEF2)结合位点 3 个、上游激活因子 (Upstream stimulating factor,USF)结合位点两个、血清应答因子(Serum response factor,SRF)结合位点两个、核转录因子 sp1 结合位点 8 个、肌肉特异性金属硫蛋白 MTBF(Muscle-specific Mt binding site factor)结合位点 3 个。与早期诱导肌肉分化信号有关的调控元件有早期生长应答因子 α (Early growth response gene α, EGRα/TIEG) 结合位点、早期快反应生长应答因子 1(Early growth response gene 1,Egr-1/Krox-24)结合位点、早期快反应生长应答因子 2(Early growth response gene 2,Egr-2/Krox-20)结合位点、生长依赖因子 1(Growth factor independence 1)结合位点、T 细胞因子 TCF/LEF-1 结合位点,它们可能是调控 *Myf5* 基因在体节形成期早期表达的主要因子。具体序列见图 9 -6。

克隆得到的大口黑鲈 *Myf5* 基因上游调控序列中存在肌肉特异启动子调控元件,分别为 E-box 18 个,MEF2 结合位点 3 个,SP1 结合位点 8 个,SRF 结合位点两个,USF 结合位点两个。肌肉特异性基因(如肌球蛋白轻链、肌酸激酶等基因)的启动子中的 E-box 区域是生肌调节因子家族成员的结合位点(Braun et al,1991),我们发现大口黑鲈 *Myf5* 启动子中也拥有数量较多的 E-box,从而推测该家族其他成员可能通过反馈作用抑制或激活 *Myf5* 的后续表达。在 *MyoD* 基因敲除小鼠中,*Myf5* 基因的表达量比野生型小鼠高 4 倍(Rudnicki et al,1992),提示 *MyoD* 可能作为负调控因子,反馈作用于 *Myf5* 启动子中的 E-Box 区域,从而限制其表达水平。

在骨骼肌的发育过程中,*MEF2* 家族是另一类关键的转录因子,它们与 bHLH 蛋白因子家族相互作用,形成一个有助于强化和稳定生肌潜能的正反馈回路(樊启昶等,2006)。我们在大口黑鲈 *Myf5* 启动子区域也发现了 *MEF*2 结合位点,推测 *MEF*2 可能作为正调控因子,增加大口黑鲈 *Myf5* 的表达水平。SP1 在 1999 年被证实是肌肉特异性转录的关键调节因子(Hamamori et al,1999);Guo 等(2003)研究证明,SP1 因子的过度表达可以解除其他因子对 *MyoD* 基因的抑制作用。大口黑鲈 *Myf5* 启动子区域拥有数量较多的 SP1 结合位点,推测它们在 *Myf5* 基因的调控过程中发挥着重要的作用。近年来,上游激活因子 USF 和血清应答因子 SRF 被相继证实能够与 *MyoD* 启动子结合(Lun et al,1997;L'honore et al,2007),调控其转录活性,推测它们可能对同一家族的 *Myf5* 基因也有调控作用。

目前,人们对于肌肉发生相关调控因子组成的调控网络所知甚少,生肌决定因子家族相关信号通路是其重要的组成部分。通过对大口黑鲈 *Myf5* 基因 cDNA 和启动子序列的克隆,分析得到了相应调控因子,这些蛋白因子与 *Myf5* 基因的相互作用和相关信号通路的研究将是我们今后研究的重点,以期为复杂的肌肉发生调控网络研究提供证据。

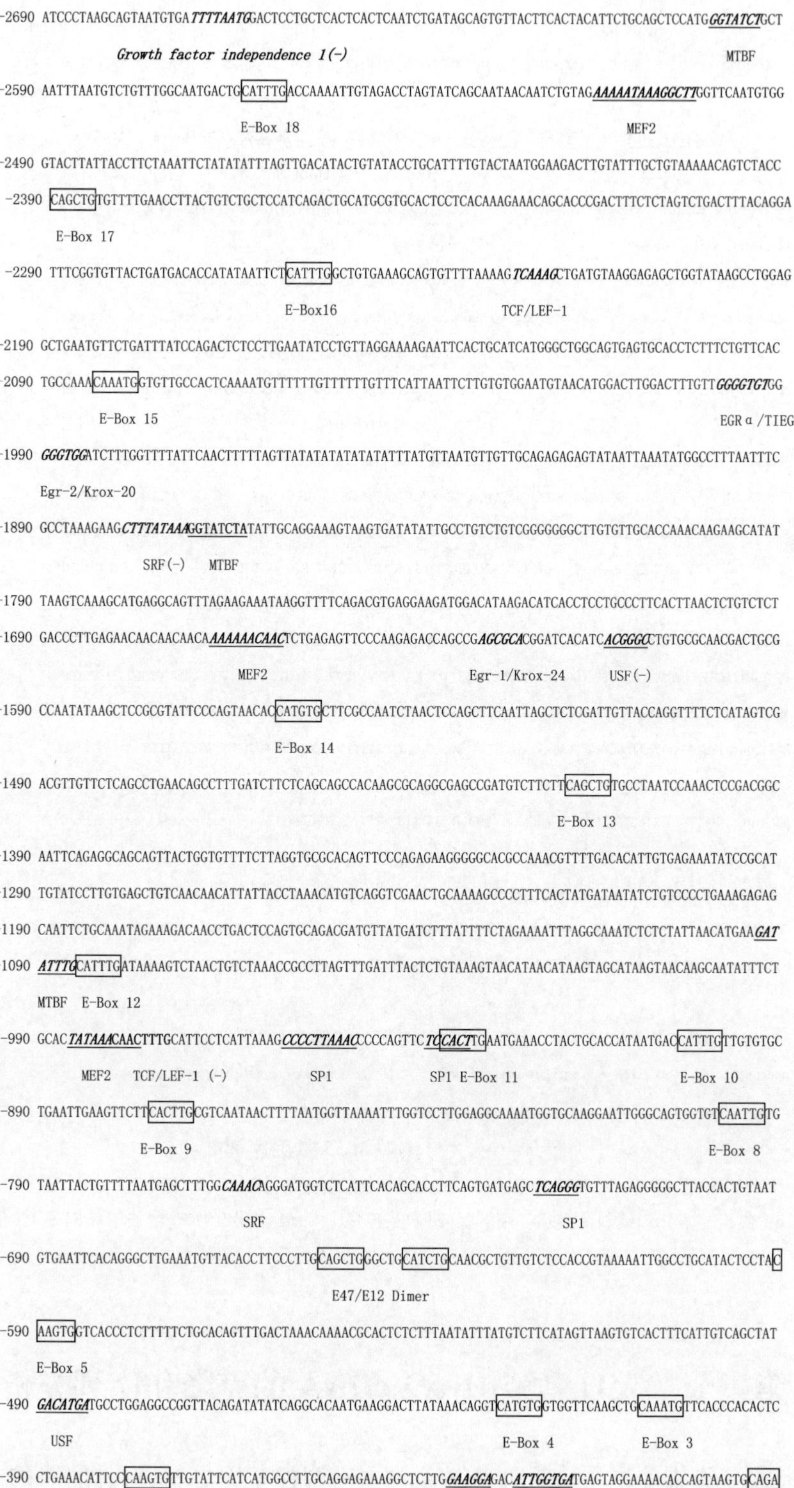
-2690 ATCCCTAAGCAGTAATGTGATTTTAATGGACTCCTGCTCACTCACTCAATCTGATAGCAGTGTTACTTCACTACATTCTGCAGCTCCATGGGTATCTGCT
Growth factor independence 1(-)
MTBF
-2590 AATTTAATGTCTGTTTGGCAATGACTGCATTTGACCAAAATTGTAGACCTAGTATCAGCAATAACAATCTGTAGAAAAATAAAGGCTTGGTTCAATGTGG
E-Box 18
MEF2
-2490 GTACTTATTACCTTCTAAATTCTATATATTTAGTTGACATACTGTATACCTGCATTTTGTACTAATGGAAGACTTGTATTTGCTGTAAAAACAGTCTACC
-2390 CAGCTGTGTTTTGAACCTTACTGTCTGCTCCATCAGACTGCATGCGTGCACTCCTCACAAAGAAACAGCACCCGACTTTCTCTAGTCTGACTTTACAGGA
E-Box 17
-2290 TTTCGGTGTTACTGATGACACCATATAATTCTCATTTGGCTGTGAAAGCAGTGTTTTAAAAGTCAAAGCTGATGTAAGGAGAGCTGGTATAAGCCTGGAG
E-Box16
TCF/LEF-1
-2190 GCTGAATGTTCTGATTTATCCAGACTCTCCTTGAATATCCTGTTAGGAAAAGAATTCACTGCATCATGGGCTGGCAGTGAGTGCACCTCTTTCTGTTCAC
-2090 TGCCAAACAAATGGTGTTGCCACTCAAAATGTTTTTGTTTTTGTTTCATTAATTCTTGTGTGGAATGTAACATGGACTTGGACTTTGTTGGGGTGTGG
E-Box 15
EGRα/TIEG
-1990 GGGTGGATCTTTGGTTTTATTCAACTTTTAGTTATATATATATATATTTATGTTAATGTTGTTGCAGAGAGAGTATAATTAAATATGGCCTTTAATTTC
Egr-2/Krox-20
-1890 GCCTAAAGAAGCTTTATAAAGGTATCTATATTGCAGGAAAGTAAGTGATATATTGCCTGTCTGTCGGGGGGGCTTGTGTTGCACCAAACAAGAAGCATAT
SRF(-) MTBF
-1790 TAAGTCAAAGCATGAGGCAGTTTAGAAGAAATAAGGTTTTCAGACGTGAGGAAGATGGACATAAGACATCACCTCCTGCCCTTCACTTAACTCTGTCTCT
-1690 GACCCTTGAGAACAACAACAACAAAAAAACAACTCTGAGAGTTCCCAAGAGACCAGCCGAGCGCACGGATCACATCACGGGCCTGTGCGCAACGACTGCG
MEF2
Egr-1/Krox-24
USF(-)
-1590 CCAATATAAGCTCCGCGTATTCCCAGTAACACCATGTGCTTCGCCAATCTAACTCCAGCTTCAATTAGCTCTCGATTGTTACCAGGTTTTCTCATAGTCG
E-Box 14
-1490 ACGTTGTTCTCAGCCTGAACAGCCTTTGATCTTCTCAGCAGCCACAAGCGCAGGCGAGCCGATGTCTTCTTCAGCTGTGCCTAATCCAAACTCCGACGGC
E-Box 13
-1390 AATTCAGAGGCAGCAGTTACTGGTGTTTTCTTAGGTGCGCACAGTTCCCAGAGAAGGGGGCACGCCAAACGTTTTGACACATTGTGAGAAATATCCGCAT
-1290 TGTATCCTTGTGAGCTGTCAACAACATTATTACCTAAACATGTCAGGTCGAACTGCAAAAGCCCCTTTCACTATGATAATATCTGTCCCCTGAAAGAGAG
-1190 CAATTCTGCAAATAGAAAGACAACCTGACTCCAGTGCAGACGATGTTATGATCTTTATTTCTAGAAAATTTAGGCAAATCTCTCTATTAACATGAAGAT
-1090 ATTTGCATTTGATAAAAGTCTAACTGTCTAAACCGCCTTAGTTTGATTTACTCTGTAAAGTAACATAACATAAGTAGCATAAGTAACAAGCAATATTTCT
MTBF E-Box 12
-990 GCACTATAAACAACTTTGCATTCCTCATTAAAGCCCCTTAAACCCCCAGTTCTCCACTTGAATGAAACCTACTGCACCATAATGACCATTTGTTGTGTGC
MEF2 TCF/LEF-1 (-)
SP1
SP1 E-Box 11
E-Box 10
-890 TGAATTGAAGTTCTTCACTTGCGTCAATAACTTTTAATGGTTAAAATTTGGTCCTTGGAGGCAAAATGGTGCAAGGAATTGGGCAGTGGTGTCAATTGTG
E-Box 9
E-Box 8
-790 TAATTACTGTTTTAATGAGCTTTGGCAAACAGGGATGGTCTCATTCACAGCACCTTCAGTGATGAGCTCAGGGTGTTTAGAGGGGGCTTACCACTGTAAT
SRF
SP1
-690 GTGAATTCACAGGGCTTGAAATGTTACACCTTCCCTTGCAGCTGGGCTGCATCTGCAACGCTGTTGTCTCCACCGTAAAAATTGGCCTGCATACTCCTAC
E47/E12 Dimer
-590 AAGTGGTCACCCTCTTTTTCTGCACAGTTTGACTAAACAAAACGCACTCTCTTTAATATTTATGTCTTCATAGTTAAGTGTCACTTTCATTGTCAGCTAT
E-Box 5
-490 GACATGATGCCTGGAGGCCGGTTACAGATATATCAGGCACAATGAAGGACTTATAAACAGGTCATGTGGTGGTTCAAGCTGCAAATGTTCACCCACACTC
USF
E-Box 4
E-Box 3
-390 CTGAAACATTCCCAAGTGTTGTATTCATCATGGCCTTGCAGGAGAAAGGCTCTTGGAAGGAGACATTGGTGATGAGTAGGAAAACACCAGTAAGTGCAGA

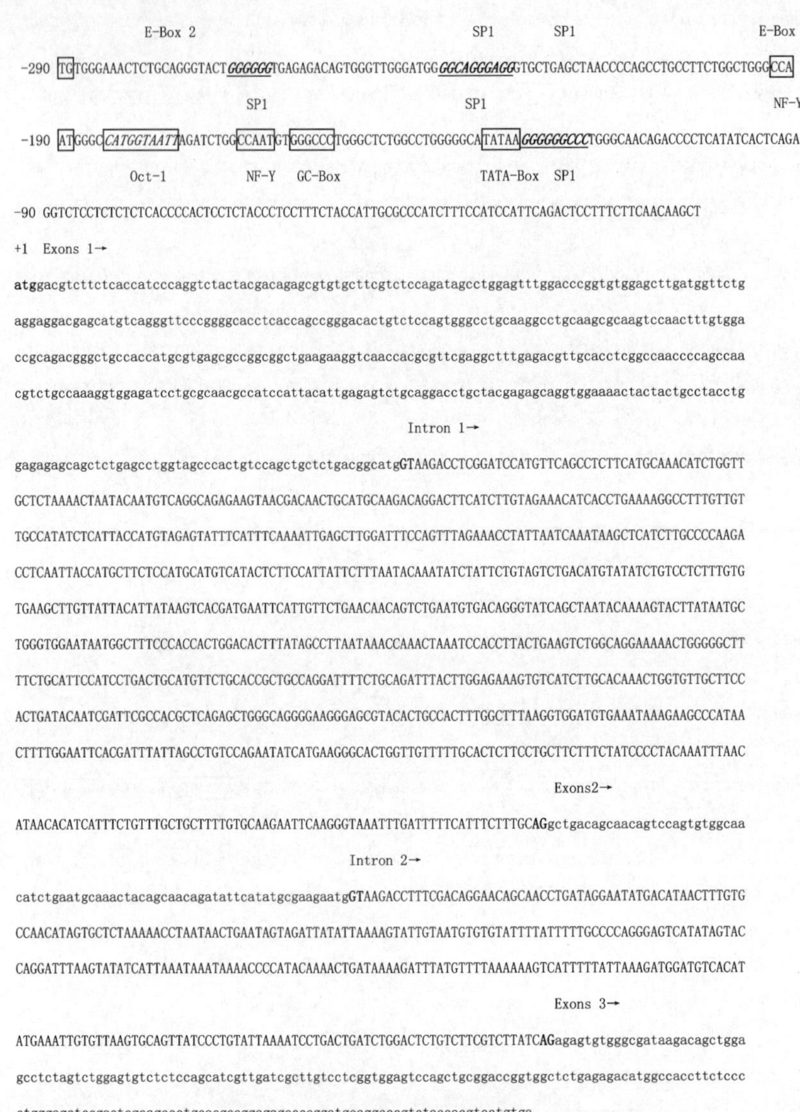

图 9-6 大口黑鲈 *Myf5* 基因序列

注：TATA 框、GC 框、CCAAT 框和 Oct-1 结合位点用方框标出，E-box、MEF2、USF、SRF、MTBF、sp1 结合位点用粗线斜体表示并用下画线标出，EGRα、Egr-1、Egr-2、TCF、生长依赖因子 1 结合位点以粗线斜体表示，外显子用小写英文字母表示，内含子用大写英文字母表示.

第三节 大口黑鲈 *MyoD* cDNA 的克隆和序列分析

MyoD 基因是脊椎动物胚胎期肌肉发育的主导调控基因之一，对骨骼肌的形成和分化起主要作用，可通过多个途径激活肌肉基因的转录，从而促进成肌细胞的分化（Rawls et al，1998；Hansol et al，2004）。相对其他生肌调节因子，*MyoD* 主要在肌肉生成中起作用，其表达

对维持肌细胞分化有重要作用,*MyoD* 缺失可导致成肌细胞的增殖和分化无法进行(Woodering et al,1989;Alves et al,2003)。相反,*MyoD* 基因的过度表达会抑制成肌细胞的增殖过程,并促进成肌细胞分化形成成熟的肌纤维细胞(Hans et al,1993)。此外,*MyoD* 基因还会通过影响 *MyoD* 基因的活性来间接影响肌细胞的终端分化过程(Elena et al,1999)。自从1987 年 Devis 首次发现并获得 *MyoD* 基因 cDNA 以来(Chen et al,2002),对生肌调节因子的研究越来越受到人们的重视,迄今已克隆获得包括人、鼠、猪、牛、罗非鱼、虹鳟、斑马鱼等多种脊椎动物在内的 *MyoD* 基因,对于该基因的研究目前主要集中在家畜动物的基因结构、组织表达以及功能上,而在水产动物研究报道较少(Du et al,2003;Goldhamer et al,1995)。本节对大口黑鲈 *MyoD* 基因进行了克隆及序列分析,以期为鱼类肌肉发育调控机理及肉质改良研究奠定基础。

一、材料与方法

1. 材料

试验用的大口黑鲈成鱼体重约400 g,来自佛山市南海区九江镇金汇农场;TaKaRa RNA PCR Kit (AMV) Ver. 3. 0、3′Full RACE Core set Kit 和 PMD18 - T vector system 购自宝生物工程(大连)有限公司; E. Z. N. A Gel Extraction Kit 为美国 OMEGA 公司产品;PCR 扩增引物由上海英骏生物技术有限公司合成;大肠杆菌 DH5α 由本实验室保存。

2. 大口黑鲈总 RNA 的提取

按照 Promega 公司 SV Total RNA Isolation Kit 试剂盒的方法提取大口黑鲈肌肉总 RNA,并用1% 琼脂糖凝胶电泳检测其质量和浓度。

3. *MyoD* 引物设计与 PCR 扩增

根据在 GenBank 数据库上登录的斑马鱼(zebrafish)、罗非鱼、金头鲷、虹鳟 *MyoD* 的 cDNA 序列,在其同源保守区域分别设计了一对引物(F1 和 R1),用于扩增该基因的核心序列,反转录按 TakaRa RNA PCR Kit(AMV)Ver. 3. 0 试剂盒上的步骤操作,反应结束后进行 PCR 扩增:先 94℃变性 5min,接着 94℃变性 30 s,50℃退火 30 s,72℃延伸 30 s,共 32 个循环,最后一次循环结束后 72℃延伸 7min。然后根据测得的 *MyoD* cDNA 核心序列设计两条上游引物(F2 和 F3)进行 3′Full RACE 扩增,下游引物采用 3′Full RACE Core set Kit 试剂盒提供的引物(Outer primer 和 inner primer)。PCR 扩增反应按照反转录试剂盒的操作说明进行。所合成的引物序列见表 9 - 2。

表 9 - 2　PCR 扩增的引物序列

引物名称	序列(5′→3′)
F1	ATGGAGYTGYCGGATATCTCTTTC
F2	TTAACACCAGCGACATGCACTTC
R1	TCCACGATGCTGGACAGRCAGTC
F3	GAGCACTACAGCGGGGACTCAGACG

4. 大口黑鲈 *MyoD* cDNA 克隆与测序

按照 E. Z. N. A Gel Extraction Kit 试剂盒说明书方法进行纯化目的扩增片段，然后连接到 pMD18 - T 载体中，转化大肠杆菌 DH5α 感受态细胞，用 PCR 方法鉴定阳性克隆，阳性转化子送上海英骏生物技术有限公司完成序列的测定。

5. 序列分析

DNA 测序在 ABI PRISMTM377 全自动荧光测序仪上进行，利用 DNA 分析软件 Vector NTI 8.0 以及在线软件 ExPASy Proteomics Server(WWW. expasy. org)进行序列分析，包括核苷酸序列中 ORF 的寻找，编码氨基酸序列的推导及其信号肽和蛋白质高级结构的预测。

二、结果与分析

1. 大口黑鲈 *MyoD* 基因的克隆

大口黑鲈总 RNA 经反转录，用引物 F1 和 R1 扩增，获得一约为 750bp 的特异条带(图 9 - 7a)。用 F2 和 3′FULL RACE outer primer 进行 3′RACE 扩增，以此产物为模板，以 F3 和 3′FULL RACE inner primer 进行巢氏 PCR 扩增后获得单一的特异条带，大小为 700 bp(图 9 - 7b)，将所获得的 PCR 产物经低熔点琼脂糖凝胶电泳回收后连接到 T 载体上，筛选阳性转化子进行测序。

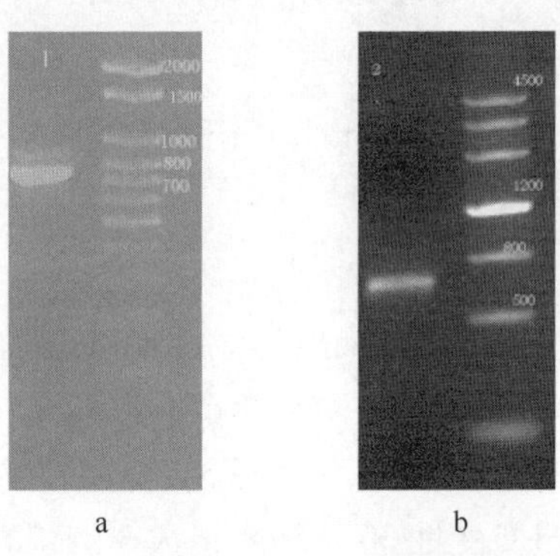

图 9 - 7 *MyoD* 基因 cDNA 的扩增结果

a. *MyoD* 基因 cDNA 核心序列扩增 b. *MyoD* 基因 cDNA 3′ RACE 扩增 1, 2, PCR 扩增产物; M, 100 bp ladder DNA Marker (a) or Marker Ⅲ (b)

2. 测序结果及序列分析

将 3′端序列和核心序列用 Vector NTI 8.0 软件拼接，获得了大口黑鲈 *MyoD* 基因的 cDNA 核心序列(图 9 - 8)，长为 1 157 bp。经 ExPASy 软件在线分析，*MyoD* 基因核心序列的 3′非编码区为 314 bp，开放阅读框 843 bp，编码 280 个氨基酸，*MyoD* 基因编码蛋白的分子量为 31.09 kD，等电点为 6.06，在编码的 280 个氨基酸中酸性氨基酸为 37 个，占全部氨基酸总数的 13.21%；碱性氨基酸为 32 个，占全部氨基酸总数的 11.43%；极性氨基酸为 87 个，占全部氨基酸总数的 31.07%；疏水性氨基酸 77 个占全部氨基酸总数的 27.50%。将扩增获得的大口

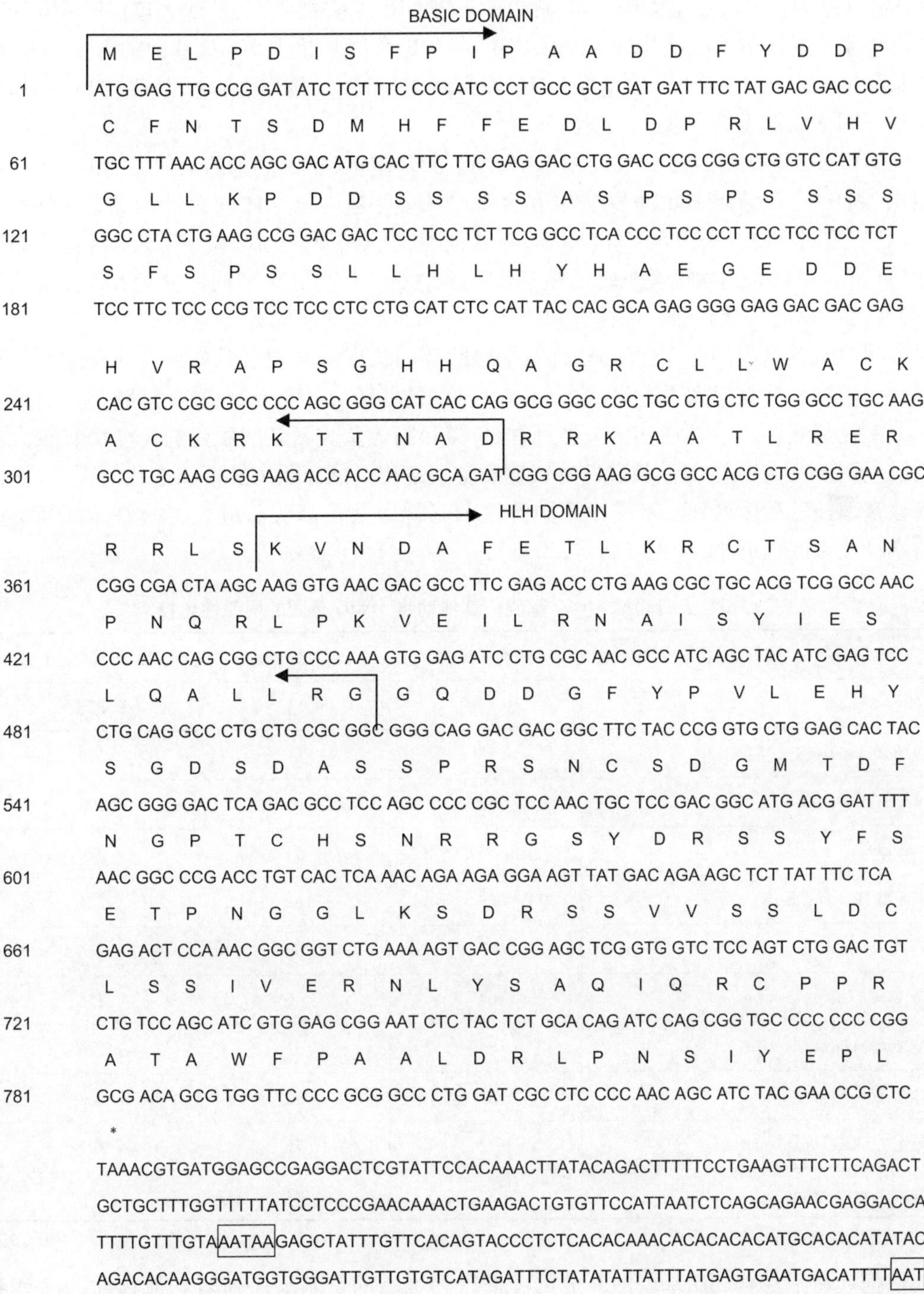
BASIC DOMAIN
M E L P D I S F P I P A A D D F Y D D P
1 ATG GAG TTG CCG GAT ATC TCT TTC CCC ATC CCT GCC GCT GAT GAT TTC TAT GAC GAC CCC
C F N T S D M H F F E D L D P R L V H V
61 TGC TTT AAC ACC AGC GAC ATG CAC TTC TTC GAG GAC CTG GAC CCG CGG CTG GTC CAT GTG
G L L K P D D S S S S A S P S P S S S S
121 GGC CTA CTG AAG CCG GAC GAC TCC TCC TCT TCG GCC TCA CCC TCC CCT TCC TCC TCC TCT
S F S P S S L L H L H Y H A E G E D D E
181 TCC TTC TCC CCG TCC TCC CTC CTG CAT CTC CAT TAC CAC GCA GAG GGG GAG GAC GAC GAG
H V R A P S G H H Q A G R C L L W A C K
241 CAC GTC CGC GCC CCC AGC GGG CAT CAC CAG GCG GGC CGC TGC CTG CTC TGG GCC TGC AAG
A C K R K T T N A D R R K A A T L R E R
301 GCC TGC AAG CGG AAG ACC ACC AAC GCA GAT CGG CGG AAG GCG GCC ACG CTG CGG GAA CGC
HLH DOMAIN
R R L S K V N D A F E T L K R C T S A N
361 CGG CGA CTA AGC AAG GTG AAC GAC GCC TTC GAG ACC CTG AAG CGC TGC ACG TCG GCC AAC
P N Q R L P K V E I L R N A I S Y I E S
421 CCC AAC CAG CGG CTG CCC AAA GTG GAG ATC CTG CGC AAC GCC ATC AGC TAC ATC GAG TCC
L Q A L L R G G Q D D G F Y P V L E H Y
481 CTG CAG GCC CTG CTG CGC GGC GGG CAG GAC GAC GGC TTC TAC CCG GTG CTG GAG CAC TAC
S G D S D A S S P R S N C S D G M T D F
541 AGC GGG GAC TCA GAC GCC TCC AGC CCC CGC TCC AAC TGC TCC GAC GGC ATG ACG GAT TTT
N G P T C H S N R R G S Y D R S S Y F S
601 AAC GGC CCG ACC TGT CAC TCA AAC AGA AGA GGA AGT TAT GAC AGA AGC TCT TAT TTC TCA
E T P N G G L K S D R S S V V S S L D C
661 GAG ACT CCA AAC GGC GGT CTG AAA AGT GAC CGG AGC TCG GTG GTC TCC AGT CTG GAC TGT
L S S I V E R N L Y S A Q I Q R C P P R
721 CTG TCC AGC ATC GTG GAG CGG AAT CTC TAC TCT GCA CAG ATC CAG CGG TGC CCC CCC CGG
A T A W F P A A L D R L P N S I Y E P L
781 GCG ACA GCG TGG TTC CCC GCG GCC CTG GAT CGC CTC CCC AAC AGC ATC TAC GAA CCG CTC
*
TAAACGTGATGGAGCCGAGGACTCGTATTCCACAAACTTATACAGACTTTTTCCTGAAGTTTCTTCAGACT
GCTGCTTTGGTTTTTATCCTCCCGAACAAACTGAAGACTGTGTTCCATTAATCTCAGCAGAACGAGGACCA
TTTTGTTTGTAAATAAGAGCTATTTGTTCACAGTACCCTCTCACACAAACACACACACATGCACACATATAC
AGACACAAGGGATGGTGGGATTGTTGTGTCATAGATTTCTATATATTATTTATGAGTGAATGACATTTTAAT
AAAGAAATATTTATATTCTGAAAAAAAAAAA

图9-8　大口黑鲈 *MyoD* 基因 cDNA 核心序列及其推测的氨基酸序列

注:碱基序列在下,氨基酸序列在上;终止密码子用＊表示;AATAA为终止信号.

黑鲈 *MyoD* 基因开放阅读框编码的氨基酸序列通过 NCBI 在线查询,发现大口黑鲈 *MyoD* 基因具有该家族基因的典型结构域 bHLH。第 1 ~ 110 个氨基酸为 *MyoD* 基因的 Basic 区(碱性氨基酸区),第 124 ~ 167 个氨基酸为 *MyoD* 基因的 HLH 结构(螺旋环螺旋结构),序列分析结果表明该肽链无信号肽。

大口黑鲈 *MyoD* 基因的 cDNA 保守性较高,与 GenBank 中已登录的其他动物的 *MyoD* 基因相比(表 9 - 3),结果显示与罗非鱼和金绸鲷 *MyoD* 基因核苷酸同源性最高,达 88% 和 84%,氨基酸同源性分别为 86% 和 83%,与其他鱼类的同源性为 63% ~72%,氨基酸的同源性为 66% ~71%;与两栖类爪蟾的核苷酸同源性为 58%,氨基酸同源性为 62%;与哺乳动物(人、鼠、鸡、猪)核苷酸同源性分别为 54% ~62%,氨基酸同源性为 51% ~61%。对比结果表明:*MyoD* 基因的保守性较高,且氨基酸肽链的长度随动物由低等到高等有逐渐加长的趋势。动物从低等向高等进化,编码 *MyoD* 基因的肽链由 276 个氨基酸(虹鳟、草鱼)增加到 321 个氨基酸(人)。即使同为鱼类,低等鱼类和高等鱼类氨基酸肽链的长度仍有较大的差别,提示 *MyoD* 基因的氨基酸肽链的长度和空间结构可能与肌肉发育和进化的程度有关。另外该基因核苷酸序列和氨基酸序列同源性的高低以及氨基酸肽链长度的差异都和不同动物亲缘关系的远近相关(王立新等,2005)。

表 9 - 3 大口黑鲈 *MyoD* 基因同其他动物 *MyoD* 基因的同源性比较

物种	碱基同源性	氨基酸同源性	编码氨基酸的长度
人 *Homo sapiens*	54	51	321
大鼠 *Rattus norvegicus*	55	51	319
鸡 *Gallus domestiaus*	62	61	299
猪 *Sus scrofa*	55	51	320
非洲爪蟾 *Xenopus laevis*	58	62	289
斑马鱼 *Danio rerio*	63	66	276
草鱼 *Ctenopharyngodon idella*	64	66	276
虹鳟 *Oncorhynchus mykiss*	64	67	276
罗非鱼 *Oreochromis aureus*	88	86	282
红鳍东方鲀 *Takifugu rubripes*	72	71	307
金头鲷 *Sparus aurata*	84	83	298

根据大口黑鲈 *MyoD* 基因的开放阅读框序列推测的氨基酸序列与其他物种的序列利用 Mega2. 0 软件构建氨基酸进化树见图 9 - 9。从进化树可以看到,这 12 种不同物种的 *MyoD* 基因的核苷酸及氨基酸首先分两个大的分支,一枝为鱼类 *MyoD*;另一枝以哺乳动物和两栖动物为主。从进化树还可以看出,同属鲈形目的大口黑鲈、罗非鱼和金头鲷聚为一分支。

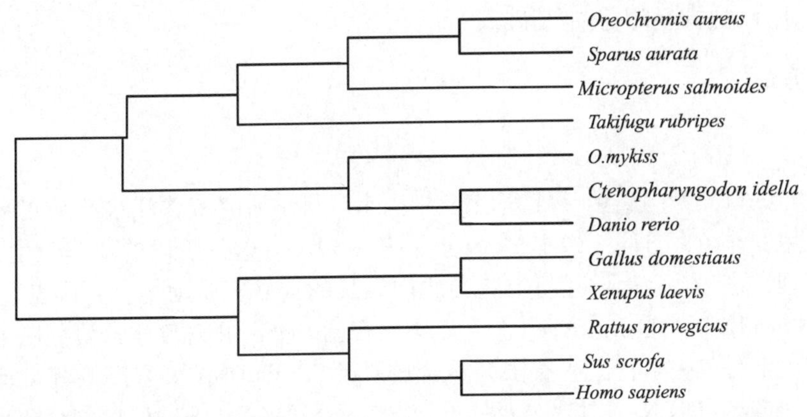

图 9-9　依据不同动物 *MyoD* 氨基酸序列构建的进化树

生肌调节因子 MRFs 家族的氨基酸序列有一个碱性区和一个紧邻的 b 螺旋环螺旋(HLH)结构组成。碱性区是与 DNA 结合的部位,该区的几个氨基酸(Arg111、Ala 114、Thr 115、Lys 124)是激活肌肉基因转录的关键,用其他 bHLH 蛋白相应位置的氨基酸取代这些氨基酸,可以灭活 *MyoD* 及其家族的基因转录作用,但不会影响其与 DNA 结合(Davis et al, 1990)。MRFs 中 bHLH-DNA 复合物的晶体结构研究表明,Arg111 直接与主沟接触,激活肌肉基因转录,Lys124 暴露于表面,使其容易参与蛋白质之间的相互作用,Ala114 和 Thr115 位于蛋白-DNA 复合物的接触面,不直接参与蛋白质之间的相互作用,可能是通过影响 Arg 的构型间接起作用。本研究所获得的大口黑鲈 *MyoD* 基因的 cDNA 氨基酸序列碱性区中,其中的精氨酸和丙氨酸所处的位置相同(Arg111、Ala 114),而 115 处的苏氨酸被另外一个丙氨酸所取代,苏氨酸所处的位置都向后移动一位(Thr 116),根据 Davis 等(1990)的研究,这种结构的变化可能是与动物由低等向高等进化,氨基酸肽链有逐渐加长的趋势相符。另外,该基因所编码的氨基酸肽链经 SignalP 3.0 软件在线分析发现该蛋白没有信号肽序列,这和该基因只有在骨骼肌细胞特异表达的组织特异性相符,也和该基因的 bHLH 结构域始于第一氨基酸的结构特点相一致(Weinberg et al,1996;Brennan et al,1991)。

第四节　大口黑鲈 *Myf5* 基因表达对肌肉生长的影响

Myf5 基因作为生肌调节因子家族成员之一,是肌肉发生(Myogenesis)过程中重要的正向调控因子,在成肌细胞的增殖和分化过程中发挥了关键的调节作用。然而该因子在鱼类中调控机制和功能的研究还处于起步阶段,目前只有少数几种鱼类的胚胎发育模式得以阐明,尤其是该因子在鱼类胚后阶段发挥的作用研究仅见虹鳟一例报道。在虹鳟中,*Myf5* 基因在胚后期持续表达(Katherine et al,2005),而在哺乳动物出生后 *Myf5* 基因停止表达,只有当肌肉组织受到损伤后,肌卫星细胞被激活的短暂瞬间表达,因此推测 *Myf5* 基因很可能促进了鱼类肌肉胚后时期的不断生长。本节观察了过量表达 *Myf5* 基因对鱼类肌肉组织生长的影响,拟为研究 *Myf5* 基因是否能够促进鱼类肌肉胚后阶段的生长发育,进而判断能否作

为肉质改良研究的候选基因奠定基础。

一、材料与方法

1. 材料

罗非鱼与大口黑鲈同属鲈形目，均来自中国水产科学研究院珠江水产研究所水产良种基地。实验用罗非鱼来自同一亲本，全长介于 10 ~ 14 cm，这一阶段的罗非鱼生长迅速，且易于饲养管理，抗病力强，因此是研究鱼类肌肉生长的良好实验动物。真核表达载体 pcDNA3.1(－)/mycHisB 购自 Invitrogen 公司。大肠杆菌 DH5α，由珠江水产研究所生物技术室保存。引物由上海英骏生物工程有限公司合成。dNTP、PfuDNA 聚合酶及其 Buffer 为上海生工生物公司产品，T_4 DNA 连接酶为华美生物工程公司产品。SABC 试剂盒(Strept-Avidin Biotin Complex kit)，DAB 显色试剂盒购自 BOSTER 公司。Trizol 试剂购自 Invitrogen 公司，RNase-Free DNase 购自 Promega 公司。Anti-His Tag mouse monoclonal antibody、生物素化山羊抗小鼠 IgG 购自 BOSTER 公司。多聚赖氨酸购自广州威佳生物试剂公司。包埋机、切片机均为莱卡公司产品，普通显微镜为奥林巴斯公司产品，JD801 形态学图像分析系统为江苏省捷达科技发展公司产品。

2. 重组质粒 pcDNA3.1(－)/*mycHis*B－*Myf5* 的构建

根据克隆到的 *Myf5* cDNA 基因序列设计一对引物，使其插入到真核表达载体 pcDNA3.1(－)/*mycHis*B 的 *Apa*I 和 *Xba*I 酶切位点。所设计的引物序列如下：F3：ATAGGGCCCACCATGGACGTCTTCTCACCATC；R2：AGATCTAGAAACAGGACGTGGTAGAC。*Pfu* DNA 聚合酶扩增后插入至真核表达载体 pcDNA3.1(－)/mycHisB 的多克隆位点处。

3. pcDNA3.1(－)/*mycHis*B－*Myf5* 肌注罗非鱼

罗非鱼暂养一周后，使用鱼用麻醉剂将其麻醉，防止其挣扎过程中肌肉过度收缩，降低外源质粒在肌细胞中的表达量(Lee et al，2001)。在同一条罗非鱼的背鳍第 5 个鳍条所对应的侧线鳞处注射质粒，右侧注射重组质粒作为实验组，左侧注射空质粒作为对照组，确保两侧注射部位一致，注射剂量为 100 μL/组。

4. 转录水平检测外源基因是否在体内瞬时表达

取注射 48 h 后罗非鱼，用 Trizol 法分别提取背部两侧注射部位肌肉的总 RNA。使用 Promega 公司生产的 RNase-Free DNase 分别对实验组与对照组的总 RNA 进行消化以彻底去除残留的质粒。并在 pcDNA3.1(－)/*mycHis*B 质粒的 CMV 启动子上设计引物 F4：TTCCCATAGTAACGCCAAT 和 R3：AAATCCCCGTGAGTCAAACC，验证外源质粒是否去除完全。于 *Myf5* ORF 第 331 处设计上游引物 F5：GCCATCCATTACATGAGAGTC，于 *myc* 标签上设计下游引物 R4：CCTCTTCTGAGATGAGTTTTTG。使用 First Strand cDNA Synthesis Kit-ReverTra Ace－α－™(TOYOBO)合成 cDNA 第一链，RT－PCR 技术检测外源基因是否在肌肉组织内瞬时转录，罗非鱼 *β-actin* 基因作为内参。

5. 翻译水平检测外源基因是否在体内瞬时表达

质粒 pcDNA3.1(－)/*mycHis*B－*Myf5* 表达融合蛋白 *Myf5*：*His*，利用抗 *His* 的抗体可以

检测外源基因的表达。于注射后第 8 天在注射部位取 0.5 cm^3 肌肉组织块,确保取样部位在实验鱼两侧的同一鳞片部位。甲醛固定,石蜡切片,随后为防止切片在后续实验中从载玻片上脱落,采用多聚赖氨酸作粘片剂。脱蜡后使用 SABC(Strept-Avidin Biotin Complex)kit (BOSTER,China)试剂盒进行免疫组化实验。

6. 过量表达 *Myf5* 基因对肌肉组织肌纤维直径和密度的影响

注射 60 d 后,以注射的背鳍第 5 根鳍条对应的侧线鳞处的鳞片,仔细取对照组和实验组注射部位肌肉 0.5 cm^3 做石蜡组织切片,进行苏木素 - 伊红染色及镜检,使用 JD801 形态学图像分析系统分别统计白肌、红肌的肌纤维面积。选择位于左右两侧同一位置处的肌纤维作为统计数据。连续统计同一肌肉不同视野中的肌纤维,使白肌统计根数均大于 500,参照参考文献(Lee et al,2001)方法,假设肌纤维为圆柱形,据横截面积 $s = \pi r^2$ 计算直径。因为红肌位于体表一浅薄层区域,相对白肌数量较少,因此尽量使每组统计数值达到 150 根以上。并采用 *t*-test 检验每条鱼的实验组与对照组数据是否存在显著性差异。统计有代表性视野中的肌纤维根数,由放大倍数和像素换算成单位面积纤维个数(个/mm^2),用肌纤维直径和密度两个指标衡量过量表达 *Myf*5 基因对肌肉生长状况的影响。

二、结果与分析

使用引物 F5 和 R4 进行 RT - PCR 扩增,该对引物分别位于 *Myf5* ORF 第 331 处核苷酸和 myc 标签上,预期片断大小为 421bp,结果显示,所扩增的片断与预期的片断大小相符,说明外源 *Myf5*: *mycHis* 基因已经在体内转录(图 9 - 10)。

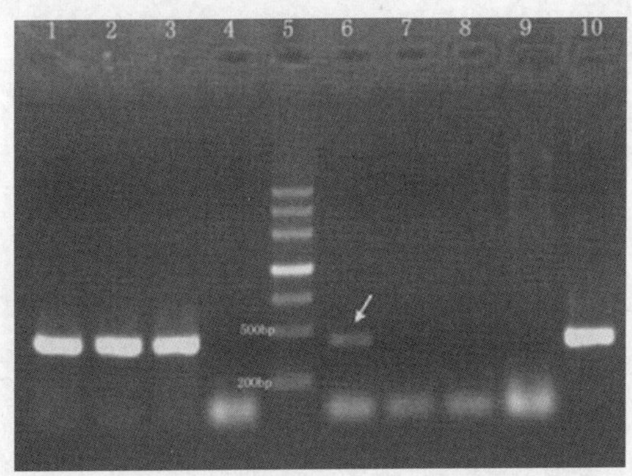

图 9 - 10　RT - PCR 检测 *Myf5*:*mycHis* 体内转录结果

1:注射鱼试验组 beta-actin;2:注射鱼对照组 beta-actin;3:非注射鱼 beta-actin;4:阴性对照;5:Marker Ⅲ;6:注射鱼试验组 *Myf5*:*mycHis*;7:注射鱼对照组 *Myf5*:*mycHis*;8:非注射鱼 *Myf5*;*mycHis*;9:阴性对照;10:*Myf5*:*mycHis* 阳性对照(421bp)

肌注第 8 天,利用融合蛋白 Myf5: *mycHis* 上的 His 标签,使用抗 His 的抗体进行免疫组化实验,实验组肌纤维上出现棕色染色区域,而对照组没有明显的染色区域,如图 9 - 11 所示。实验结果说明,在翻译水平上检测到了 *Myf5*: *mycHis* 基因的表达。

肌肉注射第 14 天、第 30 天、第 45 天、第 60 天,取注射部位行石蜡组织切片观察(图 9

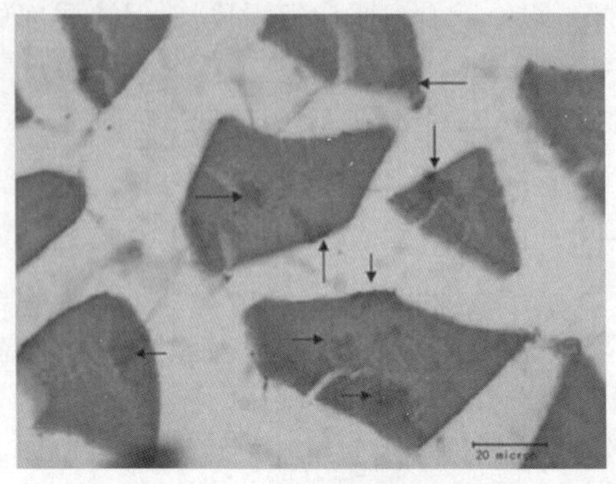

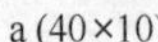
a (40×10)

b (40×10)

图 9－11　体内检测 *Myf5*;*mycHis* 表达免疫组化结果

－12),并作肌纤维直径统计,连续统计同一处不同视野中的肌纤维,使统计根数均大于500。第14天、第30天、第45天观察统计结果肌纤维直径和密度没有较大变化(数据省略)。注射后第60天,对3条罗非鱼两侧注射部位的肌肉组织中的白肌和红肌肌纤维密度分别进行统计,并采用 t－检验统计实验组与对照组的显著性差异(表9－4),1～3号罗非鱼的白肌肌纤维平均直径实验组较对照组分别增大10%、9%和7%($P<0.01$),平均增大9%,红肌肌纤维直径则无显著变化。

表9－4　注射后60 d实验鱼肌纤维密度统计数据

实验鱼	白肌		红肌	
	实验组	对照组	实验组	对照组
Fish 1	274.56	310.26	395.37	387.13
Fish 2	225.84	288.29	499.70	502.45
Fish 3	280.05	285.73	389.88	387.13

鱼类的胚后肌肉生长与哺乳动物有所不同。哺乳动物在出生时肌纤维的数量已经被决定,出生后只发生体积上的肥大,这一过程是通过肌纤维不断吸收位于基底膜上的卫星细胞核而形成的(Parker et al,2003)。可是鱼类胚后肌肉生长却发生着显著的肌纤维增生(数量增加)和肥大(体积增加)(Rowlerson et al,2001)。鱼类中的MPCs类似于哺乳类的卫星细胞,负责胚后肌肉生长,它们的分布位置不同于哺乳类,并不总是位于基底膜下(Johnston et al,2003)。Johnston等(2003)提出的硬骨鱼类肌肉形成模型认为,多核干细胞首先转化为肌肉前体细胞(MPCs),MPC增殖,最终分化为成肌细胞。接下来成肌细胞有两种命运,一方面可以相互融合成肌管,通过不断地吸收成肌细胞而延长(肌管－成肌细胞),从而形成新的肌纤维;另一方面,如果成肌细胞被已经存在的肌纤维直接吸收,肌纤维－成肌细胞融合则导致纤维的肥大(Johnston et al,2006)。我们的实验显示在罗非鱼的肌肉组织内

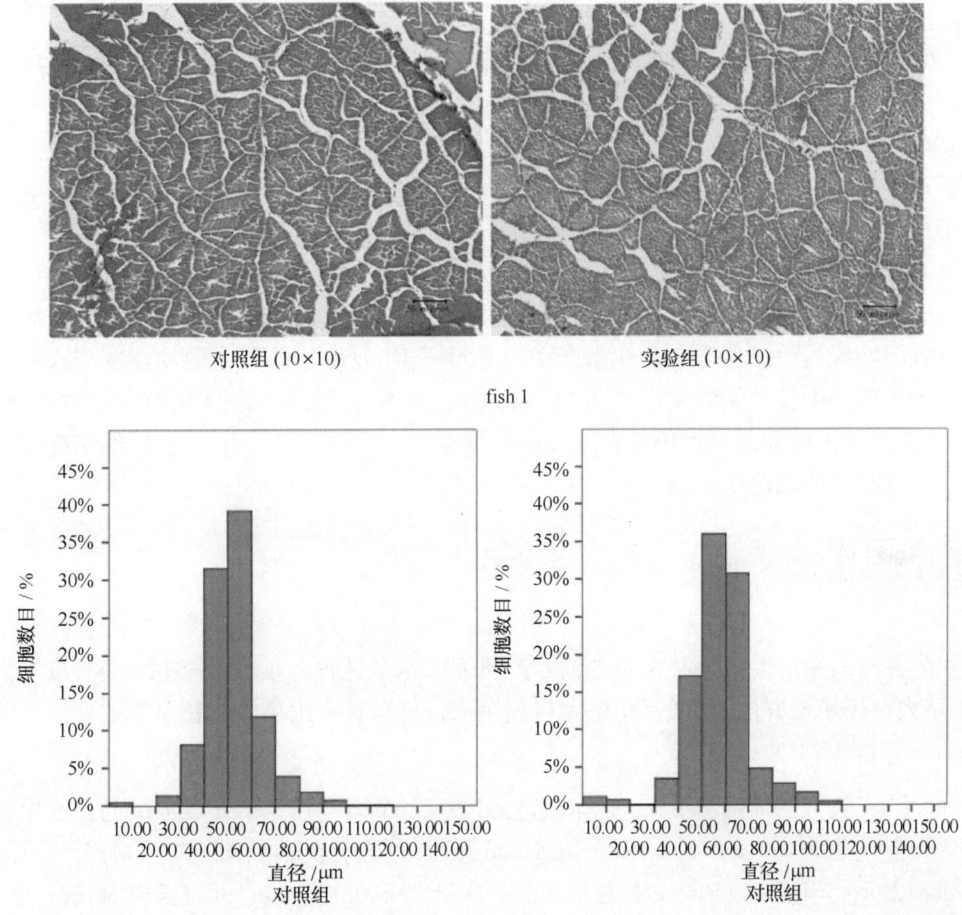

图 9－12 注射后 60 d 1 号鱼背部肌肉两侧白肌肌肉变化

注:石蜡组织切片观察倍数为 10×10;柱状图横坐标代表肌纤维直径数值,纵坐标代表相应数值肌纤维细胞占肌纤维细胞总数的百分比

过量表达 *Myf5*,成鱼阶段的作用主要表现为肌纤维肥大,肌纤维直径平均增大 9%。但是,肌纤维密度却没有出现预期的增大结果,全部减小,推测 *Myf5* 很可能在鱼类肌肉胚后的发育阶段主要负责肌纤维肥大现象。但是也不能忽视我们的统计方法上的局限性,因为在特定的视野中,肌纤维的横截面积增大会导致单位面积上肌纤维数量的减少,所以 *Myf5* 对鱼类胚后肌纤维数量增生过程的作用还有待于进一步研究。实验中我们也发现,红肌未发生显著性变化,究其原因,是因为 Myf5 这种核蛋白只在注射的白肌部位局部表达因而对红肌的影响不显著,还是因为红肌中的 MPCs 细胞存在不同的信号调控途径,值得进一步探讨。若是后者,下一步的工作将会变得很有意义。

总之,我们的实验说明过量表达外源 *Myf5* 基因促进了鱼类胚后阶段肌肉的生长。这种促生长效应为进一步将该因子应用于转基因研究,提供了理论依据。

第五节 大口黑鲈 *MyoD* 基因单核苷酸多态性位点的筛选

MyoD 基因是脊椎动物胚胎期肌肉发育的主导调控基因之一，对骨骼肌的形成和分化起主要作用。在畜禽方面，将 *MyoD* 基因作为与肌肉性能关联的功能基因进行了研究，如，朱砺等（2005）在猪上发现 *MyoD* 基因内含子 1 上存在 *Dde* I 酶切位点，关联分析表明，突变基因具有使肌纤维生长更充分，肌纤维变粗，面积增大的作用。田璐等（2007）在肉牛上发现 *MyoD* 基因内含子两上不同基因型对肉牛的宰前活重、胴体重、净肉重、高档肉重、眼肌面积等性状影响极显著或显著。而在水产动物方面把 *MyoD* 基因作为主效功能基因来研究其与水产动物肌肉生长性能的关联研究国内、外未见有相关报道。通过克隆大口黑鲈 *MyoD* 基因，分析其基因结构及寻找单核苷酸多态性位点，为进一步分析 *MyoD* 基因的结构变异与肌肉生长性状的关联奠定基础。

一、材料与方法

1. 材料

克隆基因所用的大口黑鲈来自珠江水产研究所水产良种基地；用来进行 SNP 位点筛选的 24 尾大口黑鲈及群体分析的 90 尾大口黑鲈来自广东省佛山市九江镇金汇农场。

2. 试剂

Taq DNA 聚合酶体系为上海申能博彩公司产品，pMD18 - T vector system 购自宝生生物工程（大连）有限公司；E. Z. N. A Gel Extraction Kit 试剂盒为美国 OMEGA 公司产品。GenomeWalker Universal Kit 为 Clontech 公司产品。DNA 提取试剂盒购自北京天根时代公司。大肠杆菌 DH5α 由本实验室保存。

3. 引物合成

根据本实验室分离到的大口黑鲈 *MyoD* 基因的 cDNA 序列（GenBank 序列号：EU367961）设计引物 R1 和 R2 用于 5′调控区扩增，同时设计了一对引物 F1 和 R3 用来扩增 *MyoD* 基因组序列。最后根据获得的大口黑鲈 *MyoD* 基因组序列设计了 13 对的引物（P1 ~ P12），用于 SNPs 筛选。各引物信息见表 9 - 5。

表 9 - 5 大口黑鲈 *MyoD* 基因引物信息

引物	碱基组成（5′ - 3′）	位置	长度	扩增区域	产物长度	最适合退火温度 TM/℃	用处
R1：	CGTCGTTCACCTTGCTTAGTCGCCG	extron 1	25	1462		58	扩增 5′调控区
AP1：	GTAATACGACTCACTATAGGGC						
R2：	GGAGGAGTCGTCCGGCTTCAGTAGG	extron 1	25	1224		60	扩增 5′调控区
AP2：	ACTATAGGGCACGCGTGGT						
F1：	TTAACACCAGCGACATGCACTTC	extron 1	23	1142			扩增内含子

续表

引物	碱基组成(5′-3′)	位置	长度	扩增区域	产物长度	最适合退火温度TM/℃	用处
R3:	CTAGAGATTCCGCTCCACGATGCT	extron 3	21	3394	2100	60	
P1:	F　TGAACCATGGAGCTGTCGGAT	promoter	21	1072			筛选 SNPs 位点
	R　GAGGACGGGGAGAAGGAAGAG	extron 1	21	1274	203bp	58	筛选 SNPs 位点
P2:	F　CTCCTGCATCTCCATTACCAC	extron	21	1276			
	R:GGCAGCCGCTGGTTGGGGTTG	extron 1	21	1514	239bp	54	
P3:	F:ACCCCAACCAGCGGCTGCCCA	extron 1	21	1496			筛选 SNPs 位点
	R:CATGCCGTCGGAGCAGTTGGA	extron 1	21	1668	173bp	58	
P4:	F:TTTTAAGCATTTCCGTGTT	extron 2	19	2702			筛选 SNPs 位点
	R:CAGGTTTCTTACCGTTTGG	intron 2	19	2856	155bp	52	
P5:	F:GCAAGGCGGTCTGAAAAGTGA	extron 3	21	3326			筛选 SNPs 位点
	R:GTGGAATACGAGTCCTCGGCT’	extron 3	21	3522	197bp	58	
P6:	F:TGCTCCGACGGCATGGTGAGT	extron 1	21	1654			筛选 SNPs 位点
	R:TAGGTGAAGTTTAGTTTCCTGTGTTTA	intron 1	27	1928	274bp	58	
P7:	F:GCTTTTTTTGTTTCTATTGTTGGGC	intron 1	25	1933			筛选 SNPs 位点
	R:AGAACTCTTGTGATGAAAGGAACTA	intron 1	25	2208	276bp	56	
P8:	F:GTAGTTCCTTTCATCACAAGAGTTC	intron 1	25	2183			筛选 SNPs 位点
	R:CATCTTATTATTATGCTGATTTGTTT	intron 1	25	2394	212bp	54	
P9:	F:GAAACAAATCAGCATAATAATAAGA	intron 1	25	2368			筛选 SNPs 位点
	R:CAAAACATCAAAAGTAAAGAAAATA	intron 1	25	2615	248bp	52	
P10:	F:TTTCTTTACTTTTGATGTTTTGA	intron 1	25	2594			筛选 SNPs 位点
	R:CTTCTGTCATAACTTCCTCTTCTGT	extron 2	25	2818	225bp	52	
P11:	F:GAGACTCCAAACGGTAAGAAAC	extron 2	22	2815			筛选 SNPs 位点
	R:TTTTATTGTTTTATTGCTGCTTTTA	intron 1	25	3000	186bp	54	
P12:	F:AGACAAACAGGACAAGCAATAA	intron 2	22	2957			筛选 SNPs 位点
	R:GACACCAAAAGGAACTGAAAAT	extron 3	22	3220	263bp	54	
P13:	F: AGGGTTCTGCTCAGTATTGGGGTGT	promoter	25	18			筛选 SNPs 位点
	R: AGACAAATCCAGCGAAAGAGGC	promoter	22	1052	1035	58	

注: F,正向引物;R,反向引物.

4. 大口黑鲈基因组 DNA 的提取

采用 ACD 抗凝剂,实验鱼尾静脉活体取血,按北京天根时代公司 DNA 提取试剂盒介绍的方法提取样品基因组 DNA,取 100 μL 双蒸灭菌水溶解,0.8% 的琼脂糖凝胶电泳检测 DNA 质量和浓度。检测完毕后取 20 μL 基因组 DNA 保存于 4℃供使用,余 80 μL 基因组

DNA 保存 -20℃备用。

5. PCR 扩增

5′调控区序列的扩增:以特异引物 R1 和试剂盒提供的接头引物 AP1 为引物进行第一次 PCR 扩增,反应条件:94℃、25 s,72℃、3 min,7 个循环,接着 94℃、25 s,67℃、3min,32 个循环,最后 67℃,7 min;第二次扩增反应中利用嵌套特异引物 R2 和锚式引物 AP2 验证扩增片断大小。

MyoD 基因序列的扩增:以大口黑鲈基因组 DNA 为模板,用特异引物 F1 与 R3 扩增基因组内含子序列。反应体系按上海申能博采公司推荐的反应体系与条件进行,反应条件:预扩增 94℃、3 min,然后 32 个循环 94℃、50 s,57℃、50 s,72℃、2 min,,72℃再延伸 7 min。

筛选 SNPs 位点的 PCR 扩增:以 48 尾大口黑鲈基因组 DNA 为模板,分别利用设计的 12 对特异引物为引物。反应程序为:94℃预变性 3 min 后进入循环体系 94℃变性30 s,X℃退火 30 s,72℃延伸 30 s,40 个循环,最后 72℃延伸 7 min。

6. SSCP 分析

将 5 μL PCR 产物与 9 μL 上样缓冲液(95% 甲酰胺,10 mmol/L EDTA,0.09% 二甲苯青,0.09% 溴酚蓝,pH 8.0)混匀后,100℃变性 10 min 后迅速置于冰上冷却 5 min,160 V 电压,4℃下 12% 非变性聚丙烯酰胺凝胶电泳 16~22 h,银染染色。

7. 克隆测序

对所获得的目的片段经低熔点琼脂糖凝胶电泳回收后连接到 pMD-T 载体上,筛选阳性转化子进行序列测定,测序由上海英骏生物技术有限公司完成。

二、结果与分析

1. 大口黑鲈 *MyoD* 基因 PCR 扩增结果

用引物 R1 和 GenomeWalker Universal Kit 中的引物 AP1 进行 5′调控区序列扩增获得了一条大小约 1 400 bp 的条带(图 9-13a),用引物 R2 和锚式引物 AP2 验证。用引物 F1 和 R3 进行了 *MyoD* 基因内含子序列的扩增,获得了约为 2 100 bp 的特异条带(图 9-13b)。

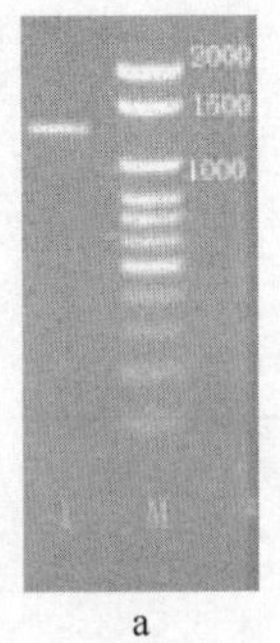

a

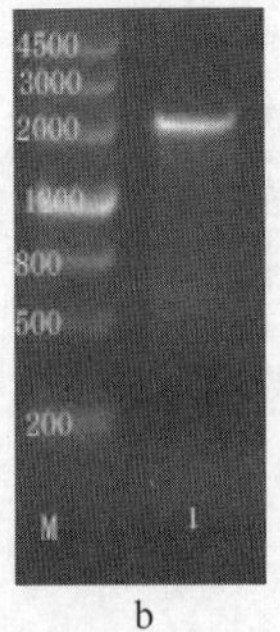

b

图 9-13　*MyoD* 基因的扩增

M:DNA Marker;1. 5′调控区的扩增 *MyoD* 基因内含子的扩增.

2. *MyoD* 基因序列分析

运用 Vector NTI 8.0 软件将所得的序列进行比对拼接成一条完整的 DNA 序列,即为大口黑鲈 *MyoD* 基因序列。大口黑鲈 *MyoD* 基因序列全长 3 797 bp,其中 5′调控区序列长度为 1 077 bp。*MyoD* 基因含 3 个外显子和两个内含子。3 个外显子中第一个外显子 591 bp,编码 197 个氨基酸残基,第二个外显子 81 bp,编码 27 个氨基酸残基,第三个外显子 78 bp,编码 26 个氨基酸残基;而两个内含子大小分别为 1 077 bp 和 486 bp,内含子序列都起始于 GT,终止于 AG,遵循 GT - AG 法则。该基因的序列见图 9 - 14。

通过 MatIspector 软件对大口黑鲈 *MyoD* 基因的 5′调控区域进行潜在的转录因子结合位点的分析(图 9 - 14),结果表明,与肌肉特异性基因转录密切相关的转录调控元件 E-box 有 13 个,肌细胞增强因子 2(Myocyte-specific enhancer factor 2,MEF2)、肌肉特异性金属硫蛋白结合位点 (Muscle-specific Mt binding site,MTBF)各两个。此外还有其他多个转录调控元件如孕激素受体结合位点(Progesterone receptor binding site,PRE)、八聚体结合因子 1 (Octamer-binding factor 1,OCT 1)、激动蛋白 4(Activator protein 4,AP4)、垂体特异性转录因子(pituitary-specific transcription factor, PIT 1) 和 3 个转录反应起始框 TATA box 及 1 个 CAAT BOX 等。

3. 大口黑鲈 *MyoD* 基因 PCR-SSCP 结果

用 13 对引物对 24 个样品进行 *MyoD* 基因序列的 SNPs 位点筛选, 其中 P7、P8、P12 三对引物扩增的 PCR 产物表现出单链构象多态性,P7、P8 引物扩增的片断位于内含子 1,P12 引物扩增的片断位于内含子 2 上(图 9 - 15)。

对 PCR - SSCP 分析表现为多态性的样品进行双向测序,结果表明在内含子 1 上有 5 个 SNP 位点,分别为 2014(A→T)、2137(T→A)、2138(T→G)、2181(T→C)、2315(G→A),内含子 2 上有两个 SNP 位点,分别为 2976(T→C)、2992(A→G). 测序结果见图 9 - 16。

4. 大口黑鲈 *MyoD* 基因突变点频率分析

对大口黑鲈群体 90 尾鱼进行 *MyoD* 基因 7 个 SNPs 位点的群体分析结果见表 9 - 6。

表 9 - 6　大口黑鲈 *MyoD* 基因突变点频率分析

突变点	群体数/尾	基因频率		突变率/%
A2014T	90	A:0.647	B:0.353	35.3
T2137A	90	A:0.824	B:0.176	17.6
T2138G	90	A:0.824	B:0.176	17.6
T2181C	90	A:0.882	B:0.118	11.8
G2315A	90	A:0.912	B:0.088	8.8
T2976C	90	A:0.958	B:0.042	4.2
A2992G	90	A:0.958	B:0.042	4.2

```
1    tagcgattta cctttaaagg gttctgctca gtattggggt gtggagtctt ttgctactga atgacaacgt cgtgatcgtc attctagatt ctagtgatcg
101  ttatttcagt tgcgtcgtgc gtccgttggg tatatcagat gtttggttca gtgactcatc atttcagctt ttatttattt tactttcatc tgactgattt
201  catctgaagg aacttcagct gcgacaacat cacagccaat agcgtttatg aaggaggaaa cctgcttaag ttacaactgt acataaatat aaatccaaat
                                      OCAAT BOX                                    MEF 2   TATA BOX
301  aaatgtgaaa tttcgttcct tatacttata cttttatttt aactgtattt ggaatttatt tgtttccacc cctttattct tttcaggttt atgtatcgtt
                                                    MIBI
401  ttattgtcac ttcagtgtat ttgtttttg tacatttgtt taattttaag tccttctttc tttttaattc atttttcct cagtgattcg taattatata
                                                              OCT 1                          TATA BOX
501  aatcaatata tttaattatt ctctttcaaa tcggtcaaat attgcaagcc aagacaattg cattcaaata ccatttttca ttgtgtactt tacattaaaa
                                                              MIBI
601  tgttattagt caacaagtaa cttgcacaga acataatgaa taaaagaaaa ggcaatagaa aagacaaaaa ctaaaaaata tcctgatatt tcttcaagtg
                                      Pit 1                                MEF 2
701  taccctcccc tcatgtgtgc agcagtatat tatcctgctg ttactgctct gttacgggta attgtacact aattaccgtg aagttgtaaa cccctcctgc
                 OCT 1                                                    TATA BOX
801  tgccagctga ttggtcagac atcagtggac atcagtggtc atcaccgtcc tgaccccgcc cactgcgaat gtcccaggta taaggagatc ctggtcaaca
901  gctgaggaca gaacagtttg tgacaggact ctacattccc ccgaaaacac tgcttcacat ctgagttcct ctcctctcct gttcccttct tctttcttct
AP 4   PRE                                                                                                      ↓
1001 tcttctttcc tgttaacagt ttttgttttg gcctctttcg ctggatttgt cttgtttggt gtgtttggga ctgaaccATG GAGCTGTCGG ATATCTCTTT
1101 CCCCATCCCT GCCGCTGATG ATTTCTATGA CGACCCCTGC TTTAACACCA GCGACATGCA CTTCTTCGAG GACCTGGACC CGCGGCTGGT CCATGTGGGC
120  CTACTGAAGC CGGACGACTC CTCCTCTTCG GCCTCACCCT CCCCTTCCTC CTCCTCTTCC TTCTCCCCGT CCTCCCTCCT GCATCTCCAT TACCACGCAG
1301 AGGGGGAGGA CGACGAGCAC GTCCGCGCCC CCAGCGGGCA TCACCAGGCG GGCCGCTGCC TGCTCTGGGC CTGCAAGGCC TGCAAGCGGA AGACCACCAA
1401 CGCAGATCGG CGGAAGGCGG CCACGCTGCG GGAACGCCGG CGACTAAGCA AGGTGAACGA CGCCTTCGAG ACCCTGAAGC GCTGCACGTC GGCCAACCCC
1501 AACCAGCGGC TGCCCAAAGT GGAGATCCTG CGCAACGCCA TCAGCTACAT CGAGTCCCTG CAGGCCCTGC TGCGCGGCGG GCAGGACGAC GGCTTCTACC
1601 CGGTGCTGGA GCACTACAGC GGGGACTCAG ACGCCTCCAG CCCCCGCTCC AACTGCTCCG ACGGCATGGT GAGTTCAGGG ACTGACAGgt gttaaagagg
1701 gcaagagggg ggggtccgtg gagaagagtc tggctgtgcg ctttggtcgc gtctctccag tgcgtcttta cgcacgttta tatttcactt catttgattt
1801 aatgtaaatt gatttatttg atttactttg gttttgttta atgagtgatg atgacgactg caattcaaat tctgatttta acaatttccg atgcaacatt
1901 ttaaacacag gaaactaaac ttcacctatt aagctttttt tgtttctatt gttgggccac atttaactct tttcttctct catttcatgt aaagtctgtt
2001 tttgtgtcca aacaattta cacctccaag cagaagagct aaagttgcag actttgaatt taattgtaat tatctgtagg cctgttaatt ctcagaatga
2101 aaagaaaaaa ctactaagca ggtcgaatac aagttttttc tcggggaaag aacctttccg cgctgcatca tcctcgtttt ttgtagttcc tttcatcaca
2201 agagttctga cctaaataaa taatgagctg atttattaat attttaaaac aggacgtggt ttatgtttta agaatcagtt gcggtttttg aaacgtaaaa
2301 acatgcgaca caacgttgag tcgcgacata tagatcgaac aaatatctgg aatttaacga atgtgttgaa acaaatcagc ataataataa gatgtataat
2401 tacgttttgt gacacttgat agttctgtag ttttctgtca tttttgata tgattgtact ttgttggtcc gcagtaatta ataaaaataa aacattttat
2501 ttttaaaaaa aagttgaatt tctataagac acagtctagt agtgtgttgt gaatttattt aaaatatctg gcattttcta cagtttcaat tattttcttt
2601 acttttgatg ttttgatcat attgctgcat catataagct gcagtgtttc tctaaaacta ataggagcat gataacgtgg ctcattttaa gcatttccgt
2701 gttgtaaaaa tctaatttct ttataaattt tttttccctc tgcagACGGA TTTTAACGGC CCGACCTGTC ACTCAAACAG AAGAGGAAGT TATGACAGAA
2801 GCTCTTATTT CTCAGAGACT CCAAACGgta agaaacctga aaagacttta ataatacaat ttacgatgat attagcagct agcaggccaa ttaggctaca
2901 aacaaacaga ctttttttcg tccccggtag taaaacaaaa gacatttagc agggaaagac aaacaggaca agcaataaaa gcagcaataa aacaataaaa
3001 ttaagtgttt ttttaaactg tcaattataa ataaaatatt ttgtataaaa agaactacgt tttaagtagc ctagttattt tatatattat cagcaaaaca
3101 atctttatga aaacatctca ttagtttaac ccagagataa acaacacttt tatttgatta aactaattta aaataaaacc aaaccaagga ccaataagat
3201 tttcagttcc ttttggtgtc ttttgaaagt gtcccgactg tttttccga tcattttgta gtttaacaag tcaataattt aattattaac tctgatgttt
3301 ggtttcatgc aagGCGGTCT GAAAAGTGAC CGGAGCTCGG TGGTCTCCAG TCTGGACTGT CTGTCCAGCA TCGTGGAGCG GAATCTCTAg taagcacaga
3401 tccagcggtg cccccccgg gcgacagcgt ggttccccgc ggccctggat cgcctcccca acagcatcta cgaaccgctc tgaacgtgat ggagccgagg
3501 actcgtattc cacaaactta tacagacttt ttcctgaagt ttcttcagac tgctgctttg gtttttatcc tcccgaacaa actgaagact gtgttccatt
3601 aatctcagca gaacgaggac cattttgttt gtaaataaga gctatttgtt cacagtaccc tctcacacaa acacacacac atgcacacat atacagacac
3701 aagggatggt gggattgttg tgtcatagat ttctatatat tatttatgag tgaatgacat tttaataaag aaatatttat attctgaaaa aaaaaaa
```

图 9-14 大口黑鲈 *MyoD* 基因序列

注:5′调控区和内含子用小写字母表示,外显子用大写字母表示,5′调控区中的转录因子结合位点用下划线和方框标记,名称标在下面。CaNNtg 表示 E box,N 表示 SNP 位点

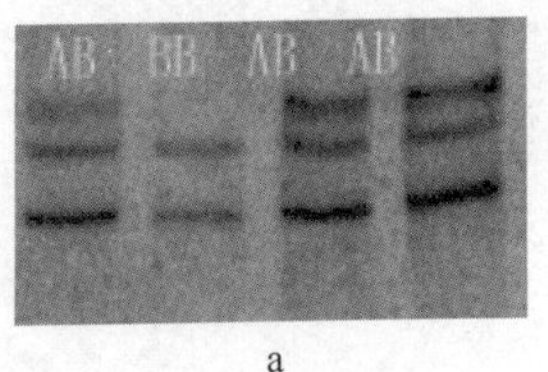

a

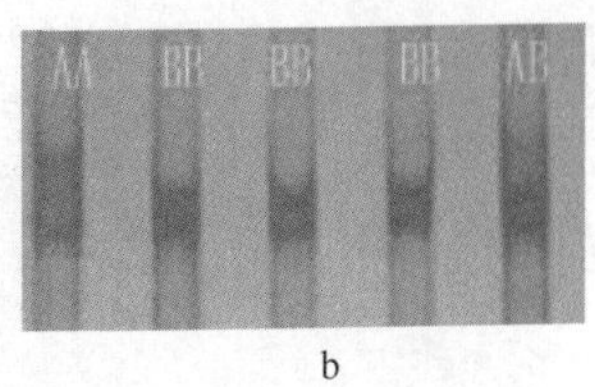

b

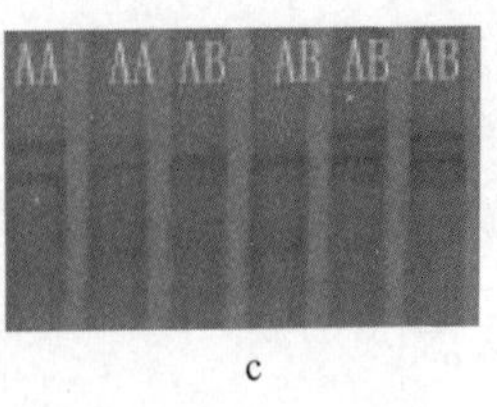

c

图 9－15　大口黑鲈 *MyoD* 基因 SSCP 电泳结果

(a)P7 引物 SSCP 结果　(b)P8 引物 SSCP 结果　(c)P12 引物 SSCP 结果

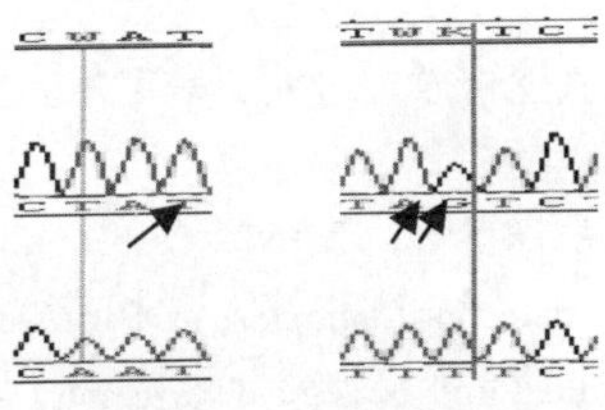
(a) A2014T

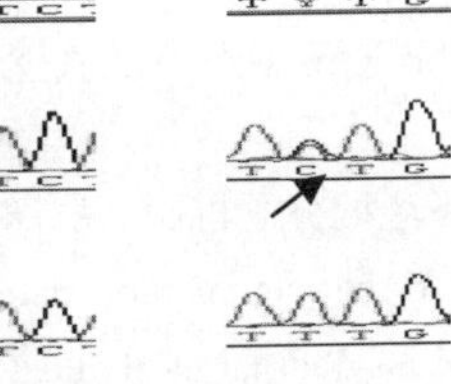
(b) T2137、T2138G

(c) T2181C

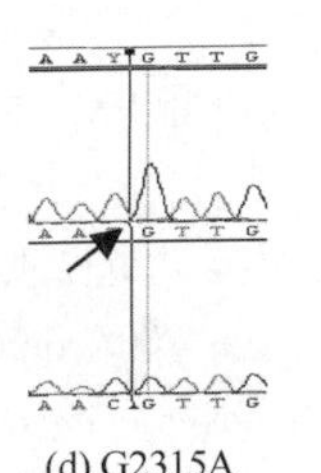
(d) G2315A

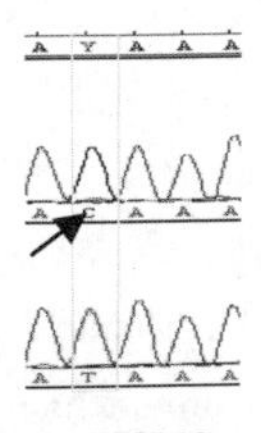
(e) T2976C

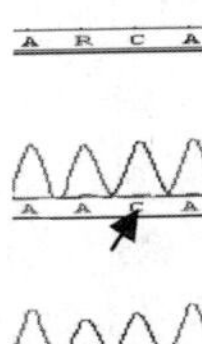
(f) A2992G

图 9－16　大口黑鲈 *MyoD* 基因 SNP 测序

根据表 9－6 分析：这 7 个 SNPs 位点在大口黑鲈群体中的突变比例范围为 4.2%～35.3%，其中 A2014T 所占的比例为 35.3%，而 T2976C、A2992G 所占的突变率为 4.2%。突变点 A2014T 比突变点 T2976C 和 A2992G 在大口黑鲈群体的突变比例高 8.4 倍。

大口黑鲈 *MyoD* 基因 5′调控区 1 077 bp 长度中存在 13 个 E box 和两个肌细胞增强因子 2(MEF2)及其他一些与肌肉转录调控有关的转录因子。E box 是基因转录调控区 DNA 序列中一段 CANNTG(N 代表任何一种碱基)序列(Malik et al, 1995; Analeah et al, 2007)。MFRs 与 E box 结合是激活肌肉基因转录的重要途径(Lssar et al, 1989; Lin et al, 1991)。Dechesne 等(1994)通过对鸡的 *MyoD* 基因 5′调控区启动子中的各个 E box 分析，结果在 *MyoD* 基因的启动子中存在 17 个 E box 和两个 MEF2，其中的 E1、E5、E9、E10 和 E13 能有效的激活 *MyoD* 基因的转录与表达，特别是 E9 box。在牛的肌肉生肌抑止因子 *Myostatin* 基因的启动子中，E6 box 中碱基突变造成了双肌牛的出现，Crisa 等(2003)论证了 E6 box 是 *Myostatin* 基因转录过程中最关键的一个 E box。大口黑鲈 *MyoD* 基因 5′调控区中的 E8 box 与鸡 *MyoD* 基因的启动子中 E9 及牛的 *Myostatin* 基因启动子中的 E6 box 所在的位置相当。因此我们推测 E8 box 是大口黑鲈 *MyoD* 基因的转录与表达的重要元件。

基因组中的 SNPs 绝大多数位于内含子区域，而外显子相对较保守。Halu Shka 等通过对人的 75 个基因进行检测后，推测人类基因组有近百万个 SNP 位点，其中大约有 50 万个在非编码区，有 24 万～40 万个在编码区，且与蛋白质的功能有关(Halushka et al, 1999)。Rafalsk 等(2002)利用直接测序法对美国优良玉米品种进行多态性分析发现：在非编码区平均每 48 bp 出现 1 个 SNP，在编码区每 131 bp 有 1 个 SNP。Nie 等(2005)在鸡中对与生长相关的 12 候选基因进行 SNPS 分析，结果 68% 的突变在内含子上，而外显子的突变只有 16.6%。本研究在大口黑鲈 *MyoD* 基因上筛选的 7 个 SNPs 位点出现在内含子上，外显子和 5′调控区上均未发现 SNPs 位点。这与 Knoll (1997) 和朱砺(2005)只在猪的 *MyoD* 基因内

含子上发现 *Dde* I 酶切多态性位点而在外显子上不存在多态性一样，这个结果符合基因组SNPs突变的基本规律，也说明我国养殖大口黑鲈遗传多样性不高，这与前面章节应用微卫星标记对养殖大口黑鲈遗传多样性的分析结果相一致。

参考文献：

樊启昶，滕俊琳. 2006. 动物发育的分子原理. 北京：高等教育出版社.

田璐，许尚忠，岳文斌，等. 2007. *MyoD* 基因对肉牛胴体性状影响的分析. 遗传，29(3)：313－318.

王立新，白俊杰，叶星，等. 2005. 草鱼 *MyoD* cDNA 的克隆和序列分析. 中国农业科学，38(10)：2134－2138.

朱砺，李学伟. 2005. *MyoD* 基因在不同猪种中的 PCR-RFLP 遗传多态性及其遗传效应研究. 畜牧兽医学报，36(8)：761－766.

王蕾，赵玉莲，安利国，等. 2005. 脊椎动物骨骼肌细胞发生的分子机制. 海洋科学，12：54－58.

Alves H J, Alvares L E, Gabriel J E, et al. 2003. Influence of the meural tube/notochord complex on *MyoD* expression and cellular proliferation in chicken embryos. Brazilian Journal of Medical and Biological Research, 36(2):191－197.

Analeah B Heidt, Anabel Rojas, Ian S Harris, et al. 2007. Determinants of Myogenic Specicity within *MyoD* Are Required for Noncanonical E Box Binding. Molecular and Cell Biology, 27(16): 5 910－5 920.

Anthony CSJ, Benfield PA, Fairman R, et al. 1992. Molecular characterization of helix-loop-helix peptides. Science, 255: 979－985.

Braun T, Arnold HH. 1991. The four human muscle regulatory helix-loop-helix proteins *Myf3*－*Myf6* exhibit similar hetero-dimerization and DNA binding properties. Nucleic Acids Res,19(20):5 645－5 651.

Braun T, Bober E, Rudnicki M A, et al. 1994. *MyoD* expression marks the onset of skeletal myogenesis in homouzygous *Myf5* mutant mice. Development, 120(11), 3083－3092.

Braun T, Buschhausen-Denker G, Bober E, et al. 1989. A novel human muscle factor related to but distinct from *MyoD*1 induces myogenic conversion in 10T1/2 fibroblasts. EMBO J, 8(3): 701－709.

Braun T, Rudnicki M A ,Arnold H H, et al. 1992. Targeted inactivation of the mouse regulatory gene *Myf5* results in abnormal distal rib development and early postnatal death in homozygous mouse mutants. Cell, 71(3): 369－382.

Braun T, Winter B, Bober E, et al. 1990. Transcriptional activation domain of the muscle specific gene regulatory protein *myf5*. Nature, 346 (6285): 663－566.

Brennan T J, Chakraborty T, Olson E N. 1991. Mutagenesis of the myogenin basic region identifies an ancient protein motif critical for activation of myogenesis. Proc Natl Acad Sci,88:5 675－5 679.

Chen Y H, Lee W C, Liu C F, et al. 2001. Molecular structure, dynamic expression, and promoter analysis of zebrafish (*Danio rerio*) *myf5* gene. Genesis, 29(1): 22－35.

Chen Y H, Liang C T, Tsai H J. 2002. Expression purification and DNA-binding activity of tilapia muscle-specific transcription factor, *MyoD*, produced in *Escherichia coli*. Comparative Biochemistry and Physiology Part B, 131: 794－805.

Chen Y H, Tsai H J. 2002. Treatment with *Myf5*-morpholino results in somite patterning and brain formation defects in zebrafish. Differentiation, 70(8): 447－456.

Chen Y H, Lee W C, Liu C F, et al. 2001. Molecular structure, dynamic expression and promoter analysis of zebrafish (*Danio rerio*) *myf-5* gene. Genesis, 29:22－35.

Cossu G, Tajbakhsh S, Budkingham M. 1996. How is myogenesis initiated in the embryo. Trends Genet, 12: 218.

Crisà A, Marchitelli C, Savarese M C, et al. 2003. Sequence analysis of myostatin promoter in cattle, Cytogenet. Genome Res,102:48 – 52.

Davis RL, Cheng PF, L assar AB, et al. 1990. The *MyoD* DNA binding domain contains a recognit ion code for muscle-specific gene activation. Cell, 60(5): 733 – 741.

Dechesne C A, Qin W, Eldridge J, et al. 1994. E box and MEF-2-independent muscle specific expression, positive autoregulation, and cross-activation of the chicken *MyoD*(CMD1) promoter reveal an indirect regulatory pathway. Mol Cell Biol, 14(8):5 474 – 5 486.

Du S J, Gao J, Anyangwe V. 2003. Muscle-specific expression of myogenin in zebrafish embryos is controlled by multiple regulatory elements in the promoter. Comparative Biochemistry and Physiology Part B, 134: 123 – 134.

Elena C, Michael J, McGrew, et al. 1999. An E box comprises a positional sensor for regional differences in skeletal muscle Gene expression and methylation. Developmental Biology, 213: 217 – 229.

Faerman A, Shani M. 1993. The expression of the regulatory myosin light chain-gene during mouse embryogenesis. Development, 118(3):919 – 929.

Goldhamer D J, Brunk B P, Faerman A, et al. 1995. Embryonic activation of the *MyoD* gene is regulated by a highly conserved distal control element. Development,121:637 – 649.

Gundersen K, Rabben I, Klocke BJ, et al. 1995. Overexpression of myogenin in muscles of transgenic mice: Interaction with Id-1, negative crossregulation of myogenic factors, and induction of extrasynaptic acetylcholine receptor expression. Mol Cell Biol, 15(12):7127 – 7134.

Guo C S, Degnin C, Fiddler T A, et al. 2003. Regulation of *MyoD* activity and muscle cell differentiation by MDM2, pRb, and Sp1. Biol Chem, 278(25):22 615 – 22 622.

Halushka M K, Fan J B, Bentley K, et al. 1999. Patterns of single nucleo tide polymorphisms in candidate genes for blood-pressure homeo stasis. Nat Genet, 22: 239 – 247.

Hamamori Y, Kedes L, Sartorelli V. 1999. Myogenic basic helix-loop-helix proteins and Sp1 interact as components of a multiprotein transcriptional complex required for activity of the human cardiac α-actin promoter. Mol Cell Biol, 4(19):2 577 – 2 984.

Hans H A, Thomas B. 1993. The role of *Myf5* in somitogenesis and the development of skeletal muscles in vertebrates. Journal of Cell Science, 104: 957 – 960.

Hansol L, Raymond H, Cory A S. 2004. Msxl cooperates with histone H1b for inhibition of transcription and myogenesis. Science, 304:1 675 – 1 678.

Jaynes J B, Johnson J E, Buskin J N, et al. 1988. The muscle creatine kinase gene is regulated by multiple upstream elements, including a muscle-specific enhancer. Mol Cell Biol, 8(1): 62 – 70.

Johansen K A, Overturf K. 2005. Quantitative expression analysis of genes affecting muscle growth during development of rainbow trout (*Oncorhynchus mykiss*). Mar Biotechnol, 7(6):576 – 587.

Johnston I A, Manthri S, Alderson R, et al. 2003. Fresh water environment affects growthrate and muscle fibre recruitment in seawater stages of Atlantic salmon (*Salmo salar* L.). J Exp Biol, 206:1 337 – 1 351.

Johnston I A. 2006. Environment and plasticity of myogenesis in teleost fish. Exp Biol, 209: 2 249 – 2 264.

Kablar B, Asakura A, Krastel K, et al. 1998. *MyoD* and *Myf5* define the specification of musculature of distinct embryonic origin. Biochem Cell Biol, 76:1 079 – 1 091.

Kablar B, Krastel K, Tajbakhsh S, et al. 2003. *Myf5* and *MyoD* activation define independent myogenic compartments during embryonic development. Dev Biol,2(58): 307 – 318.

Kablar B, Krastel K, Ying C, et al. 1997. MyoD and *Myf5* differentially regulate the development of limb versus trunk skeletal muscle. Development, 124(23):4729 - 4738.

Katherine A, Johansen K O. 2005. Quantitative expression analysis of genes affecting muscle growth during development of rainbow trout (*Oncorhynchus mykiss*). Marine Biology, (7): 576 - 587.

Knoll A, Nebola M, Dvorak J, et a1. 1997. Detection of a DdeI PCR-RFLP within intron 1 of the porcine *MyoD*1 (F - 3) locus. Animal Genetics, 28(4):308 - 322.

Lee S J, Alexandra C, Pherron M. 2001. Regulation of myostatin activity and muscle growth. PANS, 98 (16): 9306 - 9311.

L'honore A, Lamb N J, Vandromme M, et al. 2003. *MyoD* distal regulatory region contains an SRF binding CArG element required for *MyoD* expression in skeletal myoblasts and during muscle regeneration. Mol Biol Cell, 14 (5):2151 - 2162.

Lin C Y, Chen Y H, Lee H C, et al. 2004. Novel cis-element in intron 1 represses somite expression of zebrafish myf - 5. Gene, 9(334):63 - 72.

Lin H, Yutzey K, Konieczny S F. 1991. Muscle-specific expression of the troponin I gene requires interactions between helixloop-helixloop-helix muscle regulatory factors and ubiquitous transcription factors. Mol Cell Biol, 11: 267 - 280.

Lssar A B, Buskin J N, Lockshon D, et al. 1989. *MyoD* is a sequencespecifi cDNA binding protein requiring a region of myc homology to bind to the muscle creatine kinase enhancer. Cell, 58: 823 - 831.

Lun Y, Sawadogo M, Perry M. 1997. Autoactivation of Xenopus *MyoD* transcription and its inhibition by USF. Cell Growth Differ, 8(3):275 - 282.

Malik S, Huang C F, Schmidt J. 1995. The role of the CANNTG promoter element (E BOX) and the myocyte-enhancer-binding-factor-2(MEF-2) site in the transcriptional regulation of the chick myogenin gene. Eur J Biochem, 230:88 - 96.

Nie Q, Lei M, Quyang J, et a1. 2005. Identification and characterization of single nucleotide polymorphisms in 12 chicken growth-corelated genes by denaturing high performance liquid chromatography. Genet Sel Evol, 37(3): 339 - 360.

Olson E N. 1990. *MyoD* family:aparadigm development. Genes Dev, (4):1 454 - 1 461.

Ott M, Bober E, Lyons G, et al. 1991. Early expression of the myogenic regulatory gene, *myf5*, in precursor cells of skeletal muscle in the mouse embryo. Development, 111(4):1 097 - 1 099.

Parker M H, Seale P, Rudnicki M A. 2003. Looking back to the embryo: defining transcriptional networks in adult myogenesis. Nat Rev Genet,(4):497 - 507.

Rafalski J A. 2002. Novel genetic mapping tools in plants:snp and LD-based approaches. Plant Science, 162:329 - 333.

Rawls A, Valdez M R, Zhang W, et al. 1998. Overlapping functions of myogenic bHLH genes MRF4 and MYOD revealed in double mutant mice. Development, 125(13):2 349 - 2 358.

Rowlerson A, Veggetti A. 2001. Cellular mechanisms of postembryonic muscle growth in aquaculture species. Fish Physiology Series, 18:103 - 140.

Rudnicki M A, Braun T, Hinuma S, et al. 1992. Inactivation of *MyoD* in mice leads to upregulation of the myogenic HLH gene *Myf5* and results in apparently normal muscle development. Cell, 71: 383 - 390.

Rudnicki M A, Schnegelsberg P N, 1993. Stead R H, et al. *MyoD* or *Myf5* is required for the formation of skeletal muscle. Cell, 75: 1 351 - 1 359.

Tan X, Hoang L, Du S J. 2002. Characterization of muscle-regulatory genes, *Myf5* and Myogenin, from striped bass and promoter analysis of muscle specific expression. Mar Biotechnol,4(6):537 - 545.

Tan X. , Zhang Y, Zhang P J, et al. 2006. Molecular structure and expression patterns of flounder(*Paralichthys olivaceus*)*Myf*-5, a myogenic regulatory factor. Comp Biochem Physiol, B 145(2):204 - 203.

Weatherley A H, Gill H S. 1989. The role of muscle in determining growth and size in teleost fish. Cell Mol Life Sci, 9(4)5:875 - 878.

Weinberg E S, Allende M L, Kelly C S, et al. 1996. Developmental regulation of zebrafish *MyoD* in wild-type, no tail and spadetail embryos. Development, 122: 2 711 - 2 800.

Weintraub H, DavisR, Tapscott S, et al. 1991. The *MyoD* gene family: nodal point during specification of the muscle cell lineage. Science, 251:761 - 766.

Woodering E W, David A S, Victor K L. 1989. Myogenin, a factor regulating myogenesis, has a donmain homologous to *MyoD*. Cell, 56:607 - 617.

Ye H, Chen S, Xu J. 2007. Molecular cloning and characterization of the *Myf5* gene in sea perch(*Lateolabrax japonicus*). Comp Biochem Physiol B, 147(3):452 - 459.

第十章　大口黑鲈肌肉生长抑制素基因的研究

第一节　肌肉生长抑制素概述

肌肉生长抑制素(*Myostatin*)又称 GDF－8(Growth differentiation factor 8),属于 TGF－β(Transforming Growth Factor beta)超家族成员,是影响骨骼肌生长发育的重要负调控因子(Szabo et al, 1998)。TGF－β 超家族中除了 TGF－β 家族的成员以外,还包括 Inhibin 家族、DPP/VGL 家族以及 Mullerian Inhibitng substance 家族等(Massague,1998)。Myostatin 是由美国约翰霍普金斯大学的 McPherron 和 Lee 等于 1997 年发现的(Mcpherron et al, 1997)。本节将对 *Myostatin* 基因结构与功能、作用机制及在水产动物方面的研究进展作相关介绍,旨在为了解鱼类肌肉的生长和发育机制以及生长相关的候选功能基因的应用研究提供参考。

一、结构和序列同源性

目前报道的哺乳动物和鱼类 *Myostatin* 基因都是由 3 个外显子和两个内含子组成,如人 *Myostatin* 基因全长约 7.7 kb,内含子 1 和内含子 2 分别为 1.8 和 2.4 kb,编码 375 个氨基酸(Gonzalez-Cadavid et al,1998)。Myostatin 由信号肽、N－端前肽和 C－端生物活性区三部分组成,其中 C－生物活性区前有一个由 4 个氨基酸(RXXR)组成的蛋白酶加工位点。C－端生物活性区包含有 9 个保守的半胱氨酸,通过分子间的二硫键形成二聚体。和 TGF－β 超家族的其他成员一样,Myostatin 也是先合成前体蛋白,然后前体蛋白需经两次蛋白酶解活化,即去除信号肽及切割 N－端前肽 (Cheifetz et al,1987),形成的成熟蛋白分泌至血液循环中,与切除的 N－端前肽以非共价键形式形成 LAP 复合物(lantency-associated peptide)(Khoury et al,1995)。*Myostatin* 基因序列在进化过程中高度保守,目前已分离到的大鼠、人、猪、牛、绵羊、鸡、火鸡、狒狒和斑马鱼的 *Myostatin* 编码区 cDNA 序列比对分析表明,该基因在不同物种间具有较高的保守性,尤其是 C－端生物活性区的同源性更高,如小鼠、大鼠、人、猪、鸡和火鸡的同源性为 100% (Mepherron et al, 1997),大口黑鲈、莫桑比克罗非鱼、条纹狼鲈的同源性也为 100%(李胜杰等,2007)。*Myostatin* 基因的高度保守性,为动物生产中通过 *Myostatin* 基因调控不同动物肌肉发育提供便利的途径。

二、*Myostatin* 功能作用

Myostatin 为近年来发现的骨骼肌特异性抑制因子。组织表达研究显示,小鼠 *Myostatin* 基因在胚胎发育过程和成年个体骨骼肌中表达,在胚胎发育早期,该基因的表达局限在体

节的肌节区，此后在躯体很多不同的肌肉组织中都表达（Mepherron et al，1997）；猪 *Myostatin* mRNA 主要分布于骨骼肌，在脂肪组织、脑、舌、心、肺、脾、小肠、肾、肝和骨骼也有分布，但含量较少（Ji et al，2002）。

Myostatin 的功能作用研究表明，*Myostatin* 过度表达可以通过下调 *MyoD*、*Myogenin* 的 mRNA 水平和下游的肌酸激酶的活性，可逆地抑制生肌的过程（Rios et al，2002）；而降低 *Myostatin* 的表达水平则可以提高 *MyoD*，*Myogenin* 和 *Mck*（肌肉肌酸激酶）的转录，但对 *IGF-1*、*IGF-2*、*Desmin* 和 *Myf5* 没有显著影响（Thomas et al，2000）。*Myostatin* 和 *MyoD* 家族成员的表达在正常的发育过程中因互相制约达到某种平衡状态，保证了肌肉组织的正常分化与生长。在一些慢性消耗性疾病如 HIV 感染及衰老过程的肌肉组织中的 *Myostatin* 表达水平均有不同程度的升高（Kawada et al，2001；Welle et al，2002）。研究发现 *Myostatin* 基因剔除小鼠以及 *Myostatin* 基因突变肉牛的肌肉组织发生肥大与增生，从而导致其肌肉重量增加 2-3 倍（Grobet et al，1997）。另外，通过不同方法阻断肌肉萎缩模型小鼠的内源性 *Myostatin* 后，其肌肉萎缩程度和肌肉功能得到明显改善（Whittemore et al，2003；Bogdanovich et al，2002）。细胞水平的研究表明，不同浓度的外源性表达的 Myostatin 蛋白加入到 C2C12 成肌细胞的培养物中，发现随着加入的 Myostatin 浓度的增加和培养时间的延长，成肌细胞的增殖速度相应地减慢，数量也相应减少，Myostatin 对成肌细胞增殖有明显抑制作用，而且存在剂量依赖性和时间依赖性（Thomas et al，2000）。在去除培养物中的 Myostatin 后继续培养时，成肌细胞又恢复生长和增殖，暗示 Myostatin 对成肌细胞的抑制作用是可逆的。还有学者发现在大鼠悬吊引起肌萎缩的后肢组织以及受伤的和再生的肌肉组织中，*Myostatin* 的表达都有增加（Sakuma et al，2004；Carlson et al，1999）。*Myostatin* 在调控肌肉生长与发育方面发挥着极为重要的作用。

比利时蓝牛和皮尔蒙特牛是体现 *Myostatin* 调控肌肉生长发育作用的典型事例（Westhusin，1997）。从两种牛 *Myostatin* 基因的测序结果中发现：比利时蓝牛的 *Myostatin* 序列有两处突变：一处突变为第 3 外显子有 11 个核苷酸的缺失（937aa-947aa），导致蛋白活性区的移码突变；另一处突变发生在 C-端起始端 7 个氨基酸之后，导致随后的 102 个氨基酸丢失（274aa-375aa），不能形成成熟 Myostatin 蛋白（Grobet et al，1997）。皮尔蒙特牛 *Myostatin* 序列在第 3 外显子发生一个错义突变，使蛋白活性部位的半胱氨酸被酪氨酸取代，结果 *Myostatin* 功能全部或几乎全部丧失，导致肉牛的瘦肉率大大增加（Kambadur et al，1997）。此外，*Myostatin* 基因对脂肪沉积也有调控作用。*Myostatin* 基因突变纯合体小鼠与对照组比在体重增加（主要是肌肉）的同时，体脂肪却平均减少了 70%，推测 *Myotatin* 可能直接作用于脂肪组织，调节其代谢过程（Alexandra et al，2002）。

由于 *Myostatin* 基因在调控肌肉生长发育过程中的重要性，对其启动子的特征与功能作用也开展了广泛研究。人 *Myostatin* 启动子序列中含有多个反应元件，包括糖皮质激素、肌生长分化因子 1、肌细胞增强因子 2 等关键作用元件，不同长度的启动子转录效率的分析显示，约 1.2kb 长的启动子的转录效率最强，它包含了两个 MEF2 反应元件，被认定对激活 *Myostatin* 基因表达起重要作用（Ma et al，2001）。小鼠 2.5 kb 的 *Myostatin* 基因启动调节区有 7 个 E-box 元件，是该基因家族成员的结合位点，其中 E5 在其体内活性调节中起最重要作用（Salerno et al，2004）。牛 *Myostatin* 基因上游侧翼序列含有 10 个 E-box，分布在3个束中，缺失突变分析表明，E6对启动子的活性调控最重要（Crisà et al，2003）。另外对绵羊、山羊、猪相似长度的*Myostatin*启动子序列中的转录反应元件的比较分析表明，它们都有两个位置相近的TATA盒，7个以上E-box元件（Du et al，2005）。在纤维原细胞和C2C12肌细胞中牛*Myostatin*启动子的活性研究结果表明，前者中启动子的活性比后者低4倍，这与它是肌肉特异性启动子的本质特性相关（Spiller et al，2002）。鱼类中对*Myostatin*启动子功能研究甚少，目前仅报道了斑马鱼*Myostatin*启动子，约1.2 kb的序列中含有7个E-box，在转基因研究中，它能够启动绿色荧光蛋白在肌肉组织中大量表达（Xu et al，2003）。

三、Myostatin作用机制

Myostatin形成的LAP复合物在血液循环中到达作用部位，LAP释放出这些抑制性蛋白，使*Myostatin*与活化素II型受体结合，启动信号转导过程，激活Smad蛋白，活化的Smad与FLRG启动子区的Smad结合元件结合，引起FLRG转录上调，使分泌的FLRG产物增加，最终抑制Myostatin的功能，形成Myostatin的负反馈环路。另一方面激活*p*21基因，上调*p*21，抑制cyclinE－Cdk2复合物活力，使Rb蛋白不能磷酸化而保持低磷酸化状态（Hill et al，2002；Zhang et al，1994；杨威等，2003）。目前发现抑制Myostatin活性有3种主要的抑制物，分别是Myostatin N－端前肽，Follistatin相关基因产物（Follistatin-Related Gene，FLRG）以及Follistatin。Myostatin N－端前肽与其活性蛋白结合成复合物LAP，从而抑制Myostatin的功能。Follistatin（FSH抑制蛋白）是一种单链糖蛋白，最初是从牛和猪的卵泡液中分离出来的（Robertson et al，1987；Ueno et al，1987），后来被发现在多种组织和器官中都有表达。Follistatin能与Myostatin活性蛋白结合，但是不同于Myostatin N－端前肽和FLRG与Myostatin结合方式，Follistatin是通过抑制Myostatin与相应受体的结合，负向调节*Myostatin*的功能（Lee et al，2001）。已有研究表明，经Myostatin处理的小鸡肢芽会导致两种关键的生肌调节基因Pax-3和*MyoD*表达量的下降，然而在Follistatin处理之后，*Pax*－3和*MyoD*的表达量又得到了恢复，Follistatin通过抑制Myostatin的作用来促进肌肉生长（Khoury et al，1995）。Follistatin转基因小鼠研究结果表明，转基因小鼠的个体显著大于对照组，而且骨骼肌肌纤维的数量较对照小鼠也多，这种肌肉质量的增加可能是由于肌细胞增生和肥大共同造成的（Lee et al，2001）。

四、鱼类*Myostatin*基因研究进展

目前从斑马鱼、溪红点鲑、虹鳟、银大麻哈鱼、大麻哈鱼、金头鲷、莫桑比克罗非鱼、白鲈、斑点叉尾鮰、条纹狼鲈、石首鱼、长鳍叉尾鮰和河鲀等鱼类中分离到了*Myostatin*基因，它们与其他哺乳动物*Myostatin*一样氨基酸序列中都有信号肽、保守的半胱氨酸残基和RXXR蛋白水解位点。鱼类*Myostatin*在体内的分布比哺乳动物更广泛，除了在肌肉中表达以外，还可以在多个组织中表达如脑、肠、鳃、肾、性腺等（赵浩斌等，2006），鱼类*Myostatin*基因除了对肌肉组织起作用外，可能对其他组织也有调控作用。胚胎发育表达谱研究结果显示，斑马鱼*Myostatin*转录子在成熟的卵母细胞就有表达，受精后8 h降低；在受精后16 h，*Myostatin*水平再次增加；受精后24 h，*Myostatin* mRNA有轻微的降低（Vianello et al，2003）。*My-*

ostatin 在金鲷、斑马鱼、鲑鳟鱼类等中出现有两种基因型（赵浩斌等,2006）,鱼类与哺乳动物 *Myostatin* 有不同的组织分布和表达方式,暗示其可能有不同于哺乳动物 *Myostatin* 的功能,除抑制肌肉生长外,还有其他功能作用。

与哺乳动物相似,鱼类 *Myostatin* 在生肌过程和肌肉生长中起重要的调控作用。在斑马鱼转基因研究中,肌肉特异启动子能有效启动 *Myostatin* 前肽的过表达,虽然表达水平的提高对慢速及快速肌肉细胞的分化无显著影响,但增加了转基因鱼骨骼肌肌纤维数目（Xu et al,2003）;当 *Myostatin* 的表达水平被反义的 *Morpholino* 降低后,处理组和对照组实验鱼的表型有明显差异,*Morpholino* 处理的斑马鱼生长明显要快一些（Amali et al,2003）。利用 RNAi 技术给斑马鱼受精卵注射 *Myostatin* C－端 dsRNA,结果表明,实验组的平均体重要比对照组的平均体重高 40% 左右,而肌纤维的平均数量比对照组高 48.7%（Acosta et al,2005）。

禁食对 *Myostatin* 的表达有影响作用,罗非鱼幼鱼 *Myostatin* mRNA 水平在短期禁食后有所上升,而长期的禁食造成 *Myostatin* 水平持续降低（Rodgers et al,2003）。外源激素对鱼类 *Myostatin* 的表达有调控作用,生长激素处理后对虹鳟不同 *Myostatin* 基因型的表达水平有影响,*Myostatin* 1 mRNA 水平在处理后无显著变化,而 *Myostatin* 2 mRNA 水平在处理后明显下降,*Myostatin* 两种基因型可能具有不同的表达调控机制,表明了生长激素与 *Myostatin* 存在着相互作用关系（Biga et al,2004）。在沟鲇和金绸 *Myostatin* 基因中发现具有多态性的微卫星位点（Kocabas et al,2002;Maccatrozzo et al,2001）,可作为今后与鱼类生长性状关联分析研究的候选分子标记。

五、应用前景

目前对鸡、羊、牛、斑马鱼等动物进行 *Myostatin* 基因敲除技术,结果显示,动物的生长速度及产肉量都有显著提高。在医学上,在感染 HIV 并伴有肌消耗综合症患者血清中 *Myostatin* 免疫反应性蛋白显著高于正常人,抑制 *Myostatin* 可能会有助于 HIV 感染、肿瘤等消耗性疾病所引起的肌肉萎缩症状的改善,甚至基本恢复（Gonzalez-Cadavid et al,1998;Zimmers et al,2002）。*Myostatin* 活性丧失对两种遗传病模型（肥胖型和 II 型糖尿病）是有益的（McPherron et al,2002）。鉴于 *Myostatin* 对肌肉生长发育调控功能的重要性,可以考虑从下面几个方面来实现其应用:①筛选 *Myostatin* 基因自然变异种群,利用分子辅助育种技术来提高产肉量,如比利时蓝牛和皮尔蒙特牛就是高产肉量的品种;②对研究对象开展 *Myostatin* 基因的敲除或者人工突变,培育出具有产肉量大、脂肪含量少的优良特性;③研究抑制 *Myostatin* 发挥作用的机制,通过拮抗剂或转基因技术抑制 *Myostatin* 的活性,提高生产性能。目前鱼类 *Myostatin* 的相关研究仍处于基础阶段,有待今后进一步的深入研究。

第二节　大口黑鲈肌肉生长抑制素 cDNA 的克隆和序列分析

肌肉生长抑制素是肌肉生长发育的重要调控因子,主要是抑制肌肉细胞的增生和分化（Langley et al,2002;Wagner et al,2002）,除此之外,还影响脂肪的累积、骨盐的含量及密度

(McPherron et al,2002;Lin et al,2002)。*Myostatin* 基因的自然突变是欧洲两种养殖家牛比利时蓝牛(Belgian blue)和皮尔蒙特牛(Piedmontese)双肌表型形成的主要原因,它们的产肉量比野生牛要高出 30% 左右(Kambadur et al,1997;McPherron et al,1997;Grobet et al,1997)。近年来人们越来越重视对 *Myostatin* 基因的研究,主要集中在家畜动物上,而在水产动物研究上报道甚少。本节对大口黑鲈 *Myostatin* 基因 cDNA 序列进行了克隆和分析,以期为该基因打靶和鱼类肌肉发育调控机理奠定基础。

一、材料与方法

1. 材料

实验用的大口黑鲈成鱼体重为 400 g 左右,来自中国水产科学研究院珠江水产研究所水产良种基地;SV Total RNA Isolation kit 购自 Promega 公司;RNA PCR Kit (AMV) Ver. 3. 0 试剂盒、pMD18 – T vector system 以及限制性内切酶 *Eco*R Ⅰ 和 *Hin*dⅢ购自 TaKaRa 公司;SMART™ RACE cDNA Amplification Kit 购自 Clontech 公司;DNA Purification kit 购自北京天为时代公司;DH5α 由本实验室保存。

2. 大口黑鲈肌肉总 RNA 的提取

用剪刀和尖头镊子从大口黑鲈背部取肌肉约 30 mg,按 Promega 公司 SV Total RNA Isolation System 的方法提取总 RNA,并用 1% 琼脂糖电泳检测其质量和浓度。

3. 大口黑鲈 *Myostatin* 基因的克隆

参照 GenBank 中已登录的条纹狼鲈(*Morone saxatilis*)、莫桑比克罗非鱼(*Tilapia mossambica*)、金头鲷(*Sparus aurata*)、点带石斑鱼(*Epinephelus malabaricus*)、大黄鱼(*Larimichthys crocea*)等 *Myostatin* 基因的 cDNA 序列在同源保守区内设计一对引物扩增该基因的部分序列,上游引物为 p1:5′ – TTGAGCAAACTGCGAATG – 3′,下游引物为 p2:5′ – ACATCTTGGTGGGGGTACA – 3′,反转录按 TaKaRa RNA PCR Kit(AMV) Ver. 3. 0 试剂盒上的步骤操作,反应结束后进行 PCR 扩增,先 94℃ 变性 3 min,接着 94℃ 变性 30 s,50℃ 复性 30 s,72℃ 延伸 1 min,共 35 个循环。最后一次循环结束后 72℃ 延伸 7 min。

5′RACE 扩增:根据已测得的 *Myostatin* 基因 ORF 部分序列设计了一对下游引物,分别为 p3:5′ – TCTTCAGGGAGCGGATGCGTATGTG – 3′, p4:5′ – ATCGTCCTCCTCCATAACCACATCC – 3′,上游引物使用 Smart™ RACE cDNA Amplification kit 的通用引物 UPM 和 NUP, PCR 扩增反应按照 Takara 试剂盒操作说明进行。

3′RACE 引物设计:根据已获得的序列设计了一对上游引物,分别为 p5:5′ – TCACGTCTTGGCARAGTATMG – 3′;p6:5′ – CCAACTGGGGCATCGAGATTAACGC – 3′;下游引物为 RT – PCR 试剂盒提供的 M13 primer M4:5′ – GTTTTCCCAGTCACGAC – 3′。RT – PCR 反应按照 Takara 试剂盒操作说明进行。

扩增产物经低融点琼脂糖凝胶回收纯化,与 T 载体连接,转化感受态细胞大肠杆菌 DH5α,转化子用碱裂解法提取质粒,用 *Eco*R Ⅰ 和 *Hin*dⅢ酶切鉴定插入片段的大小,挑取阳性转化子送上海英骏生物技术有限公司测序。

4. 序列分析

将扩增获得的3′序列、ORF部分序列和5′序列用Vector软件拼接。用ExPASy(http://www.expasy.org/)和SignalP 3.0 Server(http://www.cbs.dtu.dk/services/SignalP/)对拼接后的全长*Myostatin* cDNA序列进行序列分析,内容包括核苷酸序列中ORF的寻找,编码氨基酸序列的推导及其保守结构域的预测。

二、结果与分析

1. 大口黑鲈*Myostatin*基因的克隆和序列测定

大口黑鲈肌肉总RNA经反转录后作为模板,用引物p1和p2进行PCR扩增,获得一条特异的条带(图10-1),经测序,该片段长度为853 bp。用p3和UPM进行5′RACE扩增,经电泳检测没有明显的条带出现,再以扩增产物为模板,以p4和NUP做套式扩增后获得单一的特异条带,长度约为450 bp(图10-2)。3′RACE扩增利用了反转录试剂盒中的M13 primer M4,总RNA经反转录后作为模板,用引物p5和M13 primer M4进行PCR扩增,经电泳检测没有获得明显的条带,接着用该产物为模板,以p6和M13 primer M4做半巢式扩增,获得一条大小约860 bp的条带(图10-3)。

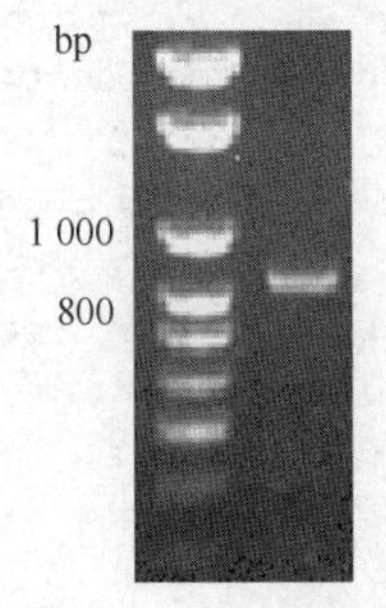

图10-1　大口黑鲈 *Myostatin*核心片断扩增

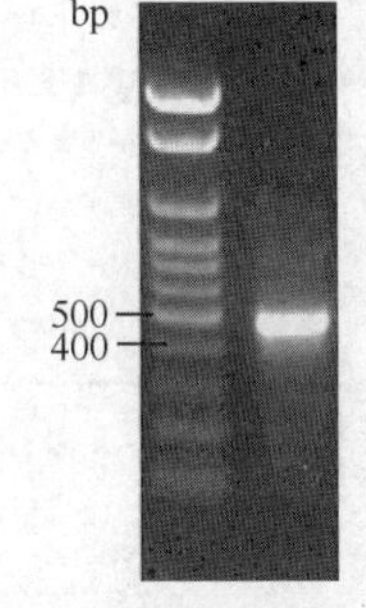

图10-2　大口黑鲈 *Myostatin* 5′RACE产物

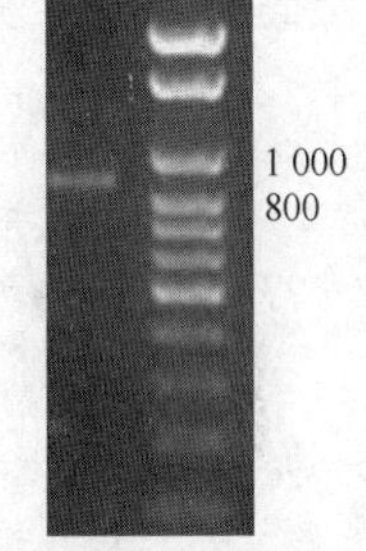

图10-3　大口黑鲈 *Myostatin* 3′RACE产物

将3′和5′端序列及中间部分序列用Vector软件拼接获得了大口黑鲈*Myostatin*基因的cDNA序列,全长1626 bp,经ExPASy软件在线分析,该基因的5′非编码区为107bp,3′非编码区为372bp,开放阅读框(ORF)位于113~1246 bp,长1134 bp,共编码377个氨基酸,其蛋白等电点为5.71,分子量为42.8 kD。该基因的核苷酸序列以及编码的氨基酸序列见图10-4,其中信号肽为22个氨基酸;C端生物活性区含有9个保守的半胱氨酸残基;RARR为蛋白水解加工位点;TGA为终止密码子;AATAAA为典型的转录终止信号。

GATGCCTA TCAGTGTGGGACATTAATCC AAACCCACTCCAGTCGCGT ATCAGGTCCAGCACACAGC AAGGGATCTTTTTGTAAAC CAAGCCTCACGCCTT

AGAGACA

M H L S Q I V L Y L S L L I A L G P V V

ATG CAT CTG TCT CAG ATT GTG CTG TAT CTT AGT TTG CTG ATT GCT TTG GGT CCA GTC GTT

L S D Q E T H Q Q Q P S A T S P I E T E

TTG AGT GAC CAA GAG ACG CAC CAG CAG CAG CCC TCC GCC ACC AGC CCA ATA GAA ACG GAG

Q C A T C E V R Q Q I K T M R L N A I K

CAG TGT GCT ACC TGC GAG GTC CGG CAG CAG ATT AAA ACT ATG CGG CTA AAC GCG ATC AAA

S Q I L S K L R M K E A P N I S R D I V

TCT CAG ATT CTG AGC AAA CTG CGA ATG AAG GAA GCT CCT AAT ATC AGC CGA GAT ATA GTG

K Q L L P K A P P L Q Q L L D Q Y D V L

AAG CAG CTC CTG CCC AAA GCG CCG CCG CTG CAG CAG CTC CTC GAC CAG TAC GAC GTG CTG

G D D N K D V V M E E D D E H A I T E T

GGA GAT GAC AAC AAG GAT GTG GTT ATG GAG GAG GAC GAT GAA CAT GCT ATC ACG GAG ACA

I M M M A T E P E A I V Q V D G E P K C

ATA ATG ATG ATG GCA ACT GAA CCC GAG GCC ATC GTC CAA GTG GAT GGG GAA CCA AAG TGC

C L F S F T Q K F Q A S R I V R A Q L W

TGC CTT TTC TCT TTT ACT CAA AAG TTC CAA GCC AGC CGC ATA GTC CGG GCT CAG CTC TGG

V H L R Q T D E A T T V F L Q I S R L M

GTG CAT CTG CGG CAG ACG GAC GAG GCG ACC ACT GTG TTC CTG CAA ATC TCC CGC CTG ATG

P V T D G N R H I R I R S L K I D V N A

CCG GTC ACA GAC GGG AAC AGG CAC ATA CGC ATC CGC TCC CTG AAG ATC GAC GTG AAT GCA

G V S S W Q S I D V K Q V L T V W L R Q

GGG GTC AGC TCT TGG CAA AGT ATA GAC GTC AAA CAA GTG TTG ACT GTG TGG CTG CGG CAG

P E T N W G I E I N A F D S R G N D L A

CCG GAG ACC AAC TGG GGC ATC GAG ATT AAC GCC TTC GAT TCG AGG GGA AAT GAC TTG GCC

V T S A E P G E E G L Q P F M E V K I S

GTG ACC TCC GCT GAG CCT GGA GAG GAA GGC CTG CAA CCG TTC ATG GAG GTG AAG ATC TCA

proteolytic processing site bioactive carboxy terminal region

E G P K R A R R D S G L D C D E N S P E

GAG GGC CCC AAG CGT GCC AGG AGA GAC TCG GGC CTG GAC TGT GAC GAG AAC TCT CCA GAG

S R C C R Y P L T V D F E D F G W D W I

TCC CGG TGC TGC CGC TAT CCC CTC ACA GTG GAC TTT GAA GAC TTT GGC TGG GAC TGG ATT

I A P K R Y K A N Y C S G E C E Y M H L

ATT GCC CCA AAG CGC TAC AAG GCC AAC TAT TGC TCC GGG GAG TGT GAG TAC ATG CAC TTG

Q K Y P H T H L V N K A N P R G T A G P

CAG AAG TAC CCG CAC ACC CAC CTG GTG AAC AAG GCA AAT CCC AGA GGG ACC GCT GGC CCC

C C T P T K M S P I N M L Y F N R K E Q

TGC TGT ACC CCC ACC AAG ATG TCG CCC ATC AAC ATG CTC TAC TTT AAC CGA AAA GAG CAG

I I Y G K I P S M V V D R C G C S

ATC ATC TAT GGC AAG ATC CCT TCC ATG GTG GTG GAC CGT TGT GGA TGC TCT TGA

GTTGGGAC GGAGAGCCTGGCGAGAGGGA GGGGAGGGCGGAGGGGCTC TGGCTCAGTCCGGCCTCCA GCTTCAGACTTTTTGACAC AACCAATCCACCAGT

TCCAGTGC TTTCCCGCAGAACACGGTGC AATAGAACCAGAGTAGACG CCACAAACAGCCCGACCTT CCCGCAGGGCAGCGCTTTC ACAACCGGCATAGCT

CTTACTTT TCTTTCCTCTCTGTCCCTGT CCGTCACCGTTTTCTCTGT TATTTATCTGTGTCGTTTC CTCCTCATTCTCATTGTGT CCGGTCCGATCACTG

TCTTTCAA CTCATTTCATTACGTGTCTT TATTGGAGATCTTTACAAA AATGAATAA ACTTTGAT TTAAATGGAAAAAAAAAAA AAA

图 10-4 大口黑鲈 *Myostatin* cDNA 序列及其推测的氨基酸序列

注:碱基序列在上,氨基酸序列在下;半胱氨酸用阴影标记;下横线表示信号肽;箭头表示生物活性区

2. 不同物种 *Myostatin* 基因 ORF 的同源性比较

将大口黑鲈 *Myostatin* 与其他物种 *Myostatin* 基因的 ORF 序列进行同源性比较（表 10－1），与条纹狼鲈的序列同源性最高，核苷酸同源性为 95%，氨基酸同源性为 96%；与金头鲷、莫桑比克罗非鱼、虹鳟、斑马鱼、斑点叉尾鮰的核苷酸同源性为 74%～90%，氨基酸同源性为 75%～92%；与鸟类中的鸽和鸡的核苷酸同源性均为 64%，氨基酸同源性分别为 63% 和 64%；与哺乳动物人、猪、鼠的核苷酸同源性均为 64%，氨基酸同源性为 63%～64%，基本上反映了它们的系统分类地位，同时也表明脊椎动物 *Myostatin* 的保守性非常高。

表 10－1　大口黑鲈与其他物种 *Myostatin* 基因 ORF 的同源性比较

中文名	拉丁名	碱基同源性/%	氨基酸同源/%	编码氨基酸的长度
虹鳟（Myostatin1）	*Oncorhynchus mykiss*	82	86	373
虹鳟（Myostatin2）	*Oncorhynchus mykiss*	82	86	373
斑马鱼	*Danio rerio*	77	81	374
金头鲷	*Sparus aurata*	90	92	385
条纹狼鲈	*Morone saxatilis*	95	96	376
斑点叉尾鮰	*Ictalurus punctatus*	74	75	389
莫桑比克罗非鱼	*Tilapia mossambica*	89	91	376
鸡	*Gallus domestiaus*	64	64	375
鸽子	*Columba livia*	64	63	375
猪	*Sus scrofa*	64	63	375
鼠	*Mus musculus*	64	63	376
人	*Homo sapiens*	64	64	375

大口黑鲈 *Myostatin* 基因所编码的氨基酸序列经结构分析表明，含有 TGF－β 超家族典型的蛋白水解加工位点和紧靠蛋白水解加工位点的 C 端生物活性区，其蛋白水解加工位点位于编码氨基酸肽链的 265～268 号氨基酸上（RARR）。推导的氨基酸序列含有 13 个保守的半胱氨酸基团（位于编码氨基酸的第 42、45、140、141、274、283、284、311、315、341、342、374、376 位置上），其中后面 9 个半胱氨酸基团位于生物活性区，成熟蛋白通过这 9 个保守的半胱氨酸形成二硫键，二聚体化后与细胞膜上的受体结合发挥其生物学功能，且生物活性区的 9 个半胱氨酸的结构与 TGF－β 超家族大部分成员类似（Sharma et al，1999）。

将大口黑鲈与其他物种的 *Myostatin* 基因 C 端生物活性区氨基酸序列进行比较，结果表明，与虹鳟、莫桑比克罗非鱼、条纹狼鲈的氨基酸同源性为 100%；与金头雕的同源性为

99%；与斑点叉尾鮰，斑马鱼的同源性为95%；与人、小鼠、鸡、鸽的同源性均为89%，与猪的同源性为88%（图10－5），该基因在生物活性区表现出高度的保守性，从侧面反映了它受到了高度的进化限制及其功能的重要性。

```
                  1                                                      55
大口黑鲈         (1) DSGLDCDENSPESRCCRYPLTVDFEDFGWDWIIAPKRYKANYCSGECEYMHLQKY
斑点叉尾鮰       (1) ESGLDCDENSSESRCCRYPLTVDFEDFGWDWIIAPKRYKANYCSGECDYVHLQKY
斑马鱼           (1) DSGLDCDENSSESRCCRYPLTVDFEDFGWDWIIAPKRYKANYCSGECDYMYLQKY
鸡               (1) DFGLDCDEHSTESRCCRYPLTVDFEAFGWDWIIAPKRYKANYCSGECEFVFLQKY
鸽               (1) DFGLDCDEHSTESRCCRYPLTVDFEAFGWDWIIAPKRYKANYCSGECEFVFLQKY
人               (1) DFGLDCDEHSTESRCCRYPLTVDFEAFGWDWIIAPKRYKANYCSGECEFVFLQKY
猪               (1) DFGLDCDEHSTESRCCRYPLTVDFEAFGWDWIIAPKRYKASYCSGECEFVFLQKY
小鼠             (1) DFGLDCDEHSTESRCCRYPLTVDFEAFGWDWIIAPKRYKANYCSGECEFVFLQKY
金头鲷           (1) DSGLDCDENSPESRCCRYPLTVDFEDFGWDWIIAPKRYKANYCSGECEYMHLQKY
条纹狼鲈         (1) DSGLDCDENSPESRCCRYPLTVDFEDFGWDWIIAPKRYKANYCSGECEYMHLQKY
莫桑比克罗非鱼   (1) DSGLDCDENSPESRCCRYPLTVDFEDFGWDWIIAPKRYKANYCSGECEYMHLQKY
虹鳟             (1) DSGLDCDENSPESRCCRYPLTVDFEDFGWDWIIAPKRYKANYCSGECEYMHLQKY
                  56                                                    109
大口黑鲈        (56) PHTHLVNKANPRGTAGPCCTPTKMSPINMLYFNRKEQIIYGKIPSMVVDRCGCS
斑点叉尾鮰      (56) PHTHLVNKANPRGTAGPCCTPTKMSPINMLYFNGKEQIIYGKIPSMVVDRCGCS
斑马鱼          (56) PHTHLVNKASPRGTAGPCCTPTKMSPINMLYFNGKEQIIYGKIPSMVVDRCGCS
鸡              (56) PHTHLVHQANPRGSAGPCCTPTKMSPINMLYFNGKEQIIYGKIPAMVVDRCGCS
鸽              (56) PHTHLVHQANPRGSAGPCCTPTKMSPINMLYFNGKEQIIYGKIPAMVVDRCGCS
人              (56) PHTHLVHQANPRGSAGPCCTPTKMSPINMLYFNGKEQIIYGKIPAMVVDRCGCS
猪              (56) PHTHLVHQANPRGSAGPCCTPTKMSPINMLYFNGKEQIIYGKIPAMVVDRCGCS
小鼠            (56) PHTHLVHQANPRGSAGPCCTPTKMSPINMLYFNGKEQIIYGKIPAMVVDRCGCS
金头鲷          (56) PHTHLVNKANPRGSAGPCCTPTKMSPINMLYFNRKEQIIYGKIPSMVVDRCGCS
条纹狼鲈        (56) PHTHLVNKANPRGTAGPCCTPTKMSPINMLYFNRKEQIIYGKIPSMVVDRCGCS
莫桑比克罗非鱼  (56) PHTHLVNKANPRGTAGPCCTPTKMSPINMLYFNRKEQIIYGKIPSMVVDRCGCS
虹鳟            (56) PHTHLVNKANPRGTAGPCCTPTKMSPINMLYFNRKEQIIYGKIPSMVVDRCGCS
```

图10－5 大口黑鲈 *Myostatin* C端生物活性区氨基酸序列与其他动物的同源性比较

注：序列比对采用了Vector NTI 8.0软件，相同的氨基酸残基以深灰色背景标记，保守的氨基酸残基以浅灰色背景标记，非保守的氨基酸没有背景颜色。

第三节　大口黑鲈卵泡抑素 cDNA 的克隆、分析和原核表达

肌肉生长抑制素是目前所知的最强的肌肉生长抑制因子,它通过抑制成肌细胞的增殖而发挥作用(McPherron et al, 1997; Thomas et al, 2000; Langley et al,2002),人们试图寻找 *Myostatin* 的抑制物,通过抑制 *Myostatin* 的作用来促进肌肉生长。卵泡抑素是 TGF-β 超家族中许多成员,如 myostatin、activin、inhibin、BMP 等的抑制蛋白(Sidis et al, 2006)。研究表明,在高密度培养的四肢间充质细胞中 *Myostatin* 可抑制肌细胞的终末分化,而卵泡抑素以浓度依赖的方式恢复了细胞的分化(Amthor et al, 2004);另外转卵泡抑素基因小鼠实验也证明骨骼肌肌肉有明显增加(Lee and McPherron, 2001)。卵泡抑素的增肌效应对提高动物的肉用性状有着很好的应用价值。有关鱼类卵泡抑素的研究还不多,目前仅报道了金鱼、草鱼、红鳍东方鲀、斑马鱼、斑点叉尾鮰等少数鱼类的卵泡抑素 cDNA 序列(Gregory et al, 2004),对其功能的研究还未见相关报道。本研究克隆了大口黑卵泡抑素 cDNA,对序列进行了分析,并在大肠杆菌中成功表达了重组卵泡抑素,为进一步研究该蛋白的功能和应用于水产养殖提供基础资料。

一、材料与方法

1. 材料

实验用的大口黑鲈成鱼体重约 400 g,来自广东省大口黑鲈良种场;Total RNA Isolation Kit 购自 Promega 公司(USA);RNA PCR Kit (AMV) Ver. 3.0 试剂盒、*Eco*R Ⅰ、*Hind* Ⅲ、*Sal* Ⅰ和 pMD19-T vectors system 购自 TaKaRa 公司(Japan);SMART™ RACE cDNA Amplification Kit 购自 Clontech 公司(USA);DNA Purification Kit 购自北京天为时代公司; PCR 扩增引物由上海英骏生物技术有限公司合成;硝酸纤维素膜、鼠抗 *His* 单抗和辣根过氧化物酶标记的羊抗鼠抗体购自北京鼎国生物技术有限责任公司;DAB 显色试剂盒购自武汉博士德生物工程有限公司;大肠杆菌(*Escherichia coli*)DH5α、BL21 和原核表达载体 pET-32a(+)由本实验室保存。

2. 大口黑鲈卵巢总 RNA 的提取

按照 Promega 公司 SV Total RNA Isolation System 试剂盒的方法提取大口黑鲈卵巢总 RNA,用 1% 琼脂糖凝胶电泳检测其质量和浓度。

3. 引物设计与 PCR 扩增

参照 GenBank 中已登录的斑马鱼(*Danio rerio*, NM001039631)、大西洋鲑(*Salmo salar*, DQ186633)、红鳍东方鲀(*Takifugu rubripes*, NM001037858)、斑点叉尾鮰(*Ictalurus punctatus*, AY534327)和草鱼(*Ctenopharyngodon idella*, DQ340765)卵泡抑素基因 cDNA 序列,在其同源保守区内设计 1 对引物(p1 和 p2)扩增该基因的核心序列,反转录按 TaKaRa RNA PCR Kit(AMV) Ver. 3.0 试剂盒上的步骤操作,反应结束后进行 PCR 扩增:先 94℃变性 3 min,接着 94℃变性 30 s,53℃退火 30 s,72℃延伸 50 s,共 32 个循环,最后一次循环结束后 72℃延伸 7 min。然后根据测得的卵泡抑素的核心序列设计两条反向嵌套引物(p3 和 p4)进行 5′

RACE 扩增，上游引物使用 SMART™ RACE cDNA Amplification Kit 的通用引物 UPM 和 NUP，5′RACE 扩增方法按照试剂盒操作说明进行。同时设计了上游引物 p5 进行 3′RACE 扩增，下游引物采用 RNA PCR Kit（AMV）Ver. 3.0 试剂盒提供的 M13 primer M4：5′-GTTTTCCCAGTCACGAC-3′。PCR 扩增反应按照反转录试剂盒的操作说明进行。所合成的引物序列如下：

p1：5′-ACRTGYGAYAAYGTGGACTGYGG-3′　p2：5′-TABGTGGYGTTRTCGCTGGC-3′

p3：5′-GCATAGATGATCCCGTCGTTTCCAC-3′　p4：5′-GGCACGTTTTCTTGCACTTTCCCTG-3′

p5：5′-CAGTACCTGTGTGGAAACGACGG-3′

4. 大口黑鲈卵泡抑素 cDNA 克隆

根据北京天为时代的 DNA 胶回收试剂盒提供的方法回收和纯化目的扩增片段，插入 pMD19-T 载体中，转化大肠杆菌 DH5α 感受态细胞，挑选白斑，用 *Eco*R Ⅰ 和 *Hin*d Ⅲ 酶切鉴定阳性质粒。测序由上海英骏生物技术有限公司完成。

5. DNA 序列测定

DNA 测序在 ABI PRISMTM377 全自动荧光测序仪上进行，利用 DNA 分析软件 Vector NTI 8.0 以及 ExPASy Proteomics Server（http://www.expasy.org/）进行序列分析，包括核苷酸序列中 ORF 的寻找，编码氨基酸序列的推导及其信号肽的预测。

6. 重组大口黑鲈卵泡抑素 cDNA 原核表达载体的构建

根据已测的卵泡抑素序列设计了 1 对引物：SF：5′-CGGAATTCATGGGGAACTGCTG-GTTG-3′；SR：5′-CGGTCGACTTACTTACAGTTGCAGG-3′。利用 *Eco*R Ⅰ 和 *Sal* Ⅰ 分别酶切 PCR 扩增的卵泡抑素和 pET-32a（+）载体，纯化后将两者连接，构建重组载体 pET-32a-follistatin，转入大肠杆菌 BL21，酶切法筛选重组载体并测序鉴定。

7. 重组大口黑鲈卵泡抑素的表达及检测

含重组大口黑鲈卵泡抑素 cDNA 质粒的 BL21 菌株于氨苄青霉素 LB 培养基中 30℃ 培养过夜，次日按 1:50 扩大培养至 A_{600nm} 为 0.5～0.7，加入终浓度为 1 mmol/L 的 IPTG，30℃ 继续培养 4 h，离心收集细菌，并以 SDS-PAGE 和 Western blot 检测。Western blot 检测方法参考文献（Ausubel et al，1998）：样品经 SDS-PAGE 电泳后，凝胶上的蛋白电转移至硝酸纤维素膜上，然后进行抗原与抗体反应，一抗为鼠抗 His 单抗，稀释浓度比例为 1:1000，二抗为碱性磷酸酶标记的羊抗鼠抗体，稀释浓度比例为 1:2000。最后用 DAB 显色，参照 DAB 显色试剂盒的操作说明书进行，拍照保存。

二、结果与分析

1. 大口黑鲈卵泡抑素 cDNA 的克隆

大口黑鲈卵巢组织总 RNA 经反转录，用引物 p1 和 p2 扩增，获得一约 600 bp 的特异条带（图 10-6a）；用 p3 和 UMP 进行 5′RACE 扩增，以此扩增产物为模板，以 p4 和 NUP 做套式扩增后获得单一的特异条带，大小约 660 bp（图 10-6b）。3′RACE 扩增利用了反转录试剂盒中的 M13 primer M4，反转录获得 cDNA 第一链后用引物 p5 和 M13 primer M4 进行扩增,获得一条大小约 760 bp 的条带(图 10 - 6c)。所获得的 PCR 产物经纯化收后连接到 T 载体上,然后筛选阳性转化子进行测序。

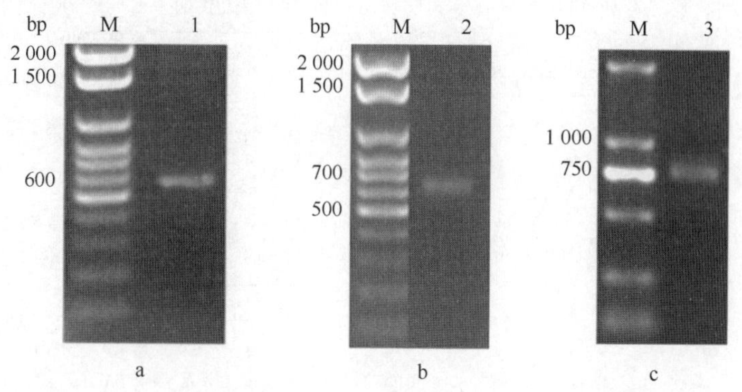

图 10 - 6　卵泡抑素 cDNA 的扩增结果

a. 核心片段的扩增结果;b. 5 RACE 扩增结果;c. 3 RACE 扩增结果;1,2 and

2. 测序结果及序列分析

将 3′和 5′端序列及核心序列用 Vector 软件拼接获得了大口黑鲈卵泡抑素基因的 cDNA 全序列,全长 1 444 bp,将该基因序列登陆到 GenBank 基因库中,登录号为 EF128004。经 ExPASy 软件在线分析,该基因的 5′非编码区为 82 bp,3′非编码区为 359 bp,开放阅读框长 966 bp,编码 321 个氨基酸,其中信号肽 31 个氨基酸,成熟肽 290 个氨基酸。推测的卵泡抑素前体蛋白等电点为 8. 5,相对分子质量为 35. 8 kD。该基因的核苷酸序列及推测的氨基酸序列如图 10 - 7 所示。

将推测的大口黑鲈卵泡抑素氨基酸序列与其他已知鱼类的卵泡抑素序列进行同源性比较, 结果发现大口黑鲈卵泡抑素与鲀形目的红鳍东方鲀(NM001037858)的同源性最高, 达 97%,与鲤形目的草鱼(DQ340765)、斑马鱼(NM001039631)的同源性分别为 89% 和 88%,与鲑形目的大西洋鲑(DQ186633)、鲇形目的斑点叉尾鮰(AY534327)的同源性分别为 88% 和 70%,其同源性与它们的系统分类地位基本一致。

大口黑鲈卵泡抑素成熟蛋白由 290 个氨基酸组成,包含 36 个半胱氨酸残基。参照人(Shimasaki et al, 1988)、鼠(Michel et al, 1990; Nakatani et al, 2002)等其他动物的卵泡抑素的结构特点将其划分为 4 个区域:N-domain、Domain Ⅰ、Domain Ⅱ 和 Domain Ⅲ,其中 N-domain 含有 6 个半胱氨酸残基,Domain Ⅰ、Domain Ⅱ 和 Domain Ⅲ 3 个区域各含 10 个半胱氨酸残基(图 10 - 7)。卵泡抑素蛋白通过 N-domain 与 TGF-β 超家族中的 myostatin、activin 和 BMP 特异性结合,抑制这些蛋白发挥作用(Hashimoto et al, 1992; Ebara et al, 2002; Wang et al, 2000)。将大口黑鲈卵泡抑素 N-domain 氨基酸序列与其他物种相比较表明 N-domain 具有很高的保守性,与红鳍东方鲀、草鱼和斑马鱼的同源性均为 100%,与大西洋鲑、非洲爪蟾和斑点叉尾鮰的同源性分别为 92%、82% 和 75%,与人、猪、大鼠、鸡的同源性为 78%,这种保守性反映了该蛋白功能的重要性以及在进化过程中受到了高度的限制(图 10 - 8)。

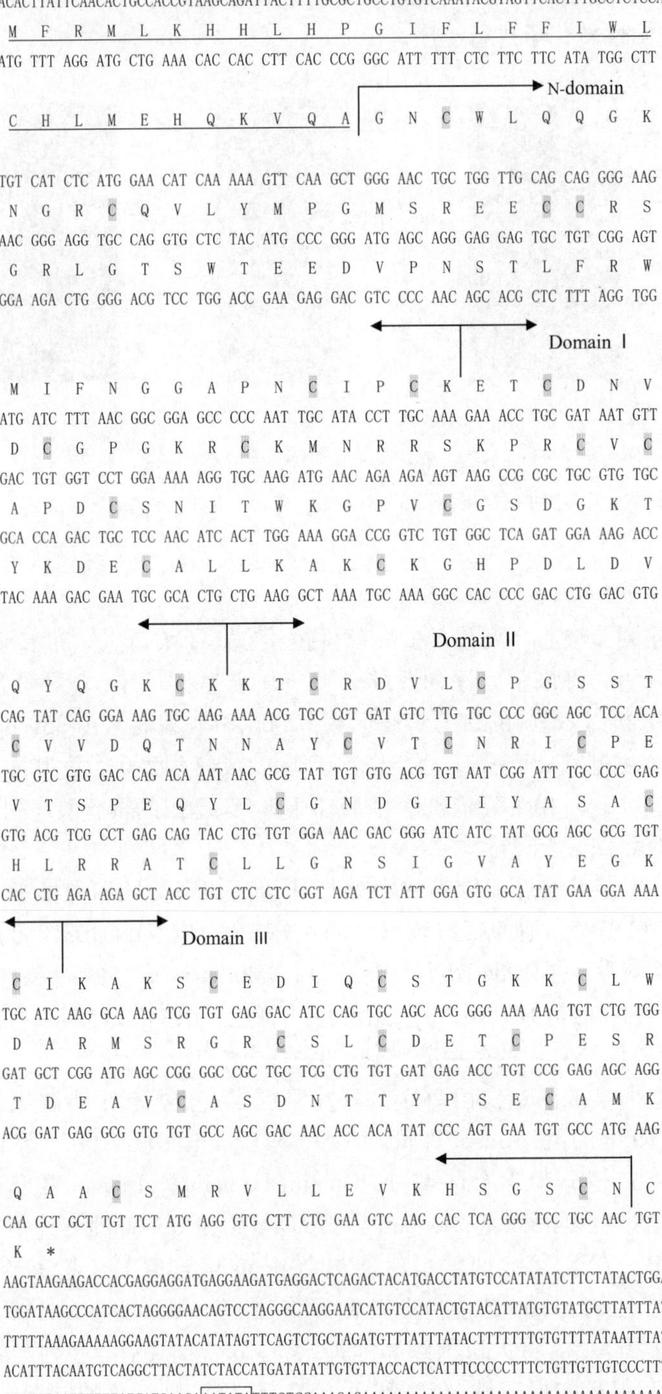
ACACTTATTCAACACTGCCACCGTAAGCAGATTACTTTGCGCTGCCTGTGTCAAATACGTAGTTCACTTTGCCTCTCCA
M F R M L K H H L H P G I F L F F I W L
ATG TTT AGG ATG CTG AAA CAC CAC CTT CAC CCG GGC ATT TTT CTC TTC TTC ATA TGG CTT
N-domain
C H L M E H Q K V Q A G N C W L Q Q G K
TGT CAT CTC ATG GAA CAT CAA AAA GTT CAA GCT GGG AAC TGC TGG TTG CAG CAG GGG AAG
N G R C Q V L Y M P G M S R E E C C R S
AAC GGG AGG TGC CAG GTG CTC TAC ATG CCC GGG ATG AGC AGG GAG GAG TGC TGT CGG AGT
G R L G T S W T E E D V P N S T L F R W
GGA AGA CTG GGG ACG TCC TGG ACC GAA GAG GAC GTC CCC AAC AGC ACG CTC TTT AGG TGG
Domain Ⅰ
M I F N G G A P N C I P C K E T C D N V
ATG ATC TTT AAC GGC GGA GCC CCC AAT TGC ATA CCT TGC AAA GAA ACC TGC GAT AAT GTT
D C G P G K R C K M N R R S K P R C V C
GAC TGT GGT CCT GGA AAA AGG TGC AAG ATG AAC AGA AGA AGT AAG CCG CGC TGC GTG TGC
A P D C S N I T W K G P V C G S D G K T
GCA CCA GAC TGC TCC AAC ATC ACT TGG AAA GGA CCG GTC TGT GGC TCA GAT GGA AAG ACC
Y K D E C A L L K A K C K G H P D L D V
TAC AAA GAC GAA TGC GCA CTG CTG AAG GCT AAA TGC AAA GGC CAC CCC GAC CTG GAC GTG
Domain Ⅱ
Q Y Q G K C K K T C R D V L C P G S S T
CAG TAT CAG GGA AAG TGC AAG AAA ACG TGC CGT GAT GTC TTG TGC CCC GGC AGC TCC ACA
C V V D Q T N N A Y C V T C N R I C P E
TGC GTC GTG GAC CAG ACA AAT AAC GCG TAT TGT GTG ACG TGT AAT CGG ATT TGC CCC GAG
V T S P E Q Y L C G N D G I I Y A S A C
GTG ACG TCG CCT GAG CAG TAC CTG TGT GGA AAC GAC GGG ATC ATC TAT GCG AGC GCG TGT
H L R R A T C L L G R S I G V A Y E G K
CAC CTG AGA AGA GCT ACC TGT CTC CTC GGT AGA TCT ATT GGA GTG GCA TAT GAA GGA AAA
Domain Ⅲ
C I K A K S C E D I Q C S T G K K C L W
TGC ATC AAG GCA AAG TCG TGT GAG GAC ATC CAG TGC AGC ACG GGG AAA AAG TGT CTG TGG
D A R M S R G R C S L C D E T C P E S R
GAT GCT CGG ATG AGC CGG GGC CGC TGC TCG CTG TGT GAT GAG ACC TGT CCG GAG AGC AGG
T D E A V C A S D N T T Y P S E C A M K
ACG GAT GAG GCG GTG TGT GCC AGC GAC AAC ACC ACA TAT CCC AGT GAA TGT GCC ATG AAG
Q A A C S M R V L L E V K H S G S C N C
CAA GCT GCT TGT TCT ATG AGG GTG CTT CTG GAA GTC AAG CAC TCA GGG TCC TGC AAC TGT
K *
AAGTAAGAAGACCACGAGGAGGATGAGGAAGATGAGGACTCAGACTACATGACCTATGTCCATATATCTTCTATACTGGA
TGGATAAGCCCATCACTAGGGGAACAGTCCTAGGGCAAGGAATCATGTCCATACTGTACATTATGTGTATGCTTATTTAT
TTTTTAAAGAAAAAGGAAGTATACATATAGTTCAGTCTGCTAGATGTTTATTTATACTTTTTTTGTGTTTTATAATTTAT
ACATTTACAATGTCAGGCTTACTATCTACCATGATATATTGTGTTACCACTCATTTCCCCCTTTCTGTTGTTGTCCCTTT
TACTTTCATTTTTTATCATGAAGAAATATATTTGTCCAAAGAGAAAAAAAAAAAAAAAAAAAAAAAAAAAAAAAAAAAAA

图 10－7　大口黑鲈卵泡抑素 cDNA 序列及推测的氨基酸序列

注:碱基序列在下,氨基酸序列在上;下横线表示信号肽;半胱氨酸用阴影标记;终止密码子用＊表示;Poly(A)加尾信号用 表示;4 个区域用箭头表示.

人（*Homo sapiens*；NM006350）	GNCWLRQAKNGRCQVLYKTELSKEECCSTGRLSTSWTEEDVNDNTLFKWMIFNGGAPNCIPCK
猪（*Sus scrofa*；NM001003662）	GNCWLRQAKNGRCQVLYKTELSKEECCSTGRLSTSWTEEDVNDNTLFKWMIFNGGAPSCIPCK
大鼠（*Rattus norvegicus*;NM012561）	GNCWLRQAKNGRCQVLYKTELSKEECCSTGRLSTSWTEEDVNDNTLFKWMIFNGGAPNCIPCK
鸡（*Gallus*；NM205200）	GNCWLRQARNGRCQVLYKTDLSKEECCKSGRLTTSWTEEDVNDNTLFKWMIFNGGAPNCIPCK
非洲爪蟾(*Xenopus laevis*；NM205200)	GNCWLQQSKNGRCQVLYRTELSKEECCKTGRLGTSWTEEDVPNSTLFKWMIFHGGAPHCIPCK
大口黑鲈	GNCWLQQGKNGRCQVLYMPGMSREECCRSGRLGTSWTEEDVPNSTLFRWMIFNGGAPNCIPCK
红鳍东方鲀	GNCWLQQGKNGRCQVLYMPGMSREECCRSGRLGTSWTEEDVPNSTLFRWMIFNGGAPNCIPCK
草鱼	GNCWLQQGKNGRCQVLYMPGMSREECCRSGRLGTSWTEEDVPNSTLFRWMIFNGGAPNCIPCK
斑马鱼	GNCWLQQGKNGRCQVLYMPGMSREECCRSGRLGTSWTEEDVPNSTLFRWMIFNGGAPNCIPCK
大西洋鲑	GNCWLQQGKNGRCQVLYVPGMNREECCRSGRLGTSWTEEDVPNSTLFRWMIFNGGAPNCIPCK
斑点叉尾鮰	GNCWYEQGKNGRCQMLYLSEMSREDCCRSERLGMAWTEEDVPSNTLFRWLLMHGGAPNCIPCK

图 10－8 不同物种间卵泡抑素 N-domain 氨基酸序列的比较

注:采用 Vector NTI 8.0 软件进行序列比对,相同的氨基酸序列用灰色标记.

3. 大口黑鲈卵泡抑素 cDNA 原核表达载体的构建和鉴定

将大口黑鲈卵泡抑素 cDNA 原核表达载体(pET－32a－follistatin)经 *Eco*R I 和 *Sal* I 双酶切得到约 5 900 bp 的线性 pET－32a(＋)片段和约 900 bp 的 FS 片段(图 10－9),与预期大小一致,表明表达载体中插入了目的片段。测序表明插入部分与已获得的卵泡抑素 cDNA 序列完全一致。

4. 表达的重组蛋白的 SDS－PAGE 和 Western blot 检测

SDS－PAGE 检测结果表明,含大口黑鲈卵泡抑素的 pET－32a－follistatin 菌株经 IPTG 诱导 4 h 后,在分子量约 52 kD 处有 1 条特异蛋白带,与理论推算的蛋白分子量相符,空质粒 pET－32a(＋)菌株和 BL21 菌株在该处都无特异的条带(图 10－10)。薄层扫描分析表明重组蛋白的表达量约占全菌蛋白总量的 25%。Western blot 检测结果表明(图 10－11),pET-32a-follistatin 菌株经诱导后的表达产物在 52 kD 处有 1 条特异蛋白带,与 SDS－PAGE 检测的结果一致,而空质粒 pET－32a(＋)菌株无特异蛋白带出现,表明实验成功获得了大口黑鲈卵泡抑素 cDNA 的融合表达蛋白。

卵泡抑素是一种糖蛋白,它在细胞间的通信、神经组织的分化及器官的发生中都起重要作用,可诱导中胚层及软骨的形成,近几年的研究结果表明,卵泡抑素能抑制 *Myostatin* 发挥作用(何新等,2006)。本研究成功克隆了大口黑鲈卵泡抑素 cDNA,并对该基因进行了原核表达。这是鲈形目鱼类中分离到的第一个卵泡抑素基因,也是到目前为止唯一成功获得原核表达的重组鱼类卵泡抑素蛋白。哺乳动物的研究发现,人(Shimasaki et al, 1988a)、牛(Saleh et al, 1994)、猪(Shimasaki et al, 1988b)和小鼠(Michel et al, 1990)卵泡抑素前体蛋白存在两种不同的分子形式,一种由 317 个氨基酸残基组成(FS317);另一种是由 344 个氨基酸残基组成(FS344)。第二种形式是在第一种分子形式的末端增加了 27 个氨基酸,进一步的研究表明,两种不同形式的卵泡抑素前体蛋白是由同一基因编码,因剪切的方式不同而产生的(Michel et al,1990)。爪蟾(Yamamoto et al,2000)和斑马鱼中也出现了这种现象

(GenBank:DQ317968,DQ317969),本实验仅发现大口黑鲈卵泡抑素前体蛋白的一种分子形式,将其氨基酸序列与哺乳动物卵泡抑素氨基酸序列相比较,结果表明,它与 FS317 型卵泡抑素蛋白相近,由 321 个氨基酸残基组成。Yamamoto 等(2000)报道人的两种卵泡抑素蛋白结合 TGF-β 超家族中 activin 和 BMP 的能力不同,FS317 比 FS344 具有更强的结合能力。本实验克隆到的大口黑鲈卵泡抑素基因与 FS317 型类似,推测实验获得的大口黑鲈卵泡抑素蛋白可能属于较强结合能力的一种,至于在大口黑鲈中是否存在卵泡抑素的另一种分子形式,有待进一步研究证实。

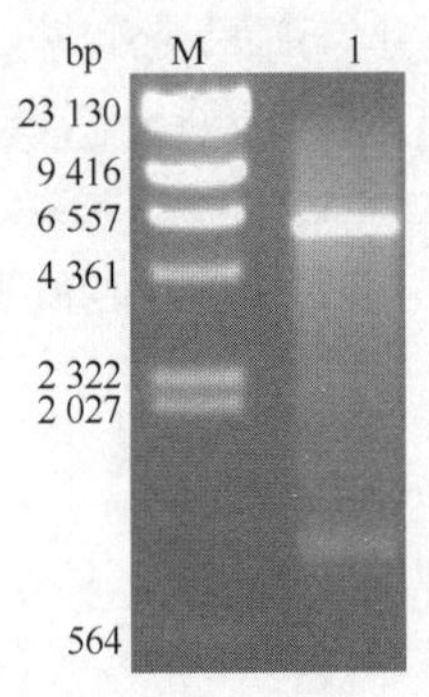

图 10-9 *Eco*R I 和 *Sal* I 双酶切重组质粒 pET-32a-FS

1:*Eco*R I/*Sal* I 酶切产物;M:λ*Hind* Ⅲ digest marker

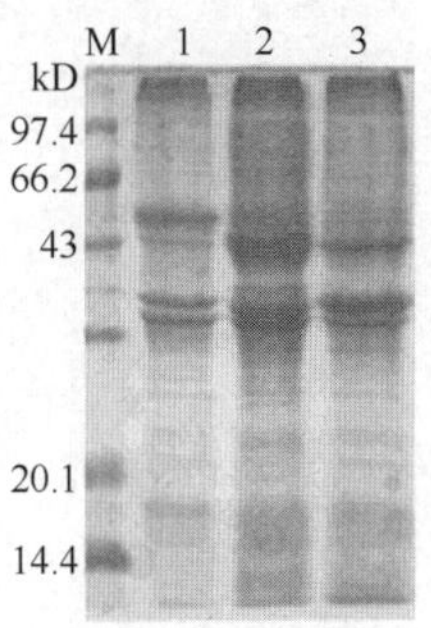

图 10-10 卵泡抑素在 *E. coli* BL21 中表达的 SDS-PAGE 分析

1:30℃条件下 IPTG 诱导 pET-32a-follistatin 菌株;2:IPTG 诱导 pET-32a 菌株;3. IPTG 诱导 BL21 菌株;M:蛋白质分子量标准

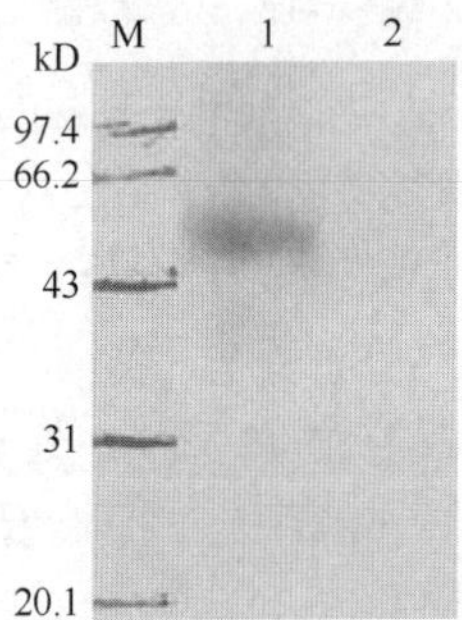

图 10-11 卵泡抑素在 *E. coli* BL21 中表达的 Western blot 分析

1:30℃下 IPTG 诱导 pET-32a-follistatin 菌株;2:IPTG 诱导 pET-32a 菌株;M:蛋白质分子量标准

有研究发现重组人卵泡抑素蛋白是通过其 N-domain 与 *Myostatin* 蛋白特异性结合,抑制了 *Myostatin* 生理功能的发挥,达到促进肌肉生长的作用(Kocamis et al, 2004;Tsuchita, 2005)。进一步的研究发现 N-domain 是卵泡抑素蛋白最重要的活性区域(Keutmann et al, 2004),其中第 4、36、52 位氨基酸分别是 Trp、Trp 和 Phe,它们对人卵泡抑素蛋白的生物活性起关键作用,任意突变其中一个 Trp 成 Ala 或 Asp 都会使卵泡抑素丧失生物活性,而突变

Phe 也会减少其蛋白与 activen 20% 的结合能力(Sidis et al,2001)。虽然大口黑鲈卵泡抑素 N-domain 氨基酸序列与人的相比同源性只有 78%,但 3 个重要氨基酸与人的相一致,推测其亦可抑制大口黑鲈 *Myostatin* 的活性。

第四节　大口黑鲈 *Myostatin* 基因结构和启动子的序列分析

Myostatin 基因对肌肉生长发育起重要的调节作用,成为畜牧业产量提高的重要候选基因。已有研究表明肌肉特异性基因中存在许多种必需的 DNA 序列元件,人、牛、猪和鼠 *Myostatin* 基因 5′调控区序列中都有多种转录调控元件,如糖皮质激素、TATA 盒、肌生长分化因子 1、肌细胞增强因子 2、E-box 等(Ma et al,2001; Spiller et al,2002; Du et al,2006)。目前斑马鱼(*Danio rerio*)(AY323521)、斑点叉尾鮰(*Ictalurus punctatus*,AF396747)、虹鳟(*Oncorhynchus mykiss*,DQ136028)和海鲈(*Lateolabrax japonicus*,AY965685)*Myostatin* 基因启动子序列已获得,然而仅斑马鱼启动子序列的相关功能分析有报道。本研究克隆了大口黑鲈 *Myostatin* 基因及启动子序列,分析其基因结构及转录调控元件,研究结果可为研究 *Myostatin* 基因对鱼类肌肉生长与发育的调控提供参考。

一、材料与方法

大口黑鲈实验鱼来自于珠江水产研究所水产良种基地,根据 Blood & Cell Culture DNA 试剂盒(QIAGEN, USA)说明书方法提取血液基因组 DNA。参照 *Myostatin* 基因 cDNA 序列设计扩增基因组 DNA 序列及侧翼序列的引物信息见表 10-2。按照 GenomeWalker Universal kit 试剂盒的操作步骤,使用 *Pvu* II 酶切大口黑鲈基因组 DNA(1.25 μg),37℃反应条件下过夜,然后利用苯酚抽提和乙醇沉淀方法对酶切产物进行纯化,纯化产物在 16℃条件下与基因组步移接头连接过夜,70℃条件下反应 5 min,最后加入 ddH_2O 36 μL 稀释产物。使用试剂盒提供的引物 AP1 和自备引物 GSP1 进行 PCR 扩增,先行 7 个循环,94℃ 25 s,72℃ 3 min,再行 32 个循环,94℃ 25 s,67 ℃ 3 min,最后 67℃反应 7 min。取该 PCR 产物稀释 50 倍后为模板,以 AP2 和 GSP2 为引物进行巢式扩增,反应程序同上。用 GSP3 和 GSP4 扩增 *Myostatin* 基因 3′侧翼序列的方法同上。以基因组 DNA 为模板,SF、SR 为引物进行 PCR 扩增 *Myostatin* 基因组 DNA 核心区域,94℃ 4 min,每个循环包括 94℃ 45 s,56℃ 45 s,72℃ 1 min 30 s,共 30 个循环,72℃ 10 min。PCR 扩增产物经低熔点琼脂糖凝胶回收纯化,与 pMD19-T 载体连接,转化感受态大肠杆菌 DH5a,转化子用碱裂解法提取质粒,酶切鉴定插入片段的大小,挑取阳性转化子送上海英骏公司测序。将测序获得的 *Myostatin* 基因组 DNA 的核心片断、3′及 5′侧翼序列用 Vector 软件拼接。用 MatInspector 在线软件分析启动子中的转录调控元件。

表 10-2　用于大口黑鲈 *Myostatin* 基因组序列扩增的引物序列

引物名称	引物序列
GSP1	5′-ATCGTCCTCCTCCATAACCACATCC-3′
GSP2	5′-CGTTTCTATTGGCTGGTGGC-3′

续表

引物名称	引物序列
GSP3	5′－GAAGACTTTGGCTGGGACTGG－3′
GSP4	5′－CTGGTGAACAGGGCAAATCC－3′
SF	5′－TTGAGCAARCTGCGAATG－3′
SR	5′－ACATCTTGGTGGGGTRCA－3′
AP1	5′－GTAATACGACTCACTATAGGGC－3′
AP2	5′－ACTATAGGGCACGCGTGGT－3′

二、结果与分析

1. 大口黑鲈 *Myostatin* 基因组 DNA 序列

将大口黑鲈 *Myostatin* 基因组 DNA 的核心片段、3′及 5′侧翼序列用 Vector 软件拼接获得了 *Myostatin* 基因组 DNA 序列，全长为 5.64 kb，其中 5′侧翼区长为 1 463 bp，3′侧翼区长为 294 bp，转录区长为 3 883 bp。该序列已登录到 GenBank 基因库中（EF071854）。将 *Myostatin* 基因组 DNA 序列与第一章中的 MyostatincDNA 序列进行比对，结果表明：该基因的转录起始位点位于 ATG 转录起始密码子前的 106 个 bp 处，转录区由 3 个外显子和两个内含子组成，长度分别为 488 bp、371 bp、1 779 bp、390 bp 和 855 bp，推测的开放阅读框序列长为 1 134 bp，与大口黑鲈 *Myostatin* cDNA 序列完全一致。两个内含子都以 GT 开头，AG 结尾，符合 GT－AG 法则，在第二个内含子中发现一个 8 个 CA 重复的微卫星位点（图 10－12）。

内含子采用小写字母的形式，转录起始密码子用箭头标记，poly（A）加尾信号用双下划线标记，起始和终止密码子用粗体标记，微卫星位点用阴影标记，启动子中的转录因子结合位点用下画线和方框标记，名称标在上面。（正义链用＋标记，反义链用－标记）

2. 大口黑鲈 *Myostatin* 基因启动子中转录调控元件的分析

大口黑鲈 *Myostatin* 基因启动子序列经 MatInspector 在线软件分析，结果表明：启动子中存在一些肌肉特异性转录因子结合位点和其他特异性核因子结合位点（图 10－12），如肌细胞增强因子 2（myocyte enhancer factor 2，MEF2），血清应答因子（serum response factor，SRF），激动蛋白（activator protein 1，AP1），八聚体结合因子 1（octamer-binding factor 1，Octamer），独立生长因子－1 锌指蛋白（growth factor independence 1 zinc finger protein，Gfi－1B），垂体特异性转录因子 1（pituitary-specific transcription factor 1，Pit1）和肌肉特异性金属硫蛋白结合位点（muscle-specific Mt binding site，MTBF），另外含有两个 TATA 盒和 1 个 CAAT 盒，分别位于 ATG 转录起始位点前－139，－693，－178，9 个 E box 以成束形式出现，第一束由 E1 和 E2 组成，靠近 CAAT 盒，分别位于转录起始位点前的－267 和－286，第二束含有 E3 和 E4，分别位于－553 和－583，第三束含有 E5 和 E6，分别位于－787 和－817，第四束含有 E8 和 E9，分别位于－1485 和－1508，单独的 E7 位于－1064，E6 和 E8 由相同的序列（CATGTG）组成。

```
-1569  CCGGCCCGGGCTGGTAACCATCATTATGTACCATACATCAAAGGAATAGTCTGCCTCATA
        E Box9                E Box8
-1509  TCAAGTGGCTTTTTCACAGTCTCTCATGTGGACCTCAGAAGTGAGTTTGGTTAAGTCGAA
                         Octamer(+)
-1449  AGTTTACCTTAGTATATCCTAATTAGACGGTAAGCCCAAATTTTGATGGTAAAATGCACA
-1389  ATGAATTTGACCCACTATGAGACATACATTTTAATCTTTTTCCCTAGTGGGAAATGTCTT
                                                Octamer(+)MTBF(+)
-1329  CAACCTAAGTAACATCACAAGTCAATTTATAATAATTATTATGGGAATTTGTATGCTACT
                          AP1(±)
-1269  CTTCCATCTAAGTAATTTGAATCATAATTCTGCAATTCGTCAAGATCCACATAAACATTA

-1209  GGCTATTATATGTAAGTGTAAGCTATACCAGCTTATGAAGCAGCCTTGCATCTAGATCTA
               AP1(-)
-1149  TCCTCCCTTTACTCATTTCTTTCGCCTGCCCTTATTCAGTAATAAGAATAAGTCATCACT
                                E Box7
-1089  GAGGGAGTTGAGCTGACACTAAGTGCACCTGCAGTAGTAAAACACAGCTCTGTAAAATGC
-1029  TCCAGCTTCTTAGGTTCAGGGTCACTGATGTTACTCTTCCAAGCTGACTGGAAAGAGTCT
                                                           Gfi-1B(+)
-969   TTTCCTGAATGTATTATTTCTCAACTTATTGTGCCTTCCATTTTACTTTCCAAATCATGG
                          Octamer(+)
-909   GAGGGGATCATCCAGGTCGCCATGTCACTACTGTGGTGGCATTTCCAGTGTGAATGATGT
                                         E Box6
-849   AGTAAACTTGCCACACGATGGCACTATCATCCCATGTGCTACAAACAGGCTTCATCAAAA
         E Box5                       MEF2(-)          Gfi-1B(-)
-789   ACCATTTGGGACAAGTCCTGGACCAAGGATATATTTTTTTAATCTTTCCTGATTTGTTT
                                               TATA Box
-729   AATTCCTGTACAGGAAACAATATGTAGGCCTATTGATTTTATATGCGCCGACAATCAGCT
-669   TCTCAAAGGGAACCTGATCTTGCTCACTGGATAAAACTGTAACTGTAAATATTTTCAAGG
                                 E Box4                        E Box
-609   ATGAAATGTATTTCCACAACCAAGCACAGTTGCATCCATGTCCCTGCTATCAAAGACAAC

-549   TGCTTGATGGACTTATAGTGGCCGCAGTTAAAAACGCAAATTTGAATAAACAGTTTTTA
-489   TTATTAAAAAACGTATTCACAGCATAAACTACACACGGCTAACTTGCTGTCGGTCATAAT
                   MEF2(-)MTBF(+)                  AP1(+)
-429   GTGCAGTATATGAGCTATTTTGTTGTTTTTGTTTTACTCTGAGTGATATAAGTTGAGGTG
-369   CATCGGAACGTTACATGTAACAGACAGTCGGGTCTGCGCCTCTGCCCTCATTGCGCAGTC
                           Pit1 E Box2                 E Box1
-309   GCTGTATGAAAAGTGAATTTATCCATCTGTGGACACGTTCATCACATGCTCACAGCCTCC
          SRF(±)                           Octamer(+)
-249   ATCCCTTTATGGTTTGACAACGAAAAAAAGTTTTCATGTCAGTCGGTCAAAATTCATTGT
                 CAAT Box Gfi-1B(+)                            TATA Bo
-189   TGCCTGTCCAGCCAATCATAGTTTTTGACGACACAAAAGAGGCTAAAGTTGGAGTATAAA
                               ▼
-129   AAGGTGTGCGCTAATAAAGTATGATGCCTATCAGTGTGGGACATTAATCCAAACCCACTC
-69    CAGTCGCGTATCAGGTCCAGCACACAGCAAGGGATCTTTTTGTAAACCAAGCCTCACGCC
-9     TTAGAGACAATGCATCTGTCTCAGATTGTGCTGTATCTTAGTTTGCTGATTGCTTTGGGT
52     CCAGTCGTTTTGAGTGACCAAGAGACGCACCAGCAGCAGCCCTCCGCCACCAGCCCAATA
112    GAAACGGAGCAGTGTGCTACCTGCGAGGTCCGGCAGCAGATTAAAACTATGCGGCTAAAC
172    GCGATCAAATCTCAGATTCTGAGCAAACTGCGAATGAAGGAAGCTCCTAATATCAGCCGA
232    GATATAGTGAAGCAGCTCCTGCCCAAAGCGCCGCCGCTGCAGCAGCTCCTCGACCAGTAC
292    GACGTGCTGGGAGATGACAACAAGGATGTGGTTATGGAGGAGGACGATGAACATGCTATC
352    ACGGAGACAATAATGATGATGGCAACTGAACgtaagtatttatttcactttgtttttaca
412    tagttttgcaccctaaataaaaaggcgctcagaccgttattacgcgcggcgcagagcgca
472    cgagagacgctgtcagtaggctgtattgcgacagcaggtagcttcaccaggttttcaata
532    taagaaatgtcgatgtaccaactttactactatttaaaacagtatatgggcgggtgcatg
592    tgggcagtcagcgcgcgtggtcatcacgcgaatggattgctttctaaactttattagccc
```

图 10-12　大口黑鲈 *Myostatin* 基因组序列

652 actaccagatatcacatgacgtgtcagagatgtttatttacgccagtttatttctgtctg
712 tacacttcaatcgcgcatggtcagtatatagagaccctttatttctctgtctctctcca
772 gCCGAGGCCATCGTCCAAGTGGATGGGGAACCAAAGTGCTGCCTTTTCTCTTTTACTCAA
832 AAGTTCCAAGCCAGCCGCATAGTCCGGGCTCAGCTCTGGGTGCATCTGCGGCAGACGGAC
892 GAGGCGACCACTGTGTTCCTGCAAATCTCCCGCCTGATGCCGGTCACAGACGGGAACAGG
952 CACATACGCATCCGCTCCCTGAAGATCGACGTGAATGCAGGGGTCAGCTCTTGGCAAAGT
1012 ATAGACGTCAAACAAGTGTTGACTGTGTGGCTGCGGCAGCCGGAGACCAACTGGGGCATC
1072 GAGATTAACGCCTTCGATTCGAGGGGAAATGACTTGGCCGTGACCTCCGCTGAGCCTGGA
1132 GAGGAAGGCCTGgtgagctgaacctatttacactaaactgaacccttatggtttttact
1192 atcatatataactagcagtttattagtagaggagtgaatagtgttatagtgttagtagca
1252 atggtgcagagctatttactgcagcagcagctggactccaattctaatcattatgactat
1312 tactagctactgtagattacaatcatttgaccaccctgtagggaacaaaaatatttctta
1372 tggggtaagtttctaaataggttccaaaaagcatttgcatactctattgcaccgtttta
1432 actttgggcttccagagggtttagtgtgcagagaggctttgcagagtcagcaggtggtta
1492 aacattcctgcatttcactgctggaagagggaatcaagatttaagacctttgaaagctgt
1552 taatcaacacagactccatgtaggcgcacacctgcatttggacaaatgcccggtccacaa
1612 taacctcaaatcttattgcttgattacataaaagttcacctgcccaacattcctcaaagt
1672 attctgtgtgactgtgcaaatcagagtaattgcctgcacacacacacacacacactgctact
1732 atcaatgacaaacacttatcatccggctcaaatactggcaccaggctctgaggcaattag
1792 aatagctagacggctgtggttaaccaaccgttagatgatttaatttctttaaaactcaaa
1852 gtttcataatattatcgtgccatgtttgaaaaccagctgccaaaggtcaagggcaccaga
1912 ttaaaaaatgtaaaccgaatgctgtcattcacctctttttgcaaaccagctattttcaaa
1972 gtattcacacacactctgtcattgtagCAACCGTTCATGGAGGTGAAGATCTCAGAGGGC
2032 CCCAAGCGTGCCAGGAGAGACTCGGGCCTGGACTGTGACGAGAACTCTCCAGAGTCCCGG
2092 TGCTGCCGCTATCCCCTCACAGTGGACTTTGAAGACTTTGGCTGGGACTGGATTATTGCC
2152 CCAAAGCGCTACAAGGCCAACTATTGCTCCGGGGAGTGTGAGTACATGCACTTGCAGAAG
2212 TACCCGCACACCCACCTGGTGAACAAGGCAAATCCCAGAGGGACCGCTGGCCCCTGCTGC
2272 ACCCCCACCAAGATGTCGCCCATCAACATGCTCTACTTTAACCGAAAAGAGCAGATCATC
2332 TATGGCAAGATCCCTTCCATGGTGGTGGACCGTTGTGGATGCTCT**TGA**GTTGGGACGGAG
2392 AGCCTGGCGAGAGGGAGGGGAGGGCGGAGGGGCTCTGGCTCAGTCCGGCCTCCAGCTTCA
2452 GACTTTTTGACACAACCAATCCACCAGTTCCAGTGCTTTCCCGCAGAACACGGTGCAATA
2512 GAACCAGAGTAGACGCCACAAACAGCCCGACCTTCCCGCAGGGCAGCGCTTTCACAACCG
2572 GCATAGCTCTTACTTTTCTTTCCTCCAGTGAAATCTTAGCCATAGAGGCTTGAAGTCAGA
2632 TGGATGCAGGAACACACATACACACACATGCTGGACCTTGGAGTGAATGTAGACAGACAC
2692 TATCAAAGTTATCCAAAAACTTTTTTTCCCTCTGTCTCGGTGTTCTGTGCTCTGTCCATT
2752 TATACAAACATGCCGACAAATTATACTCGTACGCCATCCACTCCACTCCACTCCACTCCT
2812 AGCCAACATACAAGCTACTACACTTTTTGCTAAGCTATATGTTTGTGATAATCATTTGTC
2812 AGCCAACATACAAGCTACTACACTTTTTGCTAAGCTATATGTTTGTGATAATCATTTGTC
2872 AAGTTGTGTTTTCAGAGTGAAACCGGGAATCCTCATGGACTTTTTGAAAGGGCTTGGAAA
2932 AACACAAATGGAGACTCTTTAGAGTGATATTTCACGCTGGTAGAATATGTTTTAGTACAC
2992 AGGCTCATGAGAATCGATGAAAAGATGAAAAGTGGCTGCGCGGCAAACCCTTAGTCACCC
3052 CCACGTTATTACAGCCACTTATAAAACCCAGCCATAAATTACAACGTTGCACAGATCATT
3112 AGCTCTCCTCTACTGGATCAAACTTTGAGTTGCAATTTAGTTTCTTGATCAACCATACTG
3172 AGAACGTATGAAGGAAAAGTGTAGACGGTGACATGCTGGTTGATCCTGTGGACACAAACA
3232 TGTTCCACCAGGGTGAAGTACCACTTTAGGTCTTGACAGGTCTTCATGTACTCCATACAT
3292 ACACGCAGCAGCACACCTGACAGAGGAGCGTTCCTGCTCAGTCATAATCTTCACTATCCA
3352 ACAGAACAGCCTGACCTGCCCGATACACTTGAATTATTCTCATTGTTAATTCACATTACT
3412 GGACAGAAGGACTTGAACTGAAGGCACAATGAATGCAGCCTACAGATGAAAAAAAAATGT
3472 GTTTAAGACAGAGAAAAATGGATTGTCGAAATGTATGAATGTTGAGATCATGCTTAAACT
3532 CTGTCTTACAAACAACACAGTTTGCACTATGGCACACCAATAGAAAGAATTGGTTGCTAC
3592 AAAAGTTGAAAAAACTGATTTTGATATGTTTGCTAATTTGTATTGTATACATATGCCATT
3652 GTTTCCATTAGGAGTTGCCTTTCTAAACCACTGTTGGTAAATGTATAAAACCACAATCTA
3712 GCAAGATAAAAAGATGTAATACAGCAACTCTATATACTTGTTTTAACAAATAAAGTTTCT
3772 AGCTTGTTTGTTGAGTTCTGTTTCTTTGACTAGTTTGTTTCTGCATTGCATTCAGATAGT
3832 ATGTCCTACCAATTGAGTTCATTTTCGATAAATCTGAGCTCCAGGCCTTACTGTTGCATT
3892 TAAGGTATATTTAGAATATATTTATTTACCTTCCTGGAAAACAAAAAGGATACAATATCT
3952 GTCTGCATTCAATCATTCATCAAATCATTCATAATTGAAATCAACAAATTTACAAGAGTC
4012 TTACAGCTATAAATCATCAGTTTATTGTGTTTCTTACAGCCCGGGCCGTCGATCACGTTG

图 10－12 大口黑鲈 *Myostatin* 基因组序列(续)

将大口黑鲈 *Myostatin* 基因启动子序列与 NCBI 基因库中的斑马鱼(AY323521),斑点叉尾鮰(AF396747),虹鳟(DQ136028),海鲈(*Lateolabrax japonicus*,AY965685)*Myostatin* 基因启动子序列进行比较,同源性分别为 66.7%、50.4%、47.8% 和 43.8%(表 10-3),同源性的高低与它们的进化关系基本一致(图 10-13)。

表 10-3　5 种硬骨鱼 *Myostatin* 基因启动子核苷酸序列的同源性比较

种名	大口黑鲈	海鲈	虹鳟	斑马鱼	斑点叉尾鮰
大口黑鲈	-	66.7	50.4	47.8	43.8
海鲈		-	50.8	46.9	43.8
虹鳟			-	49.7	46
斑马鱼				-	46.6
斑点叉尾鮰					-

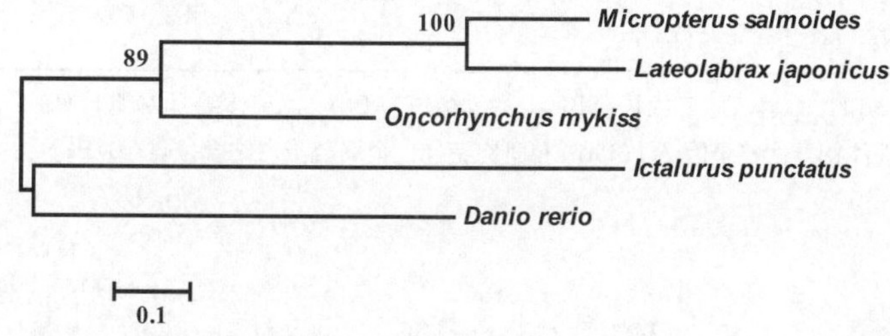

图 10-13　依据 5 种硬骨鱼 *Myostatin* 基因启动子核苷酸序列构建的进化树

注:斑马鱼(*Danio rerio*)(AY323521),斑点叉尾鮰(*Ictalurus punctatus*)(AF396747),虹鳟(*Oncorhynchus mykiss*)(DQ136028)和海鲈(*Lateolabrax japonicus*)(AY965685)

将大口黑鲈、斑马鱼、斑点叉尾鮰、虹鳟、海鲈 *Myostatin* 基因启动子中重要转录调控元件进行比较(图 10-13,表 10-4),结果表明五种硬骨鱼都仅有 1 个 CAAT 盒,且处于离 ATG 翻译起始密码子相近的位置处,而 TATA 盒数目却不一致,斑点叉尾鮰和海鲈都仅有 1 个,大口黑鲈、斑马鱼和虹鳟均有两个,然而在哺乳动物中都出现 3 个(Du et al,2005)。*E box* 是肌肉特异性基因表达的一个重要调控元件,在大口黑鲈、斑马鱼、虹鳟和海鲈 *Myostatin* 基因启动子中均至少有 7 个 *E box*,大多数以成束形式存在,分布在翻译起始密码子前大约 -40 bp 和 1.5 kb 之间,特别是 El,靠近 TATA 盒,两者之间的关系是 DNA turn-and distance-dependent(Chow et al,1991; Hochschild et al,1986),而斑点叉尾鮰是例外,仅有 4 个 E box,分布在 -1.3 kb 和 -1.6 kb 之间。

表 10-4　五种硬骨鱼 *Myostatin* 启动子中部分重要转录反应元件的数目与位置

反应元件	远离 ATG 翻译起始密码子距离/bp					核心序列
	大口黑鲈	斑马鱼	斑点叉尾鮰	海鲈	虹鳟	
TATA box	-135; -693	-109; -376	-144	-134	-29; -148	TATAAAA
CAAT box	-178	-155	-200	-177	-193	CCAAT

续表

反应元件	远离 ATG 翻译起始密码子距离/bp					核心序列
	大口黑鲈	斑马鱼	斑点叉尾鮰	海鲈	虹鳟	
Gfi - 1 B	-176；-743；-918	-39；-461；-605	-226	-776；-825；		AAATCACNGC
SRF	-247			-246		CC(A/T)$_6$GG
AP1	-390；-1141；-1252			-698	-754	TGAC/GTCA
MTBF	-416；-1286；				-487；-967；-1311	GGTATTT
MEF2	-418；-762	-373；-908		-383；-994		(C/T)TA(T/A)$_4$TA(A/G)
Pit1	-291	-1068		-464		(A/T)TATNCAT
Oct - 1	-215；-889；-1278；-1435	-276；-449；-789		-214；-557；-719	-58；-607	ATGCAAAT

注：肌细胞增强因子 2(MEF2)，血清应答因子(SRF)，激动蛋白(AP1)，八聚体结合因子 1(Oct - 1)，独立生长因子 - 1 锌指蛋白(Gfi - 1B)，垂体特异性转录因子 1(Pit1)和肌肉特异性金属硫蛋白结合位点(MTBF).

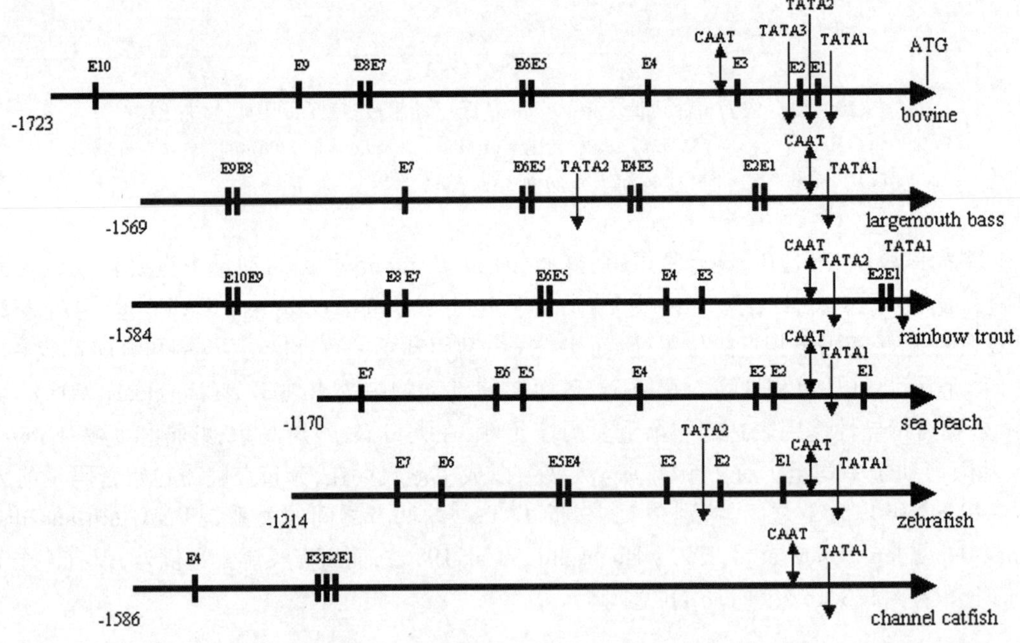

图 10 - 14　五种硬骨鱼及牛 Myostatin 基因启动子中 E box、TATA box 和 CAAT box 的示意图

注：至上而下为牛(*Bos primigenius*)，斑马鱼(*Danio rerio*)，斑点叉尾鮰(*Ictalurus punctatus*)，虹鳟(*Oncorhynchus mykiss*)和海鲈(*Lateolabrax japonicus*)

我们从大口黑鲈中克隆获得了 5.64 kb 的 *Myostatin* 基因组序列，与其他哺乳动物一样，

鱼类 *Myostatin* 基因转录区也是由 3 个外显子和两个内含子组成。将大口黑鲈 *Myostatin* 基因内含子的长度与其他脊椎动物相比较（表 10－5），发现鱼类 *Myostatin* 基因内含子长度比哺乳动物都要小 1 倍多，此现象与鱼类比哺乳动物基因组更紧凑的假设相一致（Maccatrozzo et al, 2002）。

表 10－5　脊椎动物 *Myostatin* 基因内含子的大小比较

物种	大口黑鲈	海鲈	虹鳟	斑马鱼	牛	猪	鼠	人
内含子 1 长度 /bp	390	454	564	760	1 838	1 809	1 714	1 800
内含子 2 长度 /bp	855	758	778	911	2 033	1 978	1 994	2 400

Myostatin 是目前已知的骨骼肌最强的抑制因子，主要在骨骼肌中表达。目前对哺乳动物中 *Myostatin* 的功能研究报道较多，但有关该基因表达的转录调控元件却研究甚少。早期研究表明：一些肌肉特异性基因的转录调控与转录调控区中的 DNA 序列（CANNTG，称为 E box）相关联（Malik et al, 1995）。在大口黑鲈 *Myostatin* 启动子序列中，发现了 9 个 E box，以 4 个束的形式出现。螺旋环螺旋是 E box 结合的必须部位（Lassar et al, 1989; Lin et al, 1991）。生肌调控因子家族 MRFs（包括 *MyoD*、*Myogenin*、*myf5* 和 *MRF4*）都有碱性螺旋环螺旋结构，可能参与调控 *Myostatin* 基因的表达。另外，E box 的成束出现与 MRFs 家族基因以二聚体形式的发挥作用相一致，进一步表明 MRFs 参与 *Myostatin* 基因的表达调控。牛 *Myostatin* 启动子中，E6 出现在第三个束中（包括 E5 和 E6），是影响启动子转录效率最关键的一个 E box（Crisà et al, 2003），而大口黑鲈 *Myostatin* 启动子中 E5 和 E6 也是出现在同一个束中，且 E6 与牛中的 E6 都离起始密码子相近的位置处，推测 E6 是调控大口黑鲈 *Myostatin* 基因表达的重要因子。

第五节　大口黑鲈肌肉生长抑制素多克隆抗体的制备及其对仔鱼生长影响的初步研究

肌肉生长抑制素主要作用是抑制成肌细胞的增生与分化。有研究表明，在斑马鱼胚胎早期发育阶段让 *Myostatin* 转录子沉默将促进肌肉的生长发育，并导致肌肉的增生或肥大（Amali et al,2004；Acosta et al,2005），表明鱼类 *Myostatin* 基因在胚胎期的胚胎发育和肌肉形成中亦具有负调节肌肉生长发育的功能。由于 *Myostatin* 是目前所知的最强的肌肉生长抑制因子，因此人们试图寻找 *Myostatin* 的抑制物，来抑制 *Myostatin* 的功能发挥。已有报道 *Myostatin* 体外抑制物可降低其负向调节肌肉的生长发育的作用，导致肌肉量的增加（Bogdanovich et al,2002）。Whittemore 等（2003）和 Kim 等（2006）分别在小鼠和鸡上注射 *Myostatin* 抗体，结果发现动物肌肉量和体重增加，而通过 *Myostatin* 抗体抑制鱼类内源 *Myostatin* 的活性来促进肌肉生长的研究尚未见报道。本研究尝试制备大口黑鲈 *Myostatin* 抗体，研究该抗体对大口黑鲈生长的影响作用，为 *Myostatin* 基因的开发应用奠定基础。

一、材料与方法

1. 菌株、质粒及材料来源

E. coli DH5α、BL_{21}和原核表达载体 pET32a(+)由珠江水产研究所实验室保存;新西兰兔购自广东省医学实验动物中心;用于 cDNA 克隆的大口黑鲈成鱼和用于生长实验大口黑鲈受精卵来自珠江水产研究所水产良种基地。

2. 酶和主要试剂及主要仪器

*Msc*I 和 *Xho*I 限制性内切酶购自 NEB 公司;T_4DNA 连接酶购自 TaKaRa 公司;羊抗兔 IgG-HRP 购自鼎国生物工程公司;完全弗氏佐剂和不完全弗氏佐剂购自 SIGMA 公司;DAB 显色试剂盒购自武汉博士德生物工程有限公司。Biophotometer 分光光度计为 Eppendorf 公司产品;国产显微注射仪为中国科医文化厂产品;立体解剖镜为 OPTON 产品。

3. 引物设计和 *Myostatin* 基因成熟肽的 PCR 扩增

参考已报道的大口黑鲈 *Myostatin* 序列(李胜杰等,2007),设计引物 P1 和 P2 用于克隆 Myostatin 成熟肽。在 P1 和 P2 两端分别引入 *Msc*I 和 *Xho*I 限制性内切酶酶切位点(下画线表示),对 *Myostatin* 成熟肽进行改造以构建原核表达载体。所合成的引物序列如下:

P1:5′-GCTGGCCATATGGAGGTGAAGATCTCAG-3′

P2:5′-GGCTCGAGAGAGCATCCACAACGGTC-3′

以实验室保存的 pMD18-*Myostatin* 为模板(李胜杰等,2007),采用 P1 和 P2 引物扩增 *Myostatin* 成熟肽序列,反应条件为 94℃预变性 3 min,然后 94℃变性 30 s,56℃退火 30 s,72℃延伸 30 s,32 个循环后,72℃延伸 7 min。1.0% 琼脂糖电泳检测 PCR 产物。

4. 原核表达质粒的构建

用内切酶 *Msc*I 和 *Xho*I 分别双酶切 PCR 改造的目的片段和载体 pET32a(+),采用胶回收试剂盒纯化和回收目的条带。将目的条带与载体片段用 T_4DNA 连接酶连接过夜,转化大肠杆菌 DH5α 感受态细胞。筛选阳性克隆,用 *Msc*I 与 *Xho*I 双酶切挑选重组子;并送样到上海英俊生物技术有限公司进行序列测定,DNA 分析软件 Vector NTI SuiT 10.0 分析测序结果。

5. 融合蛋白的表达和纯化

将含重组质粒的菌株于含氨苄青霉素的 BL_{21}培养基中 37℃培养过夜,按 1∶50 扩大培养至 OD_{600}为 0.4~0.6,加入 IPTG 至终浓度 1 mmol/L,诱导表达 4 h。离心收集菌体,SDS-PAGE 检测蛋白表达情况,凝胶薄层扫描测定目的蛋白含量;超声波破菌分析蛋白表达形式。用 8 mol/L 尿素溶解包涵体后进行 SDS-PAGE 电泳,电泳结束后切下目的蛋白条带,将其装入已处理过的透析袋内。透析袋放入含 SDS-PAGE 的电泳缓冲液的水平电泳槽内,电泳结束后收集透析袋内蛋白并用 PEG 进行浓缩。SDS-PAGE 检测纯化效果。用 Biophotometer 分光光度计测蛋白浓度。

6. 抗血清的制备和 Western blot 鉴定

将纯化的重组蛋白与等体积弗氏佐剂(第一次采用完全弗氏佐剂,以后采用不完全弗氏佐剂）混合后充分乳化，皮内多点注射新西兰兔，每次注射 1 mL（3 mg/mL），初次免疫 28 d 后进行加强免疫，以后每隔一周一次，加强免疫 4 次之后颈动脉采血制备抗血清。

将表达和纯化的目的蛋白和空质粒诱导表达蛋白经 SDS－PAGE 后，电转移至硝酸纤维素膜，一抗为制备的兔抗大口黑鲈 *Myostatin* 抗血清，稀释浓度 1∶2000，二抗为羊抗兔 IgG－HRP，稀释浓度 1∶5000，最后用 DAB 显色，参照 DAB 显色试剂盒的操作说明书进行 DAB 显色，拍照保存。

7. 抗体效价的检测

ELISA 在聚苯乙烯酶标板上进行，以 Na_2CO_3－$NaHCO_3$ 缓冲液（pH9.6）稀释纯化的抗原蛋白至 1 ng/μL。PBST（PBS＋0.5 μL /mLTween20）洗涤。加入 200 μL5% 脱脂奶粉－PBS 溶液，37℃，封闭 1 h。洗涤后加入 100 μL 以封闭液稀释的待检测血清样品，血清按第一孔 1∶100 比例稀释，之后 5 倍比稀释最后到第 8 孔，37℃ 放置 1 h。洗涤后按1∶25 000比例加入封闭液稀释的第二抗体羊抗兔 IgG-HRP，37℃ 放置 1 h，洗涤后以 OPD－H_2O_2 系统显色。加入 2 mol/L H_2SO_4 终止反应。在波长 492 nm 的入射光下通过酶标仪检测吸光值。按照待检样品 OD_{492} 大于规定阴性对照（免疫前的兔血清）OD_{492} 的 2.0 倍为阳性结果的判断标准。

8. 抗体的注射及对仔鱼生长的影响

在解剖镜下将收集的抗体注射到大口黑鲈受精卵卵黄区，每粒受精卵注射量约为 3～5 nL，并设对照组注射 3～5 nL 的正常兔血清。实验组与对照组分别注射 100 粒受精卵。注射后的受精卵于 25℃～26℃ 温箱中孵化，定期观察。仔鱼出膜一周后实验组与对照组分别转入相同大小水族箱继续培育，定期测量仔鱼体重和仔鱼全长。应用 SPSS 软件对实验数据进行分析。

二、结果与分析

1. *Myostatin* 基因成熟肽的 PCR 扩增及原核表达载体的构建

以本实验室保存的 pMD18－*Myostatin* 为模板，以引物 P1 和 P2 进行扩增后得到约 383 bp 的特异带，其分子大小与预期结果一致，测序结果显示与已报道的 *Myostatin* 成熟肽编码序列一致（李胜杰等，2007）。扩增片段经 *Msc*I 和 *Xho*I 酶切后将其插入原核表达载体 pET32a（＋）中，*Msc*I 和 *Xho*I 酶切筛选重组子，命名为 pET－*Myostatin*（图 10－15），序列测定结果证实插入序列正确。

2. 融合蛋白的表达和纯化

经 SDS-PAGE 检测，诱导后的重组菌在约 28 kD 处有一条特异的目的带，与预期大小一致，而空载体对照则无此条带。凝胶薄层扫描显示，重组蛋白约占菌体总蛋白的 34%（图 10－16）。经电泳、透析纯化后的目的蛋白经 SDS-PAGE 电泳检测（图 10－17）。分光光度计测得纯化后蛋白浓度约 3 μg/μL 。

3. Western-blotting

Western-blotting 检测结果表明：在重组蛋白检测样品分子量约 28 kD 处均出现一条蛋

白杂交带，而空质粒 pET32a(+)菌株在 28 kD 处无特异蛋白带出现，显示 *Myostatin* 具有较高的免疫原性(图 10-18)，结果进一步说明原核表达载体的构建，融合蛋白的诱导表达是正确的，并具有生物学活性。

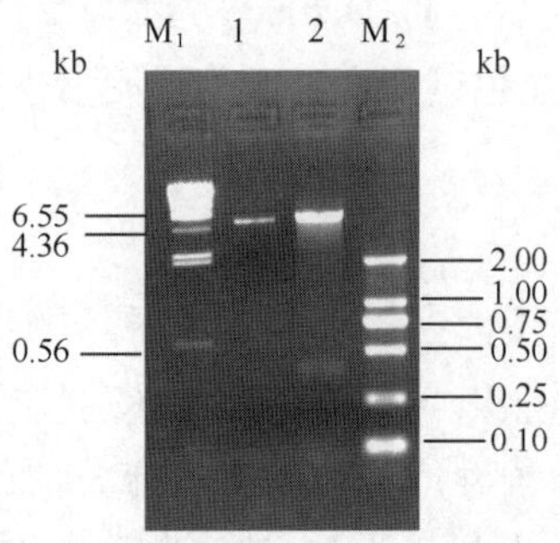

图 10-15 重组表达载体 pET-*Myostatin* 酶切分析

M1：核酸分子量标准；1：PET-32a/XhoI；2：pET-32a-*Myostatin/XhoI*，*MscI*；M2：核酸分子量标准

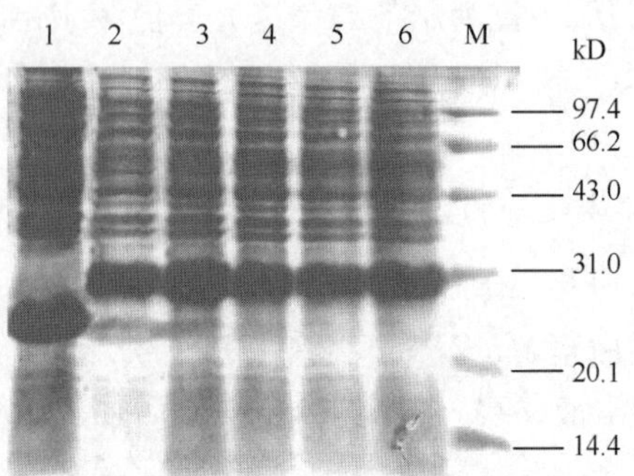

图 10-16 SDS-PAGE 检测表达产物

1：对照；2：30℃诱导 3 h 的重组蛋白；3：30℃诱导 4 h 的重组蛋白；4：37℃诱导 3 h 的重组蛋白；5：37℃诱导 4 h 的重组蛋白；6：37℃诱导 5 h 的重组蛋白

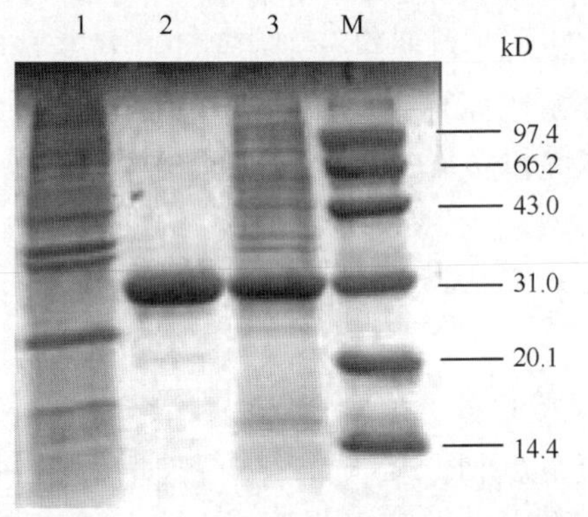

图 10-17 SDS-PAGE 检测纯化重组蛋白

M：蛋白分子量标准；1：对照；2：纯化的 *Myostatin* 重组蛋白；3：未纯化的 *Myostatin* 重组蛋白

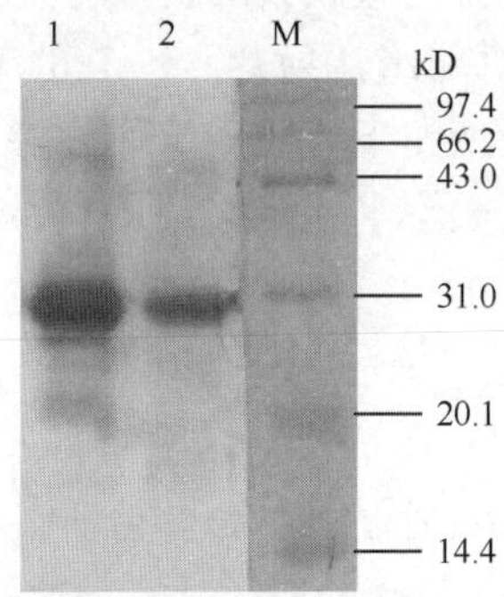

图 10-18 重组 *Myostatin* 的 Western-blotting 检测

M：蛋白质分子量标准；1：未纯化的 *Myostatin* 重组蛋白；2：纯化的 *Myostatin* 重组蛋白

4. *Myostatin* 多克隆抗体的 ELISA 检测

将 Myostatin 抗体 1∶100、1∶500 等依次 5 倍稀释至第八孔，*Myostatin* 多克隆抗体稀释浓度达 1∶62 500 时检测结果仍为阳性(图 10-19)。

5. *Myostatin* 抗体对大口黑鲈仔鱼生长影响

将抗体经显微注射到大口黑鲈受精卵卵黄区，实验共进行了两批注射，每批设一对照组。第一批实验组与对照实验组各注射 100 粒来源于同一亲本的受精卵，实验组出膜率为

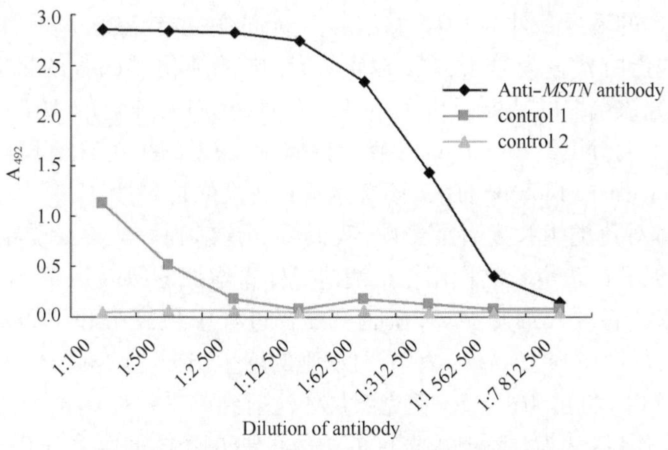

图 10－19　*Myostatin* 多克隆抗体的 ELISA 检测

Anti－Myostatin antibody：一抗为 Myostatin 多克隆抗体；Control 1：一抗为正常兔血清；Control 2：未加一抗的空白对照

38%，对照组出膜率为 35%；存活率分别为 8% 和 12%。第二批实验组与对照实验组各注射 100 粒来源于同一亲本的受精卵，实验组出膜率为 40%，对照组出膜率为 42%，实验组存活率为 24%，对照组存活率为 20%。不同生长阶段大口黑鲈的体重与全长测量的结果见表 10－6。第一批仔鱼培育至 20～30 d 时实验组的体重和全长大于对照组，且差异显著；第二批仔鱼培育至 15～25 d 时实验组的体重和全长大于对照组，且差异显著。

表 10－6　实验组与对照组不同生长阶段的体重与全长

组别	日龄/d	体重/(μ±SD)		体长/(μ±SD)		*P*	
		实验组	对照组	实验组	对照组	BW	TL
实验 1	20	0.063±0.241	0.030±0.009	1.681±0.342	1.336±0.197	＊＊	＊
	30	0.228±0.068	0.173±0.031	2.580±0.463	2.580±0.205	＊	NS
实验 2	15	0.013±0.003	0.009±0.003	1.013±0.091	0.900±0.136	＊＊	＊＊
	25	0.091±0.029	0.073±0.017	2.099±0.255	1.911±0.176	＊	＊

注：BW：体重；TL：全长；＊＊：$P<0.01$；＊：$P<0.05$；NS：$P>0.1$.

自 McPherron 和 Lee(1997)首次克隆出 *Myostatin* 基因以来，研究者不断尝试用不同的方法来研究 *Myostatin* 的结构与功能。*Myostatin* 在体内是以前体的形式合成的，包括N－端前肽和 C－端成熟肽(Anderson et al，2008)。两者经蛋白水解酶分割后，其成熟肽负向调节肌肉的生长发育。目前研究发现，在小鼠体内注射 *Myostatin* 抗体可以增加骨骼肌的量(Whittemore et al，2003)，在鸡受精卵内注射 *Myostatin* 抗体能够促使鸡体重增加(Kim et al，2006)。因此认为，*Myostatin* 抗体在动物胚胎发育期以及生长阶段起重要的调控作用。若研究 *Myostatin* 基因以及其编码蛋白在胚胎发育期间的调控功能，首要问题是获得纯化的 *Myostatin* 蛋白和特异性抗体。故本研究将大口黑鲈 *Myostatin* 成熟肽基因经 PCR 扩增后，克隆到原核表达载体；然后根据 SDS-PAGE 电泳结果，对 IPTG 浓度、诱导时间、温度等条件进行优化，确定最佳的诱导条件为 IPTG 终浓度 1 mmol/L，诱导温度 30℃，诱导时间为 4 h。经优化获得的目的蛋白含量为总蛋白的 34%，凝胶电泳纯化后回收的目的蛋白纯度可达 90%，为下一步研究该蛋白的功能提供了条件。同时，我们将纯化的 *Myostatin* 融合蛋白免疫家兔，成功制备了大口黑鲈 *Myostatin* 多克隆抗体，所获得的抗血清经 ELISA 检测，效价可达到 1∶62 500；经 Western blotting 证实，该抗体具有较高的特异性。

为研究该抗体对鱼类生长发育的影响，我们将其注射到大口黑鲈受精卵卵黄区，结果显示：该抗体具有促进仔鱼生长的作用。推测造成体重增加的原因是 *Myostatin* 抗体在鱼类胚胎发育阶段经卵黄囊进入细胞循环，在肌肉发育过程中免疫中和了 *Myostatin* 的表达产物，使其活性降低，从而减少 *Myostatin* 对成肌细胞的增生与分化的抑制作用，起到促生长的效果。Kim et al(2006)将抗 *Myostatin* 单克隆抗体注射到鸡受精卵卵黄区，发现抗体在胚胎发育阶段起促生长作用，认为注射到卵黄区的抗体可能在受体的媒介作用下经过卵黄囊进入胚胎循环发挥作用。本研究推测 *Myostatin* 抗体在大口黑鲈胚胎发育过程中的作用途径类似于在鸡胚胎中的。另外，哺乳动物在出生时肌纤维的数量已经被决定，出生后只发生体积上的肥大，与哺乳动物不同的是，大多数鱼类（包括大口黑鲈）在出生后肌纤维通过不断的增生和肥大两个过程而显著生长，这种生长往往会持续一生（Stickland，1983；Johnston et al，2003；Weatherley et al，1985）。因此我们观测到的仔鱼实验组的体重和全长显著大于对照组，可以归结为 *Myostatin* 活性受到抗体干扰，促使肌纤维细胞增生或肥大，至于 *Myostatin* 活性失活是否同时促使肌纤维细胞增生和肥大，或只是其中一种作用，有待进一步研究探讨。

第六节 大口黑鲈肌肉生长抑制素前肽真核表达载体的构建及其在鱼体中的表达

肌肉生长抑制素的主要作用是抑制成肌细胞的增生与分化。*Myostatin* 前肽在骨骼肌中为 *Myostatin* 成熟肽的负调控因子，它可与 *Myostatin* 成熟肽结合，抑制 *Myostatin* 成熟肽的活性，促进肌肉的生长。有研究报道转 *Myostatin* 前肽基因的小鼠，肌肉量比对照组增加 22% ~44%，生长速度增加 17% ~30%（Yang et al，2001）。研究报道显示，鱼类 *Myostatin* 的功能与哺乳动物 *Myostatin* 类似，在肌肉分化和生长过程中起重要的抑制作用（Amali et al，2004；Rescan et al，2001；赵浩斌等，2006）。Xu 等（2003）在转 *Myostatin* 基因前肽的斑马鱼中研究发现转基因鱼骨骼肌肌纤维数目增加，肌肉生成量增加、体型肥大，说明鱼类 *Myostatin* N－端前肽在肌肉分化和生长过程中起正调控作用。本节拟构建大口黑鲈 *Myostatin* 前肽的真核表达载体，注射到大口黑鲈肌肉组织以研究外源基因在成鱼肌肉中的表达规律，为进一步研究 *Myostatin* 对鱼类肌肉生长的调控作用奠定基础。

一、材料与方法

1. 菌株、质粒及材料来源

大肠杆菌 DH5α 由中国水产科学研究院珠江水产研究所生物技术研究室保存；表达载

体 pcDNA3.1(-)/mycHisB 购自 Invitrogen；实验用的 3 月龄的大口黑鲈全长介于 10～15 cm，取自珠江水产研究所水产良种基地。

2. 酶和主要试剂

*Xho*I 限制性内切酶购自 NEB 公司；*Hin*d Ⅲ、T4 DNA Ligase 购自 TaKaRa 公司；质粒 DNA 提取试剂盒(E. Z. N. A Plasmid Miniprep Kit)购自 TIANGEN 公司；PCR 清洁试剂盒(PCR Clean UpKit)为 Roche 公司产品；First StrandcDNA Synthesis Kit - ReverTra Ace - α - TM 为 TOYOBO 产品；SABC 试剂盒(Strept-Avidin Biotin Complex kit)和 Trizol 试剂购自 Invitrogen 公司；RNase-Free DNase 购自 Promega 公司；Anti-His Tag mouse monoclonal antibody、生物素化山羊抗小鼠 IgG、DAB 显色试剂盒购自 BOSTER 公司；多聚赖氨酸购自广州威佳生物试剂公司。

3. 主要仪器

Biophotometer 分光光度计为德国 Eppendorf 公司产品；包埋机、切片机均为莱卡公司产品；普通显微镜为奥林巴斯公司产品；JD801 形态学图像分析系统为江苏省捷达科技发展公司产品。

4. 引物设计和 *Myostatin* 前肽基因的 PCR 改造

参考已报道的大口黑鲈 *Myostatin* 序列(李胜杰等，2007)，设计引物 P1 和 P2 用于克隆 *Myostatin* 前肽基因。在引物 P1 和 P2 的两端分别引入 *Xho*I 和 *Hin*d Ⅲ限制性内切酶酶切位点(以下画线表示)，进行 PCR 改造以构建真核表达载体。

所合成的引物序列如下：P1：5′ - CGCTCGAGACCATGGATCTGTCTCAGATTGTGCTG - 3′；P2：5′ - CCAAGCTTGGTCTCCTGGCACGCTTGGGGCCCTCTGAG - 3′。P1 中加粗部分是 Kozak 转录起始序列，以便能在真核细胞中有效起始转录。P1 5′端 CG 是保护碱基，P2 5′端 CC 是保护碱基。

以实验室保存的 pMD18 - *Myostatin*(Xu et al，2003)为模板，采用 P1 和 P2 引物扩增 Myostatin 前肽序列，反应条件为 94℃预变性 3 min，然后 94℃变性 30 s，56℃退火 30 s，72℃延伸 1 min，30 个循环后，72℃延伸 7 min。PCR 产物经 PCR Clean Up Kit 纯化后，1.0% 琼脂糖电泳检测。将 *Myostatin* 前肽基因的扩增产物命名为 *Myostatin-Pro*。

5. 重组真核表达质粒的构建与鉴定

用 *Xho*I 和 *Hin*d Ⅲ分别双酶切 PCR 产物和载体 pcDNA3.1(-)/*mycHis*B，采用胶回收试剂盒纯化和回收目的条带。将目的条带与载体片段用 T_4DNA 连接酶连接过夜，构建用于可在真核细胞中表达 *Myostatin-Pro* 的载体 pcDNA3.1(-)/*mycHis*B-*Myostatin-Pro*，转化大肠杆菌 DH5α 感受态细胞，筛选阳性克隆。用 *Xho*I 和 *Hin*d Ⅲ双酶切挑选重组子；并送样到上海英俊生物技术有限公司进行序列测定，Vector NTI SuiT 10.0 软件分析测序结果。

6. pcDNA3.1(-)/*mycHis*B - *Myostatin-Pro* 肌肉注射大口黑鲈

用试剂盒提取质粒 pcDNA3.1(-)/*mycHis*B-*Myostatin-Pro*，溶于生理盐水，浓度为 0.4 μg/L。操作时为防止鱼挣扎过程中肌肉过度收缩，降低外源质粒在肌细胞中的表达量(Wells 等，1995)，用鱼用麻醉剂 MS - 222 将其麻醉，在同一条大口黑鲈的背鳍右侧注射重组质粒 100 μL,左侧注射同样剂量的空质粒。

7. RT－PCR 检测外源基因在体内的表达

肌肉注射 2 d 后,用 Trizol 法分别提取实验和对照组背部两侧注射部位肌肉的总 RNA(郭玉函等,2008),用 RT－PCR 方法检测 *Myostatin-Pro*: *mycHis* 基因的表达。经过 DNase 消化的 RNA 首先进行 PCR 检测,确认 DNase 已将 pcDNA3.1(－)/*mycHis*B-*Myostatin-Pro* 消化完全。在该载体抗性标记 AMP^r 上设计引物 P3:5′－AGGCACCTATCTCAGCGATCTG－3′和 P4:5′－GTCGCCGCATACACTATTCTCA－3′,阳性扩增结果应为 573 bp 的片断。

在 *Myostatin* 前肽设计上游引物 P5: 5′－ATGCATCTGTCTCAGATTGTGCTG－3′,在 *myc* 标签上设计下游引物 P6: 5′－CCTCTTCTGAGATGAGTTTTTG－3′。使用 First Strand cDNA Synthesis Kit－ReverTra Ace－α－TM(TOYOBO)合成 cDNA 第一链,RT－PCR 技术检测外源基因是否在肌肉组织内瞬时转录。PCR 反应条件为 94℃预变性 3 min,然后 94℃变性 30 s,52℃退火 30 s,72℃延伸 1min,30 个循环后,72℃延伸 7 min。1.0% 琼脂糖电泳检测 PCR 产物。

8. 免疫组化检测外源基因在体内的表达

pcDNA3.1(－)/*mycHis*B-*Myostatin-Pro* 表达融合蛋白 *Myostatin-Pro*: *mycHis*,利用抗 *his* 标签的抗体可以检测外源基因的表达。质粒注射到大口黑鲈体内后,在不同的时间取样,于注射部位取 0.5 cm^3 肌肉组织块,确保取样部位在实验鱼两侧的同一鳞片部位。4% 多聚甲醛固定,石蜡组织切片过程详见文献(郭玉函等,2008),采用多聚赖氨酸作粘片剂,贴片后 60℃烘箱烘烤 30min 以使切片紧密贴附,常规石蜡脱水(郭玉函等,2008)。SABC(Strept-Avidin Biotin Complex) kit (BOSTER, China)试剂盒进行免疫组化实验:将制备好的切片加 30% H_2O_2 蒸馏水混合孵育 20 min,封闭内源性过氧化物酶,PBS 洗 3 次,每次 5 min;滴加 5% BSA 封闭液,室温放置 20 min,按 1:100 梯度稀释一抗(Anti-His Tag mouse monoclonal antibody),滴加到载玻片上,20℃ 2 h,PBS 洗 3 次,每次 5 min;滴加生物素化山羊抗小鼠 IgG,20℃ 20 min,PBS 洗三次,每次 5 min;滴加试剂 SABC,室温 20 min。PBS 洗 4 次,每次 5 min;DAB 显色试剂盒显色,在显微镜下观察结果;自来水充分冲洗,苏木素复染,脱水,透明,封片后显微镜下观察。

二、结果与分析

1. *Myostatin* 前肽的 PCR 改造

以实验室保存的 pMD18－*Myostatin* 为模板,用 P1 和 P2 进行 PCR 扩增,得到一约 821 bp 的特异带,其分子大小与预期结果一致(Xu et al,2003)(图 10－20)。测序结果显示 PCR 产物两端已成功引入 *Xho*I 和 *Hin*d III 限制性内切酶酶切位点。

2. pcDNA3.1(－)/*mycHis*B－*Myostatin-Pro* 重组质粒的构建

将 PCR 改造过的 *Myostatin* 前肽基因插入 pcDNA3.1(－)/*mycHis*B,酶切鉴定重组子(图 10－21),表明 *Myostatin* 前肽基因已经插入 pcDNA3.1(－)/*mycHis*B 中。从泳道 4 可见清晰而明亮的大小约为 804 bp 的目的片段。测序结果显示插入片段与预期的 *Myostatin* 前肽基因序列完全一致,*Myostatin* 基因前肽 cDNA 为正向插入。

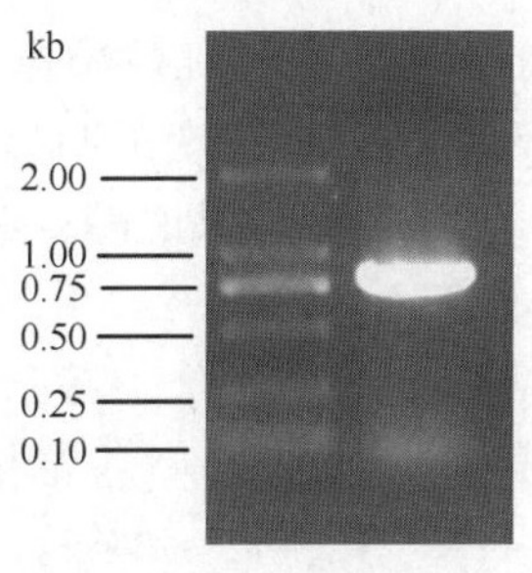

图 10-20 *Myostatin* 基因前肽的 PCR 改造

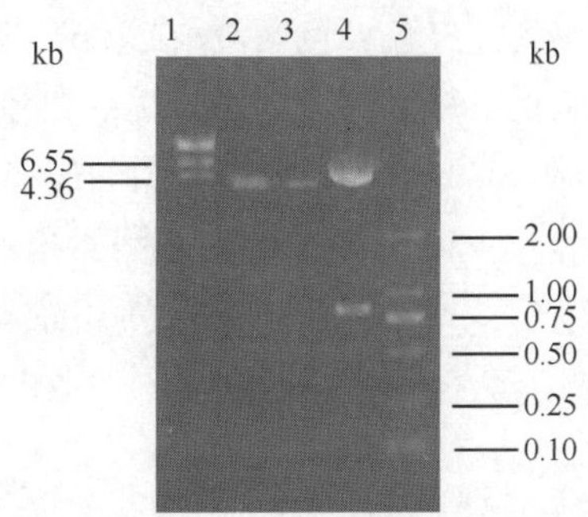

图 10-21 重组表达载体 pcDNA3.1(-)/*mycHis*B-*Myostatin-Pro* 酶切分析

1:λDNA *Hind* MarkerIII;2:pcDNA3.1(-)/*mycHis*B/*Hind* Ⅲ 酶切;3:pcDNA3.1(-)/*mycHis*B/*Hind* Ⅲ和 *Xho*I 双酶切;4:pcDNA3.1(-)/*mycHis*B-*Myostatin-Pro*/*Hind* Ⅲ 和 *Xho*I 双酶切;5:Marker D2000

3. RT-PCR 检测转录水平的表达

经过 DNase 消化的 RNA 进行 PCR 扩增,没有扩增出阳性条带,说明已消化的 RNA 不存在 pcDNA3.1(-)/*mycHis*B-*Myostatin-Pro* 的污染。利用引物 P5 和 P6 进行 RT-PCR 扩增,扩增出来的片段与预期的片断大小相符,大小为 838 bp,说明外源基因已经在体内转录(图 10-22)。

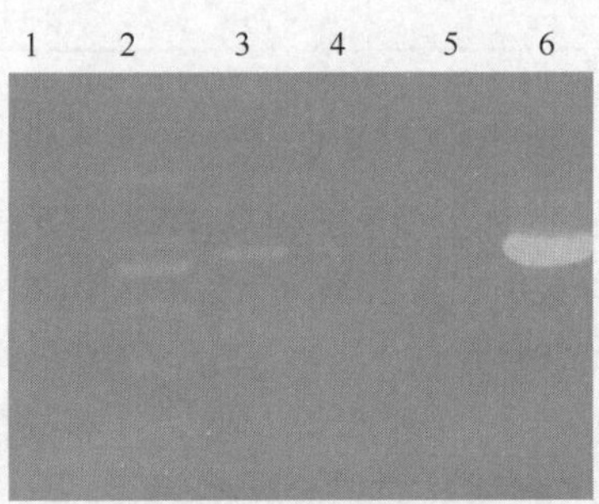

图 10-22 RT-PCR 检测 *Myostatin-Pro*:*mycHis* 体内转录结果

1:阴性对照;2:MarkerD2000;3:实验组 *Myostatin-Pro*:mycHis;4:对照组 *Myostatin-Pro*:mycHis;5:非注射鱼 *Myostatin-Pro*:*mycHis*;6:*Myostatin-Pro*:*mycHis* 阳性对照

4. 免疫组化检测翻译水平的表达

在大口黑鲈肌肉注射后不同的时间,利用融合蛋白 *Myostatin-Pro*:*mycHis* 上的 *His* 标签,使用抗 *His* 标签的抗体进行免疫组化实验。第 2 天和第 4 天实验组与对照组肌纤维上均未观察到棕红色染色区域;在第6天时实验组肌纤维上出现不明显棕红色染色区域;第8天时实验组肌纤维上出现明显棕红色染色区域,第10、12天肌纤维上出现不明显的棕红色染色区,对照组均没有出现染色区域(图10-23和表10-7)。实验结果说明:在翻译水平上检测到了*Myostatin*基因前肽的表达,且表达水平与时间有密切的关系。

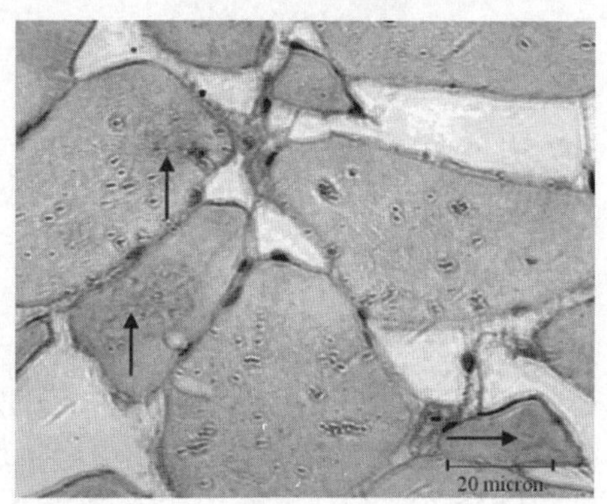

A 实验组 (40×10)

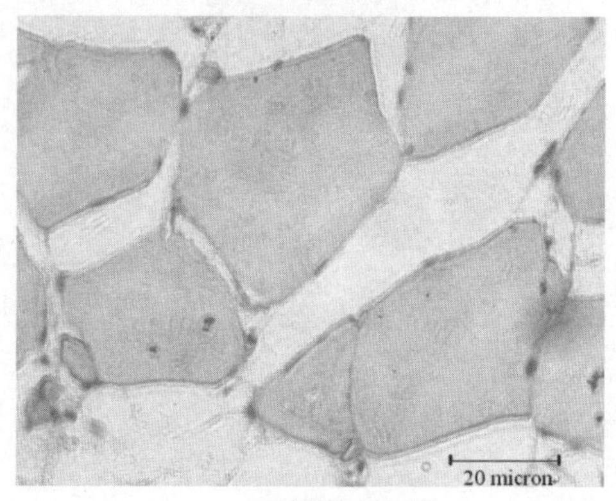

B 对照组 (40×10)

图10-23 体内第8 d检测*Myostatin-Pro*:*mycHis*表达免疫组化结果

A:注射pcDNA3.1(-)/*mycHis*B-*Myostatin-Pro*重组质粒 B:注射pcDNA3.1(-)/*mycHis*B空质粒

表10-7 免疫组化在不同时间检测*Myostatin-Pro*:*mycHis*基因表达结果

注射后的间/d	2	4	6	8	10	12
注射部位肌肉	-	-	+	++	+	+

注:++表示棕红色染色明显;+表示棕红色不明显;-表示没有染出棕红色斑点.

本实验成功构建了真核表达载体pcDNA3.1(-)/*mycHis*B-*Myostatin-Pro*,并将重组质粒注入大口黑鲈肌肉组织中,经RT-PCR和免疫组化学检测,外源*Myostatin*前肽基因已在肌肉组织中局部表达,证明pcDNA3.1(-)/*mycHis*B是适合外源*Myostatin*前肽基因表达的载体。该载体含有能使目的基因在肌肉细胞中有效转录的巨细胞病毒(CMV)强启动子(茅卫锋等,2004;Gomez-Chiarri et al,1999;石军等,2002;Kanellos et al,1999),可保证Myostatin前肽蛋白能够被有效地表达。目前,这种将裸露质粒直接进行肌肉注射的方法已经在很多功能基因的研究上得到有效的应用(Roorda et al,2005;王留义等,2003;Wolff et al,1999),它类似于瞬时转染,质粒DNA较易通过细胞膜,以游离体形式在肌细胞中表达,可以在肌肉组织中持续表达长达6个月之久(Wolff et al,1999;Danko et al,1994)。

由于注射的DNA在肌细胞中以一种附加体的形式存在,基因转移和表达主要限定于肌细胞,并不整合到宿主染色体上(Maeda et al,2004),所以外源基因在动物肌肉组织中的表达只能持续一段时间。本实验在肌肉注射后第2 d,利用RT-PCR技术在mRNA水平检测到*Myostatin*基因前肽的表达;利用免疫组化在*Myostatin*基因前肽注射后第2天和第4天没有检测到蛋白的表达;在DNA注射后第8 d,肌肉组织样品中出现明显棕色染色区域,随后组织样品中出现不明显染色区。结果说明*Myostatin*前肽能在大口黑鲈肌肉中进行表达,2 d时*Myostatin*基因前肽蛋白表达量比较低,4~6 d表达量增加,在8 d左右表达量最高,随后下降。这与鄢庆枇等(2003)研究绿色荧光蛋白在大黄鱼肌肉组织表达的规律基本一致。

参考文献:

郭玉函．2008. 大口黑鲈 *Myf*5 基因结构分析和对鱼类肌肉生长作用的研究．上海:上海海洋大学．

何新，齐冰，何立千，等．2006. 猪 Follistatin cDNA 克隆及在大肠杆菌中的表达．生物工程学报，22(4)：677－682

李胜杰，白俊杰，叶星，等．2007. 加州鲈肌肉生长抑制素(MSTN)cDNA 的克隆和序列分析．海洋渔业，29(1)：13－19.

茅卫锋，汪亚平，孙永华．2004. 虹鳟鱼组蛋白 H3 启动子的分子克隆及在稀有鮈鲫中表达活性分析．自然科学进展，14(1)：46－50.

石军，陈安国，洪奇华．2002. DNA 疫苗在鱼类中的应用研究进展．中国兽药杂志，36(5)：41－45.

王留义，孙威，陈明哲，等．2003. 人前胰岛素原基因裸质粒 DNA 肌肉注射可显著降低链脲佐菌素诱发糖尿病小鼠的血糖水平．生理学报，55(6)：641－647.

鄢庆枇，苏永全，王军，等．2003. 绿色荧光蛋白基因在大黄鱼体内的表达．厦门大学学报，41(2)：265－268.

杨威，王现，陈岩，等．2003. 重组肌肉抑制素功能分析及其对鸡肌肉发育的抑制作用．生物化学与生物物理学报，35(11)：1016－1022.

赵浩斌，彭扣，王玉凤，等．2006. 鱼类肌肉生长抑制素研究进展．水生生物学报，30(2)：227－231.

Acosta J, CarpioY, Borroto I, et al. 2005. *Myostatin* gene silenced by RNAi show a zebra fish giant phenotype. J Biotechnol, 119(4): 324－331.

Alexandra C, Mcpherron A C. 2002. Superession of boady fat accumulation in myostatin-deficient mice. J ChinInvest, 109(5): 595－601.

Amali A A, Lin C J, Chen Y, et al. 2003. Up-regulation of muscle-specific transcription factors during embryonic somitogenesis of zebrafish (*Danio rerio*) by knock-down of myostatin－1. Dev Dyn, 229: 847－856.

Amthor H, Nicholas G, McKinnell I, et al. 2004. Follistatin complexes Myostatin and antagonises Myostatin-mediated inhibition of myogenesis. Dev Biol, 270(1): 19－30.

Anderson S B, Goldberg A L, Whitman M. 2008. Identification of a Novel Pool of Extracellular Pro-myostatin in Skeletal Muscle J Biol Chem, 283(11): 7 027－7 035.

Ausubel F M, Brent R, Kingston R E, et al. 1998. Short protocols in molecular biology. Beijing: Science Press, 366－371. (in Chinese)

Biga P R, Cain K D, Hardy R W, et al. 2004. Growth hormone differentially regulates muscle myostatin l and 2 and increases circulating cortisol in rainbow trout (*Oncorhynchus myiss*). Gen Comp Eadocrin, 138: 32－41.

Bogdanovich S, Krag T O, Barton E R, et al. 2002. Functional improvement of dystrophic muscle by myostatin blockade. Nature, 420 (6914): 418－421.

Carlson C J, Booth F W, Gordon S E. 1999. Skeletal muscle myostatin mRNA expression is fiber-type specific and increases during hindlimb unloading. AJP Regulatory, Integrative and Comparative Physiology, 277: 8 601－8 606.

Cheifetz S, Weatherbee J A, Tsang M L, et al. 1987. The transforming growth factor-beta system, a complex patern of cross-reactive ligands and receptors. Cell, 48: 409－415.

Chow K L, Hogan M E, Schwartz R J. 1991. Phased cis-acting promoter elements interact at short distances to direct avian skeletal alpha-actin gene transcription. Proc Natl Acad Sci USA, 88(4): 1 301－1 305.

Crisà A, Marchitelli C, Savarese M C, et al. 2003. Sequence analysis of myostatin promoter in cattle. Cytogenet Genome Res, 102:48 - 52.

Danko I, Wolff J A. 1994. Direct gene transfer into muscle. Vaccine, 12(16):1 499 - 1 502.

Du R, Chen Y, An X, et al. 2005. Cloning and sequence analysis of myostatin promoter in sheep. DNA Seq, 16 (6): 412 - 417.

Ebara S, Nakayama K. 2002. Mechanism for the action of bone morphogenetic proteins and regulation of their activity. Spine, 27(16Suppl 1): 10 - 15.

Gomez-Chiarri M, Chiaverini L A. 1999. Evaluation of eukaryotic promoters for the construction of DNA vaccines for aquaculture. Genet Anal, 15:121 - 124.

Gonzalez-Cadavid N F, Taylor W E, Yarasheski K, et al. 1998. Organization of the human myostatin gene and expression in healthy men and HIV-infected men with muscle wasting. Proceedings of the National Academy of Sciences, 95:14 938 - 14 943.

Gregory D J, Waldbieser G C , Bosworth B G. 2004. Cloning and characterization of myogenic regulatory genes in three Ictalurid species. Animal Genetics, 35:425 ~ 430.

Grobet L, Poncelet D, Royo L J, et al. 1997. Molecular definition of an allelic series of mutations disrupting the myostatin function and causing double-muscling in cattle. Nat Genet, 17(1):71 - 74.

Hashimoto M, Shoda A, Inoue S, et al. 1992. Functional regulation of osteoblastic cells by the interaction of activin-A with Follistatin. Journal of Biological Chemistry, 267(7): 4 999 - 5 004.

Hill J J, Davies M V, Pearson A A, et al. 2002. The myostatin propeptide and the follistatin-related gene are inhibitory binding proteins of myostatin in normal serum. Journal of Biological Chemistry, 277: 40 735 - 40 741.

Hochschild A, Ptashne M. 1986. Cooperative binding of lambda repressors to sites separated by integral turns of the DNA helix. Cell, 44(5):681 - 687.

Ji L and Heather B. 2002. Myostatin knockout in mice increases myogenesis and decreases adipogenesis. Bioch and Biop Rese Comm, 292(3): 701 - 706.

Johnston I A, Manthri S, Alderson R, et al. 2003. Fresh water environment affects growth rate and muscle fibre recruitment inseawater stages of Atlantic salmon (*Salmo salari*). J Exp Biol, 206(8):1 337 - 1 351.

Kambadur R, Sharma M, Smith T P, et al. 1997. Mutations in myostatin (GDF8) in double-muscled Belgian Blue and Piedmontese cattle. Genome Res, 7(9): 910 - 916.

Kanellos T, Sylvester I D, Butler V L, et al. 1999. Mammalian granulocyte-macrophage Clony-stimulating factor and some CpG motifs have an effect in the immunogenicity of DNA and subunit vaccines in fish. Immunology, 96 (4) :507 - 510.

Kawada S, Tachi C, Ishii N. 2001. Content and Iocalization of myostatin in mouse skeletal muscles during aging, mechanical unloading and reloading. J Muscle Res cell Motil, 22(8): 627 - 633.

Keutmann H T, Schneyer A L, Sidis Y. 2004. The role of follistatin domains in follistatin biological action. Molecular Endocrinology, 18(1): 228.

Khoury R H, Wang Q F, Crowley W F J et al. 1995. Serum Follistatin levels in women: evidence against an endocrine function of ovarian Follistatin. Journal of Clinical Endocrinology Metabolism, 80: 1361 - 1368.

Kim Y S, Bobbili N K, Paek K S, et a1. 2006. Production of a monoclona1 antimyostatin antibody and the effects of in OVO administration of the antibody on posthatch broiler growth and muscle mass. Poult Sci, 85(6):1 062 - 1 071.

Kocabas A M, Kucuktas H, Dunham R A, et al. 2002. Molecular characterization and differential expression of the myostatin gene in channel catfish (*Ictalurus punctatus*). Biochim Biophys Acta, 1575(1 - 3):99 - 107.

Kocamis H, Gulmez N, Aslan S, et al. 2004. Follistatin alters myostatin gene expression in C2C12 muscle cells. Acta Vet Hung, 52(2): 135 – 141.

Langley B, Thomas M, Bishop A, et al. 2002. Myostatin inhibits myoblast differentiation by down-regulating MyoD expression. J Biol Chem, 277(51): 49 831 – 49 840.

Lassar A B, Buskin J N, Lockshon D, et al. 1989. *MyoD* is a sequencespecifi cDNA binding protein requiring a region of myc homology tobind to the muscle creatine kinase enhancer. Cell, 58:823 – 831.

Lee SJ, McPherron A C. 2001. Regulation of myostatin activity and muscle growth. Proc Natl Acad Sci USA, 98: 9 306 – 9 311.

Lin H, Yutzey K, Konieczny S F. 1991. Muscle-specific expression of the troponin I gene requires interactions between helixloop-helixloop-helix muscle regulatory factors and ubiquitous transcription factors. Mol Cell Biol, 11: 267 – 280.

Lin J, Arnold H B, Della-Fera M A, et al. 2002. Myostatin knockout in mice increases myogenesis and decreases adipogenesis. Biochem Biophys Res Commun, 291(3): 701 – 706.

Ma K, Mallidis C, Artaza J, et al. 2001. Characterization of 5′-regulatory region of human *myostatin* gene: regulation by dexamethasone *in vitro*. Am J Physiol Endocrinol Metab, 281: 1 128 – 1 136.

Maccatrozzo L, Bargelloni L, Patarnello P, et al. 2002. Characterization of the *myostatin* gene and a linked microsatellite marker in shi drum (*Umbrina cirrosa*, Sciaenidae). Aquaculture, 205(1): 49 – 60.

Maccatrozzo L, Bargelloni L, Radaelli G, et al. 2001. Characterization of the myostatin gene in the gilthead seabream(Sparus aurata): sequence, genomic structure and expression pattern. Mar Biotechnol, 3(3): 224 – 230.

Maccatrozzo L, Bargelloni L, Cardazzo B, et a1. 2001. A novel second myostatin gene is present in teleost fish. FEBS Lett, 509 (1):36 – 40.

Maeda S, Ohmori K, Kurata K, et a1. 2004. Expression of LacZ gene in canine muscle by intramuscular – inoculation of a plasmid DNA. J Vet Med Sci, 66(3):337 – 339.

Malik S, Huang C F, Schmidt J. 1995. The role of the CANNTG promoter element (E box) and the myocyte-enhancer-binding-factor – 2 (MEF – 2) site in the transcriptional regulation of the chick myogenin gene. Eur J Biochem, 230: 88 – 96.

Massague J. 1998. TGF-beta signal transduction. Annu Rev Biochem, 67:753 – 791.

McPherron A C and Lee S J. 1997. Double muscling in cattle due to mutations in the myostatin gene. Proceedings of the National Academy of Sciences, 94:12 457 – 12 461.

McPherron A C, Lawler A M, Lee S J, et al. 1997. Regulation of skeletal muscle mass in mice by a new TGF – β superfamily member. Nature, 387(6628): 83 – 90.

McPherron A C, Lee S J. 2002. Suppression of body fat accumulation in myostatin-deficient mice. J ClinInvst, 109 (5):595 – 601.

Michel U, Albiston A, Findlay J K. 1990. Rat follistatin: gonadal and extragonadal expression and evidence for alternative splicing. Biochemical Biophysical Research Communications, 173: 401 – 407.

Nakatani M, Yamakawa N, Matsuzaki T, et al. 2002. Genomic organization and promoter analysis of mouse follistatin-related gene (FLRG). Molecular and Cellular Endocrinology, 189(1 – 2): 117 – 123.

Rescan P Y, Jutel I, Ralliere C. 2001. Two myostatin genes are differentially expressed in myotomal muscles of the trout(*Oncorhynchus mykiss*). J Exp Bio1, 204(20):3 523 – 3 529.

Rios R, Carneiro I, Arce VM. 2002. Myostatin is an inhibitor of myogenic differentiation. Cell Physiol, 282(5): 993 – 999.

Robertson D M, Klein R, deVos F L, et al. 1987. The isolation of polypeptides with FSH suppressing activity from bovine follicular fluid which are structurally different to inhibin. Biochem Biophys Res Commun, 149: 744 – 749.

Rodgers B D, Weber G M, Kelley K M, et al. 2003. Prolonged fasting and cortisol reduce myostatin mRNA levels in tilapia larvae; short-term fasting elevates. Am. J. Physiol. Regal Integr Comp Physiol, 284: 1277 – 1286.

Rodgers B D, Weber G M, Sullivan C V, et a1. 2001. Isolation and characterization of myostatin complementary deoxyribonucleic acid clones from two commercially important fish: Oreochromis mossambicus and Morone chrysops. Endocrinology, 42 (4): 1412 – 1418.

Roorda B D, Hesselink M K, Schaart G, et al. 2005. DGAT1 overexpression in muscle by in vivo DNA electroporation increases intramyocellular lipid content. Lipid Res, 46(2): 230 – 236.

Sakuma K, Watanabe K, Sano M, et al. 2004. Differential adaptation of growth and differentiation factor 8lmyostatin, fibroblast growth factor 6 and leukemia inhibitory factor in overloaded, regenerating and denervated rat muscles. Biochim Biophys Acta, 1497:77 – 88.

Saleh M, Garcia S, Mercer J E, et al. 1994. Isolation and characterization of bovine follistatin cDNA(J). Journal of Molecular Endocrinology, 13: 321 – 329.

Salerno M S, Thomas M, Forbes D, et al. 2004. Molecular analysis of fiber type-specific expression of murine myostatin promoter. Am J Physiol, 287: 1 031 – 1 040.

Schuelke M, Wagner K R, Lee S J, et a1. 2004. Myostatin mutation associated with gross muscle hypertrophy in a child. New Engl JMed, 350(26): 2 682 – 2 688.

Sharma M, Kambadur R, Matthews K G, et al. 1999. Myostatin, a transforming growth factor-superfamily member, is expressed in heart muscle and is upregulated in cardiomyocytes afterinfarct. J Cell Physio1,108(1): 1 – 9.

Shimasaki S, Koga M, Esch F, et al. 1988a. Primary structure of the human follistatin precursor and its genomic organization. Proceedings of the National Academy of Sciences of the USA, 85(12): 4218 – 4222.

Shimasaki S, Koga M, Esch F, et al. 1988b. Porcine follistatin gene structure supports two forms of mature follistatin produced by alternative splicing. Biochemical and Biophysical Research Communications, 152:171 – 723.

Sidis Y, Mukherjee A, Keutmann H, et al. 2006. Biological activity of follistatin isoforms and follistatin-like-3 is dependent on differential cell surface binding and specificity for activin, myostatin, and bone morphogenetic proteins. Endocrinology, 147(7): 3 586 – 3 597.

Sidis Y, Schneyer A L, Sluss P M, et al. 2001. Follistatin: Essential role for the N-terminal domain in activin binding and neutralization. Journal of Biological Chemistry, 276: 17 718 – 17 726.

Spiller M P, Kambadur R, Jeanplong F, et al. 2002. The Myostatin gene is a downstream target gene of basic helix-loop-helix transcription factor MyoD. Mol Cell Biol, 22: 7 066 – 7 082.

Stickland NC. 1983. J Anat, 137(2):323 – 333.

Szabo G, Dallmann G, Muller G, et al. 1998. A deletion in the myostatin gene causes the compact hypermuscular mutation in mice. Manmalian Genome, 9(8):671 – 672.

Thomas M, Langley B, Berry C, et al. 2000. Myostatin, a negative regulator of muscle growth, functions by inhibiting myoblast proliferation. J Biol Chem, 275(51):40 235 – 40 243.

Tsuchita K. 2005. Regulation of skeletal muscle mass and adipose tissue mass by follistatin and follistatin-related gene (FLRG) and development of novel polypeptides as medical drugs. Seikagaku, 77(5): 440 ~ 443.

Ueno N, Ling N, Ying S Y, et al. 1987. Isolation and partial characterization of Follistatin: a single-chain Mr 35000 monomeric protein that inhibits the release of follicle-stimulating hormone. Proceedings of the National Academy of Sciences, 84: 8 282 – 8 286.

Vianello S, BrazzodurnL, Dalla Valle L, et al. 2003. Myostatin expression during development and chronic stress in zebrafish (*Danio rerio*). J Endocrinol, 176(1):47 – 59.

Wagner K R. 2002. Muscle regeneration through myostatin inhibition. Ann Neurol, 52 (6): 832 – 836.

Wang Q, Keutmann H T, Schneyer A L, et al. 2000. Analysis of human Follistatin structure: Identification of two discontinuous N-terminal sequences coding for activin a binding and structural consequences of activin binding to native proteins. Endocrinology, 141(9): 3 183 – 3 193.

Weatherley A, Gill H S. 1985. Dynamics of increase in muscle fibers in fishes in relation to size and growth. Experientia, 41(8):353 – 354.

Welle S, Bhatt K, Shah B, et al. 2002. Insulin-like growth factor-1 and myostatin mRNA expression in muscle: Comparison between 62 – 77 and 21 – 31yr old men. Exp Gerontol, 37(6): 833 – 839.

Wells D J. 1995. Gene transfer by intramuscular injection of plasmid DNA. Molecular and cell biology of human gene therapeutics. London:Chapman & Hall, 83 – 103.

Westhusin M. 1997. From mighty mice to mighty cows. Nat Genet, 17:4 – 5.

Whittemore LA, Song K, Li X, et al. 2003. Inhibition of myostatin in adult mice increases skeletal muscle mass and strength. Biochem Biophys Res Commun, 300(4): 965 – 971.

Wolff I A, Malone R W, Williams P, et al. 1999. Direct gene transfer into mouse muscle invo. Science, 247:145 – 146.

Xu C, Wu G, Zohar Y, et a1. 2003. Analysis of myostatin gene structure, expression and function in zebrafish. J Exp Bio1, 206:4067 – 4079.

Yamamoto T S, Iemura S, Takagi C, et al. 2000. Characterization of follistatin isoforms in early Xenopus embryogenesis. International Journal of Developmental Biology, 44: 341 – 348.

Yang J, Ratovitski T, Brady J P, et a1. 2001. Expression of myostatin prodomain results in muscular transgenic mice. Mol Reprod Dev, 60:351 – 361.

Zhang H, Hannon G J, Beach D. 1994. P21 – containing cyclin kinases exist in both active and inactive states. Genes and Development, 8:1 750 – 1 758.

Zimmers T A, Davies M V, Koniaris L G, et al. 2002. Induction of cachexia in mice by systemically administered myostatin. Science, 296:1 486 – 1 488.

附件 1

大口黑鲈“优鲈 1 号”繁殖和制种技术规范

1　亲鱼培育技术

1.1　亲鱼培育池

选择面积为 2～3 亩的池塘作为亲鱼培育池，要求水深在 1.5 m 左右，池底平坦，水源充足，水质良好，进排水方便，通风透光。鱼池选好后，要清塘消毒，注入新水。

1.2　亲鱼培育

在我国南方地区养殖的大口黑鲈“优鲈 1 号”性成熟年龄在 1 龄左右，可在秋天收获成鱼时，挑选个体在 0.6 kg 以上，体质健壮和无伤病的“优鲈 1 号”作为预备亲鱼，选好后放入亲鱼池进行强化培育。为避免近亲繁殖，雌鱼和雄鱼分别来自不同养殖场。在北方地区可选用 2 龄的“优鲈 1 号”作为亲鱼，2 龄亲鱼个体应在 0.8～1.0 kg。而广东地区选用 2 龄的大口黑鲈多是用来作为早繁亲鱼，在气温较低的 1 月和 2 月进行人工催产繁殖，尽早获得鱼苗，提前成鱼的上市时间。亲鱼采用专塘培育，每亩放养 600～1 200 尾，用冰鲜鱼或配合饲料投喂，每天投喂一至两次，另外可适当混养少量的鲢鳙，用于调节水质。产卵前 1 个月应适当减少投饵料，并每隔 2～3 天冲水 1～2 h，促进亲鱼性腺发育成熟，必要时还要打开增氧机增氧。

2　人工繁殖技术

“优鲈 1 号”产卵季节为春季，水温上升到 16～18℃时开始产卵。但广东省每年 12 月至翌年 2 月非寒流侵入而水温较高时，亦可提早产卵。产卵可分自然产卵和人工催情产卵。自然产卵就是将亲鱼按一定雌、雄比例放入产卵池让其自行交配产卵。人工催情产卵是注射催情药，提高产卵效果及成批获得健康整齐的鱼苗。

2.1　雌雄鉴别

一般雌鱼体形较粗短，生殖季节体色淡白，卵巢轮廓明显，前腹部膨大柔软，上下腹大小匀称，有弹性，生殖孔稍凸，产卵期呈红润状，有两个孔，前后分别为输卵管和输尿管开口，少数个个轻压腹部有卵子流出。雄鱼则体型稍长，腹部不大，生殖孔凹陷，只有一个孔，较为成熟的雄鱼轻压腹部便有乳白色精液流出。

2.2　产卵池

产卵池可分为两种：一种为水泥池，通常要求面积为 10 m^2 以上，水深 40 cm 左右，池壁四周每隔 1.5 m 设置一个人工鱼巢。人工鱼巢可用尼龙窗纱或棕榈皮等制成。尼龙窗纱鱼巢是在粗铁丝框上缝上窗纱,规格一般为 50 cm×40 cm。棕榈皮可直接放在池底,规格为 22 cm×23 cm 左右。亲鱼密度为每 2~3 m^2 放入亲鱼 1 组。另一种为池塘,面积宜为 2~4 亩,水深 0.5~1.0 m,池边有一定的斜坡。池水的透明度 25~30 cm,溶氧量充足,最好在 5 mg/L以上。每亩可放亲鱼尾数为 250~300 对。产卵巢可直接铺放在浅水区或用竹子悬挂使其保持在约 0.4 m 的水深处。产卵池放入亲鱼之前需用药物彻底清塘除害。

2.3 人工催产

"优鲈 1 号"繁殖通常是群体自然产卵,但为达到同步产卵,一般对采用水泥池产卵的亲鱼使用人工催产,但也可采用人工催产使池塘培育的亲鱼提早产卵,尽早获得大口黑鲈鱼苗。通常在春季水温达 18~20℃时进行催产。催产时,挑选雌雄个体大小相当者配对,比率为1:1。常用催产剂为鲤脑垂体(PG)和绒毛膜促性腺激素(HCG),单独或混合使用。每千克雌鱼单独注射 PG 6 mg 或 HCG 2 000 国际单位,雄鱼则减半。视亲鱼的发育程度做一次性注射或分两次注射,两次注射的时间间隔为 9~12 h,第一次注射量为总量的 30%,第二次注射余量。使用合剂时,第一次注射 PG 1~1.5 mg,第二次注射 PG 2~2.5 mg 和 HCG 1 500 国际单位,均可获得良好效果。雄鱼性成熟状态对雌鱼产卵有明显影响,繁殖时需挑选精液充沛、体壮活泼的雄鱼,必要时在雌鱼第二次注射时对雄鱼作适量注射。

2.4 产卵孵化

"优鲈 1 号"的催产效应时间较长,当水温为 22~26℃时,注射激素后 18~30 h 开始发情产卵。开始时雄鱼不断用头部顶撞雌鱼腹部,当发情到达高潮时,雌雄鱼腹部相互紧贴,这时开始产卵受精。产过卵的雌鱼在附近静止片刻,雄鱼再次游近雌鱼,几经刺激,雌鱼又可发情产卵。大口黑鲈为多次产卵类型,在一个产卵池中,可连续数天见到亲鱼产卵。在自然水域中,大口黑鲈繁殖有营巢护幼习性,雄鱼首先在水底较浅水处挖成一个直径为 60~90 cm、深为 3~5 cm 的巢。然后雄鱼引诱雌鱼入巢产卵,雄鱼同时排精。雌鱼产卵后便离开巢穴觅食,雄鱼则留在巢边守护受精卵,不让其他鱼接近。大口黑鲈受精卵为球形,淡黄色,内有金黄色油球,卵径为 1.3~1.5 mm,卵产入水中卵膜迅速吸水膨胀,呈黏性,黏附在鱼巢上。受精卵一般在水泥池中进行孵化,这样也更有利于孵出的仔鱼规格齐整,避免相互残杀。孵化时要保持水质良好,溶氧最好在 5 mg/L 以上,水深 0.4~0.6 m,避免阳光照晒,有微流水或有增氧设备的能大大提高卵化率。在原池孵化培育的应将亲鱼全部捕出,以免其吞食鱼卵和鱼苗。孵化时间与水温高低有关。水温 17~19℃时,孵化出膜需 52 h;水温 18~21℃时需 45 h;水温 22~22.5℃时,则只需 31.5 h。刚出膜的鱼苗半透明,长约 0.7 cm,集群游动,出膜后第 3 天,卵黄被吸收完,就开始摄食。

2.5 鱼苗培育

由于"优鲈 1 号"亲鱼会吞食鱼苗,所以应专池进行鱼苗培育。目前优鲈 1 号的苗种培育可分为水泥池和池塘两种方式。

(1)水泥池育苗:水泥池大小 20~30 m^2 为宜,池壁光滑。放苗前应先清洗池子,并检查有无漏洞,如果发现有漏水现象,要及时进行修补。水深 20~25 cm,以后每天加注少量新水,逐渐加至 50~70 cm。水泥池培苗放养密度为每平方米放养刚孵出的幼鱼 1 000~2 000尾;每平方米放体长 1 cm 左右的幼苗约 500 尾,2 cm 的幼苗 200 尾。若水质优良,具微流水,密度可适当增加。初期应投喂小型的浮游动物,如轮虫、桡足类无节幼体,每天投喂2~3次,投喂量视幼鱼的摄食情况而增减。当鱼苗长至1.5~2.0 cm时,最好能转入池塘进行培育,且培育密度应适当降低,应投喂大型浮游动物,如枝角类、桡足类、水蚯蚓等。长至2 cm以上时摄食量增大,可开始驯食鱼浆,逐渐转入投喂小块鱼肉。

(2)池塘育苗:育苗用的池塘水深1~1.8 m,水源充足,水质好,不受污染,面积以1~3亩较为理想。鱼苗下塘前约10 d用生石灰或茶粕清塘,消毒后的塘进水50~70 cm,适当施肥,培肥水质,增加浮游生物量,透明度保持在25~30 cm,水色以绿豆青为好。每亩放养密度为15万~30万尾,具体视鱼塘的肥瘦程度而定。鱼苗下塘后,以水中的浮游生物为食,因此必须保持池水一定的肥度,提供足够的浮游生物,若浮游生物量少,饵料不够时,鱼苗会沿塘边游走,此时需捞取浮游生物来投喂。待鱼苗体长至1.5~2 cm时,开始转入驯化阶段,使其摄食鱼肉糜,以后逐渐过渡到冰鲜鱼碎。

(3)鱼苗驯化:“优鲈1号”的开口饵料是肥水培育的浮游生物,一般需要用来喂养15 d左右,若浮游生物量少,饵料不够时,鱼苗会沿塘边游走,需从其他肥水池塘中捞取浮游生物来投喂,等鱼苗长至1.5 cm以上时可开始驯化投喂鱼浆,刚开始2~3 d在固定地点投喂水蚤,使“优鲈1号”形成固定的摄食地点,接下来10 d左右投喂鱼浆与水蚤混合的饵料,投喂过程中慢慢减少水蚤量,然后就直接投喂鱼浆。每次投喂前拨动水面,吸引小鱼前来摄食,并让其形成条件反射,每天驯化时间需达6~8 h。由于“优鲈1号”是肉食性鱼类,一旦生长不齐,就出现严重的相互残杀,特别是高密度的池塘育苗,在6 cm之前,互相残杀最严重,应根据鱼苗的生长情况(一般培育15~20 d)用鱼筛进行分级,分开饲养,有利于提高鱼苗的成活率。

2.6 培苗期的管理

(1)鱼苗饲养过程中分期向鱼塘注水是提高鱼苗生长率和成活率的有效措施。一般每5~7天注水1次,每次注水10 cm左右,直到较理想水位,以后再根据天气和水质,适当更换部分池水。注水时在注水口用密网过滤野杂鱼和害虫,同时要避免水流直接冲入池底把池水搅浑。

(2)“优鲈1号”弱肉强食、自相残杀的情况比较严重,生长过程又易出现个体大小分化,当饵料不足时,更易出现大鱼食小鱼的情况,因此要做到以下几点:①同塘放养的鱼苗应是同一批次孵化的鱼苗,以保证鱼苗规格比较整齐;②培苗过程中应及时拉网分筛、分级饲养,特别是南方地区,放苗密度高,需要过筛的次数也多;③定时、定量投喂,保证供给足够的饵料,以保证全部鱼苗均能食饱,使鱼苗个体生长均匀,减少自相残杀,提高成活率。

(3)坚持在黎明、中午和傍晚巡塘,观察池鱼活动情况和水色、水质变化情况,发现问题及时采取措施。

附件 2

大口黑鲈"优鲈 1 号"养殖技术规范

1 鱼种培育技术

1.1 鱼种培育池

鱼苗长至 3 ~ 4 cm 的夏花规格后可开始转入鱼种培育阶段。池塘面积适宜为 2 ~ 5 亩,水深 1 ~ 1.5 m,排灌方便,溶氧充足。鱼种放养前,要认真清整,彻底清塘消毒,并施肥,注水。鱼种还需摄食大型浮游动物,因此要肥水下塘。

1.2 鱼种放养

清塘消毒后每亩水面放 3 cm 左右夏花鱼种 3 万 ~ 4 万尾,鱼苗长至 5 cm 时,放养密度适宜为 1.2 万尾,而 10 cm 左右的鱼种放养密度适宜为 5 000 ~ 6 000 尾,因此在过筛分级培育的同时,依据大小不同规格来稀疏养殖密度。采用分规格过筛稀疏养殖密度的培育方法是提高大口黑鲈鱼种成活率的重要措施。

1.3 饲养管理

投喂充足的饲料和保持良好的水质是该饲养阶段的关键。鱼种入池后即应采用驯化养殖技术,广东地区主要投喂冰鲜鱼肉浆,日投喂 2 ~ 3 次,投饲率为 4% ~ 6%。为使鱼种生长相对较均匀,科学的投喂方式也特别关键,一方面可在鱼塘中分几个地方投喂,这样使投喂饵料被充分摄食;另一方面应尽量延长投喂时间,能让每一尾鱼都能吃到饵料,并且能够吃饱;否则投喂太快,冰鲜鱼沉落底部不会被"优鲈 1 号"摄食,不仅浪费饲料,还败坏水质。经过 50 d 左右的培育,鱼种规格可达到 10 cm 以上,再转入成鱼池塘中饲养。

2 成鱼养殖技术

2.1 池塘主养

以池塘单养为主的池塘面积以 5 ~ 10 亩为宜,池底淤泥少,壤土底质,水深 1.5 ~ 2.2 m,要求水源充足,水质清新、无污染,进排水方便。高密度养殖时,还需要配备增氧机(4 ~ 5 亩/kW)和抽水机械。注、排水要求分开,并设置密网过滤和防逃,若经常有微流水养殖效果更佳。鱼种放养前 20 ~ 30 d 排干池水,充分曝晒池底。然后注水 6 ~ 8 cm,用生石灰全池泼洒消毒,再灌水 60 ~ 80 cm,培养水质。5 ~ 7 d 后,经放鱼试水证明清塘药物毒性消失后,方可放养 10 cm 左右规格的"优鲈 1 号"鱼种,放养密度依据不同养殖地区而不同,广东地区的亩放养密度为 5 000 ~ 6 000 尾,而江浙一带和四川地区的放养密度为 1 200 ~ 2 400尾,同时适量放养大规格鲢、鳙鱼等,以清除饲料残渣,控制浮游生物生长,调节水质。

2.2 池塘套养

套养大口黑鲈池塘的面积宜大勿小,过小溶氧变化大,易缺氧死鱼。应选择水质清瘦、小杂鱼多、施肥量不大、排灌方便、面积3.5亩以上的池塘进行套养。套养池中不能有乌鳢、鳜鱼等凶猛鱼类存在,以免影响优鲈1号的成活率。套养时间为每年4月中旬至5月中旬,投放规格最好为当年5~6 cm的夏花鱼种。一般每亩放养50~80尾,不用另投饲料,年底可收获25~40 kg大口黑鲈成鱼。如池塘条件适宜,野杂鱼较多,大口黑鲈套养密度可适当加大。注意在套养初期塘内的草鱼、鲢、鳙、鲤、鳊等主养鱼的规格应在150 g以上,鲫鱼、罗非鱼规格应在10 cm以上。整个饲养过程当天然饵料不足时,可适当投喂一些动物性饲料和鲜活鱼虾。

2.3 鱼塘混养

"优鲈1号"也可与四大家鱼、罗非鱼、胭脂鱼、黄颡鱼、鲫鱼等成鱼进行混养。与一般家鱼相比,"优鲈1号"要求水体中有较高溶氧,一般要求4 mg/L以上,因此池塘面积宜大些,另外也可选水质清瘦、野杂鱼多的鱼塘进行混养,而大量施肥投饲的池塘则不合适。混养"优鲈1号"的池塘,每年都应该清塘,防止凶猛性鱼类存在,影响存活率。增养适当数量的"优鲈1号",既可以清除鱼塘中野杂鱼虾、水生昆虫、底栖生物等,减少它们对放养品种的影响,又可以增加养殖"优鲈1号"的收入,提高鱼塘的经济效益。混养密度视池塘条件而定,如条件适宜,野杂鱼多,大口黑鲈的混养密度可适当高些,但不要同时混养乌鳢、鳗鲡等肉食性鱼类。一般可放5~10 cm的大口黑鲈鱼种200~300尾/亩,不用另投饲料,年底可收获达上市规格的大口黑鲈。另外,苗种塘或套养鱼种的塘不宜混养大口黑鲈,以免伤害小鱼种。混养时必须注意:混养初期,主养品种规格要大于"优鲈1号"规格3倍以上。另外也有将"优鲈1号"与河蟹进行混养,让河蟹摄食沉淀底层的动物性饲料,达到清污的目的,也可取得较好的经济效益。

2.4 网箱养殖

养殖"优鲈1号"的水域宜选择便于管理、无污染的水库、河流或湖泊,要求设置网箱的水域应保证水面开阔、背风向阳,底质为砂石,最低水位不低于4 m,水体透明度在40 cm以上。水体有微流水最为适宜。网箱一般采用聚乙烯线编织而成,体积一般为40~75 m^3,具体规格依据养殖条件而定。网箱结构为敞口框架浮动式,箱架可用毛竹或钢管制成。网箱排列方向与水流方向垂直,呈"品"字形或梅花型等,排与排、箱与箱之间可设过道。网箱采用抛锚及用绳索拉到岸上固定,可以随时移动。鱼种放养前7~10 d将新网箱入水布设,让箱体附生一些丝状藻类等,以避免放养后擦伤鱼体。适宜放养密度如下:规格在4~5 cm/尾,每平方米放养500尾;12 cm以上的鱼种,每平方米放养100~150尾。对放养的鱼种可进行药浴消毒处理,以防鱼病。消毒可用3%食盐水或每100 kg水中加1.5 g漂白粉浸浴,浸浴时间视鱼体忍受程度而定,一般为5~20 min。放养前要检查网箱是否有破损,以防逃鱼。

饲养管理与一般网箱养鱼基本相同。主要抓好以下几点:①勤投喂。鱼体较小时,每天可视具体情况多投几次,随着鱼体的长大,逐渐减至1~2次;投饲量视具体情况而定,一般网箱养鱼比池养的投饲量稍多一些。②勤洗箱。网箱养鱼非常容易着生藻类或其他附生物,堵塞网眼,影响水体交换,引起鱼类缺氧窒息,故要常洗刷,保证水流畅通,一般每10 d洗箱1次。③勤分箱。养殖一段时间后,鱼的个体大小参差不齐,个体小的抢不到食,会影响生长,且"优鲈1号"生性凶残,放养密度大时,若投饲不足,就会互相残杀。所以要及时分箱疏养,保证同一规格的鱼种同箱放养,避免大鱼欺小鱼或吃小鱼的现象发生。④勤巡箱。经常检查网箱的破损情况,以防逃鱼。做好防洪防台风工作,在台风期到来之前将网箱转移到能避风的安全地带,并加固锚绳及钢索。

3 科学投喂

3.1 投喂配合饲料

"优鲈1号"是肉食性鱼类,需经驯化才能使其摄食配合饲料,而且大口黑鲈对蛋白质要求较高,饲料中含粗蛋白需达到40% ~50%。鱼苗驯化阶段刚开始用鱼浆投喂,当鱼苗全部都抢食鱼浆后,便可在鱼浆内添加饲料粉料,并逐步增大添加量,一般第7 d左右粉料可添加至60% ~70%,这时改粉料为硬颗粒饲料,同样逐步增加添加量,一般再经7~10 d就可全部改为硬颗粒饲料。这时应注意及时将瘦小的鱼筛出,再次进行驯化,强壮的鱼苗继续进行7 d左右的摄食巩固后转入池塘或网箱中进行养殖。根据鱼的大小选择饲料规格,每日分早、中、晚3次投喂,投喂遵循"慢、快、慢"的原则,投喂至大部分鱼不上水面抢食时为宜。由于"优鲈1号"有回避强光的特点,一般早、晚吃食较好,在安排定量时这两次应适量多些。四川地区也可用冰鲜鱼、野杂鱼等肉糜和硬颗粒配合饲料一起制成软颗粒饲料进行投喂,养殖效果比投喂硬颗粒饲料更好,可取得较好的经济效益。

3.2 投喂冰鲜下杂鱼

广东、江浙地区可用冰鲜鱼来投喂,因此刚放入的鱼种需进行7~10 d的驯化,将饵料鱼剪成适口的鱼块,自高处抛入水中,引诱大口黑鲈吞食。大口黑鲈一般会抢吃抛来的鱼块,投鱼块时,要相对固定投喂的地点,范围要大一些,以便让更多的鱼抢到食,使之生长均衡。若以重量计,一般日投喂量为其总体重的4% ~6%。每天喂两次,即上午9~10时一次,下午3~4时一次;放养初期,大口黑鲈鱼因个体较小,摄食能力不强,投喂的饵料鱼要精细适口,少量多次。后期"优鲈1号"个体大,鱼块可投大一些,数量适当多一些,使其吃饱吃好,加快生长。在5—9月为发病季节,往往要在冰鲜饲料中定期加入维生素或其他辅助中药来投喂,增强鱼体体质和抵抗力。另外要注意冰鲜鱼经强冻解冻后,立即投喂,防止变质。

4 日常管理

4.1 水质管理

"优鲈1号"要求水质清新、溶氧丰富。因此整个养殖过程中,水质不宜过肥。特别是夏秋季,由于投喂大量饵料,极易引起水质恶化,一定要坚持定期换水,注入新水,使水的透明度保持在40 cm左右,为"优鲈1号"生长提供一个良好的环境。坚持定期开增氧机,在黎明4~6时低溶氧前开动增氧机,防止塘水缺氧及塘鱼浮头;在下午1—3时上层水高溶氧时开动增氧机,使底层、中层、上层的溶氧量均衡,减少浮头机会。每次开机不少于1 h,增加下层水体溶氧,提早补偿底层水体氧债,加速水体物质循环和有害物质的分解。

4.2 创造良好环境

"优鲈 1 号"喜欢清洁安静的环境,要求池周环境清静,减少车辆、行人及噪音的惊吓;同时,要及时清除残饵,吃剩的饵料鱼块、配合饵料,塘边杂草及水面垃圾要及时清除。

4.3 搞好日常管理

要坚持每天日夜巡塘,观察鱼群活动和水质变化情况,定期检测水质理化指标(氨氮、亚硝酸盐、溶解氧、pH 值、透明度、水温等)和鱼体生长情况(体长、体重和成活率);严格防止农药、有害物质等流入池中,以免池鱼死亡,尤其是幼鱼对农药极为敏感,极少剂量即可造成全池鱼苗死亡,必须十分注意。

5 病害防治技术

对于病害应以预防为主,治疗为辅,做好苗种消毒、饲养管理和水质调节工作。每隔 10 ~ 15 d 全池泼洒生石灰水一次,生石灰用量为每亩 10 ~ 15 kg,一方面可防治鱼病;另一方面可调节水质,改善水体。或可用微生物制剂调节水质。目前常见的鱼病有:烂鳃病、溃疡病、肠炎病、疖疮病、车轮虫病、斜管虫病、小瓜虫病、杯体虫病、病毒性疾病等病害,一旦发现病鱼及时诊断及对症下药。